高等学校应用型本科“十三五”规划教材

# 流体机械

向 伟 编著

西安电子科技大学出版社

## 内 容 简 介

本书是应用型本科“十三五”教改规划教材，注重贯彻学以致用、理论联系实际的原则，并力求反映当代流体传动技术发展应用的新成果，以流体机械中应用广泛并具有典型性的叶片式流体机械为重点，对流体机械的相关内容做了一个较为全面的介绍。

全书共六章，第1章对流体机械进行了全面概述，并对学习“流体机械”课程所涉及的工程流体力学基础知识进行了介绍；第2、3、4章主要讨论了液体叶片式流体机械，其中第2章叶片泵是本课程的重点；第5章应用了第2章的讨论成果以比较它们的异同点，并重点讨论了通风机、压缩机的原理、结构及其应用；第6章主要介绍了容积式和其他方式获取流体能量的流体机械，进一步拓宽了流体机械的应用范围，根据学时情况，这部分可作为选择性教学内容。也可节选本书相关内容，作为“泵与风机”和“泵与压缩机”课程的教材和教学参考书。

本书可作为高等学校流体传动与控制、过程装备与控制、热能动力工程、石油工程等专业的教学用书，也可供机械类或近机类相关专业的学生及流体机械和流体动力工程、石油工程等领域的工程技术人员参考。

**图书在版编目(CIP)数据**

**流体机械**/向伟编著. —西安：西安电子科技大学出版社，2016.3
高等学校应用型本科“十三五”规划教材
ISBN 978-7-5606-3964-2

Ⅰ. ① 流… Ⅱ. ① 向… Ⅲ. ① 流体机械—高等学校—教材 Ⅳ. ① TH3

**中国版本图书馆 CIP 数据核字(2016)第 018874 号**

策　　划　戚文艳　李惠萍
责任编辑　张　玮　李惠萍
出版发行　西安电子科技大学出版社(西安市太白南路2号)
电　　话　(029)88242885　88201467　　邮　　编　710071
网　　址　www.xduph.com　　电子邮箱　xdupfxb001@163.com
经　　销　新华书店
印刷单位　陕西大江印务有限公司
版　　次　2016年3月第1版　2016年3月第1次印刷
开　　本　787毫米×1092毫米　1/16　印张 20.5
字　　数　484千字
印　　数　1～3000册
定　　价　35.00元
ISBN 978-7-5606-3964-2/TH

**XDUP 4256001-1**

# 前　言

本书是为适应应用型本科教学改革的新形势，在总结以往教学科研实践的基础上编写的一本教学用书。

本书的编写以面向流体传动与控制、过程装备与控制、热能动力工程、石油工程或相近专业的本科教学为基本出发点，同时考虑了不同类型、不同层次的继续教育和自学者的需要。本书也可以作为有关工程技术人员的入门级读物。

流体机械的应用极其广泛，工程性很强，种类繁多，很多产品属于"通用机械"。但是就整体而言，流体机械主要涉及的是动力工程和机械工程领域，在理论上有很强的专业性和系统性。本书以产品为主线，以专业基础知识应用于叶片泵、涡轮机、液力变矩器、通风机、压缩机等产品的设计、结构原理、实际应用为重点，介绍相关流体机械的基本结构形式、工作原理、基本参数、相关技术应用和产品运行中出现的问题及解决方法等。这样设计本书内容的目的，一方面在于适应当今应用型本科教学中学生应用知识技能摄取方面的横向拓宽和今后择业的多元性要求，另一方面也能使学生掌握有关的基本知识，有利于在进一步深造中的跨学科发展和积极的科技创新。

作为现代应用型本科的教学用书，本书在叙述方面力求深入浅出，注重应用所学的基础理论知识对所论述的产品进行系统的讨论。以叶片泵为重点，在此基础上加强横向的对比联系，掌握共性特点，升华局部认识。对于有关具体设计计算等更为深入的专业性理论分析和现场使用的相关设备的具体结构、使用维护等，读者可参考更为专业的著作，本书不予更多涉及。本书所述的流体机械内容，也不包括液压传动和气压传动部分，这些内容读者可参考相关专业的书籍。

为了便于读者更好地掌握教材内容，书中每章给出了学习目标和学习要求、章节小结和复习思考题，在每章后都提供了相应的阅读材料，以进一步加深对本章节知识的认识与应用。由于本书涉及的概念、术语非常多，为便于读者在学习中能较为准确地理解，以及与先修课程符号表示保持连续性，本书在附录中对符号含义进行了说明。本书的第6章和章节中标有“*”的内容，可根据教学需要选择讲授。

本书由重庆科技学院向伟主编，同时负责绘制本书中的所有插图和全书的统筹与审定。

由于编者水平有限，书中不妥之处在所难免，敬请读者批评指正，我们将致以最诚挚的谢意！

编者

2015年10月于

重庆科技学院

# 目　录


**第1章　绪论** …… 1

1.1　流体机械的定义 …… 1

1.2　流体机械的分类 …… 2

1.3　流体机械在国民经济中的应用 …… 3

1.4　工程流体力学基础简述 …… 5

1.4.1　流体静力学的基本结论 …… 5

1.4.2　流体动力学的基本结论 …… 9

1.4.3　气体介质的状态参数 …… 13

1.4.4　气体稳定流动的能量方程 …… 14

1.4.5　气体的状态方程 …… 18

1.4.6　马赫数及拉法尔管 …… 26

1.5　阅读材料——典型流体机械的工作过程简介 …… 28

本章小结 …… 32

复习思考题 …… 33

**第2章　叶片泵** …… 34

2.1　叶片泵概述 …… 35

2.1.1　离心泵的工作原理与结构 …… 36

2.1.2　轴流泵的工作原理与结构 …… 42

2.1.3　混流泵 …… 45

2.1.4　叶片泵的型号 …… 46

2.1.5　叶片泵的基本性能参数 …… 48

2.2　叶片泵的基本工作理论 …… 49

2.2.1　叶轮流道投影图及主要尺寸 …… 49

2.2.2　液体在叶轮中的运动——速度三角形 …… 50

2.2.3　叶片泵的基本能量方程式 …… 52

*2.3　轴流泵工作理论简介 …… 55

2.3.1　轴流泵内的流体运动及圆柱层无关性假设 …… 55

2.3.2　叶栅及翼型的几何参数 …… 56

2.3.3　叶栅的速度三角形分析 …… 57

2.3.4　翼型和叶栅的动力特性 …… 58

2.3.5　关于叶轮内流动的两种处理方法 …… 59

2.3.6　轴流泵的基本方程式 …… 59

2.4　叶片泵的特性曲线 …… 60

2.4.1　理论性能曲线的定性分析 …… 60

2.4.2　实测性能曲线的讨论 …… 64

2.5　叶片泵的相似理论及其应用 …… 67

2.5.1　泵的相似条件 …… 67

2.5.2　相似定律 …… 68

2.5.3　比例率 …… 70

2.5.4　叶片泵在改变转速时的特性曲线与通用特性曲线 …… 70

2.5.5　比转数 …… 71

2.6　叶片泵的汽蚀与安装高度的确定 …… 75

2.6.1　叶片泵的汽蚀现象及危害 …… 75

2.6.2　叶片泵安装高度的确定 …… 76

2.6.3　汽蚀余量 …… 78

2.6.4　汽蚀的防止方法 …… 82

2.7　叶片泵装置的总扬程和工作点的确定 …… 82

2.7.1　叶片泵装置的总扬程计算 …… 83

2.7.2　静扬程和管路的损失计算总扬程 …… 84

2.7.3　管路特性曲线 …… 85

2.7.4　叶片泵装置工作点的确定 …… 86

2.7.5　叶片泵装置工作点的改变 …… 87

2.8　叶片泵装置工作点的调节 …… 87

2.8.1　节流调节 …… 88

2.8.2　分流调节 …… 88

2.8.3　变径调节 …… 88

2.8.4　变速调节 …… 93

2.8.5　变角调节 …… 94

2.8.6　改变运行泵台数调节法 …… 95

2.9　叶片泵的并联和串联工作 …… 95

2.9.1　叶片泵的并联工作 …… 95

2.9.2　叶片泵的串联工作 …… 98

2.9.3 泵组合装置工作方式的选择 …… 100
2.10 叶片泵的选择与使用 ……………………… 100
2.10.1 叶片泵的选择 ……………………… 100
2.10.2 叶片泵的启动 ……………………… 103
2.10.3 叶片泵的运行 ……………………… 104
2.10.4 叶片泵的停车 ……………………… 104
2.10.5 叶片泵的故障与排除 ……………… 104
2.11 离心泵的性能实验 ……………………… 106
2.12 阅读材料——叶片泵的变频
调速节能 ……………………………… 110
2.12.1 三相异步电动机 …………………… 110
2.12.2 叶片泵的变频调速节能原理 …… 112
2.12.3 变频器恒压供水系统的应用 …… 114
本章小结 ……………………………………… 116
复习思考题 …………………………………… 117

**第 3 章 涡轮机** ……………………………… 120
3.1 涡轮机概述 ……………………………… 121
3.2 涡轮钻具的典型结构 …………………… 122
3.2.1 涡轮钻具概述 ……………………… 122
3.2.2 涡轮钻具的结构 …………………… 122
3.3 涡轮钻具的基本工作理论 ……………… 124
3.3.1 涡轮内液体的运动 ………………… 124
3.3.2 涡轮内的能量转化规律——涡轮的
基本方程式 ………………………… 127
3.3.3 涡轮钻具的功率损失与效率 …… 128
3.3.4 涡轮钻具的特性曲线 ……………… 130
3.4 阅读材料——水轮机 …………………… 132
3.4.1 水轮机工作原理 …………………… 132
3.4.2 近代水轮机的发展简史 …………… 133
3.4.3 现代水轮机的发展趋势 …………… 136
本章小结 ……………………………………… 136
复习思考题 …………………………………… 137

**第 4 章 液力传动** …………………………… 138
4.1 液力传动概述 …………………………… 139
4.1.1 液力传动的工作原理及优缺点 … 139
4.1.2 液力传动的工作介质 ……………… 140
4.2 液力耦合器 ……………………………… 141
4.2.1 液力耦合器的结构 ………………… 141
4.2.2 液力耦合器的基本理论 …………… 145
4.2.3 液力耦合器的特性曲线 …………… 147
4.3 液力变矩器 ……………………………… 150
4.3.1 液力变矩器的结构 ………………… 150
4.3.2 液体在工作轮中的运动规律 …… 152
4.3.3 工作轮的扭矩方程式 ……………… 157
4.3.4 工作轮扭矩的平衡 ………………… 158
4.3.5 液力变矩器的透过性 ……………… 159
4.4 液力变矩器的特性曲线及选用 ……… 160
4.4.1 输出特性曲线 ……………………… 160
4.4.2 原始特性曲线 ……………………… 162
4.4.3 输入特性曲线 ……………………… 164
4.4.4 发动机与液力变矩器共同工作时的
联合输出特性曲线 ………………… 165
4.4.5 液力变矩器的选择 ………………… 167
4.5 液力变矩器的类型和构造 ……………… 169
4.5.1 单级单相(即三元件导轮固定)式
液力变矩器 ………………………… 170
4.5.2 单级二相液力变矩器(综合式
液力变矩器) ……………………… 170
4.5.3 单级三相液力变矩器 ……………… 172
4.5.4 带锁止离合器的液力变矩器 …… 173
4.6 阅读材料——液力传动装置在
工程上的应用 ……………………… 173
4.6.1 在石油钻井工程上的应用 ……… 174
4.6.2 在汽车工程上的应用 …………… 177
本章小结 ……………………………………… 180
复习思考题 …………………………………… 181

**第 5 章 叶片式气体机械** …………………… 183
5.1 叶片式气体机械概述 …………………… 184
5.2 离心式通风机的结构及工作理论 …… 186
5.2.1 离心式通风机的结构与原理 …… 186
5.2.2 通风机的全压方程 ………………… 190
5.2.3 通风机中的能量损失 ……………… 192
5.2.4 通风机的性能参数 ………………… 192
5.2.5 离心式通风机的有因次
特性曲线 ………………………… 194
5.2.6 离心式通风机的无因次
特性曲线 ………………………… 194
5.3 轴流式通风机的结构及工作理论 …… 201
5.3.1 概述 ……………………………… 201
5.3.2 轴流式通风机“级”的升压方程 … 202
5.3.3 轴流式通风机叶轮的布置方案 … 204
5.3.4 轴流式通风机的特性曲线 ……… 206
5.4 通风机在管网中的工作及调节问题 … 206

5.4.1 通风机的典型工作方式 …………… 207
5.4.2 管网特性及系统的动力平衡 …… 207
5.4.3 通风机的串联和并联运行 ……… 209
5.4.4 通风机运行工作点的调节 ……… 209
5.4.5 通风机运行中的喘振及噪声问题 ……………………………… 210
5.5 离心式压缩机的结构及工作理论简介 …………………………… 212
5.5.1 离心式压缩机的结构和工作原理 ……………………………… 212
5.5.2 离心式压缩机的叶轮和气体在叶轮中的流动 ……………………… 216
5.5.3 离心式压缩机的基本理论 ……… 217
5.5.4 离心式压缩机的特性 …………… 223
5.5.5 压缩机与管网的联合工作与调节 …………………………… 227
5.5.6 相似理论在离心式压缩机中的应用 ……………………………… 228
5.6 风力涡轮机 …………………………………… 229
5.6.1 风力涡轮机的工作原理及应用 … 229
5.6.2 风力涡轮机在飞机加油系统中的应用 ……………………… 231
5.7 涡轮膨胀机 …………………………………… 232
5.7.1 概述 ……………………………………… 232
5.7.2 涡轮膨胀机在制冷装置中的工作原理 ……………………… 234
5.8 阅读材料——通风机在工程上的应用 …………………………… 235
5.8.1 室内通风 ……………………………… 235
5.8.2 贯流式通风机及其应用 ………… 237
本章小结……………………………………………… 238
复习思考题…………………………………………… 239

## 第6章 其他型式的流体机械 ………… 241

6.1 往复泵 ……………………………………… 242
6.1.1 往复泵的工作原理 ……………… 243
6.1.2 往复泵的分类及结构 …………… 243
6.1.3 往复泵的基本特性参数 ………… 248
6.1.4 往复泵的流量 …………………… 249
6.1.5 往复泵流量的不均度及解决办法 ……………………………… 253
6.1.6 往复泵的特性曲线 ……………… 255
6.1.7 往复泵的管路特性曲线及工作点的确定 ……………………… 256
6.2 液环泵 ……………………………………… 260
6.2.1 液环泵的工作原理 ……………… 260
6.2.2 液环泵的特点及工程用途 ……… 264
6.2.3 液环真空泵的工作性能和构造 … 265
6.3 射流泵 ……………………………………… 267
6.3.1 流射泵的工作原理 ……………… 267
6.3.2 射流泵的主要参数及性能曲线 … 269
6.3.3 射流泵的主要结构形式 ………… 269
6.3.4 射流泵的应用 …………………… 271
6.4 旋涡泵 ……………………………………… 272
6.4.1 旋涡泵的工作原理 ……………… 272
6.4.2 旋涡泵的特性曲线 ……………… 273
6.4.3 旋涡泵的特点 …………………… 273
6.4.4 旋涡泵的操作使用特点 ………… 274
6.5 螺旋泵 ……………………………………… 274
6.5.1 螺旋泵的基本装置和工作原理 … 274
6.5.2 螺旋泵的主要设计参数 ………… 275
6.5.3 螺旋泵的性能曲线 ……………… 276
6.5.4 螺旋泵站的特点 ………………… 276
6.6 气升泵 ……………………………………… 276
6.6.1 气升泵的工作原理 ……………… 276
6.6.2 气升泵的特点及应用 …………… 278
6.7 螺杆泵 ……………………………………… 278
6.7.1 单螺杆泵 ………………………… 279
6.7.2 多螺杆泵 ………………………… 281
6.8 往复式压缩机 ……………………………… 283
6.8.1 概述 ……………………………… 283
6.8.2 往复式压缩机级的工作过程 …… 284
6.8.3 往复式压缩机的性能参数 ……… 287
6.8.4 往复式压缩机的多级工作 ……… 288
6.8.5 往复式压缩机的形式与使用问题 ……………………………… 288
6.9 螺杆式压缩机 ……………………………… 289
6.9.1 螺杆式压缩机的结构和工作原理 ……………………………… 289
6.9.2 螺杆式压缩机的排气量与功率的计算 ……………………… 294
6.9.3 螺杆式压缩机的特性 …………… 295
6.9.4 螺杆式压缩机的排气量调节 …… 298
6.10 罗茨鼓风机 ……………………………… 301
6.10.1 工作原理 ………………………… 301

6.10.2 结构型式及型线 …………………… 302
6.10.3 使用选型 ……………………………… 303
6.11 离心机 ………………………………………… 303
6.11.1 离心机的结构及工作原理 ……… 304
6.11.2 分离因数和离心力场的特点 …… 305
6.11.3 石油钻井工程上使用的离心分离设备 ……………………… 306
6.12 阅读材料——液环式真空泵在吸污机上的应用 ………………………… 309
本章小结 …………………………………………… 310
复习思考题 ………………………………………… 312

**附录 书中符号含义说明** …………………… 314

**参考文献** ………………………………………… 318

# 第1章 绪 论

## 一、学习目标

本章主要讲述流体机械的定义及其应用，对本课程中应用的工程流体学知识也进行了系统的概述。通过本章的学习，应达到以下目标：

(1) 掌握流体机械的定义及分类；

(2) 了解流体机械在国民经济中的重要地位及应用；

(3) 复习工程流体力学的相关知识；

(4) 了解生活中典型流体机械的工作过程及其应用。

## 二、学习要求

| 知识要点 | 基本要求 | 相关知识 |
|---|---|---|
| 流体机械的定义 | 熟悉流体的能量与机械的机械能相互转换或不同的流体之间能量的传递过程 | 流体能量：位能、压能、动能、内能 |
| 流体机械的分类 | (1) 掌握按照能量传递方向分类；<br>(2) 掌握按流体与机械的相互作用分类；<br>(3) 掌握按工作介质分类 | (1) 流体能机、流体动力机、流体动力传动机；<br>(2) 叶片式、容积式、流体构件；<br>(3) 水力机械和热力机械 |
| 流体机械的应用 | (1) 了解在水力、电力工程方面的应用；<br>(2) 了解在石油工业上的应用；<br>(3) 了解在钢铁工业上的应用；<br>(4) 了解在其他行业中的应用 | (1) 泵、风机、水轮机；<br>(2) 涡轮钻具、高压往复泵，压缩机；<br>(3) 鼓风机、压缩机、风机；<br>(4) 医疗、汽车行业等 |
| 工程流体力学基础知识 | 掌握工程流体力学所述知识要点 | 液体流体、气体流体及其在能量传递方面的异同点 |

## 三、基本概念

流体机械、泵、压缩机、风机、涡轮机、水轮机、风力发电机、液力传动装置、液压传动装置、流体构件、工程流体力学知识简述等。

## 1.1 流体机械的定义

流体机械是指以流体(液体或气体)为工作介质与能量载体的机械设备。流体机械的工作过程是流体的能量与机械的机械能相互转换或不同的流体之间能量的传递过程。

流体机械的种类和品种十分繁多，工程上乃至日常生活中，几乎随处可见。可是要问到底什么是流体机械，却未必能给出准确的回答。是不是有流体参与工作的机械装置都是流体机械？答案是否定的。例如，一台水泵是流体机械，可是一个水闸，虽然有的也是庞然大物，却不能称之为流体机械；一台锅炉，虽然也是大型装置，工作中又离不开水、蒸汽等流体物质，加热过程中还包含有能量交换过程，可它是一个热能动力装置，也不属于流体机械的范畴。

可以这样说，流体(液体或气体)介质和机械构件(如叶轮、活塞等)——在个别情况下可以是另一工作流体(如在射流泵中，此时工作流体可视为一个流体构件)，在一个共容的特定腔室或空间里，通过相互间的作用与反作用，实现机械功—能量的交换、传动的机械装置称为流体机械。在流体机械的工作中，也会有某种热力过程发生，但在一般情况下这只是伴生过程，并非机械的基本功能。按照这样的认识，汽轮机、燃气轮机、内燃机等机械的工作，虽然也有与流体机械类似的作用过程，但它们是以热能与机械能的转换为主，不属于本书所讨论的流体机械范畴，而是属于热力发动机的一类动力机械。

## 1.2 流体机械的分类

流体机械可按照能量传递方向、流体与机械的相互作用等方式进行分类。

**1. 按能量传递方向分类**

按能量传递方向，流体机械可分为流体能机、流体动力机和流体力传动机。

流体能机用于将机械能转换成流体的能量，将流体输送到位置更高或压力更高的空间，或克服阻力进行远距离输送，如泵、风机和压缩机等。

流体动力机用于将流体的能量转换成机械能，以驱动其他设备，如涡轮机、水轮机、风力发电机、蒸汽轮机和燃气轮机等。

流体力传动机是以流体为传动介质，将机械能转换为传动介质的能量，再通过循环控制系统将传动介质的能量转换为机械能，用来作为机械动力的传输、变换装置。它包括液力传动机械、液压传动机械及气压传动机械三大类。这类机械对外输入、输出主接口都是机械接口，没有流体接口，是一类隐态的流体机械。

**2. 按流体与机械的相互作用分类**

按流体与机械相互作用的特点，流体机械可分为叶片式、容积式及其他形式。

叶片式流体机械中，能量转换是在带有叶片的转子及连续绕流叶片的介质之间进行的。流体对叶片作连续绕流，叶片改变了流体的运动状态，运动的流体与转动的叶片之间产生作用力和反作用力，实现流体与机械的能量转换。

叶片式流体机械可按叶轮转换成流体能量的形式分为反击式和冲击式两类。反击式流体机械中流体的动能与势能均发生变化，流体介质充满流道，进口与出口处速度和压力变化明显；而在冲击式流体机械中，仅流体的动能发生变化，进出口处压力不变，一般为大气压。反击式水轮机可根据流体进出叶轮的方向不同进一步分为径流式、混流式、斜流式与轴流式等。冲击式又可细分为切击式、斜击式与双击式等形式。

容积式流体机械中，能量的交换是通过运动部件和静止部件或者两个运动部件之间的容积的周期性变化来实现的。流体与机械之间的相互作用力为静压力。根据运动方式不同，可分为往复式和回转式两类。

**3. 按工作介质分类**

按工作介质的不同，流体机械可分为水力机械和热力机械两类。水力机械以液体为工作介质，热力机械以气体为工作介质。一般地，可认为液体不可压缩，气体可压缩。但要特别注意的是，可压缩性概念是相对的，流体是否可压缩，要视具体情况而定。例如当压力变化极大时(例如在水锤过程中)，必须考虑液体的可压缩性，而当压力变化很小时(例如在通风机中)，也可以不考虑空气的压缩性。

## 1.3 流体机械在国民经济中的应用

流体机械在国民经济各部门和社会生活各领域都得到了极广泛的应用，而且随着科学技术的发展，其应用越来越广泛、作用越来越大。现代电力工业中，绝大部分发电量是由叶片式流体机械(汽轮机和水轮机)承担的，其中汽轮机约占3/4，水轮机约占1/4，总用电量中，约1/3是用于驱动风机、压缩机和水泵的。随着技术的不断进步，各种应用场合对流体机械的性能和可靠性的要求也越来越高。下面列举几个重要的应用领域。

**1. 电力工业**

目前的电力生产有三种主要方式：热力发电(火电)、水力发电和核能发电。在这三种发电方式中，流体机械都起着重要的作用。

在火电站和核电站中，除用作主机的汽轮机外，还有许多泵和风机。在火电站的蒸汽动力装置中，包括锅炉给水泵、凝结水泵、循环水泵、送风机和引风机等，在燃气动力装置中则要用到空气压缩机等。随着发电机组的大型化，电站用泵也在向大型和高参数方向发展。目前最大的锅炉给水泵的功率已达49.3 MW，扬程达3000 m。在核电站中，除了二次蒸汽回路中需要与火电站基本相同的泵以外，一次回路中的主循环泵是一次系统中唯一的回转机械，它工作在高温高压的环境下，是核电站的关键设备之一。此外，核电站的安全系统、容积控制系统、废料处理系统中也都要使用多种类型的泵。

火电站厂与核电站厂所用电的绝大部分用于驱动水泵、风机等辅机，目前我国热电站的厂用电约占发电量的12%，而发达国家的厂用电只占4%～4.5%，可见提高辅机的效率对于节能有非常重要的意义。同时，泵与风机的可靠性更为重要，特别是当今，汽轮发电机组不断向大容量、单元制发展，对泵和风机等辅机的可靠性与主机有同样的要求。

水轮机作为水力发电的主要设备，在电力工业中占有特殊的地位。由于煤、石油、天然气等燃料的资源有限，又由于大量使用石化燃料对环境有巨大的破坏作用，所以开发清洁可再生能源(水能、太阳能、风能、海洋能等)是实现可持续发展战略的重要条件。目前，水力资源是唯一可以大规模开发的清洁可再生能源，而且开发水力资源还能收到防洪、灌溉、航运、水产养殖和旅游等综合利用的效益。据统计，全世界水力资源的总蕴藏量为38$\times10^5$ MW，已开发的仅约10%；我国可开发的水力资源蕴藏量为3.78$\times10^5$ MW，约占世界总量的10%，目前已开发和正在开发的占可开发量约25 %。今后，国家将更加优先开发水力资源。已建设的长江三峡工程，是世界上最大的水电站，也是我国迄今所进行的最大的工程项目。

水轮发电机组具有功率调节简单快速的特性，因此水电站在电力系统的调节过程中有着特别重要的地位。由于核电站的负荷不便于调节，太阳能、风能、海洋能等新能源具有不稳定的特点，在开发这些能源时，都需要兴建抽水蓄能电站以保证系统的正常运行，因此蓄能机组研发和生产越来越受到人们的重视。

**2. 水利工程**

我国的人均水资源占有量只有世界平均水平的1/4，而且时空分布极不均匀，水利工程对我国来说尤为重要。水利工程不管是灌溉排涝还是供水，都需要相应容量的泵。据统计，我国排灌机械的配套功率，在20世纪80年代已达57 000 MW，这虽然是一个很大的数字，但距解决我国灌溉和排涝问题的要求差距还很大。

为解决我国的水资源问题，开源和节流同样重要。在节流方面，国家大力发展了节水灌溉技术，如喷灌、滴灌等，其中需要大量的泵。在开源方面，国家已经并将继续建设许多大型水利工程，如引黄灌溉工程、南水北调工程等。其中南水北调工程已进行了长期的规划，工程总体规划推荐西线、中线和东线三条调水线路，即分别从长江流域上、中、下游调水，以适应西北、华北各地的经济发展需要。预计到2050年，三条线路调水总规模为448亿立方米，其中东线148亿立方米，中线130亿立方米，西线170亿立方米，必将在很大程度上解决北方水资源短缺的问题，改善水资源南多北少的局面。

**3. 化学工业**

在化工流程中，参与反应的原料、中间产品经常是液体或气体，即便是固体物料，也经常以溶液或熔液的形态参与化学反应，所以输送各种流体的泵和压缩机被称为化工厂的心脏。现代化工装置日益大型化，对泵和压缩机的要求也越来越高。化工流程中使用的泵和压缩机经常需要输送特殊的介质，如高温或低温、高压、易燃、易爆、剧毒、易结晶、易汽化或分解的介质等，这对泵和压缩机的设计、制造提出了特殊的要求。

**4. 石油工业**

在石油和天然气的钻井工程中，流体机械占有重要的地位。需要使用泥浆泵来循环钻井工程中所需要的液体泥浆，借以排出井中钻具破碎的岩屑；定向钻井、水平井使用由循环泥浆驱动的井下涡轮钻具；在智能寻向找油气钻井技术上，使用由循环泥浆驱动的涡轮发电机为井下探测器提供电源。在石油和天然气的开采、运输和加工过程中，泵和压缩机都是重要的设备，其中包括一些为适应特殊使用要求而开发的高技术产品。例如，油田注水泵用于向油层中注水，可以提高油层压力，实现原油自喷；在海洋油田，注气压缩机使用不能直接利用的油田伴生气代替水，注入油层以提高压力。

在海洋和沙漠油田中，由于环境特殊，对设备有着非常特殊的要求。例如，从很深的油井中将原油输送到地面所用到的潜油泵，由于受井径的限制，叶轮直径很小，为达到所需的扬程，泵的级数可达数百个。由于原油中含有砂子，泵输送的实际上是固液混合物，因此设备零件必须具有较好的耐磨性。

**5. 钢铁工业**

在钢铁的冶炼过程中需要大量的空气和氧气支持燃烧，需要使用大量的风机，如用于向大型高炉中送风的高炉鼓风机、纯氧顶吹转炉中输送高压氧的氧气压缩机等。冶金技术的进步和设备的大型化，对这些设备不断提出了新的要求。另外，生产过程中也需消耗大量的水，供水和进行水处理所需使用泵的数量也很多。

**6. 生物医学工程**

动物体内的液体(例如血液)及气体(例如空气)的循环流动是生命活动的最重要的内容之一。心脏泵功能的衰竭是各种心脏疾病发展的严重阶段，直接威胁病人的生命。现代生物医学工程的心脏辅助装置，如图1-1所示，采用人造血泵代替心泵部分功能，为衰竭器官提供动力。目前人们还没能造出性能如此完美的血泵，但在很多研究者的共同努力下，这一目标正在接近。随着植入性心脏辅助装置的性能提高，将来不仅可取代心脏移植成为挽救晚期心衰病人生命的方法，而且还有可能成为非晚期心衰病人的治疗选择，其应用潜力巨大。

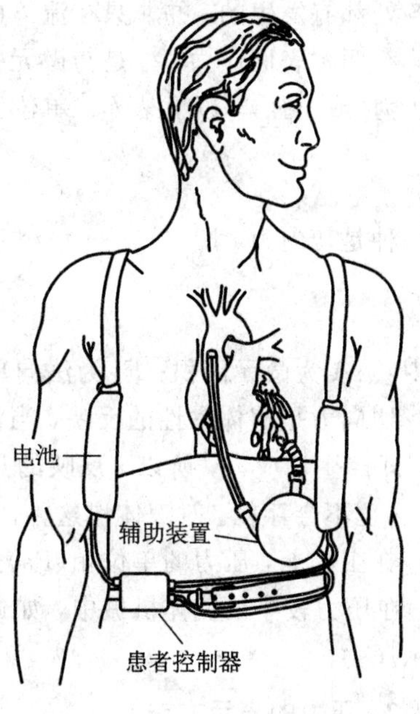


图1-1 心脏辅助装置

**7. 其他**

流体机械的应用领域十分广阔，除以上列举的一些例子外，其他重要的应用也不胜枚举。例如环境工程中的采暖、通风、空调和污水处理、空气净化，船舰的动力装置及喷水推进，轻工业和食品工业中各种浆料和固液混合物的输送，用压缩空气输送粮食、型砂等物料，各种机械设备、舰船、飞机、火箭控制系统的液压和气动装置等，都是应用流体机械的实例。可以说，在所有的技术领域中，凡是需要有气态和液态的物质流动的地方，都需要有泵、风机和压缩机等流体机械。

## 1.4 工程流体力学基础简述

本节内容主要服务于后续课程内容的讨论，所述理论不作严密的推导和论证，读者可参阅其他相关教材，以加深理解。

### 1.4.1 流体静力学的基本结论

**1. 流体中的作用力**

一般流体机械中的流体可能在两个力场中运动，一个是重力场，另一个是离心力场。两个力场的作用力是可以叠加的。

作用在流体上的力按作用方式可分为两类，即质量力和表面力。质量力作用在每一个质点上，并与流体质量成正比。对于匀质流体，质量力也与流体的体积成正比，所以又称为体积力。质量力不是因为流体与其他物体接触而产生的力，属于非接触力。常见的重力、离心力和惯性力都属于质量力。

表面力则是指仅作用于所考察的微元体表面上的力。因为这种微元体既可取在流体与容器或两种体(如水和空气)的界面上，也可取在流体内部任一位置，所以表面力也是在流体各处都有发生的，并非只在流体的“表面”上。

有两种表面应力：一是与微元体表面垂直方向（法向）上的应力，指向微元体内部，称为压力（或压强），以 $p$ 表示，单位为 $N/m^2$ 或 Pa。

$$p=\lim_{\Delta A\to 0}\frac{F_n}{\Delta A} \tag{1-1}$$

另一种是切向力，即

$$\tau=\lim_{\Delta A\to 0}\frac{F_\tau}{\Delta A} \tag{1-2}$$

式中：$\Delta A$ 为微元面积；$F_n$ 为法向单元作用力；$F_\tau$ 为切向单元作用力。

切向力是流体黏性的反映，当流体与固体壁面或流体与流体的不同层面间有相对运动时，即产生切应力，所以 $\tau$ 反映的是流体的内摩擦力，静止流体中，$\tau=0$。假定流体没有黏性，$\tau$ 也不会存在。对液体作这种假定时称为理想液体。

在工程上，压力的单位帕（Pa）过于微小，不便使用，工程上常用兆帕（MPa）作计量单位。在压力较小的流体机械中，如通风机、离心泵，也常用千帕（kPa）或量水柱的高度等来表示压力。

**2. 压力的表示方法**

压力的表示方法有以下几种：

（1）绝对压力。它以绝对零压力为基准进行计量。

（2）相对压力。它以当地大气压力 $p_a$ 为零点进行计量，通常所见压力表盘上的指示值就是相对压力，故也称表压。

（3）真空度。绝对压力低于当地大气压力时，不足一个大气压那一部分，即大气压力与绝对压力之差为真空度，以 $p_v$ 表示。几种压力的关系如图 1-2 所示。

表压＝绝对压力－大气压力

真空度＝大气压力－绝对压力

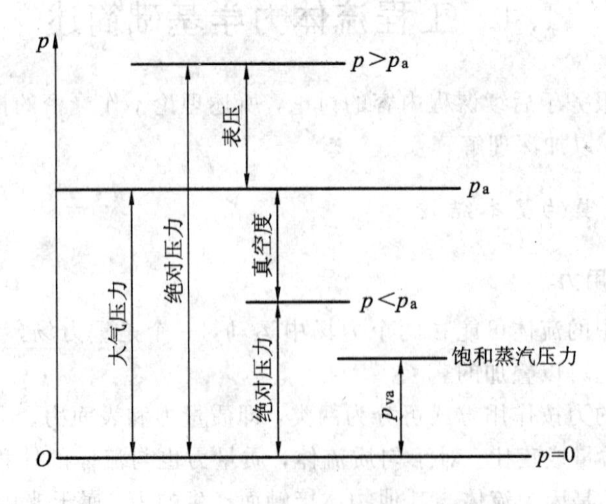


图 1-2　不同压力表示方法关系图

当液体的饱和蒸汽绝对压力 $p_{va}$ 高于当地环境的绝对压力时，液体将气化。流体机械在此产生所谓的“汽蚀现象”，这是液体介质流体机械的一个共性问题，避免流体机械在可能发生汽蚀的条件下工作是这类机械运行中一个普遍需要注意的问题。

在真空技术领域里，习惯上使用一个与 Pa 并用的单位“托”(Torr)，1 Torr = 133.332 Pa，相当于1 mmHg的压力。

**3. 重力场中的静止流体**

与静止容器没有相对运动的流体称为绝对静止流体。如果容器本身处于运动之中，则流体处于相对静止状态。流体静止(包括相对静止)时，流体质点之间没有相对运动，所以黏滞性在静止流体中显现不出来。因此，本部分所得到的流体平衡规律对理想流体和实际流体均适用。

流体静力学理论之一，静止液体中任一点的压力为

$$\mathrm{d}p = \rho(X\,\mathrm{d}x + Y\,\mathrm{d}y + Z\,\mathrm{d}z) \tag{1-3}$$

等压面方程：

$$X\,\mathrm{d}x + Y\,\mathrm{d}y + Z\,\mathrm{d}z = 0 \tag{1-4}$$

静止液体中任一点的压力为

$$p = \int \rho(X\,\mathrm{d}x + Y\,\mathrm{d}y + Z\,\mathrm{d}z) + c \tag{1-5}$$

积分常数 $c$ 按压力边界条件确定。式中 $X$、$Y$、$Z$ 为在设定坐标系条件下各坐标方向上的流体单位质量力。在图 1-3 中，静止液体所受到的质量力只有重力，在图示坐标系中，单位质量流体所受到的质量力为

$$X = Y = 0, \quad Z = -\frac{mg}{m} = -g$$

代入式(1-5)中，得

$$\begin{aligned} p &= \int \rho(X\,\mathrm{d}x + Y\,\mathrm{d}y + Z\,\mathrm{d}z) + c \\ &= -gz + c \end{aligned}$$

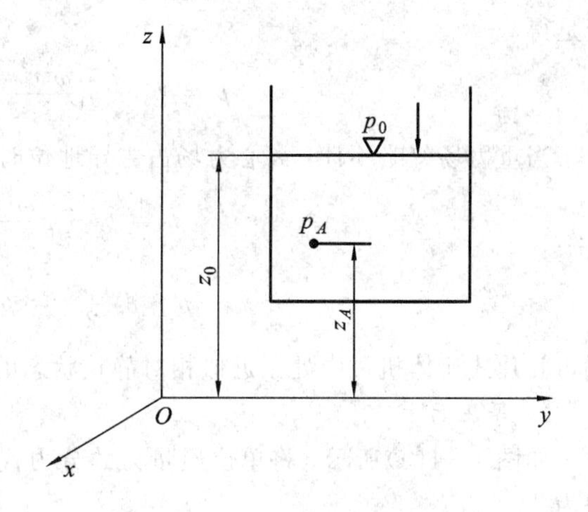

图 1-3 重力作用下流体的平衡

设液面上的压力为 $p_0$，此时液体中任一点 $A$ 处的压力为

$$p_A = p_0 + \rho g(z_0 - z_A) \tag{1-6}$$

**4. 离心力场中相对静止的流体**

1) 静压力分布规律

图 1-4 为一个盛有液体的敞口圆柱形容器。设容器以定转速 $\omega$ 绕其中心轴旋转，待运动稳定后，各质点都具有相同的角速度，液面形成一个漏斗形的旋转面。现将坐标系固定在运动着的容器上与容器一起旋转，此时液体相对于坐标系处于静止状态。根据达朗贝原理，作用在液体质点上的质量力除了重力 $mg$ 以外，由于存在着向心加速度，所以还应存在着 $xOy$ 平面内虚加的惯性离心力 $m\omega^2 r$，作用在单位质量流体上的惯性离心力为 $m\omega^2 r/m = \omega^2 r$，将 $\omega^2 r$ 在 $xOy$ 平面内分解，即可得出单位质量流体所受的质量力 $f$ 的三个分量为

$$X=\omega^2 r\cos\alpha=\omega^2 x;\quad Y=\omega^2 r\sin\alpha=\omega^2 y;\quad Z=-g$$

$$p=\int\rho(X\,\mathrm{d}x+Y\,\mathrm{d}y+Z\,\mathrm{d}z)+c=\rho\left(\frac{\omega^2x^2}{2}+\frac{\omega^2y^2}{2}-gz\right)+c=\rho\left(\frac{\omega^2r^2}{2}-gz\right)+c$$

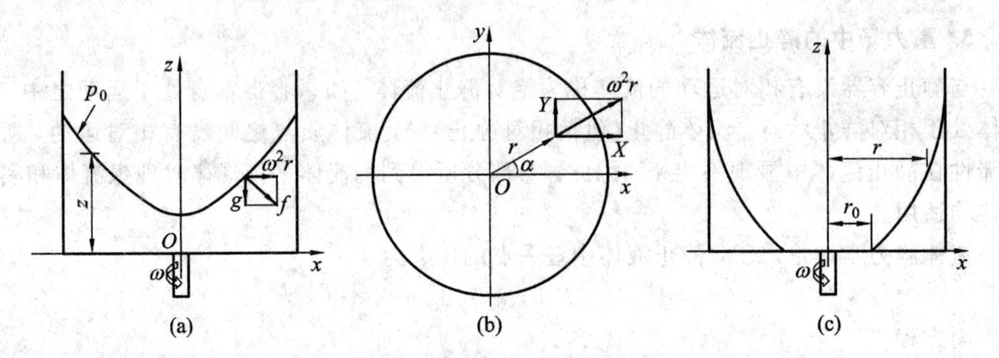


图 1-4 旋转容器中液体的平衡

(a) 低速转动；(b) $xOy$ 平面投影图；(c) 高速转动

如图 1-4(c)所示，根据边界条件，当 $r=r_0$，$z=0$ 时，$p=p_0$，可得积分常数 $c=p_0-\frac{\omega r_0^2}{2}$，于是得

$$p=p_0+\rho\left(\frac{\omega^2r^2-\omega^2r_0^2}{2}-gz\right)\tag{1-7}$$

当重力场忽略不计，离心力场占主导地位时，上式可变化为

$$p=p_0+\rho\frac{\omega^2r^2-\omega^2r_0^2}{2}$$

$$p-\rho\frac{\omega^2r^2}{2}=p_0-\rho\frac{\omega^2r_0^2}{2}\tag{1-8}$$

叶片式流体机械中处于近似相对静止状态的流体的压力计算，可按式(1-8)确定。

2) 等压面

如图 1-4(a)所示，将单位质量力的分力代入等压面微分方程式(1-4)，得等压面方程为

$$\omega^2x\,\mathrm{d}x+\omega^2y\,\mathrm{d}y-g\,\mathrm{d}z=0$$

$$\frac{\omega^2x^2}{2}+\frac{\omega^2y^2}{2}-gz=c;\ \frac{\omega^2r^2}{2}-gz=c$$

$$z=\frac{\omega^2r^2}{2g}+c$$

如图 1-4(c)所示，当 $z=0$ 时，$r=r_0$，$c=-\frac{\omega^2r_0^2}{2g}$，得

$$z=\frac{\omega^2}{2g}(r^2-r_0^2)\tag{1-9}$$

离心机高速旋转时流体的运动状态计算可按式(1-9)确定。

**5. 关于能量与比能**

流体的能量包括机械能和热能两种，化学能等其他形态的能量不在我们讨论范围中。流体的机械能有三种形式：位能、压力能、动能，可分别用 $E_z$、$E_p$、$E_v$ 表示。总的机

械能为

$$E = E_z + E_p + E_v \quad (J) \tag{1-10}$$

对于液体系统，热能只蕴含于流体之中而不参与功的传递过程，可以不考虑。但对气体是不同的，这点在后面讨论。

在关于流体系统的能量平衡分析中，为了简化讨论，都采用比能量的形式，单位量流体的能量称比能，用 $e$ 表示。根据流体机械的特点和工程应用习惯，流体的比能有以下三种表示形式：

(1) 重力比能：单位重力流体的能量，用 $e_g$ 表示，单位为 N·m/N=m。泵和水轮机分析中常用这种表示方法。

(2) 质量比能：单位质量流体的能量，用 $e_m$ 表示，单位为 N·m/kg=$m^2/s^2$。在压缩机分析中常用这种表示方法。

(3) 体积比能：单位体积流体的能量，用 $e_V$ 表示，单位为 N·m/$m^3$=N/$m^2$。它的单位与压力单位相同，通风机、较高压力的容积式流体机械中常用这种表示方法。

从比能的角度来评价液体静止的物理本质，静止液体中，各点的总比能相等。式(1-6)可改写为

$$\frac{p_0}{\rho g} + z_0 = \frac{p_A}{\rho g} + z_A \tag{1-11}$$

式中，$z$ 项为位置比能，简称比位能；$\frac{p}{\rho g}$项为压力比能，简称比压能。静止流体中任一点的比位能和比压能之和都相等。

将式(1-8)加以改写

$$\frac{p_1}{\rho g} + \left(-\frac{\omega^2 r_1^2}{2g}\right) = \frac{p_2}{\rho g} + \left(-\frac{\omega^2 r_2^2}{2g}\right)$$

$$\frac{p_1}{\rho g} + \left(-\frac{u_1^2}{2g}\right) = \frac{p_2}{\rho g} + \left(-\frac{u_2^2}{2g}\right) \tag{1-12}$$

式中，$u_1$、$u_2$ 分别是半径为 $r_1$、$r_2$ 处坐标系的运动速度。对比式(1-11)知，在离心力场中，比位能项应为$\left(-\frac{u^2}{2g}\right)$，比位能的大小与所处的位置(半径)有关。这里比位能项有负号，说明最大比位能的位置在旋转中心点，$r=0$，$-\frac{u^2}{2g}=0$，而当 $r>0$ 时，其比位能均为负值，且 $r$ 越大，其比位能越小。这用生活经验是可以证明的，比如在一个水平旋转圆板上放置一个小球，小球必然会从靠近中心处向外圆滚动，即由高比位能向低比位能处运动，如同小球在重力场中由高处向低处下落一样。

### 1.4.2　流体动力学的基本结论

#### 1. 连续性方程

如果在流场中每一空间点上的所有运动参数均不随时间变化，则称为稳定流动。如图1-5所示，在一元稳定流中，运动流体在任一断面上的质量守恒关系为

$$\rho_1 A_1 v_1 = \rho_2 A_2 v_2 = \cdots = Q_m = 常数 \tag{1-13}$$

对于不可压缩流体，密度 $\rho$ 为常数，上式可以写成

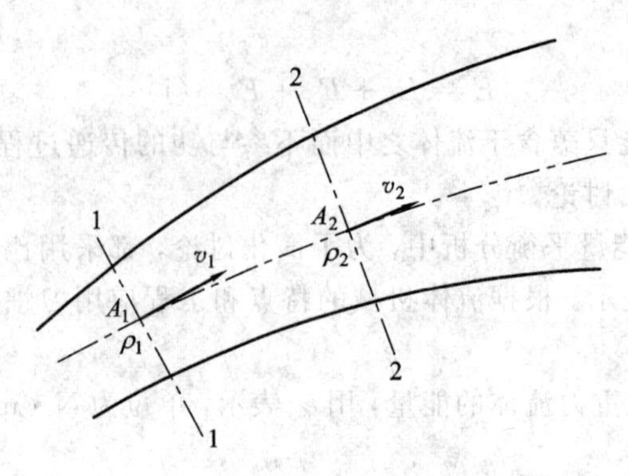


图 1-5 流体在管道中运动的质量守恒关系

$$A_1 v_1 = A_2 v_2 = \cdots = Q_V = \text{常数} \tag{1-14}$$

式中：$\rho$ 为流体的密度；$A$ 为过流断面面积($m^2$)，它是一个与流线处处垂直的曲面；$v$ 为过流断面上的平均速度(m/s)；$Q_m$ 为流体的质量流量(kg/s)；$Q_V$ 为流体的体积流量($m^3$/s)；液体体积流量在本书中用 $Q$ 表示，在气体中用 $Q_V$ 表示，以示区别。

从中不难看出，平均流速与有效断面面积成反比。比如，河道变窄处的流速增大。式(1-13)、式(1-14)成立的条件是 1-2 断面间无流量的分支。

**2. 重力场中的伯努利方程**

在一个流道中，总机械能大的一端的流体必然要流向小的一端，流体在流动过程中遵循能量守恒关系，用伯努利方程描述这一关系的能量表达式。设在流道 1-2 断面间无能量分支，如图 1-6 所示，流动流体的伯努利方程为

$$z_1 + \frac{p_1}{\rho g} + \frac{v_1^2}{2g} = z_2 + \frac{p_2}{\rho g} + \frac{v_2^2}{2g} + h_{1-2} \quad (\mathrm{m}) \tag{1-15}$$

式中：$z$、$\frac{p}{\rho g}$、$\frac{v^2}{2g}$和 $h_{1-2}$ 分别表示比位能、比压能、比动能和流体从断面 1 流到断面 2 的能量损失。

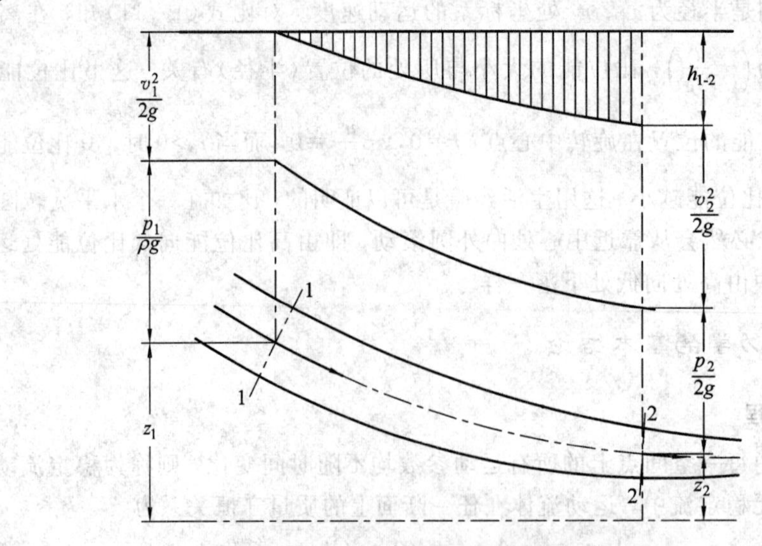


图 1-6 重力场中流体的能量守恒关系

如果1-2断面间有能量分支，如图1-7所示，则伯努利方程应有以下形式：

$$z_1+\frac{p_1}{\rho g}+\frac{v_1^2}{2g}+H=z_2+\frac{p_2}{\rho g}+\frac{v_2^2}{2g}+h_{1-2} \tag{1-16}$$

式中：$H$ 为分支能量。在图中，设外界对叶轮作功，向流体中输入机械能而使流动方向能量增加，则 $H$ 为正，断面2处的总机械能就大于断面1处。各种泵在系统中的工作就属于这一情况。$h_{1-2}$ 这一项应不包括加能装置叶轮中的损失。如果是由流体向叶轮作功而输出机械能，则 $H$ 为负值，涡轮机、水轮机就属于这种情况。

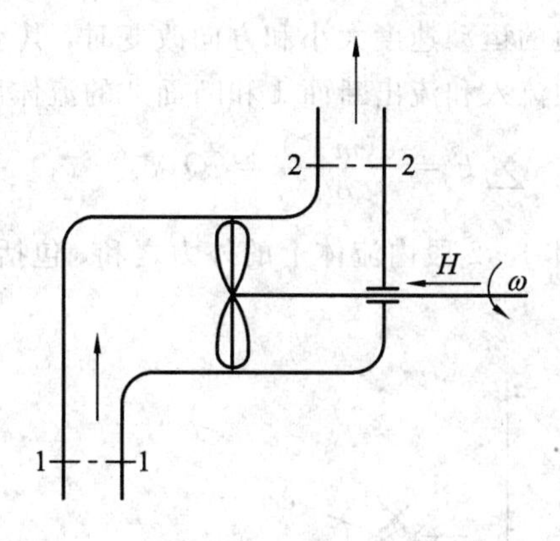


图1-7　有机械能分支的流动情况

**3. 重力、离心力联合场中的伯努利方程**

如图1-8所示，流道在一旋转坐标系中与坐标系一起以 $\omega$ 角速度旋转，液体由断面1向断面2流动(离心式叶片流体机械的叶轮内流道中的液体流动就属于这种情况)。此时流道本身有一牵连速度 $u$，液体相对于流道的速度为 $w$，当从这一旋转坐标系来观察流体运动时，其伯努利方程形式应为

$$z_1+\frac{p_1}{\rho g}+\frac{w_1^2}{2g}-\frac{u_1^2}{2g}=z_2+\frac{p_2}{\rho g}+\frac{w_2^2}{2g}-\frac{u_2^2}{2g}+h_{1-2} \tag{1-17}$$

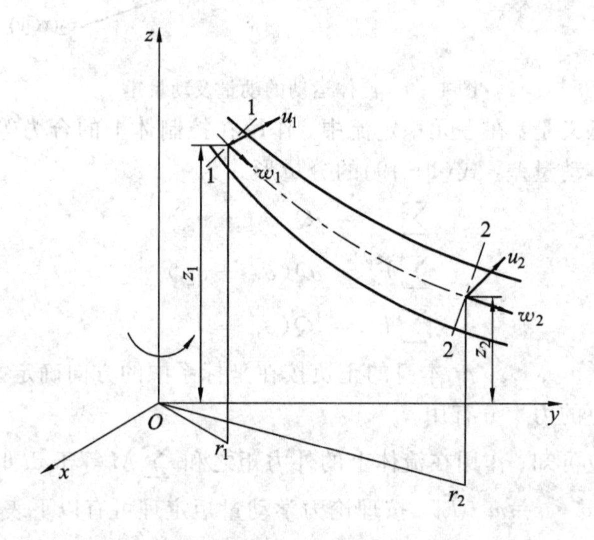


图1-8　重力、离心力联合场中流体的流动

式(1-17)可改写为

$$\left(z_1+\left(-\frac{u_1^2}{2g}\right)\right)+\frac{p_1}{\rho g}+\frac{w_1^2}{2g}=\left(z_2+\left(-\frac{u_2^2}{2g}\right)\right)+\frac{p_2}{\rho g}+\frac{w_2^2}{2g} \tag{1-18}$$

与式(1-15)相比较，$z+\left(-\frac{u^2}{2g}\right)$表示重力位能和离心力位能减少之和；$\frac{w^2}{2g}$表示离心力场中所观察的动能。

**4. 流体运动的动量及动量矩方程**

当流道中流体通过弯道的运动速度大小和方向改变时，其动量会发生变化，如图 1-9 所示。设 d$m$ 为 d$t$ 时间段内流入和流出断面 1 和断面 2 的流体质量，则

$$\sum F=\frac{\mathrm{d}(m\vec{v})}{\mathrm{d}t}=\rho Q(\vec{v}_2-\vec{v}_1) \tag{1-19}$$

式中：$\sum F$ 为作用于控制体 1-2 段内流体上的外力之和，包括重力、压力、流道壁面的作用力等。

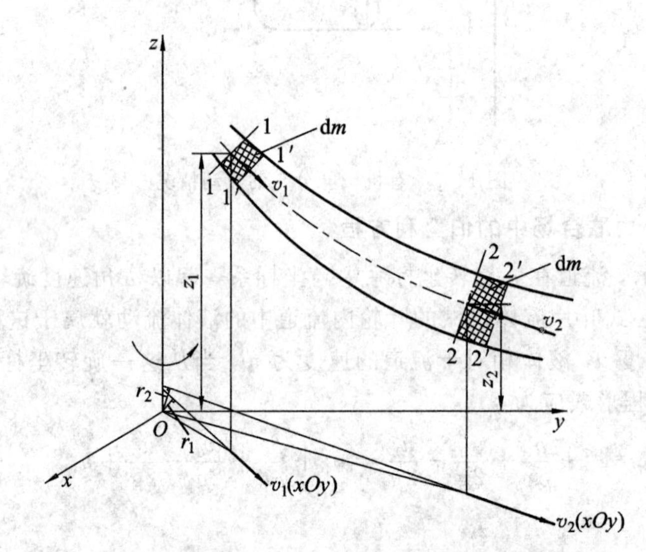


图 1-9　流体运动的动量及动量矩

该方程的物理意义是：在一元稳定流中，作用在控制体上的合力等于单位时间内流出与流入控制体的流体动量差，式(1-19)的分量形式为

$$\sum F_x=\rho Q(v_{2x}-v_{1x})$$

$$\sum F_y=\rho Q(v_{2y}-v_{1y})$$

$$\sum F_z=\rho Q(v_{2z}-v_{1z})$$

式中，$v_{2x}$、$v_{1x}$、$v_{2y}$、$v_{1y}$、$v_{2z}$、$v_{1z}$本身的正负按在坐标系中的方向确定。上式对分析叶片式流体机械的叶轮轴上的力十分有用。

与动量定理对应可知，作用在流体上的外力矩之和 $\sum M$ 等于 d$t$ 时间内流体运动动量矩 $L$ 的增量。$\vec{L}=m\vec{v}\cdot r=m\cdot\vec{L}_{\mathrm{v}}$，按理论力学动量矩定理可有以下表达式：

$$\sum M=\frac{\mathrm{d}(\vec{L})}{\mathrm{d}t}=\rho Q(\vec{L}_{\mathrm{v2}}-\vec{L}_{\mathrm{v1}}) \tag{1-20}$$

式中，$\sum M$ 为各外作用力对 $O$ 点力矩之和；$\vec{L}_v=\vec{v}\cdot r$，$r$ 为速度向量至 $O$ 点的垂直距离。通常我们要计算的都是对某轴的转矩和动量矩，此时，式(1-20)可写成分量形式：

$$\sum M_x = \rho Q(L_{v2x} - L_{v1x})$$
$$\sum M_y = \rho Q(L_{v2y} - L_{v1y})$$
$$\sum M_z = \rho Q(L_{v2z} - L_{v1z})$$

式中，$\sum M_x$、$\sum M_y$、$\sum M_z$ 分别为作用于流体上的外力对轴 $x$、$y$、$z$ 之矩，$L_{v2x}$、$L_{v1x}$ 为速度 $\vec{v}_2$、$\vec{v}_1$ 对 $x$ 轴之矩，其余依此类推。

### 1.4.3　气体介质的状态参数

在以气体为介质(也称工质)的叶片式或容积式流体机械(鼓风机、压缩机等)中，由于气体的可压缩性特点，必须考虑其状态参数的变化。在平衡状态下，气体只有一组确定的状态参数。

气体状态参数的变化量，只与其初、终状态有关，与初、终状态间变化所经历的途径无关，这是状态参数的基本特征。

气体的状态参数共有六个，其中压力 $p$、温度 $T$、比容 $v\left(v=\dfrac{1}{\rho}\right)$是基本状态参数，可以直接测量。在作为状态参数应用时，压力必须以绝对压力计，温度也是绝对温度(K)。内能($U$)、焓($H$)和熵($S$)则是由它们计算导出的状态参数。在六个参数中，只需有两个独立的参数即可确定系统的状态。所谓“系统”，在热力学中也称“热力系统”，是指所研究的对象泛义而言的概念。

**1. 内能**

气体的内能以 $U$ 表示，比内能以 $u$ 表示。

$U$ 为 mkg 物质的内能，单位为焦耳(J)。

$u$ 为比内能或也简称内能，是指单位质量气体的内能，$u=\dfrac{U}{m}$。单位为 J/kg。

内能是 $T$ 和 $v$ 的函数，$T$ 影响的是分子微观运动动能，$v$ 影响的则是分子间的作用力及其形成的位能。

**2. 焓**

气体的焓以 $H$ 表示，比焓以 $h$ 表示。

$$H = U + pV \quad (\text{J}) \tag{1-21}$$

$$h = \frac{H}{m} = u + pv \quad (\text{J/kg}) \tag{1-22}$$

对增量形式有

$$\Delta h = \Delta u + \Delta(pv) \quad (\text{J/kg}) \tag{1-23}$$

式中，$V$ 是气体的体积，$v$ 是单位质量气体的体积，$v=\dfrac{V}{m}=\dfrac{1}{\rho}$。焓是一个组合状态参数，它也是温度函数。因为 $p$ 和 $v$ 也是流动参数，所以式(1-23)体现了热能与机械能间的可转换性。实际上，热能转变为机械能都只有通过气体的膨胀(或压缩)才能得以实现。对于液体介质，正是因为假定了 $\rho=\frac{1}{v}$ 为常数，从而使热量不可能实现与机械能的转换。

**3. 熵**

熵 $S$ 也是一个推导出的状态参数，比熵 $s$ 以J/(kg·K) 为单位，其表达式为

$$\mathrm{d}s=\frac{\mathrm{d}q+\mathrm{d}q_{\mathrm{f}}}{T} \tag{1-24}$$

$$s=\int\frac{\mathrm{d}q+\mathrm{d}q_{\mathrm{f}}}{T}+常数$$

式中：$\mathrm{d}q$ 为 1 kg 气体与外界的交换量；$\mathrm{d}q_{\mathrm{f}}$ 为 1 kg 气体由于内部摩擦而产生的热量；$T$ 为气体在获得或放出热量时的绝对温度(K)。

由于两个状态参数确定一个平衡状态(指同时处于压力平衡及温度平衡的系统状态)，所以在由两个独立参数所组成的坐标平面上每一点即表示一个状态。如图 1-10 所示，1、2 就是两个状态点。从一个状态向另一个状态变化的全部中间状态之和就是“过程”。

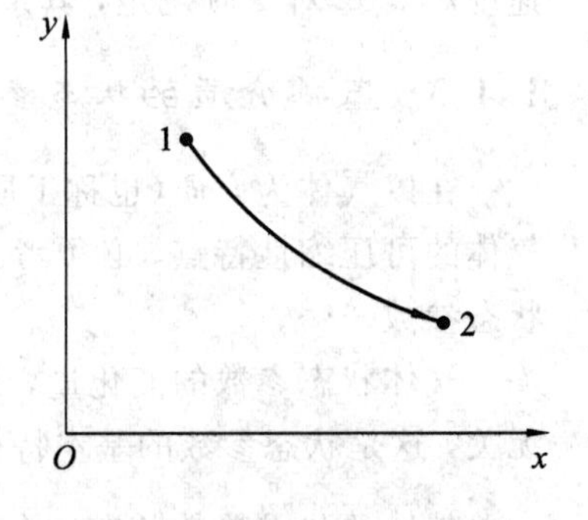

图 1-10　气体的状态及过程

封闭的过程称为循环。

实际的过程都是不可逆的。为分析方便，假定：① 系统原来处于平衡状态；② 气体作机械运动时无摩擦产生；③ 有传热时系统与外界无温差存在，此时，将存在理想的“可逆过程”。

## 1.4.4　气体稳定流动的能量方程

**1. 气体稳定流动**

气体的稳定流动是在满足气体定常流动条件的同时，也保持流场中各位置点的热力学参数不随时间变化的条件。我们在分析讨论中也常假定气体流动是“一元稳定流动”，即假定流动参数与热力参数都只是在流动方向上连续变化的。

如图 1-11 所示，实现稳定流动的条件如下：

(1) $Q_{\mathrm{m}}=A_1v_1\rho_1=A_2v_2\rho_2=常数$　　(1-25)

式中，$A_1$、$A_2$ 分别为系统进、出口处的过流断面积；$v_1$、$v_2$ 分别为系统进、出口处的平均速度；$\rho_1$、$\rho_2$ 分别为系统进、出口处的气体密度；$Q_{\mathrm{m}}$ 为单位时间内进、出系统的气体质量，即质量流量。

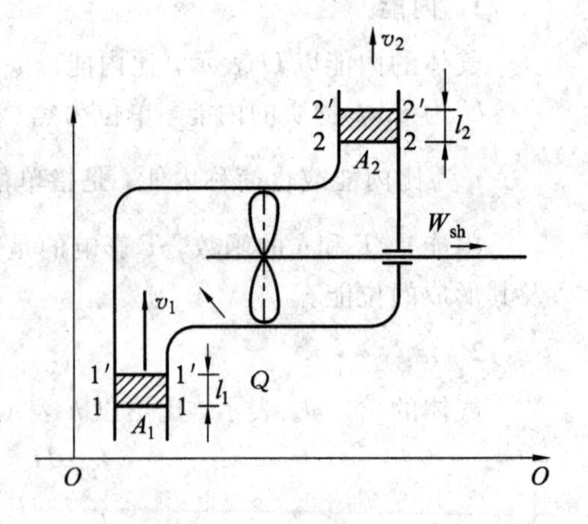

图 1-11　气体一元稳定流动

(2) 单位时间内加入系统的净热量 $Q$ 及系统所作的净功 $W_{\mathrm{sh}}$ 均不变。

**2. 热力学第一定律**

热力学第一定律是包括机械能与热能在内的能量守恒定律。其含义是热和功可以转换，为获得一定量的功必须消耗一定量的热，反之亦然。

热量是系统与外界间由于温度不同而传递的能量。热量不是状态参数，而是与过程特征有关的过程量。在热力学中规定，系统吸热时热量 $Q$ 取正值。以 $q$ 表示单位质量气体的吸收热量，单位取 J/kg。

热力系统通过界面与外界进行机械能交换，其交换能量称为机械功，以 $W$ 表示。通常机械功是通过转轴实现交换的，如压缩机、汽轮机等转轴式机械，所以机械功也是轴功。我们以 $W_{sh}$ 表示轴功，单位为 J 或 kJ；功率则是指单位时间内所作的功，其单位是 W 或 kW。系统对外作功为正，反之为负值。以 $w_{sh}$ 表示单位质量(1 kg)气体与外界交换的功，对外作功为正，单位是 J/kg。

**3. 闭口系统中的能量守恒关系和容积功**

与外界只发生能量交换而无物质交换的系统称为闭口系统。在闭口系统中，热力学第一定律表示为

$$Q = \Delta U + W_V \tag{1-26}$$

式中，$Q$ 为进入系统的热量；$\Delta U$ 为系统中气体内能的增量；$W_V$——系统所作的容积功，包括膨胀功或压缩功。如气体膨胀压力降低，如图1-12 所示的系统由平衡状态 1 到达平衡状态 2，则对外作膨胀功，$W_V$ 为正。反之，若气体被压缩，如在活塞式压缩机中，则 $W_V$ 为负。

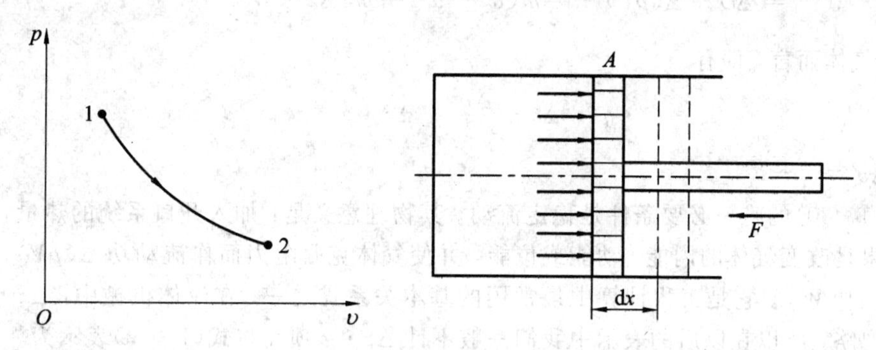


图 1-12 闭口系统的能量守恒及容积功

因为

$$W_V = \int_1^2 pA \, dx$$

$$W_V = \int_1^2 p \, dV = m \cdot \int_1^2 p \, dv = m \cdot w_V$$

式中：$m$ 为系统中气体的质量。

将式(1-26)各项除以 $m$，得

$$q = \Delta u + w_V = \Delta u + \int_1^2 p \, dv \tag{1-27}$$

式(1-27)是基于能量定律导出的，所以适用于包括实际气体、理想气体和液体的任何介质以及可逆和不可逆的任何热力过程。

**4. 流动功(推动功)$W_l$**

工程上的实际热力系统一般都是在气体的流动过程中运行的，它们是开口系统。在图1-11 中可以看到，在系统前的截面 1-1 处，外界气体为进入系统必须对系统作功 $p_1A_1l_1 =$

$p_1V_1$，同样，在出口处有 $p_2A_2l_2=p_2V_2$。$W_{l1}=p_1V_1$、$W_{l2}=p_2V_2$ 为流动功或推动功，它们是气体在流动时对外界所作的功。按前述关于功符号的约定，应取 $W_{l1}<0$，$W_{l2}>0$。

**5. 气体一元稳定流动的能量方程**

对图 1-11 所示的开口系统，它与外界既有能量也有质量的交换。对断面 1-2 间而言，在稳定流动的情况下，其中储能的变化量 $\Delta E$ 为

$$\Delta E = E_2 - E_1 \tag{1-28}$$

式中：$E_1$ 为带入系统的能量，$E_1=U_1+\frac{1}{2}mv_1^2+mgz_1$；$E_2$ 为带出系统的能量，$E_2=U_2+\frac{1}{2}mv_2^2+mgz_2$。其中，$m$ 为微元体积 $V_1$ 或 $V_2$ 中的气体的质量，$v_1$、$v_2$ 为气体的平均流速。

在开口系统中，能量守恒关系应为

$$Q = \Delta E + W \tag{1-29}$$

式中，

$$W = W_{sh} + W_l = W_{sh} + p_2V_2 - p_1V_1 = W_{sh} + \Delta(pV)$$

$$Q = (U_2 - U_1) + \frac{1}{2}m(v_2^2 - v_1^2) + mg(z_2 - z_1) + W_{sh} + \Delta(pV)$$

$$= \Delta U + \Delta(pV) + \frac{1}{2}m(v_2^2 - v_1^2) + mg\Delta z + W_{sh}$$

对 1 kg 气体而言，即有

$$q = \Delta h + \frac{\Delta v^2}{2} + \Delta z \cdot g + w_{sh} \tag{1-30}$$

式中，$\Delta v^2=v_2^2-v_1^2$。

式(1-30)的唯一必要条件是稳定流动。其物理意义是：加入开口系统的热量，可能产生的结果是改变气体的内能、动能或位能，并使气体克服阻力而作流动功 $\Delta(pV)$，同时对外输出轴功 $W_{sh}$。它是工程计算中最常用的基本关系式之一。在流体机械中，$\Delta z\cdot g$ 项完全可以忽略，所以在以后的表示中我们一般不计 $\Delta z\cdot g$ 项而将式(1-30)表示为

$$q = \Delta h + \frac{\Delta v^2}{2} + w_{sh} \tag{1-31}$$

**6. 轴功 $W_{sh}$ 与容积功 $W_V$ 的关系**

不论气体是静止的还是流动的，欲使热能转变为机械能，都必须通过气体的容积膨胀才能实现，这是热变功的特点。容积膨胀所作容积功见式(1-27)。将式(1-27)、式(1-30)和式(1-23)联立，即可得

$$\int_1^2 p\,\mathrm{d}\upsilon = \frac{\Delta v^2}{2} + w_{sh} + \Delta(p\upsilon) + \Delta z \cdot g \tag{1-32}$$

式(1-29)左边是容积功(膨胀功或压缩功)，右边是机械功，其中 $\Delta(p\upsilon)$ 是维持气流进出系统所必需的条件，其余为可利用的机械功，称为技术功，用 $w_{tec}$ 表示，则

$$\int_1^2 p\,\mathrm{d}\upsilon = w_{tec} + \Delta(p\upsilon) \tag{1-33}$$

由图 1-13 所示 $p$-$\upsilon$ 图上的几何关系可以证明：

$$\int_1^2 p\,\mathrm{d}\upsilon - \Delta(p\upsilon) = \int_1^2 p\,\mathrm{d}\upsilon + p_1\upsilon_1 - p_2\upsilon_2 = 面积_{12ba1} = -\int_1^2 \upsilon\,\mathrm{d}p$$

所以

$$w_{tec}=\frac{\Delta v^2}{2}+w_{sh}+\Delta z\cdot g=-\int_1^2 v\,\mathrm{d}p \tag{1-34}$$

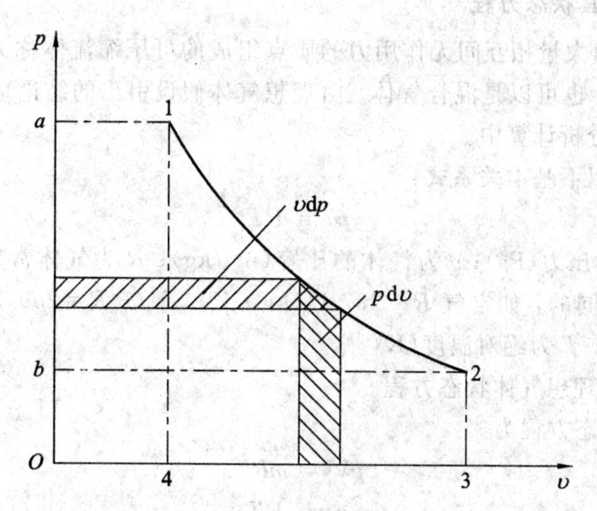


图 1-13　容积功与轴功关系的图示

如果忽略系统进、出口动能的差值及位能的变化，可得以下近似关系：

$$w_{sh}=-\int_1^2 v\,\mathrm{d}p \tag{1-35}$$

所以，在开口系统中，由于气体膨胀而可以实现的机械功值为 $-\int_1^2 v\,\mathrm{d}p$，蒸汽轮机和燃气轮机的工作即是如此。对于压缩机，这就是压缩功。为区别于前述闭口系统中的容积功的压缩功 $\int_1^2 p\,\mathrm{d}v$，我们不妨称压缩机的压缩功为“轴耗压缩功”。将式(1-30)、式(1-34)联立，并代入 $\Delta h=\Delta u+\Delta(pv)$ 也可得到对开口系统 $q$ 的表达式为

$$q=\Delta h-\int_1^2 v\,\mathrm{d}p \tag{1-36}$$

**7. 气体稳定流动能量方程与液体定常流动伯努利方程的比较**

将式(1-16)改写成以下形式，并不计损失：

$$H=(z_2-z_1)+\frac{p_2-p_1}{\rho g}+\frac{v_2^2-v_1^2}{2g} \tag{1-37}$$

式(1-34)改写成以下形式：

$$-w_{sh}=\int_1^2 v\,\mathrm{d}p+\frac{\Delta v^2}{2}+\Delta z\cdot g \tag{1-38}$$

上式是以每千克气体来计算的，将式(1-35)除以 $g$，这样 $-w_{sh}/g$ 的单位与 $H$ 的单位一致，负号表示外界向气体系统提供能量为负，正好与液体系统规定的相反。若假定气体为不可压缩流体，$\rho=\frac{1}{v}=\text{const}$，则 $\int_1^2 v\,\mathrm{d}p=\frac{p_2-p_1}{\rho}$，可见式(1-37)和式(1-38)本质上是相同的。稳定液流的伯努利方程只是气体稳定流动能量方程在 $\rho=\text{const}$ 条件下的特例。

### 1.4.5 气体的状态方程

**1. 理想气体及其状态方程**

一种假想的，由大量相互间无作用力的质点组成的可压缩流体称为理想气体。理想气体可以是单一气体，也可以是混合气体。由理想气体假设引出的结论可以近似地应用于许多实际气体的工程分析计算中。

理想气体遵守以下基本关系式：

$$pv = RT \tag{1-39}$$

式中：$p$ 为气体绝对压力(Pa)；$v$ 为气体的比容($m^3/kg$)；$R$ 为气体常数(J/(kg·K))，不同气体的 $R$ 值是不同的，如空气 $R=287$ J/(kg·K)，氧气 $R=259.8$ J/(kg·K)，氮气 $R=297$ J/(kg·K)；$T$ 为绝对温度(K)。

式(1-39)称为理想气体状态方程。

$m$ kg 气体的状态方程为

$$pV = mRT \tag{1-40}$$

$$p = \rho RT \tag{1-41}$$

**2. 气体的热力性质**

单位质量气体温度升高 1 K(或 1℃)所需要的热量称为质量比热容，简称比热容。因为热量是过程量，与过程进行的状态有关，所以对定容和定压过程有不同的比热容值。

定容比热容 $c_V$：$c_V=\dfrac{dq_V}{dT}$

定压比热容 $c_p$：$c_p=\dfrac{dq_p}{dT}$

气体的 $c_V$ 和 $c_p$ 并非常数，工程计算中可通过查找有关图表确定。但这一变化并不是很大，为方便计算有时也可近似按常数处理。

理想气体因为只有分子动能而无分子间作用力形成的位能，所以内能只是温度的函数，$u=u(T)$。同样，焓也是温度的函数，$h-u+pv=u(T)+RT=h(T)$。

由式(1-27)、式(1-36)可知，分别令 $dv$ 和 $dp$ 等于零时，即可得比热容的以下关系：

$$c_V = \frac{du}{dT} \tag{1-42}$$

$$c_p = \frac{dh}{dT} \tag{1-43}$$

由 $h=u+pv=u(T)+RT$ 可知，$\dfrac{dh}{dT}=\dfrac{du}{dT}+R$，故

$$c_p = c_V + R \tag{1-44}$$

令 $k=\dfrac{c_p}{c_V}$，它是气体的比热容比。由此可以有以下关系：

$$c_V = \frac{R}{k-1} \tag{1-45}$$

$$c_p = \frac{k \cdot R}{k-1} \tag{1-46}$$

**3. 理想气体的熵**

由 $ds=\dfrac{\delta q+\delta q_f}{T}$ 可知，理想气体的可逆过程为

$$\delta q_f = 0$$

故

$$ds = \frac{\delta q}{T}$$

由式(1-27)和式(1-36)的关系，ds 可表示为

$$ds = \frac{du + p\ dv}{T} = \frac{du}{T} + \frac{p}{T}dv$$

或

$$ds = \frac{dh - v\ dp}{T} = \frac{dh}{T} - \frac{v}{T}\ dp$$

利用式(1-42)和式(1-43)对以上两式进行变换，若按式(1-42)，则有

$$ds = \frac{c_V\ dT}{T} + \frac{R}{v}\ dv \tag{1-47}$$

则

$$s_2 - s_1 = \int_1^2 c_V \cdot \frac{dT}{T} + R\ \ln\frac{v_2}{v_1} \tag{1-48}$$

若按式(1-43)，可有

$$ds = \frac{c_p\ dT}{T} - \frac{R}{v}\ dp$$

则

$$s_2 - s_1 = \int_1^2 c_p \cdot \frac{dT}{T} + R\ \ln\frac{p_2}{p_1} \tag{1-49}$$

假定 $c_v$ 和 $c_p$ 均为定值，则式(1-48)和式(1-49)即可简化为

$$\Delta s = s_2 - s_1 = c_V \cdot \ln\frac{T_2}{T_1} + R\ \ln\frac{v_2}{v_1} \tag{1-50}$$

或

$$\Delta s = s_2 - s_1 = c_p \cdot \ln\frac{T_2}{T_1} - R\ \ln\frac{p_2}{p_1} \tag{1-51}$$

由 $c_p=c_V+R$ 的关系，可将上式简化为以 $p$ 和 $v$ 为变量的计算式

$$\Delta s = s_2 - s_1 = c_V \cdot \ln\frac{p_2}{p_1} + c_p \cdot R\ \ln\frac{v_2}{v_1} \tag{1-52}$$

**4. 理想气体的定容压缩过程**

定容压缩的基本特点是比容保持定值，所以 $\rho=1/v$ 也不变。气体机械的通风机是按 $\rho$ 为常数的近似条件分析的，由状态方程 $pv=RT$ 可知，定容压缩时压力变化为

$$\frac{p_2}{p_1}=\frac{T_2}{T_1}$$

由式(1-42)和式(1-43)得

$$\Delta u_V = \int_1^2 c_V \cdot dT = c_V \cdot (T_2 - T_1) \quad (c_V\text{ 取常数，以下分析类同}) \tag{1-53}$$

$$\Delta h_V = \int_1^2 c_p \cdot dT = c_p \cdot (T_2 - T_1) \quad (c_p\text{ 取常数，以下分析类同}) \tag{1-54}$$

熵变可由式(1-50)求得

$$\Delta s_V = s_2 - s_1 = c_V \cdot \ln \frac{T_2}{T_1}$$

$T-s$ 曲线可由式(1-47)并令 $dv=0$ 得

$$\frac{dT}{ds} = \frac{T}{c_V} \tag{1-55}$$

所以，$T-s$ 曲线为指数函数，其过程曲线如图 1-14 所示。1-2 为加热过程线，1-2′为放热过程线。功量和热量的计算可参照过程曲线的特点求取。

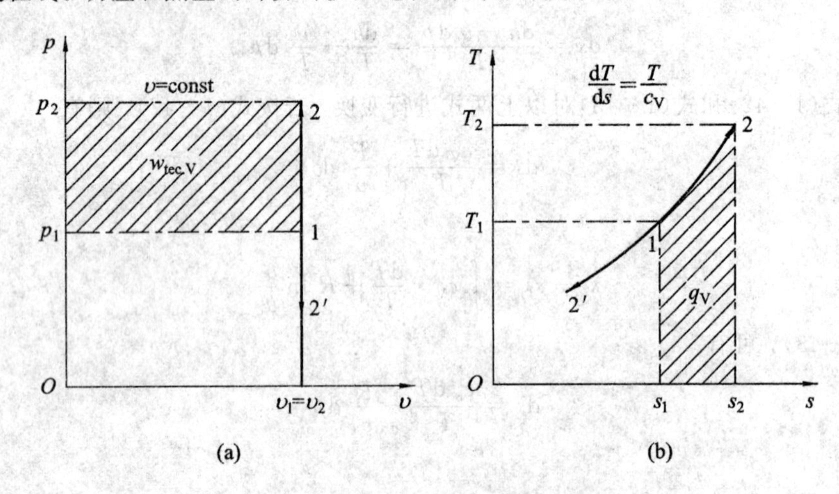


图 1-14 理想气体的定容过程

容积功：

$$w_{V.V} = \int_1^2 p\,dv = 0 \tag{1-56}$$

技术功：

$$w_{teh.V} = \int_1^2 v\,dp = v(p_2 - p_1) \tag{1-57}$$

过程中的热量：

$$q_V = \Delta u + \int_1^2 p\,dv = \Delta u \tag{1-58}$$

在 $T-s$ 图上，$q_V = \int_1^2 T\,ds$。这是对可逆过程而言的。

可见，定容过程热量只改变内能，压力的变化则与技术功有关。

**5. 理想气体的定压过程**

在 $p=\text{const}$ 的条件下，状态参数变化关系为

$$\frac{v_2}{v_1} = \frac{T_2}{T_1} \tag{1-59}$$

内能：

$$\Delta u_{\mathrm{p}} = \int_1^2 c_{\mathrm{V}} \cdot \mathrm{d}T = c_{\mathrm{V}} \cdot (T_2 - T_1) \tag{1-60}$$

焓变：

$$\Delta h_{\mathrm{p}} = \int_1^2 c_{\mathrm{p}} \cdot \mathrm{d}T = c_{\mathrm{p}} \cdot (T_2 - T_1) \tag{1-61}$$

熵变：

$$\Delta s_{\mathrm{p}} = s_2 - s_1 = c_{\mathrm{p}} \cdot \ln \frac{T_2}{T_1} \tag{1-62}$$

$T-s$ 关系：

$$\frac{\mathrm{d}T}{\mathrm{d}s} = \frac{T}{c_{\mathrm{p}}} \tag{1-63}$$

$T-s$ 曲线为指数函数，与等容过程相比斜率较小，曲线较平坦一些，如图 1-15 所示。

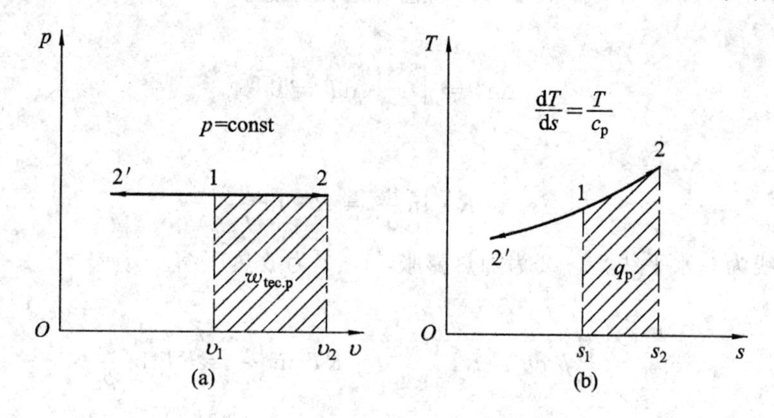


图 1-15　理想气体的定压过程

容积功：

$$w_{\mathrm{V.p}} = \int_1^2 p\ \mathrm{d}\upsilon = (\upsilon_2 - \upsilon_1) = R(T_2 - T_1) \tag{1-64}$$

技术功：

$$w_{\mathrm{teh.p}} = \int_1^2 \upsilon\ \mathrm{d}p = 0 \tag{1-65}$$

过程中的热量：

$$q_{\mathrm{p}} = \Delta h - \int_1^2 \upsilon\ \mathrm{d}p = h_2 - h_1 \tag{1-66}$$

**6. 理想气体的定温过程**

压缩机工作中，如果冷却条件非常好，可以近似地假定按等温过程考虑。在 $T=\mathrm{const}$ 的条件下，$p-\upsilon$ 曲线为双曲线，如图 1-16 所示。

$$\frac{p_1}{p_2} = \frac{\upsilon_2}{\upsilon_1} \tag{1-67}$$

内能：

$$\Delta u_{\mathrm{T}} = \int_1^2 c_{\mathrm{V}} \cdot \mathrm{d}T = 0 \tag{1-68}$$

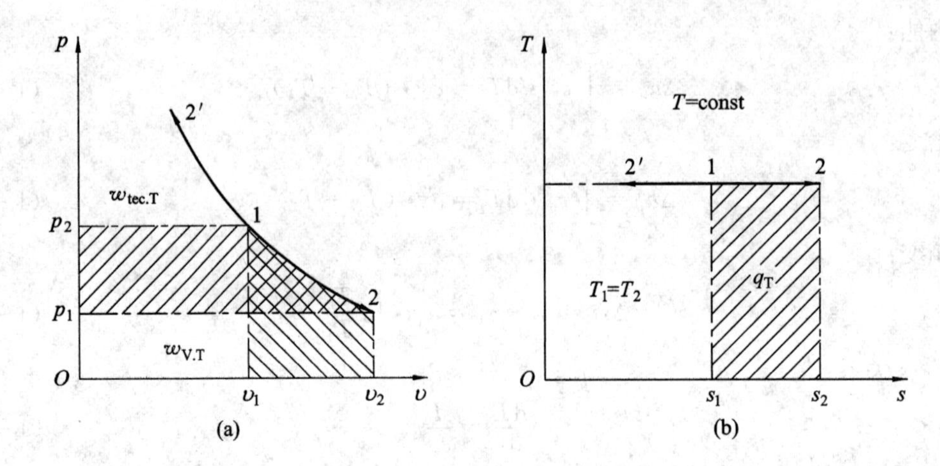


图 1-16　理想气体的定温过程

焓变：

$$\Delta h_{\mathrm{T}} = \int_1^2 c_{\mathrm{p}} \cdot \mathrm{d}T = 0 \tag{1-69}$$

熵变：

$$\Delta s_{\mathrm{T}} = R \cdot \ln \frac{v_2}{v_1} = R \cdot \ln \frac{p_1}{p_2} \tag{1-70}$$

$T-s$ 曲线为一水平线，1-2 为加热膨胀，1-2′为放热压缩。

容积功：

$$w_{\mathrm{V.T}} = \int_1^2 p\ \mathrm{d}v = RT\int_1^2 \frac{\mathrm{d}v}{v} = RT\ \ln \frac{v_2}{v_1} = RT\ \ln \frac{p_1}{p_2} \tag{1-71}$$

技术功：

$$w_{\mathrm{teh.T}} = -\int_1^2 v\ \mathrm{d}p = -RT\int_1^2 \frac{\mathrm{d}p}{p} = RT\ \ln \frac{p_1}{p_2} = RT\ \ln \frac{v_2}{v_1} \tag{1-72}$$

$$q_{\mathrm{T}} = \Delta u + w_{\mathrm{V}} = \Delta h + w_{\mathrm{tec}}$$

因为 $\Delta u_{\mathrm{T}}=0$，$\Delta h_{\mathrm{T}}=0$，所以

$$q_{\mathrm{T}} = w_{\mathrm{V.T}} = w_{\mathrm{tec.T}}$$

$$q_{\mathrm{T}} = RT\ \ln \frac{v_2}{v_1} = RT\ \ln \frac{p_1}{p_2} \tag{1-73}$$

热量也可按下式计算：

$$q_{\mathrm{T}} = \int_1^2 T\ \mathrm{d}s = T(s_2 - s_1) \tag{1-74}$$

由此可知对定温过程，容积功等于技术功，表现在 $p-v$ 图上即 1-2 曲线的左边和下边的面积是相等的。定温过程中加入的热量全部等于所作的膨胀功或技术功，如果是压缩，则功全部变为热放出，这是理想气体定温过程的特点。

**7. 理想气体的绝热过程**

如果压缩机或气动机械工作中没有冷却条件，气体的状态变化接近绝热过程，此时 $\delta q=0$，可逆绝热过程($\delta q_{\mathrm{f}}=0$)也称等熵过程，其状态过程如图 1-17 所示。

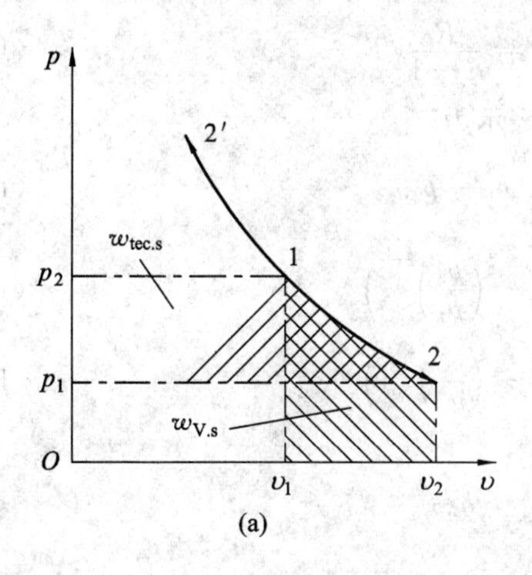


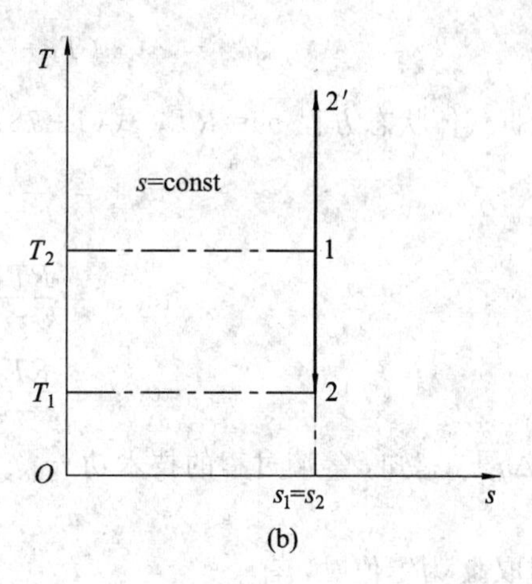


图 1-17 理想气体的绝热过程

由式(1-27)得

$$\delta q = du + p\ dv = c_V \cdot dT + p\ dv$$

因为 $T=pv/R$，$dT=\frac{1}{R}d(pv)=\frac{1}{R}(p\ dv+v\ dp)$，代入上式，得

$$\delta q = \frac{c_V}{R}(p\ dv + v\ dp) + p\ dv = 0$$

以 $R=c_p-c_V$ 代入，并整理得

$$\frac{c_p}{c_V}\cdot\frac{dv}{v}+\frac{dp}{p}=0$$

取 $k=\frac{c_p}{c_V}$，并对上式积分，得

$$p\cdot v^k = 常数 \tag{1-75}$$

式中，$k$ 称理想气体绝热指数，它也是气体的质量热容比，空气的 $k=1.4$。

根据气体状态方程 $pv=RT$，可得出如下表示式：

$$T\cdot v^{k-1} = 常数 \tag{1-76}$$

$$T\cdot p^{\frac{k-1}{k}} = 常数 \tag{1-77}$$

由以上关系可知，绝热膨胀时，$v_2>v_1$，$T_2<T_1$，$p_2<p_1$，而绝热压缩则恰好相反。与 $T=\text{const}$ 相比，绝热过程的 $p-v$ 曲线应更陡一些。

因绝热过程，$\delta q=0$，所以 $\Delta s=\int_1^2\frac{dq}{T}=0$，等熵过程在 $T-s$ 图上为一垂直线。

由 $q=\Delta u+w_V$ 可知，在 $q_s=0$ 的条件下有容积功 $w_{V.s}$：

$$w_{V.s}=-\Delta u = u_1-u_2$$

可见，在绝热膨胀时，消耗气体内能，而对气体作绝热压缩时增加气体内能，这对任何气体，可逆或不可逆过程都是如此。

可以把 $w_{V.s}$ 写成状态参数 $p$、$v$ 和 $T$ 的表达式，这样更便于使用。当取 $c_V$ 为定值时，有

$$w_{V.s} = c_V \cdot (T_1 - T_2) = \frac{R}{k-1}(T_1 - T_2) \tag{1-78}$$

根据气体状态方程 $pv=RT$，式(1-78)可表示为

$$w_{V.s} = \frac{1}{k-1}(p_1v_1 - p_2v_2) \tag{1-79}$$

$$w_{V.s} = \frac{RT_1}{k-1}\left(1 - \left(\frac{p_2}{p_1}\right)^{\frac{k-1}{k}}\right) \tag{1-80}$$

$$w_{V.s} = \frac{RT_1}{k-1}\left(1 - \left(\frac{v_1}{v_2}\right)^{k-1}\right) \tag{1-81}$$

由 $q=\Delta h+w_{tec}$ 知，等熵过程的技术功 $w_{tec.s}$ 为

$$w_{tec.s} = h_1 - h_2$$

当取 $c_p$ 为定值时，有

$$w_{tec.s} = c_p \cdot (T_1 - T_2) = \frac{kR}{k-1}(T_1 - T_2) \tag{1-82}$$

根据气体状态方程 $pV=RT$，式(1-82)可表示为

$$w_{tec.s} = \frac{k}{k-1}(p_1v_1 - p_2v_2) \tag{1-83}$$

$$w_{tec.s} = \frac{kRT_1}{k-1}\left(1 - \left(\frac{p_2}{p_1}\right)^{\frac{k-1}{k}}\right) \tag{1-84}$$

$$w_{tec.s} = \frac{kRT_1}{k-1}\left(1 - \left(\frac{v_1}{v_2}\right)^{k-1}\right) \tag{1-85}$$

对容积功和技术功进行比较知，理想气体绝热过程中的技术功为容积功的 $k$ 倍。表现在 $p-v$ 图上是 1-2 曲线左边的面积为下边面积的 $k$ 倍。

**8. 多变过程**

工程上的实际过程，一般遵循多变过程，多变过程的方程为

$$p \cdot v^n = 常数 \tag{1-86}$$

式中，$n$ 为多变指数。不同的多变过程，$n$ 值是不同的：

(1) $n=0$，$p=\text{const}$，定压过程；

(2) $n=1$，$T=\text{const}$，定温过程；

(3) $n=k$，$p \cdot v^k=$常数，等熵过程(绝热过程)；

(4) $n\to\pm\infty$，$v=\text{const}$，定容过程。因为 $n\to\pm\infty$，相当于 $p^{\frac{1}{\pm\infty}}$，$v=\text{const}$，即 $p^0 \cdot v=\text{const}$。$n$ 为不同值时的 $p-v$ 图及 $T-s$ 图上过程曲线的比较见图 1-18。$1<n<k$ 的曲线如图 1-18 中的虚线所示。$n$ 为一般值时的状态参数及功、能量表达式如下：

$$\frac{p_2}{p_1} = \left(\frac{v_1}{v_2}\right)^n \tag{1-87}$$

$$\frac{T_2}{T_1} = \left(\frac{v_1}{v_2}\right)^{n-1} \tag{1-88}$$

$$\frac{T_2}{T_1} = \left(\frac{p_2}{p_1}\right)^{\frac{n-1}{n}} \tag{1-89}$$

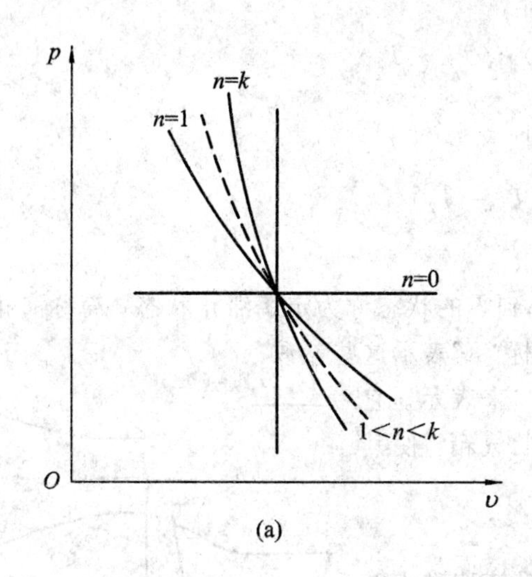


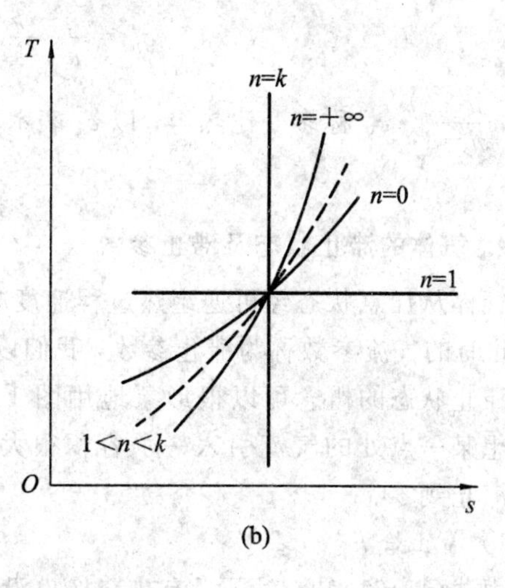


图 1-18 $n$ 为不同值时的过程曲线

① 容积功：

$$w_{V.n}=\int_1^2 p\,\mathrm{d}v=\int_1^2\frac{p_1v_1^n}{v^n}\,\mathrm{d}v$$

故

$$w_{V.n}=\frac{1}{n-1}(p_1v_1-p_2v_2)=\frac{R}{n-1}(T_1-T_2) \tag{1-90}$$

或

$$w_{V.n}=\frac{RT_1}{n-1}\left[1-\left(\frac{p_2}{p_1}\right)^{\frac{n-1}{n}}\right] \tag{1-91}$$

$$w_{V.n}=\frac{RT_1}{n-1}\left[1-\left(\frac{v_1}{v_2}\right)^{n-1}\right] \tag{1-92}$$

② 技术功：由式(1-34)得

$$w_{tec.n}=-\int_1^2 v\,\mathrm{d}p$$

故

$$w_{tec.n}=\frac{n}{n-1}(p_1v_1-p_2v_2) \tag{1-93}$$

或

$$w_{tec.n}=\frac{nR}{n-1}(T_1-T_2) \tag{1-94}$$

或

$$w_{tec.n}=\frac{nRT_1}{n-1}\left[1-\left(\frac{p_2}{p_1}\right)^{\frac{n-1}{n}}\right] \tag{1-95}$$

多变过程中，$q\neq0$，其值可按下式计算：

$$q_n=\Delta u+w_{V.n}=\int_1^2 c_V\cdot\mathrm{d}T+\frac{R}{n-1}(T_1-T_2) \tag{1-96}$$

取 $c_V$ 为定值，代入式(1-45)得

$$q_n = \frac{n-k}{n-1} \cdot c_V \cdot (T_1 - T_2) \tag{1-97}$$

其中，$\frac{n-k}{n-1} \cdot c_V$ 称多变比热容，以 $c_n$ 表示，则

$$q_n = c_n \cdot (T_1 - T_2)$$

**9. 气体的滞止状态及滞止参数**

气体从任意状态经可逆绝热过程速度减小到零的状态称为定熵滞止状态，简称滞止状态。此时的气流参数称为滞止参数，我们以角标"st"表示这些参数。

滞止状态的概念可以很形象地用图 1-19 来表示。它是假想某一点处的气流引入一个容积很大的贮气箱，使其速度滞止到零。

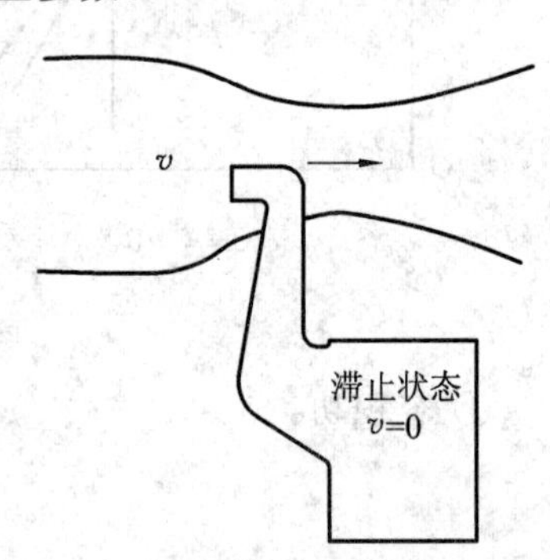


图 1-19 滞止参数

1）滞止焓 $h_{st}$

由式(1-31)知，对既没有热交换也没有机械功输入输出的绝热流动的过程，能量方程式为

$$h_1 + \frac{1}{2}v_1^2 = h_2 + \frac{1}{2}v_2^2 = \text{const}$$

可知气体的焓值随气流速度的减小而增大。如果把气流由速度 $v_1 = v$（焓 $h_1 = h$）绝热地滞止到 $v_2 = 0$，此时所对应的焓值 $h_2 = h_{st}$ 就称为滞止焓，则

$$h_{st} = h + \frac{1}{2}v^2 \tag{1-98}$$

2）滞止温度 $T_{st}$

由上式及 $h = c_p \cdot T$ 的关系可得

$$h_{st} - h = c_p(T_{st} - T) = \frac{1}{2}v^2$$

故

$$T_{st} = T + \frac{v^2}{2c_p} \tag{1-99}$$

3）滞止压力 $p_{st}$

$$p_{st} = p \cdot \left(\frac{T_{st}}{T}\right)^{\frac{k}{k-1}} \tag{1-100}$$

以上这些参数表示的是该截面上的气流如果滞止为零时所具有滞止参数值。利用滞止参数可以简化分析计算，例如式(1-31)可表示为

$$q = h_{2st} - h_{1st} + w_{sh}$$

### 1.4.6 马赫数及拉法尔管

当气流速度 $v$ 达到当地声速时，称此速度为临界速度，以 $v_{cr}$ 表示。所谓当地声速，是指流速 $v$ 的那部分气体所处的 $p$、$T$ 状态下的声速 $c$。

流速 $v$ 与声速 $c$ 之比($v/c$)称为马赫数，表示以"Ma"，Ma=$v/c$，有以下三种情况：

(1) Ma<1：亚音速；

(2) Ma>1：超音速；

(3) Ma=1：临界流速。

根据物理学的理论，声速 $c$ 应为

$$c=\sqrt{\frac{\mathrm{d}p}{\mathrm{d}\rho}} \tag{1-101}$$

式中，$\mathrm{d}p$ 和 $\mathrm{d}\rho$ 为声音振动引起的气体压力和密度的微小变化量，这一变化接近绝热过程。因此由 $pv^k$=常数的过程特点和 $pv=RT$ 的参数关系，利用 $\rho=1/v$ 可有

$$\frac{p}{\rho^k}=\text{常数}$$

取对数并积分有

$$\frac{\mathrm{d}p}{p}=\frac{k\ \mathrm{d}\rho}{\rho}$$

$$\frac{\mathrm{d}p}{\mathrm{d}\rho}=\frac{kp}{\rho}=kpv=kRT$$

将上式代入式(1-101)得

$$c=\sqrt{k\cdot RT}=\sqrt{k\cdot pv} \tag{1-102}$$

式(1-102)表明声速不是常数，它随着流动气体状悉的变化是变化的，温度高，声速也高，反之亦然。例如在干燥的空气中，温度为 0℃、20℃和 40℃时的声速分别是 332 m/s、344 m/s 和 335m/s。

可以证明，当流道中某一截面上 $\mathrm{Ma}=v/c=1$ 时，在气流的滞止参数不变的条件下，气体的质量流量将达到最大值，即 $Q_{\mathrm{m}}=Q_{\mathrm{m.\,max}}$。

工程上如何才能获得高速气流呢？喷管就是通过使气流的压力降低以增加流速的管道装置。喷管中的过程可以认为是绝热的，因为气流高速通过，与外界热交换可以忽略。在喷管中，$q=0$，$w_{\mathrm{sh}}=0$，则由式(1-31)可有 $\Delta h+\frac{\Delta v^2}{2}=0$，故$\frac{1}{2}(v_2^2-v_1^2)=-\Delta h=h_1-h_2$。这表示动能的增加等于气体焓的降低。喷管虽不是一个完整的流体机械，但它在压缩机中作为扩压管使用，在射流泵中作为工作流体的喷射部件，都是流体机械中的一个有特点的工作部件。

由流动质量守恒的连续性原理可知，喷管的截面积、流速、质量流量和比容之间有以下关系：

$$Q_{\mathrm{m}}=\frac{A\cdot v}{v}=\frac{A_1\cdot v_1}{v_1}=\frac{A_2\cdot v_2}{v_2}=\cdots=\text{const}\quad(\text{kg/s})$$

对上式取对数

$$\ln Q_{\mathrm{m}}=\ln A+\ln v-\ln V=\text{const}$$

取微分：

$$\frac{\mathrm{d}A}{A}+\frac{\mathrm{d}v}{v}-\frac{\mathrm{d}v}{v}=0\rightarrow\frac{\mathrm{d}A}{A}=\frac{\mathrm{d}v}{v}-\frac{\mathrm{d}v}{v} \tag{1-103}$$

式(1-103)说明，喷管截面积的增加率应等于气体比容增加率流速增加率之差。如果$\frac{\mathrm{d}v}{v}<\frac{\mathrm{d}v}{v}$，则$\frac{\mathrm{d}A}{A}<0$，喷管应是渐缩管，如图 1-20(a)所示，对于不可压缩气体，$\frac{\mathrm{d}v}{v}\approx0$，则

$\frac{\mathrm{d}A}{A} \approx -\frac{\mathrm{d}v}{v} < 0$，所以要增加流速喷管必然是收缩的。但对气体介质，因为喷管中压力不断降低，故 $v$（$\rho$ 减小）和 $v$ 都是不断增加的，所以$\frac{\mathrm{d}A}{A}$要视两个增加率的差来决定，如图 1-20 所示。可以证明二者的关系如下：

$$\frac{\mathrm{d}v}{v} = \frac{v^2}{c^2} \cdot \frac{\mathrm{d}v}{v} = \mathrm{Ma}^2 \cdot \frac{\mathrm{d}v}{v}$$

$$\frac{\mathrm{d}A}{A} = (\mathrm{Ma}^2 - 1)\frac{\mathrm{d}v}{v} \tag{1-104}$$

如图 1-21 所示，由式(1-103)知，亚声速气流先在收缩段中加速，在最小截面处达到声速，然后在扩张段中继续加速成超声速气流，通常把最小截面叫做喉部。这种收缩-扩张形管由瑞典工程程师拉伐尔发明的，故这种管又叫拉伐尔管。从图中可知，喷管中声速是在流动方向上渐降的，在喉部处 $v_{\mathrm{cr}} = c_{\mathrm{cr}}$。

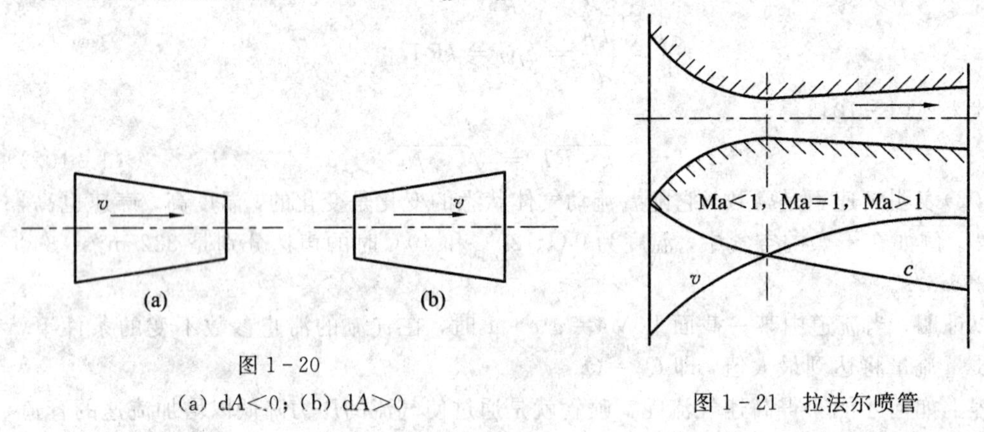


图 1-20
(a) $\mathrm{d}A<0$；(b) $\mathrm{d}A>0$

图 1-21 拉法尔喷管

## 1.5 阅读材料——典型流体机械的工作过程简介

流体机械类型很多，工作过程各有特色，下面对典型流体机械产品的工作过程进行简述，后续章节将对相关产品进行更为详细的讨论与研究。

**1. 电风扇**

电风扇是日常生活中最常见的流体机械之一，如图 1-22 所示。其工作原理十分简单，电动机带动风扇叶片转动，由于叶片具有一定的倾斜角度，因此会“推动”其前方的空气，使之获得一定的向前运动的速度，与此同时，叶片进口附近形成了一定的真空度，风扇背后的空气在压差力的作用下不断地补充进来，这样便形成了连续的气流运动。至于如何达到高效率、低噪声、出风柔和、安全、美观，则需要进行不断深入细致的研究。

**2. 离心泵**

离心泵是应用最为普遍的流体机械之一，如图 1-23 所示。离心泵的工作原理是，电动机带动叶轮旋转，叶轮内的流体在叶轮作用下被“甩向”叶轮外缘，同时在叶轮入口处产生一定的真空度，流体被源源不断地从入口吸进叶轮内部，并从蜗壳出口排出，保证离心泵的连续工作。

图 1-22 电风扇

图 1-23 离心泵

**3. 轴流泵**

轴流泵是供水系统中常用的一种泵，如图 1-24 所示。轴流泵的外形很像一根水管，泵壳直径与吸水口直径差不多。轴流泵的特点是流量大、扬程低、结构简单、重量轻。立式轴流泵叶轮安装于水下，启动时无需引水，操作方便。

**4. 涡轮钻具**

涡轮钻具是石油钻井工程中使用的一种结构比较特殊的井下动力钻具，它由钻井泵输出的高压钻井液来驱动，特别适用于打定向井、丛式井。其结构组成如图 1-25 所示。

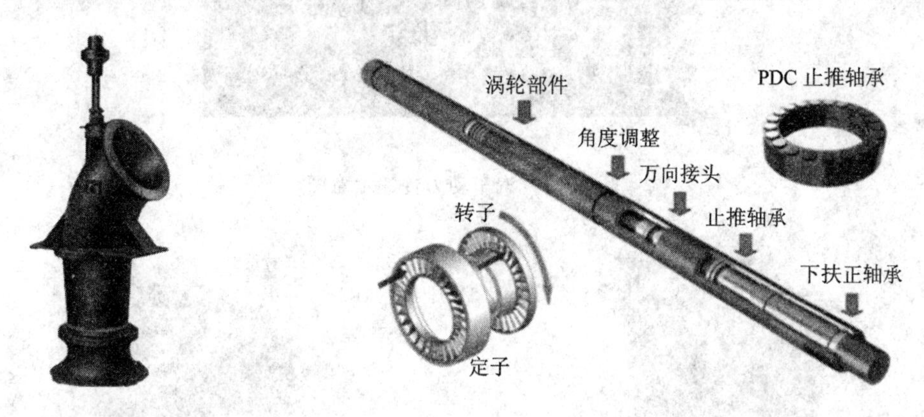


图 1-24 轴流泵

图 1-25 涡轮钻具的结构组成

**5. 自动挡汽车上的液力机械变速机**

如图 1-26 所示，汽车发动机将动力通过液力变矩器传给驱动系统。由于液力变矩器能随外界负荷的变化，自动变速变矩，使换挡操作更加容易，功率利用率更高，现已广泛地应用在轿车变速器之中。为满足汽车动力性能和经济性能的要求，常在液力变矩器的后面串联一个齿轮式变速器构成液力机械变速器，如图 1-27 所示。

**6. 离心风机**

离心风机是一种应用最普遍的气体机械之一，如图 1-28 所示。其作用原理是电动机带动风机叶轮旋转，叶轮内的气体被高速旋转的叶轮甩出，使叶轮入口处产生一定的真空度，空气被源源不断地吸入，保证风机排气的连续性。

图 1-26　综合式液力变矩器

图 1-27　汽车动力传递示意图

图 1-28　离心风机

图 1-29　双驱旋转拖把桶

**7. 双驱旋转拖把桶**

双驱旋转拖把桶是利用离心分离原理制作而成的。如图 1-29 所示，它分清洗池和甩干池。根据离心分离原理 $F=m\omega^2R$，质量 $m$ 越大的污物，所受到的离心力越大。在清洗池中清洗拖把时，拖把头在清洗池中高速旋转，附着在拖把头上具有一定质量 $m$ 的污物在离心力的作用下被甩离拖把头，达到清洗拖把头的目的，然后再将拖把头换到甩干池，按上述原理将具有一定质量的水从拖把头中分离出去，从而达到甩干效果。

**8. 离心式压缩机**

离心式压缩机是借助高速旋转的叶轮，使叶轮流道中的气体被甩向叶轮外缘，气体获得一定的压能和动能，然后让气体降速，使气体的部分动能转化为压力能，从而获得压缩气体的装置，其结构如图1-30所示。

**9. 轴流式风力发电机组**

轴流式风力发电机组从外观上看与普通电风扇比较相似，如图1-31所示。当将电风扇的电动机改成发电机，并且由自然界的风“吹动”风叶转动时，电风扇就成为了风力发电机组。风轴向入流和出流的风力发电机组属轴流式。风力发电是近年来国家非常重视的可再生新能源的一种。目前其应用在不断增加，我们经常在户外高地可以看到壮观的风力发电场，就是使用这种轴流式风力发电机来发电的。

图1-30　离心式压缩机

图1-31　轴流式风力发电

**10. 往复泵**

图1-32为石油钻井工程上常用的三缸单作用往复式泥浆泵。在钻井过程中，钻头钻进破碎岩石，钻井泵泵送泥浆入井底，进行循环洗井，然后钻井液(泥浆)将岩石屑带至地面。钻井液的这种循环作业是靠如图1-32所示的往复泵来实现的。

**11. 液环泵**

图1-33为液环泵，它是靠泵腔内液体环形成的容积变化来实现吸气、压缩和排气的。液环泵可以泵送气体，同时也可作为真空泵使用，作为真空泵使用的场合较多。

图1-32　三缸单作用往复泵

图1-33　液环泵

**12. 单螺杆泵**

图1-34所示为单螺杆泵。单螺杆泵综合了离心泵和往复泵的优点，在不同的压头条

件下，流量改变很小，而且流量非常均匀，单螺杆泵的运动件很少(只有一个螺杆)，流道简而短，过流面积大，油流扰动小，使它能在高黏度原油中以较高的效率工作。

图 1-34　单螺杆泵

**13. 往复式和螺杆式压缩机**

图 1-35 为往复式压缩机，利用活塞在缸体中的往复运动实现吸排气，并对气体进行压缩。图 1-36 为干式螺杆压缩机结构图，螺杆压缩机是现代使用较广泛的一种压缩机，它是将动力机的机械能转换成气体的压力能的一种装置。其工作原理是利用旋转的阳、阴螺杆共轭齿形的相互填塞，使封闭在壳体与两端盖间的齿间容积大小发生周期性变化，并借助于壳体上呈对角线布置的吸、排气孔口，完成对气体的吸入、压缩与排出。

图 1-35　往复式压缩式

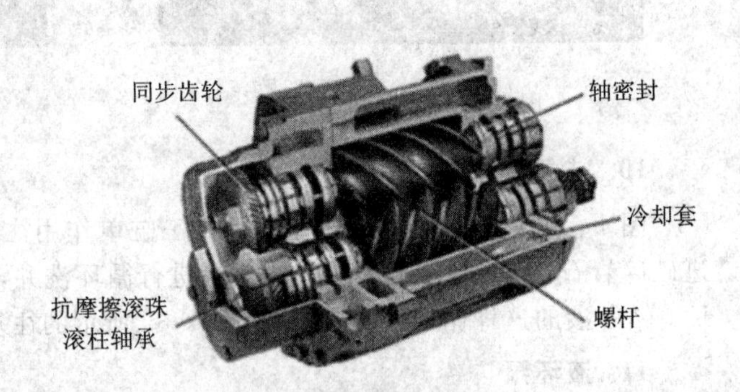


图 1-36　干式螺杆压缩机结构图

## ◇本 章 小 结◇

(1) 流体机械是指流体和机械构建在一个共容的特定腔室或空间里，通过相互间的作用与反作用来实现机械功—能量的交换、传动的机械装置。

(2) 流体机械按照能量传递方向，可分为流体能机、流体动力机和流体力传动机；按流体与机械的相互作用，可分为叶片式、容积式及其他型式；按照工作介质，可分为水力机械和热力机械两类。水力机械以液体为工作介质，热力机械以气体为工作介质。

(3) 流体机械广泛地应用于国民经济的各行各业中，学习本章内容后，要加强总结生活、工作、学习中所遇到的各种流体机械。

(4) 工程流体力学是本门课程的重要基础。液体流体力学部分主要服务于水力流体机械部分，如书中的泵、涡轮机、变矩器等；气体流体力学部分主要服务于热力机械部分，如书中的压缩机部分的内容。在学习这些知识前，希望读者先了解相关的基础知识。

## 复习思考题

1－1　流体机械的定义是什么？

1－2　流体机械是如何分类的？

1－3　热能是如何实现作功的？

1－4　阅读材料中的典型流体机械，应用了1.4节中的哪些基础知识？请举例说明。

1－5　查阅相关资料，举例说明流体机械在本节未提到的应用。

# 第2章　叶　片　泵

## 一、学习目标

本章主要介绍叶片泵的工作原理和基本结构，包括离心泵、轴流泵和混流泵的理论基础；叶片泵的基本性能参数；叶片泵的基本方程式；叶片泵的特性曲线；叶片泵的相似定律和相似准则及其应用；叶片泵装置的运行与调节；离心泵性能测试；水泵装置的节能与控制。通过本章的学习，应达到以下目标：

(1) 掌握叶片泵的工作原理和各类泵的基本结构；

(2) 掌握叶片泵的基本性能参数；

(3) 重点掌握液流在叶轮中的流动速度三角形分析和叶片泵的基本方程式；

(4) 掌握叶片泵特性曲线的应用，了解叶片泵特性曲线的测量方法；

(5) 重点掌握叶片泵的相似定律，以及相似定律在叶片泵中的应用；

(6) 掌握泵的汽蚀及安装高度的确定；

(7) 掌握叶片泵的总扬程及其工作点的确定；

(8) 掌握叶片泵工作点的调节方法；

(9) 掌握叶片泵的并联与串联工作；

(10) 课外阅读叶片泵的变频调速节能装置的应用技术资料。

## 二、学习要求

| 知识要点 | 基本要求 | 相关知识 |
|---|---|---|
| 叶片泵的工作原理 | (1) 掌握离心泵的工作原理；<br>(2) 掌握轴流泵的工作原理；<br>(3) 掌握混流泵的工作原理 | (1) 灌水、关闸启动；<br>(2) 机翼的升力理论、开闸启动；<br>(3) 叶轮、蜗壳、导叶 |
| 叶片泵的基本结构 | (1) 掌握离心泵的基本结构；<br>(2) 掌握轴流泵的基本结构；<br>(3) 掌握混流泵的基本结构 | (1) 叶轮的型式、螺形泵壳；<br>(2) 叶片角度调节、导叶、导轮；<br>(3) 密封装置、轴向平衡力 |
| 叶片泵的基本性能参数 | (1) 掌握叶片泵的六个基本性能参数；<br>(2) 掌握基本性能参数之间的关系 | (1) 流量、扬程、功率、效率、转速；<br>(2) 允许吸上高度和汽蚀余量 |
| 叶片泵的基本方程式 | (1) 了解叶轮中液体的流动情况；<br>(2) 掌握叶轮进、出口速度三角形的分析；<br>(3) 掌握基本方程式的推导；<br>(4) 掌握基本方程式的修正表示式 | (1) 圆周速度、相对速度、绝对速度，速度三角形，分析方法；<br>(2) 三个假定；<br>(3) 动量矩定理的应用 |

续表

| 知识要点 | 基本要求 | 相关知识 |
| --- | --- | --- |
| 叶片泵的特性曲线 | (1) 掌握理论特性曲线的推导；<br>(2) 了解理论特性曲线的修正；<br>(3) 了解实际特性曲线的实验方法 | (1) 离心泵的理论特性曲线；<br>(2) 离心泵的实测特性曲线 |
| 叶片泵的相似定律及其应用 | (1) 掌握叶片泵的相似条件；<br>(2) 掌握叶片泵的相似定律；<br>(3) 掌握叶片泵的比转数算法及意义；<br>(4) 了解叶片泵在改变转速时的特性曲线与通用特性曲线 | (1) 几何相似、运动相似、动力相似——工况相似；<br>(2) 四大相似定律；<br>(3) 比转数；<br>(4) 比例律的应用 |
| 泵的汽蚀和安装高度的确定 | (1) 掌握叶片泵安装高度的确定方法；<br>(2) 了解汽蚀余量——有效汽蚀余量、必须汽蚀余量 | (1) 汽蚀的产生与危害；<br>(2) 允许吸上真空高度；<br>(3) 安装高度的基准面确定 |
| 叶片泵装置的总扬程和工作点的确定 | (1) 掌握叶片泵总扬程的计算；<br>(2) 掌握管路特性曲线的绘制；<br>(3) 掌握用图解法确定叶片泵的工作点 | (1) 静扬程、管路的损失曲线；<br>(2) 管路系统特性曲线；<br>(3) 泵和管路特性曲线的交点 |
| 叶片泵装置工作点的调节 | (1) 了解节流调节、分流调节；<br>(2) 掌握变径调节、变速调节 | (1) 改变管路特性曲线；<br>(2) 切削律、比例律 |
| 叶片泵的并联和串联工作 | (1) 掌握并联运行工况点图解法；<br>(2) 掌握串联运行工况点图解法 | (1) 水泵并联性能曲线的绘制；<br>(2) 泵与高地水池联合运行工况 |
| 离心泵的使用与维护 | (1) 熟悉离心泵的使用；<br>(2 )熟悉离心泵的维护 | (1) 水力故障及排除；<br>(2) 机械故障及排除 |

## 三、基本概念

叶轮、蜗壳、导轮、导叶、流量、扬程、允许吸上真空高度、汽蚀余量、相似定律、比例律、比转数、静扬程、水头损失、管路损失特性方程、工作点、切削律、变频调速等。

# 2.1 叶片泵概述

叶片泵是利用工作叶轮的旋转运动来输送液体的。叶片泵按工作原理可分为离心泵、轴流泵、混流泵和旋涡泵。离心泵是利用叶轮旋转时，使液体产生的离心力来工作的；轴流泵是利用叶轮旋转时叶片对液体产生的推力来工作的；混流泵是利用叶轮旋转时使液体产生的离心力和叶片对液体产生的推力双重作用来工作的；旋涡泵是利用叶轮旋转时使液体产生旋涡运动来工作的。在石油工程上，离心泵主要用在油田注水、油井采油、油品输送以及作为钻井泵的灌注用泵等；而轴流泵一般用作热电站中的循环水泵、油田供水用泵等。本章主要介绍离心泵和轴流泵的结构、工作原理、特性曲线、选择使用等内容。

### 2.1.1 离心泵的工作原理与结构

**1. 离心泵的工作原理**

图 2－1 为离心泵装置的基本组成。离心泵开始工作后，充满叶轮的液体由许多弯曲的叶片带动旋转。在离心力的作用下，液体沿叶片间流道，由叶轮中心甩向边缘，再通过螺形泵壳(简称螺壳)流向排出管。随着液体的不断排出，在泵的叶轮中心形成真空，吸入池中液体在大气压力作用下，通过吸入管源源不断地流入叶轮中心，再由叶轮甩出。叶轮的作用是把泵轴的机械能传给液体，变成液体的压能和动能；螺壳的作用则是收集从叶轮甩出的液体，并导向排出口的扩散管。由于扩散管的断面是逐渐增大的，使得液体的流速平缓下降，把部分动能转化为压能。在有些泵上，叶轮外缘装有导叶，其作用也是导流及转换能量。在吸入管上及排出口的扩散管后分别装有真空表和压力表，用以测量泵进口处的真空度及出口压力，从而了解泵的工作状况。

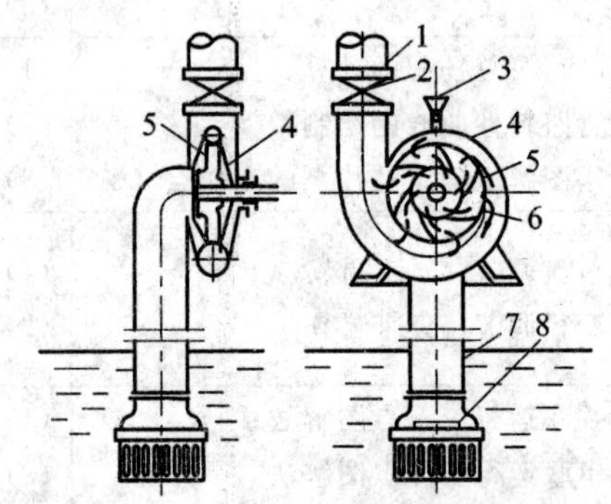


1—排出管；2—闸阀；3—灌水漏斗；4—泵壳；
5—叶轮；6—叶片；7—吸入管；8—底阀

图 2－1　离心泵的基本组成

离心泵启动前，应该将液体充满泵内的叶轮，否则泵启动后无法向外界供给液体。如启动前不向泵内灌满液体，则叶轮只能带动空气旋转。而空气的质量约是液体(水)质量的千分之一，它所形成的真空不足以吸入比它重 700 多倍的液体(水)。因此，在泵的螺壳顶部，装有漏斗，用以在开泵前向泵内灌水。泵的吸入管下端装有滤网及底阀，起过滤作用，并可在开泵前灌泵时防止液体倒流入吸入池。排出管上装有用以调节流量的排出阀门。

**2. 离心泵的构造**

离心泵的品种较多，下面简略介绍工程中常用的单级单吸卧式离心泵、单级双吸离心泵和分段式多级泵的构造。

1) 单级单吸离心泵

图 2－2 所示为 IS 型国际标准的单级单吸离心清水泵的结构图，其主要零件有叶轮、泵壳、泵轴、轴承、密封环、填料函等，分述如下：

(1) 叶轮。叶轮又称工作轮，是泵的核心。它的作用是将动力机的机械能传递给液体，使液体的能量增加。因此，它的几何形状、尺寸、所用材料和加工工艺等对泵的性能有极其密切的关系。

叶轮的形式有敞开式、半开式、封闭式三种，如图 2－3 所示、

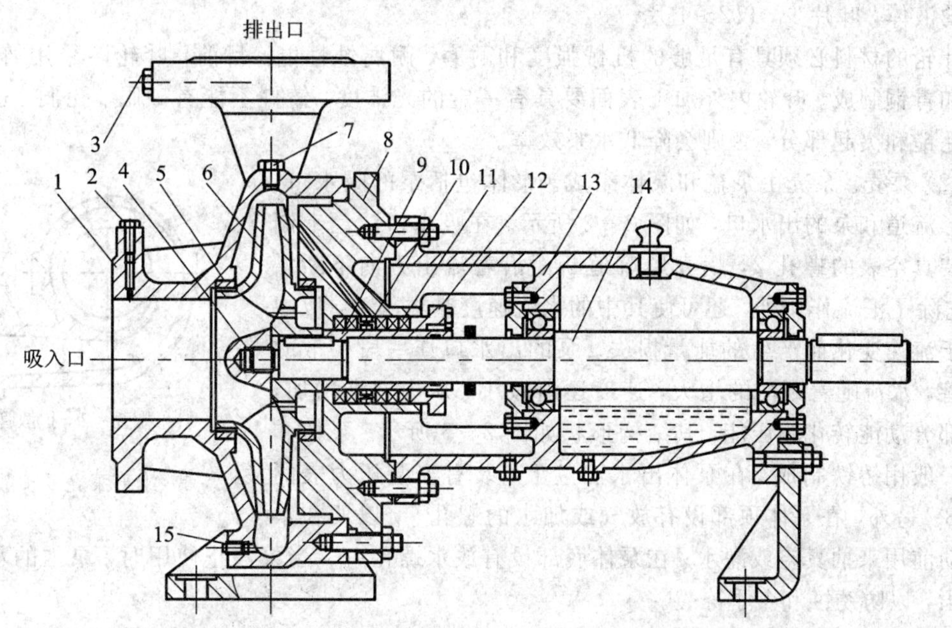


1—泵体；2—真空表孔；3—压力表孔；4—紧锁螺母；5—密封环；6—叶轮；7—灌水孔；8—泵盖；9—轴套；10—水封环；11—填料；12—填料压盖；13—悬架轴承部件；14—泵轴；15—放水螺塞

图 2-2　IS单级单吸离心清水泵结构图

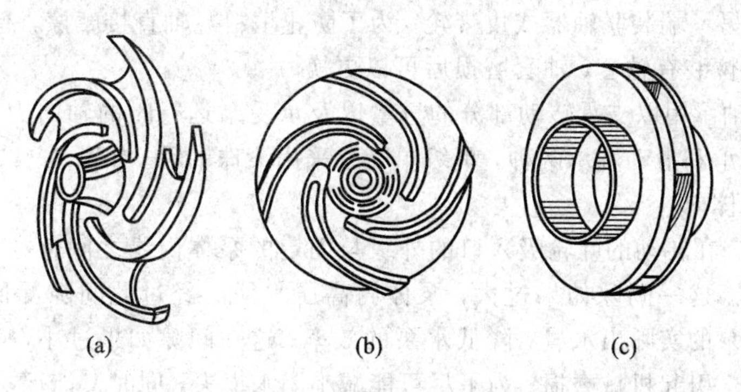


图 2-3　叶轮的形式

(a) 敞开式；(b) 半开式；(c) 闭式

封闭式叶轮由前盖板、后盖板、叶片和轮毂组成，如图 2-4 所示。在吸入口一侧叫前盖板，后侧为后盖板，叶片夹于两盖板之间，一般有 6～8 片，多的可至 12 片。叶片和盖板的内壁构成的槽道，称为叶槽。水自叶轮吸入口流入，经叶槽后再从叶轮四周甩出，所以水在叶轮中的流动方向是轴向进水、径向出水。

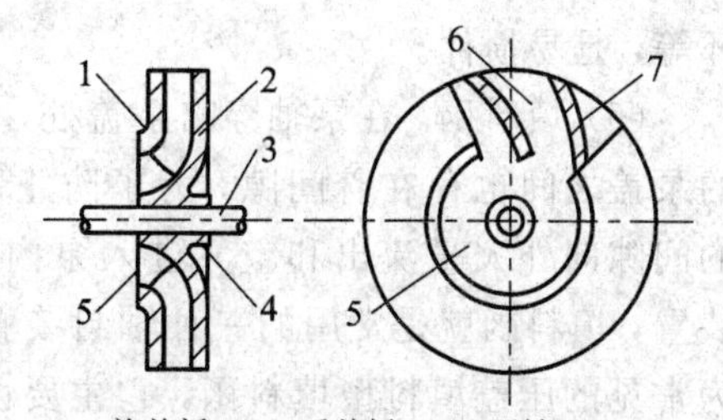


1—前盖板；2—后盖板；3—泵轴；4—轮毂；5—吸入口；6—叶槽；7—叶片

图 2-4　封闭式叶轮

封闭式叶轮一般输送清水。半开式叶轮只有后盖板，没有前盖板。敞开式叶轮只有叶片，没有完整的盖板。半开式叶轮和敞开式叶轮一般用来输送含杂质的液体，叶片少，仅2～4 片。

叶轮的材料必须具有足够的机械强度和耐磨、耐腐蚀性能。目前，叶轮多采用铸铁、铸钢和青铜制成。叶轮内外加工表面要具有一定的光洁度，铸件不能有砂眼、孔洞，也不能有毛糙和突起部分，否则会降低水泵效率。

(2) 泵壳。泵壳由泵盖和泵体组成。泵体包括泵的吸水口、蜗壳形流道和泵的出水口，如图 2-2 所示。在吸水口法兰上制有安装真空表的螺孔 2，蜗壳形流道断面沿着流出方向不断增大，它除了汇流作用外，还可使其中的水流速度基本不变，以减少由于流速变化而产生的能量损失。泵的出水口连一段扩散的锥形管，水流随着断面的增大，速度逐渐减小，压力逐渐增加，水的部分动能转化为压能，其结构形状如图 2-5 所示。泵体和泵盖一般用铸铁制成。在泵体出水法兰上，装有安装压力表的螺孔 3。另外，在泵体顶部设有放气或加水的螺孔 7，以便在水泵启动前用来抽真空或灌水。在泵体底部设有放水螺孔 15，当泵停止使用时，泵内的水由此放出，以防锈蚀和冬季冻裂。

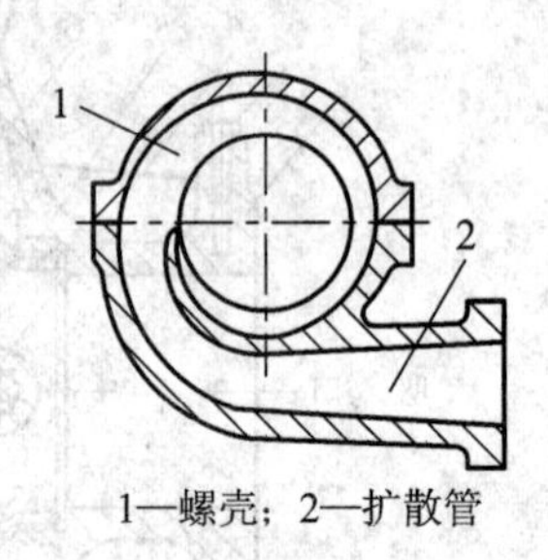


1—螺壳；2—扩散管

图 2-5　螺形泵壳及扩散管

(3) 泵轴。泵轴是用来带动叶轮旋转的，它的材料要求有足够的抗扭强度和刚度，通常泵轴用不低于 35 号的优质碳素钢制成。泵轴要直，以免在运转时，由于轴的弯曲引起叶轮摆动过大，加剧叶轮与密封环的摩擦，损坏零件。泵轴一端用键、叶轮螺母和外舌止退垫圈固定叶轮，另一端装联轴器或皮带轮。为了防止填料与轴直接摩擦，有些离心泵的轴，在与填料接触部位装有轴套，轴套磨损后可以更换。

(4) 轴承。轴承用以支承转动部分的重量以及承受泵运行时的轴向力和径向力，常用的轴承有滚珠轴承和滑动轴承两种，单级单吸泵采用滚珠轴承。如图 2-2 所示，滚珠轴承安装在悬架轴承体内。

(5) 密封环。在转动的叶轮吸入口的外缘与固定的泵体内缘之间存在一个间隙，它正是高低压交界面。这一间隙如果过大，泵体内高压水便会经过此间隙漏回到叶轮的吸水侧，从而减少水泵的实际出水量，降低水泵的效率；这一间隙如果过小，叶轮转动时就会和泵体发生摩擦，引起机械磨损。为了尽可能减小漏水损失，同时又能保护泵体不被磨损，在泵体上或泵体和叶轮上分别装一铸铁圆环，如图 2-2 中 5 所示，该环磨损后可以更换。因为该环既可减少漏水，又能承受磨损，且位于水泵进口，故称密封环，又称减漏环、承磨环等，是易损件。

(6) 填料函。在泵轴穿出泵盖处，转动的轴与固定的泵盖之间也存在着间隙，为了防止高压水通过该处的间隙向外大量流出和空气进入泵内，必须设置轴封装置，填料函就是常用的一种轴封装置。图 2-6 所示为常见的压盖填料型填料函，它主要由底衬环、填料、水封管、水封环、填料压盖等零件组成。

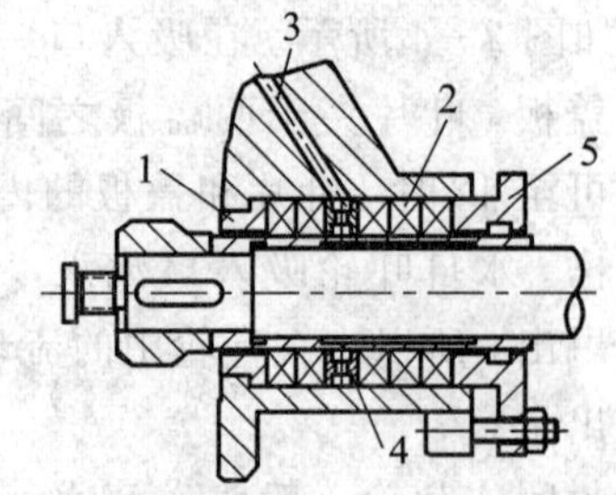


1—底衬环；2—填料；3—水封管；
4—水封环；5—填料压盖

图 2-6　压盖填料型填料函的结构图

填料又叫盘根，常用的是浸油、浸石墨的石棉绳填料，外表涂黑铅粉，断面一般为方形。它的作用是填充间隙进行密封，通常用 4～6 圈。填料的中部装有水封环，它是一个中间凹下外周凸起的圆环，该环对准水封管，环上开有若干个小孔。当水泵运转时，泵内的高压水通过水封管进入水封环渗入填料进行水封，同时还起冷却、润滑泵轴的作用。底衬环和压盖通常用铸铁制作，套在泵轴上填料的两端，起阻挡和压紧填料的作用。填料压紧的程度用压盖上的螺丝来调节。如压得太紧，虽然能减少泄漏，但填料与泵轴摩擦损失增加，消耗功率也大，甚至可能造成抱轴现象，产生严重的发热和磨损；压得过松，则达不到密封效果。一般比较合适的压紧程度是使水能呈滴状连续漏出为宜。

目前，除了使用填料密封外，还有机械密封、有骨架的橡胶圈密封等形式。

(7) 轴向力平衡装置。单级单吸离心泵在运行时，由于叶轮形状不对称，液体在压力 $p_1$ 下进入叶轮，在压力 $p_2$ 下从叶轮流出，使作用在叶轮前后两侧的力不相等，其受力分析如图 2-7 所示，在叶轮上产生了一个指向吸入侧的轴向力 $\Delta p$，此力会使叶轮和轴发生串动，叶轮与泵体发生摩擦，造成零件损坏。因此，必须设法平衡或消除轴向力。

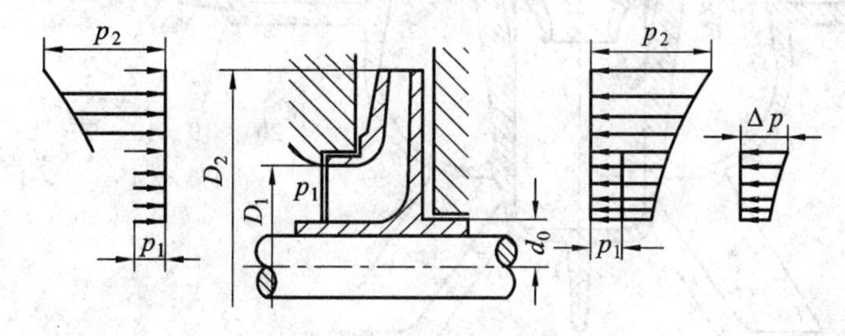


图 2-7 单吸叶轮的轴向力

单级单吸离心泵常用平衡孔来平衡轴向力。如图 2-8 所示，在叶轮后盖板靠近轴孔处钻开平衡孔，并在相应位置的泵盖上加装密封环，此环的直径可与叶轮入口处密封环的直径相等。压力水经过泵盖上密封环的间隙，再经平衡孔流向叶轮进口，使叶轮两侧的压力大致平衡。但是，开了平衡孔后，因有回流损失，使水泵的效率有所降低。所以，对口径小的低扬程水泵，轴向力不大，滚珠轴承可以承受，因而不用开平衡孔。

目前，有些水泵厂对单级单吸离心泵叶轮的轴向力平衡问题，采用在叶轮后盖板上加若干条径向的平衡筋板，如图 2-9 所示。当叶轮旋转时，筋板强迫叶轮后面的水流加快旋转，从而使叶轮背面靠近泵轴附近的区域压力显著下降，从而达到减小或平衡轴向力的目的。

单级单吸离心泵的特点是结构简单、维修方便、体积小、重量轻、成本低。

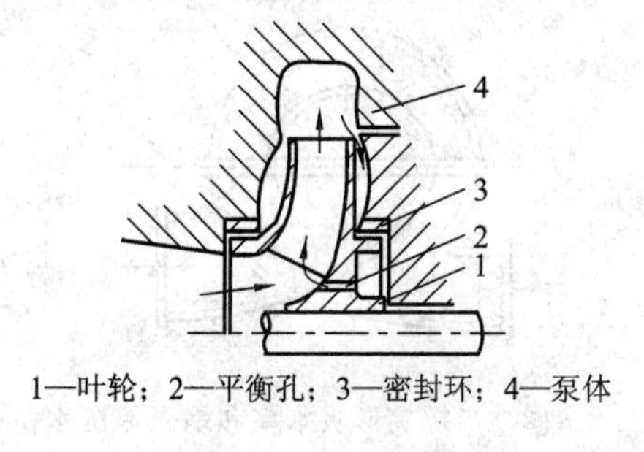


1—叶轮；2—平衡孔；3—密封环；4—泵体

图 2-8 用平衡孔平衡轴向力

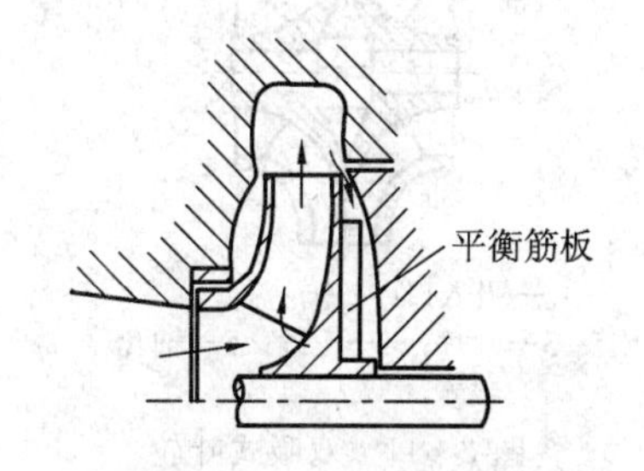


图 2-9 利用平衡筋板平衡轴向力

2) 单级双吸离心泵

单级双吸离心泵的结构如图 2-10 所示，其主要零件与单级单吸离心泵基本相似，由叶轮、泵壳、泵轴、轴承、密封环及填料函等组成。

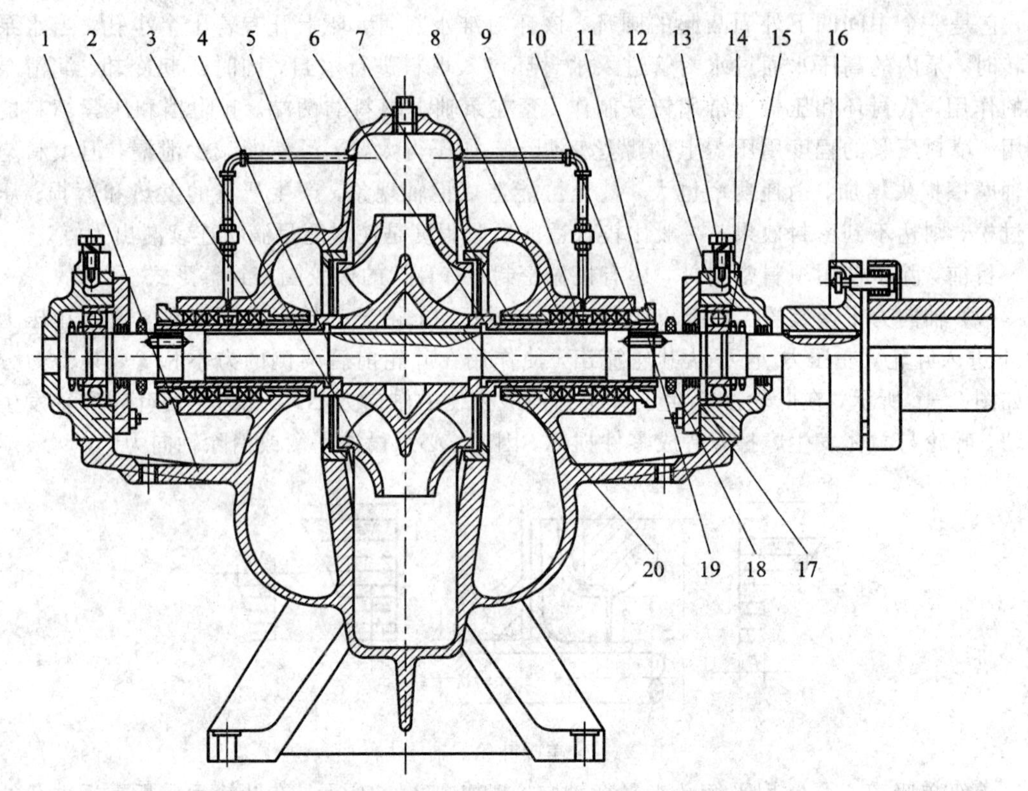


1—泵体；2—泵盖；3—叶轮；4—泵轴；5—密封环；6—轴套；7—填料套；8—填料；
9—填料环；10—填料压盖；11—轴套螺母；12—轴承体；13—联结螺钉；14—轴承压盖；
15—轴承；16—联轴器；17—轴承端盖；18—挡圈；19—螺栓；20—键

图 2-10　单级双吸离心泵(Sh 型)结构图

叶轮的形状是对称的，好像是把两个相同的单吸泵叶轮背靠背地连接在一起，因此，无需平衡轴向力。如图 2-11 所示双吸式叶轮，水从叶轮两侧吸入口轴向流入，经叶槽后由径向流出，故称双吸泵。

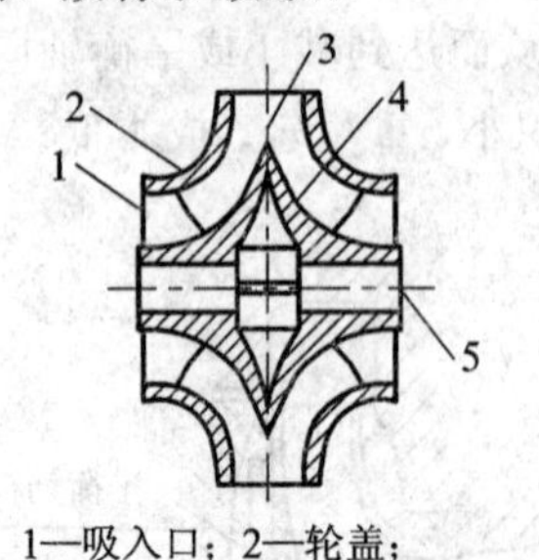


1—吸入口；2—轮盖；
3—叶片；4—轮毂；5—轴孔

图 2-11　双吸式叶轮

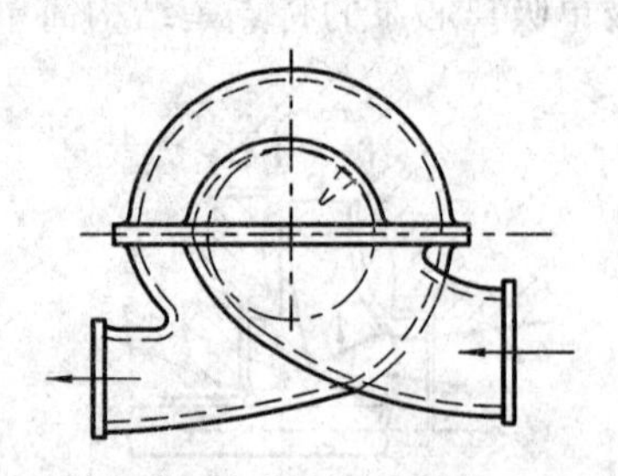

图 2-12　半螺旋形吸水室和蜗壳形压水室

泵壳由泵体和泵盖构成，二者均用铸铁制成。泵体和泵盖共同构成半螺旋形吸水室和蜗壳形压水室，如图 2-12 所示。泵的吸入口和出水口均在泵体上，与泵轴垂直，呈水平方向。水从泵的吸入口流入后，沿半螺旋形吸水室由两侧流入叶轮，从叶轮甩出后，经蜗形压水室流出泵体。另外，泵盖上设有安装水封管及放气管的螺孔。泵体下部设有放水用的螺孔。因为泵盖和泵体连接缝是水平中开的，所以又称为水平中开式泵。泵轴两端是由装在轴承体内的轴承支承，泵壳内壁与叶轮进口外缘配合处，装有密封环，泵轴穿出泵壳的地方装有填料函。

单级双吸离心泵的特点是流量较大，扬程较高；泵壳是水平中开的，安装检修方便；由于叶轮对称布置，基本上没有轴向力，因此运行比较平稳。

3）分段式多级离心泵

分段式多级离心泵的结构如图 2－13 所示。它是将几个单吸式叶轮装在一根轴上串联而成的。轴上的叶轮数目代表水泵的级数。多级泵工作时，水由吸水管吸入，顺序地由前

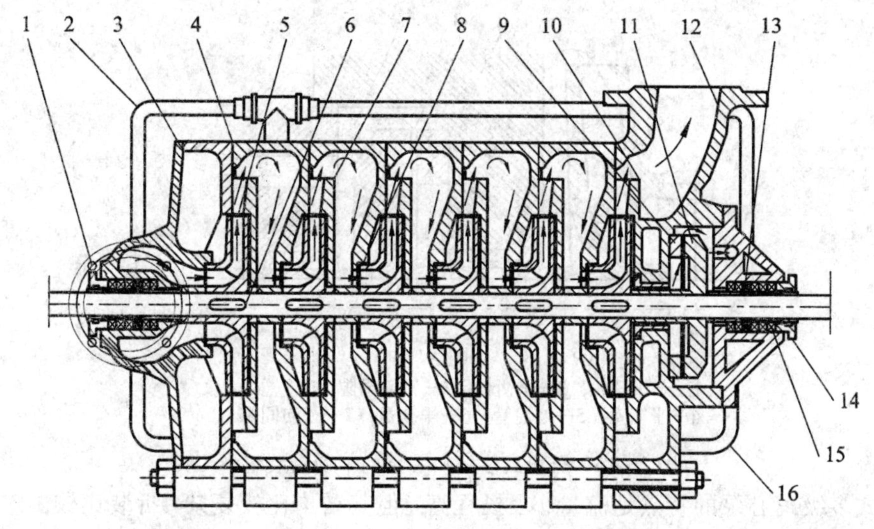


1—进水法兰；2—水封管；3—进水段；4—中段；5—叶轮；6—泵轴；7—导叶；8—密封环；9—平衡环；10—出水导叶；11—平衡盘；12—出水段；13—水封环；14—填料压盖；15—填料；16—连通管

图 2－13 分段式多级离心泵结构图

一个叶轮压出进入后一个叶轮。每经过一个叶轮，水的能量就增加一次。所以，泵的总扬程随叶轮级数的增加而增加。这种泵的泵体是分段式的，由一个进水段（进水部分）、一个出水段（出水部分）和数个中段（叶轮部分）所组成，各段用长螺杆连接成为一整体。泵壳不铸有蜗壳形的流道，水从一个叶轮流入另一个叶轮，以及把动能转化为压能的作用是由导流器来进行的。导流器的构造如图 2－14 所示，它是一个铸有导叶的圆环状导轮，安装时用螺栓固定在泵壳上。通常把这种带导流器的多级泵称为导叶式（透平式）离心泵。图2－14 表示泵壳中水流运动的情况。

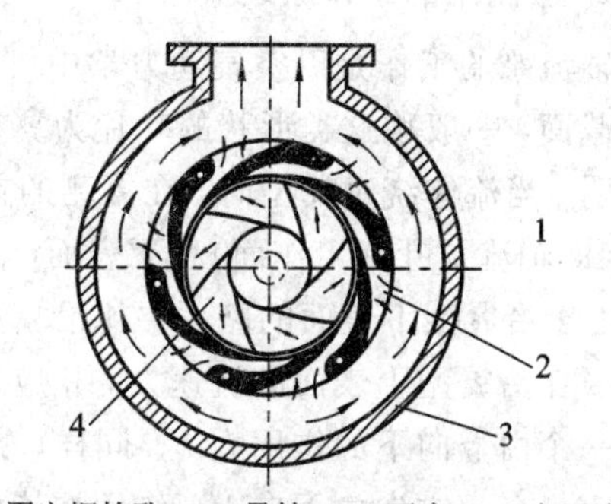


1—固定螺栓孔；2—导轮；3—泵壳；4—水泵叶轮

图 2－14 导流器的构造

由于各级叶轮均为单侧进水，且吸入口朝向一边，其轴向推力将随叶轮个数的增加而增大。为平衡其轴向力，在末级叶轮后面装设平衡盘，如图 2－15 所示。平衡盘用键固定在轴上，随轴一起旋转。泵运行时，末级叶轮排出的压力水经径向间隙和轴向间隙进入平衡

室，最后经连通管流回第一级叶轮的吸入口。由于连通管与水泵叶轮吸入口相通，因而，平衡盘后面的水流压力和水泵吸入口压力比较接近，平衡盘上便产生了一个方向与轴向力 $\Delta P$ 相反的平衡力 $\Delta P'$。在水泵运行中，由于水泵的出水压力是变化的，因此，轴向力 $\Delta P$ 也是变化的。当 $\Delta P>\Delta P'$ 时，叶轮就会向左移动，轴向间隙减小，但因径向间隙是始终不变的，这样，水流流过径向间隙的速度减小，从而提高了平衡盘前面的压力，使平衡力 $\Delta P'$ 增加。叶轮不断向左移动，平衡力就不断增加，直至和轴向力平衡时，叶轮就不再向左移动；反之，当 $\Delta P<\Delta P'$ 时，叶轮向右移动，轴向间隙增大，平衡力 $\Delta P'$ 减小，直至和轴向力平衡时，叶轮不再向右移动。由此可见，平衡盘装置可自动平衡轴向力。

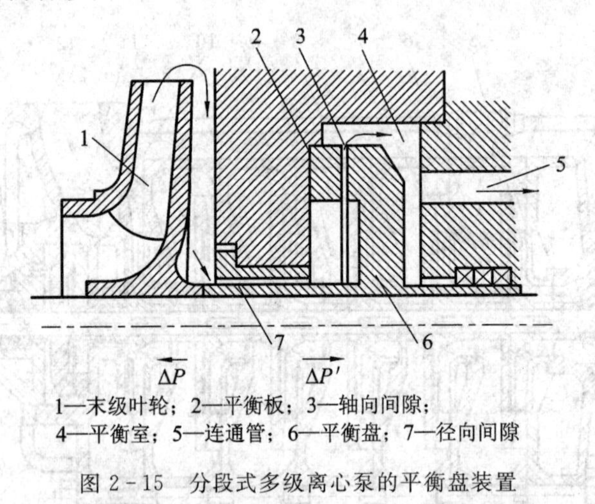


1—末级叶轮；2—平衡板；3—轴向间隙；
4—平衡室；5—连通管；6—平衡盘；7—径向间隙

图 2-15　分段式多级离心泵的平衡盘装置

分段式多级离心泵的特点是流量小、扬程高，但其结构比较复杂，拆装比较困难。

### 2.1.2　轴流泵的工作原理与结构

**1. 轴流泵的工作原理**

轴流泵的工作是以空气动力学中机翼的升力理论为基础的。其叶片与机翼具有相似形状的截面，一般称这类形状的叶片为翼型，如图 2-16 所示。在风洞中对翼型进行绕流试验表明：当流体绕过翼型时，在翼型的首端 $A$ 点处分离成为两股，它们分别绕过翼型的上表面(即轴流泵叶片工作面)和下表面(轴流泵叶片背面)，然后，同时在翼型的尾端 $B$ 点汇合。由于沿翼型下表面的路程要比沿翼型上表面路程长一些，因此，流体沿翼型下表面的流速要比沿翼型上表面的流速大。相应地，翼型下表面的压力将小于上表面，流体对翼型将有一个由上向下的作用力 $F$。同样，翼型对于流体也将产生一个反作用力 $F'$，此力的大小与 $F$ 相等，方向由下向上，作用在流体上。

图 2-17 为立式轴流泵工作原理示意图。具有翼型断面的叶片，在水中作高速旋转时，水流相对于叶片就产生了急速的绕流，如上所述，叶片对水将施以力 $F'$，在此力作用下，水就被压升到一定的高度上。液体通过叶轮后能量增加，并且具有一定的圆周方向的分速度。导叶 2(导叶与泵壳连接，是固定不动的)将消除这一旋转分量，使液体沿轴向流出泵体，同时将一部分动能转换成压能，以提高泵的工作效率。

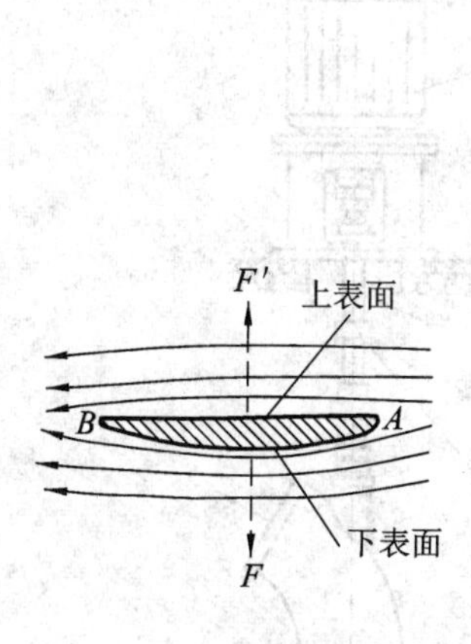


图 2－16　翼型绕流

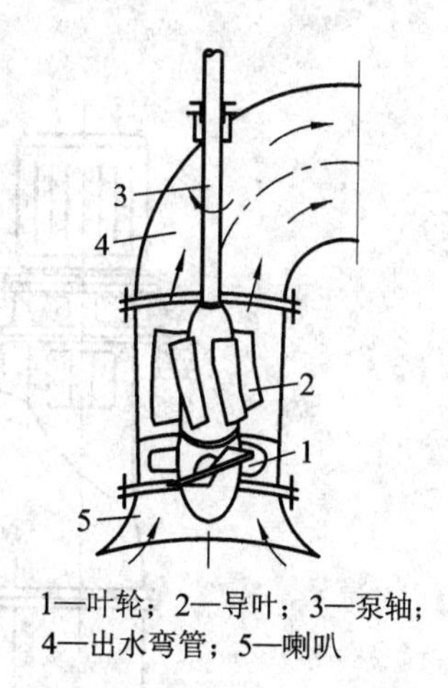


图 2－17　立式轴流泵工作示意

**2. 轴流泵的构造**

轴流泵的外形很像一根水管，泵壳直径与吸水口直径差不多，既可以垂直安装(立式)和水平安装(卧式)，也可以倾斜安装(斜式)。目前使用较多的是立式轴流泵。图 2－18 所示为立式轴流泵的结构图。采用立式结构可使泵本体叶轮部分直接安装在水池液面以下，启动十分方便。立式轴流泵的安装方式如图 2－19 所示，有共座式和分座式两种。立式轴流泵的主要零件有喇叭管、叶轮、导叶、出水弯管、泵轴、轴承、填料函等，分述如下。

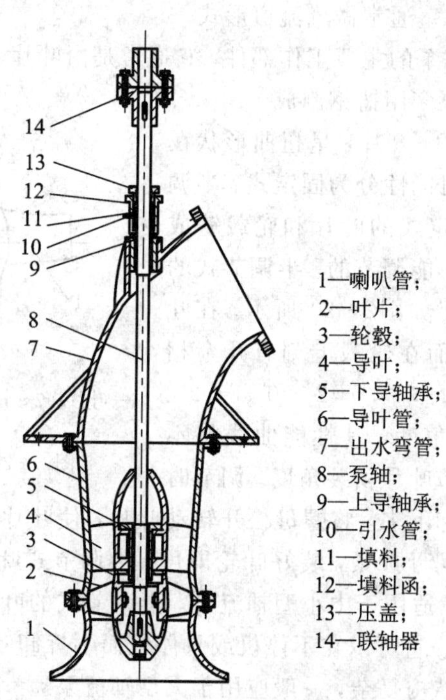


图 2－18　立式轴流泵结构图

(1) 喇叭管。喇叭管为中小型立式轴流泵的吸水室，用铸铁制造。它的作用是把水以最小的损失均匀地引向叶轮。喇叭管的进口部分呈圆弧形，进口直径约为叶轮直径的 1.5

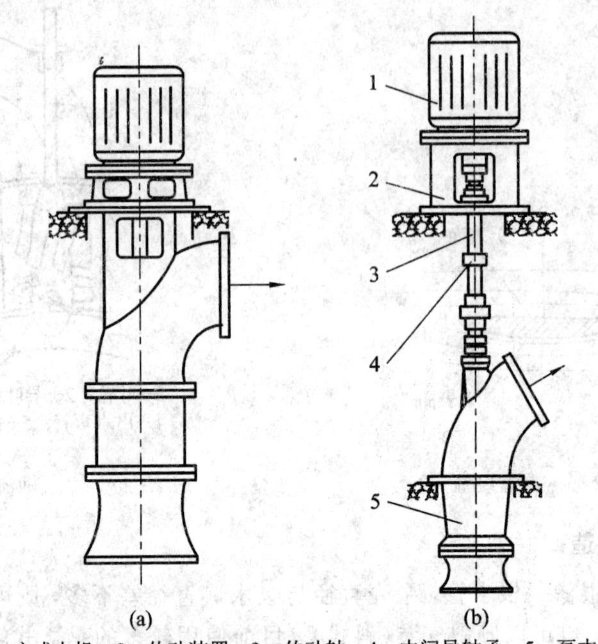


1—立式电机；2—传动装置；3—传动轴；4—中间导轴承；5—泵本体

图 2-19 立式轴流泵的两种安装方式

(a) 共座式；(b) 分座式

倍。在大型轴流泵中，吸水室通常做成流道形式。

(2) 叶轮。叶轮是轴流泵的主要工作部件，它通常是由叶片、轮毂、导水锥等组成，一般用优质铸铁制成，大型泵多用铸钢制成。

轴流泵的叶片一般为 2～6 片，呈扭曲形状在轮毂上。根据叶片调节的可能性分为固定式、半调节式和全调节式三种。固定式的叶片和轮毂铸成一体，叶片的安装角度是不能调节的。半调节式的叶片用螺母栓紧在轮毂上，如图2-20 所示。在叶片的根部上刻有基准线，而在轮毂上刻有几个相应安装角度的位置线，如 +4°，+2°、0°、-2°、-4°等。叶片不同的安装角度，其性能曲线将不同，使用时可根据需要调节叶片安装角度。调节时先拆下喇叭管，再把叶轮卸下来，将螺母松开转动叶片，使叶片的基准线对准轮毂上的某一要求角度线，然后再把螺母拧紧，装好叶轮即可。半调节式叶片，一般需要停机并拆卸叶轮之后，才能进行调节，适用于中小型轴流泵。全调节式的叶片是通过一套油压调节机构来改变叶片的安装角的。它可以在不停机或只停机而不拆卸叶轮的情况下，改变叶片的安装角度，这种调节方式结构复杂，一般应用于大型轴流泵。

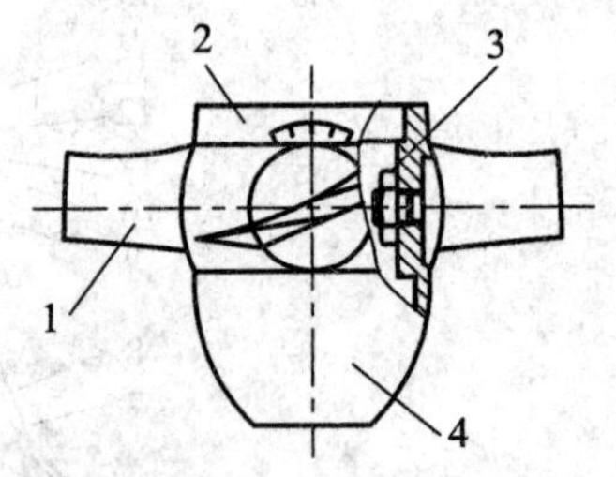


1—叶片；2—轮毂；3—调节螺母；4—导水锥

图 2-20 半调节叶片的叶轮

(3) 导叶。导叶位于叶轮上方的导叶管中，是固定在导叶管上不动的。它的主要作用是把从叶轮中流出的水流的旋转运动转变为轴向运动。一般轴流泵中有 6～12 片导叶。在圆锥形导叶管中能使水流速度降低，这样一方面可以把一部分水流的动能转变为压力能，另一方面可以减少水头损失。

(4) 轴和轴承。泵轴采用优质碳素钢制成。它的上端接联轴器并与传动轴相连，下端与叶轮相连。中小型轴流泵泵轴是实心的。对于大型轴流泵，为了布置叶片调节机构，泵轴做成空心的，轴孔内安置操作油管或操作杆。

轴流泵的轴承按其功能有两种类型，一种是导轴承，另一种是推力轴承。导轴承用来承受转动部件的径向力，起径向定位作用。常用的结构有水润滑橡胶导轴承及油润滑导轴承两种，图 2-18 中 9 和 5 为上、下橡胶导轴承。推力轴承的主要作用是在立式轴流泵中，用来承受水流作用在叶片上的方向向下的轴向推力、水泵转动部件重量以及维持转子的轴向位置，并将这些推力传到机组的基础上去。

(5) 填料函。在泵轴穿出出水弯管的地方，装有填料密封装置。其构造与离心泵的填料函相似，由填料盒、填料和填料压盖等零件组成。

轴流泵的特点是流量大、扬程低、结构简单、重量轻。立式轴流泵叶轮安装于水下，启动时无需引水，操作方便；叶片可以调节，当工作条件变化时，只要改变叶片角度，仍可保持在较高效率区运行。

### 2.1.3 混流泵

混流泵是介于离心泵与轴流泵之间的一种泵，它是靠叶轮旋转而使水产生的离心力和叶片对水产生的推力双重作用而工作的。

混流泵按其结构形式可分为蜗壳式和导叶式两种。一般中小型泵多为蜗壳式，大型泵为蜗壳式或导叶式。

图 2-21 所示为卧式蜗壳式混流泵，其结构与单级单吸卧式离心泵相似，只是叶轮形状不同，混流泵的叶片出口边倾斜，且流道较宽。另外在运行时，水流在叶轮中的流动方向也不一样。在离心泵内水径向流出叶轮，在轴流泵内水近于轴向流出叶轮，而在混流泵内则是斜向流出叶轮，因此，混流泵又称斜流泵，如图 2-22 所示。此外，混流泵的蜗壳较

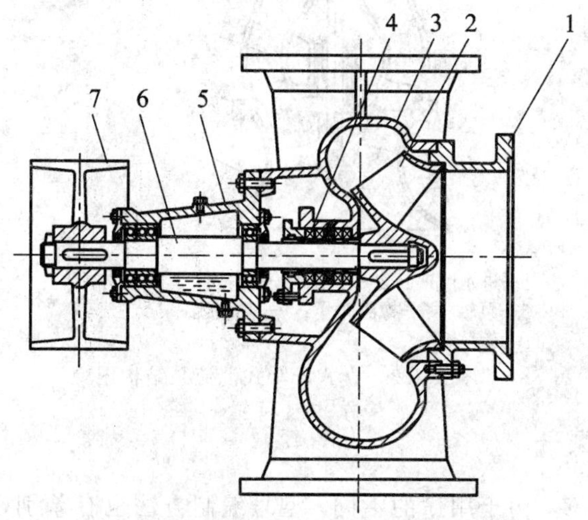


1—泵盖；2—叶轮；3—填料；4—泵体；
5—轴承体；6—泵轴；7—皮带轮

图 2-21 卧式蜗壳式混流泵结构图

离心泵为大，为了支承稳固，泵的基础地脚座一般均设在泵体下面，如图 2-21 所示。

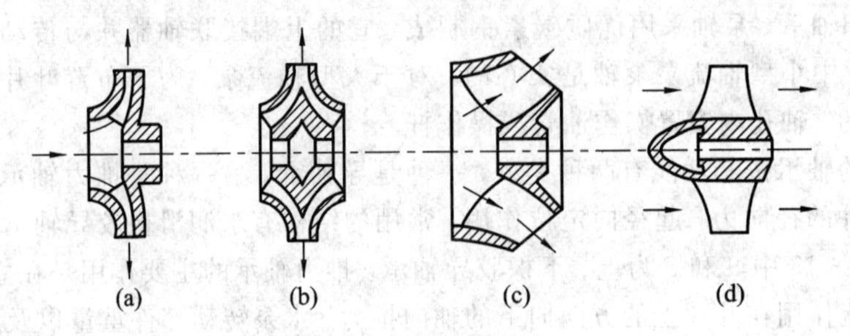


图 2-22　混流泵叶轮

(a) 单吸离心泵叶轮；(b) 双吸离心泵叶轮；(c) 混流泵叶轮；(d) 轴流混流泵叶轮

图 2-23 所示为立式导叶式混流泵，其结构与立式轴流泵很相似。

混流泵的特点是流量比离心泵大，但较轴流泵小；扬程比离心泵低，但较轴流泵高；泵的高效率区范围较轴流泵宽广；流量变化时，轴功率变化较小，有利于动力配套；汽蚀性能好，能适应水位的变化；结构简单，使用维修方便。

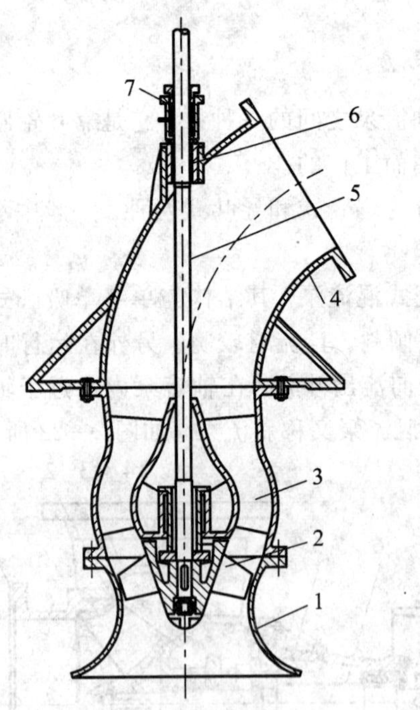


1—进水喇叭；2—叶轮；3—导叶体；4—出水弯管；
5—泵轴；6—橡胶轴承；7—填料函

图 2-23　立式导叶式混流泵结构图

## 2.1.4　叶片泵的型号

叶片泵的种类很多，由于用途的不同，型号编制方法也有差别，至今尚未统一。我国叶片泵的型号一般由泵的型式代号和表示该泵性能参数、结构特点的补充型号组成。泵的型式代号见表 2-1。

**表 2-1　泵的型式代号含义**

| 字母 | 含　义 | 字母 | 含　义 |
|---|---|---|---|
| IS | 单级单吸离心泵 | $QX_D$ | 单相干式下泵式潜水泵 |
| B | 单吸单级悬臂式离心泵 | QS | 充水上泵式潜水泵 |
| D | 节段式多级离心泵 | QY | 充油上泵式潜水泵 |
| DG | 节段式多级锅炉给水泵 | R | 热水泵 |
| DL | 立式多级泵 | S(Sh) | 单级双吸式离心泵 |
| DS | 首级用双叶轮的节段式多级泵 | WB | 微型离心泵 |
| F | 耐腐蚀泵 | WG | 高扬程横轴污水泵 |
| HLB | 半调立式混流泵 | Y | 油泵 |
| HW | 蜗壳式混流泵 | YG | 管道式油泵 |
| JC | 长轴深井泵 | ZLB | 立轴半调式轴流泵 |
| KD | 中开式多级泵 | ZLQ | 立轴全调式轴流泵 |
| KDS | 首级用双叶轮的中开式多级泵 | ZWB | 横轴半调式轴流泵 |
| NDL | 低扬程立轴泥浆泵 | ZWQ | 横轴全调式轴流泵 |
| QJ | 井用潜水泵 | ZB | 自吸式离心泵 |

现将常用的叶片泵的型号意义说明如下。

形式一：

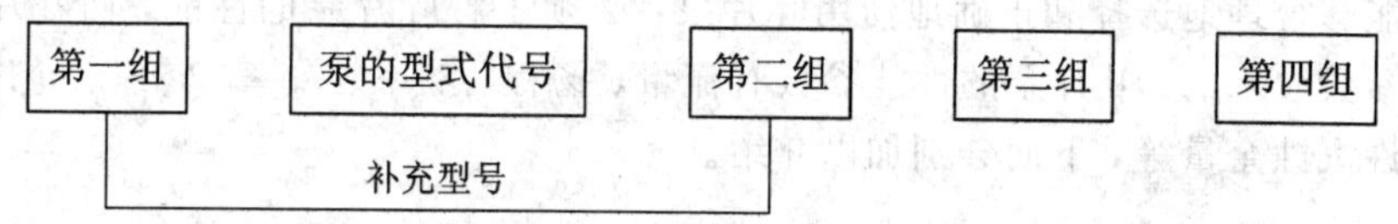


第一组：泵入口(或出口)直径(mm，in)。

第二组：泵的比转数除以10的整数值或泵的设计点的单级扬程(m)。

第三组：泵的级数，单级不表示。

第四组：泵的变型代号(无变型不表示)。

示例：

10Sh-19A：Sh表示单级双吸中开卧式清水离心泵；10表示泵吸入口直径为10 in，19表示该泵的比转数为190；A表示泵的叶轮外径经过第一次切削。若是B、C则表示切削的更多些。(注：S(Sh)型泵输送低于80℃的清水或物理、化学性质类似于水的其他液体。性能参数范围：流量 $Q=72\sim12500\ m^3/h$；扬程 $H=10\sim140\ m$。)

200D-43X6：D表示分段式多级离心式清水泵，200表示泵吸入口直径为200 mm；43表示设计点单级扬程为43 m；6表示泵的级数为6级。

6HB-35：HB表示蜗壳式混流泵；6表示泵吸入口、出水口直径为6in；35表示该泵的比转数为350。

800ZLB-70：ZLB表示半调节单级立式轴流泵；800表示泵出水口直径为800 mm；70表示泵的比转数为700。

形式二：

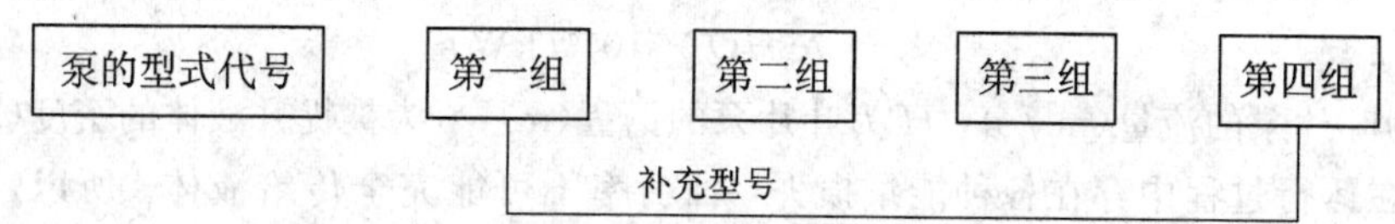

第一组：泵入口(或出口)直径(mm)；设计点流量($m^3$/h，$m^3$/s)。

第二组：泵出口直径(mm)；出口压力(kgf/$cm^2$)；泵设计点单级扬程(m)；泵的比转数除以 10 的整数值。

第三组：泵的级数，单级不表示。

第四组：叶轮名义直径(mm)，有时不表示。

示例：

IS200 - 150 - 315，IS 表示国际标准的单级单吸离心式清水泵；200 表示泵吸入口直径为 200 mm；150 表示泵出水口直径为 150 mm；315 表示叶轮的出口名义直径为 315 mm。(注：IS 型泵输送低于 80℃的清水或物理、化学性质类似于水的其他液体。性能参数范围：流量 $Q$=6.3～400 $m^3$/h；扬程 $H$=5～125 m；转速 $n$=2900～1450 r/min；配用功率 $N$=0.55～90 kW。)

DG46 - 30×5，DG 表示分段式锅炉给水泵，46 表示泵的设计点流量为 46 $m^3$/h，泵设计点的出口压力为 180 kgf/$cm^2$。

HLB8.5 - 40，HLB 表示半调节立式混流泵，泵设计点流量为 8.5 $m^3$/s，40 表示比转数为 400。

### 2.1.5 叶片泵的基本性能参数

为了能够合理地选择和正确地使用叶片泵，必须了解叶片泵的性能，而叶片泵的性能是用性能参数表示的。叶片泵的性能参数有流量、扬程、功率、效率、转速、允许吸上真空高度或允许汽蚀余量等，下面分别加以介绍。

**1. 流量**

流量表示叶片泵在单位时间内所输送液体的体积或质量，用字母 $Q$ 表示，常用的单位有 L/s、$m^3$/s、$m^3$/h 或 T/h 等。本书讨论的计算公式，采用的单位为 $m^3$/s。

**2. 扬程**

扬程表示单位重量液体通过叶片泵后其能量的增加值，用字母 $H$ 表示，单位是 m、Pa、kPa。若水的密度为 $\rho$=1000 kg/$m^3$，则有

$$1\ mH_2O = 9800\ Pa = 9.8\ kPa$$

如果叶片泵输送的是水，单位重量的水流进叶片泵时所具有的能量为 $E_1$，流出水泵时所具有的能量为 $E_2$，则水泵的扬程 $H=E_2-E_1$。

**3. 功率**

这里介绍轴功率和有效功率两个概念。

轴功率指叶片泵的输入功率，它表示动力机输送给叶片泵的功率，用符号 $N$ 表示，常用单位为 kW。

有效功率指叶片泵的输出功率，它表示单位时间内流过叶片泵的液体从叶片泵那里得到的能量，用符号 $N_e$表示有效功率，可根据叶片泵的流量和扬程进行计算，即

$$N_e = \rho g H Q \times 10^{-3}(\mathrm{kW}) \qquad (2-1)$$

式中：$Q$ 为叶片泵的流量($m^3$/s)；$H$ 为叶片泵的扬程(m)；$\rho$ 为被提升液体的密度(kg/$m^3$)。

水泵在运行过程中存在各种能量损失，轴功率不可能完全传给液体。所以，有效功率

始终小于轴功率，即 $N_e < N$。

**4. 效率**

效率指叶片泵的有效功率与轴功率之比值，它反映了叶片泵对动力的利用情况，是一项技术经济指标，以字母 $\eta$ 表示 其表达式为

$$\eta = \frac{N_e}{N} \times 100\% \tag{2-2}$$

由此可得叶片泵的轴功率：

$$N = \frac{N_e}{\eta} = \frac{\rho g H Q}{\eta} \times 10^{-3}(\mathrm{kW}) \tag{2-3}$$

**5. 转速**

转速指泵轴每分钟旋转的次数，用字母 $n$ 表示，常用单位为 r/min。

各种叶片泵都是按一定的转速进行设计的，当使用叶片泵的实际转速不同于设计转速值时，叶片泵的其他性能参数(如 $Q$、$H$、$N$ 等)也将按一定的规律变化。

**6. 允许吸上真空高度或允许汽蚀余量**

允许吸上真空高度或允许汽蚀余量是表示叶片泵汽蚀性能的参数，分别用符号[$H_s$]或[$\Delta h$]表示，单位是米水柱。在泵站设计时，该参数用以确定叶片泵的安装高度。

上述六个性能参数之间的关系，通常用性能曲线来表示。不同类型的泵具有不同的性能曲线，各种泵的性能曲线将在以后章节中加以介绍。

## 2.2　叶片泵的基本工作理论

叶片泵的流道可分成三部分：将液体引向叶轮的进液流道——吸入室；将机械能转换为液体能的叶轮；排液流道——压出室。其中叶轮是叶片泵的核心部分。叶片泵的基本工作理论主要是研究叶轮流道中液体的运动规律和叶轮的水力设计。

### 2.2.1　叶轮流道投影图及主要尺寸

叶轮流道的几何形状常用轴面投影图和平面投形图来表示，如图 2-24 所示。前者将叶轮流道用圆柱投形法投影在通过旋转轴线的平面上；后者是将流道投影在垂直轴线的平面上。

图 2-24 中所采用的符号为

$D_0$——叶轮的进口直径；

$D_1$、$D_2$——叶轮的叶片进、出口直径；

$b_1$、$b_2$——叶轮的叶片进、出口宽度；

$\beta_{1k}$、$\beta_{2k}$——叶轮的叶片进、出口的结构角，它们是叶片进、出口端部中线的切线和圆周切线的夹角，在叶片泵中，$\beta_{1k}$、$\beta_{2k}$一般小于 40°；

$t$——节距。

除了叶片进、出口的结构角外，对叶轮工作有影响的还有叶片的型式：叶片断面厚度可以是变的或不变的；叶片是弯曲的或成直线的；叶片的进口边缘一般做成圆形，而出口

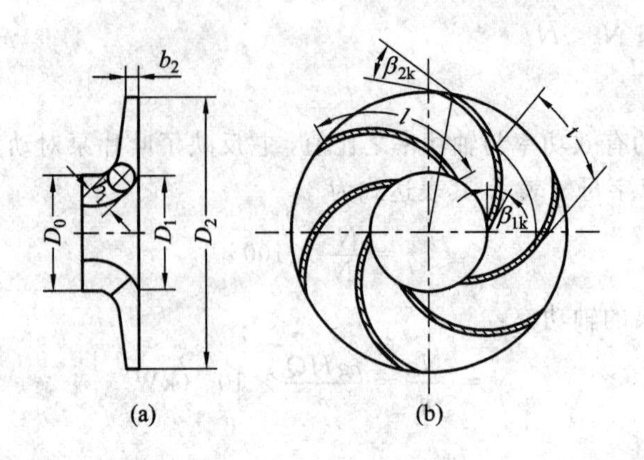


图 2-24　叶轮投影图
(a) 轴面投影；(b) 平面投影

边缘变尖。良好的叶片断面型线既能提高效率，又便于制造。

离心泵叶轮的叶片数一般不超过 9 个，它和相对节距 $\bar{t}_m = t_m / l$ 的大小有关(式中 $t_m$ 为平均节距，$l$ 为叶片断面长度)。叶片数过少时，液流不能获得必需的 $\beta_{2k}$ 出口方向；而叶片数过多时，叶片排挤液体的作用太大。所以，一般 $\bar{t}_m$ 的最优值为 0.3～0.5(当 $\beta_{2k} > 40°$ 时取小值，而当 $\beta_{2k} = 20° \sim 25°$ 时取大值)。

为了使叶片适应叶轮入口处液流的转弯作用，在轴面投形图上经常将叶片的进口边缘做成倾斜或球面形。因此，沿叶片进口边缘的长度方向，进口角和圆周速度都有某些变化。

为了分析叶片泵的工作过程，下面首先讨论叶轮内液体运动和能量转换规律。

### 2.2.2　液体在叶轮中的运动 —— 速度三角形

液体在叶轮中的运动是一个复合运动。叶轮带着液体一起作旋转运动，称为牵连运动，其速度用 $\vec{v}$ 表示，液体沿叶轮流道的运动，称为相对运动，其速度以 $\vec{v}$ 表示。叶轮中的液体相对于地面的运动称为绝对运动，其速度以 $\vec{v}$ 表示。实际上，液体质点既对叶轮有相对速度 $\vec{w}$，同时又随叶轮旋转，有一圆周速度 $\vec{u}$，所以，它相对于固定的泵壳所具有的绝对速度 $\vec{v}$ 是圆周速度 $\vec{u}$ 和相对速度 $\vec{w}$ 的矢量和，即 $\vec{u} = \vec{u} + \vec{w}$。

这个矢量和可以通过矢量合成的速度三角形(或平行四边形)表示出来，如图 2-25 所示。

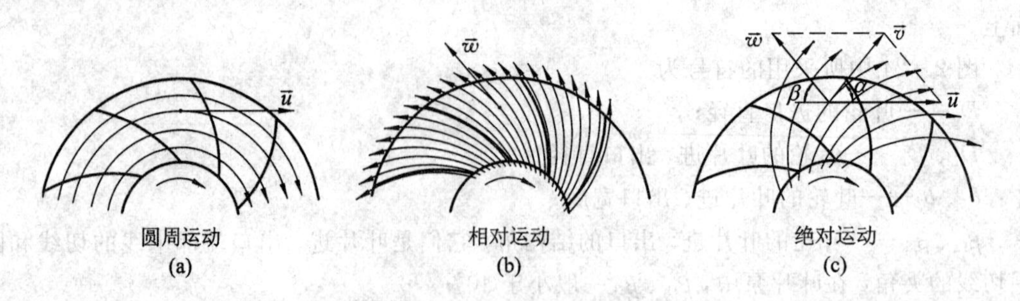


图 2-25　液体质点在叶轮内的运动情况

由于一般只要研究液体在叶轮前后的能量变化情况，因此，仅画出叶轮进口及出口的速度三角形，如图 2-26 所示。图中所用的符号：$\alpha$ 为绝对速度 $\vec{v}$ 与圆周速度 $\vec{u}$ 正方向间的夹角；$\beta$ 为相对速度 $\vec{w}$ 与圆周速度 $\vec{u}$ 反方向间的夹角；绝对速度 $\vec{v}$ 又可以分为两个分量，即径向分量 $v_r = v\sin\alpha$ 和周向分量 $u_u = v\cos\alpha$，叶轮进口前的速度用下标"0"，叶轮进口处的速度用下标"1"，叶轮出口处的速度用下标"2"。

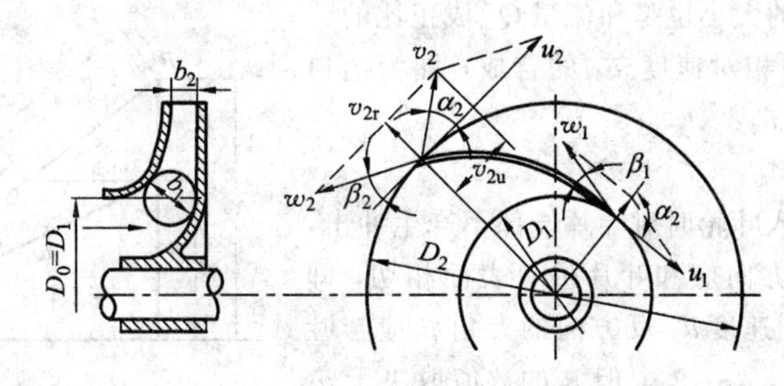


图 2-26　叶轮内液体的运动

**1. 叶轮进口速度三角形**

当叶片泵工作时，吸入池中的液体在大气压力作用下，沿吸入管流向泵的叶轮进口，其速度为 $v_0$。在叶轮内，液流由轴向变为径向，并以速度 $v_1$ 流向叶片间的流道，如图 2-26 所示。$v_1$ 的方向取决于叶片泵吸入室的结构形状。对一般离心泵来说，液体都是沿半径方向进入叶片的，即 $v_1 = v_{1r}$。径向分速 $v_{1r}$ 的大小可由下式求得

$$v_{1r} = \frac{Q_{th}}{A_1} \tag{2-4}$$

$$A_1 = \pi D_1 b_1 - z\delta_1 b_1 = \varphi_1 \pi D_1 b_1$$

式中：$Q_{th}$ 为流经叶轮的流量；$A_1$ 为进口断面的环形有效面积；$z$ 为叶轮的叶片数；$\delta_1$ 为进口处叶片的厚度；$\varphi_1$ 为考虑进口处叶片厚度影响的断面缩小系数，$\varphi_1 \approx 0.9$。

因为 $A_1$ 对一定的叶轮是不变的，所以 $v_1$ 的大小取决于流量 $Q_{th}$。

对于泵轴转速一定的叶轮，其进口处的圆周速度 $u_1$ 是已知的，即

$$u_1 = \frac{\pi D_1 n}{60} \tag{2-5}$$

因此，液体进入叶片流道的相对速度 $\vec{w}_1$ 可由下式确定：

$$\vec{w}_1 = \vec{v}_1 - \vec{u}_1$$

已知 $v_1$ 和 $u_1$，就可由绘制的进口速度三角形，求得相对速度 $w_1$，如图 2-26 所示。

**2. 叶轮出口速度三角形**

在叶轮出口处，液体除具有和叶片相切方向的相对速度 $\vec{w}_2$ 外，还具有圆周速度 $\vec{u}_2$。

$$u_2 = \frac{\pi D_2 n}{60} \tag{2-6}$$

已知 $\vec{u}_2$ 的大小和方向以及 $\vec{w}_2$ 的方向，同时已知绝对速度 $\vec{v}_2$ 的径向分量 $v_{2r}$，即

$$v_{2r} = \frac{Q_{th}}{A_2} \tag{2-7}$$

$$A_2 = \pi D_2 b_2 - z\delta_2 b_2 = \varphi_\pi D_2 b_2$$

式中：$A_2$ 为叶轮出口处流道的环形有效面积；$\delta_2$ 为出口处叶片的厚度；$\varphi_2$ 为考虑进口处叶片厚度影响的断面缩小系数。

根据速度三角形可计算得$\vec{w}_2$的大小：

$$w_2 = \frac{v_{2r}}{\sin\beta_2} \tag{2-8}$$

可见，相对速度$\vec{w}$的大小也是和流量$Q_{th}$成正比的。

圆周速度$\vec{u}_2$与相对速度$\vec{w}_2$的合成，即为出口处液体的绝对速度$\vec{v}_2$：

$$\vec{v}_2 = \vec{u}_2 + \vec{w}_2$$

为了使液体进入叶轮时对叶片端部不产生冲击，进口处相对速度的方向应和叶片进口表面相切，即相对速度$\vec{w}_1$与圆周速度$\vec{u}_1$反方向的夹角$\beta_1$应与叶片的结构角$\beta_{1k}$相等，$\beta_1=\beta_{1k}$，但$\beta_1$的数值取决于$\vec{v}_1$及$\vec{u}_1$的大小。当泵轴转速一定时，$\vec{u}_1$为常数，速度$\vec{v}_1$的方向是一定的，其大小取决于流量，因此$\beta_1$的数值也取决于流量。如图2-27所示，只有在某一合适的流量(或最优流量)时，$\beta_1=\beta_{1k}$，符合无冲击进入叶轮的条件。当流量增大或减小时，$\beta_1$将大于或小于$\beta_{1k}$，这样，就使液流对叶片端部产生冲击。

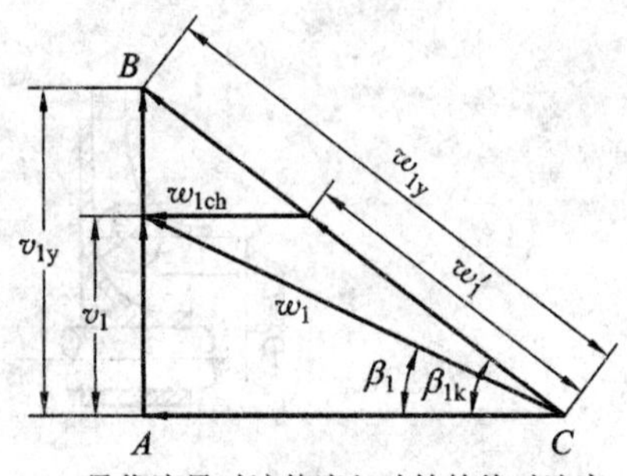


$v_{1y}$—最优流量时液体流入叶轮的绝对速度；
$v_{1g}$—最优流量时液体进入叶轮的相对速度；
$v_{1ch}$—液流对叶片端部产生冲击的相对速度

图2-27 进口速度三角形随流量而变的情况

### 2.2.3 叶片泵的基本能量方程式

液体进入叶轮后，通过叶片流道流出叶轮。液体在叶轮内的流动过程中，旋转的叶片将能量传递给液体，与此同时液体的压力能与动能都相应增加。总之，叶轮出口处的能量比进口处的大，增加的能量可由叶片泵的基本方程求得。

**1. 三点假设**

在叶片泵中，影响叶轮和液体进行能量转换的因素很多，如叶轮转速、叶片的角度、叶片的数量和厚度、叶片的粗糙度及液体的性质等，为了研究主要因素的影响，先作以下三点假设：

(1) 液体在叶轮内处于一元稳定的流动状态；

(2) 叶轮上叶片厚度无限薄，叶片数无穷多。所以流道的宽度无限小，那么液体完全沿着叶片的弯曲型线流动。

(3) 叶片泵内流动的液体为无黏性液体，在推导方程时可不计能量损失。

**2. 推导**

推导基本方程式时，先将叶片泵的叶轮近似看作平面，那么液体在叶轮内的流动就是平面流动，然后应用动量矩方程。液体动量矩方程指出，在定常流动中，单位时间内液体动量矩的变化，等于作用在液体上的外力矩。

如图2-28所示，设流入叶轮的液体体积流量为$Q_{th}$，以叶轮进口及叶轮出口为控制面，则在单位时间内叶轮叶片进口处流入的液体动量矩为

$$\rho Q_{th} v_{1\infty} r_1 \cos\alpha_{1\infty}$$

注：凡符号下角标有“∞”者，均表示叶片数为无穷多的叶轮参数。

同时，在叶轮出口处单位时间内流出的液体动量矩为 $\rho Q_{th} v_{2\infty} r_2 \cos\alpha_{2\infty}$。

根据动量矩方程

$$M = \rho Q_{th}(v_{2\infty} r_2 \cos\alpha_{2\infty} - v_{1\infty} r_1 \cos\alpha_{1\infty}) \quad (2-9)$$

式中：$M$ 为作用在液体上的外力矩，N·m。

假如叶轮的转角速度为 $\omega$，则在式(2-9)两端乘以 $\omega$ 得

$$M\omega = \rho Q_{th}(v_{2\infty} u_2 \cos\alpha_{2\infty} - v_{1\infty} u_1 \cos\alpha_{1\infty}) \quad (2-10)$$

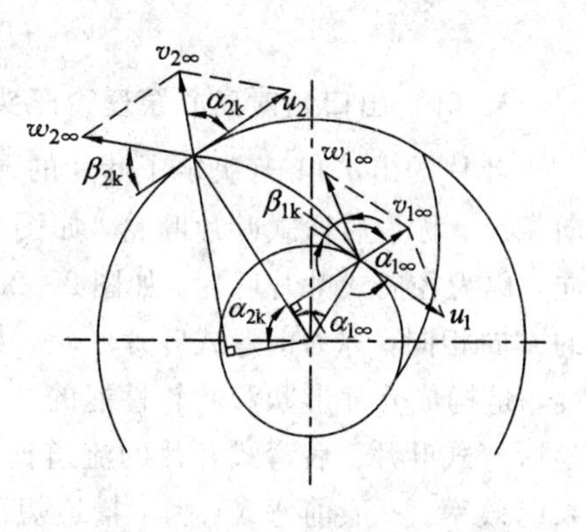


图 2-28 推导基本方程式

分析 $M\omega$ 的乘积，它表示叶轮旋转时传递给液体的功率。在考察无黏性液体流动时，叶轮传递给液体的功率，应该等于液体在叶轮中所获得的功率 $\rho g H_{th\infty} Q_{th}$，$H_{th\infty}$ 为单位重量无黏性的液体通过叶片数为无穷多的工作轮时所获得的能量，称为无黏性液体、叶片数无穷多时泵的扬程，于是

$$M\omega = \rho g H_{th\infty} Q_{th}$$

$$H_{th\infty} = \frac{1}{g}(v_{2\infty} u_2 \cos\alpha_{2\infty} - v_{1\infty} u_1 \cos\alpha_{1\infty}) = \frac{1}{g}(u_2 v_{2u\infty} - u_1 v_{1u\infty}) \quad (2-11)$$

为了避免或减少液体进入叶轮时的水力损失，一般液体总是以径向进入叶轮进口处，即 $\alpha_{1\infty}=90°$，因此，基本方程简化为

$$H_{th\infty} = \frac{1}{g} v_{2\infty} u_2 \cos\alpha_{2\infty} = \frac{1}{g} u_2 v_{2u\infty} \quad (2-12)$$

由上式可知：

(1) 泵的扬程 $H_{th\infty}$ 单位为 m，$H_{th\infty}$ 的大小与液体密度无关，只是与转速 $n$，叶轮直径 $D_1$、$D_2$，叶片进口的安装角 $\beta_{1k}$、$\beta_{2k}$，流量 $Q_{th}$ 等因素有关；

(2) 式(2-11)表示了液体通过叶轮后，动能与压力能均有所提高，由速度三角形得

$$w_{2\infty}^2 = v_{2\infty}^2 + u_2^2 - 2u_2 v_2 \cos\alpha_{2\infty} \quad (2-13)$$

$$w_{1\infty}^2 = v_{1\infty}^2 + u_1^2 - 2u_1 v_1 \cos\alpha_{1\infty} \quad (2-14)$$

将式(2-13)、式(2-14)中的 $u_2 v_2 \cos\alpha_{2\infty}$ 和 $u_1 v_1 \cos\alpha_{1\infty}$ 解出并代入式(2-11)可得

$$H_{th\infty} = \frac{v_{2\infty}^2 - v_{1\infty}^2}{2g} + \frac{u_2^2 - u_1^2}{2g} + \frac{w_{1\infty}^2 - w_{2\infty}^2}{2g} \quad (2-15)$$

式(2-15)等号右边第一项即为扬程中的动能增量，称为动能扬程 $H_{dy\infty}$，即

$$H_{dy\infty} = \frac{v_{2\infty}^2 - v_{1\infty}^2}{2g} \quad (2-16)$$

式(2-15)等号右边第二项、第三项之和即为扬程中的压能增量，称为势扬程 $H_{st\infty}$，即

$$H_{st\infty} = \frac{u_2^2 - u_1^2}{2g} + \frac{w_{1\infty}^2 - w_{2\infty}^2}{2g} \quad (2-17)$$

其中式(2-15)中第二项看作是离心力作用，使液体在叶轮出口处压能的增加值，第三项是由于一般叶轮流道略带扩散性，所以从叶轮进口到叶轮出口，液体相对速度从 $w_{1\infty}$ 降低至 $w_{2\infty}$，从而使部分动能转换为压能。

由此理论扬程 $H_{th\infty}$ 应该是液体动能增加部分与液体压能增加部分之和：

$$H_{th\infty} = H_{dy\infty} + H_{st\infty}$$

**3. 叶片出口角对离心泵理论压头的影响**

叶片的出水角 $\beta_{2k}$决定了叶片的形式，当 $\beta_{2k} < 90°$时，叶片弯曲的方向与叶轮旋转的方向相反，称为后弯式叶片叶轮，如图 2-29(a)所示。当 $\beta_{2k} = 90°$时，叶片出口的方向为径向，称为径向式叶片叶轮，如图 2-29(b)所示。当 $\beta_{2k} > 90°$时，叶片弯曲的方向与叶轮旋转的方向相同，称为前弯式叶片叶轮，如图 2-29(c)所示。因此 $\beta_{2k}$角的大小反映了叶片的弯度，是构成叶片形状和叶轮性能的一个重要参数。实际工程中使用的离心泵叶轮，大部分是后弯式叶片。后弯式叶片的流道比较平缓，弯度小，叶槽内水力损失较小，有利于提高泵的效率。一般前弯式叶片，槽道短而弯度大，叶轮中水流的弯道损失大，水力效率低。一般离心泵中常用的 $\beta_{2k}$值为 20°～30°之间。

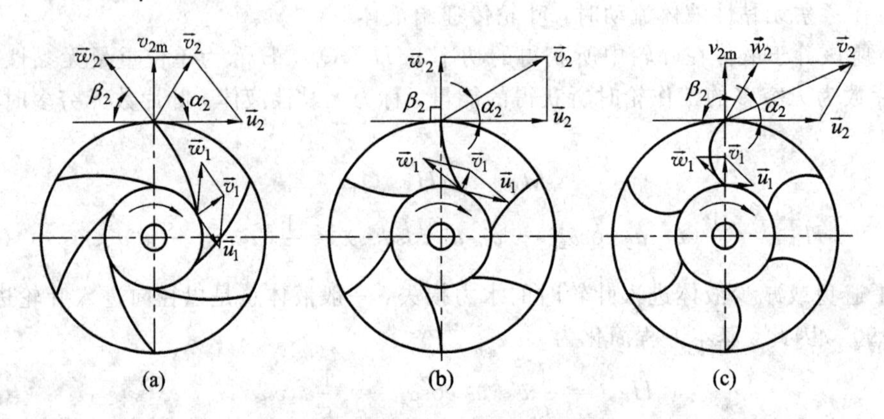

图 2-29 离心泵叶轮叶片的型式

(a) 后弯式($\beta_{2k} < 90°$)；(b) 径向式($\beta_{2k} = 90°$)；(c) 前弯式($\beta_{2k} > 90°$)

**4. 基本方程式的修正**

我们知道叶片泵的基本方程式是对叶轮的构造和液流性质作了三点假设，应用动量矩定律推得的。现按实际情况进行修正。

**假设 1** 液流是稳定的，当叶轮转速不变时，这一假定可以认为与实际相符。

**假设 2** 叶槽中，液流均匀一致，叶轮具有无限多及无限薄的叶片，液流完全沿着叶片流动。实际上，叶片数是有限的。在叶槽中，液流具有某种程度的自由。当叶轮旋转时，液流质点因惯性作用，使液流的相对运动除了均匀流外，如图 2-30(a)所示，还有一个趋向于保持液流原来位置的与叶轮旋转方向相反的旋转运动，这种反旋现象如图 2-30(b)所示。因此，在叶槽内的实际相对速度应等于图 2-30(a)、(b)的速度之叠加，如图 2-30(c)所示。

由图 2-30 可以看出，由于反旋，靠近叶片背水面的地方，实际相对速度增高，靠近叶片迎水面的地方，实际相对速度减小。因此，水泵叶槽中流速的实际分布是不均匀的，如图 2-30(d)所示。这样就影响了叶轮产生的扬程值，需进行修正。以 $H_{th}$表示修正后的理论扬程，则

$$H_{th} = \frac{H_{th\infty}}{1+K} = \frac{1}{g}\left(u_2 \frac{v_{2u\infty}}{1+K} - u_1 \frac{v_{1u\infty}}{1+K}\right)$$

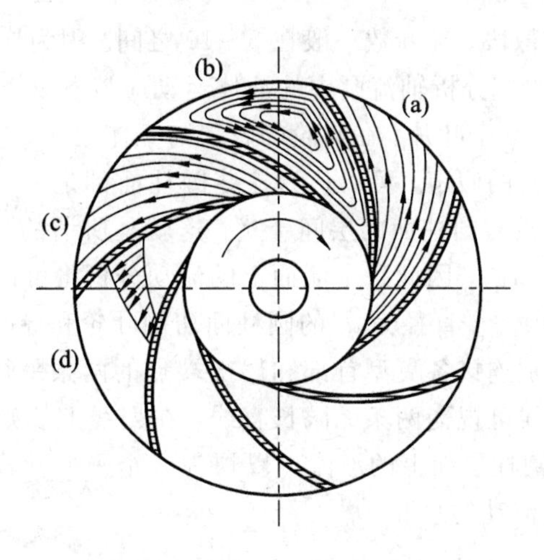


图 2-30 反旋现象对流速分布的影响

因此，用 $v_{2u}$、$v_{1u}$ 计算的扬程称为有限多叶片理论扬程，即

$$H_{th} = \frac{1}{g}(u_2 v_{2u} - u_1 v_{1u}) \tag{2-18}$$

式中，$K$ 为修正系数，由经验公式确定。

$H_{th} < H_{th\infty}$，其间的差别用经验公式修正，从以上的物理本质来看，对 $H_{th\infty}$ 的修正可以直接进行，也可以通过对 $v_{2u\infty}$、$v_{1u\infty}$ 的修正间接进行，但有一点必须明确，有限叶片数造成的扬程降低不影响泵的效率，因为叶轮虽未使扬程达到 $H_{th\infty}$ 的值，但也并未消耗与此对应的能量。所以实际影响的只是应有的"扬程实现能力"。

同理，证明泵扬程的另一种表达式可写成

$$H_{th} = \frac{v_2^2 - v_1^2}{2g} + \frac{u_2^2 - u_1^2}{2g} + \frac{w_1^2 - w_2^2}{2g} \tag{2-19}$$

**假设 3** 液流是理想液体。在叶片泵运行中，被抽升的液体在泵壳内有水力损失，使叶片泵的实际扬程 $H$ 值小于理论扬程值。叶片泵的实际扬程为

$$H = \eta_h H_{th} = \eta_h \frac{H_{th\infty}}{1 + K} \tag{2-20}$$

式中：$\eta_h$ 为水力效率；$H_{th}$ 为修正后的理论扬程；$H$ 为实际扬程。

上述讨论的叶片泵的基本方程式(2-18)和式(2-19)，是以叶片泵为例，按叶片式流体机械的工作原理，用动量矩定理推导得出的结论，因此它适用于所有叶片式流体机械，式(2-18)和式(2-19)也称为叶片式流体机械的基本方程式。

# *2.3 轴流泵工作理论简介

## 2.3.1 轴流泵内的流体运动及圆柱层无关性假设

在轴流泵中，液流依次通过叶轮和导叶，流向基本上是轴向的，如图 2-17 所示。液体通过叶轮后能量增加，并且有一定圆周方向的分速度。导叶将消除这一旋转分量，使液体轴向流出泵体，同时将一部分速度能头转换成压力能头，提高泵的工作效率。因此，导叶

段常常也是泵体的一个扩散段。导叶数一般在5～10之间。因为导叶是静止的，顾名思义，主要起到"导流"功能，因此，分析轴流泵中的液体运动应该着重于叶轮中的流动情况。

轴流泵叶轮一般有3～6个叶片。在叶轮的轮毂与壳体之间，我们可以作无数个同心的圆柱面，作为一种简化分析的假定，可以认为这些圆柱面都是一些流面，液体质点都在各自的所在圆柱面上运动而没有圆柱面的层间干扰，这就是所谓的"圆柱层无关性假设"。因为圆柱面是可以展开成平面的，因此每个流面上的流动分析将可以在平面图形上真实地进行，如图2-31所示。图中一个直径为$d_i$的圆柱面切割叶轮和导叶。在展开平面上叶片的切面图形称为"翼型"，分别连接各翼型首部和尾部端点的两条平行直线称列线，它们实际上是两条圆周线，因此列线可视为两条无限长直线，在列线上规则排列着的"无数"单个翼型组成"叶栅"。所以，在圆柱层面上的液流可以视为一个平面叶栅流动，整个泵内的流动是无数多个这种平面叶栅流动的总和。

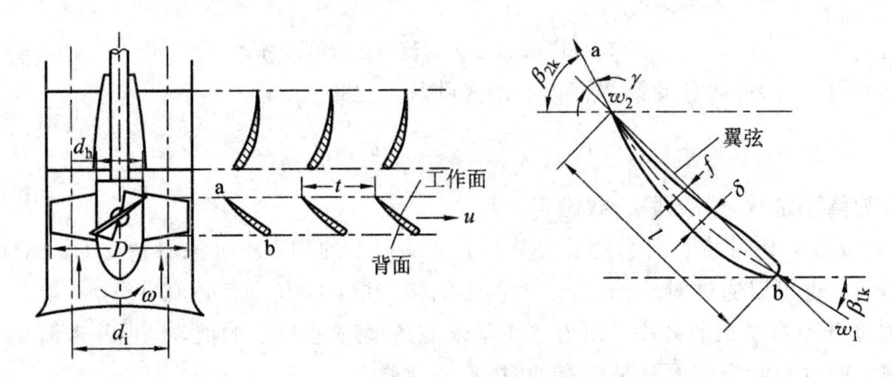


图2-31　轴流泵叶栅

显然，轴流泵中的流动与离心泵中和混流泵中的流动是有差别的，液流没有径向分速度，只有圆周方向和轴向两个运动分量，速度三角形可以在叶栅展开平面上比较真实地反映该层面上的液流情况。当然，叶轮中也会有轴向旋涡造成的径向分量，不过在一般分析中我们可以不予考虑。

### 2.3.2　叶栅及翼型的几何参数

如图2-31所示，叶栅和翼型的特点可用以下一些主要几何参数加以描述。

(1) $D$——叶轮直径；

(2) $d_h$——轮毂直径；

(3) $z$——叶片数；

(4) $d_i(R_i)$——圆柱层流面直径(或半径)；

(5) $l$——翼弦长度，翼弦是指翼型几何中心线两端点间的连线；

(6) $t$——栅距，$t=\frac{\pi d_i}{z}$；

(7) $\alpha$——冲角，它指的是无穷远来流与翼弦间的夹角；

(8) $\frac{l}{t}$——相对栅距，其倒数$\frac{t}{l}$称为栅稠度；

(9) $\beta_1$、$\beta_2$——进、出口几何角，以骨线(翼型中心线)前后缘切线与列线的夹角计量

（它与离心泵中关于$\beta$角的定义是一致的）；

（10）$\delta$——翼型厚度，它是指与弦长垂直方向上的尺寸，并称$\bar{\delta}=\frac{\delta}{l}$为相对厚度；

（11）$f$——拱度，它是翼型骨线与弦线间的距离，并称$\bar{f}=\frac{f}{l}$为相对拱度；

（12）$\gamma$——曲率角，它是指翼型骨线后缘切线与弦线间的夹角。

### 2.3.3 叶栅的速度三角形分析

流体在轴流式叶轮中圆柱流面上的运动是一种复合运动。流体同叶轮一起做旋转运动（牵连运动）的速度为圆周速度$\vec{u}$，其方向沿着叶轮旋转的圆周方向；流体相对叶片的流动速度为相对速度$\vec{w}$，其方向和叶片翼型表面方向有关，如果假设叶片数无穷多，则$\vec{w}$的方向与翼型表面相切。流体的绝对速度$\vec{v}$是圆周速度$\vec{u}$和相对速度$\vec{w}$的向量和。构成的叶轮速度三角形平面，与圆柱面相切。

如图2-32(a)所示，把绝对速度$\vec{v}$分解为两个相互垂直的分量$v_u$和$v_m$。$v_u$为绝对速度的圆周分量，其值和泵的扬程有关；$v_m$是绝对速度的轴面分量，称为轴面速度，其值和泵的流量有关。

轴流泵的速度三角形有一个特点，即$u_1=u_2=u$，流体在叶栅进口处的流入角为$\beta_1$、流出角为$\beta_2$。叶栅进口相对速度为$w_1$，出口相对速度为$w_2$。为研究方便起见，常将叶栅进、出口速度三角形绘制在一起，如图2-32(b)所示。

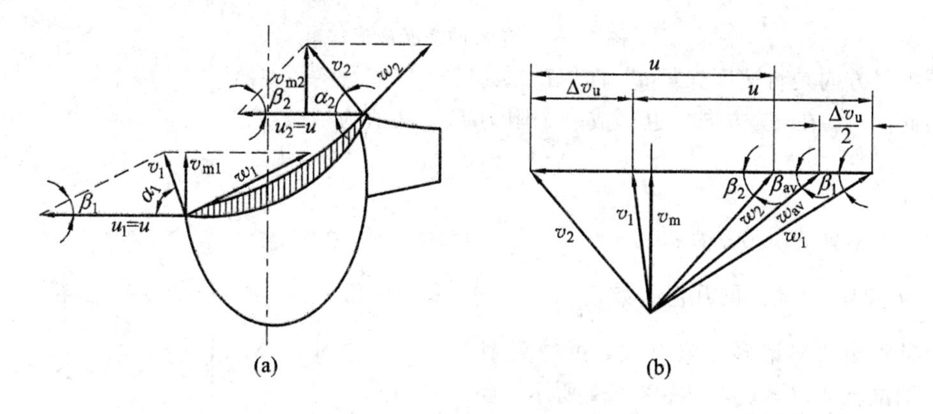


图2-32　轴流泵叶轮内液体的运动

轴流泵的圆周速度为

$$u_1=u_2=u=\frac{\pi d_i n}{60}$$

式中，$d_i$为所取截面处的叶轮直径(m)，如图2-31所示；$n$为叶轮的转速(r/min)。

流体在叶轮进、出口处的轴面速度，可根据流量求得。轴流式叶轮进、出口通流面积如果相同，则

$$v_{m1}=v_{m2}=v_m=\frac{Q}{\frac{1}{4}(D^2-d_h^2)\eta_V}$$

式中，$Q$为轴流泵输送流体的体积流量($m^3/s$)；$D$、$d_h$分别为叶轮外径和轮毂直径(m)。

$\vec{w}_{av}$为$\vec{w}_1$和$\vec{w}_2$的平均相对速度。流体绕流叶栅的流动毕竟与绕流孤立翼型的流动不同，流体对叶栅中翼型的作用，不是只根据相对速度 $w_1$ 或 $w_2$，而是翼型进口与出口处相对速度的向量平均值 $w_{av}$。

### 2.3.4　翼型和叶栅的动力特性

空气绕流飞机翼型时可以产生巨大的升力，托起庞大的机身。工程流体力学理论指出流体绕流机翼时，在翼型周围流场中形成一定的流速环量 $\Gamma$，并且在机翼上产生一个升力 $F_y$，如图 2-33 所示，单位翼型(宽度 $B=1$ 的机翼)上的升力为

$$F_y = c_y \cdot \rho \cdot \frac{w_\infty^2}{2} \cdot l \cdot B = c_y \cdot \rho \cdot \frac{w_\infty^2}{2} \cdot l \tag{2-21}$$

式中，$c_y$ 为单翼的升力系数；$\rho$ 为来流的密度；$w_\infty$ 为无穷远来流的相对速度，如果翼型是固定不动的，来流速度为绝对速度；$l$ 为翼型弦长。

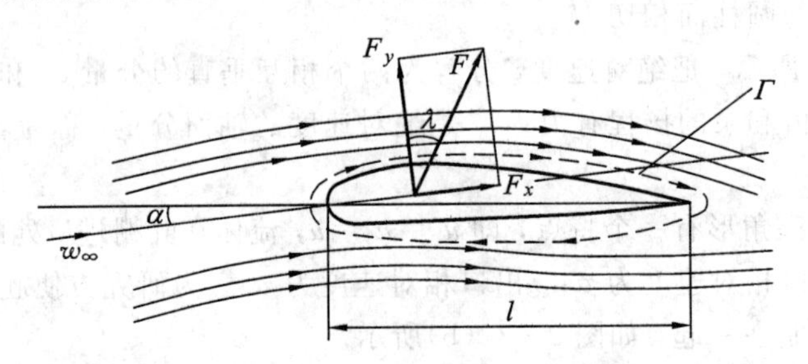


图 2-33　单翼的绕流及升力

升力的方向是将速度矢量$\vec{w}_\infty$向$-\Gamma$方向转过 90°。

与此同时，在$\vec{w}_\infty$方向上也形成一个阻力 $F_x$，其值为

$$F_x = c_x \cdot \rho \cdot \frac{w_\infty^2}{2} \cdot l \tag{2-22}$$

式中，$c_x$ 为单翼的阻力系数。

$c_y$、$c_x$ 的值与翼型的几何参数$\left(\frac{\delta}{l}, \frac{f}{l}\text{等}\right)$、来流冲角 $\alpha$，以及流动雷诺数等诸多因素有关，每种翼型的 $c_y$、$c_x$ 值可通过风洞试验加以测定，如图 2-34 所示。合力 $F$ 与升力的夹角 $\lambda$ 称为升力角，$\tan\lambda = \frac{c_x}{c_y}$，其值的大小表示翼型的工作质量。$\tan\lambda$ 较小，说明阻力较小，升力较大，质量较好。工程上常用的一些典型翼型的几何参数及动力特性可以在有关手册或文献中查找、选用。

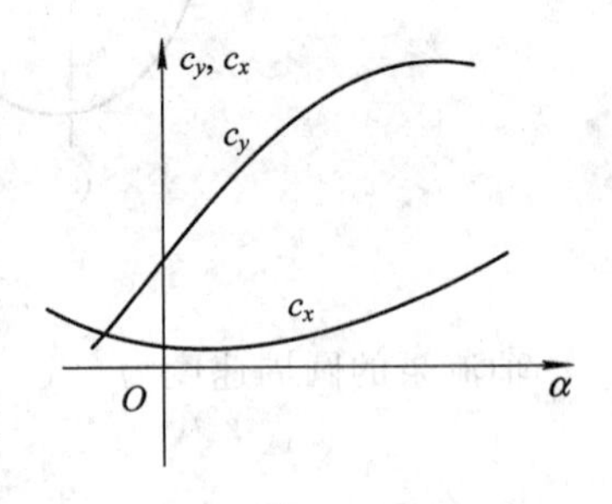


图 2-34　单翼的绕流及升力

叶栅是许多单翼型规则排列，当流体绕流叶栅中的翼型时，情况与绕流单翼型大致类似，但由于翼型间的相互影响，动力特性与单翼型不完全相同。理论分析证明，此时升力与阻力的计算形式与单翼型相同，但需将 $w_\infty$ 替换为 $w_{av}$。

$$F_y' = c_y' \cdot \rho \cdot \frac{w_{av}^2}{2} \cdot l \tag{2-23}$$

$$F_x' = c_x' \cdot \rho \cdot \frac{w_{av}^2}{2} \cdot l \tag{2-24}$$

式中，$c_y'$、$c_x'$为在单翼升力和阻力系数基础上经修正的栅中翼型的升力和阻力系数；$w_{av}$为栅前和栅后相对速度的几何平均速度。

### 2.3.5 关于叶轮内流动的两种处理方法

流体相对于固体的运动，一般有两种表现形式：过流和绕流。所谓过流，是流体在由固体壁面所形成的流道中运动(有压和无压流动)。所谓绕流，是流体包围固体物件而流动。各种管道流动都是过流，而大气吹过建筑物、河水流过桥墩等都认为是绕流，它们有不尽相同的分析方法，适用于不同的工程问题，比如各种机械部件中的流体运动问题只能按过流讨论，飞机机翼相对大气的运动问题只能按绕流来讨论。但是叶片式流体机械叶轮内的流动问题则比较特殊，因为叶片在圆周方向均匀分布，形成叶片间流道，因此既可把通过叶轮的流动视为过流问题，也可把它视为流体对叶片的绕流问题。一般在分析离心泵、离心风机或混流式水轮机时常用过流的概念，而在分析轴流式泵、涡轮钻具、轴流风机和水轮机时则采用绕流的方法。但是这两种分析方法的本质是一致的，结论是相同的，只是对不同的叶轮特点选用比较方便的相应方法而已。因此用绕流和升力理论分析翼型和叶栅动力特性与叶片泵分析中所遵循的动量矩定理是一致的。

### 2.3.6 轴流泵的基本方程式

轴流泵的理论扬程表达式与叶片泵是一样的。根据式(2-18)得

$$H_{th} = \frac{1}{g}(u_2 v_{2u} - u_1 v_{1u})$$

由速度三角形图2-32可得

$$u_1 = u_2 = u; \quad v_{u1} = u - v_m \cot\beta_1; \quad v_{u2} = u - v_m \cot\beta_2$$

$$H_{th} = \frac{u}{g} v_m (\cot\beta_1 - \cot\beta_2) \tag{2-25}$$

根据式(2-19)可得

$$H_{th} = \frac{v_2^2 - v_1^2}{2g} + \frac{w_1^2 - w_2^2}{2g} \tag{2-26}$$

由式(2-25)和式(2-26)知：

(1) 当$\beta_1 = \beta_2$，$H_{th} = 0$，流体不能获得能量，为使$H_{th}$增加，必须使$\beta_2 > \beta_1$，而且两者之差越大，则$H_{th}$越大。但是，$\beta_1$和$\beta_2$也不能相差太大，否则会引起叶片上流体边界的分离。

(2) 由于$u_1 = u_2 = u$，所以轴流泵的扬程较低。

(3) 要提高流体流出叶轮时的压能，则$w_1 > w_2$，并且安装时要求叶片出口安装角$\beta_{2k}$大于叶片入口安装角$\beta_{1k}$。

(4) 当$d_i$由$d_h$向$D$变化时，速度三角形的$u$是变化的，而$v_m$可认为不变，若假定不同半径圆柱面上叶栅形成的$H_{th}$是相等的，那么$\beta_1$和$\beta_2$角必然是变化的。所以可以推知，在从轮毂到叶片外缘的整个叶片高度上，叶片必定是空间扭曲的，这才能保证在整个流道内有良好的流动状态。

# 2.4 叶片泵的特性曲线

叶片泵的特性曲线用来反映叶片泵各个参数之间的关系和变化规律。它对于我们合理地选型配套，正确地决定安装高度以及调节运行工况，使叶片泵能长期地运行在高效率范围内等，起着十分重要的作用。

性能曲线指叶片泵在恒定的转速下，扬程 $H$、功率 $N$、效率 $\eta$ 和允许吸上真空度$[H_s]$或允许汽蚀余量$[\Delta h]$等性能参数随流量 $Q$ 而变化的关系，这种关系绘制成的曲线称为特性曲线。由于液体在叶轮内流动状态复杂，各种水力损失很难准确计算，所以，到目前为止，还只能通过实验的方法来绘制出这些实测的性能曲线。下面首先对叶片泵的性能曲线进行理论分析，然后结合实测的曲线进行讨论。

## 2.4.1 理论性能曲线的定性分析

由图 2-28 知，$v_{2u\infty}=u_2-v_{2r}\cot\beta_{2k}$，将其代入叶片泵的基本方程式(2-12)可得

$$H_{th\infty}=\frac{u_2}{g}(u_2-v_{2r}\cot\beta_{2k}) \tag{2-27}$$

将式(2-7)代入式(2-27)得

$$H_{th\infty}=\frac{u_2^2}{g}-\frac{u_2\cot\beta_{2k}}{gA_2}Q_{th} \tag{2-28}$$

上式对给定的泵，在一定的转速下，$u_2$、$A_2$、$\beta_{2k}$ 均为常数。若以流量 $Q$ 为横坐标，扬程 $H$ 为纵坐标，则当 $\beta_{2k}<90°$时，$Q_{th}-H_{th\infty}$ 是一条向下倾斜的直线。如图 2-35(a)所示，它与坐标轴相交于两点。

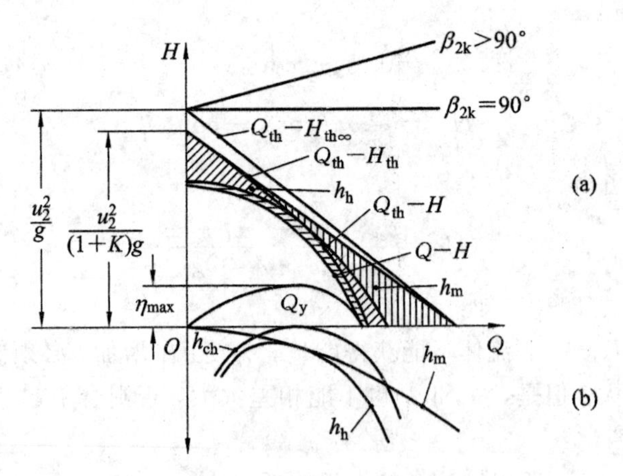


图 2-35 离心泵性能曲线定性分析

(a) 离心泵性能曲线；(b) 离心泵的水力损失

为了得出实际流量 $Q$ 和实际扬程 $H$ 之间的关系曲线，首先考虑叶片数是有限的，对理论扬程的修正，由式 $H_{th}=\dfrac{H_{th\infty}}{1+K}$知，$Q_{th}-H_{th}$ 也是一条向下倾斜的直线；其次考虑泵内的各种损失对扬程的影响，叶片泵内的能量损失可分为两部分：水力损失、容积损失和机械损失三类。

**1. 水力损失 $h_h$**

水力损失可分为下列两种：

(1) 水力阻力损失。水流在泵的吸水室、叶槽中和压水室中产生的摩擦阻力损失。其中包括转弯处的弯道损失和由流速头转化为压头时的损失，以 $h_m$表示。

(2) 水力冲击损失。液体进入叶轮和导轮时，与叶片发生冲击而引起的能量损失，以 $h_{ch}$表示。在无冲击工况时，此项损失为零。

水力阻力损失主要与流道部分的表面粗糙度、流道的结构和液体的黏度有关。由工程流体力学知，这项损失与流量的平方成正比，即

$$h_m = \left(\sum \lambda \frac{L}{d} + \sum \zeta\right) \frac{Q_{th}^2}{2gA^2} = CQ_{th}^2 \tag{2-29}$$

式中：$C$ 为系数。在泵结构一定时，括号内各值及 $2gA^2$ 均为不变的量。

由上式可见，$h_m$ 与流量的平方成正比，是一条通过坐标原点的抛物线，如图 2-35(b) 所示。

水力冲击损失主要是由于液体进入叶轮或导轮叶片入口处水力角 $\beta_1$ 与叶片结构角 $\beta_{1k}$ 不一致所造成的。如前所述，液体进入叶片流道时的方向与流量有关。在某一最优流量 $Q_{th.y}$下，液体的水力角 $\beta_1$ 与结构角 $\beta_{1k}$一致，不产生冲击，称无冲击工况。当流量减少或增多时，液流的水力角将大于或小于叶片的结构角，从而引起冲击损失。

如图 2-36 所示，在最优工况时的流量为 $Q_{th.y}$，此工况时叶轮进口速度三角形为 $ABC$，相对速度 $w_{1y}$的方向与叶片相切，即 $\beta_{1y}=\beta_{1k}$以无冲击进入叶片流道。

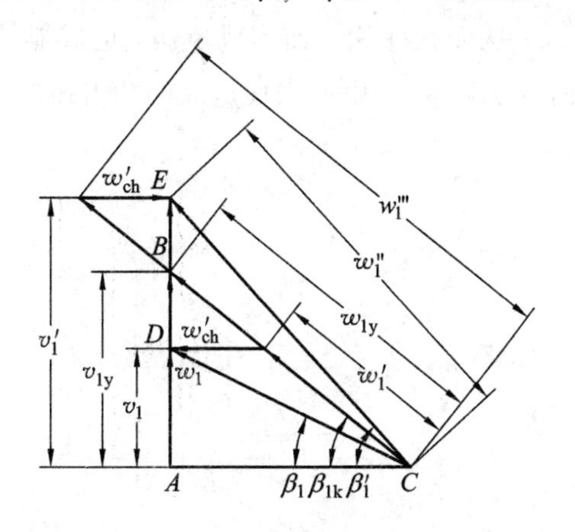


图 2-36 进口速度三角形随流量而变化的情况

当流量减少，即 $Q_{th}<Q_{th.y}$时，泵轴转速不变，故 $u_1$ 仍不变，液体进口的绝对速度也为径向进入。

$$v_1 = v_{1r} = \frac{Q_{th}}{A_1} < v_{1y} = \frac{Q_{th.y}}{A_1} \tag{2-30}$$

在此工况下，进口速度三角形变化为 $ADC$，此时的相对速度为 $w_1$，水力角为 $\beta_1$。由于 $\beta_1$ 与 $\beta_{1k}$不相等，故液体进入叶片流道时将发生冲击，造成冲击损失。这时 $w_1$ 冲击叶片正面(同叶轮转向的叶片前面)，液流在叶片背面形成漩涡，造成能量损失。液流冲击后迫使 $w_1$ 沿叶片进口方向变化，即由原方向 $\beta_1$ 改变为沿 $\beta_{1k}$方向流动，故在流量 $Q_{th}$下的相对速

度将由 $w_1$ 变为 $w_1'$，因此，由冲击而造成的冲击速度为

$$\vec{w}_{ch} = \vec{w}_1 - \vec{w}_1'$$

由工程流体力学知，因冲击引起的水力损失用下式表示：

$$h_{ch} = \xi \frac{w_{ch}^2}{2g} \tag{2-31}$$

式中，$w_{ch}$ 由图 2-36 确定，即

$$w_{ch} = (v_{1y} - v_1)\cot\beta_{1k} \tag{2-32}$$

将式(2-32)代入式(2-31)可得

$$h_{ch} = \xi \frac{(v_{1y} - v_1)^2}{2g} \cot^2\beta_{1k}$$

考虑到 $v_{1y} = v_{1r.y} = \dfrac{Q_{ch.y}}{A_1}$，$v_1 = v_{1r} = \dfrac{Q_{th}}{A_1}$，故

$$h_{ch} = \xi \frac{\arctan^2\beta_{1k}}{2gA_1^2}(Q_{thy} - Q_{th})^2 = B(Q_{thy} - Q_{th})^2 \tag{2-33}$$

式中，$B$ 为系数，在泵结构一定时为常数。

当流量增大，即 $Q_{th} > Q_{th.y}$ 时，泵轴转速不变，故 $u_1$ 仍不变，液体进口的绝对速度也为径向进入。

$$v_1' = v_{1r}' = \frac{Q_{th'}}{A_1} > v_{1y} = \frac{Q_{th.y}}{A_1}$$

此工况下，进口速度三角形变化为 $AEC$，此时的相对速度为 $w_1''$，水力角为 $\beta_1'$。由于 $\beta_1' > \beta_{1k}$。液体冲击叶片背面，从而在叶片正面形成漩涡，造成能量损失。液流冲击后 $w_1''$ 由原方向 $\beta_1'$ 改变为沿 $\beta_{1k}$ 方向流动的 $w_1'''$，由冲击而造成的冲击速度 $w_{ch}'$ 为

$$\vec{w}'_{ch} = \vec{w}''_1 - \vec{w}'''_1$$

由图 2-32 知

$$\vec{w}'_{ch} = (v_1' - v_{1y})\cot\beta_{1k} \tag{2-34}$$

所以冲击损失为

$$\begin{aligned} h_{ch}' &= \xi \frac{(v_1' - v_{1y})^2 \cot\beta_{1k}}{2g} \\ &= \xi \frac{(v_{1y} - v_1')^2 \cot^2\beta_{1k}}{2g} \\ &= \xi \frac{\cot^2\beta_{1k}}{2gA_1^2}(Q_{th.y} - Q_{th}')^2 \\ &= B'(Q_{th.y} - Q_{th}')^2 \end{aligned} \tag{2-35}$$

式中，$B'$ 在泵结构一定时也为常数。

从式(2-33)和式(2-35)可知，只要离心泵的流量大于或小于无冲击时的最优流量，在叶片入口处均产生冲击损失。综合上述二式可得

$$h_{ch} = B(Q_{th.y} - Q_{th})^2 \tag{2-36}$$

由式(2-36)可见，$h_{ch}$ 为过 $Q_{th.y}$ 点的二次抛物线，见图 2-35(b)。

泵内总的水力损失为

$$h_h = h_m + h_{ch} = CQ_{th}^2 + B(Q_{th.y} - Q_{th})^2 \tag{2-37}$$

$h_h$ 为 $h_m$ 和 $h_{ch}$在同一流量下纵坐标相加，可得 $h_h$ 随 $Q_{th}$变化的关系曲线，如图 2－35(b)所示。

离心泵的有效压头，即单位重量的液体通过泵后所实际得到的能量，以 $H$ 表示

$$H = H_{th} - h_h$$

式中，$H_{th}$为泵的理论压头，即离心泵叶轮传给单位重量液体的能量。

由图 2－35(a)中的 $Q_{th}-H_{th}$直线上减去相应流量下的水力损失，可得到实际扬程 $H$ 与理论流量 $Q_{th}$之间的关系曲线，也即 $Q_{th}$- $H$ 曲线。

泵体内这两部分水力损失必然要消耗一部分功率，使泵的总效率下降，其值可用水力效率来度量：

$$\eta_h = \frac{H}{H_{th}} \tag{2-38}$$

**2. 容积损失**

考虑泵内容积损失，在对叶片泵的构造的讨论中知，水流在密封环、填料函及轴向力平衡装置等处存在着泄漏和回流问题，使泵的实际出水量总要比通过叶轮的流量小，如图 2－37 所示，以 $\Delta Q$ 表示总泄漏量，则 $Q=Q_{th}-\Delta Q$。这样在 $Q_{th}$- $H$ 曲线上减去相应 $H$ 值时的 $\Delta Q$ 值，就可得到实际扬程与实际流量的关系曲线，即 $Q-H$ 曲线，如图 2－35(a)所示。

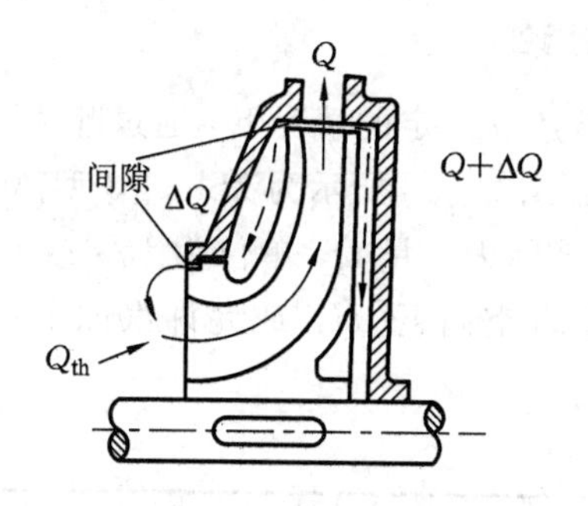


图 2－37 离心泵的漏失

假设泵工作时，由于上述原因漏失的液体流量为 $\Delta Q$，而流过叶轮的液体流量为 $Q_{th}$，则实际有效流量为 $Q=Q_{th}-\Delta Q$，泵内的容积损失消耗了一部分功率，其值可用容积效率 $\eta_V$ 来度量：

$$\eta_V = \frac{Q}{Q_{th}} = \frac{Q}{Q+\Delta Q} \tag{2-39}$$

泵的容积效率 $\eta_V$ 值一般为 0.93～0.98。当泵的尺寸较大时，这个效率会有所提高。改善密封环及密封结构，可以降低漏失量，提高泵的容积效率。在检修离心泵时，检查密封环的完好情况是十分必要的。

**3. 机械损失**

泵在运行中还存在机械损失，它包括叶轮盖板旋转时与水的摩擦损失(称为圆盘损失)，泵轴和轴封装置、轴承之间的机械摩擦损失等，机械损失同样消耗了一部分功率，其值用机械效率 $\eta_M$ 来度量：

$$\eta_M = \frac{N_h}{N} = \frac{\rho g H_{th} Q_{th}}{N} \tag{2-40}$$

式中，$N_h$为叶轮传给水的全部功率，称为水功率（$N_h = \rho g H_{th} Q_{th}$），即泵轴上输入的功率$N$，在克服了机械损失之后传给水的功率。

综上所述，泵的总效率$\eta$公式可以变换为

$$\eta = \frac{N_e}{N} = \frac{\rho g H Q}{N} = \frac{\rho g Q H}{\rho g Q H_{th}} \cdot \frac{\rho g Q H_{th}}{\rho g Q_{th} H_{th}} \cdot \frac{\rho g Q_{th} H_{th}}{N} = \eta_h \eta_V \eta_M \tag{2-41}$$

由上式可见，水泵的总效率等于水力效率、容积效率与机械效率的乘积，要提高水泵的效率，必须尽量减少泵内各种损失，特别是水力损失。离心泵的总效率最高可达0.85～0.9。离心泵的轴功率和总效率都是由实验测定的，并标注在产品样本和效率的分配图上，供用户使用，表2-2给出了不同类型离心泵的效率值。

**表2-2　不同类型离心泵的效率值**

| 泵类型＼效率 | $\eta_V$ | $\eta_h$ | $\eta_M$ |
|---|---|---|---|
| 大流量泵 | 0.95～0.98 | 0.95 | 0.95～0.97 |
| 小流量低压泵 | 0.90～0.95 | 0.85～0.90 | 0.90～0.95 |
| 小流量高压泵 | 0.85～0.90 | 0.80～0.85 | 0.85～0.90 |

## 2.4.2　实测性能曲线的讨论

叶片泵的性能曲线是在转速$n$一定的情况下，通过叶片泵的性能试验和汽蚀试验来绘制的。测量方法见2.11小节。图2-38所示为8Sh-13型离心泵的性能曲线，它表示转速$n$=2900 r/min时的性能。横坐标为流量$Q$，单位为L/s或$m^3/h$表示。纵坐标为扬程$H$、轴功率$N$、效率$\eta$和允许吸上真空高度[$H_s$]或允许汽蚀余量[$\Delta h$]，单位分别用m、kW、%和m来表示。

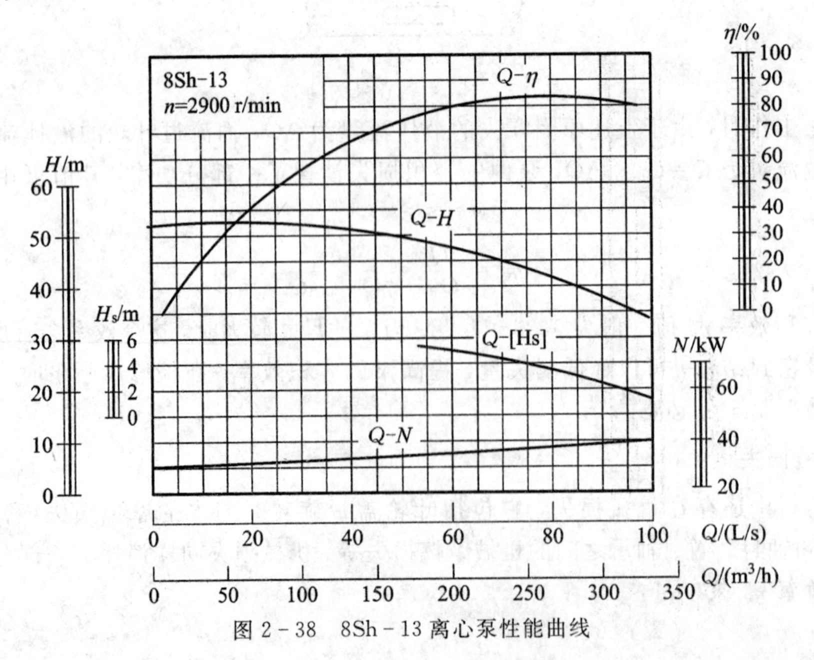


图2-38　8Sh-13离心泵性能曲线

图 2-39 所示为 14ZLB-100 型轴流泵的性能曲线，它表示转速 $n=1120$ r/min，叶片安装角度为 0°时的性能。

图 2-40 所示为 8HB-35 型混流泵的性能曲线。

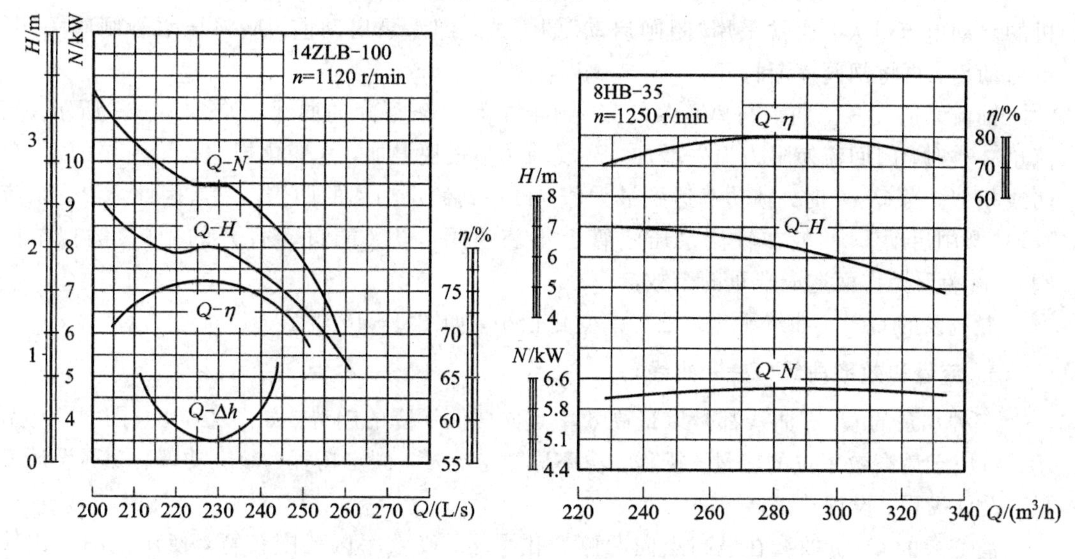


图 2-39 14ZLB-100 型轴流泵的性能曲线　　图 2-40 8HB-35 型混流泵的性能曲线

**1. 流量与扬程曲线($Q-H$ 曲线)**

从图 2-38～图 2-40 可以看出三种泵的 $Q-H$ 曲线都是下降曲线，即随着流量 $Q$ 的增大，扬程 $H$ 逐渐减小，这一点和上述 $Q-H$ 曲线的理论分析结果是一致的。

在三种泵中，离心泵的 $Q-H$ 曲线下降较缓。但不同的离心泵，$Q-H$ 曲线下降的快慢也不同，如图 2-41 所示。离心泵的 $Q-H$ 曲线又有平坦的、陡降的、驼峰的等形状。前两者随流量的增加扬程下降，对应于任意扬程只有一个流量值。后者是随流量的增加扬程先上升后下降，曲线有一个驼峰，水泵在驼峰区运行时，在同一扬程下，可能出现两个流量值，使泵处于不稳定的工况运转，产生振动和噪声。所以，选择和使用泵时，不要在驼峰区域内运转。

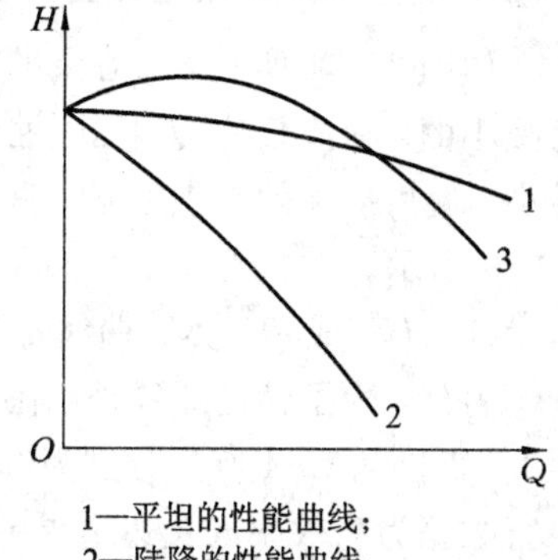


图 2-41 离心泵性能曲线的形状

轴流泵的 $Q-H$ 曲线比离心泵的 $Q-H$ 曲线陡降，并有转折点，如图 2-39 所示。流量越小，曲线坡度越陡，流量等于零时，其扬程为设计扬程的两倍左右。主要原因是流量较小时，在叶轮叶片的进口和出口处产生回流，水流多次重复得到能量，类似于多级加压状态，使扬程急剧增大。$Q-H$ 曲线在转折点为一段不稳定区，在实际运行中，应避免这个区域内运行。

混流泵 $Q-H$ 的曲线介于离心泵和轴流泵之间。

**2. 流量和轴功率曲线($Q-N$ 曲线)**

离心泵的 $Q-N$ 曲线具有随流量的增加而上升的特点，如图 2-38 所示。在 $Q=0$ 时，

相应的轴功率 $N$ 并不等于零，此功率主要消耗在水泵的机械损失上。若此时作长时间运行，会使泵壳内的水温上升，泵壳发热，严重时可能导致泵壳的热力变形。因此，$Q=0$ 时，只允许作短时间的运行。另一方面，在 $Q=0$ 时，轴功率最小，离心泵启动时，为了防止电机的启动电流过大，通常采用"闭闸启动"的方式。即水泵启动前，应将压水管闸阀关闭，待启动后，再将闸阀逐渐打开。

轴流泵的 $Q-N$ 曲线与离心泵的完全不同，是一条下降的曲线，如图 2-39 所示。当流量减小时，因回流使阻力损失增加，造成轴功率很快增加，其变化规律与轴流泵的 $Q-H$ 曲线相似。当 $Q=0$ 时，轴功率达到最大值，可达到额定功率的两倍左右。因此，轴流泵应采取"开闸启动"。一般在轴流泵压水管上不装闸阀，只装能自动打开的拍门(类似单向阀)，避免误操作而造成严重的事故。

混流泵的 $Q-N$ 曲线平坦，轴功率变化很小，如图 2-40 所示。

**3. 流量和效率曲线($Q-\eta$ 曲线)**

三种水泵的 $Q-\eta$ 曲线都是以最高效率点向两侧下降的趋势，如图 2-38～图 2-40 所示。对应于最高效率点的流量、扬程、功率称额定流量、额定扬程、额定功率，又称设计流量、设计扬程、设计功率。

离心泵的 $Q-\eta$ 曲线在最高点向两侧变化平缓，高效率区范围较宽，使用范围也比较大。通常将高效率点左右一定的范围(一般不低于最高效率点的10%左右)，作为水泵的高效率区。在选泵时，应使所选水泵在高效区工作才能达到较好的经济效果。

轴流泵的 $Q-\eta$ 曲线在最高点向两侧下降较陡，高效率区较窄，使用范围较小。混流泵的 $Q-\eta$ 曲线介于离心泵和轴流泵之间。

**4. 流量与允许吸上真空高度或允许汽蚀余量曲线($Q-[H_s]$或 $Q-[\Delta h]$曲线)**

如图 2-38 所示，离心泵的 $Q-[H_s]$曲线是一条下降的曲线，$[H_s]$ 是随着流量的增加而减小的。轴流泵的 $Q-[\Delta h]$曲线是一条具有最小值的曲线，即在最高效率点附近$[\Delta h]$值最小，偏离最高效率点两侧，相应的$[\Delta h]$值都增加，并且偏离越远，$[\Delta h]$值越大，如图 2-39 所示。

$Q-[H_s]$或 $Q-[\Delta h]$曲线都是表征水泵汽蚀性能的曲线。

另外，除了性能曲线外，在泵样本中或产品目录中还以表格的形式给出泵的性能。如表 2-3 和表 2-4 所列分别为 8Sh-13 型离心泵和 36ZLB-70 型轴流泵的性能表。表中第一行数据为高效率区左边边界的各项性能参数；第三行数据为高效率区右边边界的各项性能参数；第二行数据为最高效率点的各性能参数值。

**表 2-3　Sh 型泵性能表**

| 水泵型号 | 流量 $Q$ | | 扬程 $H$/m | 转速 $n$ /(r/min) | 功率 $N$/kW | | 效率 $\eta$/% | 允许吸上真空高度 $[H_s]$/m | 叶轮直径 $D$/mm | 重量/kg |
|---|---|---|---|---|---|---|---|---|---|---|
| | $m^3/h$ | L/s | | | 轴功率 | 配套功率 | | | | |
| 8SH-13 | 216 | 60 | 48 | 2950 | 35.8 | 55 | 79 | 5.0 | 204 | 195 |
| | 288 | 80 | 42 | | 40.1 | | 82 | 3.6 | | |
| | 342 | 95 | 35 | | 42.4 | | 77 | 1.8 | | |

**表 2-4　ZLB 型轴流泵性能表**

| 水泵型号 | 叶片安装角度 | 流量 $Q$ | | 扬程 $H$/m | 转速 $N$ /(r/min) | 功率 $N$/kw | | 效率 $\eta$/% | 允许汽蚀余量 $[\Delta h]$/m | 叶轮直径 $D$/mm |
|---|---|---|---|---|---|---|---|---|---|---|
| | | $m^3$/h | L/s | | | 轴功率 | 配套功率 | | | |
| 36ZLB-70 | 0° | 8290 | 2300 | 3.75 | 480 | 108.5 | 180 | 78 | 7.5 | 820 |
| | | 7560 | 2100 | 5.2 | | 130 | | 82.5 | 6.0 | |
| | | 6650 | 1845 | 6.4 | | 145 | | 79.8 | 5.5 | |

# 2.5　叶片泵的相似理论及其应用

液流在叶片泵内运动是很复杂的，仅从理论上还不能准确地算出叶片泵的性能。想要研制、设计一台高效率的泵，除了要利用前人总结的经验和资料外，还要进行大量的试验研究工作。但对于大型泵，在一般的实验室条件下进行实验是很困难的，也是不经济的，只能根据流体力学的相似理论，将原型泵缩小为模型泵进行实验，再将模型泵的数据换算为原型泵数据。应用相似理论，可以解决以下几个问题：

(1) 根据模型实验，进行新产品的设计与制造；

(2) 对几何相似泵的性能进行换算；

(3) 根据同一台泵在某一转速下的性能，换算其他转速下的性能。

因此，相似理论不仅用于泵的设计与制造，而且还用于解决叶片泵运行中的问题。

## 2.5.1　泵的相似条件

根据工程流体力学的相似理论，两台泵的相似必须满足几何相似、运动相似和动力相似三个条件。

**1. 几何相似**

几何相似是指两台相似的泵中，泵过流件相对应点的同名角相等，同名尺寸比值相等。如图 2-42 所示，现设有两台叶片泵的叶轮，一个为实际叶片泵的叶轮，一个为模型叶片泵的叶轮，以角标 md 表示。

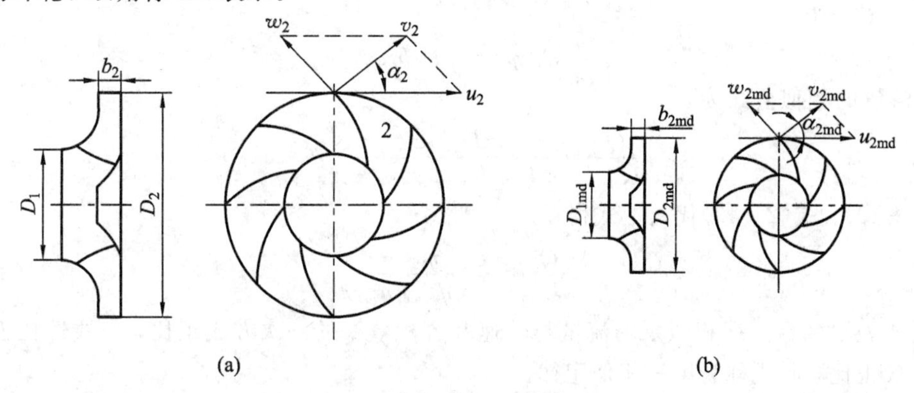


图 2-42　两台泵的几何相似与运动相似

(a) 原型泵；(b) 模型泵

$$\frac{b_1}{b_{1md}}=\frac{b_2}{b_{2md}}=\frac{D_1}{D_{1md}}=\frac{D_2}{D_{2md}}=\lambda \tag{2-42}$$

式中，$b_1$、$b_2$、$b_{1md}$、$b_{2md}$分别为实际泵与模型泵叶轮进、出口的宽度；$D_1$、$D_{1m}$、$D_2$、$D_{2md}$分别为实际泵与模型泵叶轮进、出口直径；$\beta_{1k}$、$\beta_{1k.md}$、$\beta_{2k}$、$\beta_{2k.md}$分别为实际泵与模型泵叶轮进、出口结构角；$z$、$z_m$分别为实际泵与模型泵叶轮叶片数目；$\lambda$为任意一对同名线性尺寸的比值。

**2. 运动相似**

运动相似指在两台几何相似的泵中，流道中对应点的同名流速方向一致和大小成同一比例。也就是相似液流中对应质点的运动轨迹相似，而且流速的比值相同，即速度三角形相似，如图 2-2 所示。此时在叶轮出口处有

$$\frac{v_2}{v_{2md}}=\frac{w_2}{w_{2md}}=\frac{u_2}{u_{2md}}=\frac{nD_2}{n_{md}D_{2md}}=\lambda\frac{n}{n_{md}} \tag{2-43}$$

不难理解，要实现液流的运动相似，或速度三角形相似，必须是流道结构形状几何相似。但两台几何相似的泵，其泵内的液流不一定就满足运动相似条件，这里还需要泵的工况相似。例如，两台几何相似的泵都在无冲击工况下才能运动相似。所以，几何相似是得到运动相似的必要条件，而工况相似则是充分条件。

**3. 动力相似**

动力相似是要求在流道的对应点上液体的重力、压力和黏性力等都成一定的相似关系。其中特别是黏性力的影响，它主要取决于雷诺数的大小。但在一般叶片泵中，雷诺数都很大，雷诺数的一些差异对液流阻力及运动状况的影响不显著，所以当前面两个条件满足时，动力相似往往也是满足的。

### 2.5.2　相似定律

**1. 第一相似定律**

第一相似定律用来确定两台工况相似泵的流量之间的关系。

泵的流量$Q_{th}$与液体通过的断面面积$A$及速度$v_r$的乘积成正比，即

$$Q_{th}=A_2v_{2r}=\pi D_2b_2\varphi_2v_{2r}$$

泵的有效流量为

$$Q=Q_{th}\eta_V=\pi D_2b_2\varphi_2v_{2r}\eta_V$$

所以，流量的相似公式为

$$\frac{Q}{Q_{md}}=\frac{\pi D_2b_2\varphi_2v_{2r}\eta_V}{\pi D_{2md}b_{2md}\varphi_{2md}v_{2r.md}\eta_{V.md}}$$

将式(2-42)、式(2-43)代入上式得

$$\frac{Q}{Q_{md}}=\lambda^3\frac{\eta_V}{\eta_{V.md}}\frac{n}{n_{md}} \tag{2-44}$$

上式表示两台工况相似泵的流量与转速及容积效率的一次方成正比，与线性比例尺的三次方成正比，此式称为第一相似定律。

**2. 第二相似定律**

第二相似定律用来确定两台工况相似泵的扬程之间的关系。

由式(2-44)知：泵的扬程为

$$H = \eta_h H_T = \eta_h \frac{u_2 v_{2u\infty}}{(1+K)g}$$

对于几何相似叶轮修正系数 $K_{md} \approx K$，则

$$\frac{H}{H_{md}} = \frac{\eta_h}{\eta_{h.md}} \cdot \frac{u_2 v_{2u}}{u_{2md} v_{2u.md}}$$

将式(2-43)代入上式得

$$\frac{H}{H_{md}} = \lambda^2 \frac{\eta_h}{\eta_{h.md}} \frac{n^2}{n_{md}^2} \tag{2-45}$$

上式表示两台工况相似泵的扬程与转速及线性比例尺的二次方成正比，与水力效率的一次方成正比，此式称为第二相似定律。

**3. 第三相似定律**

第三相似定律用来确定两台工况相似泵的轴功率之间的关系。

由式(2-3)知：泵的轴功率为

$$N = \frac{\rho g H Q}{\eta} \times 10^{-3}$$

$$\frac{N}{N_{md}} = \frac{\rho g H Q \times 10^{-3}/\eta}{\rho_{md} g Q_{md} H_{md} \times 10^{-3}/\eta_{md}}$$

将式(2-41)、式(2-44)、式(2-45)代入上式得

$$\frac{N}{N_{md}} = \lambda^5 \frac{n^3}{n_{md}^3} \frac{\rho}{\rho_{md}} \frac{\eta_{M.md}}{\eta_M} \tag{2-46}$$

当两台泵输送的液体的密度相同时，$\rho = \rho_{md}$，则

$$\frac{N}{N_{md}} = \lambda^5 \frac{n^3}{n_{md}^3} \frac{\eta_{M.md}}{\eta_M} \tag{2-47}$$

上式表示当被抽升的液体的密度相等时，两台工况相似的泵的轴功率与转速的三次方成正比，线性尺寸的五次方成正比，与机械效率成反比。此式称为第三相似定律。

**4. 第四相似定律**

第四相似定律用来确定两台工况相似泵的扭矩之间的关系。

泵的传递功率为

$$N = 2\pi n M$$

由式(2-46)知

$$\frac{N}{N_{md}} = \frac{M_n}{M_{md} n_{md}} = \lambda^5 \frac{n^3}{n_{md}^3} \frac{\rho g}{\rho_{md} g} \frac{\eta_{M.md}}{\eta_M}$$

$$\frac{M}{M_{md}} = \lambda^5 \frac{n^2}{n_{md}^2} \frac{\gamma}{\gamma_{md}} \frac{\eta_{M.md}}{\eta_M} \tag{2-48}$$

式中，$\gamma$ 为液体的重度，$\gamma = \rho g$。

式(2-48)表示当被抽升的液体的密度相等时，两台工况相似泵的扭矩与转速的二次方和线性尺寸的五次方成正比，与机械效率成反比。此式称为第四相似定律。

实际应用中，如实际泵与模型泵尺寸相差不大，且转速相差也不大，就可以近似地认为实际泵与模型泵的效率相等，即 $\eta_h = \eta_{h.md}$，$\eta_V = \eta_{V.md}$，$\eta_M = \eta_{M.md}$，则相似定律可以简

化为

$$\frac{Q}{Q_{md}} = \lambda^3 \frac{n}{n_{md}} \tag{2-49}$$

$$\frac{H}{H_{md}} = \lambda^2 \frac{n^2}{n_{md}^2} \tag{2-50}$$

$$\frac{N}{N_{md}} = \lambda^5 \frac{n^3}{n_{md}^3} \tag{2-51}$$

$$\frac{M}{M_{md}} = \lambda^5 \frac{\gamma}{\gamma_{md}} \frac{n^2}{n_{md}^2} \tag{2-52}$$

由此可见，泵的压头与线性尺寸及转速的平方成正比；流量与线性尺寸的三次方和转速的一次方成正比；泵的功率则与线性尺寸的五次方和转速的三次方成正比；而泵的扭矩则与线性尺寸的五次方和转速的二次方成正比。式(2－49)、式(2－50)、式(2－51)和式(2－52)是四个基本的相似公式，它们适用于一切叶片式流体机械，对于这类机械的设计、研究和使用具有重要的实际意义。

### 2.5.3 比例率

对同一台泵而言，$\lambda=1$，则当泵以不同转速运行时，泵的流量、扬程、轴功率、扭矩与转速的关系，可用下式表示：

$$\frac{Q_1}{Q_2} = \frac{n_1}{n_2} \tag{2-53}$$

$$\frac{H_1}{H_2} = \frac{n_1^2}{n_2^2} \tag{2-54}$$

$$\frac{N_1}{N_2} = \frac{n_1^3}{n_2^3} \tag{2-55}$$

$$\frac{M_1}{M_2} = \frac{n_1^2}{n_2^2} \tag{2-56}$$

式中：$Q_1$、$H_1$、$H_1$、$M_1$ 分别是转速为 $n_1$ 时的流量、扬程、轴功率和扭矩；$Q_2$、$H_2$、$N_2$、$M_2$ 分别是转速为 $n_2$ 时的流量、扬程、轴功率和扭矩。

以上四式称为比例律，是相似定律的特例。说明同一台泵当转速改变时，流量与转速的一次方成正比，扬程与转速的二次方成正比，轴功率与转速的三次方成正比，扭矩与转速的二次方成正比。应用比例律可以进行变速调节计算。

### 2.5.4 叶片泵在改变转速时的特性曲线与通用特性曲线

#### 1. 特性曲线的换算

泵的特性曲线是在一定转速“$n$”下测量出来的，当改变转速时，性能曲线随之改变。此时可利用相似工况下的式(2－53)、式(2－54)对转速改变时的特性曲线进行换算。

已知某泵在转速为 $n_A$ 时的特性，求转速为 $n_B$ 时的特性。由式(2－53)、式(2－54)得

$$Q_B = Q_A \frac{n_B}{n_A}, \quad H_B = H_A \frac{n_B^2}{n_A^2}$$

在转速为 $n_A$ 的 $Q_A$－$H_A(n_A)$特性曲线上，如图 2－43 所示，取工况点 $A_1(Q_{A1}, H_{A1})$。

由以上两式求得转速为 $n_B$ 时与工况点相似的工况点 $B_1(Q_{B1}，H_{B1})$。同理，可求得与工况点 $A_1$、$A_2$、$A_3$…相对应的相似工况点 $B_1$、$B_2$、$B_3$…，将各点光滑地联结起来就得到该泵在转速 $n_B$ 时的 $Q_B-H_B(n_B)$特性曲线。同理可换算出 $Q-N$ 的特性曲线。显然，换算出来是对应的相似工况点之间效率是等值的，故可以从转速为 $n_A$ 的效率曲线 $Q_A-\eta_A(n_A)$作出转速为 $n_B$ 的效率曲线 $Q_B-\eta_B(n_B)$，如图 2-43 所示。

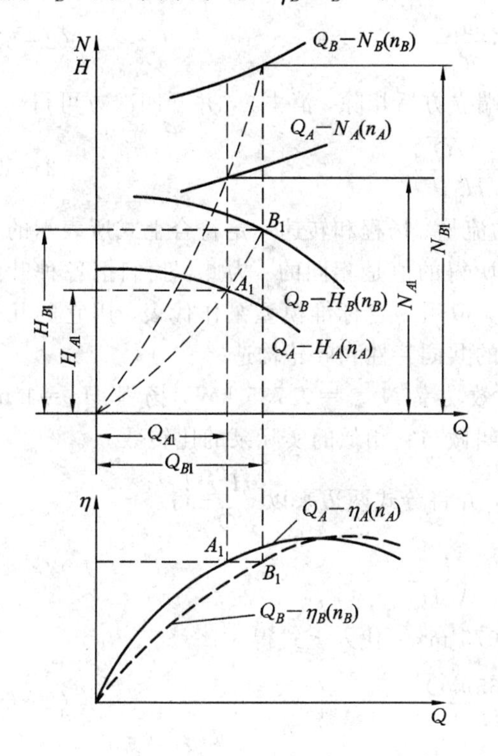


图 2-43　转速改变时特性曲线绘制

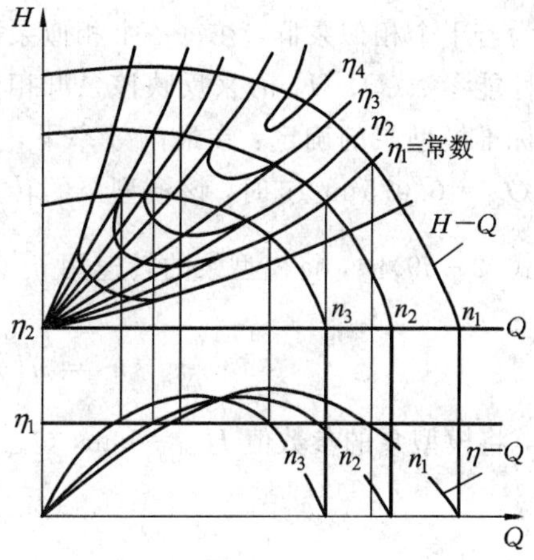

图 2-44　离心泵的通用特性曲线

**2. 通用特性曲线**

把同一台泵在不同转速时的特性曲线绘制在同一张图上，这种不同转速下性能曲线的集合称为通用特性曲线。

转速改变时离心泵的特性曲线绘制在同一坐标系统内，并把各条 $H-Q$ 特性曲线上相同效率的点连接起来，这样所得到的曲线就称为离心泵的通用特性曲线，如图2-44 所示。从这个曲线图上很容易找到在不同转速($n_1$、$n_2$、$n_3$…)下离心泵的特性曲线和高效工作范围。

通用特性曲线除可用上述方法换算得到外，也可直接用改变泵转速的方法由实验测得。

## 2.5.5　比转数

目前，叶片泵的性能和叶片泵的构造是多种多样的，大小尺寸也各不相同，为了对叶片泵进行分类，将同类型的泵组成一个系列，以便于泵的设计和使用，这就需要一个能反映叶片泵共性的综合性的性能特征数，作为叶片泵分类、比较的标准，这个特征数就称为叶片泵的比转数，用符号 $n_s$ 表示。

**1. 叶片泵的比转数**

由式(2-49)、式(2-50)得

$$\frac{Q}{n}=\lambda^3\frac{Q_{md}}{n_{md}} \tag{2-57}$$

$$\frac{H}{n^2}=\lambda^2\frac{H_{md}}{n_{md}^2} \tag{2-58}$$

将式(2-57)两端平方，再将式(2-58)两端立方后相除，消去 $\lambda$，并开四次方可得

$$\frac{n\sqrt{Q}}{H^{3/4}}=\frac{n_{md}\sqrt{Q_{md}}}{H_{md}^{3/4}} \tag{2-59}$$

式(2-59)表示两台工况相似的泵，它们的流量、扬程和转速一定符合上式所表示的关系。即将工况相似泵的参数值代入式中计算，所得的值是相同的。为此，我们把各种叶片泵分为若干个相似泵群，在每一个相似泵群中，拟用一台标准模型泵作代表，用它的几个主要性能参数($Q$、$H$、$n$)来反映该泵群相似泵的共同特性和叶轮构造。

标准模型泵的确定：在最高效率下，当有效功率 $N_{e.md}=0.735$ kW，扬程 $H_m=1$ m，流量 $Q_{md}=0.075$ m$^3$/s 时，该模型泵的转速就叫做与它相似的实际泵的比转数 $n_s$。

式(2-59)中，将模型泵的转速用 $n_s$ 表示，并将分式两边乘以$\frac{H_{md}^{3/4}}{\sqrt{Q_{md}}}$得

$$n_s=n\left(\frac{Q}{Q_{md}}\right)^{1/2}\left(\frac{H_{md}}{H}\right)^{3/4}$$

然后，将模型泵的参数值 $H_{md}=1$ m，$Q_{md}=0.075$ m$^3$/s 代入上式得

$$n_s=\frac{3.65n\sqrt{Q}}{H^{3/4}} \tag{2-60}$$

式中，$Q$ 的单位是 m$^3$/s；$H$ 的单位是 m；$n$ 的单位是 r/min。

式(2-60)为比转数计算公式。由上述推导可以看出，比转数 $n_s$ 实质上是相似定律中的一个特例，是泵相似与否的判别数。凡是工况相似的泵，比转数相等。如 10SH-19 型离心泵，数字“19”即表示离心泵的比转数为 190，凡是与它工况相似的泵，其比转数也等于 190。在应用式(2-60)时，应注意下列几点：

(1) $Q$ 和 $H$ 是指叶片泵最高效率时的流量和扬程，即叶片泵的设计工况。

(2) 比转数 $n_s$ 是根据所提升液体的密度 $\rho=1000$ kg/m$^3$ 时得出的，故以清水为标准。

(3) 公式中的 $Q$ 和 $H$ 是指单吸、单级泵的设计流量和扬程。对于双吸单级泵，流量应以 $Q/2$ 代入，即式中以单侧流量计算，则

$$n_s=\frac{3.65n\sqrt{\frac{Q}{2}}}{H^{3/4}} \tag{2-61}$$

对于单吸多级泵，扬程应以 $H/i$ 代入，即式中的扬程为单级扬程，则

$$n_s=\frac{3.65n\sqrt{Q}}{\left(\frac{H}{j}\right)^{3/4}} \tag{2-62}$$

式中，$j$ 为叶轮级数。

(4) 注意计算单位。用不同的单位计算出的比转数值是不相同的。国际上各个国家计算 $n_s$ 值时，由于使用的单位不同，其相应的 $n_s$ 值也就不同。例如，我国的比转数为日本的比转数值的 0.47 倍，为美国的比转数值的 0.0706 倍。

(5) 比转数 $n_s$ 的单位和转速 $n$ 相同，也是 r/min。但是，它和泵的转速是完全不同的两个概念，由于它不是实际的转速，而是用来比较各种泵性能的特征数。因此，比转数单位的含义没有多大意义，通常略去不写。

**【例题 2-1】** 有一台九级单吸水泵，设计工况点的参数为 $Q=88$ L/s，$H=319.5$ m，$n=1450$ r/min。求比转数 $n_s$？

**【解】**

$$n_s=\frac{3.65n\sqrt{Q}}{\left(\frac{H}{j}\right)^{3/4}}=\frac{3.65\times1450\times\sqrt{0.088}}{\left(\frac{319.5}{9}\right)^{3/4}}=108$$

该泵属于中比转数的离心泵。

**2. 比转数的应用**

比转数 $n_s$ 在泵的理论研究、设计计算和使用中是一个很重要的概念，它的应用表现为以下几个方面：

(1) 用比转数对泵进行分类。由比转数公式可以看出：比转数 $n_s$ 与转速 $n$ 成正比，与流量 $Q$ 的平方根成正比，与扬程的 3/4 次方成反比。在一定转速下，$H$ 越高，$Q$ 越小，$n_s$ 就越低；反之，$H$ 越低，$Q$ 越大，$n_s$ 就越高。利用比转数 $n_s$ 的大小，可对叶片泵进行分类。

如表 2-5 所示，比转数 $n_s$ 在一定程度上反映了叶轮的几何形状。对于低比转数泵，为了得到高扬程、小流量，必须增加叶轮外径 $D_2$，减小内经 $D_0$和出口宽度 $b_2$。其 $D_2/D_0$ 可以大到 3.0；$b_2/D_2$ 可以小到 0.03，结果使叶轮变为外径很大，而宽度小，叶轮流槽狭长，出水方向是径向。随着 $n_s$ 的增大，$D_2/D_0$ 由大到小，$b_2/D_2$ 由小到大，叶轮外形就变成外径小而宽度大，叶槽由狭长而变为短粗。当 $D_2/D_0=1.1\sim1.2$ 时，$n_s=300\sim500$，离心泵变为混流泵，出水方向为斜向。当 $D_2/D_0=0.8$ 时，$n_s=500\sim1200$，混流泵变为轴流泵，其出水方向沿轴向。由此可见，根据比转数的大小，可将叶片泵分为离心泵、混流泵和轴流泵三大类，其中离心泵又可分为低比转数、中比转数、高比转数三种。

**表 2-5　比转数与叶轮形状和特性曲线形状的关系**

| 泵的类型 | 离　心　泵 | | | 混流泵 | 轴流泵 |
|---|---|---|---|---|---|
| | 低比转速 | 正常比转速 | 高比转速 | | |
| 比转数 | $30<n_s<80$ | $80<n_s<150$ | $150<n_s<300$ | $300<n_s<500$ | $500<n_s<1000$ |
| 叶轮形状 | 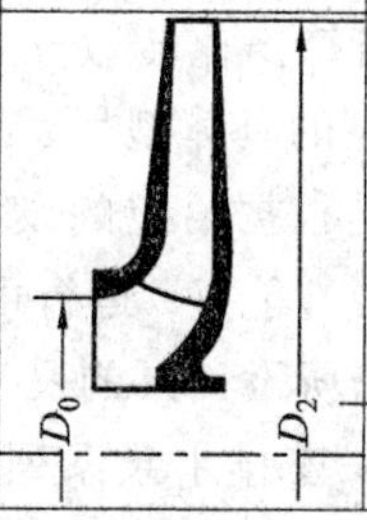 $D_0$ $D_2$ | 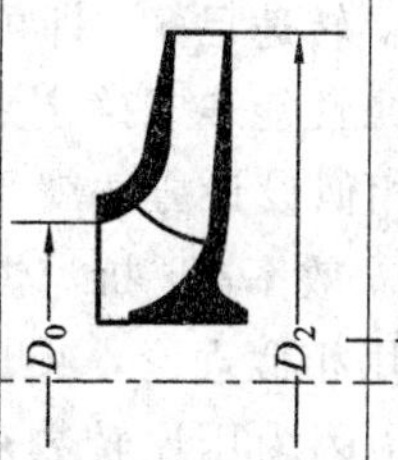 $D_0$ $D_2$ | 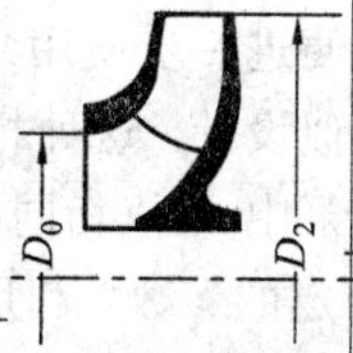 $D_0$ $D_2$ | 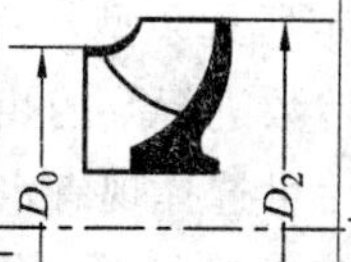 $D_0$ $D_2$ | 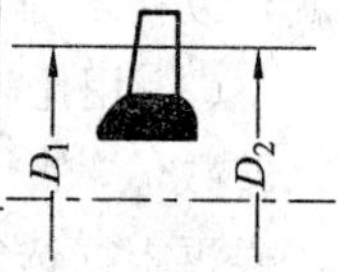 $D_1$ $D_2$ |

续表

| 叶片形状 | 柱形叶片 | 入口处扭曲，出口处柱形 | 扭曲叶片 | 扭曲叶片 | 轴流泵翼型 |
|---|---|---|---|---|---|
| 尺寸比 $D_2/D_0$ | ≈3 | ≈2.3 | ≈1.8～1.4 | ≈1.2～1.1 | ≈1 |
| 特性曲线形状 | Q-H<br>Q-N<br>Q-η | Q-H<br>Q-N<br>Q-η | Q-H<br>Q-N<br>Q-η | Q-H<br>Q-N<br>Q-η | Q-H<br>Q-N<br>Q-η |
| H-Q 曲线特点 | 关闭排出阀门时压头为设计工况的 1.1～1.3 倍，压头随流量减小而增加，变化比较缓慢 | | | 关闭排出阀门时压头为设计工况的 1.5～1.8 倍，压头随流量减小而增加，变化比较急 | 关闭排出阀门时压头为设计工况的 2 倍左右，压头随流量减小而急速上升，又急速下降 |
| N-Q 曲线特点 | 关闭阀门时功率较小，轴功率随流量增加而上升 | | | 流量变动时，轴功率变化较小 | 关闭阀门时功率最大，设计工况附近，轴功率变化较少，以后轴功率随流量增大而下降 |
| η-Q 曲线特点 | 比较平坦 | | | 比轴流泵平坦 | 急剧上升后又急剧下降 |

(2) 用比转数对泵型进行初步选择。可以用比转数来选用泵的大致类型。如所选泵的流量 $Q$、扬程 $H$ 已经确定，当选定动力机后，转速已知，即可算出比转数 $n_s$，根据表 2-5 就可以初步确定所选泵型，以便进一步使用泵性能表来确定泵的具体型号。

(3) 用比转数进行泵的相似设计。这种相似设计方法就是根据给定的设计参数计算出比转数值，然后可选择现有水泵中 $n_s$ 值相同、效率高、抗汽蚀性能好、运行可靠的模型泵。这样再根据选定的模型泵和给定的参数，利用相似理论，求出所设计泵的尺寸和特征。

另外，比转数也是编制水泵系列的基础，因为用比转数来安排水泵系列，可以大大减少水力模型的数目，有利于水泵的设计与制造。

**【例 2-2】** 有一水泵，当转速 $n=2900$ r/min 时，流量 $Q=9.5$ m$^3$/min，扬程 $H=$

120 m，另有一和该泵相似的泵，流量 $Q_1=38\ m^3/min$，扬程 $H_1=80$ m，问叶轮的转速 $n$ 应为多少？

**【解】** 原泵的比转数 $n_s$ 为

$$n_s=\frac{3.65n\sqrt{Q}}{H^{\frac{3}{4}}}=\frac{3.65\times 2900\times\sqrt{\frac{9.5}{60}}}{120^{\frac{3}{4}}}=115.92$$

相似泵的比转数 $n_{s1}$

$$n_{s1}=\frac{3.65n_1\sqrt{Q_1}}{H_1^{3/4}}=\frac{3.65\times n_1\times\sqrt{\frac{38}{60}}}{80^{3/4}}$$

相似泵的比转数应该相等，即 $n_s=n_{s1}$，则

$$n_1=\frac{n_{s1}\times 80^{3/4}}{3.65\times\sqrt{0.633}}=\frac{115.92\times 80^{3/4}}{3.65\times\sqrt{0.633}}=1068\ r/min$$

# 2.6 叶片泵的汽蚀与安装高度的确定

叶片泵安装高度的确定，是泵站设计中的一个重要内容。水泵安装过低，会增加土建工程量，不经济；水泵安装得过高，会发生汽蚀现象，以致最后不能工作。所谓正确的安装高度，就是指水泵在运行中，泵内不产生汽蚀情况下的最大安装高度。下面将介绍有关叶片泵汽蚀及安装高度等有关内容。

## 2.6.1 叶片泵的汽蚀现象及危害

### 1. 汽蚀现象

水泵的汽蚀是由水的汽化引起的。所谓汽化，就是水由液态转化为气态的过程。水的汽化与温度、压力有一定的关系，在一定压力下，温度升高到一定数值时，水才开始汽化；在一定温度下，压力降低到一定数值时，水也会汽化。例如，在一个大气压作用下，水在100℃时就开始汽化。当水温为20℃，压力降低到0.24个大气压时，水也会汽化。在一定的温度下，水开始汽化的临界压力称为该温度下水的饱和蒸汽压力。水在不同水温度下的饱和蒸汽压力见表2-6。

**表2-6 不同水温时的饱和蒸汽压 $\left(H_{va}=\frac{p_{va}}{\rho g}\right)$**

| 水温/℃ | 0 | 5 | 10 | 20 | 30 | 40 | 50 | 60 | 70 | 80 | 90 | 100 |
|---|---|---|---|---|---|---|---|---|---|---|---|---|
| 饱和蒸汽压力/($mH_2O$) | 0.06 | 0.09 | 0.12 | 0.24 | 0.43 | 0.75 | 1.23 | 2.02 | 3.17 | 4.82 | 7.14 | 10.33 |

水泵运行时，如果泵内局部地方的压力降低到相应于抽送水温的汽化压力时，水就开始汽化而形成气泡。同时，溶解于水中的气体也会析出，形成气泡。当充满蒸汽或气体的气泡随水流带入叶轮中压力升高的区城时，气泡突然被四周水压压破，水流因惯性以高速向气泡中心冲击，产生了强烈的局部水锤。根据试验，水锤所产生的冲击频率每分钟可达

几万次，并且集中作用在极微小的面积上，瞬时局部压力可达几百个或几千个大气压。如果气泡在金属表面附近破灭，水锤压力就打击在金属表面上。在压力很大、频率很高的连续打击下，金属表面很快因疲劳而剥蚀。除机械打击外，水流与金属材料之间还有化学和电化学腐蚀作用。机械剥蚀和化学腐蚀的共同作用加快了金属的损坏速度。水泵在严重的汽蚀状态下运行时，发生汽蚀的部位开始出现麻点，随后很快扩大成海绵或蜂窝状，直至大片脱落而破坏。

因此，我们把气泡的形成、发展和破裂，以致过流部件受到破坏的全部过程，称为汽蚀现象。

**2. 汽蚀的危害**

(1) 产生噪声和振动水泵。发生汽蚀时，由于气泡突然破灭，水流高速冲击，产生强烈的噪声和振动现象。其振动可引起机组基础或机座的振动，当汽蚀振动的频率与水泵自振频率相互接近时，能引起共振，从而使振幅大大增加。

(2) 泵性能下降。水泵发生汽蚀时，水流中含有的气泡不仅占据了一定的槽道面积，同时又减少了水从叶片获得的能量，导致扬程下降，效率也相应地降低，引起水泵性能的下降。汽蚀影响对不同比转数的水泵是不同的，低比转数的泵，由于叶片间的流道狭而长，一旦发生汽蚀，气泡易于充满整个流道，因而性能曲线呈急剧下降的形状。比转数较高的泵，叶片间的流道宽而短，气泡发展到充满整个流道，需要一个过渡的过程，相应的泵的性能曲线先是缓慢下降，之后到某一流量时，才表现为急剧下降。

(3) 过流部件的汽蚀破坏。汽蚀发生时，由于机械剥蚀与化学腐蚀的共同作用，使过流部件遭到破坏，严重时使泵停止出水。过流部件的破坏程度与所用材料有关，一般铸铁材质的叶轮抗汽蚀能力较差，不锈钢、青铜等材质的叶轮抗汽蚀能力较强。

### 2.6.2　叶片泵安装高度的确定

为了使水泵安全运转，避免汽蚀现象的发生，可利用允许吸上真空高度[$H_s$]这个表征水泵汽蚀性能的参数来合理地确定水泵的安装高度。

**1. 允许吸上真空高度[$H_s$]**

如图 2-45 所示离心泵吸水装置，以吸水井水面为基准面，并略去吸水井水面的流速水头，列出吸水井水面与水泵进口处 S-S 断面的能量方程式。

$$\frac{p_a}{\rho g} = H_{ss} + \frac{p_s}{\rho g} + \frac{v_s^2}{2g} + \sum h_s \qquad (2-63)$$

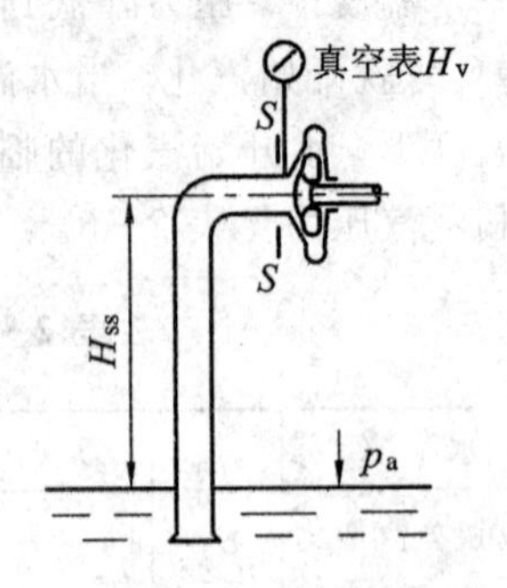


图 2-45　叶片泵吸水装置

式中，$\frac{p_a}{\rho g}$、$\frac{p_s}{\rho g}$分别为吸入液面大气压力与 S-S 断面处的绝对压力(m)；$\frac{v_s^2}{2g}$为 S-S 断面处的流速水头(m)；$H_{ss}$为泵吸水的地形高度(即安装高度)(m)；$\sum h_s$为泵吸水管路中的水头损失(m)。

将式(2-57) $\frac{p_s}{\rho g}$移项得

$$\frac{p_a}{\rho g}-\frac{p_s}{\rho g}=H_{ss}+\frac{v_s^2}{2g}+\sum h_s \tag{2-64}$$

$\frac{p_a}{\rho g}-\frac{p_s}{\rho g}=H_v$，$H_v$就是安装在水泵进口处的真空表读数，即水泵泵壳吸水口的真空值，称为水泵的吸上真空度，这时上式应写为

$$H_v=H_{ss}+\frac{v_s^2}{2g}+\sum h_s \tag{2-65}$$

由式(2-65)知，水泵的吸上真空度 $H_v$ 比水泵吸水的地形高度 $H_{ss}$多一个吸水管路的水头损失和水泵进口处的流速水头。如果泵在某个流量下运转，则$\frac{v_s^2}{2g}$、$\sum h_s$ 为定值，$H_v$值随水泵吸水的地形高度 $H_{ss}$的增加而增大。当 $H_{SS}$增大至某一数值后，水泵开始发生汽蚀，这时的吸上真空度称最大吸上真空度，又称临界吸上真空度，以 $H_{v\max}$表示，该值通过汽蚀试验求得。为了避免汽蚀现象的发生，同时又有尽可能大的吸上真空度，规定留0.3 m的安全余量，即将试验得出的 $H_{v\max}$减去 0.3 m 作为允许吸上真空度，又称允许吸上真空高度，以$[H_s]$表示，即$[H_s]=H_{v\max}-0.3$(m)。所以，$[H_s]$是表示水泵不发生汽蚀时能够吸上水的最大吸上真空度，其值可从水泵样本上查得。泵的$[H_s]$值越高，说明该泵抗汽蚀性能越好。水泵运行时，水泵的吸上真空度 $H_v$ 不应超过样本上规定的$[H_s]$值，即 $H_v<[H_s]$。

**2. 叶片泵安装高度的确定**

水泵的安装高度是指水泵的基准面高度，基准面的高低与水泵的类型、大小和安装方式有关。对于卧式水泵，它等于叶轮轴心线到吸水井水面(测压管高度)的垂直距离；对于立式离心泵和混流泵，它等于叶轮叶片进口边中点所在的水平面到吸水井水面的垂直距离；对于立式轴流泵，它等于叶轮叶片转动中心所在的水平面到吸水井水面的垂直距离，如图 2-46 所示。

在决定大型泵的安装高度时，为安全起见，应按叶轮进口边最高点与吸水井水面之间的垂直距离来考虑，如图 2-47 所示。

离心泵和混流泵一般用允许吸上真空高度$[H_s]$来计算其安装高度。

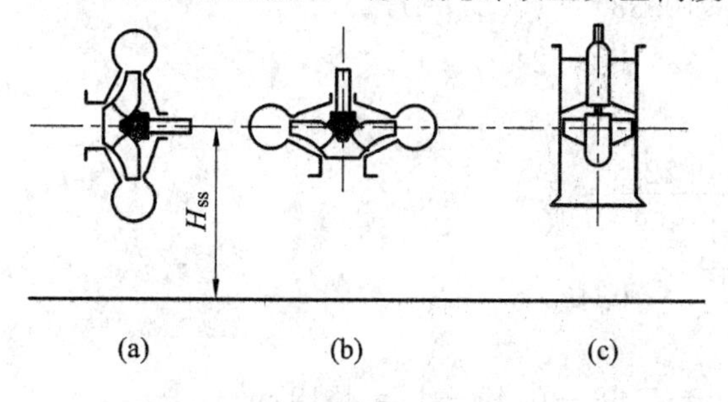


图 2-46　中小型叶片泵的基准面
(a) 卧式；(b) 立式；(c) 立式轴流泵

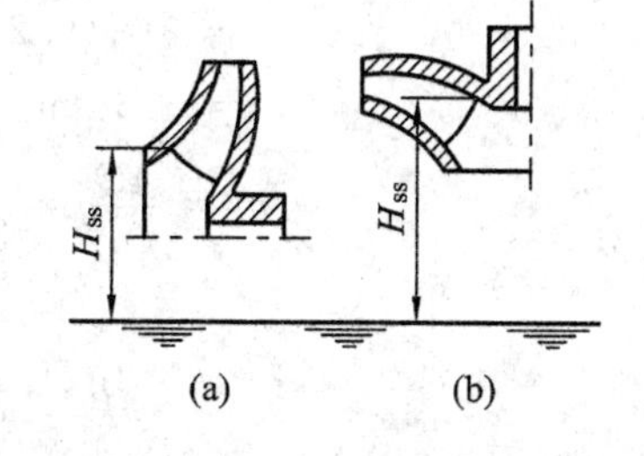


图 2-47　大型叶片泵的基准
(a) 卧式；(b) 立式

由式(2-59)可以计算 $H_s$，即

$$H_{ss}=H_v-\frac{v_s^2}{2g}-\sum h_s \tag{2-66}$$

在计算泵的安装高度时，必须使 $H_v<[H_s]$，上式用$[H_s]$代替 $H_v$，则得叶片泵最大安

装高度$[H_{ss}]$的计算公式：

$$[H_{ss}] = [H_s] - \frac{v_s^2}{2g} - \sum h_s \tag{2-67}$$

应该指出，离心泵、混流泵的$Q$-$[H_s]$曲线一般是下降的，如图2-38所示。所以，在计算水泵的最大安装高度$[H_s]$时，应按水泵运行可能出现的最大流量所对应$[H_s]$的值进行计算。吸水池水面以最低设计水位计，以保证水泵在不同工况下运行时不发生汽蚀。

还须指出，水泵样本上给出$[H_s]$值，是在一个标准大气压力和水温为20℃的条件下以清水实验得出的。如果泵使用地点的大气压和水温与上述不符，则$[H_s]$值应按下式进行修正：

$$[H_s]' = [H_s] + (H_a - 10.33) + (0.24 - H_{va}) \tag{2-68}$$

式中：$[H_s]'$为修正后的允许吸上真空高度(m)；$[H_s]$为水泵样本的允许吸上真空高度(m)；$H_a$为水泵安装地点的大气压力(m)；$H_{va}$为工作温度下的饱和蒸汽压力(m)。

不同水温时的饱和蒸汽压力和不同海拔高度时的大气压力，可从表2-6和表2-7中查得。

**表2-7　不同海拔高度的大气压力$\left(H_a = \frac{p_a}{\rho g}\right)$**

| 海拔/m | −600 | 0 | 100 | 200 | 300 | 400 | 500 | 600 | 700 | 800 | 900 | 1000 | 1500 | 2000 | 3000 |
|---|---|---|---|---|---|---|---|---|---|---|---|---|---|---|---|
| 大气压/m | 11.3 | 10.3 | 10.2 | 10.1 | 10.0 | 9.8 | 9.7 | 9.6 | 9.5 | 9.4 | 9.3 | 9.2 | 8.8 | 8.4 | 7.3 |

**【例2-3】** 某离心泵从样本上查得允许吸上真空高度$[H_s]=7$ m，现需将该泵安装在海拔1000 m的地方，当地夏天的水温为30℃，问修正后的$[H_s]'$应为多少？该水泵的流量为$Q=220$ L/s，泵吸水口直径$d_s=300$ mm，吸水管路水头损失$\sum h_s = 1$ m，试计算其最大安装高度$[H_{ss}]$。

**【解】** 查表2-6，水温为30℃时，$H_{va}=0.43$ m；查表2-7，海拔为1000 m时，$H_a=9.2$ m。

$$\begin{aligned}[H_s]' &= [H_s] + (H_a - 10.33) + (0.24 - H_{va}) \\ &= 7 + (9.2 - 10.33) + (0.24 - 0.43) \\ &= 5.68\ \text{m}\end{aligned}$$

$$v_s = \frac{4Q}{\pi d_s^2} = \frac{4 \times 0.22}{3.14 \times 0.3^2} = 3.11\ \text{m/s}$$

$$\frac{v_s^2}{2g} = \frac{3.11^2}{2 \times 9.8} = 0.49\ \text{m}$$

$$[H_{ss}] = [H_s]' - \frac{v_s^2}{2g} - \sum h_s = 5.68 - 0.49 - 1 = 4.19\ \text{m}$$

### 2.6.3　汽蚀余量

汽蚀余量也是表征水泵汽蚀性能的参数，如前所述，要避免发生汽蚀现象，至少应使泵内水流的最低压力大于在该工作温度下的饱和蒸汽压力。那么，在泵的入口处水流除了它的静压头要高出饱和蒸汽压力水头外，还应余有多少能量，这就是问题讨论的关键。

### 1. 汽蚀基本方程式

水泵运行时，水流自吸水池经吸水管至水泵吸水口，再从泵吸水口流入叶轮流道。如图 2-48 所示为水流进入泵内的压力变化。由于水泵吸入室一般是渐缩的，所以，水流的流速要升高，压力相应地降低。当水流进入叶轮流道时，如图 2-49 所示，水流以相对速度 $w_0$ 绕流叶片进口边，由于急剧转弯，流速加大，这种现象在叶片入口背水面 $K$ 点处最为显著，造成 $K$ 点的压力 $p_K$ 急剧降低，以后由于水流从旋转的叶片获得机械能，压力开始升高。

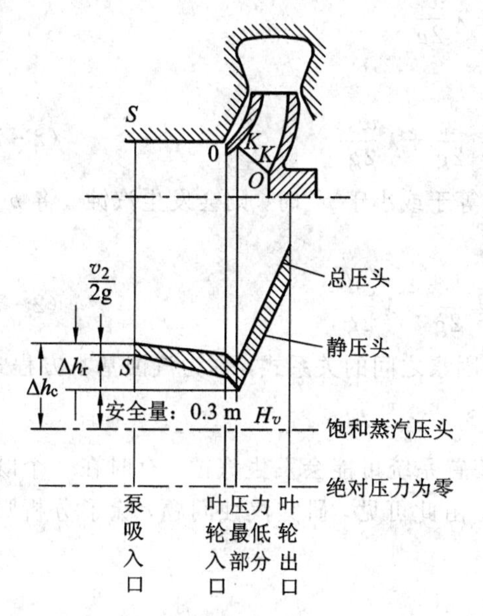


图 2-48　泵入口至叶轮入口压力分布

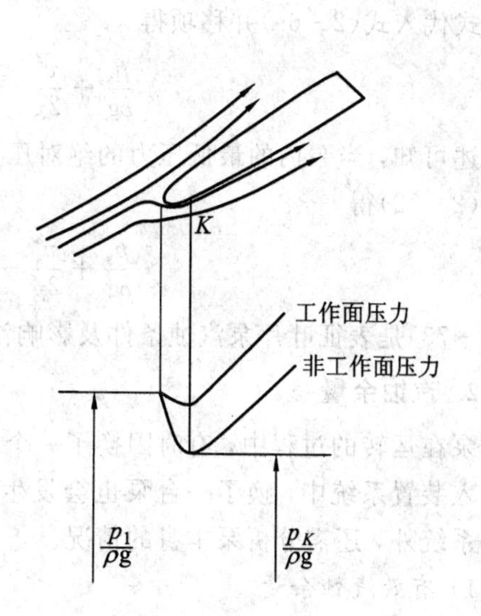


图 2-49　液体绕流叶片头部时压力分布

如图 2-48 所示，以吸水池水面为基准面，列出泵吸水口处 $S-S$ 断面及叶片入口处 0-0 断面的能量方程式(二断面间的水头损失忽略不计)：

$$\frac{p_s}{\rho g}+\frac{v_s^2}{2g}=\frac{p_0}{\rho g}+\frac{v_0^2}{2g} \tag{2-69}$$

式中，$\frac{p_s}{\rho g}$、$\frac{p_0}{\rho g}$分别为断面 $S-S$ 和断面 0-0 的绝对压力水头(m)；$\frac{v_s^2}{2g}$、$\frac{v_0^2}{2g}$分别为断面 $S-S$ 和断面 0-0 的流速水头(m)；

由式(1-14)列出断面 0-0 及 $K$ 点的相对运动能量方程式：

$$Z_0+\frac{p_0}{\rho g}+\frac{w_0^2}{2g}-\frac{u_0^2}{2g}=Z_K+\frac{p_K}{\rho g}+\frac{w_K^2}{2g}-\frac{u_K^2}{2g}+h_{0-K} \tag{2-70}$$

式中：$w_0$、$w_K$ 分别为断面 0-0 和 $K$ 点的相对速度(m/s)；$u_0$、$u_K$ 分别为断面 0-0 和 $K$ 点的圆周速度(m/s)；$z_0$、$z_K$ 分别为断面 0-0 和 $K$ 点至基准面的距离(m)；$h_{0-K}$ 为由断面 0-0 和 $K$ 点的水头损失(m)；$\frac{p_K}{\rho g}$为 $K$ 点的绝对压力水头(m)。

因 0-0 断面和 $K$ 点很近，可以近似认为：$z_0=z_K$，$u_0=u_K$，$h_{0-K}=0$，于是式(2-70)简化为

$$\frac{p_0}{\rho g}+\frac{w_0^2}{2g}=\frac{p_K}{\rho g}+\frac{w_K^2}{2g} \tag{2-71}$$

将式(2-71)移项得

$$\frac{p_0}{\rho g}=\frac{p_K}{\rho g}+\left(\frac{w_K^2}{w_0^2}-1\right)\frac{w_0^2}{2g}$$

令$\left(\frac{w_K^2}{w_0^2}-1\right)=\lambda$($\lambda$ 为气穴系数)，则上式可写为

$$\frac{p_0}{\rho g}=\frac{p_K}{\rho g}+\lambda\frac{w_0^2}{2g}$$

将上式代入式(2-69)并移项得

$$\frac{p_s}{\rho g}+\frac{v_s^2}{2g}-\frac{p_K}{\rho g}=\frac{v_0^2}{2g}+\lambda\frac{w_0^2}{2g} \tag{2-72}$$

由前述可知，当泵内的最低压力的绝对压力 $p_K$ 等于或小于 $p_{va}$ 时，则会发生汽蚀。将 $p_{va}$ 代入式(2-72)得

$$\frac{p_s}{\rho g}+\frac{v_s^2}{2g}-\frac{p_{va}}{\rho g}=\frac{v_0^2}{2g}+\lambda\frac{w_0^2}{2g} \tag{2-73}$$

式(2-73)是表征叶片泵汽蚀条件及影响汽蚀诸因素之间的关系式，称为汽蚀基本方程式。

**2. 汽蚀余量**

泵在运转的过程中，有时因换了一个吸入装置系统可能会发生汽蚀；有时在一个既定的吸入装置系统中，换了一台泵也会发生汽蚀。由此可见，研究汽蚀问题，除了分析吸入装置系统外，还需分析泵本身的情况。

1) 有效汽蚀余量

有效汽蚀余量也叫装置汽蚀余量。它表示液体上吸入液面流至吸入口(泵进口法兰)处单位重量的液体所具有的超过饱和蒸汽压力的富余能量，我国以符号 $\Delta h_a$ 表示，国际标准用$(HPSH)_a$ 表示(注：NPSH 是 Net Positive Suction Head 的缩写，中文意思是净正吸入压头)。汽蚀基本方程式等号左边就是表示水泵进口处单位重量的水所具有的超过饱和蒸汽压力的富余能量，即

$$\Delta h_a=\frac{p_s}{\rho g}+\frac{v_s^2}{2g}-\frac{p_{va}}{\rho g} \tag{2-74}$$

将式(2-64)移项得

$$\frac{p_s}{\rho g}=\frac{p_a}{\rho g}-H_{ss}-\frac{v_s^2}{2g}-\sum h_s \tag{2-75}$$

将式(2-75)代入式(2-74)得

$$\Delta h_a=\frac{p_a}{\rho g}-\frac{p_{va}}{\rho g}-H_{ss}-\sum h_s \tag{2-76}$$

由上式可知，有效汽蚀余量 $\Delta h_a$ 是吸水池水面的绝对压力水头在把水提高到 $H_{ss}$ 的高度，并克服吸水管路的水头损失 $\sum h_s$ 后，超过饱和蒸汽压力的能量。在 $p_a$、$p_{va}$ 一定的情况下，$\Delta h_a$ 随水泵的吸水地形高度 $H_{ss}$ 以及吸水管路的水头损失 $\sum h_s$ 而变化。因此，它由泵吸入侧管路的装置条件及通过的流量所决定，与泵的结构无关。

2）必需汽蚀余量

必需汽蚀余量是指为了使泵不发生汽蚀，泵进口处所必须具有的超过饱和蒸汽压力的最低限度能量。我国一般用$\Delta h_r$表示，国际标准用(NPSH)$_r$表示。因为泵进口处并不是泵内压力最低的地方，如图2-49所示，由进口处到叶片入口背水面$K$点还存在着压力下降，基本方程式(2-73)右边两项之和就是水泵进口处单位重量的水所具有的超过饱和蒸汽压力的能量，即

$$\Delta h_r = \frac{v_0^2}{2g} + \lambda \frac{w_0^2}{2g} \tag{2-77}$$

由式(2-77)可知，在一定的转速和流量下，必须汽蚀余量与吸入室的结构、叶轮进口部分的形状等有关，而与泵吸入侧管路的装置条件、液体性质无关。

将式(2-72)两边各减去$\frac{p_{va}}{\rho g}$，并移项得

$$\frac{p_s}{\rho g} + \frac{v_s^2}{2g} - \frac{p_{va}}{\rho g} = \frac{p_K}{\rho g} - \frac{p_{va}}{\rho g} + \frac{v_0^2}{2g} + \lambda \frac{w_0^2}{2g} \tag{2-78}$$

由式(2-74)、式(2-77)和式(2-78)可知：

当$\frac{p_K}{\rho g} > \frac{p_{va}}{\rho g}$时，对应$\Delta h_a > \Delta h_r$，泵无汽蚀；

当$\frac{p_K}{\rho g} = \frac{p_{va}}{\rho g}$时，对应$\Delta h_a = \Delta h_r$，泵开始汽蚀；

当$\frac{p_K}{\rho g} < \frac{p_{va}}{\rho g}$时，对应$\Delta h_a < \Delta h_r$，泵严重汽蚀。

通常$\Delta h_r$是由水泵制造厂通过实验得出的，泵的汽蚀实验是在保持一定的转速和流量下，改变水泵装置情况，当泵内开始发生汽蚀时的有效汽蚀余量$\Delta h_a$就是泵的必需汽蚀余量$\Delta h_r$值。为安全起见，加0.3 m的安全余量作为允许汽蚀余量，以$[\Delta h]$表示，即$[\Delta h] = \Delta h_r + 0.3$(m)。所以，$[\Delta h]$是表示水泵不发生汽蚀时的最小汽蚀余量，其值可由水泵样本中查到。泵的$[\Delta h]$值越小，说明泵的抗汽蚀性能越好。要使泵不发生汽蚀，必须保证$\Delta h_a > [\Delta h]$。

允许吸上真空高度$[H_s]$和允许汽蚀余量$[\Delta h]$都是表征水泵汽蚀性能的参数，下面进一步说明它们之间的关系。

由$H_v = \frac{p_a}{\rho g} - \frac{p_s}{\rho g}$得

$$\frac{p_s}{\rho g} = \frac{p_a}{\rho g} - H_v \tag{2-79}$$

将式(2-79)代入式(2-74)得

$$\Delta h_a = \frac{p_a}{\rho g} - \frac{p_{va}}{\rho g} - H_v + \frac{v_s^2}{2g} \tag{2-80}$$

水泵开始发生汽蚀时，$\Delta h_a = \Delta h_r$，这时所对应的吸上真空高度为$H_{v.\max}$，因此，式(2-80)可改写为

$$\Delta h_r = \frac{p_a}{\rho g} - \frac{p_{va}}{\rho g} - H_{v.\max} + \frac{v_s^2}{2g} \tag{2-81}$$

式(2-81)可进一步改写为

$$[\Delta h]=\frac{p_{a}}{\rho g}-\frac{p_{va}}{\rho g}-[H_{s}]+\frac{v_{s}^{2}}{2g} \tag{2-82}$$

由此可见，允许汽蚀余量$[\Delta h]$和允许吸上真空高度$[H_s]$并无本质的区别，而$[\Delta h]$更能说明汽蚀的物理现象，同时使用$[\Delta h]$来计算泵的安装高度比较方便。

**3. 用允许汽蚀余量来计算泵的安装高度**

由公式(2-76)得

$$H_{ss}=\frac{p_{a}}{\rho g}-\frac{p_{va}}{\rho g}-\Delta h_{a}-\sum h_{s} \tag{2-83}$$

在计算泵的安装高度时，必须使$\Delta h_a>[\Delta h]$，上式用$[\Delta h]$代替$\Delta h_a$，则得水泵最大安装高度计算公式：

$$[H_{ss}]=\frac{p_{a}}{\rho g}-\frac{p_{va}}{\rho g}-[\Delta h]-\sum h_{s} \tag{2-84}$$

轴流泵的安装高度一般用$[\Delta h]$来计算。对中、小型轴流泵的吸水管路较短，故$\sum h_s$可忽略不计。根据式(2-84)算出的$[H_{ss}]$若为正值，则表示该泵可以安装在吸水池水面以上。但立式轴流泵为了便于启动和使管口不产生漩涡，通常仍将叶轮淹没于水下，其淹没深度可参考水泵厂给定的数据。若$[H_{ss}]$为负值，则泵必须安装在吸水池水面以下，其淹没深度不小于计算所得的数值，且大于淹没深度规定的数值。

### 2.6.4 汽蚀的防止方法

为了防止或减轻汽蚀现象的发生，设计和制造上应从水泵构造及制泵材料等方面加以改善，提高泵本身的抗汽蚀性能。水泵使用单位可采取下列一些措施：

(1) 正确地确定水泵安装高度。在设计泵站时，要使叶片泵叶轮进口处的吸上真空度小于其允许吸上真空高度，或使泵的有效汽蚀余量大于该泵的必需汽蚀余量。同时，应充分考虑水泵装置可能遇到的各种工作情况，以便正确地确定安装高度。

(2) 尽量减少吸水管路水头损失。在设计泵站时，应尽量缩短吸水管路的长度，减少管路的附件，管内壁应光滑，适当加大吸水管的直径，不采用吸水闸阀来调节流量。

(3) 要有良好的吸水条件。吸水池的水流要平稳均匀，不产生漩涡。大中型泵站的进水流道要设计得合理，进入叶轮的水流速度和压力要分布均匀，避免产生局部低压区。

(4) 调节工作点。在水泵运行过程中，用调节水泵工作点的方法可以减轻汽蚀。对于离心泵适当减少流量，使工作点向左移动，增大$[H_s]$值；对于轴流泵可调节叶片安装角，使工作点移到$[\Delta h]$值较小的区城。

(5) 选择适当的叶轮材料。从外部条件看，当无法或很难避免轻度汽蚀时，则叶轮要选择质密或强硬材料，如高铬不锈钢、青铜等，并进行精细加工。或在发生汽蚀的部位涂一层环氧树脂，可以提高叶轮表面的抗汽蚀性能，减轻叶轮表面被汽蚀破坏的程度。

## 2.7 叶片泵装置的总扬程和工作点的确定

叶片泵的性能曲线反映了泵本身的性能，然而，泵的工作必然要和管路系统以及许多外界条件(如江河水位、水塔高度、管网压力等)联系在一起。为此，我们把泵配上管路以及一切附件后所组成的供液系统称为叶片泵装置。泵的实际工作状态由泵的性能与管路系统的特性共同决定。为此，下面讨论泵的总扬程计算、管路特性和工作点的确定。

### 2.7.1 叶片泵装置的总扬程计算

泵的扬程表示单位重量的液体通过泵后能量的增加值。若以 $E_1$、$E_2$ 分别表示泵入口及出口单位重量液体所具有的能量，则水泵的扬程 $H=E_2-E_1$。

如图 2-50 所示叶片泵装置，若以吸水面 0-0 为基准面，则泵入口 1-1 断面上单位重量液体所具有的能量为

$$E_1 = z_1 + \frac{p_1}{\rho g} + \frac{v_1^2}{2g}$$

叶片泵出口 2-2 断面上单位重量液体所具有的能量为

$$E_2 = z_2 + \frac{p_2}{\rho g} + \frac{v_2^2}{2g}$$

则叶片泵的扬程为

$$H = E_2 - E_1 = (z_2 - z_2) + \frac{p_2 - p_1}{\rho g} + \frac{v_2^2 - v_1^2}{2g} \tag{2-85}$$

式中：$z_1$、$\frac{p_1}{\rho g}$、$v_1$ 分别为相应于泵入口 1-1 断面处的位置水头、绝对压头和流速头(m)；$z_2$、$\frac{p_2}{\rho g}$、$v_2$ 分别为相应于泵入口 2-2 断面处的位置水头、绝对压头和流速头(m)。

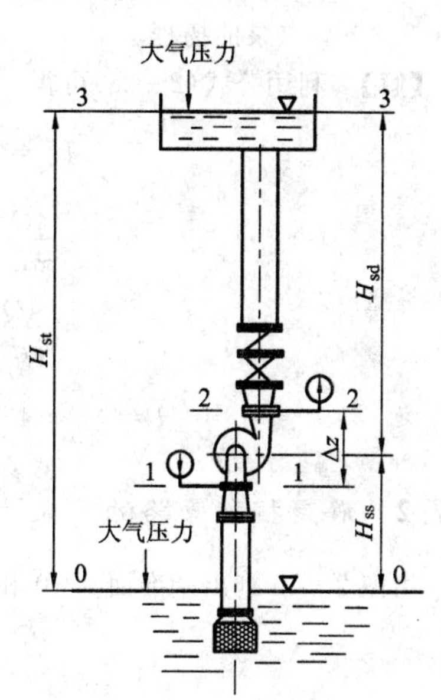

图 2-50 叶片泵装置

而

$$p_1 = p_a - p_v \tag{2-86}$$

$$p_2 = p_b + p_a \tag{2-87}$$

式中，$p_a$ 为大气压力(Pa)；$p_v$ 为真空表压力(Pa)，低于一个大气压数值，若以水柱高度表示真空表读数，并用符号 $H_v$ 表示，则 $H_v=\frac{p_v}{\rho g}$(m)；$p_d$ 为压力表读数(Pa)，超出一个大气压数值，若以水柱高度表示压力表读数，并用符号 $H_d$ 表示，则 $H_d=\frac{p_d}{\rho g}$(m)。

将式(2-86)、式(2-87)代入式(2-85)得

$$H = \Delta z + \frac{p_d + p_v}{\rho g} + \frac{v_2^2 - v_1^2}{2g}$$

将 $H_d=\frac{p_d}{\rho g}$、$H_v=\frac{p_v}{\rho g}$代入上式得

$$H = H_d + H_v + \frac{v_2^2 - v_1^2}{2g} + \Delta z \tag{2-88}$$

泵介入管路的实际运行中，$\left(\frac{v_2^2-v_1^2}{2g}+\Delta z\right)$值较小，往往可以忽略不计，则式(2-88)可

写成为

$$H = H_d + H_v \tag{2-89}$$

式(2-89)表示，正在运行中的泵装置的工作扬程等于泵吸入口真空度读数(m)和排出口压力表读数(m)之和。

**【例 2-4】** 如图 2-50 所示的叶片泵装置，工作点的流量为 $Q$=140 L/s，泵吸入口直径 $d_s$=250 mm，排出口直径 $d_d$=200 mm，真空表读数 $H_v$=4 m；压力表读数 $H_d$=33 m，$\Delta z$=0.3 m，求泵的扬程。

**【解】** 利用公式(2-88)可得

$$H = H_d + H_v + \frac{v_2^2 - v_1^2}{2g} + \Delta Z$$

$$v_1 = \frac{4Q}{\pi d_s^2} = \frac{4 \times 0.14}{3.14 \times 0.25^2} = 2.85 \text{ m/s}$$

$$v_2 = \frac{4Q}{\pi d_d^2} = \frac{4 \times 0.14}{3.14 \times 0.2^2} = 4.45 \text{ m/s}$$

$$H = 33 + 4 + \frac{4.45^2 - 2.85^2}{2 \times 9.8} + 0.3 = 37.9 \text{ m}$$

### 2.7.2 静扬程和管路的损失计算总扬程

由图 2-46 列出基准面 0-0 和泵入口断面 1-1 的能量方程式，可得

$$\frac{p_a}{\rho g} = z_1 + \frac{p_1}{\rho g} + \frac{v_1^2}{2g} + \sum h_s$$

将 $Z_1 = H_{ss} - \frac{\Delta Z}{2}$，$p_1 = p_a - p_v$ 代入上式并移项得

$$\frac{p_v}{\rho g} = H_v = H_{ss} + \sum h_s + \frac{v_1^2}{2g} - \frac{\Delta z}{2} \tag{2-90}$$

同样，列出泵出口断面 2-2 和断面 3-3 的能量方程式，整理后得

$$\frac{p_d}{\rho g} = H_d = H_{sd} + \sum h_d - \frac{v_2^2}{2g} - \frac{\Delta z}{2} \tag{2-91}$$

式中，$H_{sd}$为泵排出端地形高度(m)；$\sum h_d$ 为泵装置排出管路中的水头损失(m)。

将式(2-90)、式(2-91)代入式(2-82)得

$$H = H_{ss} + H_{sd} + \sum h_s + \sum h_d \tag{2-92}$$

即

$$H = H_{st} + \sum h \tag{2-93}$$

$$H_{st} = H_{ss} + H_{sd}$$

式中，$H_{st}$为泵装置的静扬程(m)，即排液面与吸液面的高度差。

$$\sum h = \sum h_s + \sum h_d$$

式中，$\sum h$ 为泵装置管路中水头损失之和(m)。

本节中所介绍的求扬程公式，对于其他各种布置型式的泵装置也适用。图 2-51 所示为自灌式水泵装置示意图，水泵的入口和出口都有压力表，其扬程公式推导如下：

如图 2-51 所示，以泵入口轴线为基准面，该水泵扬程的能量方程式为

$$H = E_2 - E_1 = \left(\Delta z + \frac{p_2}{\rho g} + \frac{v_2^2}{2g}\right) - \left(\frac{p_1}{\rho g} + \frac{v_1^2}{2g}\right)$$

用 $p_d'$、$p_d$ 分别表示泵入口、出口处的压力表读数(Pa)，因此

$$H = \frac{p_d - p_d'}{\rho g} + \frac{v_2^2 - v_1^2}{2g} + \Delta z$$

将 $H_d = \dfrac{p_d}{\rho g}$、$H_d' = \dfrac{p_d'}{\rho g}$代入上式，得

$$H = H_d - H_d' + \frac{v_2^2 - v_1^2}{2g} + \Delta z \qquad (2-94)$$

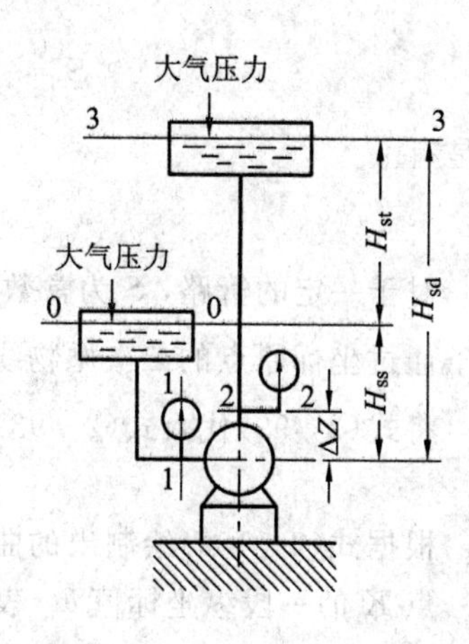

图 2-51　自灌式水泵示意图

式中，$\left(\dfrac{v_2^2 - v_1^2}{2g} + \Delta z\right)$的数值较小，实际应用中往往忽略不计，则扬程公式简化为

$$H = H_d - H_d' \qquad (2-95)$$

同理，列出 2-2 断面、3-3 断面及 0-0 断面、1-1 断面的能量方程式可得

$$H_d = H_{sd} + \sum h_d - \frac{v_2^2}{2g} - \Delta z \qquad (2-96)$$

$$H_d' = H_{ss} - \sum h_s - \frac{v_1^2}{2g} \qquad (2-97)$$

将式(2-96)、式(2-97)代入式(2-94)得

$$H = H_{sd} - H_{ss} + \sum h_s + \sum h_d$$

即

$$H = H_{st} + \sum h$$

### 2.7.3　管路特性曲线

由式(2-93)可知，左边 $H$ 是泵运行状态下的总扬程，右边 $H_{st} + \sum h$ 项为单位重量液体通过管路系统所需要的总能头。$H_{st}$表示液面高度差，$\sum h$ 表示泵装置管路中水头损失之和，用工程流体力学公式表示为

$$\sum h = \sum\left(\lambda \frac{L}{d}\frac{v^2}{2g}\right) + \sum\left(\xi \frac{v^2}{2g}\right) \qquad (2-98)$$

式中，$\sum\left(\lambda \dfrac{L}{d}\dfrac{v^2}{2g}\right)$ 为吸入与排出管线各段的沿程阻力损失之和；$\sum\left(\xi \dfrac{v^2}{2g}\right)$ 为吸入与排出管线各段的局部阻力损失之和；$v$ 为液体在吸入管、排出管中的平均流速，$v = \dfrac{Q}{A} = \dfrac{4Q}{\pi d^2}$；$Q$ 为管路中液体的流量；$d$ 为管子的内径。

因此有

$$\begin{aligned}\sum h &= \sum\left(\lambda \frac{L}{d}\frac{v^2}{2g}\right) + \sum\left(\xi \frac{v^2}{2g}\right) = \sum\left(\lambda \frac{L}{d}\frac{8Q^2}{g\pi^2 d^4}\right) + \sum\left(\xi \frac{8Q^2}{g\pi^2 d^4}\right) \\ &= \left\{\sum\left(\lambda \frac{L}{d}\frac{8}{g\pi^2 d^4}\right) + \sum\left(\xi \frac{8}{g\pi^2 d^4}\right)\right\}Q^2\end{aligned}$$

令

$$S=\sum\left(\lambda\frac{L}{d}\,\frac{8}{g\pi^2d^4}\right)+\sum\left(\xi\frac{8}{g\pi^2d^4}\right)$$

于是有

$$\sum h=SQ^2 \tag{2-99}$$

对于一定的管路，$S$ 为常数。式(2-99)说明管路水头损失与流量的平方成正比，它是一条通过坐标原点的二次抛物线，称为管路损失曲线，以 $Q-\sum h$ 表示，如图 2-52 所示。

将式(2-99)代入式(2-93)得

$$H=H_{st}+KQ^2 \tag{2-100}$$

根据式(2-100)绘制出的曲线称为管路系统特性曲线，如图 2-53 所示。该曲线上任意一点 $K$ 的一段纵坐标值 $h_K$ 表示泵输送流量为 $Q_K$，将液体提升高度为 $H_{st}$时，管道中每单位重量液体所需消耗的能量值。

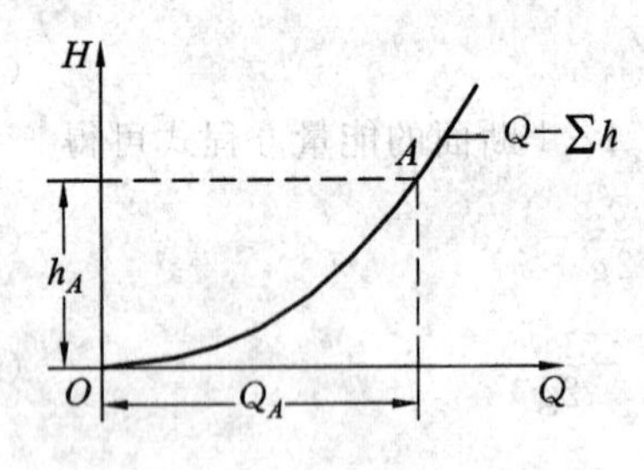


图 2-52 管路损失曲线

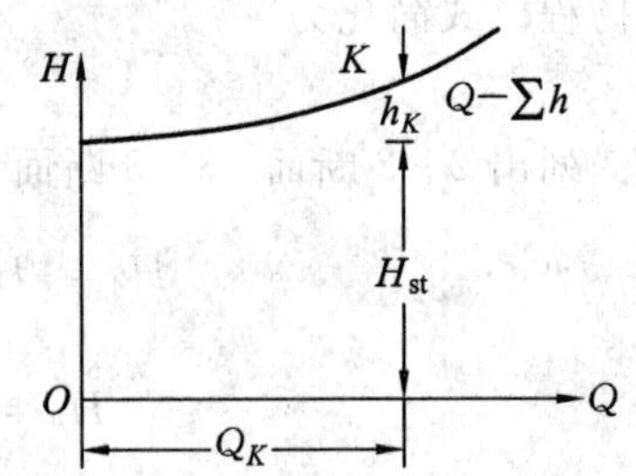


图 2-53 管路系统特性曲线

## 2.7.4 叶片泵装置工作点的确定

叶片泵的性能曲线 $Q-H$ 随着流量的增大而下降，管路系统特性曲线 $Q-\sum h$ 随着流量的增大而上升，如图 2-54 所示，画出泵样本中提供的该泵 $Q-H$ 曲线，再按公式 $H=H_{st}+SQ^2$ 画出管路系统特性曲线 $Q-\sum h$，两条曲线相交于 $A$ 点，即为叶片泵装置的工作点。$A$ 点表明，将水提升高度为 $H_{st}$时，泵所提供的扬程与管路系统所需要的扬程相等。所以，$A$ 点是供需的平衡点。只要外界条件不发生变化，水泵装置将稳定在 $A$ 点工作，其流量为 $Q_A$，扬程为 $H_A$。

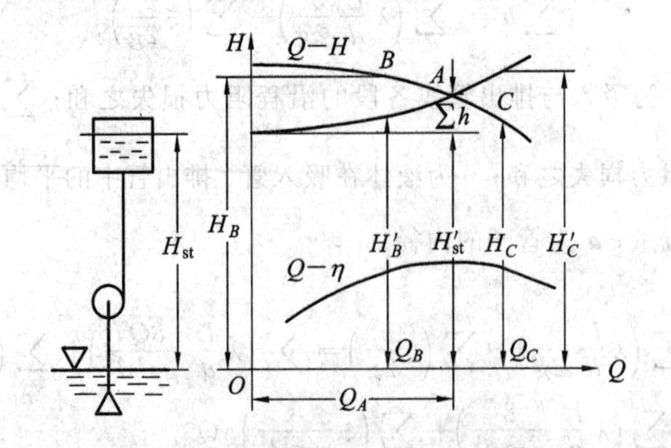


图 2-54 叶片泵工作点的确定

由图 2-54 可以看出，如果泵在 $B$ 点工作，则泵所供给的扬程 $H_B$ 大于管路系统所需要的扬程 $H_B'$，也即[供给]>[需要]，这时，多余的能量将以动能的形式，使管中水流加速，流量加大，泵的工作点将自动向流量增大的一侧移动，直到移至 $A$ 点为止；反之，如果泵在 $C$ 点工作，泵所供给的扬程 $H_C$ 小于管路系统所需要的扬程 $H_C'$，也即[供给]<[需要]，管中水流能量不足，流速减缓，流量随之减小，泵装置的工作点将向流量减小的一侧移动，直到退回 $A$ 点为止。工作点确定后，其对应的轴功率、效率等参数可从其相应的性能曲线中查得。

### 2.7.5 叶片泵装置工作点的改变

叶片泵装置的工作点，建立在泵和管路系统能量供需关系的平衡上。但是泵和管路系统的供需矛盾的统一是有条件的、暂时的、相对的，这个条件就是泵的性能、管路损失和静扬程等因素不变。如果其中任一因素发生变化，供需就失去平衡，这时，只有在新的条件下，才能重新平衡。这样的情况在城市供水中是随时都在发生的。例如：有对置水塔供水的城市管网中，夜间管网中的用水量减少，水传输至水塔，水塔的水箱水位不断升高，对水泵装置而言，静扬程不断提高，如图 2-55 所示，水泵的工作点将沿 $Q-H$ 曲线向流量减小侧移动(由 $A$ 点移至 $C$ 点)，使供水量减小。相反，日间城市中的用水量增大，管网内静压下降，水塔出水，水箱中的水位下降，水泵装置的工况点将自动向流量增大侧移动(由 $C$ 点移至 $A$ 点)。因此，泵站在工作中，只要城市管网中用水量是变化的，管网压力就会随之而变化，致使叶片泵装置的工作点也作相应的变动，并按上述能量供需的关系自动地去建立新的平衡。

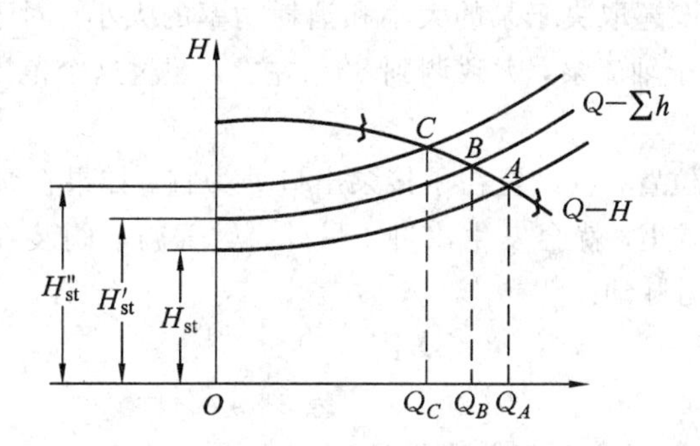


图 2-55　水泵装置随水位变化

上例说明，水泵装置的工作点实际上是在一个相当幅度的区间内浮动着的。然而，当管网中压力的变化幅度太大时，水泵的工作点将会移出“高效区”以外，在较低效率处工作。若要提高工作点效率，就必须人为地改变水泵装置的工作点，这种人为改变工作点的方法即称为工作点的调节，具体方法将在下节介绍。

## 2.8 叶片泵装置工作点的调节

叶片泵装置的工作点是由泵性能曲线和管路系统特性曲线的交点来确定的。因此，人为地调节工作点，可以用两种方法来达到：一是改变泵本身的性能曲线；二是改变管路系统特性曲线。

改变管路特性曲线的方法有：节流调节、分流调节；改变泵的特性曲线的方法有：变速调节、变径调节、改变泵运行台数，对于轴流泵还有改变叶片安装角调节等。

### 2.8.1 节流调节

节流调节就是在管路入口(泵的出口)安装一节流部件(阀)，利用改变阀门的开度进行调节，是一种广泛采用的调节方式。

入口节流调节的实质是改变管路的阻力，改变管路特性曲线的陡度，实现改变工作点的目的。如图 2-56 所示，阀门全开时工作点为 $M$，当阀门关小时，阀门的阻力变大，管路特性曲线Ⅰ变为Ⅱ，工作点移到 $A$ 点，若流量再减小，出口阀关得更小，损失增加就更大。

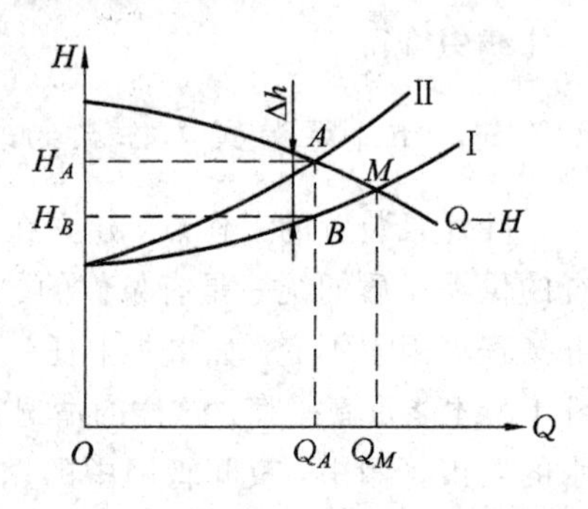

图 2-56 节流调节

工作点为 $M$ 时，流量为 $Q_M$，能头为 $H_M$，减小流量后工作点为 $A$ 时，流量为 $Q_A$，能头为 $H_A$。由图 2-56 看出，减小流量后附加的节流损失为 $\Delta h=H_A-H_B$，相应多消耗的功率为 $\Delta N=\dfrac{\rho g Q_A \Delta h}{1000\eta_A}$ (kW)。

很明显，这种调节方式不经济，而且只能在小于设计流量一方调节，但这种调节方法可靠，简单易行，故仍被广泛应用于中小功率的泵上。

此外，泵的特性曲线越陡，则效率降低得越明显，因此，比转数越大的泵，越不宜采用节流调节法调节流量。

节流调节流量的范围还取决于泵的大小和消耗功率的大小。对于离心泵，大致调到额定流量的 50%左右；对于轴流泵，大致调到 80%左右，超过这个范围，用节流调节不是理想的办法。

对于节流调节阀的位置，以设置在紧接泵出口处为宜。如果在泵进口侧设置阀来进行调节，则泵的吸入压力减小，就会发生汽蚀。另外，尽管调节阀装在泵出口，但距出口较远，操作时可能产生压力脉动。

### 2.8.2 分流调节

对于使用不可变速的原动机驱动或轴流泵用出口节流调节阀调节时会产生超负荷或振动，可采用旁路分流方法来调节流量，如图 2-57 所示。

为了使供液与变动所需液量平衡，在出口管路上安装分流管路，控制旁通阀就可以调节返回的流量，以保持泵在一定流量范围内运行。

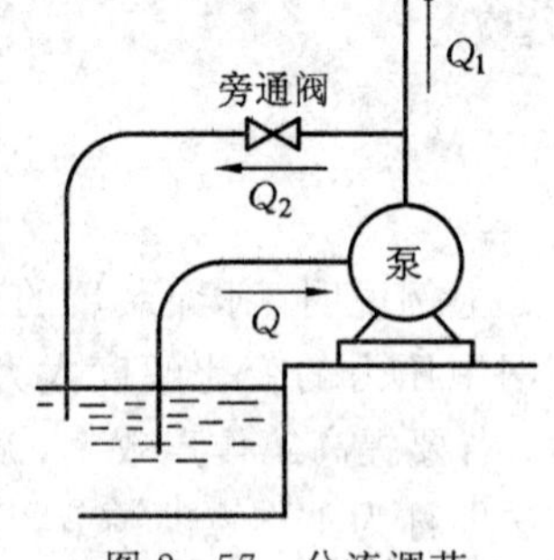

图 2-57 分流调节

### 2.8.3 变径调节

将离心泵叶轮外径车小，可改变同一转速下泵的特性曲线，既改变流量又改变扬程，因此，广泛采用这种方法可以扩大泵的使用范围。

变径调节在泵的生产制造中已广泛应用。前面曾提过 IS、Sh 型泵，除标准直径的叶轮外，大多数还有一两种叶轮被切削的型号，用字母“A”、“B”标明。如12Sh－28为标准直径叶轮的型号，12Sh－28A、12Sh－28B分别表示叶轮进行一次切削和二次切削的型号。使用单位也可以根据需要切削叶轮，以达到调节泵工作点的目的。

严格地说，切削前后的叶轮并不相似，但当切削不大时，可以近似地认为叶片在切削前后出口安装角$\beta_{2K}$不变，流动状态近乎相似，因而可借用相似定律对切削前、后的叶轮进行计算。

叶轮外径的改变，对低比转数泵与中、高比转数泵的参数的影响是不同的。

叶轮切削后，泵的流量、扬程、功率都相应降低，切削前后泵的性能变化关系用下式换算：

$$\frac{Q}{Q'}=\frac{D_2}{D_2'} \tag{2-101}$$

$$\frac{H}{H'}=\left(\frac{D_2}{D_2'}\right)^2 \tag{2-102}$$

$$\frac{N}{N'}=\left(\frac{D_2}{D_2'}\right)^3 \tag{2-103}$$

式中，$Q$、$H$、$N$、$D_2$分别为叶轮切削前的流量、扬程、轴功率和叶轮外径；$Q'$、$H'$、$N'$、$D_2'$分别为叶轮切削后的流量、扬程、轴功率和叶轮外径。

式(2－101)～式(2－103)称为泵叶轮的切削定律。必须强调指出，切削定律不是相似定律，它们之间在本质上不相同。

实验证明，如果叶轮的切削量控制在一定限度内，则切削前后泵相应的效率可视为不变。此切削限量与泵的比转数有关。表2－8列出了常用的叶轮切削限量。

**表2－8　叶轮切削限量**

| 比转数 $n_s$ | 60 | 120 | 200 | 300 | 350 | 350以上 |
|---|---|---|---|---|---|---|
| 最大允许切削量/% | 20 | 15 | 11 | 9 | 7 | 0 |
| 效率下降值 | 每切削10%，效率下降1% | | 每切削4%，效率下降1% | | | |

消去式(2－101)、式(2－103)中的$\frac{D_2}{D_2'}$得

$$\frac{H}{Q^2}=\frac{H'}{Q'^2}=K \tag{2-104}$$

$$H=KQ^2 \tag{2-105}$$

式(2－105)是以坐标原点为顶点的二次抛物线，通常称为切削抛物线。凡满足切削定律的任何工作点都分布在这条抛物线上。

在实际应用切削定律时，通常采用绘制切削抛物线的方法来计算切削量。例如，已知泵叶轮外径为$D_2$时的$Q-H$曲线，所需要的工作点为$A'(Q_A', H_A')$位于$Q-H$曲线的下面，若采用切削叶轮进行调节，使切削后泵的性能曲线通过$A'$点，求切削后叶轮的外径$D_2'$。

解决这类问题，首先将$A'$点的$Q_A'$、$H_A'$代入式(2－104)中，求出$K$值，再按式(2－105)绘出切削抛物线，使它与泵$Q-H$曲线相交于$A$点，如图2－58所示，此点

$A(Q_A, H_A)$即为满足切削定律要求的$A'$点的对应点。然后再将$A'$点的$Q_A'$和$A$点的$Q_A$代入式(2-101)，即可求出切削后叶轮直径$D_2'$的值。切削量的百分数为

$$切削量(\%)=\frac{D_2-D_2'}{D_2}\times 100\% \tag{2-106}$$

按照切削后的叶轮的直径$D_2'$，再运用切削定律，将原有的$Q-H$曲线，换算成切削后的性能曲线$Q'-H'$，此时$D_1$和$D_2$均为已知数，首先在$Q-H$曲线上任意取5～6个点，如图2-59中的1、2、3、4、5点，其流量分别为$Q_1$、$Q_2$、$Q_3$、$Q_4$、$Q_5$，其扬程分别为$H_1$、$H_2$、$H_3$、$H_4$、$H_5$。然后用式(2-101)、式(2-104)进行换算，分别换算出：

$$Q_1'=\frac{D_2'}{D_2}Q_1;\ Q_2'=\frac{D_2'}{D_2}Q_2;\ Q_3'=\frac{D_2'}{D_2}Q_3;$$

$$Q_4'=\frac{D_2'}{D_2}Q_4;\ Q_5'=\frac{D_2'}{D_2}Q_5;\ H_1'=\left(\frac{D_2'}{D_2}\right)^2H_1;$$

$$H_2'=\left(\frac{D_2'}{D_2}\right)^2H_2;\ H_3'=\left(\frac{D_2'}{D_2}\right)^2H_3;$$

$$H_4'=\left(\frac{D_2'}{D_2}\right)^2H_4;\ H_5'=\left(\frac{D_2'}{D_2}\right)^2H_5$$

将算出的$(Q_1', H_1')$、$(Q_2', H_2')$、$(Q_3'、H_3')$、$(Q_4'、H_4')$、$(Q_5'、H_5')$点绘在$Q-H$坐标系中，最后，用光滑曲线连接起来，即得到切削后的$H'-Q'$曲线。

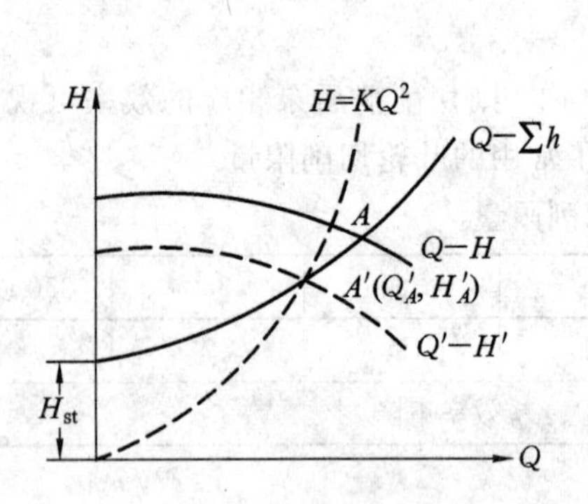


图2-58 用切削抛物线求叶轮切削量

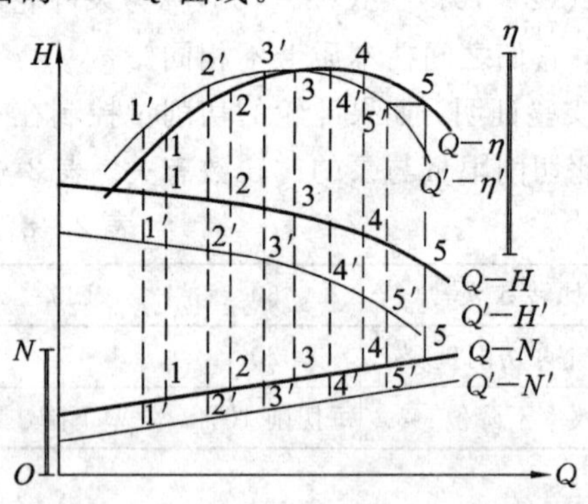


图2-59 切削叶轮时性能曲线的换算

同理可换算出切削后的$Q'-N'$和$Q'-\eta'$曲线。

**【例2-5】** 已知一台IS型水泵$n_s=120$，其性能曲线$Q-H$和管路系统特性曲线$Q-\sum h$如图2-60所示。该泵叶轮外径为174 mm，原工作点$A$的流量$Q_A=27.3$ L/s，扬程$H_A=33.8$ m，若流量减少10%，问应切削叶轮外径多少？

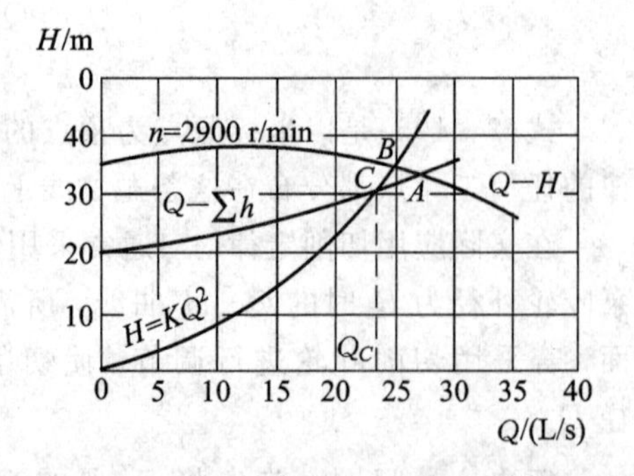


图2-60 叶轮外径切削计算

**【解】** 如图2-60所示，流量为$0.9Q_A$时，水泵的工作点$A$要发生移动，$0.9Q_A=0.9\times 27.3=24.6$ L/s，通过24.6 L/s作垂线，交管路系统特性曲线于$C$点，即$C$点为叶轮切削后水

泵的工作点。在图上可以找出 $C$ 点的扬程 $H_C=31$ m，将 $Q_C=24.6$ L/s，$H_C=31$ m 代入式(2-104)得

$$K=\frac{H_C}{Q_C^2}=\frac{31}{24.6^2}=0.051$$

利用式(2-105)可作出切削抛物线，假定几个 $Q$，计算 $H$，列表如下：

| $Q$/(L/s) | 0 | 5 | 10 | 15 | 20 | 25 | 30 |
|---|---|---|---|---|---|---|---|
| $H$/m | 0 | 1.29 | 5.12 | 11.5 | 20.5 | 32.0 | 46.1 |

将表列 $Q$、$H$ 值，点绘出切削抛物线，与水泵 $Q$-$H$ 曲线交于 $B$ 点，由图上读得 $Q_B=25$ L/s，$H_B=34.6$ m。

由式(2-101)得

$$\frac{Q_B}{Q_C}=\frac{D_2}{D_2'}$$

所以

$$D_2'=\frac{Q_C D_2}{Q_D}=\frac{24.6\times 174}{25}=171\text{ mm}$$

即叶轮外径切削。

$$\text{切削量}(\%)=\frac{D_2-D_2'}{D_2}\times 100\%=\frac{174-171}{174}=1.7\%<15\%$$

因此，允许切削。

切削叶轮通常只适用于比转数不超过350的离心泵和混流泵。对轴流泵来说，如果切小叶轮，就需要更换泵壳或在泵壳的内壁加衬里，这样做是不合算的，所以，轴流泵不进行切削。离心泵和混流泵叶轮切削时，要注意切削限量，切削后对叶轮必须做动平衡实验。

还须指出，对于不同类型的叶轮应采用不同的切削方式。如图2-61所示，低比转数离心泵叶轮的切削量，在前后盖板和叶片上都是相等的；高比转数离心泵叶轮，后盖板的切削量大于前盖板，混流泵叶轮只切削前盖板的外缘直径，在轮毂处的叶片不切削。

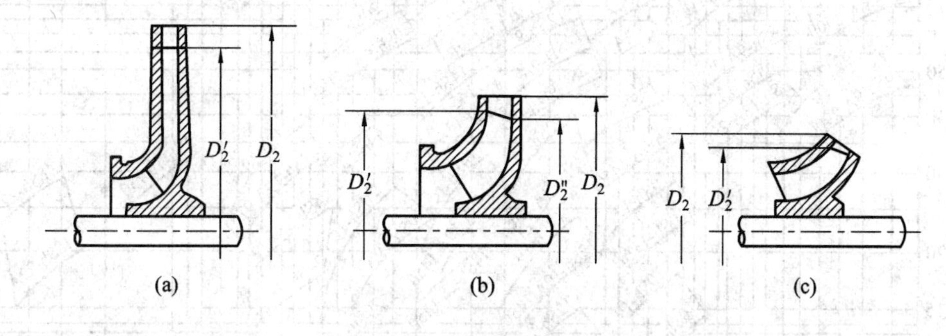


图2-61　叶轮的切削方法

(a) 低比转数离心泵；(b) 高比转数离心泵；(c) 混流泵

离心泵叶轮叶片的出口端因切削而变厚，若在叶片背水面出口部分的一定长度范围内进行修锉，则性能会得到改善，如图2-62虚线所示。

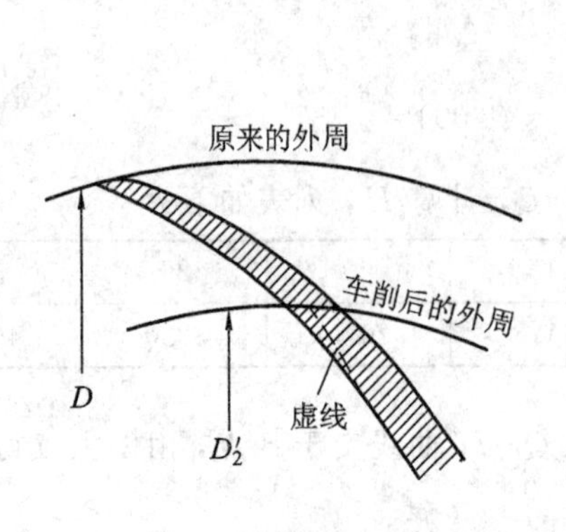


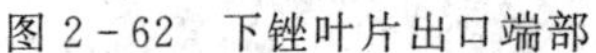

图 2-62 下锉叶片出口端部

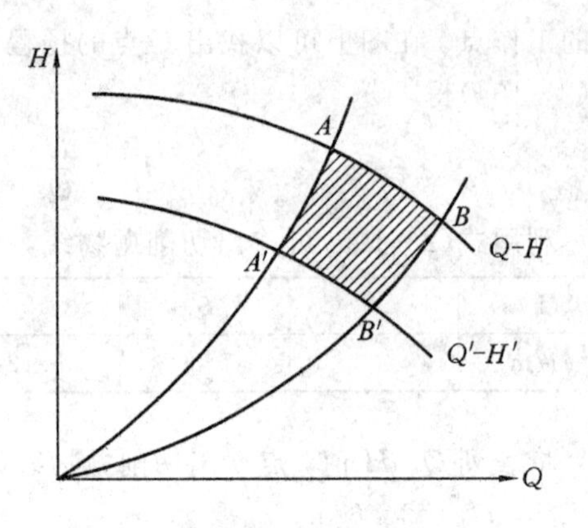


图 2-63 水泵高效率区域图

通过切削叶轮可以扩大水泵的使用范围。水泵制造厂就是利用这个方法，预先确定好水泵的工作范围。如图 2-63 所示，将标准叶轮直径 $D_2$时的 $Q-H$ 曲线和按最大切削量切削后的 $Q'-H'$曲线同画在一个坐标内。在 $Q-H$ 曲线上 $A$、$B$ 两点为该叶轮高效率区的左、右边界，经过 $A$、$B$ 两点作两条切削抛物线，分别与 $Q'-H'$曲线交于 $A'$、$B'$两点。因为切削量较小时，效率近似看作不变，所以，切削抛物线也是等效率线，$A'$、$B'$两点即为切削后叶轮的高效区范围的左、右边界，四边形 $AA'B'B$ 就是该泵的高效率工作区域。选择水泵时，若使需要的工作点均落在该区域内，则所选用的水泵是合适的。通常将同一类型不同规格泵的高效率工作区域画在同一坐标上，称为性能曲线型谱图。如图 2-64 所示为 Sh 型离心泵性能曲线型谱图，图中每一个四边形表示一种水泵的高效区工作区域，并注明该泵的型号、转速，用户选用泵时，只需看所需要的工作点落在哪一个四边形内，即选用该

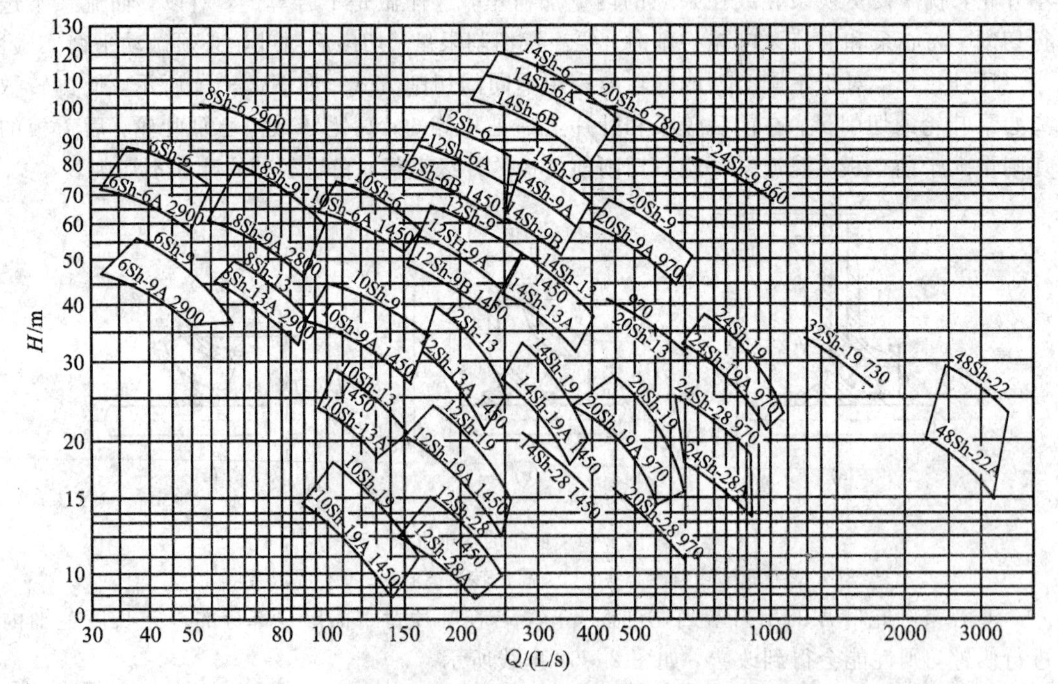


图 2-64 Sh 型离心泵性能曲线型谱图

型号水泵，然后，进一步查找该型号泵的性能曲线，核实所选水泵是否满足要求。

### 2.8.4　变速调节

改变泵的转速可以改变泵的性能，从而达到调节工作点的目的，这种调节方法称为变速调节。

叶片泵装置工作点的变速调节，是应用本章2.4.3“比例律”公式来进行计算的。在实际工作时，常遇到的问题是：已知泵转速为 $n_1$ 时的 $(Q-H)_1$ 曲线，但所需的工作点 $A_2(Q_2, H_2)$ 不在 $(Q-H)_1$ 曲线上，若采用变速调节，求泵在 $A_2$ 点工作时，其转速 $n_2$ 应为多少？

与变径调节计算方法相同，采用绘制相似工况抛物线和比例律来求所需要的转速 $n_2$。

消去式(2-53)、式(2-54)中的 $\frac{n_1}{n_2}$ 可得

$$\frac{H_1}{Q_1^2}=\frac{H_2}{Q_2^2}=K \tag{2-107}$$

即

$$H=KQ^2 \tag{2-108}$$

式(2-108)是一条以坐标原点为顶点的二次抛物线。在抛物线上的各点具有相似的工况，所以称为相似工况抛物线。由比例律的推导得知，当泵变速前后的转速变化不大时，工作效率不变，相似工况抛物线也称为等效率曲线。

将 $A_2$ 点的 $Q_2$、$H_2$ 值代入式(2-107)，求出 $K$ 值。如图2-65所示，再按式(2-108)点绘出相似工况抛物线，并与转速为 $n_1$ 时的 $(Q-H)_1$ 曲线相交于 $A_1(Q_1, H_1)$ 点，此 $A_1$ 点就是所要求的与 $A_2$ 点工况相似的点，将 $A_1(Q_1, H_1)$、$A_2(Q_2, H_2)$ 的值代入式(2-53)中得

$$n_2=\frac{n_1 Q_2}{Q_1}$$

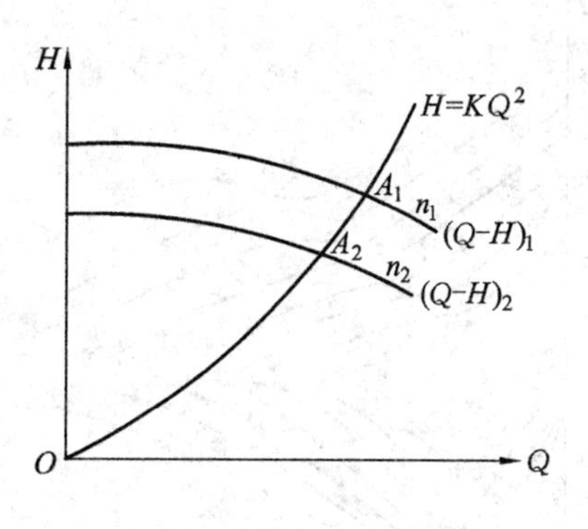


图2-65　相似工况抛物线

求出转速 $n_2$ 后，可由 $n_1$ 时的 $(Q-H)_1$ 曲线，应用比例律，$Q_2=Q_1\ \frac{n_2}{n_1}$，$H_2=H_1\left(\frac{n_2}{n_1}\right)^2$，$N_2=N_1\left(\frac{n_2}{n_1}\right)^3$，求出对应点的 $Q_2$、$H_2$、$N_2$ 值，绘制出 $n_2$ 时的 $(Q-H)_2$ 曲线。

变速调节是在管路特性曲线不变时，通过改变转速来改变泵的性能曲线，从而改变它们的工作点。如图2-66所示，1、2、3点的工况相似，效率相等。

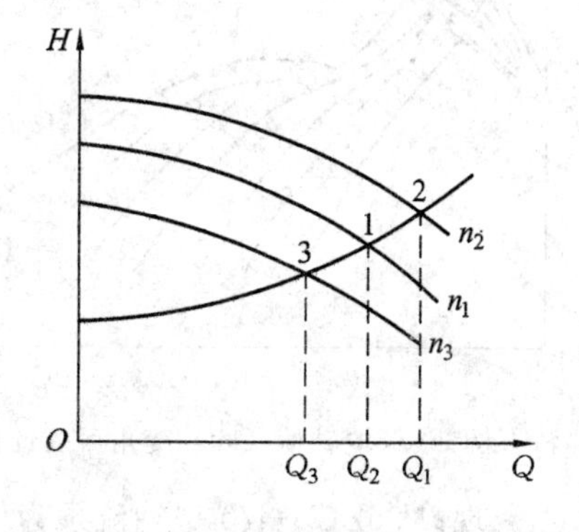


图2-66　变速调节

变速调节大大地扩展了叶片泵高效区域的工作范围，具有重要的节能意义，目前已被广泛采用。但为了进行变速调节，需要采用可以变速的动力机械或可以变速的传动设备。还需指出，提高转速不仅可能引起超载，而且还会增加泵零件的应力，甚至损坏零件。

因此，在实际工程中，降速调节使用较多，提高转速，必须慎重，要征求泵制造厂的意见。

综上所述，可以看出，相似工况抛物线公式与切削抛物线公式虽然在形式上是一样的，但两者是从不同的角度提出的。当所要求的工作点不在水泵的 $Q-H$ 曲线上时，可以采用切削叶轮的方法或用改变转速的方法达到。

### 2.8.5 变角调节

用改变叶轮叶片的安装角度，使泵性能改变的方法，称为泵工作点的变角调节。此方法适用于叶片可调节的轴流泵。

所谓安装角，是指轴流泵叶片的工作面一侧，叶片首尾两端的连线与叶片的圆周方向之间的夹角，通常以 $\beta$ 表示，如图 2-67 所示。安装角不同，泵的工况也就不同，相应于设计工况的安装角就叫设计安装角。一般以设计安装角为 0°，安装角加大时为正，减小时为负。如图 2-20 所示，半调式叶片轮毂上刻有安装角位置线，如±4°、±2°、0°。

图 2-67 叶片安装角

图 2-68 所示为轴流泵的叶片安装角改变后的性能曲线。叶片安装角加大时，$Q-H$、$Q-N$ 曲线都向右上方移动，$Q-\eta$ 曲线几乎以不变的数值向右移动。使用时通常不绘成这种曲线，而是把 $Q-\eta$ 曲线和 $Q-N$ 曲线用数据相等的几条等效率曲线和等功率曲线加绘在 $Q-H$ 曲线上，称为通用性能曲线，如图 2-69 所示。

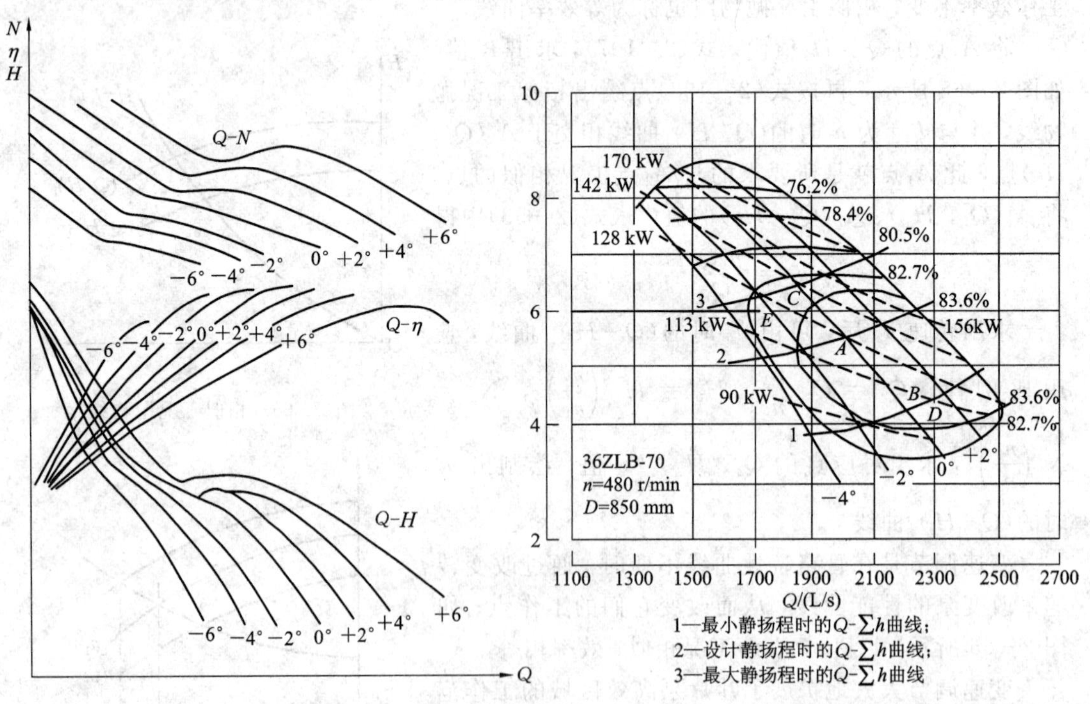


图 2-68 轴流泵叶片变角后的性能曲线

图 2-69 轴流泵的变角调节

现以 36ZLB-70 型轴流泵为例，说明变角调节是如何改变泵工作点的。为了便于说明问题，在图 2-69 所示的通用性能曲线上，绘出三条假设的管路系统特性曲线 1、2、3。这三条管路系统特性曲线分别表示最小静扬程时、设计静扬程时、最大静扬程时的 $Q-\sum h$ 曲线。从图中可以看出，若叶片的安装角 $\beta=0°$，则在设计静扬程时，工作点 $A$ 的参数为 $Q=2000$ L/s、$N=128$ kW、$\eta>83.6\%$；在最小静扬程时，工作点 $B$ 的参数值为 $Q=2200$ L/s、$N=106$ kW，$\eta>83.6\%$，功率较小，动力机负荷欠载；在最大静扬程时，工作点 $C$ 的参数值为 $Q=1850$ L/s，$N=142$ kW，$\eta=83.0\%$，功率较大，动力机有可能超载，效率较低。这时采用变角调节，在最小静扬程时，将叶片安装角调大到 $+2°$，此时工作点 $D$ 的参数值为 $Q=2320$ L/s，$N=121$ kW，$\eta>83.6\%$，效率保持在高效率区，流量增加，动力机满载运行。在最大静扬程时，将叶片安装角调小到 $-2°$，此时工作点 $E$ 的参数值为 $Q=1750$ L/s，$N=128$ kW，$\eta=82.9\%$，虽然流量稍有减小，但动力机功率减少，克服了超载运行的缺点。在设计静扬程时，叶片安装角仍按 0°运行。

从上述分析可以看出，采用变角调节是很方便的。当静扬程减小时，将安装角调大，在保持较高效率的情况下，增加出水量，使动力机满载运行；当静扬程增大时，将安装角调小，适当地减少出水量，使动力机不致过载运行。所以，采用变角调节，使轴流泵在最有利的工作状态下运行，即可达到效率高、出水量大，并使电机长期保持或接近满载运行，以提高电机效率和功率因数。

### 2.8.6　改变运行泵台数调节法

对于大型的供液装置，使用多台泵的并联工作，通过改变泵的运行台数进行流量调节，是一种简单易行的调节方法，广泛应用于供液量变化较大的泵站，例如，大型住宅社区的二次供水系统等。

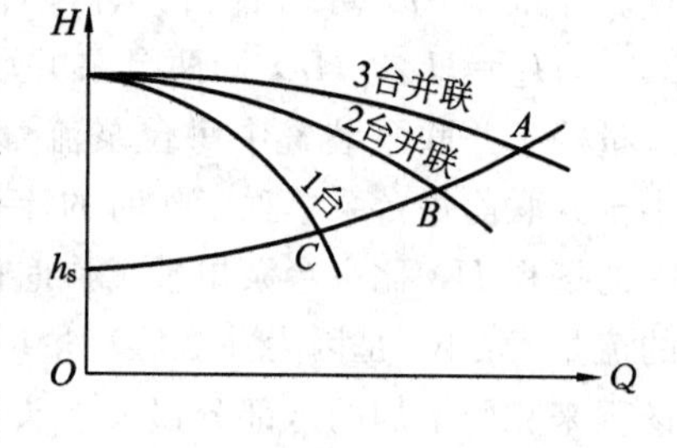

图 2-70　改变泵的运行台数

由图 2-70 可看出，用改变泵的运行台数进行调节，工况点 $A$、$B$、$C$ 在管路特性曲线上的变化很大，所以，用这种方法实现微量调节是很困难的。常用的解决方法是：在多台并联运行的泵中，其中一台选变频器控制的泵，其余泵采用工频控制。通过单片机或 PLC 控制泵工作的台数，并由变频器微调流量，从而实现流量变化范围连续。

## 2.9　叶片泵的并联和串联工作

在泵站中，除了单台泵工作外，往往采用两台或两台以上的泵联合工作，泵联合工作可以分为并联和串联两种形式。

### 2.9.1　叶片泵的并联工作

并联是指两台或两台以上的泵向同一压力管路输送液体的工作方式，如图 2-71 所示。并联时，装置扬程等于每台泵的扬程，即

$$H=H_1=H_2$$

装置的流量为各泵流量之和，即

$$Q=Q_1+Q_2$$

叶片泵并联工作的目的：① 可以增加输送液体量，装置的流量等于各台并联泵的流量

之总和；② 可以通过开停泵的台数来调节流量，使管网中的流量变化；③ 可以提高泵输送液体的安全性。一台泵损坏时，其他几台泵仍可继续输送液体。因此，泵并联工作提高了泵装置运行调度的灵活性和输送液体的可靠性，是泵装置中最常见的一种运行方式。

泵并联运行时，其工作点相应发生改变，下面介绍泵并联运行时工作点的确定。

**1. 相同性能的泵并联，管路对称布置**

图 2－71 示出两台性能相同的泵并联工作的特性曲线。曲线Ⅰ、Ⅱ为性能相同的泵的特性曲线，$(\text{Ⅰ}+\text{Ⅱ})_{并}$为并联工作时的泵装置的特性曲线。泵装置并联工作特性曲线$(\text{Ⅰ}+\text{Ⅱ})_{并}$是在两泵扬程相等的条件下把泵特性曲线Ⅰ、Ⅱ所对应的流量叠加起来得到的。特性曲线（Ⅰ＋Ⅱ）与管路特性曲线Ⅲ交点$M(Q_M, H_M)$为并联工作点。

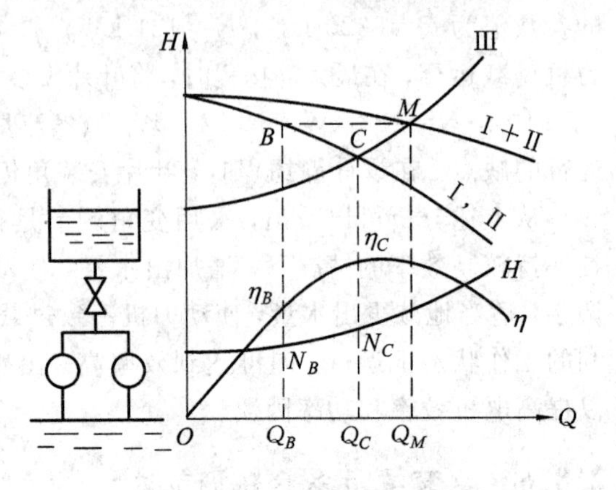

图 2－71　相同性能的泵并联工作

为了确定并联工作时，每一台泵的工况，可由 $M$ 点作水平线，与Ⅰ（或Ⅱ）线交于点 $B(Q_B, H_B)$ 即为并联工作时每台泵的工作点。由图 2－71 可以看出：$Q_B<Q_C<Q_M<2Q_C$，$H_B=H_M>H_C$，即两台泵并联工作时，流量等于并联泵装置中每台泵流量之和，但小于并联前每台泵单独工作时的流量之和（$2Q_C$）而大于一台泵单独工作时的流量 $Q_C$。并联时的扬程 $H_M$ 比一台泵单独工作时的 $H_C$ 高，而并联后的流量比并联前每台泵单独工作时的流量 $Q_C$ 小，是因为并联后流量增加了，管路水力损失随之增加，这就要求提高每台泵的扬程来克服增加的这部分损失水头，故 $H_B>H_C$，而每台泵扬程的提高，是以减少流量为代价换取的，所以流量减少。

并联工作时，管路特性曲线越平坦，并联后的总流量 $Q_M$ 越接近单独运行时两泵流量之和，并联效益越高。对泵来说，则其特性曲线陡一些，并联后总流 $Q_M$ 就越接近单独工作时的流量之和。因此，泵并联工作时应选择陡的泵特性曲线；管路特性曲线平坦的组合在一起，可以收到较高的效益。

**2. 不同性能的泵并联，管路对称布置**

图 2－72 示出不同性能的泵并联工作时的特性曲线，其输出扬程必须相等，图 2－72 中曲线Ⅰ、Ⅱ为两台不同性能泵的特性曲线，Ⅲ为管路特性曲线，$(\text{Ⅰ}+\text{Ⅱ})_{并}$与管路特性曲线交于 $M$ 点，该点即为并联工作点，此时流量为 $Q_M$，扬程为 $H_M$。

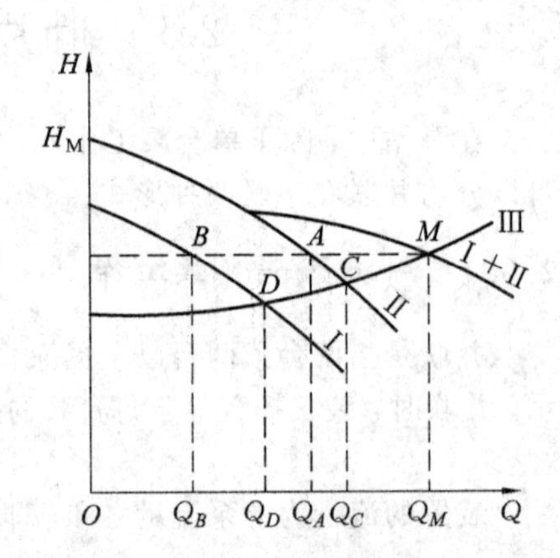

图 2－72　不同性能泵并联工作

确定并联时每台泵的运行工况，可由 $M$ 点作横坐标的平行线与两台泵的特性曲线交于 $A$、$B$ 两点，此即为该两台泵并联工作时各自的工作点；流量为 $Q_A$、$Q_B$，扬程为 $H_A$、$H_B$。此时，并联工作的特点：扬程彼此相等，即 $H_M=H_A=H_B$；装置总流量为每台泵流量之和，即 $Q_M=Q_A+Q_B$。

并联前每台泵各自的单独工作点为 $C$、$D$ 两点，流量为 $Q_C$、$Q_D$，扬程为 $H_C$，$H_D$，由图 2-72 可看出：

$$Q_M < Q_C + Q_D$$

$$H_M > H_C,\ H_M > H_D$$

这表明，两台性能不同的泵并联时的总流量 $Q_M$ 等于并联后各泵流量之和，即 $Q_M=Q_A+Q_B$，但总流量 $Q_M$ 又小于并联前各泵单独工作的流量 $Q_C+Q_D$ 之和，其减少程度随台数的增多、管路特性曲线的陡直程度而增大。

由图 2-72 中可以看出，当两台性能不同的泵并联时，扬程小的泵(Ⅰ)输出流量 $Q_B$ 很少，在总流量减少时甚至不输出，所以并联效果不好。若并联工作点 $M$ 移至 $C$ 点以左，即总流量 $Q_M < Q_C$，应关闭扬程小的一台泵。不同性能泵的并联操作复杂，实际上很少采用。

**3. 不同性能的泵，管路布置不对称**

由于两台泵的性能不同，性能曲线不同，分别为 $(Q-H)_{\mathrm{I}}$ 和 $(Q-H)_{\mathrm{II}}$；又因管路布置不对称，则 $\sum h_{AO} \neq \sum h_{BO}$。两台泵并联时，每台泵工作点的扬程不相等，即 $H_{\mathrm{I}} \neq H_{\mathrm{II}}$。因此绘制并联后的 $Q-H$ 曲线，不能直接采用同一扬程下流量叠加的原理。

泵Ⅰ与泵Ⅱ之所以能并联工作，是因为在管路汇集点 $O$ 处具有相同的测压管水头。如图 2-73 所示，若以吸水池水面为基准面，则当泵Ⅰ、泵Ⅱ的流量分别为 $Q_{\mathrm{I}}$、$Q_{\mathrm{II}}$ 时，并联点处测压管水头为 $H_O$，则

$$H_O = H_{\mathrm{I}} - \sum h_{AO} = H_{\mathrm{I}} - S_{AO}Q_{\mathrm{I}}^2 \tag{2-109}$$

$$H_O = H_{\mathrm{II}} - \sum h_{BO} = H_{\mathrm{II}} - S_{BO}Q_{\mathrm{II}}^2 \tag{2-110}$$

式中：$H_{\mathrm{I}}$ 为泵Ⅰ在相应流量为 $Q_{\mathrm{I}}$ 的扬程(m)；$H_{\mathrm{II}}$ 为泵Ⅱ在相应流量为 $Q_{\mathrm{II}}$ 的扬程(m)；$S_{AO}$ 为 $AO$ 管段的阻力系数；$S_{BO}$ 为 $BO$ 管段的阻力系数。

式(2-109)表示泵Ⅰ的扬程 $H_{\mathrm{I}}$，扣除了管段 $AO$ 在流量为 $Q_{\mathrm{I}}$ 时的水头损失 $\sum h_{AO}$ 后，就等于汇集点 $O$ 处的测压管水头 $H_O$。此 $H_O$ 值相当于将泵Ⅰ扣除了管段 $AO$ 的水头损失因素，折引至 $O$ 点工作时的扬程。同理，由式(2-110)知，$H_O$ 值相当于将泵Ⅱ扣除了管段 $BO$ 的水头损失因素，折引至 $O$ 点工作时的扬程。

在图 2-73 的 $Q$ 轴下先分别绘出 $Q-\sum h_{AO}$ 和 $Q-\sum h_{BO}$ 曲线，将泵Ⅰ、泵Ⅱ的 $(Q-H)_{\mathrm{I}}$、$(Q-H)_{\mathrm{II}}$ 曲线上相应地扣除水头损失 $\sum h_{AO}$、$\sum h_{BO}$ 的影响，得如图 2-73 所示的 $(Q-H)'_{\mathrm{I}}$、$(Q-H)'_{\mathrm{II}}$ 折引性能曲线，此两条曲线排除了泵Ⅰ和泵Ⅱ扬程不等的因素。这样，就可以采用同一扬程下流量叠加的原理，绘出两台不同性能泵并联工作的 $(Q-H)'_{\mathrm{I+II}}$ 折引性能曲线，然后再考虑这两台并联泵由管段 $OC$ 向水塔输水时的工况。

画出管段 $OC$ 的管路特性曲线 $(Q-\sum h)_{OC}$，它与 $(Q-H)'_{\mathrm{I+II}}$ 折引线相交于 $M$ 点，此 $M$ 点的流量 $Q_M$，即为两台不同性能泵并联工作的总出水量。通过 $M$ 点，引水平线与 $(Q-H)'_{\mathrm{I}}$、$(Q-H)'_{\mathrm{II}}$ 相交于Ⅰ′和Ⅱ′两点，则 $Q_{\mathrm{I}}$ 和 $Q_{\mathrm{II}}$ 为泵Ⅰ和泵Ⅱ在并联时的单泵流量，$Q_M=Q_{\mathrm{I}}+Q_{\mathrm{II}}$；再由Ⅰ′和Ⅱ′两点各自引垂线向上，与 $(Q-H)_{\mathrm{I}}$、$(Q-H)_{\mathrm{II}}$ 曲线相交于Ⅰ和Ⅱ点。Ⅰ、Ⅱ点就是并联工作时泵Ⅰ和泵Ⅱ各自的工作点，其扬程分别为 $H_{\mathrm{I}}$ 和 $H_{\mathrm{II}}$。

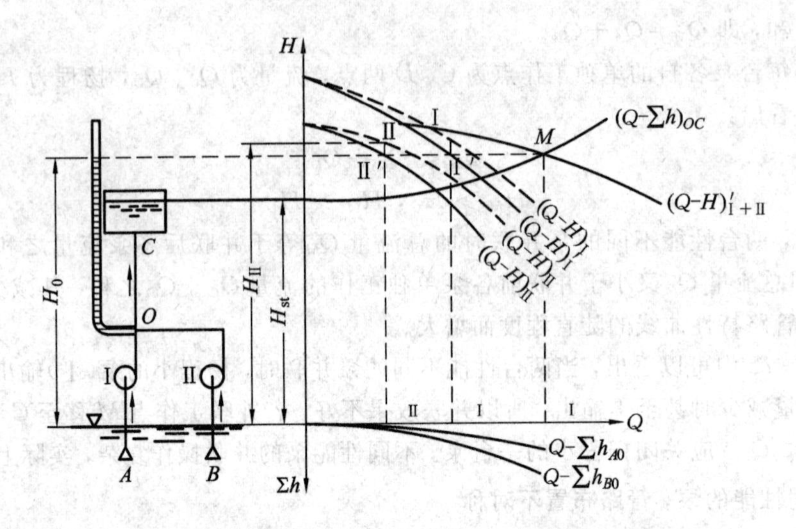


图 2-73　性能不同，管路位置不对称两台泵并联工作

在这里要注意，两台或两台以上不同型号的泵的并联运行，是建立在各泵扬程范围比较接近的基础上的，否则找不出具有相同测压管水头的并联工作点，使大泵运行，小泵处于关死状态。

## 2.9.2 叶片泵的串联工作

串联是指前一台泵的出口向后一台泵的入口输送液体的工作方式。两台泵串联工作时总扬程等于两台泵在相同流量时的扬程之和，即 $H=H_1+H_2$，总流量等于每台泵的流量，即 $Q=Q_1=Q_2$。

**1. 性能相同的泵串联工作**

如图 2-74 所示Ⅰ、Ⅱ为泵的特性曲线，(Ⅰ+Ⅱ)$_{串}$为泵串联后的特性曲线。曲线(Ⅰ+Ⅱ)$_{串}$是将同一流量下单一泵的扬程叠加起来，再将各个叠加点连接起来后得到的。它与管路装置特性曲线 $H_{Ⅲ}=H_{st}SQ^2$ 交于点 $M(Q_M, H_M)$，$M$ 点即为串联时的工作点。过 $M$ 点作横坐标的垂线与单一泵性能曲线Ⅰ(Ⅱ)交于 $B(Q_B, H_B)$，即得串联工作时每一台泵的工作点。由图 2-74 可以看出，串联前、后泵的参数是有变化的。

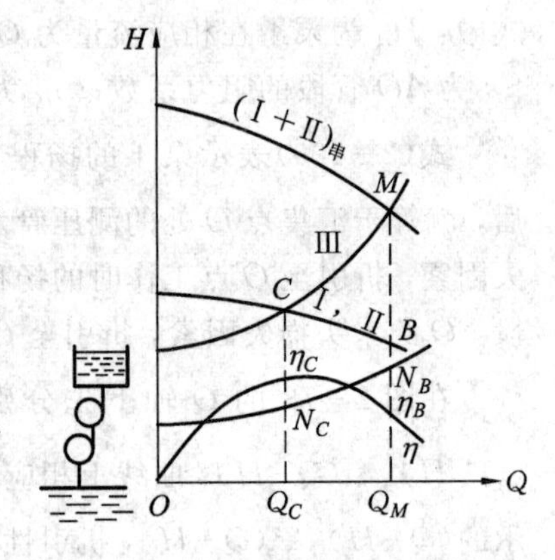


图 2-74　相同性能泵串联工作

$$Q_M=Q_B>Q_C$$

$$H_C<H_M<2H_C$$

这表明，泵串联工作的总扬程 $H_M$大于串联前每台泵单独工作时的扬程 $H_C$，但小于泵单独工作时扬程 $H_C$的两倍，而串联后的流量 $Q_B$比泵单独工作时的流量 $Q_C$大。这是因为泵串联后泵装置的总扬程增加大于管路阻力的增加，多余的扬程促使流量增加的缘故。

**2. 性能不同的泵串联**

如图 2-75 所示，曲线Ⅰ、Ⅱ分别为两台性能不同泵的特性曲线，Ⅲ为串联工作曲线。曲线Ⅲ的画法是把对应同一流量下的各泵的扬程叠加，再把各叠加后的点连接起来而得到的。串联后的运行工况由曲线Ⅲ与管路特性曲线的交点来决定，图中 $M(Q_M, H_M)$ 即为工作点。图 2-76 示出泵串联在不同特性的管路系统中工作的情况，在 $Q<Q_B$ 各点，如 $A$ 点，两泵均能正常工作；当 $Q>Q_B$ 时，两泵的总扬程小于泵Ⅱ的扬程，若泵Ⅰ作为串联工作的第一级，则变为泵Ⅱ的吸入侧的阻力，使泵Ⅱ吸入条件变坏，有可能成为汽蚀的诱因；若泵Ⅰ作为串联的第二级，则变泵Ⅰ为泵Ⅱ排出侧的阻力，泵Ⅰ处于水轮机工作状态。我们称这种工况点是泵的非正常工作状况。所以，在上述两泵串联的系统中要求管路的流量大于 $Q_B$ 是不合理的。

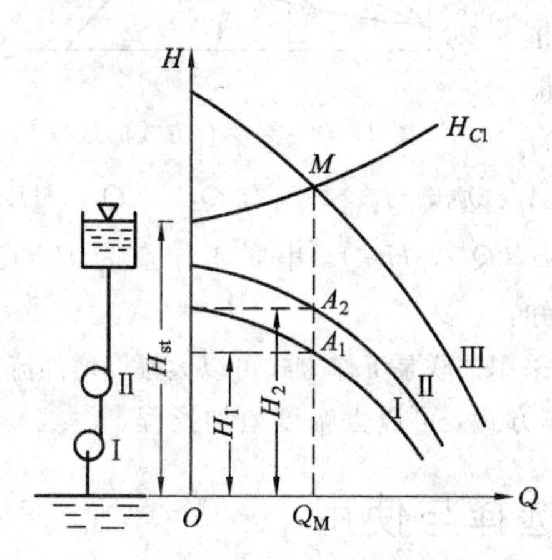


图 2-75 性能不同的泵串联

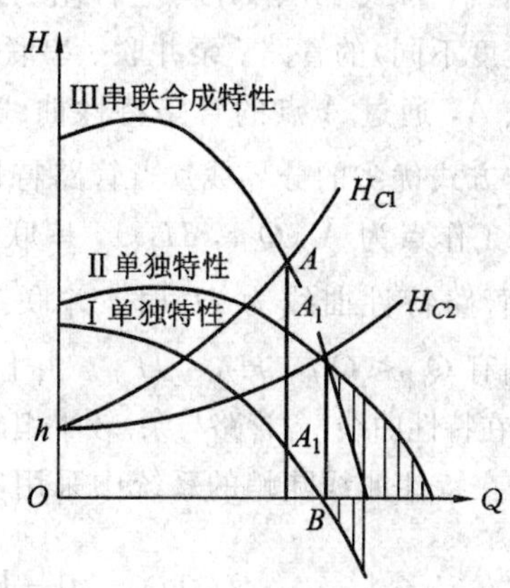


图 2-76 不同性能的泵串联在不同性能管路中工作的情况

### 3. 两台性能相同相距很远的泵串联

实践中会遇到两台泵相距很远串联工作，如图 2-77 所示。绘制这种串联工作泵的总装置特性曲线时，关键之处是首先从泵Ⅰ特性曲级 $(Q-H)_{\text{Ⅰ}}$ 中减去从泵Ⅰ到泵Ⅱ这段距离（这段管路）消耗的能头 $\sum h_{\text{Ⅰ-Ⅱ}}$，得到一条虚线所示的特性曲线Ⅰ′，然后将 $(Q-H)_{\text{Ⅱ}}$ 与 $(Q-H)'_{\text{Ⅰ}}$ 按串联作图法叠加起来，得到串联工作曲线（Ⅰ+Ⅱ）$_{串}$ 与管路特性曲线Ⅲ交于点 $M(Q_M, H_M)$，即为串联工作点。

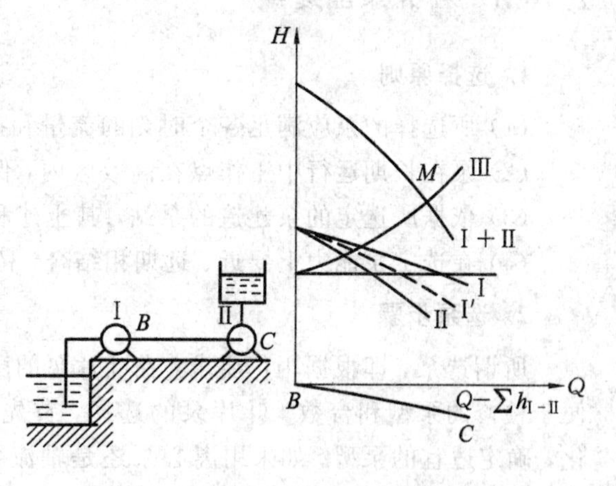


图 2-77 两台性能不同相距很远的泵串联工作

多级泵实际上就是几台单级泵的串联运行。随着泵制造工艺的提高，目前，高扬程泵站已由多级离心泵代替单级泵的串联运行。

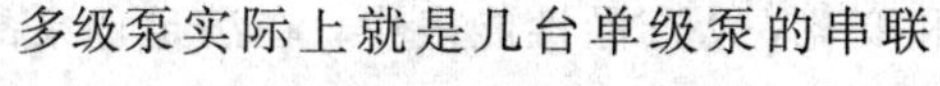

当需要水泵串联运行时，必须注意以下几点：

(1) 串联水泵的设计流量应相接近，否则使容量较小的泵会产生超负荷或容量较大的泵不能充分发挥作用；

(2) 串联在后面的泵构造必须坚固，否则容易损坏；

(3) 对串联运行在第一级的泵，要校核流量增加时泵的抗汽蚀性能。

### 2.9.3 泵组合装置工作方式的选择

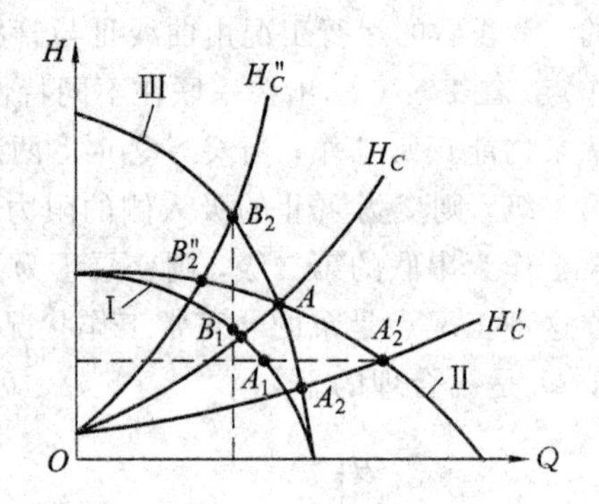


图 2-78 泵组合方式的选择

一般来说，并联方式可以增加流量，串联可增加扬程，但这不是绝对的，到底增加与否，取决于管路特性曲线形状。如图 2-78 所示，Ⅰ为两台性能相同泵的特性曲线，Ⅱ为并联工作特性曲线，Ⅲ为串联工作特性曲线，$H_C$、$H_C'$、$H_C''$为三种阻力不同(管路特性曲线陡度不同)的管路。泵并联、串联特性曲线Ⅱ、Ⅲ交于点 $A$，通过 $A$ 点的管路特性曲线 $H_C$ 是并联、串联工作方式优劣的分界线。当管路特性曲线为 $H_C'$ 时，并联工作点为 $A_2'(Q_{2A}', H_{2A}')$，串联工作点为 $A_2(Q_{2A}, H_{2A})$，则有 $Q_{2A}' > Q_{2A}$，$H_{2A}' > H_{2A}$；当管路特性曲线为 $H_C''$ 时，并联工作点为 $B_2''(Q_{2B}'', H_{2B}'')$，串联工作点为 $B_2(Q_{2B}, H_{2B})$，则有 $Q_{2B}'' < Q_{2B}$，$H_{2B}'' < H_{2B}$。由上述分析可知：

(1) 在特性曲线(含管路与泵)较平坦的系统中，采用并联泵工作方式可以大幅度增加流量；

(2) 在特性曲线陡峭的系统中采用串联泵工作方式，可以大幅度增加扬程。

## 2.10 叶片泵的选择与使用

### 2.10.1 叶片泵的选择

**1. 选择原则**

(1) 所选择的泵应满足各个时刻的流量和扬程的需要。

(2) 泵在长期运行中工作点在高效区内，保证效率高、耗电少、抗汽蚀性能好。

(3) 依据所选定的泵建造的泵站，其土建和设备费用最少。

(4) 在选定泵能力上要近、远期相结合，留有发展的余地。

**2. 选泵步骤**

所谓选泵，即根据用户要求，在叶片泵的已有系列产品中，选择一种适用的、性能好、便于检修的泵型和台数。叶片泵的选择，首先应根据工作环境和吸水侧水位深浅及其变化，确定适宜的泵型。如采用离心泵还是轴流泵，是卧式泵还是立式泵，是深井泵还是潜水泵，等等。

在选定的泵型中，根据流量、扬程的大小和变化，从产品性能表中，在满足选泵的原则基础上，选择其中最佳的泵型号和台数。

根据所选定的泵设计泵站，然后验算管路系统水头损失值，校核工作点是否处于高效区内。如果工作点偏离高效区较远，可重新选泵，或者采取调速、切削叶轮外径、变角等措施，使其工作点在高效区内工作。

**【例 2-6】** 已知某用户生活用水量最高时为 $Q=1300\ m^3/h$，其管路水头损失 $\sum h=10$ m，其他时段用水量 $Q'=585\ m^3/h$，管路水头损失 $\sum h'=2$ m，吸水池最低水位标高为 39 m，地面标高为 42 m，用水最不利点标高为 72 m。试选择水泵。

**【解】** (1) 确定水泵类型。根据已知条件可知，这是一个用水量较大的清水泵站，故考虑选用 Sh 型双吸式离心清水泵。

(2) 选泵的依据。

最高时的流量和扬程：

$$Q = 1300 \times \frac{1}{3.6} = 361\ \text{L/s} = 0.361\ \text{m}^3/\text{s}$$

$$H = H_{st} + \sum h = (72 - 39) + 10 + 1 = 44\ \text{m}$$

式中，1 m 为暂估泵站内水头损失为 1 m。

(3) 确定水泵型号、台数。从供水工程的实际情况看，供水量大且不均匀，从节约能量的观点出发，应选用多台同型号水泵并联运行以满足最大用水量的要求，在用水量和所需要水压较小情况下，可减少开泵台数，以减少能量的浪费。

① 在 Sh 型水泵的 $Q-H$ 性能综合曲线图上绘制管路性能曲线。根据管路性能曲线方程式：

$$H = H_{st} + \sum h = H_{st} + SQ^2$$

$$S = \frac{\sum h}{Q^2} = \frac{10 + 1}{0.361^2} = 84.4$$

则得该管路性能曲线方程式为

$$H = 33 + 84.4Q^2$$

根据该系统管路特性曲线方程，在 Sh 型水泵的综合 $Q-H$ 性能曲线图上点绘出该管路系统的性能曲线 $E-F$，如图 2-79 所示。

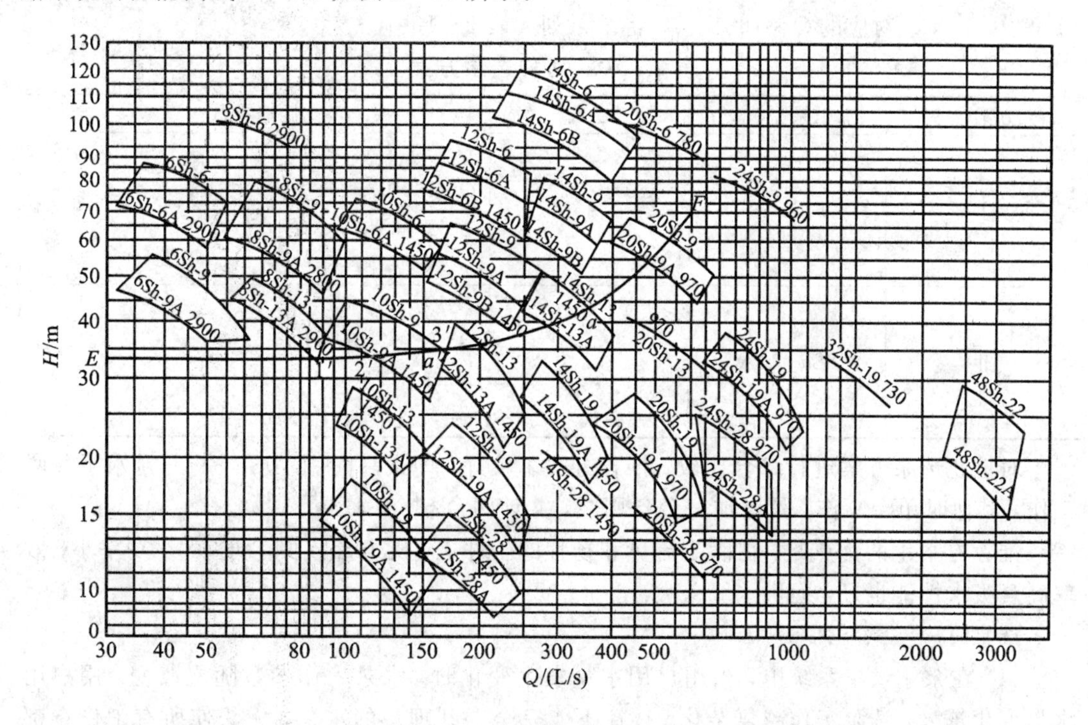


图 2-79　Sh 型水泵型谱分析图

② 在管路性能曲线 $E-F$ 上，找到 $Q=361$ L/s，$H=39$ m 对应的点 $a$。过点 $a$ 作平行于 $Q$ 轴的水平线，与各泵的 $Q-H$ 曲线有一组交点(1，2，3，…，8)。交点表明这些水泵均能满足扬程的要求，并都在高效区内，可作为选泵的对象。

③ 组合并分析这些待选水泵，使其流量能满足 $Q=361$ L/s 要求的并联方案。分析图 2-79 知，有两种方案可满足 $Q=361$ L/s，$H=44$ m 的要求，结果列入表 2-9。

**表 2-9　两种选泵方案**

| 方案号 | 泵型 | 台数 | 性能参数 |
|---|---|---|---|
| Ⅰ | 10Sh-9 | 3 | $H=44$ m<br>$Q=120\times3=360$ L/s<br>$N=58\times3=174$ kW<br>$\eta=80\%$，$[H_s]=6$ m |
| Ⅱ | 8Sh-13A<br>10Sh-9 | 2<br>2 | $H=44$ m<br>$Q=62\times2+120\times2=364$ L/s<br>$N=32\times2+58\times2=180$ kW<br>$\eta=78\%$，$[H_s]=3$ m |

④ 分析泵组的运行情况。在其他时刻流量和扬程：

$$Q'=585\times\frac{1}{3.6}=163\ \text{L/s}$$

$$H'=33+84.4Q^2=33+84.4\times0.163^2=35.2\ \text{m}$$

选择方法同上，如图 2-79 所示，在管路性能曲线 $E-F$ 上找到 $Q=163$ L/s，$H=35.2$ m 对应的点 $a'$。过点 $a'$ 作平行于 $Q$ 轴的水平线，与各泵的 $Q-H$ 曲线有一组交点($1'$，$2'$，$3'$)，$3'$对应的 $Q=168$ L/s，将结果列入表 2-10 中。

**表 2-10　两种选泵方案**

| 方案号 | 泵型 | 台数 | 性能参数 |
|---|---|---|---|
| Ⅰ | 10Sh-9 | 1 | $H=35.2$ m<br>$Q=168$ L/s<br>$N=66$ kW<br>$\eta=80\%$，$[H_s]=6$ m |
| Ⅱ | 8Sh-13A | 2 | $H=35.2$ m<br>$Q=84\times2=168$ L/s<br>$N=33\times2=66$ kW<br>$\eta=77\%$，$[H_s]=3$ m |

对上述选泵方案进行综合比较，推荐方案Ⅰ较好，即最高时用 10Sh-9 三台水泵并联工作，其他时单台工作，另增加一台备用泵，共计四台 Sh 型水泵。

推荐方案Ⅰ的优点是：在满足流量和扬程的条件下，机组台数少，同型号，功率小，效率高且吸水性能也好，但供水级差大。

选泵时应注意下列事项：

(1) 在泵站供水系统中，当用户用水量发生变化时，水泵工作参数随之改变。用户用水量变化越大，选泵工作越复杂化，往往不能完全选到理想的水泵，无法使所有工作点都在水泵高效区内工作。这时选泵应着重使出现概率较多的工作点在高效区内，而那些出现概率较少的工作点，可采取调速、变角等措施来减少能量消耗。

(2) 确定水泵台数。

① 在满足选泵原则的前提下，尽量选用大型水泵。这样可使机组效率高，水泵台数少，占地面积小，一般情况下土建和维护费用也少。

② 在用水量和所需扬程变化较大的情况下，适当增加水泵台数，大小搭配。这样在运行中便于调度，供水级数增多，供水可靠性提高。

③ 根据用水对象对供水可靠性要求的不同，确定备用机组的台数，以满足设备检修或突发事故时的供水要求。

(3) 选择水泵的类型。

从前面学过的知识我们已经知道，水泵的结构形式很多，究竟哪种泵最好，应视具体情况而异，但一般有以下几种方法供参考：

① 在同一泵站中，尽量选用相同型号的水泵，以便于安装、维护和管理，减少备品备件的库存量。

② 尽量选用卧式泵。因它便于安装和检修，价格也比立式泵低。

③ 优先选用性能好、价格低并且货源较好的泵。

## 2.10.2　叶片泵的启动

### 1. 启动前的检查

为了保证泵的安全运行，泵启动前应对机组做全面仔细的检查，尤其是对新安装的泵，启动前更要注意做好检查工作，以便发现问题及时处理，主要检查内容如下：

(1) 检查机组转子转动是否灵活轻便，泵内是否有金属摩擦声，如有应检查原因。这一步是通过盘车即用手转动机组的联轴器的方法来进行。

(2) 检查轴承中的润滑油量是否正常，油质是否干净，对于深井泵、轴流泵应注意橡胶轴承的预润。

(3) 检查出水管上的闸阀起闭是否灵活。

(4) 检查泵和电动机的地脚螺栓以及其他连接螺栓有无松动或脱落，如有应拧紧或补上。

(5) 清除泵进口的浮漂物，以防止开机后将浮漂物吸进泵而损坏叶轮。

(6) 检查电动机和泵的转向是否一致，供配电设备是否完好。对于新安装的泵，检查转向是必不可少的一项工作。

### 2. 泵的引水

由前述叶片泵的工作原理知，离心泵启动前必须引水。一般小型离心泵大多采用灌水排气的方法，此时吸水管下端应装有底阀。对大中型离心泵大多采用水环式真空泵抽气引水(详见第6.2节)。抽气时，当排气管中有水涌出时，表示吸水管和泵内已充满水，可以启动泵开始工作。

### 3. 启动泵

离心泵一般采用闭闸启动。启动时，工作人员与机组不要靠得太近，待水泵转速稳定后，即应打开真空表与压力表上的阀，此时，压力表上的读数应上升至水泵零流量时的空转扬程，表示水泵已经上压。再逐渐打开压水管上闸阀，此时，真空表读数逐渐增加，压力表读数应逐渐下降，配电屏上的电流表读数应逐渐增大。启动工作待闸阀全开时，即告完成。

水泵在闭闸情况下，运行时间一般不应超过 2～3 min，如时间太长，泵内水流会因不断地在泵壳内循环流动而发热，致使水泵某些零部件发生损坏。

### 2.10.3　叶片泵的运行

叶片泵在运行时，应注意以下事项：

(1) 注意机组有无不正常的响声和振动。水泵在正常运行时，机组应该平稳，声音应该正常连续而不间断。一般不正常的响声和振动是水泵故障发生的前奏，遇此情况，应立即停机检查。

(2) 注意机组轴承温度及油量的检查。轴承温升一般不得超过环境温度 30～40℃，最高不超过 75℃。在无温度计时，也可用手摸，凭经验判断，感到很烫手时，应停车检查。轴承内的润滑油要适中，油量不足要及时补充。

(3) 注意填料函处是否发热，滴水是否正常。滴水的滴状应呈连续渗出为宜，运行中可调节压盖螺栓来控制滴水量。

(4) 注意仪表指针的变化。在运行正常的情况下，仪表指针的位置应基本上稳定在一个位置上。如仪表指针有剧烈变化和跳动，应立即查明原因。例如，真空表读数上升，可能是吸水管口被堵塞或水源水位下降；压力表读数上升，可能是压水管口被堵塞；压力表读数下降，可能是吸水管路漏气而吸入了空气，或因转速降低、叶轮被堵塞等。对电动机，应注意电流表上读数是否超过电动机的额定电流，电流过大或过小都应及时停车检查。

(5) 注意吸水池的水位变化。如吸水池水位低于最低设计水位，水泵应停止工作，以免发生汽蚀，损坏叶轮。对于深井泵、深井潜水泵，还应经常测量井中水位的变化情况，以免水位下降过多，影响水泵工作。另外，在水泵运行时应及时清理水泵吸入口或格栅上堵塞的杂物。

(6) 定期记录水泵的流量、扬程、电流、电压、功率因素等有关技术数据。在水泵发生异常现象时，应增加记录次数，并分析原因，及时进行处理。

### 2.10.4　叶片泵的停车

叶片泵停车前，对离心泵应先关闭真空表和压力表阀，再慢慢关闭压水管上的闸阀，实行闭闸停车。对轴流泵一般在压水管路上不设闸阀，可以直接停机。

停车后，应注意把泵和电动机表面的水和油渍擦净。水泵较长时间不用或冬季停车后，应立即将泵壳内的水放尽。对一些在运行中无法处理的问题，停车后应及时处理。

对于深井泵，停车后不能立即再次启动水泵，以防水流产生冲击，一般待 5 min 以后才能再次启动。在停车后一小时内再次启动水泵时，可不进行预润滑。如深井泵长期停止使用，则最好每周开机运转半小时左右，以防止零部件被锈死。

### 2.10.5　叶片泵的故障与排除

叶片泵的故障通常是由于产品质量有问题、选型与安装不正确、操作维护不当或长期使用后水泵零件的磨损或损坏等所引起的。叶片泵常见的故障及其排除见表 2-11 和表

2-12。

**表2-11　离心泵、混流泵常见故障及排除**

| 故　障 | 产生原因 | 排除方法 |
|---|---|---|
| 启动后水泵不出水或出水量少 | (1) 启动前没有引水或引水不足；<br>(2) 底阀堵塞或漏水；<br>(3) 吸水管路及填料函有漏气；<br>(4) 水泵转向不对；<br>(5) 水泵转速太低；<br>(6) 叶轮吸入口及流道堵塞；<br>(7) 叶轮及减漏环磨损；<br>(8) 吸水井水位下降，水泵安装高度太大；<br>(9) 水面产生漩涡，空气带入泵内；<br>(10) 吸水管路安装不当，使空气积存；<br>(11) 水泵装置总扬程超过水泵扬程 | (1) 重新引水；<br>(2) 清除杂物或修理；<br>(3) 堵塞管路漏气，适当压紧填料或清通水封管；<br>(4) 对换一对接线，改变转向；<br>(5) 检查电压是否太低；<br>(6) 揭开泵盖，清除杂物；<br>(7) 更换磨损零件；<br>(8) 核算及调整泵安装高度；<br>(9) 加大吸水口淹没深度或采取防止措施；<br>(10) 改装吸水管路，清除隆起部分；<br>(11) 更换较高扬程水泵 |
| 水泵开启不动或启动后功率过大 | (1) 填料压得太紧，泵轴弯曲，轴承磨损；<br>(2) 多级泵中平衡孔堵塞或回水管堵塞；<br>(3) 联轴器间隙太少，运行中二轴相顶；<br>(4) 电压太低；<br>(5) 实际液体的密度远大于设计液体的密度；<br>(6) 流量太小，超过使用范围太多 | (1) 松一下压盖，矫直泵轴，更换轴承；<br>(2) 清除杂物，疏通回水管路；<br>(3) 调整联轴器间隙；<br>(4) 检查电路，及时与电力部门联系；<br>(5) 更换电动机，提高功率；<br>(6) 关小出水闸阀 |
| 水泵机组振动或有噪音 | (1) 地脚螺栓松动或没有填实；<br>(2) 基础松软；<br>(3) 安装不良，联轴器不同心或泵轴弯曲；<br>(4) 水泵发生气蚀；<br>(5) 轴承损坏或润滑不良；<br>(6) 叶轮损坏或不平衡；<br>(7) 泵内有严重摩擦 | (1) 拧紧并填实地脚螺栓；<br>(2) 加固基础；<br>(3) 检查、调整同心度，矫直或换轴；<br>(4) 降低安装高度，减少水头损失；<br>(5) 更换或修理轴承，或加注润滑油；<br>(6) 修理或更换叶轮，或对叶轮进行动平衡测验；<br>(7) 检查摩擦部位 |
| 轴承发热 | (1) 轴承损坏；<br>(2) 轴承润滑不良(润滑油加得太多或太少)；<br>(3) 油质不良，不干净；<br>(4) 轴弯曲或联轴器没找正好；<br>(5) 叶轮轴向力平衡孔堵塞，使泵轴向力不能平衡；<br>(6) 多级泵平衡轴向力装置失去作用；<br>(7) 滑动轴承的甩油杯不起作用 | (1) 更换轴承；<br>(2) 按规定加油；<br>(3) 更换合格润滑油；<br>(4) 矫直或更换泵轴、找正联轴器；<br>(5) 消除平衡孔上堵塞的杂物；<br>(6) 检查轴向平衡力装置；<br>(7) 放正油环位置或更换油环 |

续表

| 故　障 | 产生原因 | 排除方法 |
| --- | --- | --- |
| 电动机过载 | (1) 转速高于额定转速；<br>(2) 水泵流量过大，扬程低；<br>(3) 电动机或水泵发生机械损坏 | (1) 检查电路及电动机；<br>(2) 关小闸阀；<br>(3) 检查电动机及水泵 |
| 填料函发热，漏水过少 | (1) 填料压得太紧；<br>(2) 填料函装的位置不对；<br>(3) 填料函与泵轴不同心 | (1) 调整松紧度，使滴水呈滴状连续渗出；<br>(2) 调整水封环位置，使它正好对准水封管口；<br>(3) 检修、改正不同心的地方 |

**表 2－12　轴流泵常见故障及其排除**

| 故　障 | 产生原因 | 排除方法 |
| --- | --- | --- |
| 启动后水泵不出水或出水量少 | (1) 叶轮淹没深度不够；<br>(2) 转速太低；<br>(3) 叶轮转向不对；<br>(4) 叶轮安装角太小；<br>(5) 叶片损坏或叶片固定螺母松动；<br>(6) 泵进口或叶轮被杂物堵塞；<br>(7) 装置扬程过高 | (1) 降低水泵安装高度；<br>(2) 提高转速；<br>(3) 调整转向；<br>(4) 增大叶片安装角；<br>(5) 更换叶片或紧固螺母；<br>(6) 清除杂物；<br>(7) 更换水泵 |
| 水泵机组振动或有噪音 | (1) 地脚螺栓松动；<br>(2) 泵轴弯曲或联轴器不同心；<br>(3) 叶片外缘与泵壳有摩擦；<br>(4) 叶片缺损或缠有杂物；<br>(5) 叶片安装角度不一；<br>(6) 轴承损坏或润滑不良；<br>(7) 产生气蚀 | (1) 加固基础，旋紧螺栓；<br>(2) 矫正或换轴，调整同心度；<br>(3) 重新调整；<br>(4) 更换叶片，清除杂物；<br>(5) 矫正叶片安装角，使其一致；<br>(6) 更换或修理轴承或加注润滑油；<br>(7) 降低水泵安装高度，改善吸水条件 |
| 电动机过载 | (1) 扬程太高，压水管部分堵塞或拍门未全部开启；<br>(2) 水泵转速过高；<br>(3) 叶片安装角度过大；<br>(4) 泵内有摩擦或叶片绕有杂物 | (1) 更换电动机，清理压水管或检查拍门；<br>(2) 降低转速；<br>(3) 减少叶片安装角；<br>(4) 检查摩擦部位或消除杂物 |

## 2.11　离心泵的性能实验

离心泵试验是深入了解叶片泵性能，推动叶片泵技术发展的重要手段之一。离心泵实验是通过一套测试装置，以恒定的转速将所测得的数据，经计算得出泵的 $Q$、$H$ 参数值，然后以 $Q$ 为横坐标，分别以 $H$、$N$、$\eta$ 等为纵坐标，绘出性能曲线。该实验是设计和使用泵的重要依据。

**1. 实验装置**

离心泵实验装置可分为敞开式、封闭式两种。图 2－80 所示为敞开式实验装置示意图，泵采用电动机直接传动。离心泵启动后，从水池吸水，经压水管路流入量水槽，并通过三角堰流回水池。量水槽中的稳流栅起平稳水流的作用。离心泵性能实验时通过改变压水管路上闸阀开启度来控制流量、扬程。离心泵的扬程用装在泵进出口处的真空表和压力表来测量，泵的流量用三角堰测量，其过堰水头用游标测针测定。泵的转速用转速表测定。轴功率用马达天平或电功率表测定。

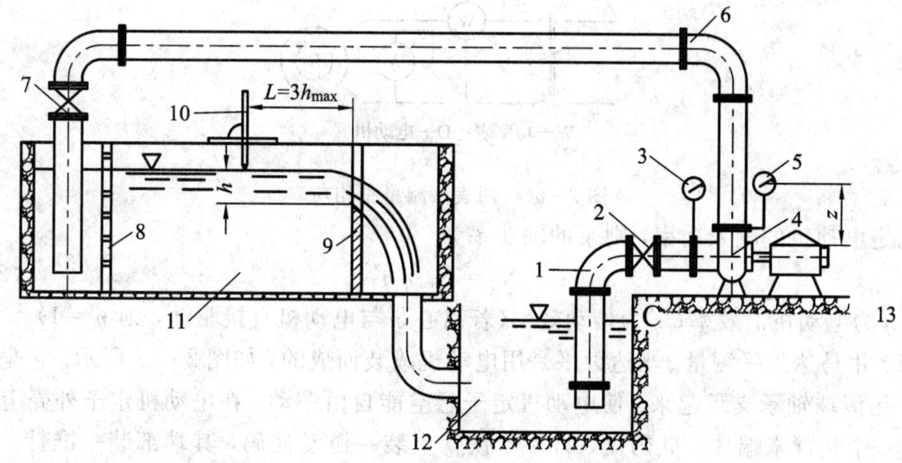


1—吸水管路；2—吸水管路闸阀；3—真空表；4—离心泵；5—压力表；6—压水管路；
7—压水管路闸阀；8—稳流栅；9—三角堰；10—游标测针；11—量水槽；12—下水池；13—电动机

图 2-80 离心泵敞开式实验装置示意图

**2. 测定项目**

1）扬程测定

常用的测量仪表有弹簧式压力表、真空表或水银比压计等。如图 2-80 所示离心泵装置，在泵进、出口处安装真空表和压力表，则根据 $H=H_d+H_v$ 可计算出该泵装置的扬程。

2）流量测定

流量的测量方法有水堰、节流法(如孔板、喷嘴及文丘利管等)、涡轮流量计、电磁流量计等。如图 2-81 所示为90°薄壁三角堰，只要测得堰顶水头，就能计算出流量。90°三角堰的流量计算公式为

$$Q = 1.343h^{2.47} \quad (\mathrm{m^3/s}) \tag{2-111}$$

式中，$h$ 为堰顶水头(m)；1.343 为流量系数；2.47 为水头指数。

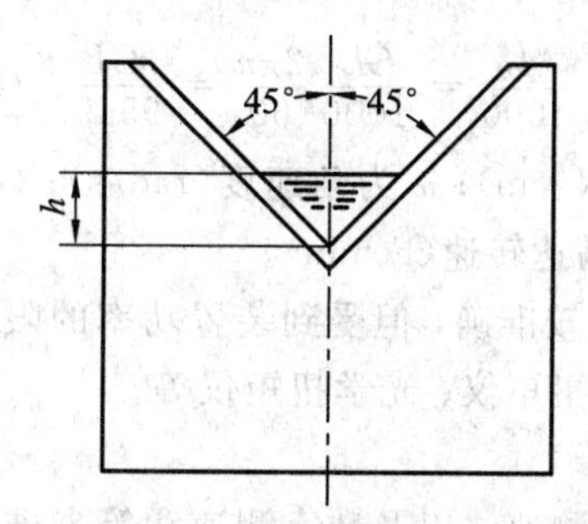


图 2-81 90°薄壁三角堰

3）轴功率测定

(1) 用功率表测量。首先用功率表测量电动机的输入功率 $N_{in}$(kW)。一般采用单相功率表和三相功率表。

在使用单项功率表测量三相电路的功率时，可用两功率表法测量，其线路见图 2-82，这两块单项功率表读数之和，即为电动机的输入功率 $N_{in}$。

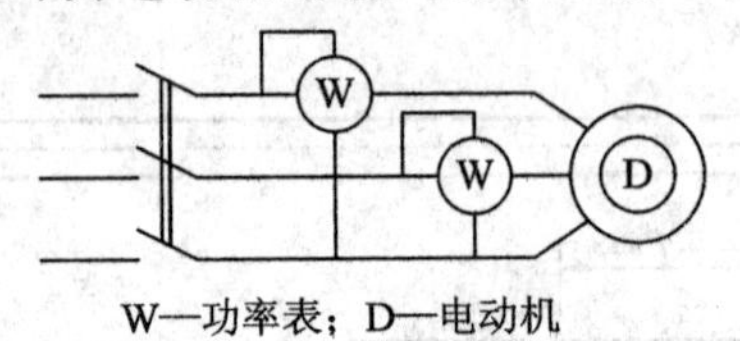


W—功率表；D—电动机

图 2-82　两表法测量三相功率

测定电动机的输入功率，则泵的轴功率为

$$N = N_{im}\eta'\eta'' \tag{2-112}$$

式中，$\eta'$为电动机的效率；$\eta''$为传动效率(若离心泵与电动机直接驱动，则 $\eta''=1$)。

(2) 用马达天平测量。马达天平是用电动机改装而成的，如图 2-83 所示。它是将电动机转子用滚珠轴承支承起来，使电动机定子悬空能自由摆动。在电动机定子外壳上装两个铁臂，一个铁臂末端挂一砝码盘，另一个铁臂上装一游动砝码，其端部装一准针。马达天平装好后，调节游动砝码，使马达天平的重心处于中线上，并要求铁臂末端活动的准针与固定的对针对准。

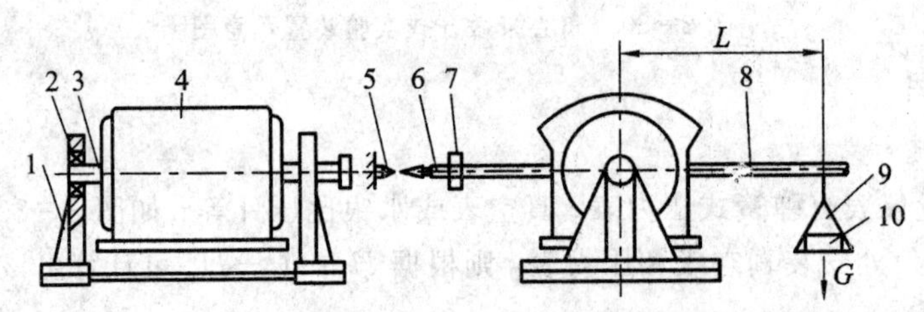


1—支架；2—轴承；3—轴；4—电动机；5—对针；6—准针；7—游动砝码；8—铁臂；9—砝码盘；10—砝码

图 2-83　马达天平示意图

当电机接通电源后，电机转子由于电磁感应产生一个力矩，使转子旋转。同时，转子也给定子一个反力矩，两者大小相等，方向相反。因此，定子向转子的反方向旋转。如果在砝码盘内用增减砝码来平衡这个反力矩，便可测出电机的输出功率，即泵的轴功率，其计算公式为

$$N = \frac{M\omega}{1000} = \frac{GL}{1000}\frac{2\pi n}{60} = \frac{nGL}{9549} \quad (\mathrm{kW}) \tag{2-113}$$

式中，$M$ 为电动机转子转矩(N·m)；$\omega$ 为角速度(rad/s)；$G$ 为天平盘上砝码的重量(N)；$L$ 为马达天平臂长(m)；$n$ 为马达转速(r/min)。

用马达天平测量轴功率比较准确，但受到装置功率的限侧，适用于小功率电动机。此外，轴功率测定还可使用数字扭矩仪、光学扭矩仪等。

4）转速测定

转速可采用转速表、闪光测速法以及数字测速法等来进行测量。在使用手持式机械转速表时，应注意使转速表保持端直水平，并在电动机轴头孔上不要顶得过紧或过松，否则

将影响测量精度。

### 3. 实验方法

实验前应检查、校正各种测量仪表，并对离心泵装置进行检查，盘车和引水等准备工作，并记录检查结果。

离心泵装置在吸水闸阀全开、出水闸阀全闭的情况下，启动离心泵。待转速稳定后，逐一打开压力表、真空表的开关，待压力表的读数升上来以后，即可开始观测。

观测时，逐渐开启压力管的闸阀(流量自零到全开分7～9次来开启)，每开启一次，就记录一次相应开启度下的流量、扬程、转速、功率各测量仪表上的有关数据。按上述的计算方法，逐项算出实验中离心泵的流量、扬程、功率(试验报告见附表)。如果实验中实测的泵的转速与泵铭牌上规定的转速不一样，则可按相似定律的比例律公式进行换算，最后按换算后的$Q$、$H$、$N$值，按式(2-2)算出相应的效率值$\eta$，将结果在坐标纸上点绘出光滑的$Q-H$、$Q-N$和$Q-\eta$性能曲线。

轴流泵的实验方法与离心泵相似，所不同的是：轴流泵是先把吸水管和压水管的闸阀全部打开，然后由大开度向小开度方向做实验。

### 4. 离心泵性能实验报告

[铭牌数据]

离心泵型号：________________； 离心泵转速：______________(r/min)；

泵的轴功率：________________(kW)； 电动机型号：______________；

电动机转速：________________(r/min)； 电动机功率：______________(kW)；

吸水口直径：________________(mm)； 压水口直径：______________(mm)。

| 点号 | 实测转速 $n$/(r/min) | 流量 $Q$ | | 扬程 $H$ | | | | | 有效功率 $\frac{\rho gQH}{1000}$ | 轴功率 | | | 水泵效率 $H$/% | 备注 |
|---|---|---|---|---|---|---|---|---|---|---|---|---|---|---|
| | | 堰顶水头/m | 流量/(m³/s) | 压力表读数/m | 真空表读数/m | $\frac{v_2^2-v_1^2}{2g}$/m | $\Delta z$/m | 扬程 $H$/m | | 砝码或弹簧秤读数/N | 马达天平臂长/m | 轴功率/kW | | |
| 1 | | | | | | | | | | | | | | |
| 2 | | | | | | | | | | | | | | |
| 3 | | | | | | | | | | | | | | |
| 4 | | | | | | | | | | | | | | |
| 5 | | | | | | | | | | | | | | |
| 6 | | | | | | | | | | | | | | |
| 7 | | | | | | | | | | | | | | |
| 8 | | | | | | | | | | | | | | |
| 9 | | | | | | | | | | | | | | |
| 10 | | | | | | | | | | | | | | |

# 2.12　阅读材料——叶片泵的变频调速节能

泵的选用一般都是根据生产中可能出现的最大负荷条件来选择的，而实际运行中的负荷往往比设计值要小。对于泵类负载，若采用阀门、挡板进行节流调节，会增加管路系统的阻力，造成电能的浪费；对于恒转矩负载，若采用液力耦合器(第4章)或电磁调速器进行调节，这两种调速方式效率较低，而且，转速越低，效率也越低。如果在泵系统中采用变频技术，使系统能根据需要运行，从而提高效率、减少浪费，使两者的电耗明显下降，变频调速是电动机调速方式中最理想的方案。过去受价格、可靠性及容量等因素的限制，在我国一直未得到广泛应用。近年来，随着电力、电子器件和控制技术的迅速发展，变频器价格不断下降，可靠性不断增加，模块化的设计使变频器的容量几乎不受限制，5000 kW及以下的通用变频器可以随时按用户要求提供产品，满足用户的各种需要。采用变频器对电动机直接进行调速运行，则耗能将会显著减少，产生巨大的节能效益。目前，许多泵用户和设计单位都在积极使用变频调速。

## 2.12.1　三相异步电动机

### 1. 三相异步电动机的转速和工作原理

三相异步电动机的转速是分级的，由电动机的极数决定。极数是反映电动机的同步转速，例如2极的同步转速是3000 r/min，4极的同步转速是1500 r/min。三相交流电动机每组线圈都会产生N、S磁极，每个电机含有的磁极个数就是极数，由于极数是成对出现的，所以电机有2、4、6、8等极数之分。电动机的同步转速计算公式如下：

$$n_0 = \frac{60f}{p} \tag{2-114}$$

式中：$f$为频率(Hz)；$p$为极数，如2极电机，$p=1$；$n_0$为同步电机的转速(r/min)。

三相异步电动机的转动原理如图2-84所示。其中，N、S表示两极旋转磁场，转子中只表示出两杆铜导条。当旋转磁场向顺时针方向旋转时，相对于磁极，转子铜导条切割磁力线，产生感应电动势，闭合的铜导条中产生电流；电流与旋转的磁场相互作用，使转子铜导条受到电磁力$F$，并产生电磁转矩而使转子转动。转子的转动方向和磁极的旋转方向相同。在正常工作时，转子的转速$n$小于旋转磁场的转速$n_0$(同步转速)，使转子与旋转磁场保持“异步”而具有相对运动，以保证转子铜导条切割磁力线，这也是三相异步电动机名称的由来。通常以转差率$s$来表示转子转速$n$与同步转速$n_0$的相对差别：

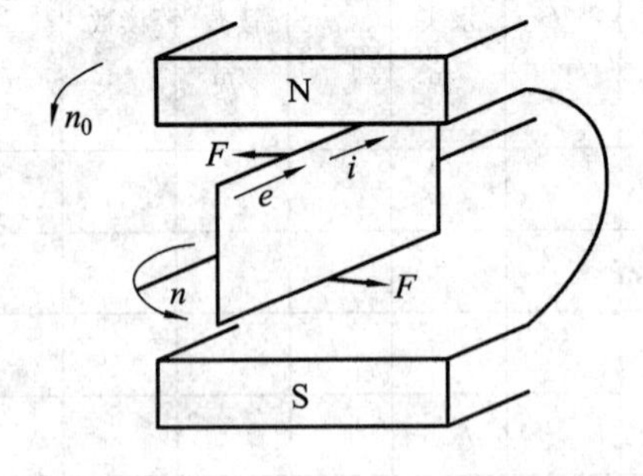

图2-84　三相异步电动机转子转动原理图

$$s = \frac{n_0 - n}{n_0} \tag{2-115}$$

$s$是一个没有单位的数，它的大小反映了电动机转子的转速。例如，电动机启动瞬间，$n=0$，$s=1$。正常运行的异步电动机，转子转速$n$接近于同步转速$n_0$，转差率较小，一般$s$

在1%～9%之间。

**2. 三相异步电动机的机械特性**

在定子电压、频率和有关参数固定的条件下，电磁扭矩 $M_e$ 与转速 $n_e$ 之间的函数关系成为三相异步电动机的机械特性曲线，如图2-85所示。有三个重要的扭矩：

(1) 额定扭矩 $M_e$。它是当电动机在额定电压下，以额定转速运行并输出额定功率时，电动机转轴上输出的扭矩。

(2) 最大扭矩 $M_{max}$。它反映了电动机带动负载的能力。电动机的最大扭矩 $M_{max}$ 与额定扭矩 $M_e$ 之比 $\lambda = M_{max}/M_e$，称为过载系数，一般三相异步电动机的过载系数为1.8～2.2。

(3) 启动扭矩 $M_q$。它是电动机启动时的扭矩，体现了电动机带载启动的能力，若启动扭矩 $M_q > M_L$（负载扭矩），电动机能启动，否则将不能启动。

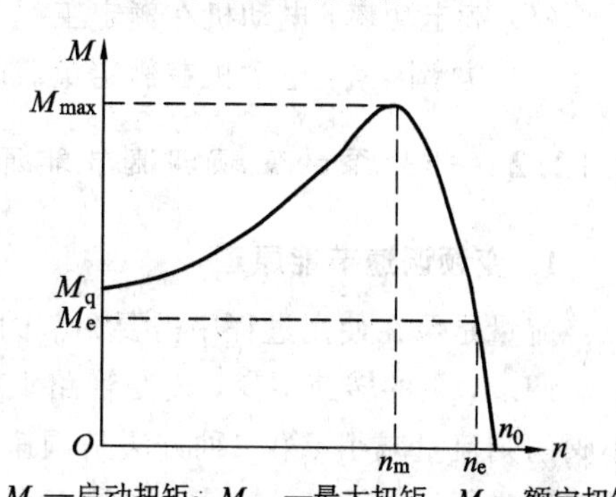


$M_q$—启动扭矩；$M_{max}$—最大扭矩；$M_e$—额定扭矩

图2-85 三相异步电动机的 $n=f(M)$ 曲线

三相异步电动机的机械特性曲线同时也反映了电动机的自适应负载能力，即电动机的电磁扭矩可以随负载的变化而自动调整。

**3. 三相异步电动机的调速**

由式(2-114)和式(2-115)可得三相异步电动机转速 $n$ 的表达式：

$$n = (1-s)\frac{60f}{p} \tag{2-116}$$

从式(2-116)可以看出，改变电源的频率可以改变异步电动机转速。

**4. 电动机的名牌参数**

(1) 接线法：有星形(Y)和三角形(△)两种接线方法。在电动机的接线盒中有6根引出线，分别标有 $U_1$、$V_1$、$W_1$、$U_2$、$V_2$、$W_2$，连接方法如图2-86所示。

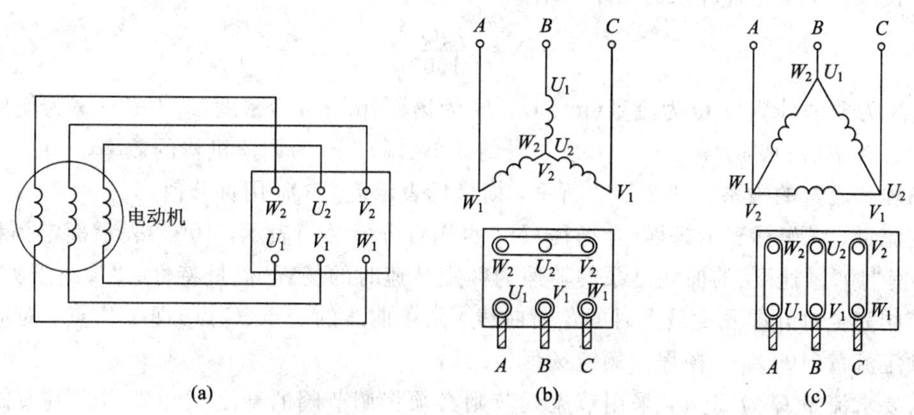


$U_1$、$U_2$—第一绕组的两端；$V_1$、$V_2$—第二绕组的两端；$W_1$、$W_2$—第三绕组的两端

图2-86 三相异步电动机接线图

(a) 电动机绕组连线；(b) 星形接法；(c) 三角形接法

(2) 额定电压：电动机定子绕组的线电压。例如：380/220Y/△，当线电压为 380 V 时，采用星形接法；当线电压为 220 V 时，采用三角形接法。

(3) 额定电流：电动机定子绕组上加额电压，轴上输出额定功率时，定子绕组中的线电流。

(4) 额定功率：电动机在额定工况下运行时轴上输出的机械功率。

(5) 功率因素：电动机在额定负载时定子的功率因素。

## 2.12.2 叶片泵的变频调速节能原理

### 1. 变频调速节能原理

流量是泵在使用过程中需要调节的主要参数。调节泵流量有两种方法：第一种方法是节流调节，泵的转速不变，改变管路上阀门的开度来调节流量，开大阀门则流量增加，关小阀门则流量减小；第二种方法是调速调节，即管路状态不变(阀门开度不变)，改变泵的转速以进行流量调节，转速升高则流量增加，转速降低则流量减少。节流调节时，采用常用的出口挡板控制，当开度减小时，阻力增加，不适宜大范围调节流量，在低速区域轴功率减少不多，从节能的角度来看是不适宜的。采用入口挡板控制，虽然比出口挡板控制流量调节范围广，减小开度时轴功率大体与流量成比例下降，但节能效果仍然不及变频调速。节流调节有大量能量消耗在节流损耗上，一方面达不到节能降耗的目的，另一方面在夜间用水量较少时，管网的压力增大，对管路性能有较高的要求。利用变频器进行调速控制是解决上述问题的一种有效手段。

泵的流量特性随泵的种类而异，一般来说，泵的特性与其阻力矩的平方成正比。由泵的相似律可知，当改变电机转速以改变泵转速时，其效率基本不变；但流量 $Q$ 与转速 $n$ 成正比，即 $Q_2/Q_1=n_2/n_1$，扬程(压头)$H$ 与转速 $n$ 的平方成正比，即功率 $N$ 与转速 $n$ 的立方成正比，$N_2/N_1=(n_2/n_1)^3$，故功率 $N$ 与流量 $Q$ 存在如下关系：

$$\frac{N_2}{N_1}=\left(\frac{n_2}{n_1}\right)^3=\left(\frac{Q_2}{Q_1}\right)^3 \tag{2-117}$$

根据 $Q$、$H$ 值可计算泵的功率，即

$$N=\frac{\rho gQH}{1000\eta} \tag{2-118}$$

式中：$N$ 为功率(kW)；$Q$ 为流量($\mathrm{m^3/s}$)；$H$ 为扬程(m)；$\rho$ 为密度($\mathrm{kg/m^3}$)；$\eta$ 为使用工况点泵的总效率(%)，$\eta=\eta_p\eta_b$；$\eta_p$ 为泵本身的效率(%)；$\eta_b$ 为调速机构的效率(%)。

扬程和流量的关系如图 2-87 所示，横坐标表示流量 $Q$，用百分值(%)表示，100%表示额定流量，纵坐标表示扬程(全扬程)$H$，也用百分值(%)表示，100%表示额定扬程。图中，标有“100%速度”的曲线是泵的转速为额定转速时的扬程-流量特性。“管路阻力曲线”是调节阀完全打开即开度最大时的负荷曲线，两条曲线的交点($C$ 点)即工作点，对应于流量为额定流量(100%)，扬程为额定扬程(100%)。

若要求流量 $Q$ 为 50%，采用节流调节则必须将调节阀的开度减小即增大调节阀的流阻，这时，新的负荷曲线为“管路阻力+节流阻力曲线”，工作点是 $A$ 点。与 $Q$ 为 100%的情况相比较，由于增加了节流阻力，增加的损失扬程为 $AD$ 线段。可见，采用节流调节方式时，流量越小，扬程损失(即能量损失)越大，这就是节流调节的缺点。

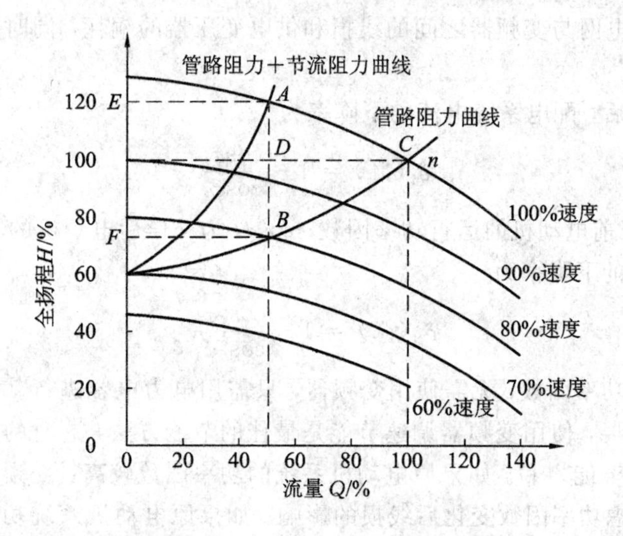


图 2-87　离心泵的扬程-流量特性

若采用变频调节方式，不使用调节阀，负荷特性为图 2-86 中的“管路阻力曲线”。通过调节泵的转速，当转速为 80%时，工作点为 $B$ 点，流量 $Q$ 为 50%，但扬程比节流调节方式少了 $AB$ 线段。轴功率的面积比采用挡板调节时显著减少，两者之差是节省的轴功率，即为图 2-86 中矩形 $ABFE$ 的面积。可见，泵类设备采用变速方式调节流量，节能效果十分显著。

**2. 功率因素的提高**

有功功率是保持用电设备正常运行所需的电功率，也就是将电能转换为其他形式能量(机械能、光能、热能)的电功率。用电度表计量检测实际的节能量时，电度表测量的就是电动机系统消耗的有功功率。无功功率是用于电路内电场与磁场的交换，并用来在电气设备中建立和维持磁场的电功率，它不对外作功，而是转变为其他形式的能量。凡是有电磁线圈的电气设备，要建立磁场，就要消耗无功功率。无功功率不但增加线损和设备的发热，更主要的是功率因数的降低导致电网有功功率的降低，大量的无功电能消耗在线路当中，设备使用效率低下，浪费严重。

三相正弦电路中，有功功率 $N$ 的计算式为

$$N=\sqrt{3}UI\cos\varphi \tag{2-119}$$

式中，$U$ 为电源电压；$I$ 为电源电流；$\cos\varphi$ 为功率因数。

功率因数是由电压 $U$ 与电流 $I$ 之间的相位角决定的。要降低无功功率、增加有功功率，必须使功率因数 $\cos\varphi$ 增加。$\cos\varphi$ 越大，有功功率越大。普通水泵电机为异步电机，在启动时，存在一定的转差率 $s$，转差大时，无功功率大，功率因数低。普通水泵电机在正常工作情况下的功率因数为 0.6～0.7，使用变频调速后，由于变频器内部滤波电容的作用，以及变频器改变输出频率，控制异步电机转差在额定转差范围内，保证电机的运行功率因数提高，使功率因数 $\cos\varphi$ 增加，从而减少了无功损耗，增加了电网的有功功率。若原电动机系统的功率因数较低，在使用变频器后以 50 Hz 频率恒速运行，这时功率因数有所提高。功率因数提高后，电动机的运行状态并没有改变，电动机消耗的有功功率和无功功率也没有改变。变频器中的滤波电容与电动机进行无功能量交换，因此变频器实际输入电流

减小，从而减小了电网与变频器之间的线损和供电变压器的铜耗，同时减小了无功电流上串电网。

提高功率因数后，配电系统电流的下降率为

$$\delta_1(\%)=1-\frac{\cos\varphi_1}{\cos\varphi_2} \tag{2-120}$$

式中，$\cos\varphi_1$ 为补偿前电动机的运行功率因数；$\cos\varphi_2$ 为补偿后电动机的功率因数。

配电系统功耗的下降率为

$$\delta_N(\%)=1-\frac{\cos^2\varphi_1}{\cos^2\varphi_2} \tag{2-121}$$

如果单纯提高功率因数，无需使用变频器，只需用电力电容进行就地补偿，但若还要满足工艺调速的需要，使用变频器调速节能是最佳的节能方法，这时的节能量应是线路上的能耗与变频调速节能之和。如果原电动机系统的功率因数较高，变频器投入后功率因数变化不大，可不考虑功率因数变化后线损的影响。如果原电动机系统功率因数很低，使用变频器后补偿功率因数带来的节能是不能忽视的。

## 2.12.3　变频器恒压供水系统的应用

目前，国内在泵控制系统中使用变频调速技术，大部分是人为地根据工艺或外界条件的变化来改变变频器的频率值，以达到调速的目的。系统主要由四部分组成：控制对象、变频调速器、流量或压力测量变送器、控制电路及调节器(PID)。

恒压供水系统如图 2-88 所示。该系统主要由变频器、PLC 控制器、远传压力表、压力调节器、电控设备以及 3 台水泵等构成。各泵的运行顺序为 1 号→2 号→3 号。系统还有一个控制柜，上面有电源电压、电流显示、变频器频率显示、各泵运行方式显示、电机故障等各种故障显示灯，以及自动、变频自启动及手动运行方式显示等。

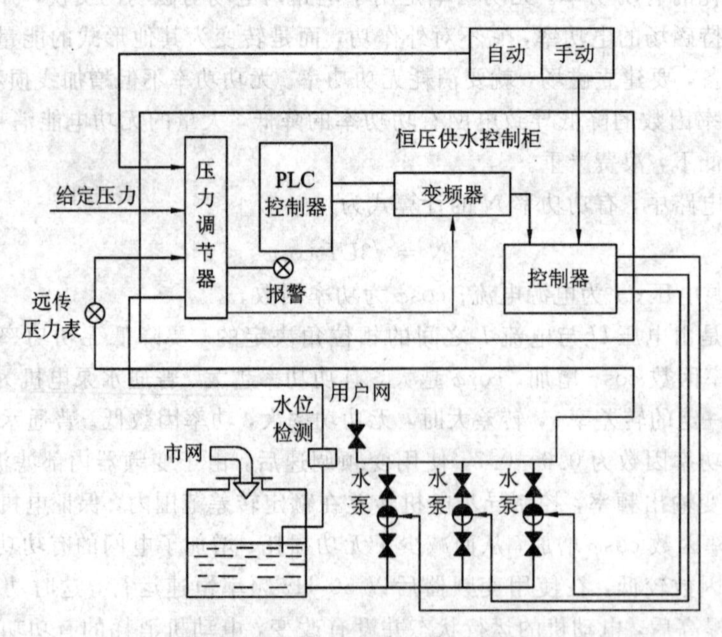


图 2-88　恒压供水系统示意图

系统的控制过程为：由压力测量变送器测出水管出口压力，并转换成与之相对应的4～20 mA标准电信号，送到压力调节器与工艺所需的控制指标进行比较，得出偏差；其偏差值由压力调节器按预先规定的调节规律进行运算得出调节信号，该信号直接送到变频调速器，从而使变频器将输入为380 V/50 Hz的交流电变成输出为(0～380)V/(0～50)Hz连续可调电压与频率的交流电，直接供给水泵电机。

恒压供水系统中具有以下几个典型的功能。

**1. 自动切换变频/工频运行功能**

变频器提供三种不同的工作方式供用户选择。

**方式0**：基本工作方式。变频器始终固定驱动一台泵并实时根据其输出频率控制其他辅助泵启停。当变频器的输出频率达到最大频率时，启动一台辅助泵工频运行；当变频器的输出频率达到最小频率时，停止最后启动的辅助泵，由此控制增减工频运行泵的台数。

**方式1**：交替方式。变频器通常固定驱动某台泵，并实时根据其输出频率，使辅助泵工频运行。此方式与方式0的不同之处在于若前一次泵启动的顺序是1号泵→2号泵，当变频器输出停止时，下一次启动顺序变为2号泵→1号泵。

**方式2**：直接方式。当启动信号输入时变频器启动第一台泵，当该泵达到最高频率时，变频器将该泵切换到工频运行，变频器启动下一台泵变频运行。相反，当泵停止条件成立时，先停止最先启动的泵。

**2. PID的调节功能**

由压力传感器反馈的水压信号(4～20 mA或0～5 V)直接送入PLC的A/D口(可以通过手持编程器)，设定给定压力值、PID参数值，并通过PLC计算何时需切换泵的操作完成系统控制。系统参数可在实际运行中进行调整，使系统控制响应趋于完整。

**3. “休眠”功能**

系统运行时经常会遇到用户用水量较小或不用水(如夜晚)的情况，为了节能，该系统专门设置了可以使水泵暂停工作的“休眠”功能。当变频器频率输出低于其下限时，变频器停止工作，2号、3号泵不工作，水泵停止(处于休眠状态)。当水压继续升高时将停止1号泵，当水压下降到一定值时将先启动变频器运转2号泵或3号泵，当频率到达一定值后将启动1号泵调节2号或3号泵的转速。

“休眠值”变频器输出的下限频率用参数PR507来设置，休眠确认时间用参数PR506来设置。当变频器的输出频率低于休眠值的时间$t_d$，即$t_d < t_n$时，变频器继续工作；当$t_d > t_n$时，变频器将进入休眠状态。

“唤醒值”由供水压力下限启动，当供水压力低于下限值时，由PLC发出指令唤醒变频器工作。

经测试“休眠值”为10 Hz，“休眠确认时间”$t_d$为20 s；“唤醒值”为70%。

该系统具有计算机的通信功能。PLC变频器均提供有RS232或485接口。PLC可选用西门子的S7-200计算机，与一套或多套系统进行通信。利用计算机同时可以监测电流、电压、频率、转速、压力等，也可以控制变频器的各类参数。

此外，该系统还具有手动/自动操作，故障报警，运行状态、电流、电压、频率状态显示及缺水保护等功能。

## ◇本章小结◇

(1) 叶片泵是利用工作叶轮的旋转运动来输送液体的。离心泵是利用离心力来输送液体的，它由叶轮和螺壳(或导叶)两个主要零件组成：叶轮是把泵轴上的机械能转变为液体能(压能和动能)，而螺壳(或导叶)则是把液体能中的动能转变为压能，并起导流作用。轴流泵是利用叶轮旋转时叶片对液体产生的推力来工作的。

(2) 叶轮是叶片泵的核心。利用叶轮进、出口速度三角形和动量矩定理，可得出叶片泵的基本能量方程式，即理论压头公式：

$$H_{\text{th}\infty}=\frac{1}{g}(u_2 v_{2\text{u}\infty}-u_1 v_{1\text{u}\infty})$$

或

$$H_{\text{th}\infty}=\frac{v_{2\infty}^2-v_{1\infty}^2}{2g}+\frac{u_{2\infty}^2-u_{1\infty}^2}{2g}+\frac{w_{1\infty}^2-w_{1\infty}^2}{2g}=H_{\text{dt}\infty}+H_{\text{st}\infty}$$

上述公式表明了叶片泵压头的产生原因及其组成，是对叶片式流体机械工作特性进行理论分析的基础。

(3) 叶片泵的特性曲线是在泵轴转速一定时，泵压头 $H$、轴功率 $N$ 和效率 $\eta$ 随流量 $Q$ 变化的三条曲线。在泵轴不同转速时，叶片泵特性曲线的综合称为叶片泵的通用特性曲线。

(4) 根据叶片泵的相似理论(几何相似、运动相似、动力相似)，可推导出叶片泵压头、流量、轴功率和扭矩的四个相似公式：

$$\frac{Q}{Q_{\text{m}}}=\lambda^3\frac{n}{n_{\text{m}}};\quad \frac{H}{H_{\text{m}}}=\lambda^2\frac{n^2}{n_{\text{m}}^2};\quad \frac{N}{N_{\text{m}}}=\lambda^5\frac{n^3}{n_{\text{m}}^3};\quad \frac{M}{M_{\text{m}}}=\lambda^5\frac{\gamma}{\gamma_{\text{m}}}\frac{n^2}{n_{\text{m}}^2}$$

利用上述相似公式，可得出叶片泵的重要相似特征数——比转数。

$$n_{\text{s}}=\frac{3.65n\sqrt{Q}}{H^{3/4}}$$

所有几何相似的泵在相似工况时，比转数 $n_{\text{s}}$ 都相同。一般叶片泵的 $n_{\text{s}}$ 是指最优工况条件下的比转数。比转数 $n_{\text{s}}$ 对于指导叶片泵的设计、制造、选择和使用都起着重要的作用。

(5) 在使用叶片泵时，需根据叶片泵的允许吸上真空度 $[H_{\text{s}}]$ 或允许汽蚀余量 $[\Delta h_{\text{a}}]$ 来确定或核算泵的安装高度，以避免泵内产生汽蚀现象；还应采取有效措施来改善叶片泵的吸入性能。

(6) 叶片泵的 $Q-H$ 特性曲线和管线特性曲线 $Q-\sum h$ 的交点是叶片泵装置的工作点，泵装置必在此点工作。根据泵装置的实际需要，采用适当的方法可以改变泵的工作点位置，从而对叶片泵的流量进行调节。常用的调节方法有：节流调节、分流调节、变径调节、变速调节、变角调节、改变运行泵台数调节法等。

(7) 泵联合工作可以分为并联和串联两种形式。并联是指两台或两台以上的泵向同一压力管路输送液体的工作方式，管路的流量为各泵流量之和。因管路损失的存在，对于非对称布置的管路，采用寻找管路交汇点处扬程相等的方法重新画出各泵的 $Q-H$ 曲线后，再用叠加法画出其联合工作的 $Q-H$ 曲线。串联是指前一台泵的出口向后一台泵的入口输送液体的工作方式，两台泵串联工作时总扬程等于两台泵在相同流量时的扬程之和。应用时要注意各串并联泵的性能最好接近。

# 复习思考题

2-1 离心泵由哪些基本零件所组成？离心泵是如何实现液体输送的？

2-2 试述离心式水泵减漏环的作用及常见类型。

2-3 离心泵为什么必须设置轴向力平衡装置？轴向力平衡装置的种类有哪些？

2-4 单级单吸式离心泵可采用开平衡孔的方法消除轴向推力，试述其作用原理及优缺点。

2-5 为什么离心泵的叶轮大都采用后弯式（$\beta_{2k}<90°$）叶片？

2-6 离心泵在开泵前为什么要灌水？

2-7 轴流泵中的导叶起什么作用？没有它，轴流泵工作会出现什么状况？

2-8 什么是离心泵的无冲击工况？为什么流量大于或小于最优流量都会在泵内造成冲击损失？试用叶轮进口速度三角形说明。

2-9 离心泵输油和输水时的理论压头和压力是否相同？为什么？

2-10 为什么离心泵特性曲线中的 $Q-\eta$ 曲线有一个最高效率点？效率曲线对使用有何指导意义？

2-11 影响离心泵性能的能量损失有哪几种？造成这些损失的原因是什么？证明泵的效率等于各部分效率的乘积。

2-12 为什么一般情况下离心式水泵要闭阀启动而轴流式水泵要开阀启动？

2-13 当离心泵运行中关闭闸阀时，离心泵的出水量为零，为什么还有功率？为什么在 $Q=0$ 时，轴流泵的功率大于离心泵的功率？

2-14 试简述相似公式与比转速的含义和用途，并指出两者的区别。

2-15 离心泵需要在哪些地方进行密封？怎样进行密封？

2-16 什么是汽蚀？离心泵为什么会产生汽蚀？

2-17 叶片泵相似的定义是什么？三个相似之间有何联系？

2-18 一台叶片泵的转速 $n$ 增加到 $n_1$，若 $n_1=1.2n$，这时叶片泵的流量、扬程、轴功率各是原来的几倍？

2-19 同一台叶片泵在运行中转速由 $n_1$ 变为 $n_2$，试问其比转数 $n_s$ 值是否发生变化？为什么？

2-20 什么是叶片泵的工作点？它与设计点有何区别？叶片泵装置的工作点随哪些因素而改变？

2-21 叶片泵并联工作的目的是什么？试说明并联工作时，各泵的 $Q$、$H$、$[H_s]$ 与各泵单独工作时的 $Q$、$H$、$[H_s]$ 有什么变化。在确定水泵安装高度时，应采用何时的 $[H_S]$ 值？

2-22 轴流泵为何不宜采用节流调节？它常采用什么方法调节工况点。

2-23 某离心泵原配 970 r/min、3 kW 的电动机带动工作，现电动机损坏了，另有 1450 r/min、4.5 kW 的电动机，试问能否代用？如代用又会出现什么问题？

2-24　试求 $n=1450$ r/min 的离心泵所产生的实际压头。设叶轮外径 $D_2=300$ mm，水力效率 $\eta_h=0.85$，考虑叶片有限影响系数 $K=0.84$，水流沿径向进入叶片流道，出口处流速 $v_2=20$ m/min，并且水流与轮缘切线的夹角 $\alpha_2=15°$。

2-25　已知 4BA-8 型离心泵在最高效率下的排量为 $Q=25$ L/s，压头 $H=54.5$ m，转速 $n=2900$ r/min，试求泵的比转速。

2-26　油田修井车间有一台规格不明的单级离心泵，希望我们预算它的特性参数。经过测量，得出叶轮外径 $D_2=270$ mm，$D_1=100$ mm，叶片进口角和出口角 $\beta_{1k}=\beta_{2k}=30°$，叶片宽度 $b_1=27$ mm，$b_2=10$ mm，断面收缩系数 $\varphi_1=\varphi_2=0.9$，叶片数目 $Z=8$，如果由转速为 1450 r/min 的电机带动工作。

(1) 试作出叶轮进口和出口的速度三角形。

(2) 试求无冲击进入叶轮的额定流量。

(3) 求此离心泵的理论压头 $H_{t\infty}$。

2-27　离心泵输水量 $Q=75$ m$^3$/h，在排除管上的压力表读数 $p_d=1680$ kPa，吸入管上真空表读数 $p_v=19.6$ kPa，压力表与真空表接点间的垂直距离 $Z=0.3$ m，电力表上的电动机输入功率读数为 54 kW，设电机的效率 $\eta=0.95$，试求水泵所产生的压头、轴功率和效率。

2-28　某一单吸单级离心泵，额定流量 $Q=45$ m$^3$/h，额定扬程 $H=33.5$ m，试求其比转速 $n_s$。如换成性能不变的双吸泵，则比转速应为多少？若该泵设计为 8 级泵，则比转速又为多少？

2-29　4DA-8X3 型离心泵在额定工况时，$H=48$ m，$Q=54$ m$^3$/h，$D_2=232$ mm，泵的效率 $\eta=63.5\%$。现场将扬程降为 43 m，问应将叶轮切削多少？泵的效率降为多少？

2-30　12Sh-19A 型离心水泵，流量 $Q=220$ L/s 时，在水泵样本中查得允许吸上真空高度[$H_s$]=4.5 m，装置吸水管的直径 $D=300$ mm，吸水管总水头损失 $\sum h_s=1.0$ m，当地海拔高度为 1000 m，水温为 40℃时，试计算最大安装高度[$H_{ss}$](海拔 1000 m 时的大气压 $H_a=9.2$ mH$_2$O，水温 40℃时的汽化压强 $h_v=0.75$ mH$_2$O)。

2-31　如图 2-89 所示，两台同型号水泵对称并联运行，若吸水管路水头损失可忽略不计，其单台水泵特性曲线 $(Q-H)_{1,2}$ 及压水管路特性曲线 $H=H_{st}+SQ^2$，如图 2-84 所示。试图解定性说明水泵装置并联工况点的工作过程(要求写出图解的主要步骤和依据)。

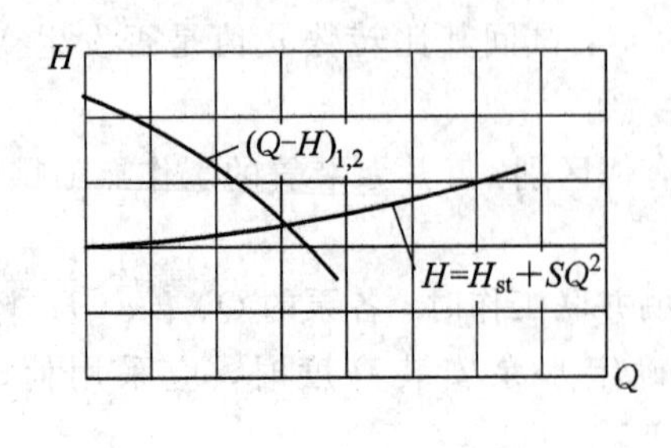


图 2-89

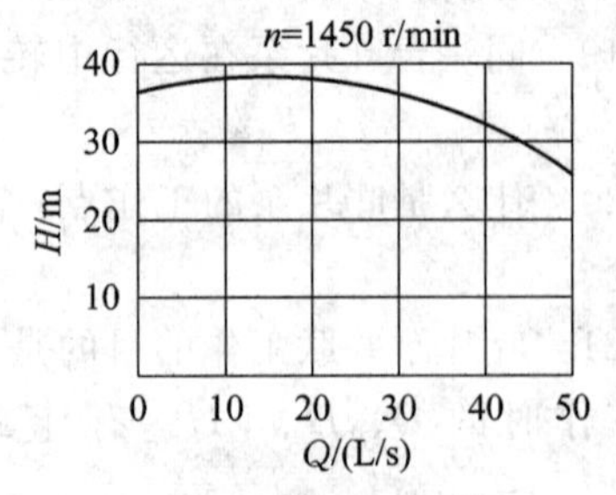


图 2-90　水泵的性能曲线

2-32　水泵在 $n=1450$ r/min 时的性能曲线如图 2-90 所示，问转速为多少时水泵供给管路中的流量为 $Q=30$ L/s？已知管路特性曲线方程 $H=10+8000Q^2$（式中 $Q$ 的单位

为 $m^3/s$)。

2-33 某水泵性能曲线如下表所示:

| $Q$/(L/s) | 0 | 1 | 2 | 3 | 4 | 5 | 6 | 7 | 8 | 9 | 10 | 11 |
|---|---|---|---|---|---|---|---|---|---|---|---|---|
| 压头 $H$/m | 33.8 | 34.7 | 35 | 34.6 | 33.4 | 31.7 | 29.8 | 27.4 | 24.8 | 21.8 | 18.5 | 15 |
| 效率 $\eta$/% | 0 | 27.5 | 43 | 52.5 | 58.5 | 62.4 | 64.5 | 65 | 64.5 | 63 | 59 | 53 |

管路特性曲线方程为 $H=20+0.078Q^2$(式中 $Q$ 的单位为 L/s),试求:

(1) 工作点流量及水泵轴功率为多少?

(2) 若系统所需最大流量 $Q=6$ L/s,水泵工作轮直径 $D_2=162$ mm,今采用切割叶轮的方法提高水泵工作的经济性,则切削后叶轮的直径为多大?

(3) 比较节流调节和切割叶轮两者哪种较经济(即能节约水泵多少轴功率)。计算中不考虑叶轮对水泵效率的影响。

2-34 有两台性能相同的水泵,性能曲线见图 2-91,并联在管路上工作,管路特性曲线方程式为 $H=0.65Q^2$(式中 $Q$ 的单位为 $m^3/s$)。问当一台水泵停止工作时,管路中的流量减少多少?

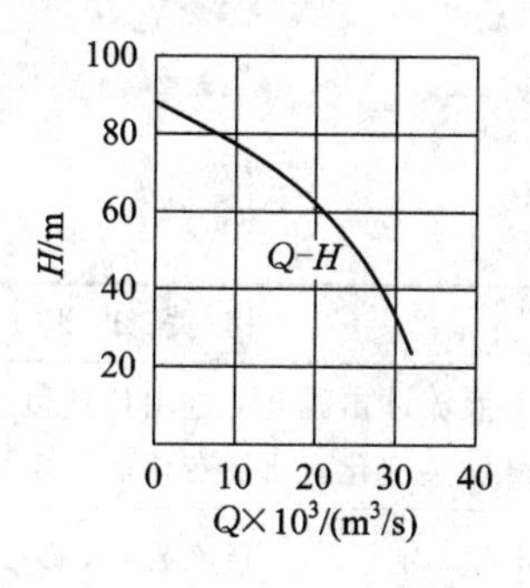


图 2-91 水泵性能曲线

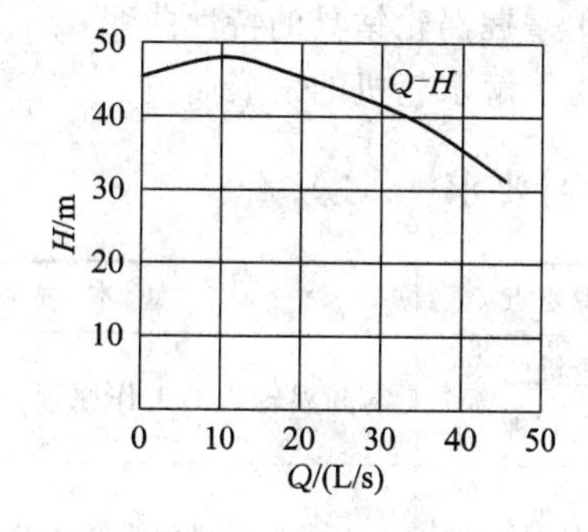


图 2-92 水泵的性能曲线

2-35 $n_1=950$ r/min 时的水泵性能曲线如图 2-92 所示,试问当水泵转速减少到 $n_2=750$ r/min 时,管路中的流量减少多少?管路特性曲线方程为 $H=10+17500Q^2$(式中 $Q$ 的单位为 $m^3/s$)。

2-36 某供水管网系统,已知泵站吸水井最低水位到管网中最不利点地形高差为 2 m,管网要求服务水头为 16 m。最高用水量 $Q_{max}=836$ L/s,假设用水量最大时泵站内的水头损失为 2 m,输出管水头损失为 1.5 m,配水管网水头损失为 10.3 m,且知该供水系统平均时用水量为 416 L/s,试进行选泵设计。

# 第3章 涡 轮 机

## 一、学习目标

本章以石油钻井工程上使用的涡轮钻具为代表，对涡轮机的工作原理、运动动力、效率和工作特性进行了分析和计算。此外，还介绍了涡轮机的另外一种应用，以及水轮机的原理及发展史。通过本章的学习，应达到以下目标：

(1) 掌握涡轮机的工作原理；

(2) 掌握涡轮钻具的基本构造；

(3) 掌握涡轮内液体的运动规律；

(4) 掌握涡轮内的能量转化规律——涡轮的基本方程式；

(5) 掌握涡轮钻具的特性曲线；

(6) 了解水轮机的发展简史。

## 二、学习要求

| 知识要点 | 基 本 要 求 | 相 关 知 识 |
|---|---|---|
| 涡轮机的工作原理 | 掌握涡轮机的工作原理 | 液流冲击漏斗，进出口速度大小和方向发生变化，动量变化而产生力矩 |
| 涡轮钻具的基本构造 | (1) 掌握单级涡轮机的构造；<br>(2) 掌握多级涡轮钻具的构造 | (1) 定子——导流装置，改变液流流向，转子——工作轮，能量转换元件；<br>(2) 多个单级涡轮串联，提高转矩 |
| 涡轮的基本方程式 | (1) 掌握涡轮中液体的流动情况；<br>(2) 掌握定子、转子进、出口速度三角形的分析；<br>(3) 掌握基本方程式的推导 | (1) 单元理论法；<br>(2) 相对速度进入转子，绝对速度进入定子；<br>(3) 转子进出口圆周速度相等 |
| 涡轮钻具的特性曲线 | (1) 掌握理论特性曲线的推导；<br>(2) 掌握实测特性曲线的意义 | (1) 涡轮钻具的理论特性曲线；<br>(2) 扭矩、效率、功率与转速的变化 |
| 水轮机的基本概念 | (1) 了解水轮机的工作原理；<br>(2) 了解水轮机的发展过程 | (1) 水力发电站；<br>(2) 冲击式、反冲击式 |

## 三、基本概念

涡轮机、涡轮钻具、多级涡轮钻具、单级涡轮机的构造、多级和复式涡轮钻具构造、涡轮机的基本方程式、涡轮机的特性曲线、水轮机发电、涡轮发电等。

# 3.1 涡轮机概述

我们已经知道，水泵可以有“涡轮机工况”，说明涡轮机和水泵的工作机理本质上都是叶轮机械在不同工况下的两种不同功—能转换形式而已，它们可以用相同的基本方程式加以数学描述。涡轮机技术在石油钻井工程、井下动力发电、水力发电等行业已经得到了广泛应用。

涡轮机主要由定子和转子组成，它的作用是把液体能变为主轴上的机械能。涡轮机的工作原理如图3-1所示，其中的漏斗可以绕 $O_1O_2$ 轴旋转。当液体从上部注入、由下部喷出时，液体在喷出口的速度、方向和大小都将与进口处不同。显然，液流速度、方向和大小的变化，是由于漏斗对液体施以作用力造成的。按作用与反作用原理，漏斗也必定同时承受与此力大小相等、方向相反的力 $F$ 的作用，使之沿箭头所示的方向旋转。如果把许多漏斗沿圆周放置，并连接成一个整体，就构成了涡轮。它的转动就可以带动轴 $O_1O_2$ 旋转并作机械功。

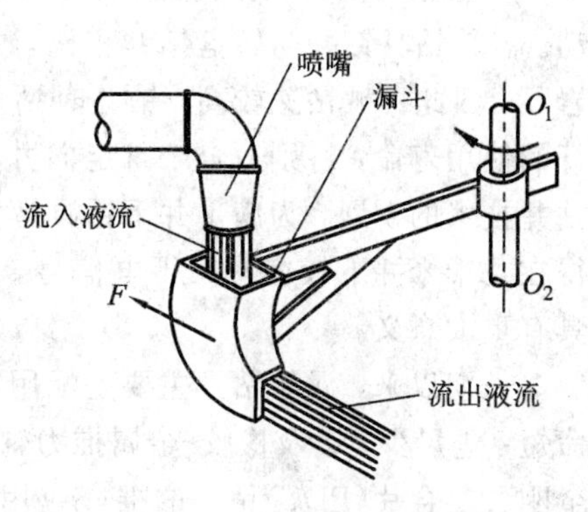


图3-1 涡轮的工作原理

图3-2是双级涡轮机用以提升重物的工作示意图。通过增加涡轮的级数，可以提高涡轮机的功率，增大扭矩。为了使上一级流出的液体在进入下一级工作轮前就具有一定的方向和动能，必须在工作轮前装一个固定不转的导流装置(定子)，它的作用是把液体的部分压能转化为动能，并把液体引导到一定的方向。而工作轮(或转子)的作用则是把液体能转化为机械能。

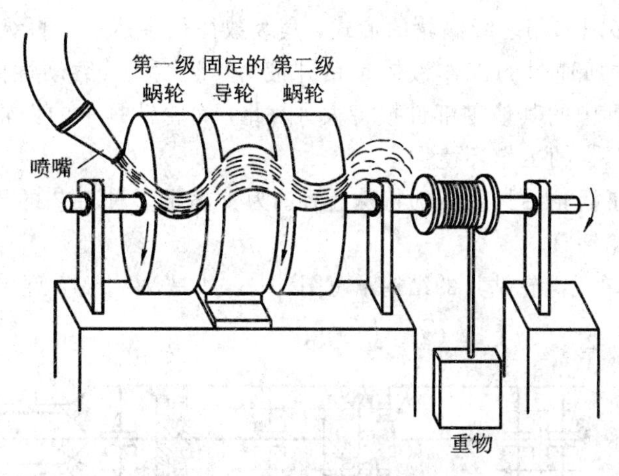


图3-2 双级水涡轮工作示意图

涡轮机的理论广泛应用在各行各业中。如图1-25所示是石油钻井工程中使用的由许多级涡轮组成的涡轮钻具装置，钻井循环液驱动涡轮钻具工作，涡轮钻具带动破碎岩石的钻头旋转钻进，并用从钻头流出钻井循环液将破碎的岩屑带到地面上，实现钻井作业。本章以石油钻机上使用的涡轮钻具为主线，介绍涡轮机的应用，作为知识扩充，介绍水轮机的原理及发展趋势。

## 3.2 涡轮钻具的典型结构

### 3.2.1 涡轮钻具概述

涡轮钻具是一种结构比较特殊的井下动力钻具，它由钻井泵打出的高压钻井液来驱动。涡轮钻具钻井与转盘钻井相比，主要优点是：将能量集中在井底驱动钻头旋转以破碎岩石，因此机械钻速较高；钻井时钻杆不转动，减少了钻杆的磨损和断裂事故，延长了钻杆的使用寿命，特别适合于打定向井、丛式井以及进行修井、侧钻等特殊作业。随着现代钻井技术的发展，为满足井下钻具智能寻向打井技术要求，在钻具上安装涡轮发电机，使得在几千米井下较容易获得电信号，对智能采集井下数据、确定钻井方向、找准油气层，具有重大意义。

长期以来，涡轮钻具主要是配用牙轮钻头打井，存在着涡轮钻具转速高，牙轮钻头寿命短、进尺少，以及橡胶-金属推力轴承工作寿命不长等缺点。但随着高转速、低钻压聚晶金刚石复合片(PDC)钻头的推广应用，随钻测量技术的普及，以及各种新型结构的出现，涡轮钻具在石油、天然气钻井工程中将会发挥越来越大的作用。

### 3.2.2 涡轮钻具的结构

涡轮钻具中的涡轮与地面涡轮相比，最主要的特点是：

(1) 地面涡轮机的外廓尺寸不受限制，可以根据涡轮机功率的大小而定，因而一般都做成单级的形式，即只具有一个导流装置和一个工作轮。涡轮钻具涡轮机的外廓尺寸则受到井径的严格限制，所能通过的液体流量(即钻井泵的流量)也不大。要使涡轮钻具轴上产生较大的功率，就必须采用多级涡轮的形式，其级数往往多达一二百级以上。

(2) 涡轮钻具中所通过的工作液体是钻井液，其黏度大，磨砺性固体颗粒含量较高，对于涡轮及涡轮钻具中的其他零部件损害大，因此，涡轮钻具中的涡轮和其他零部件结构都必须能适应这种恶劣的工作环境。

上述特点决定了涡轮钻具发展的特殊途径。为了满足多种工艺的要求，目前国内外发展了不同类型的涡轮钻具。

图 3-3 所示为单式涡轮钻具的结构示意图，图 3-4 是 W2-215 型单式涡轮钻具结构图。

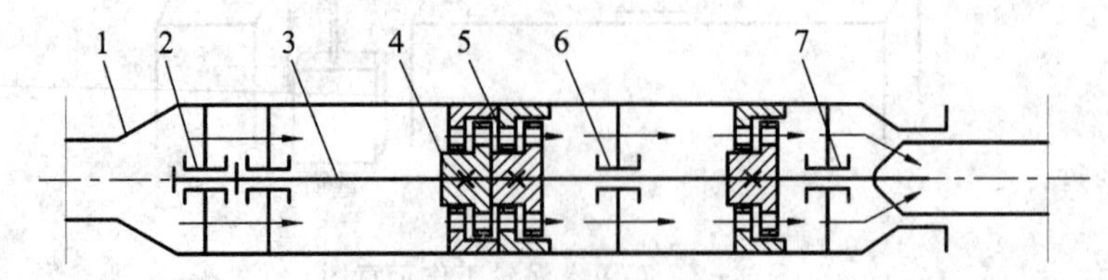


1—外壳；2—止推轴承；3—主轴；4—涡轮转子；5—涡轮定子；6—中轴承；7—下部轴承

图 3-3 单式涡轮钻具结构示意图

由示意图和结构图可见，在一个长达 8～9 m 的筒形外壳里，从上到下都装满了涡轮，总计有一百多级。每级由一个定子和一个转子组成，如图 3-5 所示。所有转子用转子螺母

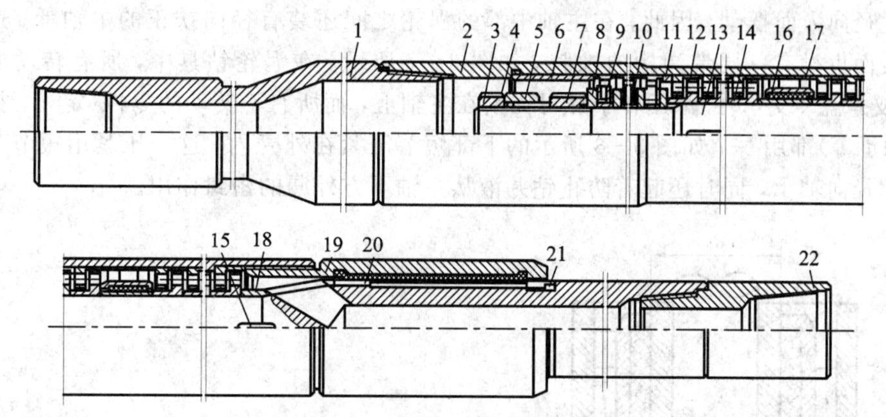


1—大小头；2—外壳；3—防松螺母；4—锁紧垫圈；5—帽罩；6—支撑套筒；7—转子螺母；8—支承盘；9—支承环；10—止推轴承；11—调节环；12—定子；13—主轴；14—转子；15—销；16—中轴承套；17—中轴承；18—止推套筒；19—下部短节；20—下部轴承套；21—键；22—轴接头

图 3-4　WZ-215 型单式涡轮钻具结构图

固紧在一根很长的主轴上，而定子都被压紧在固定不动的外壳内。转子和定子是相互间隔组装在一起的。

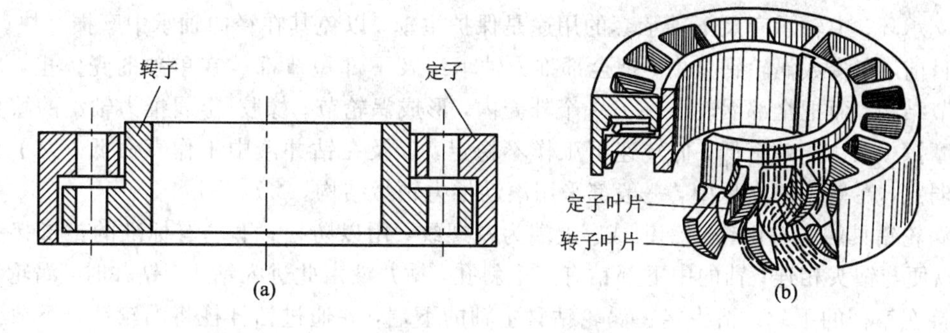


图 3-5　涡轮的转子和定子

(a) 结构简图；(b) 涡轮的轴测图

涡轮钻具的涡轮大多是铸钢的，上面带有许多弯曲的薄叶片。一般定子和转子的叶片形状相同，但它们的弯曲方向相反。

旋转的转子与固定的定子之间应保持一定的轴向间隙。为了支承主轴上所受到的轴向载荷，在涡轮的上部装有推力轴承组。它由与主轴一起转动的一组支承盘和支承环，以及位于各承盘之间固定在壳体上的一组推力轴承所组成，如图 3-6 所示。推力轴承的表面和内缘都衬有橡胶，内缘的橡胶支承面起径向扶正作用。为了减轻这种橡胶-金属推力轴承上的载荷及磨损，WZ-215 涡轮钻具中一共装有 12 套结构相同的轴承。

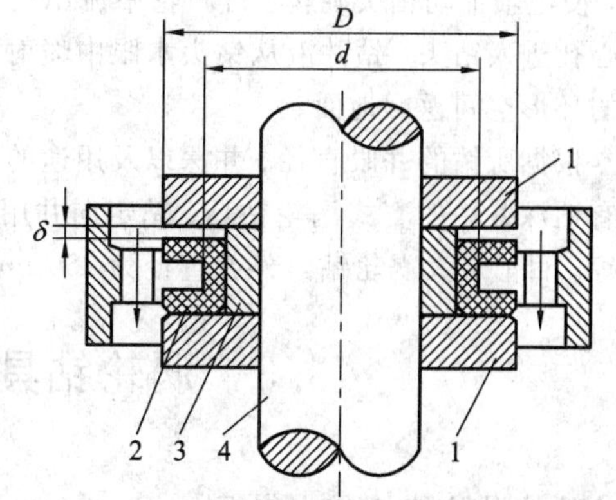


1—支承盘；2—推力轴承；3—支撑环；4—主轴

图 3-6　涡轮钻具止推轴承

涡轮钻具的主轴细而长，在高速旋转时容

易因产生径向力而摆动，因此，在主轴中部的涡轮之间还装有径向扶正的中轴承。这种轴承的内表面也衬有一层带沟槽的橡胶，如图 3-7 所示。在涡轮钻具中，所有转动的零件(转子、支承盘、支承环)都用转子螺母固紧在主轴上，而所有不转动的零件(定子、推力轴承、中轴承等)都用一个如图 3-8 所示的下部短节压紧在外壳内。这个压紧用短节又是主轴的下部径向轴承，同时还起着防止钻井液从主轴下方外漏的密封作用。

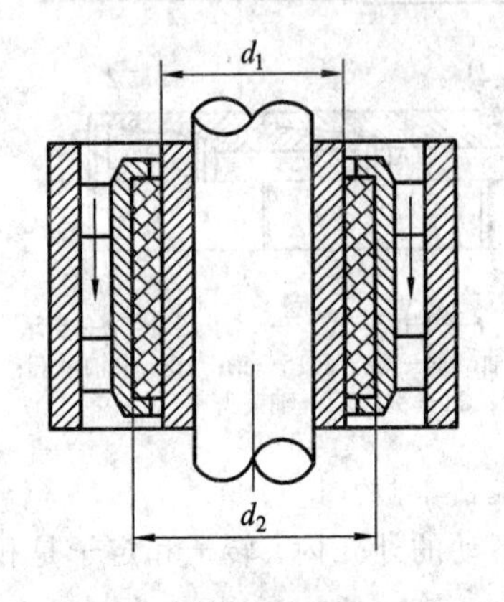


图 3-7 涡轮钻具的中部轴承

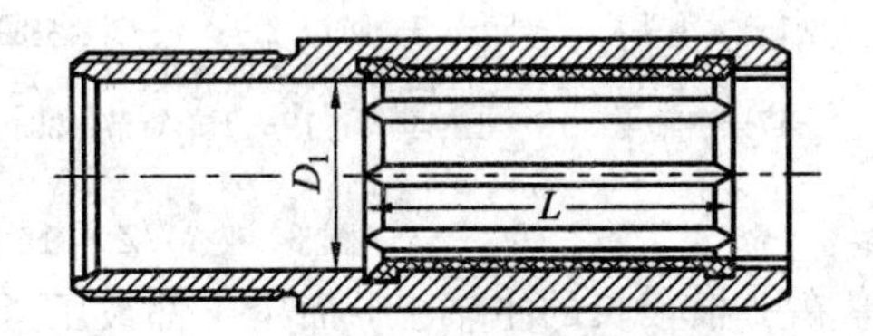


图 3-8 涡轮钻具下部短节

支承环、中轴承套及下轴承套的用途是保护主轴，以免其在径向轴承中磨损过快。

目前，在多数涡轮钻具中，把全部推力轴承组及下部短节都放在单独的壳体里，形成支承节结构，而把全部涡轮装在另一个外壳内，形成涡轮节。橡胶-金属推力轴承的缺点是机械摩擦损失大，效率低，低转速下工作不稳定，以及在钻井液中工作寿命低。为了克服这些弱点，在单独的支承中，一般都采用滚动推力轴承结构。

涡轮钻具的主轴由铬钼钢锻成。上端为左螺纹，用以防松；下端有标准的锥形接头螺纹，以便与钻头相连；轴的中下部钻有三个斜孔，钻井液由此进入钻头。钻井时，涡轮钻具外壳接在钻杆的下端，钻头接在涡轮钻具主轴的下端，并通过钻杆柱将涡轮钻具下放到井底。钻井泵打出的高压钻井液，从钻杆中心进入涡轮钻具后，先经过止推轴承再进入涡轮。在涡轮中，钻井液先从第一级涡轮的定子流入第一级涡轮的转子，再从转子进入第二级涡轮的定子，依次从上至下经过各级涡轮，把部分液体能(主要是压能)变成涡轮轴上的机械能，使主轴带动钻头旋转。自涡轮中流出的钻井液，经主轴下方的斜孔流入中心孔，再从中心孔进入钻头，钻井液从钻头水眼中喷射出来以后，就冲洗井底，携带井底岩屑沿钻杆外的环形空间返回地面。

根据所钻的井眼直径、井深以及用途的不同，涡轮钻具有各种类型和不同的尺寸。例如有钻深井用的复式涡轮钻具、钻定向井用的短涡轮钻具，以及用作取岩心的取心涡轮钻具等。目前最大涡轮钻具外壳直径为 250 mm，最小直径为 100 mm。

## 3.3 涡轮钻具的基本工作理论

### 3.3.1 涡轮内液体的运动

涡轮内能量的转换过程，是通过涡轮内液体速度的变化，即动量矩的变化实现的。因此，了解涡轮内液体的运动，是研究涡轮工作理论的基础。现以涡轮钻具的轴流涡轮为基础进行研究。

通过涡轮的液体，是在直径为 $D_1$ 和 $D_2$ 的两个同轴圆柱面间运动，见图 3－9。它可以看作是无数圆柱层液体的合成运动。图示的轴流涡轮中，每个圆柱的液体离旋转中心的距离不同，它的运动速度与涡轮叶片的作用也不相同。为简化研究，选一个直径为 $D$ 的圆柱层作为计算直径，在此直径上液流的运动相当于所有圆柱层液流的平均运动。按此直径上的液流平均速度计算出涡轮的性能参数，与考虑各圆柱层液流的特点后的涡轮性能参数相同。这种以某个单元液流运动来代替整个液流的研究方法，称为单元理论法，它在叶片式流体机械中的应用很广。

一般来说，满足上述条件计算的直径，并不等于涡轮流道内外径的代数平均值，但计算证明，其误差不超过 2%，因而就取平均直径 $D$ 作为计算直径：

$$D=\frac{D_1+D_2}{2}$$

用一直径为 $D$ 的圆柱面为截面，通过涡轮的平均直径将截面拉直展开成平面，就可将涡轮叶片的断面表示出来，液流绕平均直径为 $D$ 的圆柱面流动，就变为平面运动，如图 3－10 所示。

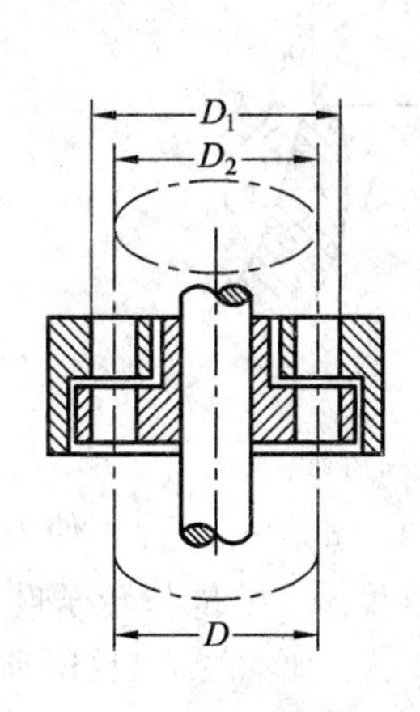

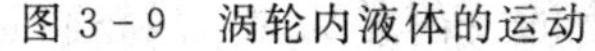

图 3－9　涡轮内液体的运动

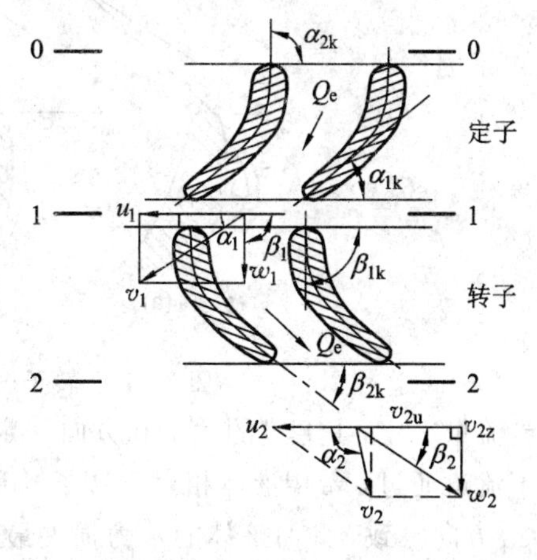


图 3－10　转子入口及出口处的速度三角形

这样，空间的流动就简化为平面流动。为研究方便，速度符号、水力角均与叶片泵一致，即

$v$——绝对速度；　　　$u$——圆周速度；

$w$——相对速度；　　　$\beta$——$w$ 与 $u$ 反方向的夹角；

$\alpha$——$u$ 与 $v$ 的夹角；　$k$——结构。

液流经过固定不转的定子时，定子叶片迫使液体沿着它的流道方向运动。在定子出口及转子入口处液体的绝对速度为 $v_1$（见图 3－10），$v_1$ 的方向应与定子叶片的出口角相切，即 $\alpha_1=\alpha_{1k}$，其速度大小则取决于液体流量的大小。当流经定子的流量为一定时，$v_1$ 的大小和方向就是定值，$v_1$ 在轴向方向的分速度 $v_{1z}$ 为

$$v_{1z}=v_1\sin\alpha_1=\frac{Q_e}{A_1} \tag{3-1}$$

式中，$Q_e$ 为通过定子流道的实际流量(或称有效流量)；$A_1$ 为垂直于轴向速度的定子流道的有效断面积。

$$A_1 = \pi Db\varphi \tag{3-2}$$

式中，$D$ 为流道的平均直径；$b$ 为叶片径向长度或流道宽度；$\varphi$ 为考虑叶片厚度影响的断面积缩小系数，一般为 0.9。

液体以速度 $v_1$ 进入旋转着的转子流道，转子以 $u_1 = \frac{\pi Dn}{60}$ 的圆周速度运动，则此时液体相对于转子叶片的相对速度 $w_1$ 为

$$\vec{w}_1 = \vec{v}_1 - \vec{u}_1$$

由 $\vec{v}_1$、$\vec{u}_1$ 和 $\vec{w}_1$ 组成涡轮转子进口处的速度三角形。涡轮钻具工作时，涡轮转子的圆周速度 $\vec{u}_1$ 的方向一定，但大小是不断变化的。当 $\vec{w}_1$ 的方向正好与转子叶片入口结构角一致时，即 $\beta_1 = \beta_{1k}$ 时，涡轮的水力损失最小，这时只有沿程阻力损失，而不存在液流对转子叶片的冲击损失，称该工况为无冲击工况。当涡轮钻具主轴上的载荷增大或减小时，则圆周速度降低或增加，使相对速度的大小和方向发生变化。在这种情况下，$\beta_1 \neq \beta_{1k}$，液流在转子入口处将产生冲击，如图 3-11 所示。

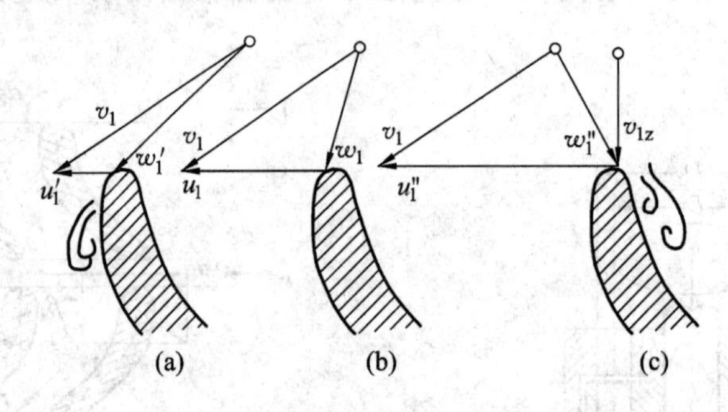


图 3-11　转子进口处的三种速度三角形

当流量一定，速度 $\vec{v}$ 的大小和方向一定，即 $v_{1z} = Q_e/A_1$，$\alpha_1 = \alpha_{1k}$，为了使液流能平滑地从转子流道通过，希望液体相对于转子叶片运动的相对速度 $w_1$ 尽量与转子叶片的进口结构角 $\beta_{1k}$ 方向一致，此时液体的水力损失最小，称无冲击工况，如图 3-11(b)所示。此时的圆周速度称为无冲击圆周速度，以 $u_{1w}$ 表示。当涡轮轴上的负荷增加时，涡轮转速降低，圆周速度降为 $u_1'$，相对速度为 $w_1'$，显然液体将与转子叶片正面发生冲击，在叶片进口的背面产生旋涡，使水力损失增加，如图 3-11(a)所示。当涡轮轴上的负荷减小时，圆周速度将增大为 $u_1''$，相应地使相对速度变为 $w_1''$，显然.此时液体将与叶片背面发生冲击，在叶片进口的前面产生漩涡，使水力损失增加，如图 3-11(c)所示。

从上面讨论，可归纳出以下几点：

(1) 速度 $\vec{v}_1$ 的方向取决于定子叶片的出口结构角，大小取决于流量，在一定流量下，$\vec{v}_1$ 是不变的。

(2) 圆周速度 $\vec{u}_1$ 或转子的转速 $n$，取决于涡轮钻具下的钻头在井底遇到阻力的大小，它与岩性、钻压大小有关，通常是不断变化的。

(3) 相对速度 $\vec{w}_1$ 等于 $\vec{v}_1$ 与 $\vec{u}_1$ 的矢量差。当 $\vec{v}_1$ 为定值时，$\vec{w}_1$ 随圆周速度 $\vec{u}_1$ 变化，因此，$\vec{w}_1$ 与 $\vec{u}_1$ 的夹角 $\beta_1$ 是变化的。

(4) 当$\vec{w}_1$的方向正好与转子进口处叶片的结构角相切，即$\beta_1=\beta_{1k}$时，称为无冲击工况，此时涡轮的水力损失最小。

涡轮转子进口处无冲击工况时的速度三角形可按下列步骤求得，如图3-12(a)所示。

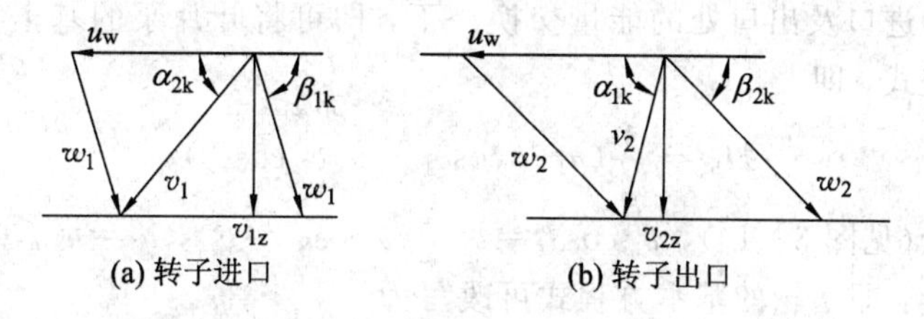


图3-12 无冲击工况时的速度三角形

首先以$v_{1z}=Q_e/A_1$，作出$v_1$的轴向分速度，量出定子出口处的叶片结构角$\alpha_{2k}$及转子进口处的叶片结构角$\beta_{1k}$；以$v_{1z}$为高，利用$\alpha_{2k}$和$\beta_{1k}$作出三角形，这样就可求得$\vec{v}_1$、$\vec{w}_1$和$\vec{u}_{1w}$。其中$\vec{u}_w$为无冲击工况下转子的圆周速度。以$\vec{u}_w$可求出无冲击工况下涡轮的无冲击转速，即

$$n_w=\frac{60u_w}{\pi D} \tag{3-3}$$

也可写成

$$n_w=\frac{60}{\pi D}v_{1z}(\cot\alpha_{2k}+\cot\beta_{1k})=\frac{60Q_e}{\pi DA_1}(\cot\alpha_{2k}+\cot\beta_{1k}) \tag{3-4}$$

由此可见，对一定结构的涡轮，$D$、$A_1$、$\alpha_{1z}$及$\beta_{1k}$均为常数，其无冲击条件的转速$n_w$与流量$Q_e$成正比。在一定流量下，涡轮只能有一个无冲击转速。在实际钻井时，涡轮钻具的转速随负荷(即钻压)大小而变，只有在一定的钻压时，才能使涡轮钻具在无冲击工况下工作。

以上讨论了转子进口处的速度三角形。转子出口处，液体质点除了具有和叶片相切方向的相对速度$\vec{w}_2$外，还具有圆周速度$\vec{u}_2$，其绝对速度$\vec{v}_2$是$\vec{w}_2$和$\vec{u}_2$的矢量和，如图3-10所示，即

$$\vec{v}_2=\vec{u}_2+\vec{w}_2$$

对于轴流涡轮，由于转子进出口的半径相同，所以$u_1=u_2=\omega R$。式中的$\omega$为涡轮轴的角速度，$R$为流道平均半径。

转子出口处的速度三角形求法与进口处类似，如图3-12(b)所示。先量出转子出口处的结构角$\beta_{2k}$，并由$v_{2z}=Q_e/A_2$求出$v_2$的轴向分速度$v_{2z}$，其中$A_2$为垂直于轴向分速度的转子出口流道的有效断面积，它通常与定子流道断面积相等，即$A_1=A_2$。然后作出$u_2=u_1=u_w$，这样就可以作出$w_2$、$v_2$及$\alpha_2$角，得到转子出口处的速度三角形。

液流以绝对速度$v_2$进入下一级定子，此时对定子无冲击的条件必须是：$\alpha_2=\alpha_{1k}$；$\alpha_{1k}$为定子进口处叶片的结构角。这是涡轮无冲击工况的第二个条件。为使涡轮在某一转速$n_i$下同时满足定子和转子的无冲击条件，在设计涡轮的结构角时，应使转子和定子的进口无冲击工况处于同一转速。

### 3.3.2 涡轮内的能量转化规律——涡轮的基本方程式

涡轮钻具内能量的转化与叶片泵内能量的转化关系刚好相反，叶片泵是把动力机输到泵轴上的机械能，通过泵的叶轮转化成液体的液体能；而涡轮钻具则是将钻井泵输送来的钻井液的液体能，通过涡轮转化为涡轮轴上的机械能，带动钻头对外作机械功，破碎岩石。

因此，与叶片泵的基本方程式推导一样，只要了解了涡轮内液体的运动规律，利用第2章的液流动量矩原理就能推导出涡轮的基本方程。由于单位重量液体在涡轮进口处具有的能量比出口处高，两者之差就代表单位重量液体传给涡轮的能量(或压头)。

将液体在叶轮进口及出口处的能量交换一下，即可将叶片泵的基本方程式(2-18)改为涡轮的基本方程式，即

$$H_h = \frac{1}{g}(u_1 v_1 \cos\alpha_1 - u_2 v_2 \cos\alpha_2) \tag{3-5}$$

对于轴流涡轮(见图3-10)，$v_1 \cos\alpha_1 = v_{1u}$，$v_2 \cos\alpha_2 = v_{2u}$，$u_1 = u_2$，单位重量的液体传给涡轮的理论能量，即涡轮的基本方程式可改写为

$$H_h = \frac{1}{g}(u_1 v_{1u} - u_2 v_{2u}) = \frac{u}{g}(v_{1u} - v_{2u}) \tag{3-6}$$

把涡轮获得的机械能和液体传给涡轮的液体能联系起来，不考虑能量转化过程中的损失，从能量守恒可知

$$M_{th}\omega = Q_z H_h \gamma \tag{3-7}$$

涡轮从液体获得的理论转矩为

$$M_{th} = \frac{Q_z H_h \gamma}{\omega} = \frac{Q_z \gamma u}{\omega g}(v_{1u} - v_{2u})$$

考虑到 $u=\omega R$，则涡轮的理论转矩为

$$M_{th} = \frac{Q_z \gamma}{g} R(v_{1u} - v_{2u}) \tag{3-8}$$

式中，$R$ 为涡轮的计算半径，$R=\frac{D}{2}=\frac{D_1+D_2}{4}$。

涡轮从液体获得的理论功率(即液体消耗的总功率)为

$$N_h = M_{th}\omega = \frac{Q_z \gamma}{g} u(v_{1u} - v_{2u}) \tag{3-9}$$

式(3-6)、式(3-8)、式(3-9)中的 $v_{1u}$ 和 $v_{2u}$ 分别表示涡轮进口与出口处的绝对速度 $v_1$ 和 $v_2$ 在圆周速度 $u$ 方向的分速度。在上述各式讨论中没有考虑能量转化过程中的损失，且都是根据涡轮讨论的。如果液体的能量很大，则可连续地通过多级结构相同的涡轮作功，使涡轮钻具主轴产生更大的转矩和功率。当通过每级涡轮的工作液体流量相等时，多级涡轮的转速与单级涡轮的转速应该是相同的。由于各级中液体的流动条件相同，液体的压力降也应该相等，所以各级所产生的转矩和功率也是相等的。

多级涡轮的压头、转矩和功率可分别由下列公式表示：

$$\left.\begin{aligned} H_h &= j\frac{u}{g}(v_{1u} - v_{2u}) \\ M_t &= j\frac{Q_z \gamma}{g} R(v_{1u} - v_{2u}) \\ N_h &= j\frac{Q_z \gamma}{g} u(v_{1u} - v_{2u}) \end{aligned}\right\} \tag{3-10}$$

式中，$j$ 为涡轮的级数。

### 3.3.3 涡轮钻具的功率损失与效率

上面讨论的 $H_h$、$M_{th}$、$N_h$ 都是涡轮内液体与涡轮之间的能量转化关系，这种转化直接

发生在液体与涡轮叶片之间。涡轮从液体获得的转矩、功率显然不等于涡轮钻具主轴上所能输出的有效转矩和功率。与其他流体机械一样，在涡轮的工作过程中，涡轮钻具也存在三类损失：水力损失、容积损失和机械损失。

**1. 水力损失**

涡轮内的水力损失 $h_h$ 可分为冲击损失 $h_{ch}$、摩擦损失 $h_m$ 两类，即

$$h_h = h_{ch} + h_m \tag{3-11}$$

冲击损失是指进入叶轮的液流方向与叶片结构角不一致时，液流与叶片进口端发生冲击引起的能量损失。当涡轮在无冲击转速 $n_w$ 下工作时，这项损失接近于零。当涡轮的工作转速大于或小于无冲击转速 $n_w$ 时，冲击损失都按抛物线规律增大，如图 3-13 所示。

摩擦损失取决于叶片结构、表面粗糙度和液体黏度等因素。为了减少摩擦损失，应设计合理的叶片断面形状，降低叶片表面粗糙度。摩擦损失的大小与液体在流道中的速度大小有关，当流量不变时，流道中的流速变化不大，此时，摩擦损失可视为常数，不随涡轮的转速而变，如图 3-13 中的水平线所示。

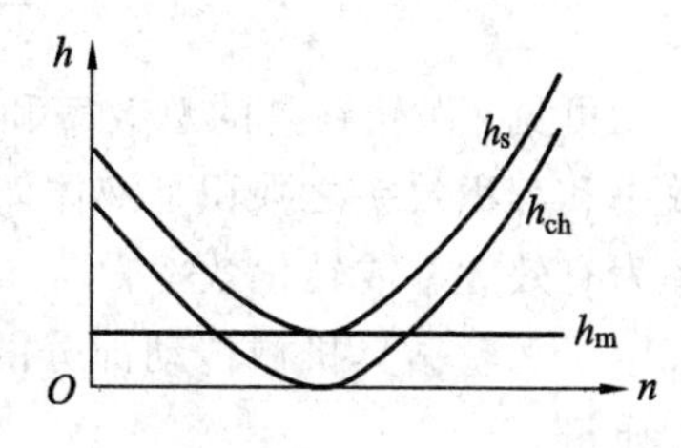

图 3-13 涡轮内的水力损失

摩擦损失的数值一般很小，而冲击损失在远离无冲击工况时往往达到很大数值，因而 $h_{ch}$ 是涡轮水力损失中的主要组成部分。

上述两类损失同时产生在涡轮的定子和转子中。由于水力损失的存在，单位重量的液体在涡轮中消耗的能量或消耗压头应等于传给涡轮的有效压头和水力损失之和，即

$$H_h = H_e + h_h \tag{3-12}$$

涡轮钻具的水力效率是有效压头和消耗压头之比，即

$$\eta_h = \frac{H_e}{H_h} = \frac{H_e}{H_e + h_h} \tag{3-13}$$

**2. 容积效率**

如图 3-14 所示，高压液体通过涡轮的总流量 $Q_z$，大部分进入涡轮流道作功，这部分流量称为有效流量，以 $Q_e$ 表示。另一小部分流量 $\Delta Q$ 穿过定子和转子的径向间隙而漏失，不参加能量转换，因此，总流量 $Q_z$ 是有效流量 $Q_e$ 与漏失流量 $\Delta Q$ 之和，即

$$Q_z = Q_e + \Delta Q \tag{3-14}$$

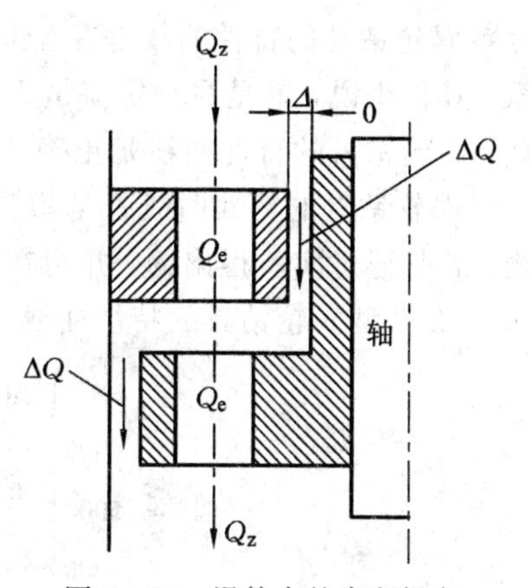

图 3-14 涡轮中的容积损失

涡轮钻具的容积效率为有效流量与总流量之比，即

$$\eta_V = \frac{Q_e}{Q_z} = \frac{Q_e}{Q_e + \Delta Q} \tag{3-15}$$

现有涡轮钻具的容积效率一般为 0.9 左右。

**3. 机械损失**

涡轮钻具必须通过主轴才能带动钻头破碎岩石，而主轴又装在止推轴承、中部轴承和上下轴承上，同时还有密封高压液体的密封装置。因此，主轴在旋转时要克服轴承和密封

装置的摩擦而耗费一定功率。另外，转子在旋转时与液体之间也要发生摩擦而耗费一定功率。这样，涡轮轴上的实际输出功率 $N$ 比涡轮从液体获得的有效功率 $N_e$ 要少一个机械损失功率。涡轮钻具的机械效率为输出功率 $N$ 与有效功率 $N_e$ 之比，即

$$\eta_M = \frac{N}{N_e} = \frac{N}{N + \Delta N_M} \tag{3-16}$$

涡轮钻具的输入功率，即液体所消耗的功率 $N_h$ 为

$$N_h = Q_z H_h \gamma = \Delta p Q_z \tag{3-17}$$

式中，$\Delta p$——高压液体通过涡轮后的压力降。

涡轮钻具的总效率应是输出功率与输入功率之比，即

$$\eta = \frac{N}{N_h} = \frac{N_c N_e}{N_e N_h} = \eta_M \frac{Q_e H_e \gamma}{Q_z H_h \gamma} = \eta_M \eta_V \eta_h \tag{3-18}$$

可见，涡轮钻具的总效率和其他水力机械一样，等于这三种效率的乘积。其中，水力效率和容积效率之乘积是液体能在涡轮内转化为机械能时的效率，即 $N_e/N_h$，称这部分效率为有效效率或转化效率，以 $\eta_e$ 表示。它表示了涡轮本身结构的完善程度。而机械效率则表示了涡轮钻具机械传动部分的完善程度，它主要取决于轴承、密封装置等处的结构和装配质量。

### 3.3.4 涡轮钻具的特性曲线

前面我们对涡轮钻具的转矩、压头和功率的基本方程式及涡轮钻具内部的损失进行了讨论，从理论上知道了涡轮钻具内部能量转换和能量损失的内在规律。涡轮钻具的特性曲线，就是上述内部规律的外部体现。

涡轮钻具的特性曲线是在坐标图上用曲线来表示的涡轮钻具主要技术参数之间的关系。具体来说，就是在一定流量下，涡轮的转速与涡轮的压头、转矩和功率之间的关系曲线。涡轮钻具的特性曲线是正确选择与合理使用涡轮钻具的重要依据。

涡轮钻具的特性曲线若是根据涡轮钻具的基本方程计算出来的，则称为理论特性曲线；若是通过实验得出的，并附在产品说明书中，则称为实际特性曲线。图 3-15 所示为 WZ-255 型涡轮钻具的特性曲线。

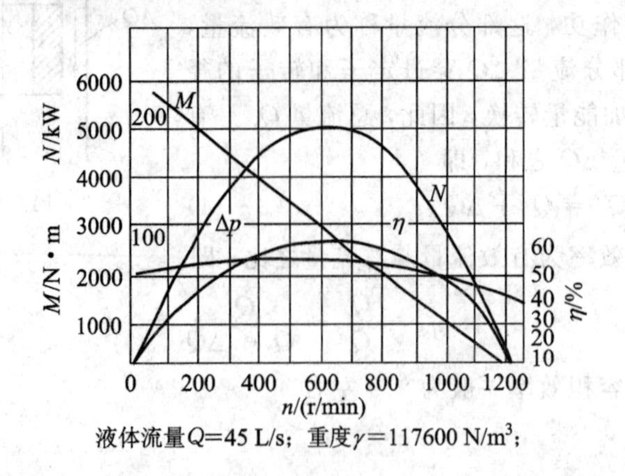


图 3-15 WZZ-255 涡轮钻具的特性曲线

$n-M$ 曲线是涡轮钻具最主要的特性曲线，它表示涡轮钻具主轴转速随转矩(即外载)而变化的规律，近似于一条斜直线。涡轮的转矩越大，则转速越低。当涡轮钻具主轴上没有负荷时，转速达到最大值，此时涡轮为空转工况。当涡轮钻具主轴上负荷增大时，涡轮转速则降低；当负荷增大到一定值时，涡轮主轴被制动不转，即 $M$ 为最大时，$n=0$，此时称为制动工况。

$n-N$、$n-\eta$ 曲线表示涡轮主轴输出功率及效率随转速变化的规律。两条曲线均为抛物线。当 $n=0$ 或 $n=n_{max}$时，$N$ 或 $\eta$ 都为零。抛物线顶点为涡轮主轴输出功率和效率的最大值，以 $N_{max}$和 $\eta_{max}$表示。$N=N_{max}$，$\eta=\eta_{max}$时所对应的涡轮轴转速为最优工况转速，以 $n_y$ 表示。$n_y$ 一般为空转工况时最大转速 $n_{max}$的一半。显然，使用涡轮钻具时尽可能在这个条件下工作。

$n-\Delta p$ 曲线表示涡轮钻具内液体的压力降与转速的关系。因为液体在涡轮中的压力降 $\Delta p=H_h\gamma$，可以把压力降缩小一比例 $\gamma$(重度 $\gamma$ 为一常数)，所以该曲线就可转变为液体消耗压头或理论压头与转速的关系曲线。由图可见，$\Delta p$ 或 $H_h$ 基本上不随转速的变化而变化。

从特性曲线可见，涡轮钻具主轴转速的变化直接影响涡轮钻具主要技术参数的变化，而涡轮主轴上的转速又取决于主轴上负荷的大小。负荷增加时，涡轮转速自动下降。在钻井过程中，当钻头尚未接触井底时，涡轮钻具处于空转工况，此时的转速为 $n_{max}$。当钻头接触井底而破碎岩石时，涡轮钻具主轴上遇到岩石的阻抗力矩，转速自动降低。钻头上施加钻压越大，岩石对钻头旋转的阻抗力矩也越大，主轴的转速就越低。当钻压增加到一定值时，涡轮钻具就被制动，达到制动工况。为提高钻进时的机械钻速，希望涡轮钻具的输出功率最大、效率最高。为此，应合理控制钻压，以使涡轮钻具在相应于最大功率、最高效率的转速下工作。由于涡轮钻具处于井底，它的工作情况不易掌握，只能根据经验通过指重表、机械进尺、钻柱振动和声音等情况来判断。近年来国内外出现了先进的多参数钻井仪，特别是涡轮转速计，能在地面测得井下涡轮的转速，这就可以准确地控制涡轮钻具在井下的工作。调节钻压使井下涡轮钻具处于最优工况下工作。

在钻井过程中，随着井深增加，泵压会愈来愈高，这时必须更换缸套，以减小流量。实践和理论都证明，当钻井泵流量减小时，流量的改变对涡轮钻具工作特性的影响是很显著的。泵的流量变化时，涡轮钻具的转速、转矩、功率和效率以及压力降等参数的变化规律可由实验得出，也可由叶片式流体机械的相似理论推导得出。

涡轮的相似与叶片泵相似相同，也要求满足几何、运动和动力相似。其相似公式如下：

$$\left.\begin{aligned}&\frac{H_h}{H_{h.md}}=\lambda^2\left(\frac{n}{n_{md}}\right)^2 \text{或} \frac{H_h}{n^2D^2}=\frac{H_{h.md}}{(n_{md})^2(D_{md})^2}=\text{const}\\&\frac{Q}{Q_{md}}=\lambda^3\left(\frac{n}{n_{md}}\right)\text{或}\frac{Q}{nD^3}=\frac{Q_{md}}{n_{md}(D_{md})^3}=\text{const}\\&\frac{N_e}{N_{e.md}}=\lambda^5\left(\frac{n}{n_{md}}\right)^3\frac{\gamma}{\gamma_{md}}\text{或}\frac{N_e}{n^3D^5\gamma}=\frac{N_{e.md}}{(n_{md})^3(D_{md})^5\gamma_{md}}=\text{const}\end{aligned}\right\}\tag{3-19}$$

式中，$H_h$、$H_{h.md}$分别为两相似涡轮中的消耗压头；$Q$、$Q_{md}$分别为两相似涡轮中通过的流量；$N_e$、$N_{e.md}$分别为两相似涡轮中产生的有效功率；$\lambda$ 为两相似涡轮的尺寸比值。

$$\lambda=\frac{D}{D_{md}}$$

考虑到涡轮轴上产生的有效转矩为$M_e=\dfrac{N_e}{2\pi n}$及液体通过涡轮时的压力降为$\Delta p=H_h\gamma$，由此补充写出涡轮转矩及压力降的相似公式，即

$$\left.\begin{aligned}\frac{M_e}{M_{e.md}}&=\lambda^5\left(\frac{n}{n_{md}}\right)^2\frac{\gamma}{\gamma_{md}}\text{或}\frac{M_e}{n^2D^5\gamma}=\frac{M_{e.md}}{(n_{md})^2(D_{md})^5\gamma_{md}}=\text{const}\\\frac{\Delta p}{\Delta p_{md}}&=\lambda^2\left(\frac{n}{n_{md}}\right)^2\frac{\gamma}{\gamma_{md}}\text{或}\frac{H_h}{n^2D^2\gamma}=\frac{H_{h.md}}{(n_{md})^2(D_{md})^2\gamma_{md}}=\text{const}\end{aligned}\right\}\tag{3-20}$$

对于同一涡轮钻具，$D$是一常数，尺寸比例系数$\lambda=1$，而同一液体的重度不变，$\gamma=\gamma_{md}$，所以，式(3-19)、式(3-20)可简化为

$$\left.\begin{aligned}\frac{Q}{Q_{md}}&=\frac{n}{n_{md}}\\\frac{\Delta p}{\Delta p_{md}}&=\frac{H_h}{H_{h.md}}=\left(\frac{n}{n_{md}}\right)^2=\left(\frac{Q}{Q_{md}}\right)^2\\\frac{M_e}{M_{e.md}}&=\left(\frac{n}{n_{md}}\right)^2=\left(\frac{Q}{Q_{md}}\right)^2\\\frac{N_e}{N_{e.md}}&=\left(\frac{n}{n_{md}}\right)^3=\left(\frac{Q}{Q_{md}}\right)^3\end{aligned}\right\}\tag{3-21}$$

利用上述公式，可以把某一流量时的涡轮特性换算成另一流量时的特性，如图3-16所示。从公式可见，流量的变化对涡轮工作特性的影响是很显著的。由于相似公式都是在相似工况下取得的，如果用额定工况的特性参数换算，所得的另一流量时的特性参数仍然是额定工况的。

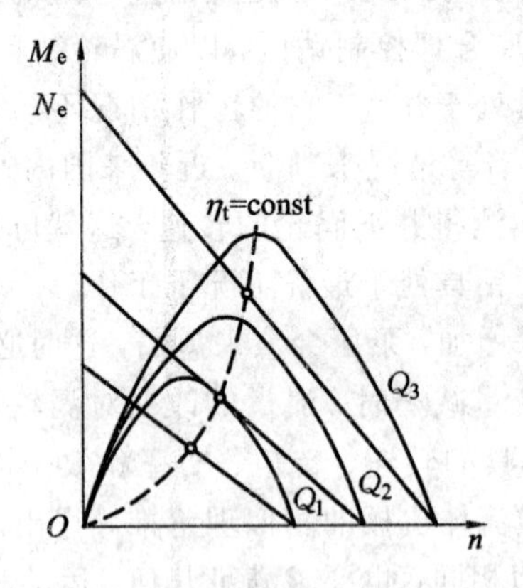


图3-16　不同流量时涡轮钻具的特性曲线

## 3.4　阅读资料——水轮机

### 3.4.1　水轮机工作原理

水力资源是清洁无污染、可永续利用、效益高、对生态环境影响最小的能源。我国水力资源十分丰富，根据国家发展和改革委员会于2005年11月发布的全国水力资源复查成果，我国大陆水力资源理论蕴藏量为$6.94\times10^9$ kW，年发电量为$6.08\times10^{13}$ kW·h(按

8750 h运行时间计)；技术可开发量为5.42×10^9 kW，相应年发电量为2.47×10^13 kW·h，居世界第一位。

自然界河流所蕴藏的水力资源(水流能量)的大小取决于流量和落差这两个要素。在天然状态下，河段落差是沿河分散的，流量是多变的，它们构成的能量在流动中消耗了。为把河流中蕴藏的水力资源加以利用，就必须采取一系列的技术措施。将分散的落差集中起来形成可资利用的水头，并对天然的流量加以控制和调节，就可以利用水流的能量发电。

水轮机是利用水能产生动力的机械。叶片式水轮机又称反击式水轮机，它的叶轮称为"转轮"。它是借助于通过转轮的水流对转轮的反作用力驱动的。进入反击式水轮机的水流基本方向都是由向心方向转向轴流方向的，并将水流能量转换成旋转机械能。图3-17所示是布置在水电站厂房中的水轮机发电机组的情况。水轮机的转轮通过主轴与发电机转子轴相连。电站上下游的水位差$H_z$称为水电站装置水头或"毛水头"。上游水面相对于下游水面的液体位能，以不大的损失转换成水轮机进口$A$点处的压力能和动能，并在水轮机中转换成转轮旋转的机械能，以一定的转矩和转速形式驱动发电机工作，发电机便将旋转的机械能转换成了电能，这就是水力发电的基本过程。

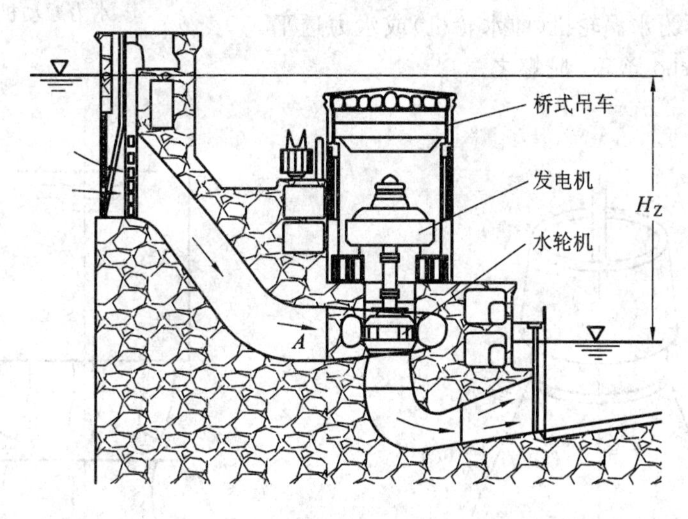


图3-17 水轮机在水电站厂中的布置

现代水轮机是直接利用在河流上通过筑坝，抬高上游水位，形成水库而积聚起来的上游水流的位能而工作的，它较之仅能依靠奔腾而至、能质较低的水流动能来推动作功的古代水车，具有高不可比的水力资源利用率。水轮机是当今原动机中效率最高、使用寿命最长的流体机械。

水轮机和水泵水轮机作为水电站的心脏，其运行情况的好坏决定了整个电站的经济效益，甚至关系到电力系统的稳定运行。

### 3.4.2 近代水轮机的发展简史

水轮机作为水力原动机有着悠久的历史，公元前几世纪时，中国、印度等就已利用水轮来带动水磨和水碾。但这些水轮都是利用水流的重力作用或借助水流对叶片的冲击而转动的，因此尺寸大、转速低、功率小、效率低。

1745年英国人巴克斯、1750年匈牙利人辛格聂尔分别提出了一种依靠水流反作用力工作的水力原动机(见图3-18)。这种机械转轮进口没有导向部分，转轮出口没有回收动能的装置，效率只有50%左右。

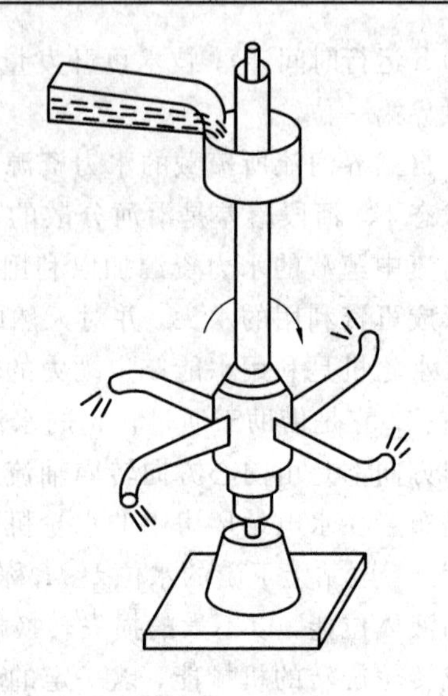

图3-18　巴克斯、辛格聂尔提出的水力原动机

1751～1755年，俄国彼得堡科学院院士欧拉分析了辛格聂尔水轮的工作过程，发表了著名的叶片式机械的能量平衡方程式(欧拉方程)，也就是沿用至今的水轮机基本方程式。欧拉提出的原动机(见图3-19)已经有了导向部分，但出口流速仍很大，效率仍不高。

1824年，法国学者勃尔金提出了一种水力原动机(见图3-20)，由导向部分和转轮组成，转轮叶道由弯板构成。因水流在叶道中做漩涡运动，第一次把水力原动机称为水涡轮机(即水轮机)或水力透平(来自拉丁文turbo译音，陀螺之意)。

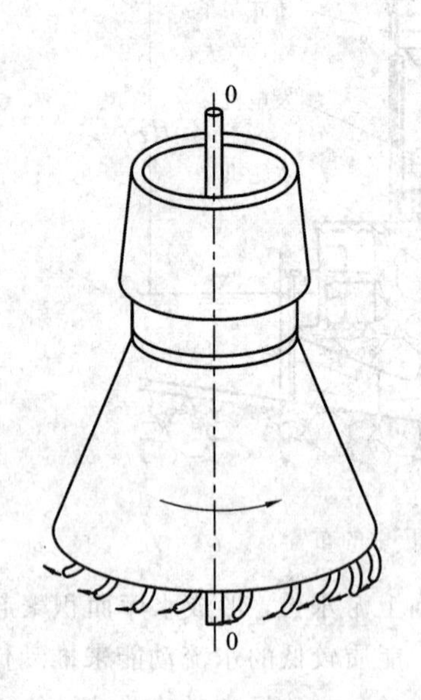


图3-19　欧拉原动机

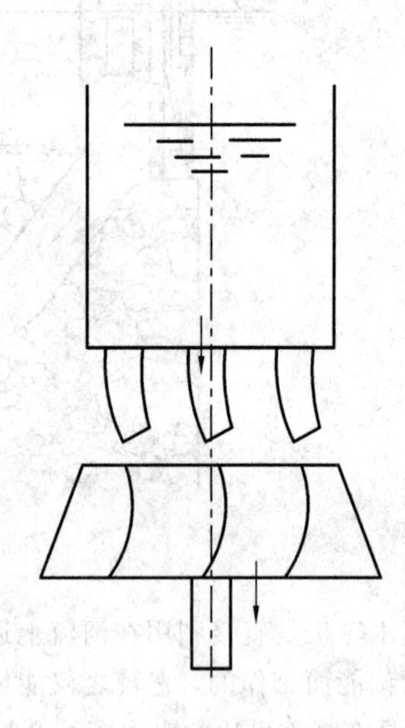

图3-20　勃尔金水轮机

1827～1834年，法国人富聂隆、俄国人萨富可夫分别提出了一种导叶不动的离心式水轮机(见图3-21)，效率可达70%，曾得到广泛应用。但它的导向机构在转轮内侧，故尺寸大且出口动能损失大。

1847～1849年，在美工作的英国工程师法兰西斯(Francis)提出了水流从外向内的向心式水轮机(见图3-22)，其导向机构置于转轮外围，因而尺寸小；同时，装有圆锥形尾水管，能利用转轮出口动能。该水轮机经过不断的改进、完善发展成为目前应用最广泛的混流式水轮机。

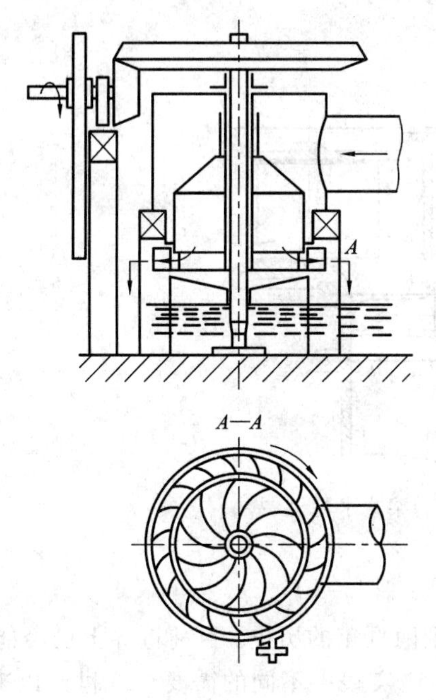


图 3-21　富聂隆、萨富可夫水轮机

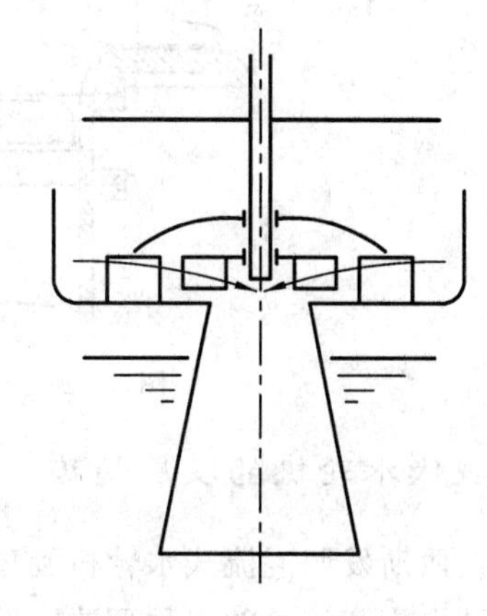

图 3-22　法兰西斯水轮机

1850年，施万克鲁提出的辐向单喷嘴冲击式水轮机、1851年希拉尔提出的辐向多喷嘴冲击式水轮机是最早出现的冲击式水轮机。1880年，美国人培尔顿(Pelton)提出了采用双曲面水斗的冲击式水轮机(见图3-23)，之后经过不断的改进、完善，形成了现代形式的水斗式水轮机。

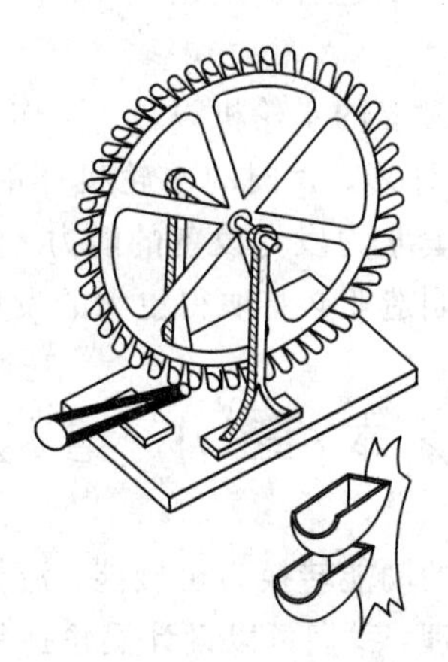

图 3-23　培尔顿提出的冲击式水轮机

1917年,匈牙利的班克提出了双击式水轮机。1921年，英国人仇戈提出了斜击式水轮机。

1912年，捷克的卡普兰(Kaplan)提出了一种转轮带有外轮环、叶片固定的定桨式水轮机。

1916年，卡普兰又提出一种取消外轮环、叶片可转动、可双重调节的转桨式水轮机(见图3-24)，后经过不断的完善，形成了现代的轴流转桨式水轮机。

20世纪50年代为开发低水头的水力资源，出现了贯流式水轮机。

1950年原苏联B. C克维亚特科夫斯基教授、1952年瑞士人德列阿兹(Deriaz)分别提出了斜流式水轮机。

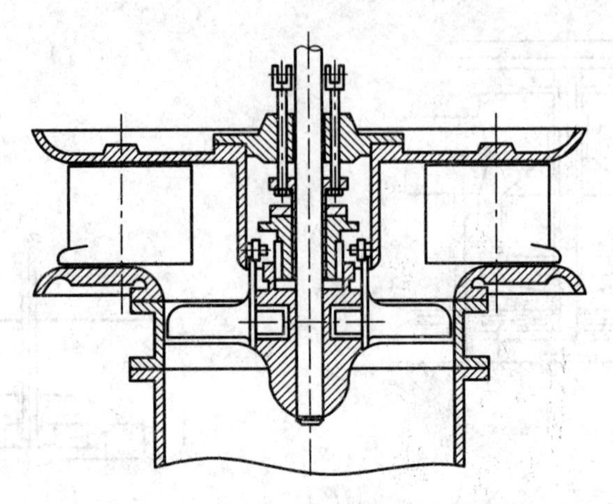

图 3-24　卡普兰提出的转桨式水轮机

### 3.4.3　现代水轮机的发展趋势

从法兰西斯发明混流式水轮机到现在仅有不到两百年的历史。目前世界上已经能生产适应于各种水头和流量的多种型式水轮机，满足生产实践中不同的需要。20 世纪以来，现代水轮机正在努力向高单机容量、高比转速、大水头范围的方向发展。新的工艺技术和材料的应用，将大大加强水轮机的水力性能。随着电力系统中火电容量的增加和核电的发展，为解决合理调峰问题，世界各国除在主要水系大力开发或扩建大型电站外，正在积极兴建抽水蓄能电站，水泵水轮机因而得到迅速发展。为了充分利用各种水力资源，潮汐、落差很低的平原河流甚至波浪等也引起普遍重视，从而使贯流式水轮机和其他小型机组迅速发展。

现在我国已经建立和完善了独立的水轮机设计、制作和实验研究体系，并有多个大中型水轮机制造厂完成国家的生产计划。我国的水轮机产品基本上可以满足水电建设的需要，并具备了向许多国家出口成套水力发电设备的能力。随着西部大开发浪潮和三峡工程的完工，中国水电事业和水轮机制造业必将取得更大的发展。

## ◇本 章 小 结◇

(1) 涡轮机的功用是将流体的动能转换为机械能，流体动能的来源有泵提供或水位水头转换的两种形式。根据这一原理，我们可以设计涡轮钻具、涡轮发电机、水轮发电机等。

(2) 涡轮钻具是用高压钻井液驱动的井下动力钻具，主要由多级涡轮等组成。每级涡轮由转子和定子组成：转子将液体的动能和压能转化为涡轮轴上的机械能输出，而定子则是将液体的压能转化为动能，起导流作用。

(3) 涡轮钻具的涡轮是轴流式的，通过分析转子和定子的进、出口速度三角形，根据动量矩定理，可以推导出涡轮的力矩、压头和功率计算公式。

(4) 涡轮钻具的特性曲线，是指流量 $Q$ 一定的条件下，涡轮轴的输出力矩 $M$、输出功率 $N$、效率 $\eta$ 和涡轮内压力降 $\Delta p$ 随涡轮轴转速 $n$ 而变化的曲线，其中主要的是 $M-n$ 曲线。涡轮钻具的特性曲线是涡轮钻具设计、选择和使用的重要依据。

(5) 水轮机是涡轮机原理应用的另外一种形式。

# 复习思考题

3-1 离心泵和涡轮钻具的基本方程式都是在研究液体的运动规律后，用动量原理推导出来的，但它们之间有何不同?

3-2 简述单级涡轮的构造、工作原理。

3-3 根据图3-15所示的涡轮钻具特性曲线，分析涡轮钻具是如何调节钻头的转速的?转速控制在何处，钻具的效率最高?怎样实现?

3-4 某型涡轮钻具涡轮的定子和转子断面如图3-25(a)所示，其涡轮叶片的叶栅图如图3-25(b)所示。图中的参数为 $D_1=200$ mm，$D_2=150$ mm，叶片数 $Z=27$，栅距 $t=20.5$ mm，考虑叶片厚度影响断面缩小系数 $\varphi$ 为0.792，定子和转子的叶片出角 $\alpha_{1k}=\beta_{2k}=35°$。钻井液的流量 $Q=50$ L/s，其密度 $\rho=1250$ kg/m$^3$，涡轮中无泄漏损失，即 $\eta_V=1$。试绘出该涡轮钻具涡轮中定子和转子在无冲击情况下的进、出口速度三角形。

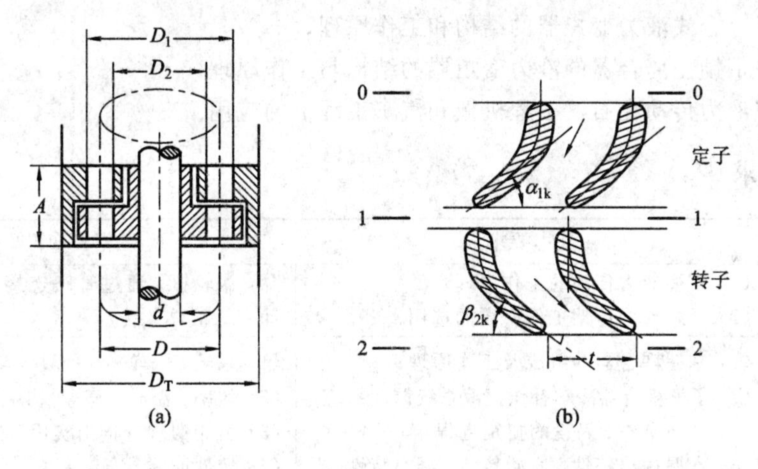


图3-25

3-5 根据题目所取得的数据，计算和绘出涡轮的理论特性曲线，即涡轮的理论力矩、功率、效率及压力降等参数与涡轮转速间的关系曲线。

3-6 有一涡轮钻具的结构参数如图3-25所示，$D=146$ mm，$b=19.5$ mm，$\alpha_{1k}=\beta_{2k}=45°$，$\beta_{1k}=\alpha_{2k}=80°$，当泥浆流量为40 L/s，$\gamma=11760$ N/m$^3$ 时，求涡轮钻具的理论特性参数 $u_{max}$、$u_w$、$M_{max}$、$M_y$。该涡轮钻具有110级，试求整个涡轮钻具的理论特性参数，$\eta_v=0.9$，$\varphi=0.9$。($M_y$ 为效率最高点所对应的扭矩。)

3-7 有5级实验涡轮，当流量 $Q=35$ L/s时，其特性参数如表3-1所示。绘出该实验涡轮的特性曲线，再作出 $Q=40$ L/s时的特性曲线，将后者与 $Q=35$ L/s时的曲线进行对比，并将其参数列表(要求写出其中一组数据的计算公式和计算过程)。

**表3-1 特 性 参 数**

| $n$/(r/min) | 0 | 300 | 485 | 950 | 1210 |
|---|---|---|---|---|---|
| $M$/(N·m) | 101 | 76.3 | 63.0 | 23.4 | 7.8 |
| $\Delta p$/MPa | 0.12 | 0.165 | 0.198 | 0.238 | 0.269 |

# 第4章 液力传动

## 一、学习目标

本章主要介绍液力传动的结构组成和工作理论，讨论变矩器的特性曲线和耦合器的特性曲线及其应用。通过本章的学习，应达到以下目标：

(1) 掌握液力传动的组成和工作原理；

(2) 掌握液力耦合器的基本构造和工作原理；

(3) 掌握液力变矩器的基本构造和工作原理；

(4) 掌握变矩器和耦合器的特性曲线；

(5) 掌握综合式液力变矩器的结构和工作原理；

(6) 了解带锁止离合器的液力变矩器的结构与工作原理；

(7) 了解液力传动在石油工程机械和汽车工程上的应用。

## 二、学习要求

| 知识要点 | 基本要求 | 相关知识 |
|---|---|---|
| 液力传动的工作原理 | (1) 掌握液力传动的工作原理；<br>(2) 了解液力传动工作介质的选用 | 泵，涡轮机。通过管路连接，将机械硬传动变为液体软传动 |
| 液力耦合器 | (1) 掌握耦合器的组成及工作原理；<br>(2) 了解耦合器冷却补偿充液系统调速系统；<br>(3) 掌握泵轮、涡轮的扭矩方程；<br>(4) 掌握输出特性、原始特性、调节特性 | (1) 泵轮、涡轮 $M_T=M_B$，转速可调；<br>(2) 效率、温升、充液量、冷却；<br>(3) 由相似理论推出实用扭矩方程；<br>(4) 特性曲线，充液调速 |
| 液力变矩器 | (1) 掌握变矩器的组成及工作原理；<br>(2) 了解压力补偿冷却传统；<br>(3) 掌握液体在各工作轮中的速度三角形；<br>(4) 掌握泵轮、涡轮、导轮的扭矩方程；<br>(5) 了解液力变矩器自适应外载的原理；<br>(6) 了解液力变矩器的透过性 | (1) 工作轮扭矩平衡：$M_T=M_B+M_D$；<br>(2) 效率不高、温升，漏失补偿；<br>(3) 分析液流冲击叶栅，产生扭矩的过程；<br>(4) 由相似理论推出实用扭矩方程；<br>(5) 自动变矩、变速；<br>(6) 非透过性、可透过性 |
| 液力变矩器的特性曲线及选用 | (1) 掌握输出特性曲线，高效工作区 $d$；<br>(2) 掌握原始特性曲线；<br>(3) 掌握输入特性曲线，联合输入特性曲线；<br>(4) 了解发动机与变矩器的联合输出特性曲线；<br>(5) 了解变矩器的选用 | (1) $M_B$、$M_T$、$\eta$ 与 $n_T$ 的变化规律；<br>(2) 变矩比 $K$、泵轮扭矩系数 $\lambda_B$、涡轮扭矩系数 $\lambda_T$、$\eta$ 与转速比 $i$ 的关系；<br>(3) $M_B$ 与 $n_B$ 之间的关系；<br>(4) 原始特性曲线＋发动机净外特性曲线；<br>(5) 泵轮有效直径 $D$，基型直径 $D_{基}$ |
| 液力变矩器的类型和构造 | (1) 掌握单级单相式液力变矩器；<br>(2) 掌握单级二相液力变矩器；<br>(3) 了解带锁止离合器的液力变矩器 | (1) 三元件，导轮固定；<br>(2) 单向离合器控制导轮自由锁紧；<br>(3) 耦合器工况，泵轮涡轮刚性连接 |

## 三、基本概念

液力传动、液力耦合器、液力变矩器、泵轮、涡轮、导轮、压力补偿冷却传统、实用扭矩方程、自适应外载的原理、变矩器的透过性、输出特性曲线、原始特性曲线、输入特性曲线、发动机和液力变矩器联合输出特性曲线、综合式液力变矩器、带锁止离合器的液力变矩器、有效直径 $D$、基型直径 $D_{基}$ 等。

# 4.1 液力传动概述

一般的机器设备都包括动力机、传动装置和工作机三部分。传动装置将动力机和工作机连接成一体，并起着传递能量、变速、变矩、换向、制动及改变动力性能等作用，它是现代机器设备中为满足工作机特定要求所不可缺少的重要组成部分。

按能量传递方式的不同，现有机器的传动装置中主要有机械传动、电力传动和液体传动等形式。液力传动是液体传动中的一种，主要靠改变液体动能的大小达到传递和改变能量形式的目的，又称为动液传动。

液力传动的基本元件是液力耦合器和液力变矩器。任何传动系统中，机械传动件总是不可缺少的。但为了便于区别和比较，将具有一个或一个以上液力传动元件的传动系统都称为液力传动系统。

液力传动已经广泛应用于各种车辆、内燃机车、起重机械及其他工程机械中。应用于石油机械的历史还不很长，但已经显示出良好的效果，因而在石油钻机、修井机、压裂车及其他石油机械中得到广泛使用。

本章将就液力传动的基本元件(耦合器和变矩器)的工作原理、工作理论、工作特性、典型结构及其在工程机械中的应用和设计等问题进行讨论。

## 4.1.1 液力传动的工作原理及优缺点

液力传动系统实际上是离心泵、涡轮机、管道以及其他部件的组合体，其原理如图4-1所示。它的工作过程是：离心泵在动力机的带动下，从液槽吸入液体，变机械能为液体能；具有一定动能和压能的液体沿管道进入涡轮，推动涡轮旋转并带动与之相连的工作机作功，又将液体能转换为机械能。在此工作过程中，工作液(油、水或其他液体)始终作为传能介质，把离心泵与涡轮机连接在一起。现代的液力传动元件将离心泵和涡轮机等置于同一外壳中，以便提高效率和减小体积。

液力传动的主要优点如下：

(1) 液力元件内部靠液体传递能量，无机械连接，因而传动性能柔和，具有很好的防震和隔震作用，有利于提高由动力机到工作机全部设备的使用寿命。

(2) 液力变矩器能在一定范围内自动变矩和变速。工作机负荷大时，变矩器输出力矩自动增大，转速自动降低；负荷减小时，转速随之增加，从而使工作机保持正常的运转状态。液力耦合器无自动变矩的能力，但可以进行无级调速。

(3) 对动力机和工作机起过载保护作用，防止因载荷突然增大而使动力机熄火或停转，并且改善了动力机的启动性能。

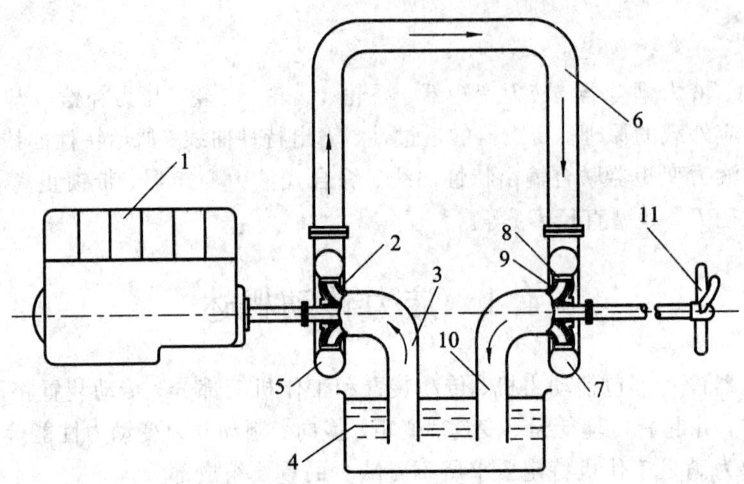


1—动力机；2—离心泵或泵轮；3—吸入管；4—液槽；5—泵轮壳体；6—连通管；
7—涡轮机壳体；8—导流管或导轮；9—涡轮；10—涡轮机出水管；11—工作机

图 4-1　液力传动原理图

(4) 工作机起步平稳，加速均匀、迅速。

(5) 易于实现操作的简化和自动化。

与机械传动相比，液力传动的缺点是：传动损失较大，效率不高；需要配备供油和冷却等辅助设备，结构比较复杂，制造成本比较高。

### 4.1.2　液力传动的工作介质

液力传动装置中的工作介质除了传递能量外，还起着润滑和冷却轴承及齿轮等零部件的作用。选用合适的工作液，是保证液力传动元件具有良好的工作性能和稳定性，以及较长工作寿命的重要条件。一般说来，液力传动元件的工作介质应具有下列性质：

(1) 密度较大。因为液力传动元件传递的功率和力矩与工作液的密度成正比，在尺寸相同的条件下，工作液密度越大，传递功率和力矩的能力越大。目前变矩器的工作液体都是由经过提纯的矿物油制成的，在变矩器工作温度范围内，密度一般为 800～950 kg/m$^3$。

(2) 有足够的润滑性和适当的黏度。一般情况下，黏度过大，液体内部摩擦阻力损失增加，耦合器或变矩器的效率降低；而黏度过小，则不易形成油膜，使润滑性能变坏，泄漏增加，密封困难。工作液体的润滑性和黏度还应具有较大的温度稳定性，即基本不随温度的变化而变化。

(3) 不含有可析出的或吸收的大量气体，不易分解出蒸汽或含有易分解出蒸汽的物质。因为液体中的气体或蒸汽增多，会导致密度下降，传递功率的能力减小，严重时，会使功率输出中断，并使液体加速汽化。

(4) 具有适当的闪点和凝点。闪点是指一定温度条件下，工作液体的蒸汽与周围空气形成的混合气体，接近火焰发出闪火时的温度值。液力传动元件经常在较高的温度下工作，闪点温度越高，发生火灾的危险性越小。一般的闪点温度不应低于 160℃。凝点是工作液体在一定条件下开始失去流动性的温度。为了保证液力传动元件能在低温地带正常工作，凝点一般不得高于－30℃。

(5) 对零部件和密封件无腐蚀作用。

(6) 能在较高的温度(80～110℃)下长期稳定工作，即使用过程中黏度无明显的改变，也不发生液体的稠化、氧化及产生沉淀。

目前我国使用的工作液主要是国产6号和8号液力传动油，6号液力传动油主要用于内燃机车、重负荷卡车、履带车、越野车等大型车辆液力变矩器和液力耦合器，还可用于工程机械的液力传动系统。8号液力传动油主要用于各种小轿车、轻型卡车的液力自传动系统。

# 4.2 液力耦合器

## 4.2.1 液力耦合器的结构

液力耦合器是结构最简单的液力元件。它是以两个工作轮(泵轮和涡轮)代替离心泵和涡轮机，并装在如图4-2所示的同一壳体之中。每个工作轮都由外环、内环及若干叶片组成，如图4-3所示。一般的耦合器多采用平面径向直叶片，每个叶片都位于轴面内。耦合器的外环内曲表面、内环外曲表面及相邻两叶片的表面组成了工作轮的流道。两个工作轮的全部流道空间称为耦合器的循环工作腔。通过工作轮轴线作工作腔的截面(即轴面)，则内外环形线所形成的轴面投影，称为循环圆。耦合器的循环圆以轴线为中心，分为上下两个完全对称的部分，故通常只以中心线上半部分的形状表示循环圆，它可能是圆形、椭圆形或其他形状。循环圆或工作腔的最大直径用 $D$ 表示，称为有效直径，是液力传动元件的表征尺寸。循环圆或工作腔其他部位的尺寸都用有效直径的百分数表示，如图4-4所示。

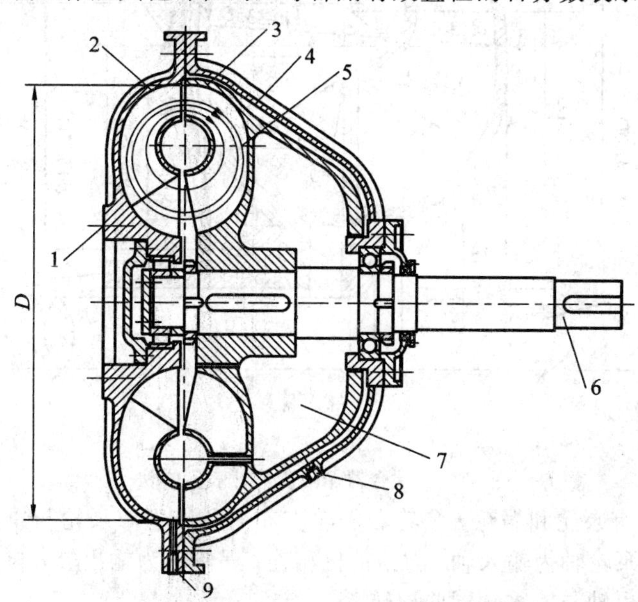


1—输入端；2—泵轮；3—涡轮；4—外壳；5—循环圆；
6—输出轴；7—油池；8—注油塞；9—过热保护塞

图4-2 耦合器结构图

循环圆表示了各工作轮间的相互位置，概括了液力传动元件的主要特征，因此，研究液力传动元件时，通常要了解它的有效直径及循环圆的形状。

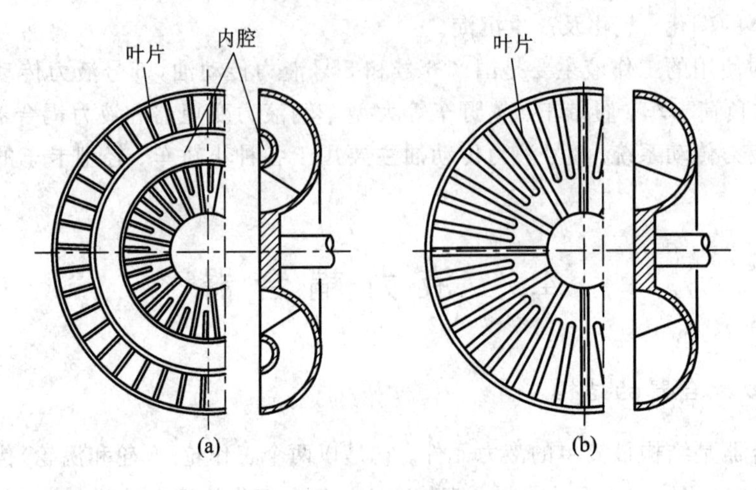


图 4-3　耦合器的工作轮
(a) 有内腔的工作轮；(b) 无内腔的工作轮

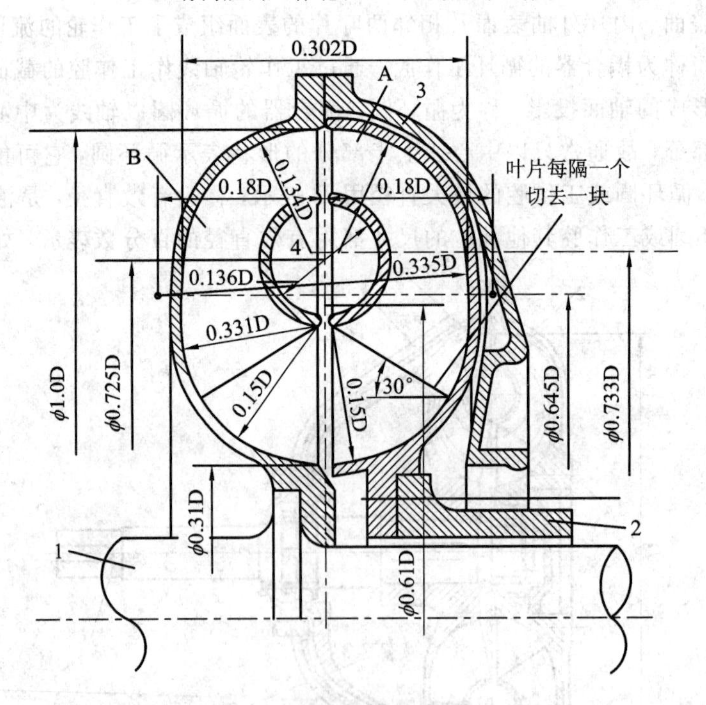


图 4-4　耦合器循环圆尺寸表示方法

液力耦合器只有泵轮和涡轮。泵轮和涡轮左右对称布置，泵轮与罩壳构成密闭空间，其中装满工作油。泵轮轴为输入轴，与柴油机相连；涡轮轴为输出轴，与工作机组相连。耦合器工作时，其输出轴与输入轴同向旋转。

耦合器对工作轮叶片的形状要求不严格，为了便于制造，通常采用平直叶片，叶片在泵轮与涡轮的环状腔中沿径向均布。在泵轮出口与涡轮入口处，液流的通流面积较为宽阔，而在泵轮入口与涡轮出口处，流通面积较为狭小，为了增大此处的流通面积，降低液流阻力，常将此处工作轮叶片间隔地截去一段，如图 4-3(a)所示。

由工作轮内环包络成的内腔区域仍充满工作油，该区域的油液并不参与能量的传递。目前常用的耦合器都取消了工作轮的内环，全部油液都参与能量传递，这种耦合器传递扭矩的能力较强，如图 4-3(b)所示。

如图 4-2 所示，功率较小的耦合器，由于功率低，产生的热量有限，因此都不配置专门的冷却系统，而采用自然通风散热的办法。这类耦合器的壳体上常铸有鼓风叶片，当罩壳随同泵轮旋转时，鼓风叶片鼓风散热。为了防止油温过高损坏耦合器，罩壳上装有低熔点金属制成的保护塞，当油温过高时，塞内金属熔化，工作油随即流出，耦合器随即停止能量传递。

大功率的耦合器，具有冷却系统、工作轮无内环、充液量可调的类型，如图 4-5 所示。

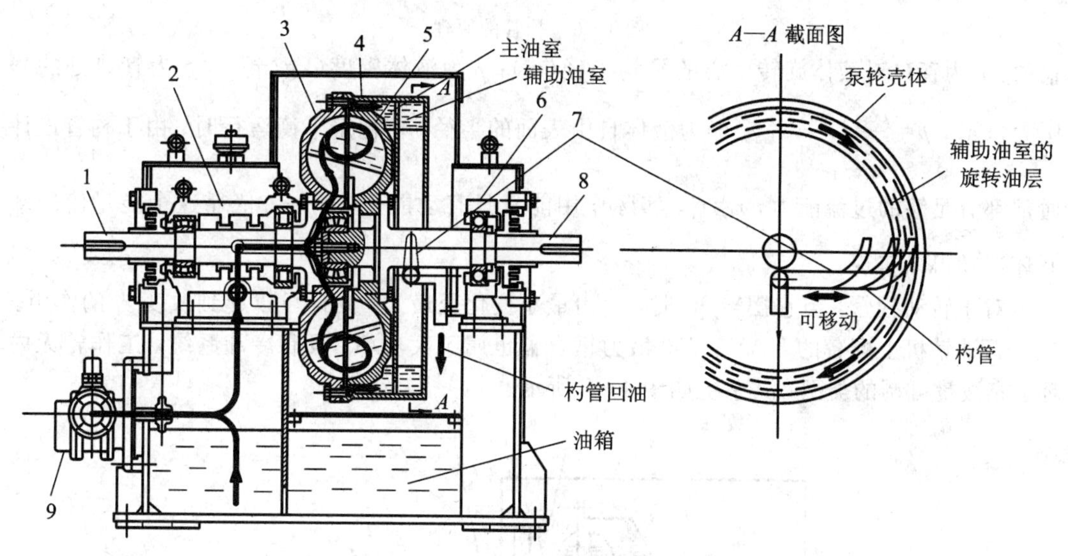


1—输入轴；2、6—轴承座；3—泵轮；4—泵轮壳体；5—涡轮；7—杓管；8—输出轴；9—油泵

图 4-5 充液量可调式液力耦合器结构图

该液力耦合器中装有可伸缩移动的导管，俗称杓管，通过调节杓管的位置可以改变工作腔中的充液量。杓管的伸缩可通过耦合器上的手轮机构实行手动控制。

杓管是一种常用的充液量调节功能部件，它依靠旋转液体的能量自动地从辅室中将液体导出耦合器本体，如图 4-5 所示。根据主、辅室静压平衡原理，主室工作腔中的充液量也得到调节。

图 4-6 表示了移动式和偏心转摆式两种杓管的作用原理，管口迎向液体旋转方向，“杓管”一词就是比喻杓子舀水的通俗叫法。液体的旋转是借助于液室的壁面旋转和液体的黏性作用实现的，如果液室侧壁角速度分别为 $\omega_1$ 和 $\omega_2$，则液体角速度 $\omega_y$ 为

$$\omega_y \approx \frac{1}{2}(\omega_1 + \omega_2)$$

如果侧壁角速度都是 $\omega_1$，那么 $\omega_y \approx \omega_1$。

杓管口处的液体能量 $e_{sg}$ 应包括比动能和比压力能两部分：

$$e_{sg} = \frac{(\omega_y \cdot r)^2}{2g} + \frac{p}{\rho g}$$

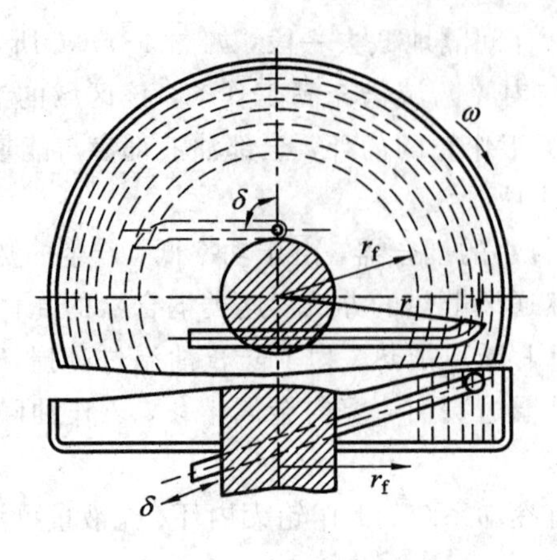


图 4-6 杓管的原理

式中：$r$ 为管口对液体旋转中心的平均半径(m)；$\rho$ 为液体密度($kg/m^3$)；$p$ 为管口处的静压力(Pa)，$p=\frac{\rho\omega_y^2}{2}(r^2-r_f^2)$；$r_f$ 为液体自由表面的半径。在稳定平衡运行时，由于杓管设计通常都有足够的过流能力，$r=r_f$，实际作用能量只有动能$\frac{(\omega_y \cdot r)^2}{2g}$，依靠这个能量使冷却循环流动得以实现。

对于转动杓管，当它摆转 90°时，$r_f$ 由最小变化至最大，同样可以起到改变 $r_f$ 的作用。

石油钻机上配备的 TAV-700 液力耦合器也属于大功率，具有冷却系统，工作轮无内环、充液量可调的类型，其系统如图 4-7 所示。

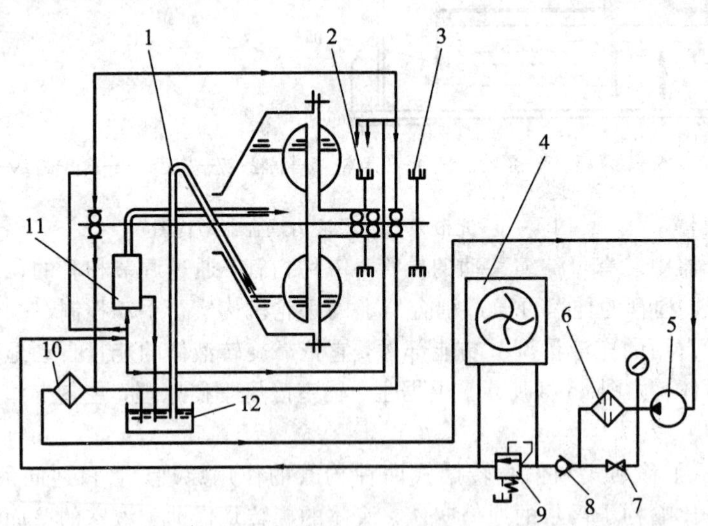


1—杓管；2—输入链轮；3—输出链轮；4—散热器；5—齿轮泵；6—精滤器；
7—调节阀；8—单向阀；9—顺序阀；10—粗滤器；11—两向分配器；12—油箱

图 4-7 TAV-700 液力耦合器的结构与其冷却补偿系统示意图

散热器的冷却风扇，由钻机传动轴上的三角皮带轮通过三角皮带驱动。齿轮泵则由风扇轴上的三角皮带驱动。齿轮泵对油中的杂质微粒较为敏感，易于磨损，为此工作油须先经过粗滤器初步净化。工作油自齿轮泵排出后，一部分流经精滤器，一部分流经调节阀，最后汇入散热器。流经精滤器的油量由调节阀的开启度控制。

单向阀的作用是防止停泵时工作油倒流，保护齿轮泵，避免水击损坏。

耦合器启动时，工作油温低，黏度大，流经散热器的阻力大，油压高。为了保护散热器油管不致憋漏，并使油温迅速升至正常温度，在油路上装有顺序阀。启动之初，在较高的定值油压下，压力阀自动开启，工作油不流入散热器而直接流经顺序阀返回耦合器。待油温升高后，油液黏度降低，顺序阀自动关闭，此时工作油流入散热器冷却后再返回耦合器。

返回耦合器的冷却油，少部分引至轴承与输入链条处作为润滑油，大部分则流入两向分配器。两向分配器可以控制工作油的流向，当耦合器不传递动力时，两向分配器将工作油引入油池；当耦合器传递动力时，则将工作油导入耦合器工作腔。两向分配器由气控继动器控制动作。

石油钻机的TAV-700液力耦合器是专为驱动转盘设置的。通过改变耦合器工作腔里的充液量，可改变转盘的转速。在钻井工程中，当钻具遇卡时，可迅速减少其充液量，使转盘减速或停钻，以避免钻杆断裂事故。

### 4.2.2 液力耦合器的基本理论

#### 1. 液流在工作轮中的运动规律

液力耦合器工作时，工作油在工作轮中循环流动，工作油所流经的空间叫做工作腔，如图4-8(a)所示，工作油一方面按照泵轮—涡轮的顺序沿叶片间的流道循环流动(绕$O_2$轴)；另一方面又随同泵轮，涡轮做旋转运动(绕$O_1$轴)；因此工作油的运动轨迹形同空间螺管，如图4-8(b)所示。即液流作螺管运动。

工作油在工作轮流道中的运动状况相当复杂，然而流道中线处的液流状况却可以表示其综合效果，因此，通常只探讨此处的液流规律。在循环圆上流道中线处的流线称为平均流线。平均流线绕输入轴与输出轴的轴心线旋转，形成平均回转曲面。平均回转曲面将工作轮叶片切成叶栅。平均回转曲面上的液流运动规律具有代表性，因此，就以该曲面上的液流作为研究对象。为了便于研究和讨论常常利用叶栅展开图。叶栅展开图是将曲面展开成平面，即把空间的运动表示在平面上。展开的原则是保持叶片的倾角不变。耦合器的叶片为径向平直叶片，其工作轮进出口处，平均回转曲面上的速度三角形所在平面与轴截面相垂直，因此只需将其进出口处的速度三角形所在平面下翻转90°，那么液流的运动状况就很清楚地展现出来。

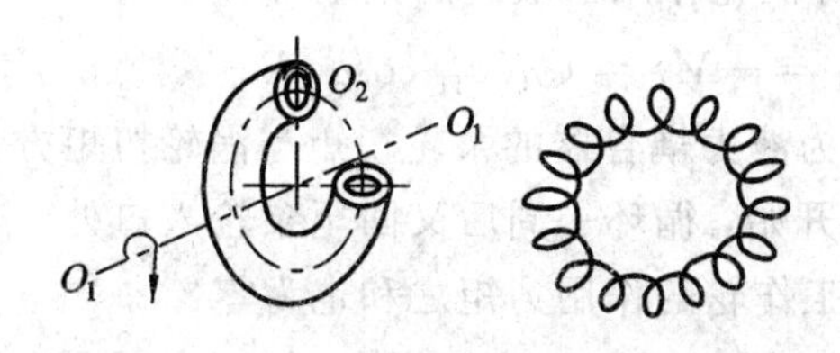


图4-8 液流的工作腔中的运动规律

(a) 工作腔；(b) 运动轨迹

液力耦合器工作轮进出口处的液流速度三角形如图4-9所示。

将各速度的方向与其数值逐一进行分析可得出下列结论：

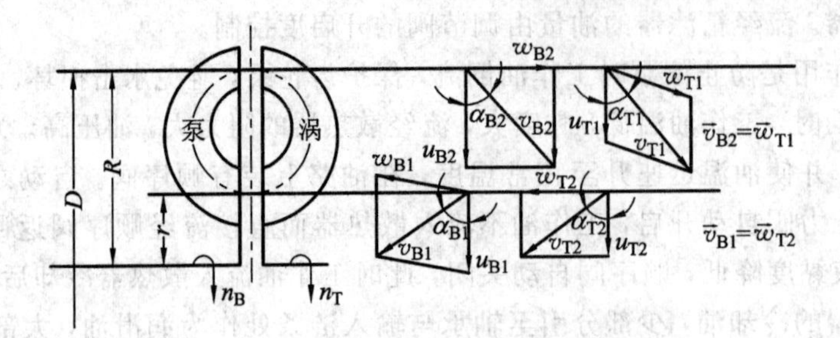


图 4-9 液力耦合器工作轮进出口处液流速度三角形

泵轮出口处的液流绝对速度$\vec{v}_{B2}$与耦合器结构、泵轮转速 $n_B$、工作轮环流量 $Q$ 有关。

涡轮入口处的液流绝对速度$\vec{v}_{T1}$与泵轮出口处的液流绝对速度$\vec{v}_{B2}$相等。

涡轮出口处的液流绝对速度$\vec{v}_{T2}$与耦合器结构、涡轮转速 $n_T$、工作轮环流量 $Q$ 有关。

泵轮入口处的液流绝对速度$\vec{v}_{B1}$与涡轮出口处的液流绝对速度$\vec{v}_{T2}$相等。

耦合器工作时，$n_T$ 始终低于 $n_B$，因此$\vec{w}_{T1}$和$\vec{w}_{B1}$偏离轴向，即与叶片方向不一致，液流在涡轮入口处以及泵轮入口处必然产生冲击涡流损失。只有当 $n_T=n_B$ 时才会没有冲击。$n_T$ 和 $n_B$ 相差越多，冲击现象就越严重。

**2. 工作轮的扭矩方程式**

根据工程流体力学中的动量矩定理，讨论各工作轮的扭矩规律。

由式(2-9)知，叶片式流体机械的力矩方程为

$$M=\rho Q_{th}(v_{2\infty}r_2\cos\alpha_{2\infty}-v_{1\infty}r_1\cos\alpha_{1\infty})$$

由式(2-19)的修正方程 $H_{th}=\frac{1}{g}(u_2v_{2u}-u_1v_{1u})$可推出：

$$M=\rho Q(v_2r_2\cos\alpha_2-v_1r_1\cos\alpha_1) \tag{4-1}$$

即泵轮对液流的扭矩，由式(4-1)知

$$M'_B=\rho Q(v_{B2}\cos\alpha_{B2}R-v_{B1}\cos\alpha_{B1}r)$$

设 $M_B$ 为泵轮扭矩，即泵轮作用于液流的扭矩为

$$M_B=M'_B=Q\rho(v_{B2}\cos\alpha_{B2}R-v_{B1}\cos\alpha_{B1}r) \tag{4-2}$$

设液流流经涡轮所受外力矩为 $M'_T$，即涡轮对液流的扭矩：

$$M'_T=\rho Q(v_{T2}\cos\alpha_{T2}r-v_{T1}\cos\alpha_{T1}R)$$

设 $M_T$ 为涡轮扭矩，即涡轮作用于液流的扭矩为

$$M_T=-M'_T=Q\rho(v_{T1}\cos\alpha_{T1}R-v_{T2}\cos\alpha_{T2}r) \tag{4-3}$$

式(4-2)和式(4-3)为液力耦合器的泵轮扭矩与涡轮扭矩方程式。

工作油自泵轮入口处开始，循环一周后又回至泵轮入口处，液流对其回转轴的动量矩增量为零，因此液流所受工作轮的作用力矩之和也为零：

$$M'_B+M'_T=0 \quad 即 \quad M'_B=-M'_T$$

因此

$$M_B=M_T$$

在任何情况下，液力耦合器的泵轮扭矩与涡轮扭矩始终相等。

根据泵轮扭矩与涡轮扭矩方程式，液流速度三角形中的矢量关系也可得到同样的结

论。在液流速度三角形中有

$$v_{B2}\cos\alpha_{B2}R=v_{T1}\cos\alpha_{T1}R$$

$$v_{B1}\cos\alpha_{B1}r=v_{T2}\cos\alpha_{T2}r$$

将上述关系式代入式(4-1)或式(4-2)中，即可得到$M_B=M_T$。液力耦合器的输入扭矩与输出扭矩相等。耦合器只传递扭矩，不改变扭矩。

### 4.2.3　液力耦合器的特性曲线

表示液力耦合器工作性能的曲线也有多种，现着重讨论其输出特性、原始特性及调速特性。

**1. 液力耦合器的输出特性曲线**

一定结构的耦合器，工作腔里充满一定密度的工作油，当泵轮转速$n_B$固定不变时，其输入扭矩$M_B$、输出扭矩$M_T$、效率$\eta$与涡轮转速$n_T$的关系曲线就叫做输出特性曲线。耦合器的输出特性曲线可由实验测得，如图4-10所示。

当外载增加时，涡轮转速随即降低，泵轮扭矩$M_B$、涡轮扭矩$M_T$立即增加，以便与外载相平衡。$M_T-n_T$曲线属于软特性。

耦合器效率：

$$\eta=\frac{N_T}{N_B}=\frac{M_Tn_T}{M_Bn_B}=Ki$$

涡轮扭矩$M_T$与泵轮扭矩$M_B$的比值叫做变矩比$K$ $\left(K=\frac{M_T}{M_B}\right)$。涡轮转速$n_T$与泵轮转速$n_B$的比值$i$ $\left(i=\frac{n_T}{n_B}\right)$叫做转速比。

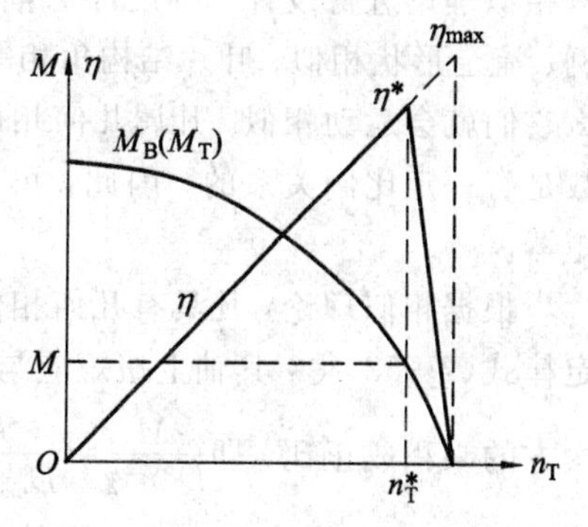


图4-10　液力耦合器的输出特性曲线

由于$K=\frac{M_T}{M_B}=1$，所以$\eta=i$。

耦合器的效率$\eta$与其转速比$i$相等。

输出特性曲线上，$n_T=0$时，$M_B=M_T=M_{max}$，此处称为制动工况；$n_T\approx n_B$时，$M_B\approx M_T=0$，$\eta=0$，此处称为空转工况。$n_T=n_T^*$时，$M_B=M_T=M_T^*$，$\eta=\eta^*$，该处称为额定工况。额定工况处的输入功率即液力耦合器与柴油机匹配工作时柴油机的额定功率。额定工况处的效率$\eta^*=0.96\sim0.98$，液力耦合器长期连续工作时，应在额定工况附近工作，否则，效率过低，易导致工作油液过热。具有冷却系统的耦合器，其工况范围可宽些。如果冷却系统散热能力较强，当所传递的功率较小时，耦合器也可在相当低的效率工况下运转。

耦合器实际工作时，在空转工况其$n_T$只能接近于$n_B$，但不能与之相等；否则工作油的环流量$Q$将为零，$M_T=0$。由于涡轮旋转时有轴承摩擦与圆盘摩擦等机械摩擦阻力矩$\Delta M_M$，如果没有克服$\Delta M_M$的扭矩，涡轮将无法空转。无论如何，$n_T$应略低于$n_B$，工作腔里保持少许环流量$Q$和少许涡轮扭矩，此时$M_T=\Delta M_M$，维持涡轮高速空转，但其输出扭矩则为零。转速比$i=1$是理论上的工况，实际上$i<1$，因此$\eta_{max}<1$。在实验架上实际测量得到的最高效率即$\eta^*$，若以$\eta^*$处的各个参量作为额定工况，则额定工况的$\eta^*$即为实际使

用中的 $\eta_{max}$。

当涡轮转速 $n_T$ 高于 $n_T^*$ 时，实际效率曲线陡降，而不是继续上升。这是由于理论推理时没有考虑机械摩擦阻力矩 $\Delta M_M$ 的缘故。实际上受 $\Delta M_M$ 的影响，工作轮扭矩平衡方程式应为 $M_B = M_T + \Delta M_M$，只不过当 $M_T$ 较大时，$\Delta M_M$ 相对很小，常将此因素略去，而认为 $M_B = M_T$，但在耦合器输出扭矩趋于零时，$\Delta M_M$ 的影响就突出了，若 $M_T$ 为零，则 $M_B = \Delta M_M$，由于 $\eta = \frac{M_T}{M_B}\frac{n_T}{n_B}$，在接近空转工况时，$\frac{n_T}{n_B}$虽趋近于 1，但$\frac{M_T}{M_B}$却趋近于零，因此 $\eta$ 陡降为零。

**2. 液力耦合器的原始特性曲线**

前面讨论中所得到的工作轮扭矩方程式：式(4-2)和式(4-3)，是在所假设的前提条件下导出的纯理论表达式，这种理论公式与实际情况有一定出入，用来分析变矩器的工作原理固然方便，但用来设计变矩器则显然欠妥。

与离心泵等叶片式流体机械一样，耦合器的设计程序是先选择一台合适的样机，然后按相似理论进行设计。所设计的耦合器应与样机在结构上几何相似，即相应尺寸互成比例、流道形状相似、叶片结构角相等。如果在工作时它们的转速比 $i$ 相同，即工况相同，那么它们就会运动相似。凡属几何相似的耦合器，在运动相似的条件下，它们的有关性能参数是有一定比例关系的。因此，可以根据需要，按已知样机的结构与性能设计出新的变矩器。

根据相似理论，凡具有几何相似的液力耦合器，在运动相似的条件下，根据第四相似定律式(2-52)得：其轴上扭矩应与线性尺寸的五次方、转速的二次方以及工作油重度的一次方的乘积成正比，即$\frac{M}{D^5 n^2 \gamma} = \frac{M_{md}}{D_{md}^5 n_{md}^2 \gamma_{md}} = \text{const}$。如果规定轴上扭矩 $M$ 为所设计变矩器泵轮扭矩 $M_B$，线性尺寸 $D$ 为有效直径，转速 $n$ 为泵轮转速 $n_B$、液体重度 $\gamma$ 为工作油重度，再设 $M_m$、$D_m$、$n_m$、$\gamma_m$ 为样机的相应参数，比例常数为 $\lambda_B$，于是有

$$\frac{M_B}{D^5 n_B^2 \gamma} = \frac{M_{B.md}}{D_{md}^5 n_{B.md}^2 \gamma_{md}} = \lambda_B$$

因此

$$M_B = \lambda_B D^5 n_B^2 \gamma \qquad (4-4)$$

式中，$\lambda_B$ 为耦合器泵轮扭矩系数，$\lambda_B = \frac{M_B}{D^5 n_B^2 \gamma}$。

式(4-4)为液力耦合器的泵轮扭矩实用方程式。

表示 $\lambda_B - i$ 和 $\eta - i$ 的关系曲线叫做耦合器的原始特性曲线，如图 4-11 所示。原始特性曲线可根据输出特性曲线按各自的关系式计算获得。

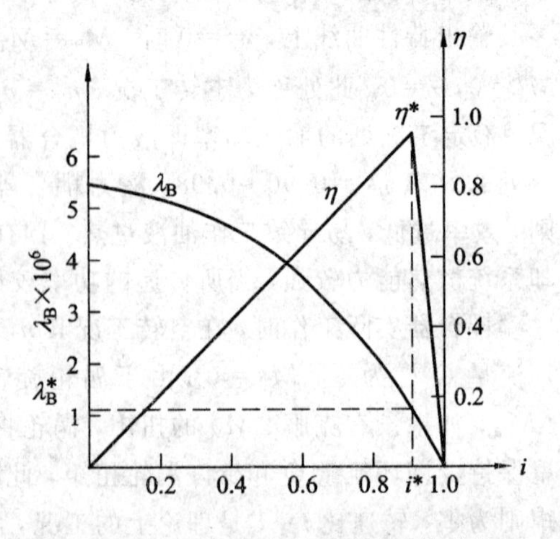

图 4-11　液力耦合器的原始特性曲线

当耦合器的结构一定，工作腔里充满一定密度的工作油，泵轮转速 $n_B$ 固定不变时，$D^5 n_B^2 \gamma$ 为常量，$\lambda_B$ 与 $M_B$ 成正比。为了获得 $\lambda_B - i$ 曲线，只需将输出特性曲线上的 $M_B$ 坐标比例尺缩小

$D^5 n_B^2 \gamma$ 倍，$n_T$ 坐标比例尺缩小 $n_B$ 倍即可。由于 $\eta=i$，因此 $\eta-i$ 曲线极易定出。

$\lambda_B-i$、$\eta-i$ 曲线与 $M_B-n_T$、$\eta-n_T$ 曲线在形状上是相似的。

原始特性曲线显示了具有几何相似的耦合器所共有的基本特性，凡属几何相似的液力耦合器，在工况相同时，具有相同的 $\lambda_B$、$\eta$ 值，而与其尺寸 $D$、泵轮转速 $n_B$、工作油重度 $\gamma$ 的具体数值无关。

耦合器的原始特性曲线常作为设计选型的依据。

**3. 液力耦合器的调节特性曲线**

一定结构的耦合器，工作腔里充满一定密度的工作油，当泵轮转速 $n_B$ 以不同的固定转速运转时，将相应有不同的 $M_B(M_T)-n_T$、曲 $\eta-n_T$ 线，如图4-12 所示。

图中 $i_1$、$i_2$、$i_3$、$i^*$ 为等工况曲线或等效率曲线，该曲线上的转速比、效率相等。$i^*$ 为额定工况转速比。

当外载不变时，改变 $n_B$ 就可以得到不同的 $n_T$ 与 $\eta$。利用耦合器的这种调节特性就可以获得所需要的输出转速。

柴油机与耦合器匹配工作时，随着外载的变化，柴油机转速 $n_E$ 也要发生变化，由于 $n_E=n_B$，这就必然使耦合器循着调速特性工作。

一定结构的耦合器，泵轮转速 $n_B$ 保持不变，当改变工作腔里的充液量时，其 $M_B(M_T)-n_T$ 曲线亦随之改变。由 $n_B$ 固定不变，此时 $\eta-n_T$ 曲线不变。这种不同充液量时的特性常称为充液特性，如图 4-13 所示。

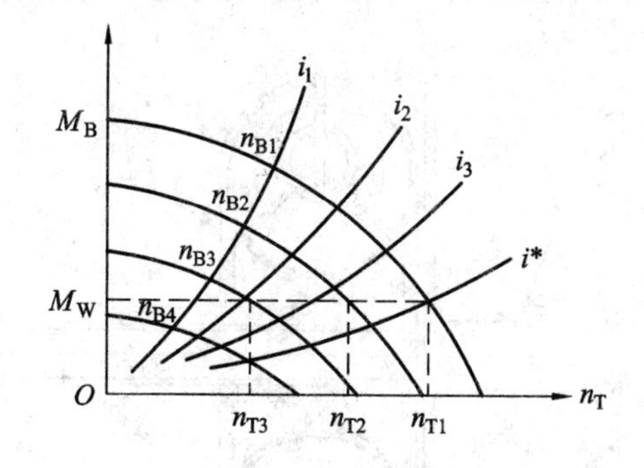


图 4-12　$n_B$ 不同时的 $M_B(M_T)-n_T$ 曲线

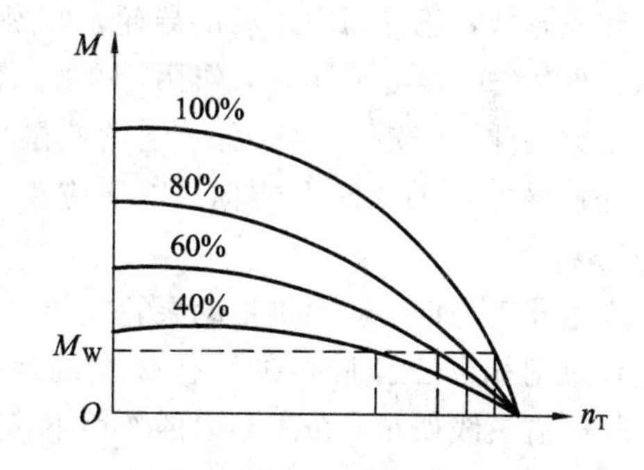


图 4-13　部分充液特性曲线

当外载不变时，改变耦合器的充液量可以获得不同的涡轮转速。F200-2DH 石油钻机上使用的 TAV-700 液力耦合器就是利用这种部分充液特性，调节钻杆转盘转速的。配备 TAV-700 液力耦合器的意图是借助耦合器，改变转盘转速，以满足钻井工艺对钻头转速的要求，同时又保持耦合器的输入轴转速不变，即保持柴油机-液力变矩器与钻井泵的工况稳定，从而使钻井泵的排量与泵压不受转盘转速的影响。

**4. 液力制动器**

利用液力元件的特点，工程上将耦合器的一个工作轮固定，使另一个工作轮与外动力相连作为负载机械，就成了液力制动器，它相当于一个始终工作在制动工况的耦合器。当然，为适应具体的应用要求，液力制动器的结构形式已无需袭用耦合器的一般结构模式。

耦合器在不同的充液量时有不同的 $\lambda_B$ 值，所以，采用适当的结构措施调节充液量，可

改变 $\lambda_Z$ 值，就可以调节制动器的制动力矩 $M_Z$，如图 4-14 所示。在一定的原动机动力特性 $M_B-n_B$ 下，调节充液量(不同的 $\lambda_Z$ 值)即可得到不同的制动转矩抛物线：

$$M_Z=(\lambda_Z\cdot\rho g D^5)n_Z^2$$

该组制动转矩抛物线与原动机动力特性 $M_P-n_P$ 曲线的交点可得到 $n_1$、$n_2$、$n_3$、$n_4$ 等不同的稳定平衡工作转速。图中用 $\bar{V}$ 表示相对充液量，$\bar{V}_1>\bar{V}_2>\bar{V}_3>\bar{V}_4$。因为液力制动转矩是抛物线型曲线，作为外动力的制动负荷很容易满足稳定平衡的条件，通过工作介质的冷却循环也易于保持系统的热平衡，而且 $M_Z\propto D^5 n_Z^2$，适合于大功率高转速使用，石油钻机上使用的水刹车就是应用这一原理实现的。

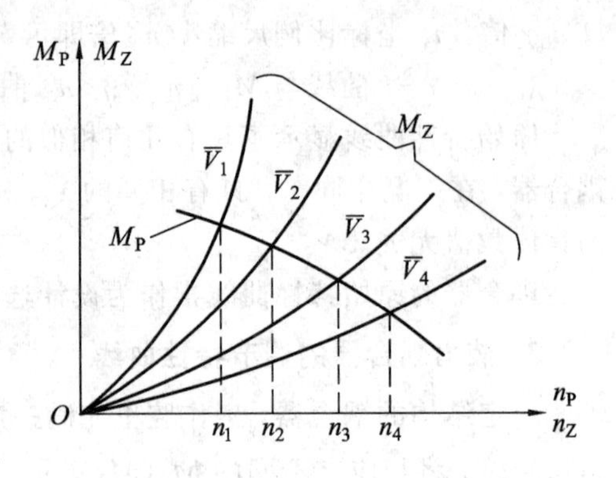

图 4-14　液力制动器工作曲线

# 4.3 液力变矩器

## 4.3.1 液力变矩器的结构

液力变矩器是另一种重要的液力传动元件。与液力耦合器相比较，液力变矩器除了有泵轮和涡轮外，还有固定不动的导轮，如图 4-15 所示。液力变矩器由于导轮的作用，随着工作机负载力矩的变化，变矩器可以在一定的范围内自动地改变输出力矩的大小和方向，以适应工作机运转的需要。

变矩器工作时，动力机带动泵轮旋转，泵轮内的叶片带动循环工作腔内的液体作圆周运动，如图 4-15 箭头线所示。在离心力的作用下，液体被迫沿着叶片间的通道相对循环运动，将机械能转换为液体的动能和压能。由泵轮流出的高速工作液经过无叶片区段后，进入涡轮，冲击涡轮叶片，推动其旋转。液体进入涡轮后，随涡轮一起旋转，同时在叶片流道内作相对运动，将大部分的液体能转化为机械能，驱动工作机。工作液由涡轮流出后，再冲向导轮。由于导轮与外壳固定连接，其转速 $n_D=0$，故导轮不传递功率，除了能量损失外，无能量输入和输出，导轮只起导流作用，即改变液体流速的大小和方向，使液体的压能和动能发生相互转化，改变进、出口处液体的动量矩。

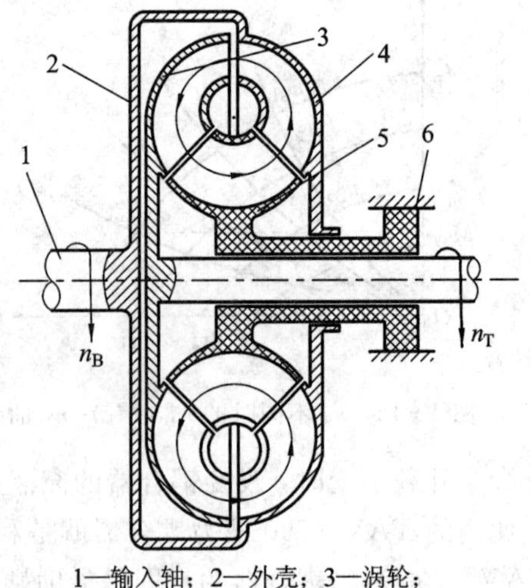

1—输入轴；2—外壳；3—涡轮；4—泵轮；5—导轮；6—固定装置

图 4-15　变矩器结构简图

如同离心泵一样，液力变矩器也有汽蚀问题。变矩器正常工作时，工作腔里各部位工作油的压力是不同的，其中以泵轮入口处的压力最低。当泵轮入口处的油压低到工作油温的汽化压力时就会发生汽蚀现象。汽蚀将使变矩器效率降低，传递功率降低，输出扭矩减少甚至导致工作轮损坏。为了防止汽蚀的发生，变矩器都装有供油泵，工作时，供油泵不断地向泵轮入口处输送一定压力的工作油。供油泵所输送工作油的压力叫做补偿压力。

变矩器的缺点之一是效率偏低，工作时有大量能量转化为工作油的热能，使油温升高。工作油在过热条件下将氧化变质，产生泡沫与炭沉积物，使变矩器工作变坏，甚至失效。在采用工作油润滑轴承的变矩器里，随着油温升高，油的黏度将降低，润滑性能变坏，极易烧毁轴承，因此，石油钻机所配用的变矩器通常限定其工作油温最高不得超过 100℃。为了保证油温不致过高，变矩器都装有冷却系统，即从工作腔引出一部分工作油，经冷却后再输回工作腔里。石油钻机所用变矩器的冷却系统散热能力是按变矩器额定输入功率的30％所转化的热量进行设计的，目的是保证在工况经常变化的大功率条件下，工作油温不致过高。

此外，变矩器的工作腔并非绝对密闭，工作油必然有漏失，如不加以补充，那么工作腔里的油量不断减少，必将影响变矩器的正常工作，因此，用供油泵往工作腔里不断补充工作油是维持液力变矩器正常工作必不可少的技术措施。如图 4-16 所示，液力变矩器工作时，必须配备完善的压力补偿和冷却系统，以便保持循环工作腔内一定的工作压力，同时控制工作液的温度在许可的范围之内。这个系统由油泵、散热器、油箱及阀件等组成。

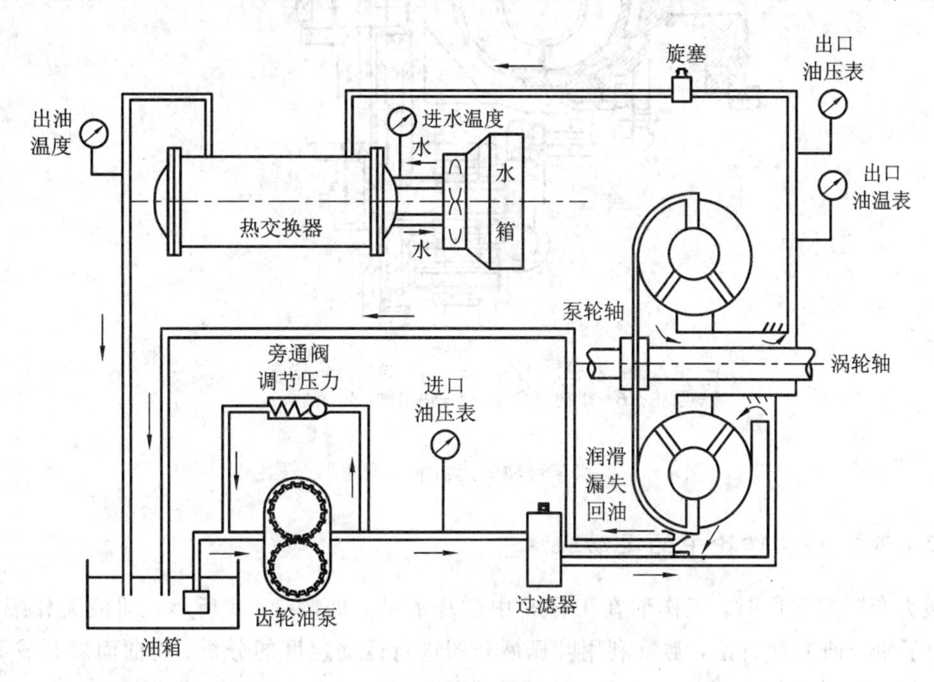


图 4-16　液力变矩器压力补偿和冷却系统

如图 4-17 所示为汽车自动变速器上使用的液力变矩器。该液力变矩器采用了单级三相液力变矩器的结构型式，系统配置了如图 4-16 所示的装置。

液力变矩器工作时，液体与工作轮叶片间的相互作用、液流速度的变化、能量的传递和转化等，都是相当复杂的过程。为了简化起见，在本节中，以最简单的如图 4-15 所示的单级单相三工作轮向心涡轮式变矩器为例，讨论变矩器的基本工作理论。

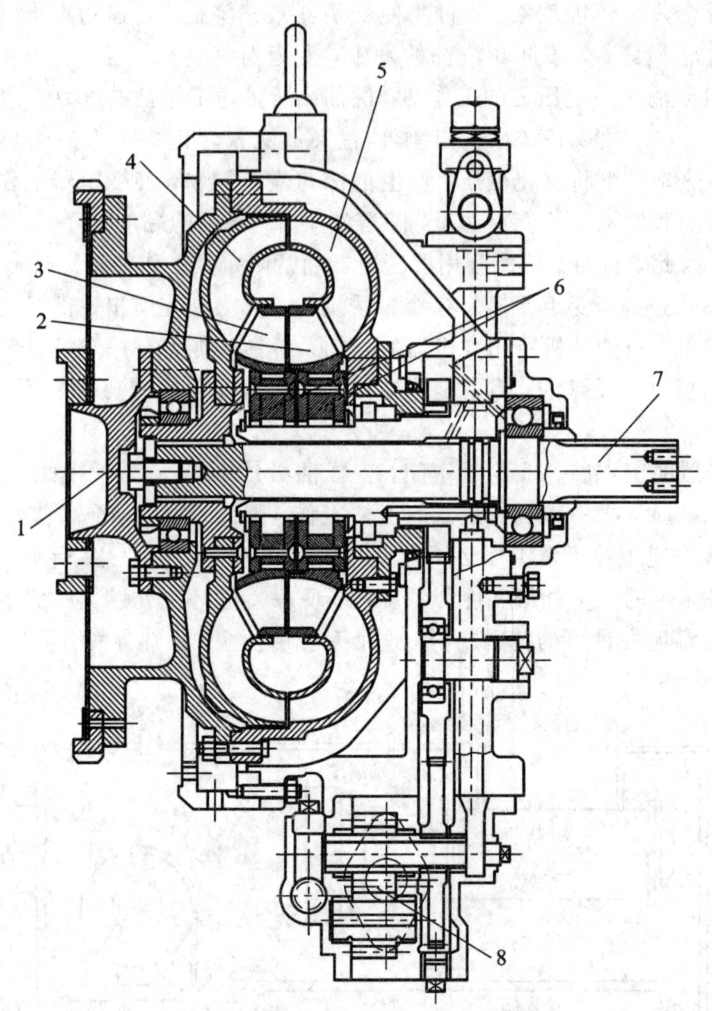


1—输入轴；2—第一导轮；3—第二导轮；4—涡轮；
5—泵轮；6—单向离合器；7—输出轴；8—油泵

图 4-17　汽车自动变速器液力变矩器结构图

### 4.3.2　液体在工作轮中的运动规律

液力变矩器工作时，工作油在工作轮中循环流动，如图 4-8 所示，即液流作螺管运动，为了便于研究和讨论，常常利用叶栅展开图进行运动速度的分析。将曲面展开成平面，即把空间的运动表示在平面上。展开的原则是保持叶片的倾角不变。

叶栅展开图如图 4-18 所示。首先将各工作轮的平均回转曲面转化为回转平面，即将泵轮、涡轮平均回转曲面上的叶栅各自投影到与变矩器轴线垂直的平面上，而导轮回转曲面上的叶栅则向以 $r$ 为半径的圆柱面上投影，然后将三工作轮的回转平面断开、拉直，将径向均布的泵轮、涡轮叶栅拉成相互平行的叶栅，与此同时，泵轮与涡轮的旋转方向亦转化为平移方向，最后再以涡轮的平直叶栅平面为准，将泵轮的平直叶栅平面向上翻转，导轮的平直叶栅平面向下顺转；使三个工作轮的平直叶栅平面处于同一平面上并按泵轮—涡轮—导轮的顺序自上而下依次排列，这样就得到了如图 4-19 所示的叶栅展开图。

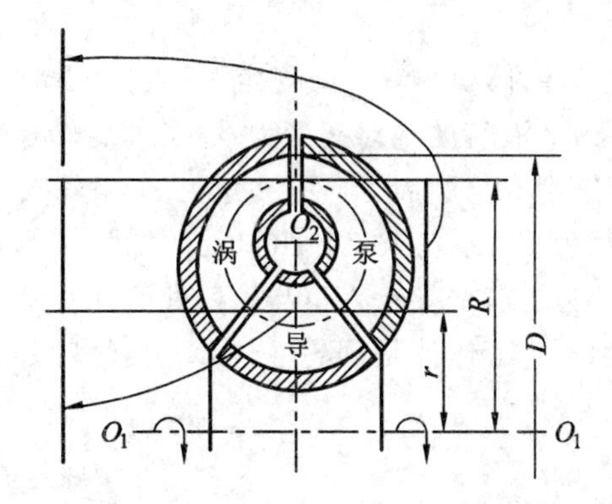


图 4-18　变矩器工作轮叶栅平面翻转排列图

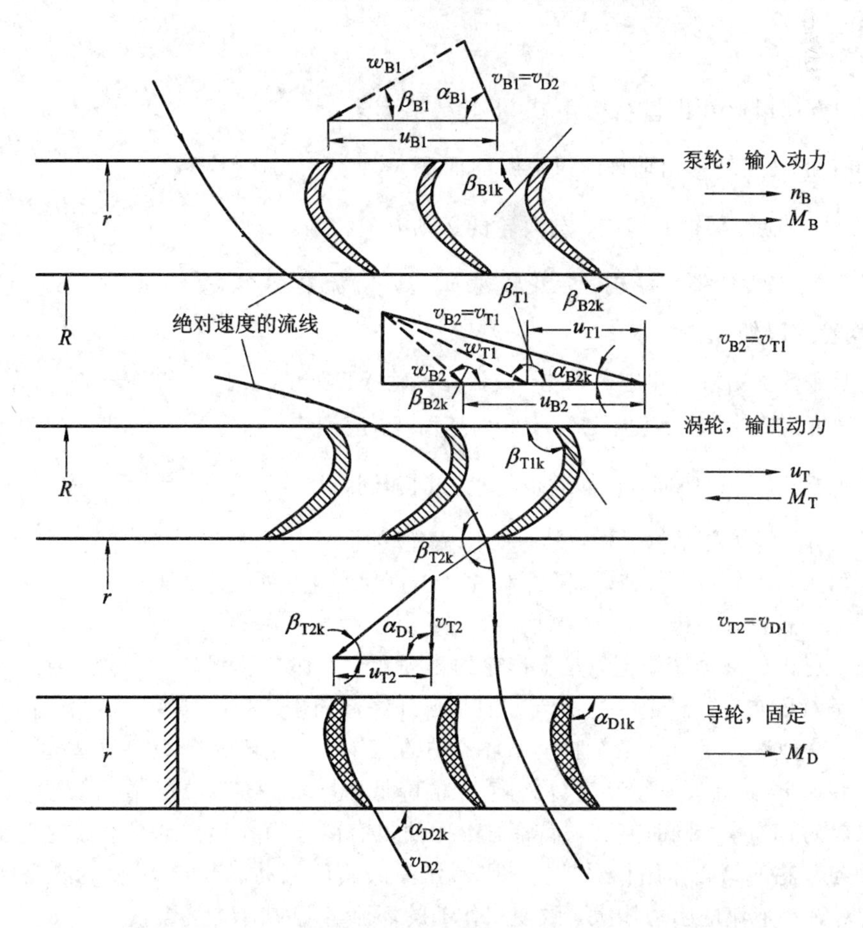


图 4-19　工作轮叶栅展开图与其液流速度三角形

图 4-19 为工作轮叶栅展开图。该图虽然较为抽象，但是它将液流参数的空间立体关系展现在平面上，对平均回转曲面上的叶片结构角、液流的运动迹线表现得较为直观，对讨论变矩器内的液流运动规律极为有利。液流速度的空间矢量，虽然在叶栅平面图上展现为平面矢量，但这并不影响该液流对输入轴或输出轴扭矩的作用。

现在，在叶栅展开图上讨论各工作轮流道中液流流速的变化，也就是讨论各工作轮进、出口处的速度三角形。

与研究叶片泵、涡轮机等流体机械一样，规定下列符号：液流的相对速度为 $w$；液流的圆周速度，即牵连速度为 $u$；液流的绝对速度为 $v$；工作轮转速为 $n$；相对速度 $w$ 与圆周方向的反向夹角为 $\beta$；绝对速度 $v$ 与圆周方向的夹角为 $\alpha$；泵轮入口处的平均回转半径为 $r$；泵轮出口处的平均回转半径为 $R$；泵轮入口与出口处的叶片结构角为 $\beta_{B1k}$、$\beta_{B2k}$；涡轮入口与出口处的叶片结构角为 $\beta_{T1k}$、$\beta_{T2k}$；导轮入口与出口处的叶片结构角为 $\alpha_{D1k}$、$\alpha_{D2k}$。

在假设讨论时有下述前提：工作油是理想液体，工作轮叶片无限多、无限薄，工作油在工作腔里稳定流动。

**1. 泵轮出口处**

泵轮出口处，液流有相对速度 $\vec{w}_{B2}$、圆周速度 $\vec{u}_{B2}$、其绝对速度 $\vec{v}_{B2}$ 为 $\vec{w}_{B2}$ 与 $\vec{u}_{B2}$ 之和，即

$$\vec{v}_{B2} = \vec{w}_{B2} + \vec{u}_{B2}$$

$\vec{w}_{B2}$ 的方向沿叶片出口结构角 $\beta_{B2k}$，其数值为 $w_{B2} = \dfrac{Q}{A_{B2}}$；式中 $Q$ 为工作油的环流量，$A_{B2}$ 为泵轮出口处与 $\vec{w}_{B2}$ 相垂直的过流断面面积。

$\vec{u}_{B2}$ 的方向应沿泵轮的切向，与泵轮的运动方向相同，其数值 $u_{B2} = \dfrac{2\pi R_2 n_B}{60}$。

因此，$\vec{v}_{B2}$ 与变矩器的结构、泵轮转速 $n_B$ 以及环流量 $Q$ 有关。

**2. 涡轮入口处**

液体自泵轮流出后随即进入涡轮，液流在涡轮入口处的绝对速度 $\vec{v}_{T1}$ 与 $\vec{v}_{B2}$ 相等。此时液流的圆周速度为 $\vec{u}_{T1}$，绝对速度为 $\vec{v}_{T1}$，相对速度 $\vec{w}_{T1}$ 应为 $\vec{v}_{T1}$ 与 $\vec{u}_{T1}$ 之差，即 $\vec{w}_{T1} = \vec{v}_{T1} - \vec{u}_{T1}$。

$\vec{u}_{T1}$ 的方向沿涡轮切向，与涡轮的运动方向相同，其数值为 $u_{T1} = \dfrac{2\pi R_2 n_T}{60}$。

因此 $\vec{w}_{T1}$ 与变矩器结构、泵轮转速 $n_B$、涡轮转速 $n_T$ 以及环流量 $Q$ 有关。

变矩器工作时，涡轮转速 $n_T$ 随外载的大小自动变化。外载增加时，$n_T$ 降低；外载减小时，$n_T$ 升高。涡轮有无极调速的特性。

这里所讨论的液力变矩器，其工作轮的排列顺序是泵轮—涡轮—导轮。泵轮与涡轮在轴截面内呈对称布置，涡轮中的液流方向是自外缘流向中心，这种变矩器叫做向心式液力变矩器。在这种液力变矩器工作腔里循环流动的工作油，其环流量 $Q$ 并非固定不变。当泵轮以固定转速 $n_B$ 运转时，环流量 $Q$ 将随 $n_T$ 的降低而增多，随 $n_T$ 的升高而减少。这是由于涡轮与泵轮对称布置，同时旋转，涡轮对工作油也有离心力作用的缘故。涡轮对工作油的离心作用与泵轮的离心作用相对抗，阻碍工作油的循环流动。当 $n_T$ 升高，甚至接近于 $n_B$ 时，涡轮对循环液流的阻力增大，致使工作油的环流量 $Q$ 减小，甚至使 $Q$ 趋近于零；但当 $n_T$ 降低或停止运转时，涡轮对循环液流的阻力减少，致使环流量 $Q$ 增加，甚至增至最大值。当然，如果外载稳定不变，$n_T$ 随即确定不变，$Q$ 亦将稳定不变。

由涡轮入口处液流速度三角形可以看出：对于一定结构的变矩器，当泵轮转速 $n_B$ 固定不变时，由于外载的变化必将引起涡轮转速 $n_T$ 以及环流量 $Q$ 的变化，从而导致进入涡轮液流的相对速度 $\vec{w}_{T1}$ 变化不稳定。因此，速度三角形中的 $\vec{w}_{T1}$，其方向通常并不与叶片在入

口处相切，亦即$\beta_{T1}$与$\beta_{T1k}$不相等，液流在涡轮入口处必然产生冲击涡流损失。然而，一定结构的变矩器，在$n_B$固定不变的条件下，当外载变化时，可有某一特殊的涡轮转速$n_T^*$及相应的环流量$Q$，从而导致速度三角形中$\vec{w}_{T1}$的方向恰好与涡轮的叶片入口结构角相吻合，即$\beta_{T1}=\beta_{T1k}$，液流在涡轮入口处将不会发生冲击涡轮损失。涡轮转速为$n_T^*$时的工况就叫做无冲击工况，如图4-20所示。

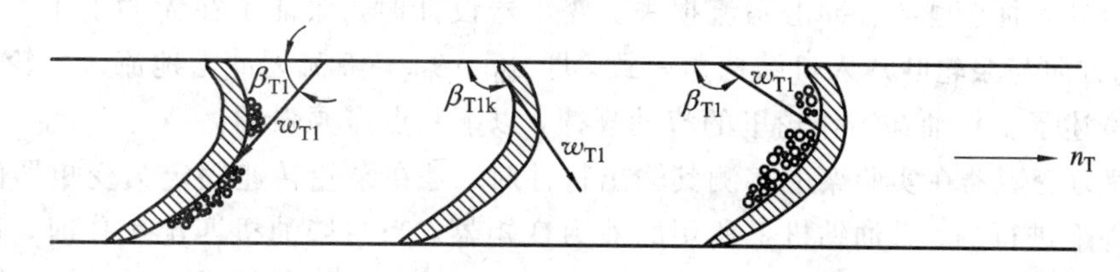


图4-20 涡轮入口处液流的冲击涡轮损失情况

(a) $n_T<n_T^*$；(b) $n_T=n_T^*$；(c) $n_T>n_T^*$

**3. 涡轮出口处**

涡轮出口处，液流有相对速度$\vec{w}_{T2}$、圆周速度$\vec{u}_{T2}$，其绝对速度$\vec{v}_{T2}$为$\vec{w}_{T2}$与$\vec{u}_{T2}$之和，即$\vec{v}_{T2}=\vec{w}_{T2}+\vec{u}_{T2}$。

$\vec{w}_{T2}$的方向沿叶片出口结构角$\beta_{T2k}$，其数值为$w_{T2}=\dfrac{Q}{A_{T2}}$，式中$Q$为工作油的环流量；$A_{T2}$为涡轮出口处与$\vec{w}_{T2}$相垂直的过流断面面积。

$\vec{u}_{T2}$的方向沿涡轮切向，与涡轮的运动方向相同，数值为$u_{T2}=\dfrac{2\pi R_1 n_T}{60}$。

因此$\vec{v}_{T2}$与变矩器结构、涡轮转速$n_T$以及环流量$Q$有关。

当变矩器结构一定，$n_B$固定不变时，随着外载的变化，$n_T$与$Q$都在变化，因此$\vec{v}_{T2}$是变化不定的。

**4. 导轮入口处**

由于导轮固定，液流在导轮入口处只有绝对速度$\vec{v}_{D1}$。液流自涡轮流出后随即流入导轮，因此$\vec{v}_{D1}$与$\vec{v}_{T2}$相等。

外载变化时，$\vec{v}_{T2}$变化不定，因此$\vec{v}_{D1}$的方向通常并不与导轮叶片在入口处相切，即$\alpha_{D1}$与$\alpha_{D1k}$不相等，液流在导轮入口处也会发生冲击损失。然而，变矩器在其结构设计时，可以保证在$n_B$固定不变，涡轮转速为$n_T^*$条件下，$\vec{v}_{D1}$的方向与导轮叶片入口结构角相切，即$\alpha_{D1}=\alpha_{D1k}$，使液流无冲击地进入导轮。

**5. 导轮出口处**

导轮出口处，液流有绝对速度$\vec{v}_{D2}$，其方向沿导轮叶片出口结构角$\alpha_{D2k}$，其数值$v_{D2}=\dfrac{Q}{A_{D2}}$，式中$Q$为工作油环流量；$A_{D2}$为导轮出口处与$\vec{v}_{D2}$相垂直的过流断面面积。

$\vec{v}_{D2}$与变矩器结构以及环流量$Q$有关。

**6. 泵轮入口处**

液流自导轮流出后随即进入泵轮，故泵轮入口处液流的绝对速度$\vec{v}_{B1}$与$\vec{v}_{D2}$相等。此处液流的圆周速度为$\vec{u}_{B1}$，其相对速度$\vec{w}_{B1}$为$\vec{v}_{B1}$与$\vec{u}_{B1}$之差，即$\vec{w}_{B1}=\vec{v}_{B1}-\vec{u}_{B1}$。

$\vec{u}_{B1}$的方向沿泵轮切向，与泵轮的运动方向相同，其数值为$u_{B1}=\dfrac{2\pi R_1 n_B}{60}$。

因此$\vec{w}_{B1}$与变矩器结构、泵轮转速、环流量$Q$有关。

当变矩器结构一定，$n_B$固定不变时，随着外载的变化，$n_T$、$Q$、$\vec{w}_{B1}$都是变化的，因此，在泵轮入口处，通常也会有冲击涡流损失。变矩器设计时，保证了在无冲击工况$n_T^*$条件下，$\vec{w}_{B1}$的方向与泵轮叶片入口结构角一致，即$\beta_{B1}=\beta_{B1k}$，液流无冲击地流入泵轮。

以上概述了工作油在工作轮里的流动规律，以下几点需要强调：

(1) 液力变矩器在实验架上实测其输出特性时，是在泵轮转速固定为变矩器的额定输入转速条件下进行的。石油钻机上所用的液力变矩器，当与柴油机匹配工作时，在柴油机转速调定后，泵轮转速随即确定。在正常工作时，虽然会因外载的增减，柴油机转速将按其调速特性而有些变化，致使泵轮转速有所变化，但总的说来交化不大，因此，在讨论中所提及的“变矩器结构一定，泵轮转速固定不变”的条件是符合实际情况的。

(2) 当泵轮转速$n_B$固定不变时，涡轮转速$n_T$会随外载的大小而变化，$n_T$的变化又引起工作油环流量$Q$的改变。对于向心式液力变矩器来说，外载增大时，涡轮转速$n_T$降低，环流量$Q$增多；外载减少时，涡轮转速$n_T$升高，环流量$Q$减少。

(3) 液流在泵轮入口处以相对速度$\vec{w}_{B1}$进入泵轮，在涡轮入口处以相对速度$\vec{w}_{T1}$进入涡轮，在导轮入口处以绝对速度$\vec{v}_{D1}$进入导轮。

(4) 当变矩器结构一定，泵轮转速$n_B$固定不变时，只有在涡轮转速为$n_T^*$工况下，液流才会无冲击地进入泵轮、涡轮和导轮，此时变矩器的效率最高。因此，涡轮转速为$n_T^*$时的工况称为无冲击工况或称为最高效率工况。

(5) 石油钻机所配备的向心式液力变矩器，当泵轮转速$n_B$固定不变时，工作油环流量$Q$随着涡轮转速$n_T$的变化曲线如图 4-21 所示。变矩器正常工作时，涡轮转速$n_T$常在横坐标的中部部位变动，而与此相应的环流量$Q$变化并不太大。由此，可以粗略地认为这种液力变矩器在正常工作时，环流量$Q$基本维持不变。基于这个看法，可以对这种变矩器的液流运动作进一步的定性探讨。

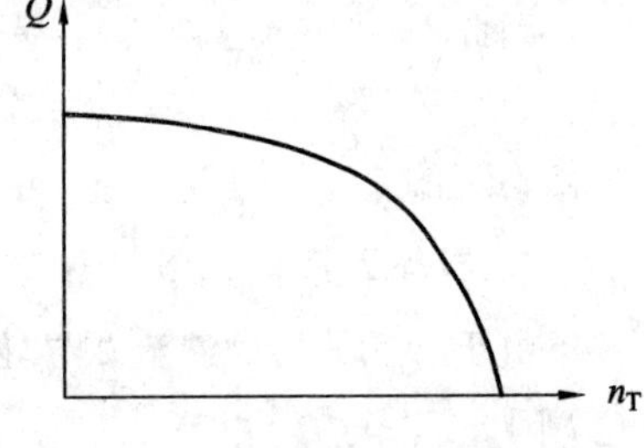


图 4-21　向心式液力变矩器环流量的变化图

在变矩器结构一定、泵轮转速$n_B$固定不变条件下，如果环流量$Q$也保持不变，那么泵轮出口处的液流速度三角形就是确定的，不随外载改变；涡轮入口与出口处的速度三角形是不定的，随外载改变；导轮入口处的液流速度也是不定的，随外载改变；导轮出口处的液流速度则是确定的，泵轮入口处的速度三角形也是确定的，不随外载改变。由此可以看出，正是由于有了固定的导轮，导轮对液流起了导流的作用，因此无论外载与涡轮转速$n_T$如何变化，无论进入导轮的液流速度如何变化，但在导轮出口处的液流速度，其方向与数值却始终不变，从而导致了泵轮入口处的液流速度三角形确定不变。当涡轮转速$n_T$随外载变化时，涡轮扭矩与变化的外载相等；泵轮扭矩却因液流在泵轮出口与入口处的绝对速度确定不变而保持恒定。这就是涡轮扭矩与泵轮扭矩不同的原因。关于这一点将在下一节详加讨论。上述虽然是在假定环流量$Q$保持不变条件下的推论，但可以对变矩器的变矩性能有初步的了解。

### 4.3.3　工作轮的扭矩方程式

**1. 泵轮扭矩方程**

设液流流经泵轮所受外力矩为 $M_B'$，由式(4-1)得

$$M_B' = \rho Q(v_{B2}\cos\alpha_{B2k}R - v_{B1}r\cos\alpha_{B1}r)$$

设泵轮作用于液流的扭矩为 $M_B$，按其物理意义知，$M_B = M_B'$，即

$$M_B = \rho Q(v_{B2}\cos\alpha_{B2k}R - v_{B1}\cos\alpha_{B1}r) \tag{4-5}$$

$M_B$ 即是泵轮的扭矩，式(4-5)为泵轮的扭矩方程。

由变矩器的叶栅展开图上液流速度三角形，可以看出

$$v_{B2}\cos\alpha_{B2k}R = (u_{B2} + w_{B2}\cos(180° - \beta_{B2k})R$$
$$= \left(\frac{\pi rn_B}{30} - \frac{Q}{A_{B2}}\cos\beta_{B2k}\right)R = \frac{\pi R^2 n_B}{30} - \frac{R\cos\beta_{B2k}}{A_{B2}}Q$$

$$v_{B1\infty}\cos\alpha_{B1}r = v_{D2}\cos\alpha_{D2k}r = \frac{Q}{A_{D2}}r\cos\alpha_{D2k} = \frac{r\cos\alpha_{D2k}}{A_{D2}}Q$$

因此

$$M_B = \rho Q\left(\frac{\pi R^2}{30}n_B - \frac{R\cos\beta_{B2k}}{A_{B2}}Q - \frac{r\cos\alpha_{D2k}}{A_{D2}}Q\right)$$
$$= \rho Q\left[\left(-\frac{R\cos\beta_{B2k}}{A_{B2}} - \frac{r\cos\alpha_{D2k}}{A_{D2}}\right)Q + \frac{\pi R^2}{30}n_B\right] \tag{4-6}$$

由上式可以看出：泵轮扭矩 $M_B$ 与变矩器结构、泵轮转速 $n_B$、工作油环流量 $Q$ 及其密度 $\rho$ 有关。对于结构一定、工作油密度 $\rho$ 已定的变矩器，当泵轮转速 $n_B$ 固定不变时，泵轮扭矩 $M_B$ 随环流量 $Q$ 变化。当外载变化时，涡轮转速 $n_T$、环流量 $Q$ 相继发生变化，从而导致泵轮扭矩 $M_B$ 变化。如果外载变化，$Q$ 变化不大或基本维持不变，那么 $M_B$ 也将变化不大或近似稳定不变。

**2. 涡轮扭矩方程式**

设液流流经涡轮所受外力矩为 $M_T'$(即涡轮作用于液流的扭矩)，由式(4-1)得

$$M_T' = \rho Q(v_{T2}\cos\alpha_{T2}r - v_{T1}\cos\alpha_{T1}R)$$

设液流作用于涡轮的扭矩为 $M_T$，那么，$M_T = -M_T'$，即

$$M_T = \rho Q(v_{T1}R\cos\alpha_{T1} - v_{T2}\cos\alpha_{T2\infty}) \tag{4-7}$$

$M_T$ 即所谓涡轮扭矩，式(4-7)即涡轮扭矩方程式。

根据叶栅展开图上液流速度三角形，可以得到以下关系：

$$v_{T1}\cos\alpha_{T1}R = v_{B2}\cos\alpha_{B2k}R = u_{B2} + w_{B2}\cos(180° - \beta_{B2k})R$$
$$= \left(\frac{\pi Rn_B}{30} - \frac{Q}{A_{B2}}R\cos\beta_{B2k}\right)R = \frac{\pi R^2 n_B}{30} - \frac{R\cos\beta_{B2k}}{A_{B2}}Q$$

$$v_{T2}\cos\alpha_{T2}r = (u_{T2} - w_{T2}\cos\beta_{T2k})r$$
$$= \left(\frac{\pi rn_T}{30} - \frac{Q}{A_{T2}}\cos\beta_{T2k}\right)r = \frac{\pi r^2 n_T}{30} + \frac{r\cos\beta_{T2k}}{A_{T2}}Q$$

$$M_T = \rho Q\left(\frac{\pi R^2 n_B}{30} - \frac{R\cos\beta_{B2k}}{A_{B2}}Q - \frac{\pi r^2 n_T}{30} + \frac{r\cos\beta_{T2k}}{A_{T2}}Q\right)$$
$$= \rho Q\left[\left(-\frac{R\cos\beta_{B2k}}{A_{B2}} + \frac{r\cos\beta_{T2k}}{A_{T2}}\right)Q + \frac{\pi R^2 n_B}{30} - \frac{\pi r^2 n_T}{30}\right] \tag{4-8}$$

由上式可以看出，涡轮扭矩 $M_T$ 与变矩器结构、泵轮转速 $n_B$、涡轮转速 $n_T$、工作油环流量 $Q$ 及密度 $\rho$ 有关。

对于结构和工作油密度已定的变矩器，当泵轮转速 $n_B$ 固定不变时，涡轮扭矩 $M_T$ 随涡轮转速 $n_T$ 和工作油环流量 $Q$ 的变化而变化。

向心式液力变矩器，当外载增加时，涡轮转速 $n_T$ 必将降低，而环流量 $Q$ 将增加，反之亦然。在某段工况变化范围内，环流量 $Q$ 的变化范围很小，可视为常量。但由于涡轮转速 $n_T$ 随外载升降，其结构仍将导致涡轮扭矩 $M_T$ 的变化。

**3. 导轮扭矩方程式**

设液流流经导轮所受外力矩为 $M_D'$(即导轮作用于液流的扭矩)，由式(4-1)得

$$M_D' = \rho Q(v_{D2}\cos\alpha_{D2} r - v_{D1}\cos\alpha_{D1k} r)$$

设液流作用于导轮的扭矩为 $M_D$，那么，$M_D = M_D'$，即

$$M_D = \rho Q(v_{D2}\cos\alpha_{D2k} r - v_{D1}\cos\alpha_{D1} r) \tag{4-9}$$

$M_D$ 即所谓导轮扭矩，式(4-9)即导轮扭矩方程式。

如图 4-19 所示，根据叶栅展开图上液流速度三角形，可以得到以下关系：

$$v_{D2}\cos\alpha_{D2k} r = \frac{Q}{A_{D2}} r\cos\alpha_{D2k} = \frac{r\cos\alpha_{D2k}}{A_{D2}} Q$$

$$v_{D1}\cos\alpha_{D1} r = v_{T2}\cos\alpha_{T2k} r = \left(\frac{\pi r n_T}{30} - \frac{Q}{A_{T2}}\cos\beta_{T2k}\right) r = \frac{\pi r^2 n_T}{30} - \frac{r\cos\beta_{T2k}}{A_{T2}} Q$$

因此

$$\begin{aligned} M_D &= \rho Q\left(\frac{r\cos\alpha_{D2k}}{A_{D2}} Q - \frac{\pi r^2 n_T}{30} + \frac{r\cos\beta_{T2k}}{A_{T2}} Q\right) \\ &= \rho Q\left[\left(\frac{r\cos\alpha_{D2k}}{A_{D2}} + \frac{r\cos\beta_{T2k}}{A_{T2}}\right) Q - \frac{\pi r^2 n_T}{30}\right] \end{aligned} \tag{4-10}$$

由上式可以看出，导轮扭矩 $M_D$ 与变矩器结构、涡轮转速 $n_T$、工作油环流量 $Q$ 及密度 $\rho$ 有关。

对于结构和工作油密度已定的变矩器，当泵轮转速 $n_B$ 固定不变时，导轮扭矩 $M_D$ 随涡轮转速 $n_T$ 和工作油环流量 $Q$ 的变化而变化。

由式(4-10)分析可知，向心式液力变矩器，当外载增加时，涡轮转速 $n_T$ 降低，环流量 $Q$ 增加，此时有较大的 $M_D$，当外载减小时，涡轮转速 $n_T$ 增大，环流量 $Q$ 减小，此时有较小的 $M_D$，甚至为负数。

### 4.3.4 工作轮扭矩的平衡

通过前面的分析可以看出，变矩器各工作轮的变化规律是不同的，$M_B$ 与 $M_T$ 也不相等。下面讨论三工作轮扭矩的内在联系。

工作油在工作轮里循环流动，由于液流有动量矩的变化，因此工作轮和液流之间相互产生作用力矩。但当工作油从泵轮入口流经泵轮、涡轮、导轮再返回泵轮入口时，其动量矩并无变化，增量为零。因此在循环一周之后，液流所受各工作轮的作用力矩，根据动量矩定理，其总和为零：

$$M_B' + M_T' + M_D' = 0$$

即

$$M_B' + M_D' = -M_T'$$

前面讨论得知，$M_B = M_B'$，$M_D = M_D'$，$M_T = -M_T'$，因此

$$M_T = M_B + M_D \tag{4-11}$$

式(4-11)为工作轮力矩平衡方程式，该式表明泵轮扭矩和导轮扭矩之和等于涡轮扭矩。

使用前面的解析式也可以推导出同样的结果。由前面的推导可知：

$$M_B = \rho Q(v_{B2}\cos\alpha_{B2}R - v_{B1}\cos\alpha_{B2}r)$$

$$M_T = \rho Q(v_{T1}\cos\alpha_{T1}R - v_{T2}\cos\alpha_{T2}r)$$

$$M_D = \rho Q(v_{D2}\cos\alpha_{D2}r - v_{D1}\cos\alpha_{D1}r)$$

$$M_B + M_D = \rho Q(v_{B2}\cos\alpha_{B2}R - v_{B1}\cos\alpha_{B2}r + v_{D2}\cos\alpha_{D2}r - v_{D1}\cos\alpha_{D1}r)$$

根据液流速度三角形，可知：

$v_{B2} = v_{T1}$，$\alpha_{B2} = \alpha_{T1}$，因此 $v_{B2}\cos\alpha_{B2} = v_{T1}\cos\alpha_{T1}$。

$v_{D2} = v_{B1}$，$\alpha_{D2} = \alpha_{B1}$，因此 $v_{D2}\cos\alpha_{D2} = v_{B1}\cos\alpha_{B1}$。

$v_{D1} = v_{T2}$，$\alpha_{D1} = \alpha_{T2}$，因此 $v_{D1}\cos\alpha_{D1} = v_{T2}\cos\alpha_{T2}$。

经过整理得

$$M_B + M_D = \rho Q(v_{T1}\cos\alpha_{T1}R - v_{T2}\cos\alpha_{T2}r) = M_T$$

液力变矩器在任何情况下，其工作扭矩之间的平衡关系是始终存在的。由于 $M_T = M_B + M_D$，因此，$M_T$ 并不等于 $M_B$，这就是所谓变矩器的变矩特性。工作扭矩的平衡规律就是变矩器的变矩原理。

值得指出的是，导轮扭矩 $M_D$ 并不一定是正值，可能为零，也可能为负值。由前面对导轮扭矩 $M_D$ 的分析计算式(4-10)，已了解到 $M_D$ 随外载变化的情况。当外载为重载时，$M_D$ 为正值，此时 $M_T > M_B$，$M_T$ 可能数倍于 $M_B$；当外载适中时，$M_D$ 为零，此时 $M_T = M_B$；当外载为轻载时，$M_D$ 为负值，此时 $M_T < M_B$。因此液力变矩器的输出扭矩能自适应外载的变化规律。

根据以上对液力变矩器工作原理的分析，我们可以得出下面一些结论：

(1) 变矩器之所以能够改变扭矩是由于导轮的存在；

(2) 涡轮轴扭矩 $M_T$ 等于泵轮的扭矩 $M_B$ 和导轮的扭矩 $M_D$ 之和；

(3) 导轮扭矩 $M_D$ 随着涡轮转速 $n_T$ 的变化有大于、等于或小于零的三种不同情况。

### 4.3.5 液力变矩器的透过性

液力变矩器泵轮上的负荷随涡轮轴上的负荷而改变的性能，称为液力变矩器的透过性。

**1. 非透过性液力变矩器**

通过上面的讨论可知，如果泵轮轴上的转速 $n_B$、转矩 $M_B$是常数，则涡轮轴上的转矩 $M_T$是随着涡轮的转速 $n_T$ 的增加而降低的，如图 4-22 中的倾斜实线所示。

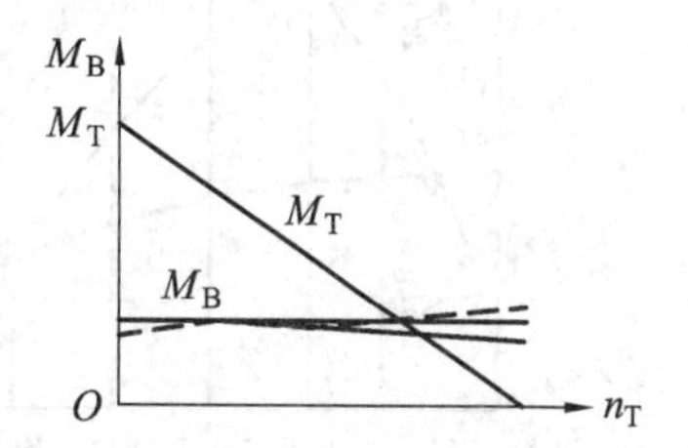

图 4-22 液力变矩器的透过性

图 4-22 的另一条水平实线说明虽然力矩 $M_T$变化了，但泵轮力矩 $M_B$是不随着改变的，即发动机的工作不因行驶阻力的变化而变化。液力变矩器的这种特性称为非透过性。

具有非透过性的液力变矩器称为非透过性液力变矩器。由式(4－5)可知：

$$M_{B}=\rho Q\left[\left(-\frac{R\ \cos\beta_{B2k}}{A_{B2}}-\frac{r\ \cos\alpha_{D2k}}{A_{D2}}\right)Q+\frac{\pi R^{2}}{30}n_{B}\right]$$

当 $Q$ 不变、$n_B$ 不变时，$M_B$ 不变。而实际上不论液力变矩器在任何工况下，只要循环流量 $Q$ 不变，泵轮出口处的绝对速度方向、大小就不变，泵轮入口处的绝对速度方向、大小也不变。所以 $M_B$ 保持不变的条件是循环流量 $Q$ 和泵轮转速 $n_B$ 不变。

**2. 可透过性液力变矩器**

当泵轮转速 $n_B$ 为常数且 $n_T$ 变化时，循环圆内的流量也变化，如涡轮转速减小，则 $Q$ 会增加。所以泵轮上的转矩 $M_B$ 不能保持常数，也就是说，液力变矩器从动轴上由于负荷变化而引起的工况变化，可以透过变矩器反映到发动机上去。这种 $M_B$ 随 $n_T$ 变化而改变的变矩器称为可透性变矩器。如果 $M_B$ 随 $n_T$ 增加而减少，则属于正透过性的变矩器，如图 4－22 中的点画线所示。如果 $M_B$ 随 $n_T$ 增加而增加，则属于负透过性变矩器，如图 4－22 中的虚线所示。

# 4.4 液力变矩器的特性曲线及选用

用以表示液力变矩器性能参数的曲线图叫做液力变矩器的特性曲线。扭矩曲线上所标示的变矩器性能参数不同，液力变矩器的特性曲线有：输出特性曲线、原始特性曲线、输入特性曲线以及柴油机与液力变矩器共同工作时的联合输出特性曲线。

## 4.4.1 输出特性曲线

一定结构的液力变矩器，工作腔里充满一定密度的工作油。当泵轮转速 $n_B$ 固定不变时，其涡轮扭矩 $M_T$ 与涡轮转速 $n_T$ 的关系，泵轮扭矩 $M_B$ 与涡轮转速 $n_T$ 的关系，效率 $\eta$ 与涡轮转速 $n_T$ 的关系都有一定的变化规律，表示这些变化规律的曲线就叫做变矩器的输出特性曲线，又叫做变矩器的外特性曲线。图 4－23 是石油钻机驱动中常用的向心式液力变矩器的输出特性曲线。图 4－24 是 YB－700Ⅱ液力变矩器的输出特性曲线。

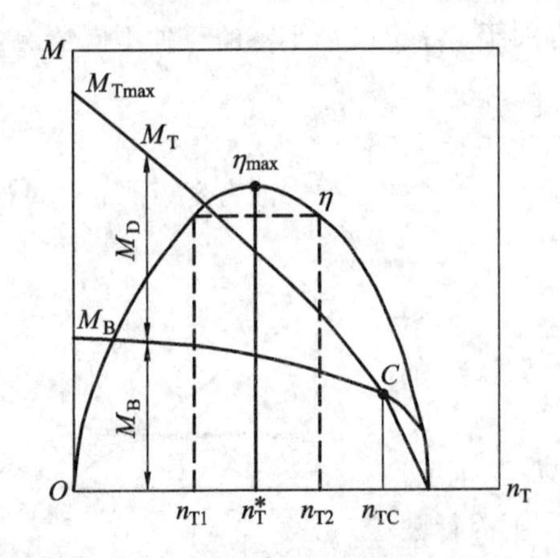


图 4－23 变矩器的输出特性曲线

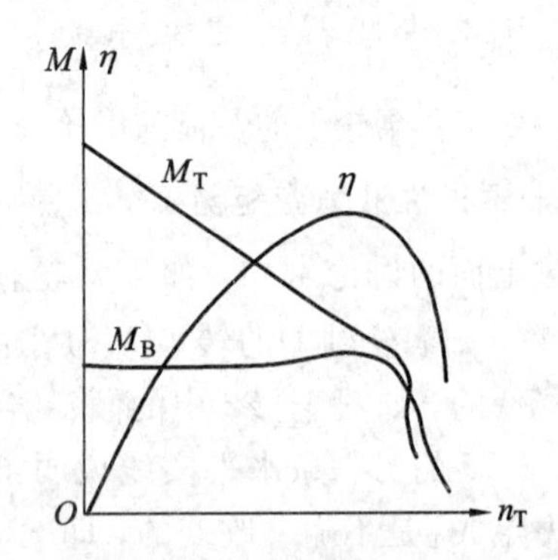


图 4－24 YB－700Ⅱ液力变矩器的输出特性曲线

变矩器的输出特性曲线由实验测得。实验时，$n_B$ 固定为变矩器的额定输入转速，向输出轴施加载荷，工作油的温度控制在一定范围内，实测出不同外载时的 $n_T$、$M_T$、$M_B$ 数值。变矩器的效率由下列计算公式得出：

$$\eta=\frac{输出功率}{输入功率}=\frac{N_T}{N_B}=\frac{M_T n_T}{M_B n_B}$$

以横坐标表示 $n_T$，以纵坐标表示 $M_T$、$M_B$、$\eta$ 即可绘出该型变矩器的输出特性曲线。

由输出特性曲线上可以看到 $M_T-n_T$ 曲线是一条陡斜线。当 $n_T=0$ 时，$M_T$ 有最大值 $M_{Tmax}$，当 $n_T$ 逐渐升高时，$M_T$ 随即减小。当 $n_T\approx n_B$ 时，$M_T\approx 0$。$M_T$ 与 $n_T$ 的变化规律属于自动无级调速、无级变矩的软特性。柴油机的输出特性为硬特性，当柴油机与液力变矩器联合工作时，其硬特性就通过变矩器转变为软特性，因此柴油机液力变矩器的动力机组符合石油钻机的需要，对钻机的工作极为有利，这就是液力变矩器在石油钻机驱动中广为应用的原因。

$\eta-n_T$ 曲线类似抛物线。由于变矩器旋转组件的机械摩擦损失、工作腔里工作油的漏失和工作油循环时的水力损失，导致了变矩器的输出功率与输入功率不等。其中水力损失对变矩器效率的影响尤为严重。

液流在工作轮叶片流道里流动时有流阻损失，在工作轮入口处有冲击涡轮损失，这两种损失形成了变矩器的水力损失。流阻损失与环流量 $Q$ 有关，而冲击涡流损失则与涡轮转速 $n_T$ 有关。对于一定结构的变矩器，只有在涡轮转速为 $n_T^*$ 工况时，液流才会无冲击地进入工作轮，加上这时环流量 $Q$ 亦不太大，因此 $n_T^*$ 工况的效率最高。$\eta-n_T$ 曲线上的拐点即其最高效率点，此处通常 $\eta_{max}=0.8\sim0.9$。

$n_T^*$ 工况即变矩器的最高效率工况，是变矩器最理想的工况，变矩器的结构就是按 $n_T^*$ 工况进行计算设计的。然而，由于外载的变化，变矩器的工况不可能固定不变。当 $n_T$ 偏离 $n_T^*$ 过多时，显然相应的 $\eta$ 值很低，这时变矩器的机械损失与水力损失的能量都转化为工作油的热能，从而导致工作油的温度升高。效率越低，功率损失越大，油温越高。在高温下，工作油极易氧化变质，最终导致变矩器失效。因此变矩器不允许在效率过低的工况下长期运行，通常规定变矩器在 $\eta>0.75$ 范围内工作。设 $n_{T1}$ 为规定的低速限，$n_{T2}$ 为规定的高速限，$n_{T1}$ 与 $n_{T2}$ 的区间即变矩器的高效工作区。高效工作区的范围以 $d$ 表示 $\left(d=\frac{n_{T1}}{n_{T2}}\right)$，标志着变矩器高效工作区的宽窄程度。至于 $n_{T1}$、$n_{T2}$、$d$ 的具体数值以及相应的 $\eta$ 范围，则视变矩器的工作参数与具体应用情况而定。变矩器被限定在高效工作区运转是对长期工作而言的，但在短期间内是可以超出高效工作区工作的。

$M_B-n_T$ 曲线变化为平缓。当外载变化时，在高效工作区范围内，$M_B$ 的变化幅度不大，因此驱动变矩器的柴油机输出扭矩的变化也不大。这种输出扭矩基本稳定的工作状况，对柴油机来说是极为有利的。在外载很小时，涡轮转速 $n_T$ 升高并向固定的泵轮转速 $n_B$ 靠近，这时 $M_B$ 急剧降低，从而保证了在轻载或空载时，变矩器的输入功率很低，即柴油机的输出功率很低，有利于节约柴油机的耗油量。

输出特性曲线表示了工作轮扭矩的平衡关系。$M_T$ 与 $M_B$ 两曲线的交点 $C$ 即 $M_D=0$，$M_T=M_B$ 的工况点，通常称为耦合器工况点；$C$ 点左方，$M_T>M_B$；$C$ 点右方，$M_T<M_B$。

输出特性曲线展现了变矩器的各种工况。

$n_T=0$ 为制动工况。此时涡轮停止运转，涡轮扭矩达到最大值 $M_T=M_{Tmax}$，$M_{Tmax}$ 又称为制动扭矩，其效率 $\eta=0$。

$n_T \approx n_B$ 为空转工况，此时涡轮转速最高，接近泵轮转速，涡轮扭矩 $M_T \approx 0$，其效率 $\eta=0$。向心式液力变矩器在空转工况下，$n_T$ 略低于 $n_B$，工作腔里保持着少量环流量 $Q$，有少许涡轮扭矩 $M_T$，仅用以克服本身的机械摩擦损失，维持高速旋转，而其输出扭矩则为零。

$n_T=n_T^*$ 为无冲击工况，即最高效率工况。

$n_T=n_{TC}$ 为耦合器工况。

$n_{T1}$ 称为高效工作区下限，$n_{T2}$ 称为高效工作区上限。

根据输出特性曲线可以看出液力变矩器的性能特点与实用价值，如果回顾本章第一节有关液力传动装置优点的部分内容，将会对该论述有进一步的认识。

### 4.4.2 原始特性曲线

变矩器的性能参数除 $M_B$、$M_T$、$n_B$、$n_T$、$\eta$ 外，还有转速比 $i$、变矩比 $K$、泵轮扭矩系数 $\lambda_B$、涡轮扭矩系数 $\lambda_T$ 等。

涡轮转速 $n_T$ 与泵轮转速 $n_B$ 的比值叫做转速比 $i\left(i=\dfrac{n_T}{n_B}\right)$。变矩器工作时，随着外载的改变，$n_T$ 改变，$i$ 也改变，因此转速比 $i$ 标志着变矩器的工况。制动工况 $i=0$，空转工况 $i\approx 1$，最高效率工况 $i=i^*$；耦合器工况 $i=i_C$；高效工作区下限工况 $i=i_1$；高效工作区上限工况 $i=i_2$；转速比 $i$ 的变化范围从 0 到接近于 1。

涡轮扭矩 $M_T$ 与泵轮扭矩 $M_B$ 的比值叫做变矩比 $K\left(K=\dfrac{M_T}{M_B}\right)$。变矩器工作时，随着外载、$n_T$、$i$ 的改变，$M_T$、$M_B$ 也在改变，因此不同工况时将有不同的 $K$ 值，且变矩比 $K$ 随 $i$ 改变，$K$ 是 $i$ 的函数。

效率 $\eta=\dfrac{N_T}{N_B}=\dfrac{M_T n_T}{M_B n_B}=Ki$，因此 $\eta$ 也是 $i$ 的函数。

前面讨论中所得到的工作轮扭矩方程式：式(4-4)、式(4-5)、式(4-6)是在所假设的前提条件下导出的纯理论表达式，这种理论公式与实际情况有一定出入，用以分析变矩器的工作原理固然方便，但用以设计变矩器则显然欠妥。

根据相似理论，按式(4-4)的推导方法，同理可得出液力变矩器泵轮扭矩方程式：

$$\frac{M_B}{D^5 n_B^2 \gamma}=\frac{M_{B.md}}{D_{md}^5 n_{B.md}^2 \gamma_{md}}=\lambda_B$$

$$M_B=\lambda_B D^5 n_B^2 \gamma \tag{4-12}$$

式(4-12)为变矩器的实用扭矩方程式，式中 $\lambda_B$ 称为泵轮扭矩系数。该式包括了具有代表性的尺寸因素 $D$、运动因素 $n_B$、工作参数 $M_B$ 以及工作油因素 $\gamma$ 等。泵轮的扭矩系数，可按样机的实际资料通过计算获得。由于 $\lambda_B$ 是以样机的实际性能参数为基础的，所以包含 $\lambda_B$ 因素的上式较为符合实际情况。

变矩器的工况不同，泵轮的扭矩系数不同，$\lambda_B$ 的数值也不相同，因此 $\lambda_B$ 是 $i$ 的函数。

凡属几何相似的液力变矩器，在相同的工况下，应有相同的 $\lambda_B$ 值。凡属几何相似的液力变矩器，应有相同的 $\lambda_B-i$ 曲线。

同理，按相似理论可导出涡轮扭矩方程式：

$$\frac{M_T}{D^5 n_T^2 \gamma} = \frac{M_{T.md}}{D_{md}^5 n_{T.md}^2 \gamma_{md}} = \text{const} = \lambda_{TC}$$

$$M_T = \lambda_{TC} D^5 n_T^2 \gamma$$

式中，$\lambda_{TC}$为比例常数，它是 $i$ 的函数。凡属几何相似的液力变矩器，在相同的工况下应有相同的 $\lambda_{TC}$值。

在实际应用中并不采用包含 $n_T$ 的涡轮扭矩方程式，而是采用包含 $n_B$ 的方程式。按变矩比公式：

$$K = \frac{M_T}{M_B}$$

$$M_T = KM_B = K\lambda_B D^5 n_B^2 \gamma$$

取 $\lambda_T = K\lambda_B$，因此有

$$M_T = \lambda_T D^5 n_B^2 \gamma \tag{4-13}$$

式(4-13)为变矩器的涡轮扭矩实用方程式，式中 $\lambda_T$ 称为涡轮扭矩系数。显然 $\lambda_T$ 是 $i$ 的函数。$\lambda_T$ 与 $\lambda_{TC}$的关系为

$$M_T = \lambda_T D^5 n_B^2 \gamma = \lambda_{TC} D^5 n_T^2 \gamma$$

$$\lambda_T = \lambda_{TC} \left(\frac{n_T}{n_B}\right)^2$$

$$\lambda_T = \lambda_{TC} i^2$$

凡属几何相似的液力变矩器，在相同的工况下都具有相同的 $\lambda_{TC}$值。因此必然具有相同的 $\lambda_T$ 值。凡属几何相似的液力变矩器，都应有相同的 $\lambda_T-i$ 曲线。

综合所述，$K$、$\eta$、$\lambda_B$、$\lambda_T$ 都是 $i$ 的函数，凡属几何相似的液力变矩器，无论尺寸大小、泵轮转速高低、工作油重度大小，在转速比相同条件下都应有相同的 $K$、$\eta$、$\lambda_B$、$\lambda_T$ 值。凡属几何相似的液力变矩器，必有相同的 $K-i$、$\eta-i$、$\lambda_B-i$、$\lambda_T-i$ 曲线。

$K$、$\eta$、$\lambda_B$ 随 $i$ 变化的具体数值可根据变矩器的输出特性曲线，按各自的有关公式计算得出，然后以横坐标表示转速比 $i$，以纵坐标表示 $K$、$\eta$、$\lambda_B$，从而绘制曲线。这种 $K-i$、$\eta-i$、$\lambda_B-i$ 曲线就叫做变矩器的原始特性曲线。

其实，利用输出特性曲线，只需要将 $M_B-n_T$ 曲线的纵坐标比例尺乘以$\frac{1}{D^5 n_B^2 \gamma}$，横坐标比例尺乘以$\frac{1}{n_B}$就可得到 $\lambda_B-i$ 曲线。同理，$\eta-n_T$ 曲线也可以转换为 $\eta-i$ 曲线。因此，原始特性曲线图上的 $\lambda_B-i$、$\eta-n_T$ 曲线与输出特性曲线图上的 $M_B-n_T$、$\eta-n_T$ 曲线是相似的，$\lambda_B-i$、$\eta-i$ 代表了 $M_B-n_T$、$\eta-n_T$ 的变化趋势与特征。

由于 $\lambda_T = K\lambda_B$，当 $K$、$\lambda_B$ 已定时，$\lambda_T$ 即可确定，加上 $K-i$ 曲线已展示了 $\lambda_T$ 的变化过程，因此原始特性曲线不再绘制 $\lambda_T-i$ 的曲线。变矩器的原始特性曲线如图 4-25 和图 4-26 所示。

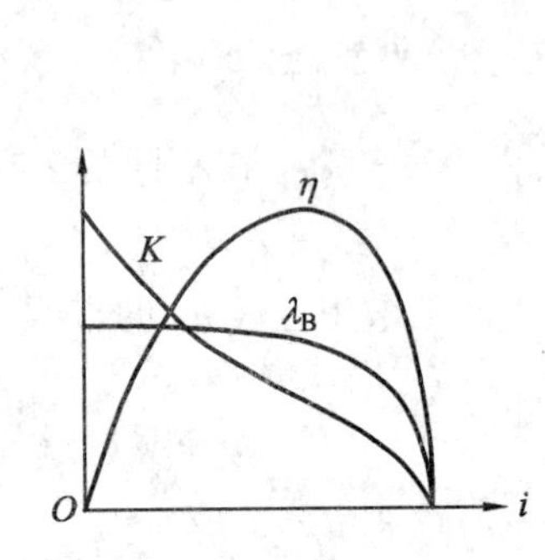


图 4－25　变矩器的原始特性曲线

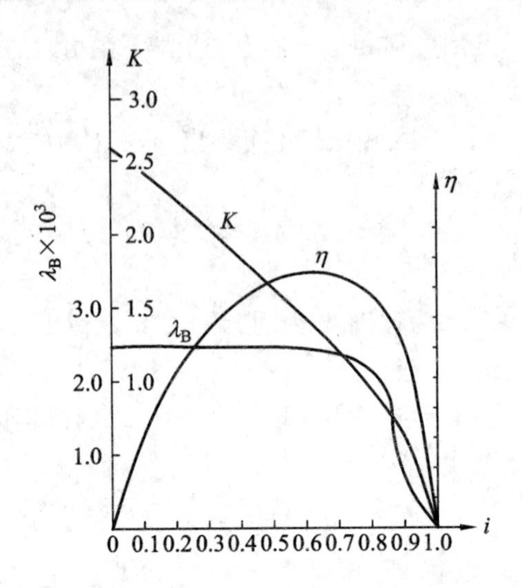


图 4－26　YB700－Ⅱ液力变矩器的原始特性曲线

原始特性曲线是几何相似的同一类液力变矩器所共有的基本性能曲线，既可用以进行变矩器设计，又可从事变矩器与柴油机匹配选型，有时又可以代表输出特性曲线进行变矩器性能的对比与探讨。

### 4.4.3　输入特性曲线

变矩器输出特性曲线中的 $M_B - n_T$ 曲线通常是在 $n_B$ 固定为变矩器额定输入转速条件下测得的。如果改变 $n_B$ 的固定转速，那么 $M_B - n_T$ 曲线也将改变，因此 $M_B$ 与 $n_B$ 之间有着一定的规律。$M_B$ 与 $n_B$ 之间的关系可用曲线来表示，该曲线就叫做变矩器的输入特性曲线。

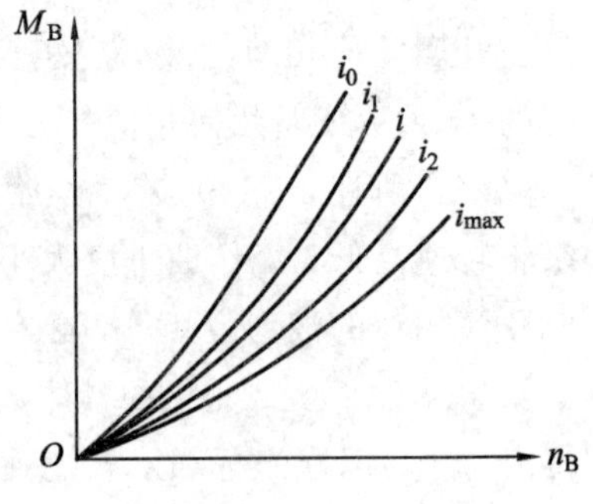


图 4－27　变矩器的输入特性曲线

根据泵轮的实用扭矩方程式 $M_B = \lambda_B D^5 n_B^2 \gamma$，当变矩器结构一定、工作油密度一定、工况一定（$D$、$\gamma$、$\lambda_B$ 皆为定值）时，$M_B$ 与 $n_B$ 的平方成正比，即 $M_B - n_B$ 曲线为一条通过原点的抛物线。如果工况不同，$\lambda_B$ 值就会不同，$M_B - n_B$ 抛物线也就不同。因此，对于一定结构、充满一定工作油的变矩器，当标志工况的转速比 $i$ 由 0 向接近于 1 变动时，变矩器的输入特性曲线是一组抛物线。

图 4－27 表示了向心式液力变矩器在不同工况时的输入特性曲线。由图上可以看出，当 $i=0$ 时有 $i_0$ 抛物线，当 $i_1 \approx 1$ 时有 $i_{max}$ 抛物线，两抛物线之间的区域即 $M_B$ 随 $n_B$ 的位置变动范围。在转速比 $i=0$ 不变的条件下，由于 $M_B$ 随 $n_B^2$ 变化，因此 $M_B$ 较 $n_B$ 的变化剧烈得多。在 $n_B$ 固定不变时，随着外载的增加，$n_T$ 降低，工况改变，将沿纵向自下而上，顺其抛物线组移动。

输入特性曲线用于解决变矩器与发动机的合理匹配问题。

当发动机与液力变矩器匹配工作时，变矩器的输入扭矩对于发动机来说就是发动机的负荷扭矩，因此 $M_B - n_B$ 曲线就是变矩器施加给发动机的负荷曲线。当已知发动机的净外特性曲线（已扣除自身辅件功率消耗的发动机外特性）与所匹配的液力变矩器的输入特性曲线时，将两组曲线绘制在同一坐标内，这样就得到发动机与液力变矩器共同工作时的联合输入特性曲线。在联合输入特性曲线上可以看出发动机与液力变矩器共同工作时的工况范围。

图 4-28 表示了发动机与液力变矩器共同工作时的联合输入特性曲线。图中 $abcd$ 曲线为发动机的净外特性曲线，$df$、$ag$ 为发动机的调速特性曲线，$b$ 为发动机的最大扭矩点，$d$ 为发动机的最大功率扭矩点，$g$ 为发动机的怠速运转点。

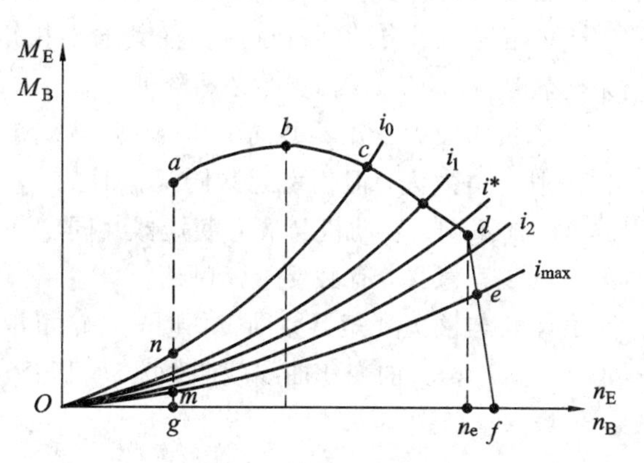


图 4-28　发动机与液力变矩器共同工作时的联合输入特性曲线

变矩器制动工况 $i_0$ 时，$M_B-n_B$ 抛物线与发动机净外特性曲线相交于 $c$，与调速特性曲线 $ag$ 相交于 $n$。变矩器空转工况 $i_{max}$时，$M_B-n_B$ 抛物线与发动机调速特性曲线 $df$、$ag$ 相交于 $e$、$m$。变矩器的最高效率工况 $i^*$ 以及高效工作区上、下限工况 $i_1$、$i_2$，其 $M_B-n_B$ 抛物线均与发动机净外特性曲线相交于相应点。

$cdemnc$ 曲线即发动机与液力变矩器共同工作时的联合输入特性曲线。该曲线所包络的范围就是发动机-液力变矩器机组在不同工况、不同泵轮转速时共同工作的工况范围，亦即泵轮所需要输入的扭矩与发动机所能提供的扭矩，供求双方的平衡范围。变矩器与其匹配的发动机只能在 $cdemnc$ 曲线区域内共同工作。

液力变矩器与发动机不能任意组合工作。为了充分发挥发动机与液力变矩器的效能，双方应合理匹配，其匹配原则如下：

(1) 变矩器最高效率工况的 $M_B-n_B$ 抛物线与发动机净外特性曲线的交点应在发动机最大功率扭矩点附近，以充分利用发动机功率。

(2) 变矩器高效工作区上、下限的 $M_B-n_B$ 抛物线与发动机特性曲线的交点应处于发动机单位千瓦小时耗油量的最低范围内，以便提高发动机燃料的经济性。

(3) 变矩器制动工况的 $M_B-n_B$ 抛物线与发动机净外特性的交点应在发动机最大扭矩点的右方附近，目的是获得较大扭矩以适应工作机启动与超载的要求。

### 4.4.4　发动机与液力变矩器共同工作时的联合输出特性曲线

液力变矩器一般都安装在发动机之后，与发动机紧密配合共同工作。因此，动力装置的输出特性既不是发动机特性也不是变矩器特性，而是某种联合特性。在此情况下，可把发动机特性和变矩器特性分别视为机组的内特性，而把发动机与变矩器的共同工作特性视为机组的外特性(输出特性)。

实践证明，一台性能良好的发动机和一台性能良好的变矩器联合工作，如果匹配不合适，其共同工作特性并不好。要研究二者匹配是否合适，必须从它们的共同工作特性是否符合工作要求来考虑。

液力变矩器的输出特性曲线是在泵轮转速 $n_B$ 固定不变的条件下，通过实验测得的。当外载、$n_T$、$i$ 改变时，$n_B$ 始终维持恒定。然而在变矩器与发动机匹配工作时，虽然可使发动机在其额定转速下运转，但随着变矩器外载的变化，却不能使转速保持恒定。比如，变矩器外载增加，$n_T$ 当即降低，$i$ 随即减小，$M_B - n_B$ 抛物线改变，$M_B$ 相应增加，发动机负荷增加，根据发动机的自动适应性，发动机的工况点将沿其调速特性曲线与净外特性曲线上移，结果是发动机自动"降速增扭"使其输出扭矩与负荷($M_B$)相平衡。由于发动机转速 $n_B$ 与泵轮转速 $n_B$ 相等，因此 $n_B$ 必然降低。

发动机与液力变矩器共同工作时，随着变矩器外载的变化，$n_E$ 与 $n_B$ 是变化的，尽管其变化一般不是太大，但仍引起共同工作时的 $M_E$ 与变矩器输出特性曲线上 $M_B$ 不同，进而引起 $M_T$ 的不同。发动机与液力变矩器共同工作时的 $M_B - n_T$、$M_T - n_T$、$n_B - n_T$ 变化规律具有实际工程意义，有必要予以讨论。

发动机与液力变矩器共同工作时，泵轮扭矩 $M_B$、涡轮扭矩 $M_T$、泵轮转速 $n_B$ 以及效率 $\eta$，随涡轮转速 $n_T$ 的变化曲线就叫做发动机与液力变矩器共同工作时的联合输出特性曲线(见图 4-29)。

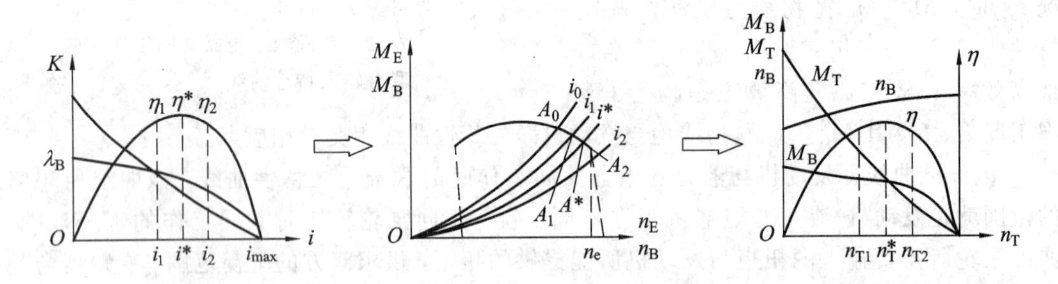


图 4-29　柴油机与液力变矩器共同工作时联合输出特性曲线的绘制

联合输出特性曲线可以根据变矩器的原始特性曲线，发动机的净外特性曲线通过计算绘制出来。计算绘制过程如下：

(1) 先标定出一系列转速比 $i$：$i_0$、$i_1$、$i^*$、$i_2$……

(2) 在原始特性曲线上找出与诸 $i$ 相对应的泵轮扭矩系数 $\lambda_B$：$\lambda_{B0}$、$\lambda_{B1}$、$\lambda_B^*$、$\lambda_{B2}$……找出与诸 $i$ 相对应的变矩比 $K$：$K_0$、$K_1$、$K^*$、$K_2$……找出与诸 $i$ 相对应的效率 $\eta$：$\eta_0$、$\eta_1$、$\eta^*$、$\eta_2$……

(3) 按泵轮扭矩实用方程式 $M_B=\lambda_B D^5 n_B^2 \gamma$，将已知 $D$、$\gamma$ 值以及与所标定的 $i$ 相应的 $\lambda_B$ 值代入方程式，计算不同 $n_B$ 时的 $M_B$ 值；然后将计算结果绘于发动机净外特性曲线图上并连成平滑曲线，此曲线即与所标定的相应的 $M_B - n_B$ 抛物线；同理，计算并绘出与其他 $i$ 相应的 $M_B - n_B$ 抛物线。抛物线组与发动机净外特性曲线的交点依次为 $A_0$、$A_1$、$A^*$、$A_2$…… 这些交点就是发动机与变矩器的共同工况点。

(4) 找出共同工况点处的发动机转速 $n_E$：$n_{E0}$、$n_{E1}$、$n_E^*$、$n_{E2}$……再找出共同工况点处的发动机输出扭矩 $M_E$：$M_{E0}$、$M_{E1}$、$M_E^*$、$M_{E2}$……

(5) 统计并计算共同工况点处的有关参数。

$A_0$：$i=i_0$，$n_E=n_{E0}$，$n_T=in_B=i_0 n_{E0}$，$M_E=M_{E0}$，$K=K_0$，$M_T=KM_B=K_0 M_B$，$\eta=\eta_0$；

$A_1$：$i=i_1$，$n_E=n_{E1}$，$n_T=in_B=i_1 n_{E1}$，$M_E=M_{E1}$，$K=K_1$，$M_T=KM_B=K_1 M_{E1}$，$\eta=\eta_1$；

$A^*$：$i=i^*$，$n_E=n_E^*$，$n_T=in_B=i^* n_E^*$，$M_E=M_E^*$，$K=K^*$，$M_T=KM_B=K^* M_E^*$，$\eta=\eta^*$。

其余点可依此类推。

(6) 取横坐标为 $n_T$，在横坐标上标定共同工况点处的各 $n_T$ 值，以纵坐标 $n_B(n_E)$、$M_B(M_E)$、$M_T$、$\eta$ 各个参数，将数值与 $n_T$ 相对应逐一绘制并连成平滑曲线。这样就得到了 $n_B-n_T$、$M_B-n_T$、$M_B-n_T$、$\eta-n_T$ 联合输出特性曲线。图 4-29 表述了联合输出特性曲线的绘制过程。

图 4-30 为 12V190B-1 与 YB700-Ⅱ动力机组联合输出特性曲线。

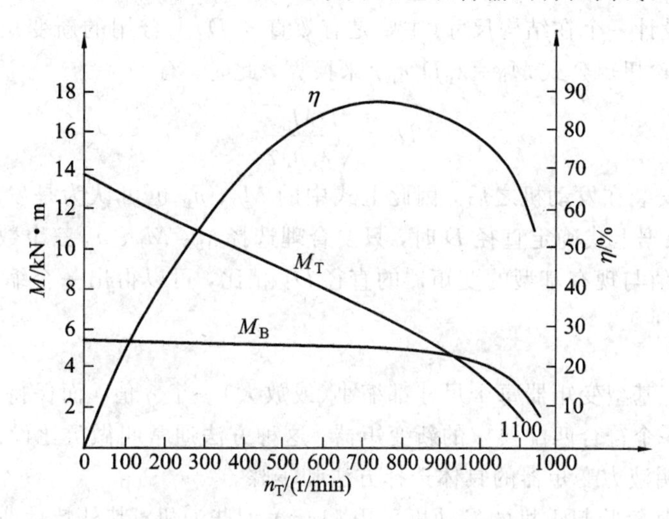


图 4-30 12V190B-1 与 YB700-Ⅱ动力机组联合输出特性曲线

联合输出特性曲线显示了发动机-液力变矩器动力机组的工作特色，在石油钻机驱动中，可作为确定大钩起重量与提升速度的依据。

图 4-31 所示为车辆发动机与液力变矩器的联合输出特性曲线，图中的各实线代表不透特性者，各虚线代表正透特性者。比较两种输出特性，可透性比不透性有下列优点：

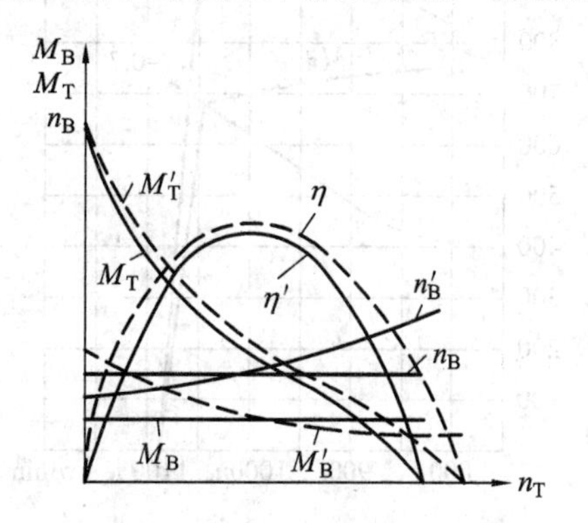


图 4-31 车辆发动机与变矩器的联合输出特性曲线

(1) 可透性变矩器与发动机共同工作，可得到较大的涡轮转速变化范围，从而相应地提高车辆速度。

(2) 扩大了高效率区域，提高了车辆在低速和高速行驶的经济性。

(3) 提高了涡轮扭矩 $M_T$，增大了牵引力，改善了动力性能。

### 4.4.5 液力变矩器的选择

对于工作机械来说，可根据既定发动机功率、扭矩和转速、工作机的工作要求及其传动系、行走系的情况等，对照国家系列产品中所列变矩器的各种性能来选取一个，然后作出它与发动机的联合工作输入与输出特性，以此来校核是否符合要求。如果选定的液力变矩器性能符合要求，但结构尺寸不适用，则可用几何相似方法重新进行设计。所谓几何相似的变矩器，就是它们工作轮过流部分的形状相似，相对应尺寸的比值为一常数，叶片的安置角相等。凡是几何相似的变矩器组，它们的原始特性都完全相同。因此按照现成变矩器，用此方法新设计一个在结构尺寸(主要是有效直径 $D$)上合用的新变矩器。这个泵轮有效直径 $D$ 可按泵轮扭矩公式 $M_B=\lambda_B D^5 n_B^2 \gamma$ 来换算，此时，有

$$D=\sqrt[5]{\frac{M_B}{\lambda_B n_B^2 \gamma}} \tag{4-14}$$

变矩器一般安装在发动机之后，因此上式中的 $M_B$、$n_B$ 也可认为是发动机的扭矩与转速。由此可见，根据上式确定直径 $D$ 时，只要合理选择 $\lambda_B$、$M_B$、$n_B$ 三个数值即可。

把求出的 $D$ 值与现有基型的变矩器的直径 $D_{基}$ 相比，可以得出一个缩小(或放大)的系数(即倍数) $\delta=\dfrac{D}{D_{基}}$。

这样，只要把基型变矩器每个尺寸都缩小(或放大)一个 $\delta$ 值，而保持叶片的安置角相同，就可设计出一个符合匹配要求的新变矩器。这种方法通常叫做类比设计法。

下面举例说明液力变矩器的具体选择方法和步骤。

**[例 4-1]** 某轮胎起重机的发动机采用 4146A 型柴油机，其外特性曲线如图 4-32 所示，试选用一液力变矩器进行匹配。

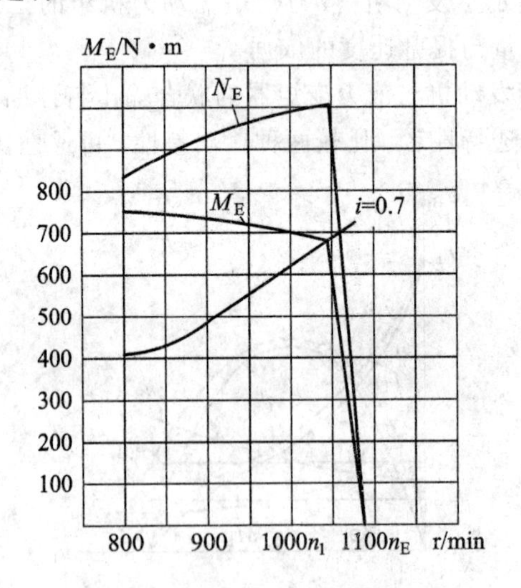


图 4-32 4146A 型柴油机外特性曲线

**解**：初步考虑采用某单级单相液力变矩器作为基型，其有效直径 $D$=400 mm，原始特性曲线如图 4-33 所示。凡是同一类型几何相似的变矩器，它们的原始特性曲线都相同(严格说是近似地认为相同，因为叶道表面粗糙度很难保证完全相似)。因此，可用基型的原始特性曲线作为计算依据。

(1) 确定变矩器的作用直径 $D$。由公式 $M_B=\lambda_B D^5 n_B^2 \gamma$ 来计算 $D$。从图 4-37 可看出：当 $i$=0.7 时，变矩器的效率最高($\eta$=0.8)。因此我们希望 $i$=0.7 的负载抛物线与发动机的最大功率点相交。由图 4-36 查出此时 $M_B=M_E$=680 N·m，$n_B=n_E$=1050 r/min。由

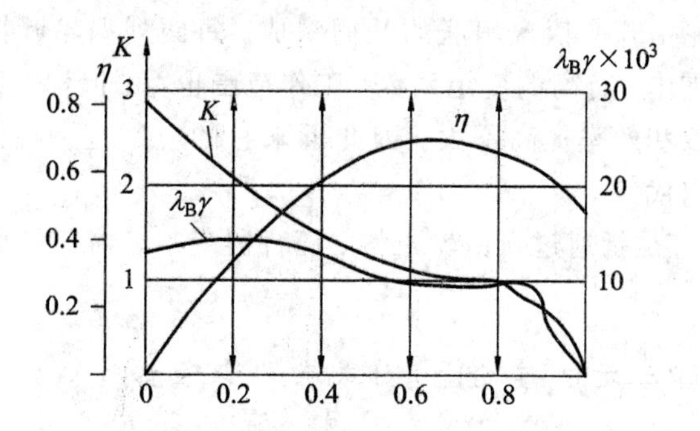


图 4-33 单级单相液力变矩器原始特性曲线

图 4-37 查出 $i=0.7$ 时，$\lambda_B\gamma=0.0011$，于是有

$$D=\sqrt[5]{\frac{M_B}{\lambda_B n_B^2\gamma}}=\sqrt[5]{\frac{68}{0.0011\times1050^2}}\approx0.562\ \mathrm{m}\approx0.56\ \mathrm{m}$$

(2) 根据 $D=0.56$ m 绘制柴油机与变矩器共同工作的联合输入特性曲线及联合输出特性曲线。对联合工作特性进行全面分析，考察所选的基型和所定的作用直径是否恰当。

(3) 如决定采用这一直径，则进一步确定变矩器的其他部分尺寸。根据几何相似原则，应用计算所得的 $D$ 与基型变矩器直径 $D_基$ 的比值$\left(本例中\ \delta=\frac{D}{D_基}=\frac{560}{400}=1.4\right)$，按同一比例放大其他部分几何尺寸。对应工作轮的叶片数及进出口叶片角度均保持不变。

## 4.5 液力变矩器的类型和构造

按照插在其他工作轮叶栅间的涡轮叶栅列数，液力变矩器分为单级和多级。叶栅是一组按一定规律排列在一起的叶片，有两列叶栅的涡轮称为二级，依此类推。各级涡轮叶栅彼此刚性连接，并和从动轴相连。

图 4-34(a)为单级变矩器简图。液流在循环圆中只经过一列涡轮和导轮叶片，它的构造简单，最高效率值高，但起动变矩系数小，工作范围窄。

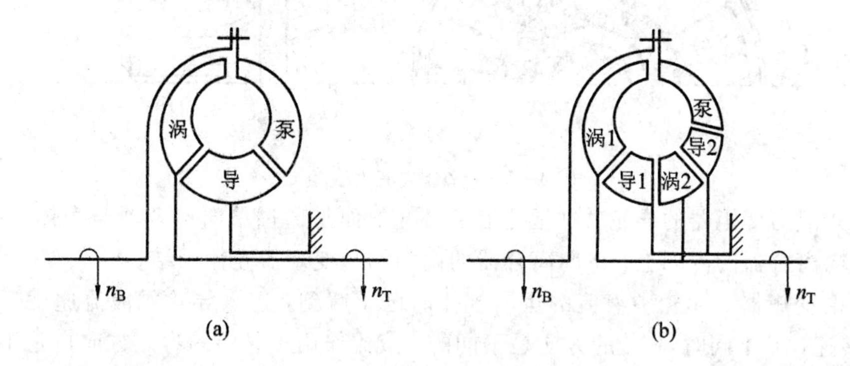


图 4-34 单级、二级液力变矩器简图

图 4-34(b)为二级变矩器简图。它由一个泵轮、二列叶栅的涡轮和一列或两列叶栅的导轮组成。液流在循环圆中要经过两列涡轮和二列导轮叶片，由于液流连续作用在二列涡轮叶栅上，所以变矩系数比单级高，同时工作范围也较宽。

多级变矩器的涡轮由几个依次串联的叶栅组成。每两列涡轮叶栅之间插入导轮叶栅，所以在小的传动比范围内，有高的变矩系数，工作范围也宽，但构造复杂，价格贵，在中小传动比范围内变矩系数和效率提高不大。因此近来它的应用范围逐渐缩小，而被液力-机械式变矩传动装置所取代。

液力变矩器的“相”是指通过自由轮机构、离合器或制动器等作用，所能改变液力变矩器的工作状态数。

### 4.5.1 单级单相(即三元件导轮固定)式液力变矩器

所谓单级指的是变矩器中只有一个涡轮。单相则指其工况只有一个变矩器的工况。这种变矩器结构简单，效率也还高，最高效率 $\eta=0.8$，对于工程机械来说不可能只在一个工况点上工作，而是在一定传动比范围内工作。这就希望在这个范围内有较高的效率，一般希望 $\eta$ 在 0.75 以上。这种变矩器的高效工作区较窄($\eta=0.75$ 以上相当于 $i=0.6\sim0.8$)，使它的工作范围受到限制，在高效工作区效率低，易发热。另外，为了使发动机容易有载启动和有较大的克服负载能力，希望起动工况时($i=0$)变矩系数 $K_0$ 较大。这种变矩器的 $K_0$ 值为 3 左右，不算大，只适用于小吨位装卸机械。

### 4.5.2 单级二相液力变矩器(综合式液力变矩器)

单级二相液力变矩器是工程机械上广泛采用的一种液力变矩器，它不仅结构简单、工作可靠、性能良好，而且效率高。

液力变矩器在高转速比工况下的效率很低，耦合器则相反，在高转速比工况下的效率很高。为了利用耦合器的这种优点，弥补变矩器的不足，研制出了综合式液力变矩器，其结构分解图如图 1-26 所示，工作原理分析如图 4-35 所示。

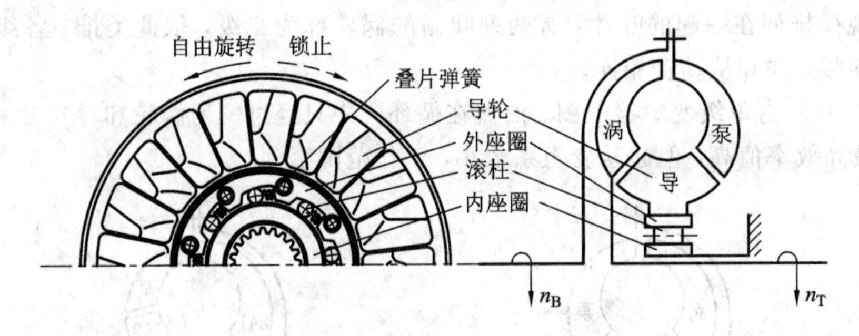


图 4-35 综合式液力变矩器

综合式液力变矩器的导轮并非固定在壳体上，而是通过单向离合器与壳体连接。导轮固定在单向离合器的内圈上，单向离合器的内圈则与变矩器壳体固结。

在讨论变矩器工作轮中液流的运动规律时已了解到，进入导轮的液流速度 $\vec{v}_{D1}$ 取决于 $\vec{v}_{T2}$；当转速比 $i$ 不同时，$\vec{v}_{D1}$ 的方向是不同的，液流作用于导轮的力矩方向也是不同的。

由图 4-36 可以看出，当涡轮转速 $n_T$ 降低时，$u_{T2}$ 降低，因此在低转速比工况时，液流以速度 $v'_{D1}$ 冲击导轮的正面，液流作用于导轮的力矩方向有使导轮逆泵轮旋向回转的趋势，即为 $-M'_D$ 的方向，此时单向离合器的滚柱楔紧其内外座圈，从而使导轮固定不动。当涡轮转速 $n_T$ 升高时，$u_{T2}$ 升高，因此在高转速比工况，液流以速度 $v''_{D1}$ 冲击导轮的背面，液流作用于导轮的力矩方向有使导轮顺泵轮旋向回转的趋势，即为$-M''_D$的方向，此时单向离合器的滚柱与其内外座圈松脱，导轮获得自由并按泵轮旋向自由旋转。图中的$M'_D$和$M''_D$为导轮对液流的力矩，液流对导轮的力矩方向与此正好相反。

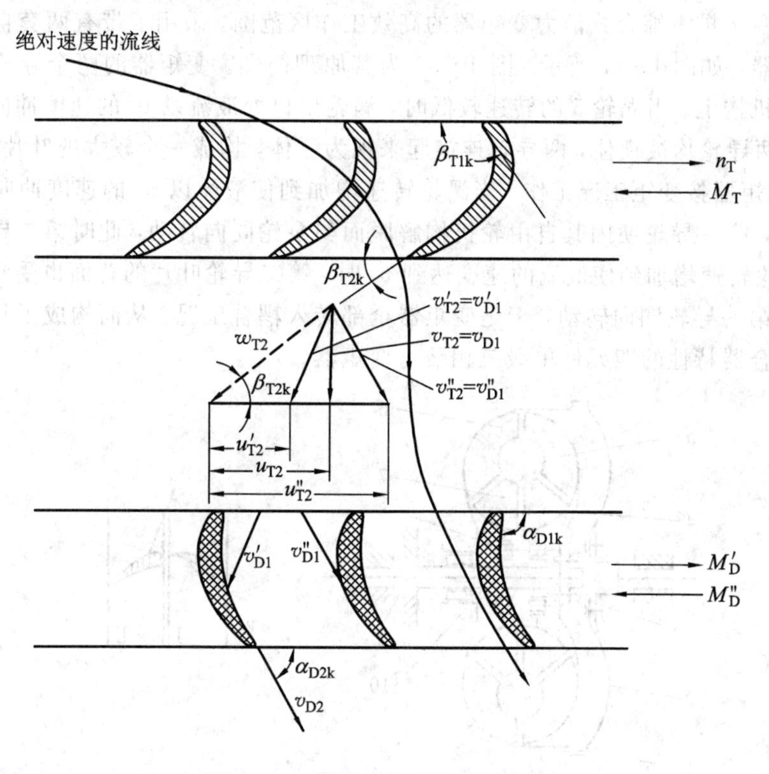


图 4-36 液流对导轮的作用力矩

图 4-37 为综合式液力变矩器的原始特性曲线。变矩器输出特性上的耦合器工况点$i_C$即液流对导轮作用力矩方向的转变点，当$i<i_C$时，冲击导轮的液流力图使导轮逆泵轮的旋转方向转动，导轮固定，综合式液力变矩器就处于变矩器工作状态；当$i>i_C$时，进入导轮的液流力图使导轮顺泵轮的旋转方向转动，导轮自由空转，综合式液力变矩器就处于耦合器工作状态。$i_C$工况点即变矩器工作状态与耦合器工作状态的转换点，从而扩大了高效

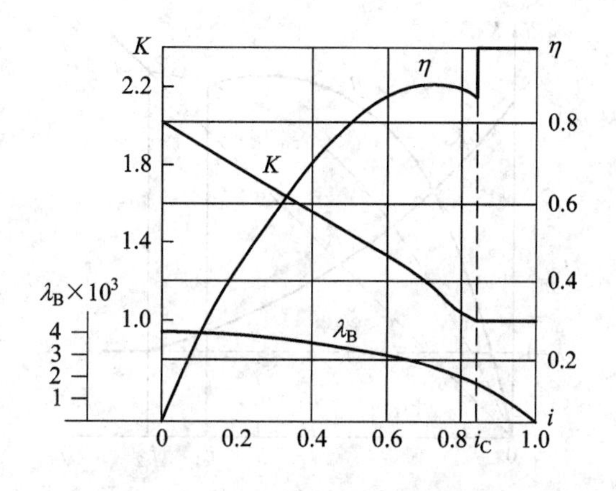


图 4-37 综合式液力变矩器的原始特性曲线

工作区的范围，改善了变矩器的性能。

### 4.5.3 单级三相液力变矩器

为了进一步扩大综合式液力变矩器的高效工作区范围，采用了带有两套自由轮机构的双导轮变矩器，如图 4-17 所示。图 4-38 为其原理简图。变矩器的两个导轮分别装在各自的自由轮机构上。当涡轮 5 的转速较低时，涡轮出口处液流以 $v_1$ 的速度冲向两个导轮叶片的凹面，两导轮均被锁住，两导轮连接起来视为一体，构成一个较大的叶片，如图 4-38(b)所示，变矩器按变矩工况工作。当涡轮转速增加到使液流以 $v_2$ 的速度冲向第一导轮叶片的背面时，第一导轮便因其自由轮机构解脱而与泵轮同向转动，此时第二导轮仍起变矩作用。当涡轮转速增加到使液流的速度达到 $v_3$ 时，第二导轮叶片的背面也受到液流的冲击而与泵轮及第一导轮同向转动，于是变矩器全部转入耦合工况，从而构成了具有两个变矩器和一个耦合器特性的四元件单级三相液力变矩器。

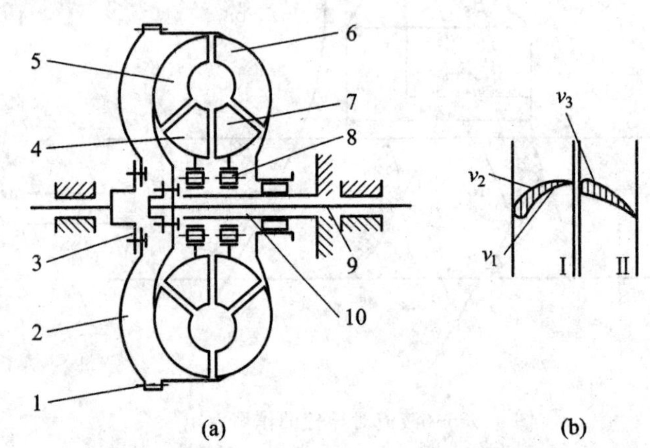


1—启动齿轮；2—变矩器壳；3—曲轴凸缘；4—第一导轮(Ⅰ)；5—涡轮；
6—泵轮；7—第二导轮(Ⅱ)；8—自由轮机构；9—输出轴；10—导轮固定套管

图 4-38　四元件综合式液力变矩器结构示意图

图 4-39 为该类变矩器的特性曲线。在传动比 $i=0\sim i_{c1}$ 区段，两导轮均锁住不动，组成一个弯曲较大的叶片，以保证在低传动比工况下获得足够大的变矩比 $K$。在传动比 $i=$

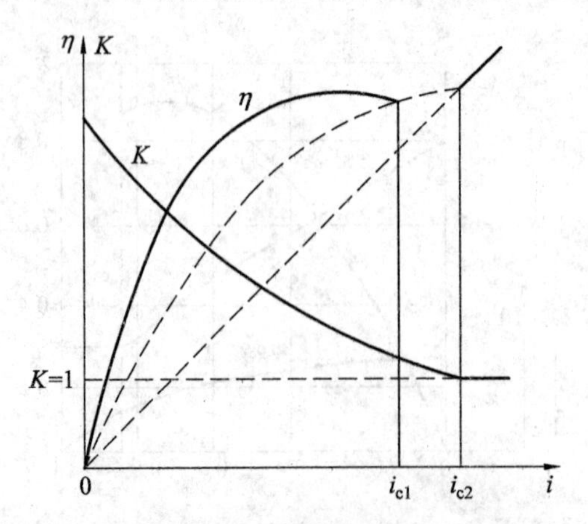


图 4-39　四元件综合式液力矩器特性曲线

$i_{c1} \sim i_{c2}$区段，第一导轮解脱而自由转动，变矩器只有第二导轮起作用，由于第二导轮叶片的弯曲较小，故该段的效率较三元件单级二相变矩器略有提高。当传动比$i > i_{c2}$时，变矩器完全转入耦合工况，效率曲线按线性规律增长。

四元件综合式变矩器比三元件综合式变矩器的高效工作区范围宽，但由于有两个导轮，结构复杂，液力损失较大，其最高效率较低。

### 4.5.4 带锁止离合器的液力变矩器

石油矿场机械中的修井机、汽车变速机等，其变速传动系统近年来常采用阿里逊传动机构。阿里逊传动机构是由综合式液力变矩器与多级行星齿轮变速箱组成的，见图 1-27，其综合式液力变矩器采用了闭锁式液力变矩器。

闭锁式液力变矩器的结构如图 4-40 所示。泵轮与发动机上的飞轮连接，涡轮与变矩器输出轴连接，导轮则通过单向离合器与壳体连接。变矩器输出轴与飞轮间装有锁止离合器。锁止离合器的结合与分离由液压油控制。当机械系统处于正常匀速运动时，例如汽车在良好的路面上行驶时，可使锁止离合器结合，从而使变矩器不再起变矩器作用，只相当于一个刚性联轴器。这样不仅满足了汽车高速行驶的需要，还提高了传动效率，降低了燃油消耗。当汽车起步或在坏路面行驶时，可使锁止离合器分离，使液力变矩器起作用，以充分发挥液力变矩器自适应行驶阻力变化等优点。

当锁止离合器结合时，自由轮机构即脱开，导轮在液流中与泵轮同向转动。若无自由轮机构，当泵轮与涡轮锁止成一体旋转时，导轮在壳体上仍处于固定状态，将导致液力损失增大，效率降低。

闭锁工况时的传动效率很高。如图 4-41 所示，变矩器工作状态与闭锁工作状态的转换点仍在其耦合器工况点 $i_C$ 处，其闭锁离合器的摘挂则通过液压控制系统控制。

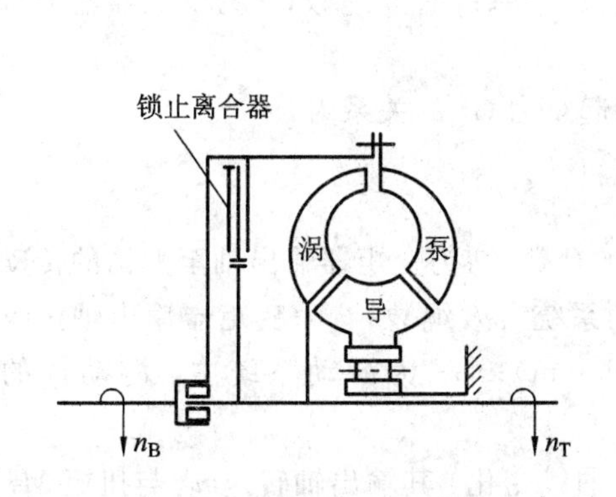


图 4-40 闭锁式液力变矩器结构示意图

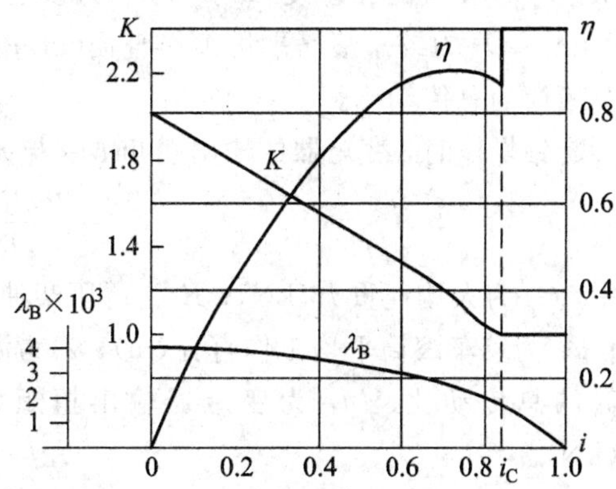


图 4-41 闭锁式液力变矩器的原始特性曲线

## 4.6 阅读材料——液力传动装置在工程上的应用

实际工作中所使用的动力机，例如柴油机、汽油机等，它们的输出特性都属于硬特性，当配以液力变矩器之后，就转化为软特性。输出特性为软特性的动力机能够根据外负载情况实现自动变速、变矩，从而提高了工作机的功率利用率和效率，因此在石油工程、汽车工程等机械工程领域中得到了广泛应用。

### 4.6.1 在石油钻井工程上的应用

**1. 液力变矩器与机械变挡的配合工作**

由于变矩器高效工作区以外效率过低，因此长期工作时，变矩器被限定在高效工作区范围以内运转。石油钻机动力驱动中常用的变矩器，其高效工作区范围 $d \leqslant 2$，而重型钻机的绞车与转盘所要求的调速范围 $R=5\sim8$，因此，单凭变矩器本身的调速性能是无法满足钻机的工作要求的。为了充分利用柴油机的功率，使钻机获得较大范围的低速高扭矩、高速低扭矩的工作性能，同时又使变矩器始终在高效工作区范围内运转，因此，柴油机-液力变矩器驱动钻机常设若干个机械挡。

装设有四个机械挡的柴油机液力变矩器驱动的钻机，在进行起钻操作时，如能及时换挡，那么就可以使变矩器在所确定的高效工作区内自动调速运转。比如，绞车滚筒挂合在Ⅰ挡传动路线下，变矩器最初在高效工作区下限工况运转，随着大钩负荷的逐渐减轻，变矩器自动调速至高效工作区上限 $n_{T2}$ 工况下运转，如果此时，绞车滚筒及时换成Ⅱ挡传动路线，变矩器随即自动调速至 $n_{T1}$ 工况附近工作；然后，随着大钩负荷的继续减轻，变矩器又自动调速至 $n_{T2}$ 工况附近工作，依次换Ⅲ挡起钻以及 $N$ 挡起钻，情况相同。这样，就保证了变矩器始终在高效工作区范围内调速运转，同时又满足了钻机的工作要求。

起钻操作时，变矩器输出轴转速 $n_T$ 与大钩提升速度 $v_g$ 的关系为

$$v_g = \frac{\pi D_g}{60Z} n_g = \frac{\pi D_g}{60Zi} n_T$$

式中，$v_g$ 为大钩提升速度(m/s)；$n_g$ 为绞车滚筒转速(r/min)；$n_T$ 为变矩器输出轴转速(r/min)；$D_g$ 为绞车滚筒平均工作直径(m)；$Z$ 为游动系统有效绳数；$i$ 为变矩器输出轴至绞车滚筒的总传动比。

起钻操作时，变矩器的输出扭矩 $M_T$ 与大钩起重力 $G_g$ 的关系为

$$G_g = \frac{2ZK\eta i}{D_g} M_T - G_Y$$

式中，$G_g$ 为大钩起重力(kN)；$K$ 为所用柴油机的台数；$\eta$ 为变矩器输出轴至大钩的传动效率；$D_g$ 为绞车滚筒平均工作直径(m)；$Z$ 为游动系统有效绳数；$i$ 为变矩器输出轴至绞车滚筒的总传动比；$M_T$ 为变矩器输出扭矩(kN·m)；$G_Y$ 为游动系统中，游动件的重力(kN)。

起钻操作时，变矩器的工况按联合输出特性曲线变化，其输出轴转速 $n_T$ 与扭矩 $M_T$ 在 $n_{T1}\sim n_{T2}$、$M_{T1}\sim M_{T2}$ 时，高效工作区范围内自动调速、变矩。大钩提升速度 $v_g$ 与起重力 $G_g$ 则因机械挡不同、传动路线不同、总传动比不同，其变化范围较大。在Ⅰ挡传动路线下，大钩提升速度大钩 $v_g$ 为 $v_{Ⅰ1}\sim v_{Ⅰ2}$，大钩起重力 $G_g$ 为 $G_{Ⅰ1}\sim G_{Ⅰ2}$；Ⅱ挡传动路线下，大钩提升速度大钩 $v_g$ 为 $v_{Ⅱ1}\sim v_{Ⅱ2}$，大钩起重力 $G_g$ 为 $G_{Ⅱ1}\sim G_{Ⅱ2}$；其余机械挡的情况，可依此类推。

将各机械挡的 $G_g$、$v_g$ 值通点标绘在 $G_g - v_g$ 坐标上，连成平滑曲线，即得到大钩起重力与大钩提升速度的变化曲线，如图 4-42 所示。

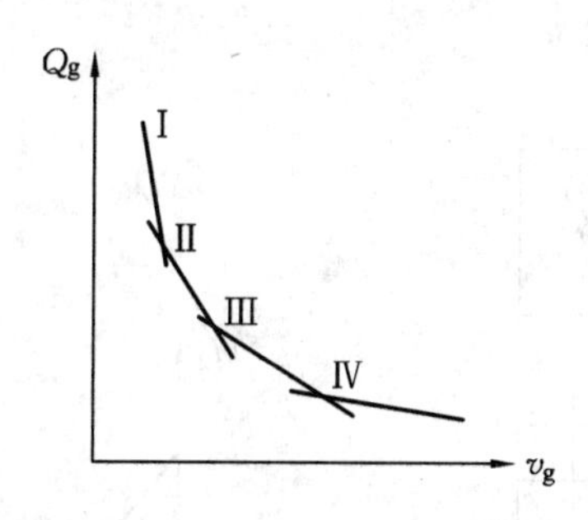


图 4-42 柴油机-液力变矩器驱动的钻机设有四机械挡的 $G_g - v_g$ 曲线

$G_g - v_g$ 曲线上的Ⅰ挡“末”与Ⅱ挡“初”的 $G_g$、$v_G$ 值相同，即Ⅰ挡区的 $G_g - v_G$ 曲线与Ⅱ挡区的 $G_g - v_g$ 曲线首尾相交。这是在钻机传动设计与变矩器选型设计时，考虑了下述等比关系得到的：

$$\frac{\text{高效工作区上限 } n_{T2}}{\text{高效工作区下限 } n_{T1}} = d$$

$$\frac{\text{相应下限的输出扭矩 } M_{T1}}{\text{相应上限的输出扭矩 } M_{T2}} = d$$

$$\frac{\text{Ⅰ 挡总传动比 } i_{\text{Ⅰ}}}{\text{Ⅱ 挡总传动比 } i_{\text{Ⅱ}}} = d$$

Ⅱ、Ⅲ挡区的交点，Ⅲ、Ⅳ挡区的交点与此同理。诸挡区的交点即起钻时随着立根从井筒中不断起出，大钩负荷不断减少情况下的及时换挡点。如果换挡不及时，就会导致变矩器效率降低、工作油过热、出力不足和机组功率利用率降低。由图 4-42 可以看出，液力变矩器与机械挡配合工作时的 $G_g - v_g$ 曲线类似等功率曲线，从而有效提高了钻机的功率利用率。

**2. 液力变矩器输出特性的调节**

液力变矩器的输出特性曲线是泵轮 $n_B$ 固定为变矩器额定输入转速时的有关参数规律。如果将 $n_B$ 的固定转速值予以变换，那么变矩器的输出特性曲线也将随之而改变。图 4-43 为一定结构的变矩器在 $n_B$ 的固定值不同时，其输出特性各参数的变化情况。

根据泵轮、涡轮扭矩实用方程式，$M_B$、$M_T$ 皆与 $n_B$ 的二次方成正比，因此当 $n_B$ 的固定值做较小的改变时，必将导致 $M_B$ 和 $M_T$ 的较大变化。事实上，图 4-43 已经表示了这种变化情况。

柴油机-液力变矩器共同工作时的联合输出特性曲线是在柴油机转速调定为额定转速条件下绘制的，如果改变柴油机转速，联合输出特性曲线也将改变。

石油钻机工作时，适当调节柴油机转速，可以改变变矩器的输出扭矩方程与效率。利用变矩器的这种调节性能，可以使变矩器的工作更好地适应操作的需要。

如图 4-44 所示，当外载不变时，调节柴油机的转速可以改变涡轮转速 $n_T$，从而得到所需要的大钩提升速度 $v_g$。当外载为轻载时，降低柴油机的转速，变矩器就会由低效率工况向高效率工况转移。当需要维持 $n_T$ 不变时，调节柴油机转速，就可以得到不同的输出扭矩 $M_T$，这就是说在大钩提升速度维持不变的情况下，可使大钩的提升能力有较大的变化。

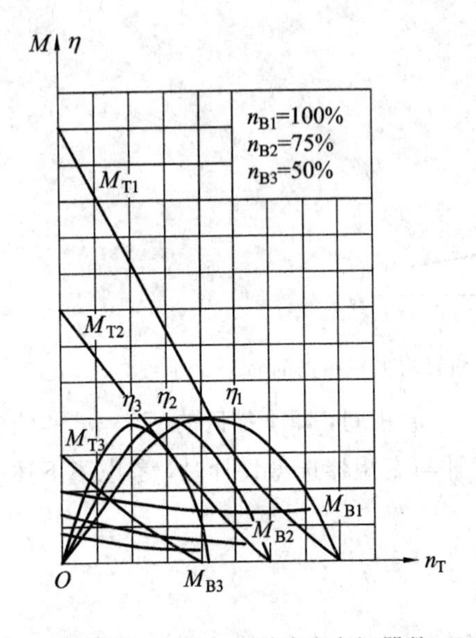


图 4-43　不同 $n_B$ 时液力变矩器的输出特性曲线

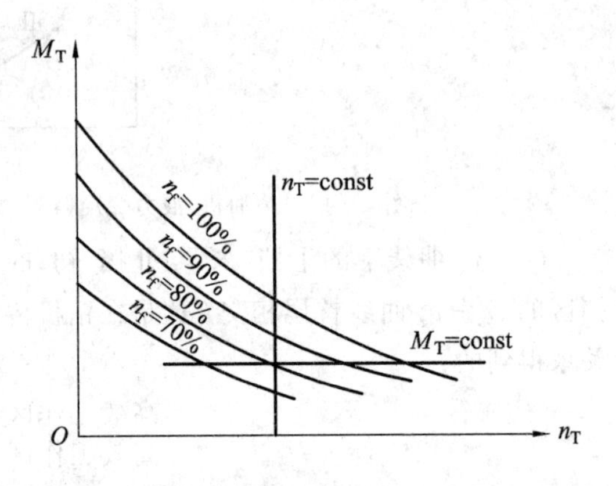


图 4-44　柴油机转速变化时变矩器输出特性的变化

### 3. 柴油机-液力变矩器驱动钻井泵工作状况

图 4-45 表示了柴油机-液力变矩器驱动的钻井泵，在不同尺寸缸套条件下，泵压与排量的变化状况。

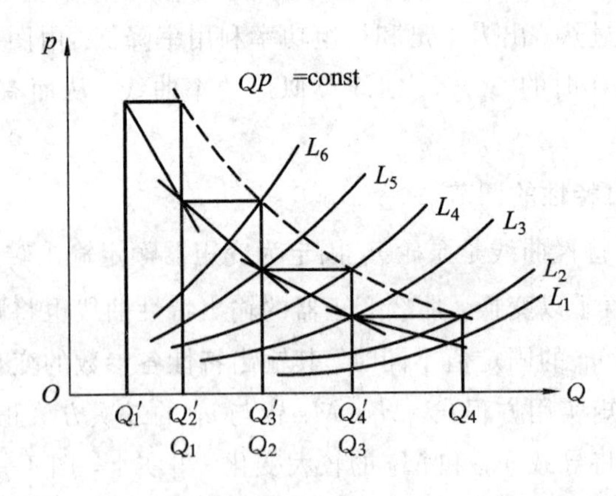


图 4-45　柴油机-液力变矩器驱动钻井泵的 $p$-$Q$ 特性

开钻初，泵的缸套尺寸为 $D_4$，由于井浅，所需泵压不高，液力变矩器的输出扭矩 $M_T$ 较低，此时涡轮转速在最高效率工况 $n_T^*$ 处或其高效工作区上限 $n_{T2}$ 附近。随着井筒的加深，所需钻压不断升高，变矩器的输出扭矩 $M_T$ 当即增加，涡轮转速 $n_T$ 相应降低并向高效工作区下限 $n_{T1}$ 靠近。涡轮转速 $n_T$ 的降低导致泵冲次的降低，尽管此时缸套尺寸仍为 $D_4$，但泵的流量却逐渐下降。因此，$p$-$Q$ 曲线为泵压逐渐升高、泵量逐渐下降的倾斜曲线。由于曲柄连杆机构的强度限制，当泵压达到缸套 $D_4$ 的最大允许泵压时，就必须更换尺寸较小的下一级缸套 $D_3$。泵在小尺寸缸套 $D_3$ 条件下，曲柄连杆机构负载减轻，变矩器的涡轮转速又恢复为 $n_T^*$ 或 $n_{T2}$ 附近工况。随着井筒的加深、泵压的升高，$n_{T2}$ 又向 $n_{T1}$ 附近转移，再次形成泵压不断升高，流量不断降低的工作状况。当泵压升至缸套 $D_3$ 的最大允许泵压时，就需更换更小一级的缸套。

柴油机-液力变矩器驱动的钻井泵，在不同缸套尺寸条件下连续作业的 $p-Q$ 曲线(图4-45虚线所示)，类似等功率双曲线，柴油机的功率得到充分利用。需要指出的是：在常规钻井作业时，钻井泵的缸套亦应及时更换，否则将导致泵机件的过早损坏。

**4. 液力变矩器的应用对钻机性能的改善**

柴油机-液力变矩器动力机组驱动的石油钻机，由于采用了液力传动，因此各工作机组的性能得到了明显改善，先就其要点概述于下：

(1) 柴油机的工作寿命得到延长，功率得到充分利用。

(2) 绞车的功率利用率高，起下钻的时耗少，在低速下有较高的起重能力，在部分动力机组发生故障的情况下，也能将井中钻具低速提出。

(3) 深井钻进，在钻头遇卡过程中，转盘转速自动降低，钻柱惯性扭矩随即减弱，断钻杆事故大为减少。

(4) 钻井泵的流量不均度与压力不均度得到降低(见6.1节介绍)，改善了钻井泵的工作。这是由于泵的流量不均度引起泵压波动时，变矩器将自动改变工况，使流量趋于均匀，最终导致泵压趋于稳定的缘故。比如，泵的瞬时流量增大时，泵压当即升高，泵的曲柄连杆机构负荷增大，变矩器的涡轮转速降低，随之而来的是泵冲次降低，流量减少，泵压又降低。这样就削弱了泵的流量与压力的波动幅度，从而使钻井泵与地面管线的工作条件得到了改善。

### 4.6.2　在汽车工程上的应用

液力变矩器虽然能在一定范围内自动地、无级地变速变矩，但仍存在着变矩能力与传动效率之间的矛盾，难以满足汽车动力性能和经济性能的要求。所以，汽车上广泛采用在液力变矩器的后面串联一个齿轮式变速器构成液力机械变速器。其齿轮式变速器多数为行星齿轮变速器，也可采用定轴式齿轮变速器，如图1-26和图1-27所示。

**1. 行星齿轮变速器的工作原理**

行星齿轮变速器由几排行星齿轮机构组合而成，是用离合器或制动器控制行星轮机构的构件来实现变速的。

行星齿轮传动具有结构紧凑、重量轻、传动效率高、换挡时不存在齿轮冲击、便于实现在行驶过程中自动换挡等优点，所以行星齿轮变速器与液力变矩器组成的液力机械变速在汽车上得到越来越广泛的应用。

为了了解行星齿轮变速器的工作原理，先对简单行星排进行运动学分析。图4-46为最简单的单排行星齿轮机构示图。它包括中心轮(又称太阳轮)、齿圈、行星架和行星轮。前三个零件称为行星齿轮机构的三个基本构件。行星轮同时与中心轮和齿圈相啮合，在它们中间起着中间轮(惰轮)的作用。行星轮一般采用一个以上。设作用于中心轮、齿圈、行星架上的力矩分别为 $M_1$、$M_2$、$M_3$，则

$$\left.\begin{aligned} M_1 &= F_1 r_1 \\ M_2 &= F_2 r_2 \\ M_3 &= F_3 r_3 \end{aligned}\right\} \tag{4-15}$$

式中，$r_1$、$r_2$分别为中心轮和齿圈的节圆半径；$r_3$为行星轮与中心轮的中心距。

行星轮所受的力分别为 $F_1$、$F_2$、$F_3$。由行星轮的平衡条件可得

$$F_1 = F_2, F_3 = -2F_1$$

行星齿轮机构参数 $\alpha$ 为齿圈齿数 $Z_2$ 与中心轮齿数 $Z_1$之比，即

$$\alpha = \frac{Z_2}{Z_1} = \frac{r_2}{r_1}$$

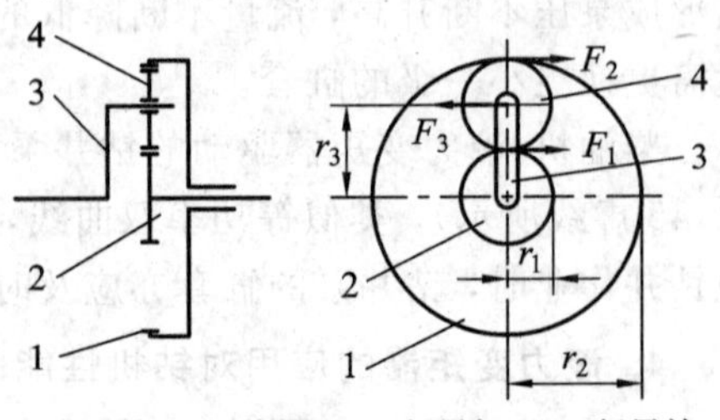


1—中心轮；2—齿圈；3—行星架；4—行星轮

图 4-46 单排行星齿轮机构及作用力

$$r_2 = \alpha r_1$$

而

$$r_3 = \frac{r_1 + r_2}{2}$$

因 $r_1 > r_2$，所以 $\alpha > 1$。

将上式代入式(4-9)，得中心轮、齿圈和行星架上的力矩为

$$\left.\begin{aligned} M_1 &= F_1 r_1 \\ M_2 &= \alpha F_1 r_1 \\ M_3 &= -(1+\alpha)F_1 r_1 \end{aligned}\right\} \tag{4-16}$$

根据能量守恒定律，三构件上输入和输出功率的代数和恒等于零，即

$$M_1 n_1 + M_2 n_2 + M_3 n_3 = 0 \tag{4-17}$$

式中，$n_1$、$n_2$、$n_3$ 分别为中心轮、齿圈、行星架的转速。将式(4-16)代入式(4-17)，可得表示单排行星架齿轮机构一般运动规律的特性方程式为

$$n_1 + \alpha n_2 + (1+\alpha)n_3 = 0 \tag{4-18}$$

根据行星轮机构的特性方程式可知，简单行星排是一个两自由度机构，为了获得确定的运动，必须约束其中一个自由度。在汽车行星齿轮变速器中，可用制动器将中心轮、齿圈、行星架三构件中任一构件制动住，或用闭锁离合器将其中两构件闭锁起来，使整个轮系以一定的传动比传递动力。如果知道了主动件和约束件，即可按式(4-18)求出行星排的传动比。汽车上所用的行星齿轮变速器都是由几个行星排组成的，其传动比可根据上述单排行星齿轮机构的特征方程导出。

**2. 液力变矩器与行星齿轮变速器组成的液力机械变速器**

国产红旗牌高级轿车就采用这种类型的液力机械变速器。它是由四元件综合式液力变矩器与双排行星齿轮变速器构成的，图 4-47 为其传动部分示意图。行星齿轮变速器由前后两排行星齿轮机构组成。

前排齿圈 12 和后排中心轮 11 是一体的，以花键与变速器第一轴 14 连接，为变速器的主动部分。变矩器的从动部分是用花键将后排齿圈 9 和变速器第二轴 10 连在一起的。行星架 18 以花键与倒挡制动器 7 的制动鼓刚性连接，必要时用带式制动器 7 使之固定不转。前排中心轮 13 松套在变速器第一轴 16 上，也可以用带式制动器 6 使之固定不转。直接挡离合器的主动部分与变迭器第一轴 16 相连，从动部分与前排中心轮 13 相连接。当离合器接合时，两排行星齿轮机构全部联锁成一体，实现直接挡传动。因此，借助于离合器和制动

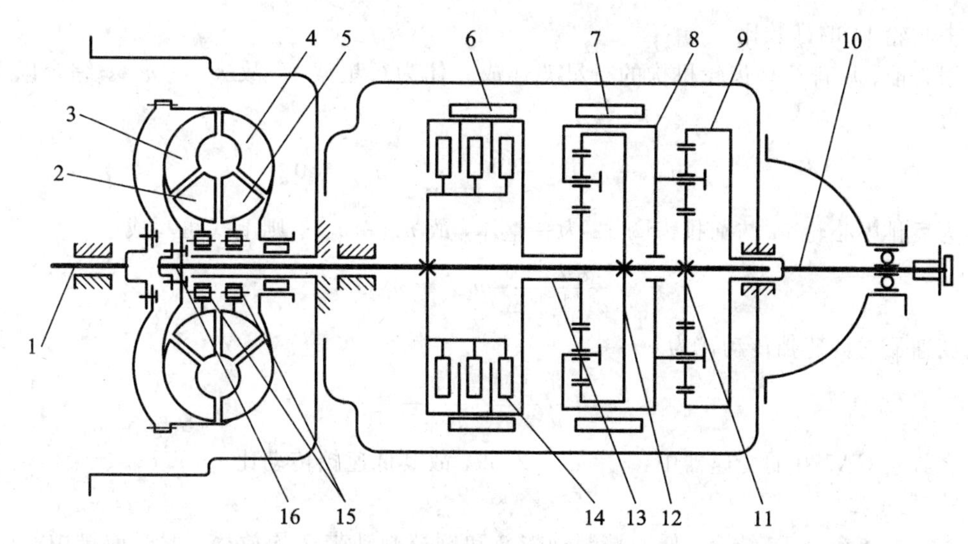


1—发动机曲轴；2—第一导轮；3—涡轮；4—泵轮；5—第二导轮；6—低速挡制动带；7—倒挡制动带；8—行星架；9—后排齿圈；10—变速器第二轴；11—后排中心轮；12—前排齿圈；13—前排中心轮；14—直接挡离合器；15—导轮的单向离合器；16—变速器第一轴

图4-47 红旗牌CA770型轿车液力机械传动示意图

器可以改变行星齿轮机构中各构件的相对运动关系，从而获得不同的传动比。

1）空挡

低速挡制动带6和倒挡制动带7都松开，直接挡离合器处于分离状态，此时两排行星齿轮机构的各构件均不受约束而可自由转动，故行星齿轮变速器不能传递动力，即处于空挡状态。

2）低速挡

直接挡离合器14分离，倒挡制动带7松开。低速挡制动带6抱紧其制动鼓，使前排中心轮13固定不动。液力变矩器输出的动力，一部分从前排齿圈12经行星架传给后排行星轮，另一部分直接经后排中心轮11传给后排行星轮，两部分动力汇合后由后排齿圈9传至变速器第二轴10输出。

变速器的传动比等于变速器第一轴16与变速器第二轴10的转速比。低速挡的传动比是后排中心轮11与后排齿圈9的转速比，而不是后排齿圈9与后排中心轮11的齿数比。因为此时行星架并非固定不动，而只是受到前排行星齿轮机构的约束。这就是两个行星排联合起作用的复杂行星排。计算复杂行星传动机构的传动比的方法如下：

前排行星齿轮机构的运动特性方程式为

$$n_{1-1}+\alpha_1 n_{1-2}-(1+\alpha_1)n_{1-3}=0$$

式中，$n_{1-1}$、$n_{1-2}$、$n_{1-3}$分别为前排中心轮13、前排齿圈12、行星架8的转速；$\alpha_1$为前排齿圈12与前排中心轮13的齿数比。

因低速挡制动带6收紧，前排中心轮13固定不动，即$n_{1-1}=0$，代入特征方程得

$$\alpha_1 n_{1-2}-(1+\alpha_1)n_{1-3}=0$$

同样，后排行星齿轮机构的运动特征方程式为

$$n_{2-1}+\alpha_2 n_{2-2}-(1+\alpha_2)n_{2-3}=0$$

式中，$n_{2-1}$、$n_{2-2}$、$n_{2-3}$分别为后排中心轮、后排齿圈9、行星架8的转速；$\alpha_2$为后排齿圈9与

后排中心轮 11 的齿数比。

因为前、后排行星齿轮机构的行星架连成一体为行星架 8，故 $n_{1-3}=n_{2-3}$。综合以上两式可得

$$n_{2-1}+\alpha_2 n_{2-2}-\frac{\alpha_1(1+\alpha_2)}{1+\alpha_1}n_{1-2}=0$$

又因为后排中心轮 11 与前排齿圈 12 为一整体，故 $n_{2-1}=n_{1-2}$，则上式可写成

$$\frac{\alpha_1\alpha_2-1}{\alpha_2(1+\alpha_1)}n_{2-1}=n_{2-2}$$

因此变速器的低速挡传动比为

$$i=\frac{n_{2-1}}{n_{2-2}}=\frac{\alpha_2(1+\alpha_1)}{\alpha_1\alpha_2-1}$$

在红旗 CA770 的变速器中，$\alpha_1=\alpha_2=2.39$，故其低速挡传动比 $i=1.72$。

3）直接挡

直接挡离合器 14 结合，低速挡制动带 6 和倒挡制动带 7 均放松。此时前排中心轮 13 与变速器第一轴 16 和前排齿圈 12 连成一体，于是行星架 8 也被联锁，故 $n_{1-1}=n_{1-2}=n_{1-3}$，即前排中心轮、前排齿圈、前排行星架转速相等。又因为行星架 8 是前后排行星齿轮所共用的，后排中心轮 11 又与前排齿圈连成一体，故后排行星齿轮机构也被联锁，即 $n_{2-1}=n_{2-2}=n_{2-3}$。变速器第二轴 10 与后排齿圈 9 花键连接，因此变速器第一轴 16 与变速器第二轴 10 便成为一个旋转的整体，显然传动比为 1。

4）倒挡

倒挡制动带 7 收紧，倒挡制动鼓和行星架 8 被固定，但离合器分离，低速挡制动带 6 也松开。此时前排中心轮 13 在前排齿圈 12 和行星架 8 的约束下进行无效转动，故前排行星齿轮机构不起作用。动力由变速器第一轴 16 传给后排中心轮 11，再经行星齿轮由后排齿圈 9 输出。由于行星架固定不动，所以后排齿圈 9 的旋转方向与后排中心轮 11 的旋转方向相反。变矩器处于倒挡工作状态。其传动比 $i_R=\frac{Z_9}{Z_{11}}=2.39$。

除了液力变矩器与行星齿轮变速器组成的液力机械变速器以外，还有液力变矩器与定轴式齿轮变速器组成的液力机械变速器。上海 SH380A 型自卸车就是采用的这类液力机械变速器。

## ◇本 章 小 结◇

（1）液力传动装置是泵轮、涡轮等的组合体。它利用工作腔中液体的循环，先将泵轮轴上的机械能转换为液体能，再由涡轮将液体能转换为机械能输出。能量的转换是通过改变工作轮进、出口处工作介质的动量矩来实现的。

（2）液力传动不仅具有传动柔和、消除振动等优点，还可以对动力机起过载保护、改变工作机特性和无级调速的作用，某些情况下还可以提高功率利用率。

（3）液力耦合器只有泵轮和涡轮，其原始特性曲线表示了力矩系数 $\lambda_B$ 和效率 $\eta$ 随转速比 $i$ 的变化规律。

液力耦合器不能变矩，即输入力矩 $M_B$ 与输出力矩 $-M_T$ 相等：$M_B=-M_T=\lambda_B\gamma n_B^2D^5$。

(4) 液力变矩器不仅有泵轮和涡轮，还有导轮。导轮对液体的作用力矩为 $M_D$。因此，变矩器的输入力矩不等于输出力矩，即

$$M_B + M_D = -M_T$$

液力变矩器的原始特性表示了变矩系数 $K$、泵轮力矩系数 $\lambda_B$ 和效率 $\eta$ 随转速比 $i$ 变化的关系。它们反映了变矩器的变矩能力、透穿性能及经济性能等。

(5) 变矩器的外特性曲线是指当泵轮转数 $n_B$ 一定时，$M_B - n_T$、$M_T - n_T$ 和 $\eta - n_T$ 三条变化曲线。变矩器的无因次特性曲线是表示变矩系数 $K$、泵轮的扭矩系数 $\lambda_B$ 和变矩器效率 $\eta$ 随传动比 $i$ 变化的三条曲线，即 $K - i$、$\lambda_B - i$ 和 $\eta - i$。它也是同类型变矩器的性能特征，在使用、选型和类比设计中有很大作用。

(6) 变矩器和发动机机共同工作时，同样必须解决变矩器和发动机的合理匹配以及它们共同工作的联合特性曲线绘制问题。联合特性曲线即 $M_E$(或 $M_B$)、$n_E$($n_B$)和 $\eta$ 随 $n_T$ 变化的曲线，是变矩器使用中最有实际指导意义的特性曲线。

(7) 耦合器或变矩器与动力机共同工作时，工作机的原有特性会发生变化，必须进行计算。合理匹配条件下的共同工作输出特性，是计算工作机特性和其他中间传动装置的依据。

(8) 液力传动装置的种类很多，必须按照工作机的特点，合理地选择应用，必要时进行改型设计。

(9) 液力变矩器虽然能在一定范围内自动地、无级地变速变矩，但仍存在着变矩能力与传动效率之间的矛盾，难以满足机械动力性能和经济性能的要求。故工程机械上常采用在液力变矩器的后面串联一个齿轮式变速器构成液力机械变速器。其齿轮式变速器多为行星齿轮变速器，也可采用定轴式齿轮变速器。

# 复习思考题

4-1　液力传动装置主要分为哪几类？汽车上主要采用哪一类？

4-2　液力变矩器工作时，能量的传递与转化过程是怎样的？

4-3　液力变矩器的“变矩”含义是针对什么说的？

4-4　什么叫液力变矩器的有效直径？有效直径标志着什么？

4-5　什么叫液力变矩器的无冲击工况？无冲击工况意味着什么？

4-6　工作油的密度对工作轮扭矩有什么影响？

4-7　液力变矩器的输出特性曲线包括哪些曲线？什么叫制动工况？什么叫空转工况？什么叫最高效率工况？什么叫高效工作区？

4-8　液力变矩器各工作轮扭矩之间有什么关系？能从变矩器输出特性曲线上看出导轮扭矩的变化情况吗？

4-9　液力变矩器为什么只能在高效工作区长期运转？

4-10　什么叫转速比？什么叫变矩比？

4-11　判断涡轮扭矩计算方程 $M_T = \lambda_T \gamma n_T^2 D^5$ 是否正确，式中，$\lambda_T = K\lambda_B$。

4-12　液力变矩器原始特性曲线包括哪些曲线？原始特性曲线有什么工程意义？

4-13　柴油机与变矩器匹配工作时，变矩器的输出扭矩与输出转速之间的关系是按变矩器的输出特性曲线变化的吗？理由是什么？

4－14　已知功率 515 kW 机泵组的 T－10 型耦合器在 $n_B$＝1400 r/min 时的外特性参数如表 4－1 所示。工作轮循环圆有效直径 $D$＝700 mm，工作油密度 $\rho$＝850 kg/m$^3$。

试作出：

(1) 该耦合器的无因次特性(或原始特性)曲线；

(2) 该耦合器在 $n_B$＝1300 r/min 时的外特性曲线。

**表 4－1　外 特 性 参 数**

| $n_T$/(r/min) | 1265 | 1285 | 1315 | 1330 | 1355 |
|---|---|---|---|---|---|
| $M_T$/(N·m) | 5770 | 4820 | 4260 | 3360 | 1960 |
| $\eta$/% | 90.5 | 92 | 94 | 95 | 96.8 |

4－15　已知 B－10 型变矩器的循环圆直径 $D$ ＝ 675 mm，无因次特性参数如表 4－2 所示，工作油密度 $\rho$＝850 kg/m$^3$，8V190 型柴油机的外特性参数见表 4－3。

(1) 当 $n_B$＝1500 r/min 时，试求该变矩器的外特性曲线；

(2) 作出该变矩器与柴油机的共同工作输入特性曲线；

(3) 作出该变矩器与柴油机的共同工作输出特性曲线。

**表 4－2　B－10 型变矩器的无因次特性参数**

| $i$ | 0.5 | 0.6 | 0.7 | 0.8 | 0.9 | 1.0 | 1.1 |
|---|---|---|---|---|---|---|---|
| $\eta$/% | 73.5 | 79 | 84 | 85.5 | 85.4 | 83.5 | 79.5 |
| $K$ | 1.47 | 1.315 | 1.16 | 1.065 | 0.95 | 0.835 | 0.72 |
| $\lambda_B \times 10^{-6}$/(min$^2$/m) | 1.29 | 1.33 | 1.36 | 1.36 | 1.36 | 1.41 | 1.495 |

**表 4－3　8V190 型柴油机的外特性参数**

| $n_E$/(r/min) | 1500 | 1400 | 1300 | 1200 | 1100 |
|---|---|---|---|---|---|
| $M_E$/(N·m) | 3680 | 3680 | 3650 | 3580 | 3500 |
| $N_E$/kW | 566 | 529 | 487 | 441 | 395 |

# 第 5 章　叶片式气体机械

## 一、学习目标

本章主要介绍离心式通风机、轴流式通风机的工作原理、基本结构、基本性能参数、基本方程式、有因次特性曲线和无因次特性曲线；风机装置的运行与调节；离心式压缩机的工作原理与结构特点；离心式压缩机级中的能量方程与热力学方程的表示方法；离心式压缩机的特性及其在管网中的调节等。通过本章的学习，应达到以下目标：

(1) 掌握离心式通风机、轴流式通风机的工作原理和基本结构型式；

(2) 掌握离心式通风机、轴流式通风机的基本性能参数；

(3) 掌握离心式通风机、轴流式通风机的升压基本方程式；

(4) 掌握离心式通风机的有因次特性曲线、无因次特性曲线；

(5) 了解轴流式通风机的布置方案；

(6) 了解通风机的管网特性与调节方法；

(7) 掌握离心式压缩机的工作原理及结构特点；

(8) 掌握压缩机的级的概念，了解级中能量方程的两种表述；

(9) 掌握压缩机的特性及其在管网中的调节；

(10) 了解风力涡轮机的工作原理及其应用；

(11) 了解涡轮膨胀机和热泵装置的工作原理及工业应用。

## 二、学习要求

| 知识要点 | 基本要求 | 相关知识 |
| --- | --- | --- |
| 通风机的工作原理 | (1) 掌握离心式通风机的工作原理；<br>(2) 掌握轴流式通风机的工作原理 | (1) 离心力，蜗壳；<br>(2) 机翼的升力理论 |
| 通风机的基本结构 | (1) 掌握离心式通风机的基本结构；<br>(2) 掌握轴流式通风机的基本结构 | (1) 叶轮的形式，导流器；<br>(2) 叶片调节，预旋，导流 |
| 通风机的基本性能参数 | (1) 掌握通风机的四个基本性能参数；<br>(2) 掌握通风机基本性能参数之间的关系 | (1) 风压，流量，功率，效率；<br>(2) 与流量的关系 |
| 离心式通风机的基本方程式 | (1) 了解叶轮中气体的流动情况；<br>(2) 掌握叶轮进、出口速度三角形的分析；<br>(3) 掌握离心式通风机升压方程的推导；<br>(4) 了解升压方程的另一种表述 | (1) 圆周、相对和绝对速度；<br>(2) 进出口速度三角形；<br>(3) 参考离心泵的基本方程；<br>(4) 静压，动压，反应度 |
| 离心式通风机的特性 | (1) 掌握有因次特性曲线；<br>(2) 掌握无因次特性曲线；<br>(3) 了解比转速 | (1) 风压，功率，效率，流量；<br>(2) 压力系数，流量系数；<br>(3) 有单位，但作无因次量处理 |

续表

| 知识要点 | 基本要求 | 相关知识 |
| --- | --- | --- |
| 轴流式通风机的基本方程式 | (1) 掌握级的速度三角形；<br>(2) 掌握级的升压方程；<br>(3) 了解反应度和气流预旋 | (1) 进出口圆周速度相等；<br>(2) 同离心式通风机，折转角 $\Delta\beta$；<br>(3) 预旋可改变反应度 $\Omega$ |
| 离心式压缩机的工作理论 | (1) 掌握离心式压缩机的工作原理；<br>(2) 掌握压缩机级的能量方程 | (1) 多级、中间冷却；<br>(2) 熵、焓变化，热功转换 |
| 离心式压缩机的特性 | (1) 了解级比压、级体积流量、级效率；<br>(2) 了解级的能量特性；<br>(3) 了解离心式压缩机的稳定工作区；<br>(4) 了解离心式压缩机的性能曲线 | (1) 流量系数；<br>(2) 级中流动损失，机器雷诺数；<br>(3) 喘振，堵塞流量；<br>(4) 级与级的串联工作 |
| 风力涡轮机 | (1) 了解风力涡轮机的工作原理；<br>(2) 了解风力涡轮机的应用 | (1) 风力发电机，风车；<br>(2) 空中加油，涵道式风动涡轮 |
| 涡轮膨胀机和热泵 | (1) 了解涡轮膨胀机和热泵装置的工作原理；<br>(2) 了解膨胀机的工业使用 | (1) 膨胀吸热、作功；<br>(2) 天然气开采、涡轮增压 |

## 三、基本概念

离心式通风机、轴流式通风机、蜗壳、导叶、导流装置、风压、流量、功率、效率、动压、静压、反应度、预旋、压力系数、流量系数、功率系数、有因次特性曲线、无因次特性曲线、比转数、离心式压缩机、级、中间冷却器、机器雷诺数、喘振、堵塞流量、气体的压缩性、风力涡轮机、膨胀机、热泵。

# 5.1 叶片式气体机械概述

叶片式气体机械作为气体输送机械，根据工作压力的不同，可分三个档次：

通风机：风压在14700 Pa(1 500 $mmH_2O$)以下；

鼓风机：风压在14700～34 300 Pa之间；

压缩机：风压大于34 300 Pa(3500 $mmH_2O$)。

叶片式气体机械可分为离心式和轴流式两大类，此外也有混流式、横流式等一些形式。

通风机的排气压力较低，工作理论分析中也不考虑气体的可压缩性，所以常用相对压力表示其排气压力，通风机的排气压力也称“升压”，即升压在14700 Pa以下归入通风机类。升压也是通风机能量的习惯表示方法，可用 $p_F$ 表示之，它表示单位体积($m^3$)气体通过通风机后能量的增加值($N \cdot m/m^3$)。通风机应用于压力较低的场合。

离心式通风机具有以下升压分级：$p_F$＝2940～14700 Pa，相当于300～1500 $mmH_2O$，

称为高压离心通风机；$p_F$＝980～2980 Pa，相当于100～300 $mmH_2O$，称为中压离心通风机；$p_F$＜980 Pa，相当于100 $mmH_2O$，称为低压离心通风机。

轴流风机的升级分级如下：$p_F$＝490～4900 Pa，相当于50～500 $mmH_2O$，称为高压轴流通风机；$p_F$＜490 Pa，称为低压轴流通风机。

鼓风机和压缩机应用于高压力的场合。在工作理论上，鼓风机和压缩机是与通风机有本质性区别的。通风机按$\rho$＝常数考虑，其工作理论与叶片泵基本相同，无需计及气体压缩的热力过程，有时甚至也把它纳入"水力机械"'的范畴一起讨论。鼓风机和压缩机是必须考虑气体压缩性的，因此也必须计及气体压缩的热力过程。正因为如此，虽然它们都是气体介质叶片式流体机械，但一般都是分别讨论的，而且相关内容常分属不同的教材、论著和文献中。

在工程上，通风机是一类量大面广的通用机械，主要应用于大流量低压力抽送气体的场合，例如：

(1) 锅炉运行用风机。这类风机包括离心式和轴流式，其中向炉内吹送空气的称送风机，从炉膛抽吸烟气排向烟筒的称引风机。这类风机要具有流量调节功能，引风机还应能在结构设计上适应烟气高温(约70～250℃)和烟灰磨损机件的环境条件。

(2) 通风换气用风机。它们用于工厂及建筑物的换气及采暖、空调通风，要求低噪声运行，在离心式和轴流式风机中都被使用。

(3) 化铁炉、锻工炉、冶金炉等工业炉用通风机。一般为高压离心式通风机。

(4) 矿井用通风机。这类风机包括向井下送风的主风机及井下工作面上用以局部通风的风机，它们是矿井安全作业的生命线，在井下使用时应有防爆功能。

(5) 煤粉通风机。这类风机多用离心式，用以向锅炉燃烧系统吹送煤粉，是火电站的重要辅机。

(6) 各种特殊用途通风机。这类风机适用于耐高温、耐腐蚀、防爆等各种特殊的工程运行环境。

此外，在冷却塔通风，纺织厂调节温度和湿度的空调通风，工厂的排尘、环保通风等等都离不开通风机的使用。高效率、低噪声、大型化、自动化调节和智能化运行，是通风机及其应用系统的发展方向。

与通风机相比，鼓风机和压缩机的使用条件差别首先是在压力等级上，它们应用于中、高压力条件下的各种气体输送系统。高压大流量的工程领域所使用的压缩机是有典型代表性的，例如：

(1) 冶金工业。这是鼓风机和压缩机的传统重要使用领域，如生铁冶炼过程中的矿料烧结、高炉鼓风、转炉炼钢的纯氧顶吹、氧气制备工艺等，都离不开各种压力等级的鼓风机和压缩机。早在20世纪70年代，前苏联就制造了功率为30 MW的大型高炉鼓风机。

(2) 石油化工及天然气输送。在石化行业，压缩机也是一种主要设备。如油田注气，最高的离心压缩机压力可达70 MPa以上。石油精炼，重油的加氢脱硫工艺，都需要对气体进行压缩、流转，天然气抽送也需要在漫长的管道上不断的给以增压以克服流动中的压力损失。合成氨、尿素生产，甲醇、乙烯等重要化工原料的生产过程，均采用大型离心压缩机。

(3) 制冷工程。在石油化工以及诸多的现代工程中都离不开大型冷源，压缩机是制冷装置的主要设备，它将氟利昂、氨、丙烯、乙烯等制冷工质压缩，经冷却液化后再膨胀至低压，使液态工质蒸发吸热，达到制冷的目的。大型的冷冻压缩机可达 50 MW 以上。

此外，内燃机增压，机械、建筑、采矿业中也都广泛使用高压空气动力源，大量使用各种压缩机，当然其中也包括容积式等其他型式的压缩机。

在功能转换机理上，与通风机和压缩机对应而作为动力机逆向工作的叶片气体机械是风力涡轮和涡轮膨胀机。前者基本按 $\rho$=常数的状态工作，后者必须按可压缩气体考虑。它们都利用高能量的气体在通过叶轮时与叶轮构件间的功能交换作用，使叶轮通过动力轴而输出机械功率。但是，高压气体通过涡轮膨胀机叶轮时密度减小，温度下降，利用这一特点，涡轮膨胀机也常用来作为制冷机械使用，此时输出机械功的作用作为附加功能使用。

## 5.2 离心式通风机的结构及工作理论

通风机也按 $\rho$=常数的假定进行分析，所以与泵的情况十分相似，我们只需在叶片泵理论的基础上作适当的延伸就可以说明它的工作理论，并且把它们与泵不同的特点作一些叙述就可以了。

### 5.2.1 离心式通风机的结构与原理

由于 $\rho_{空气} \ll \rho_{水}$，而且转速也不高，一般 $n<3000$ r/min，所以在结构上通风机不像叶片泵那样紧凑。图 1-28 为离心式通风机的实物图，图 5-1 是离心式通风机的结构简图，可以看到，其基本构造大体上与离心泵基本一致，主要工作零件有叶轮 3、集流器 2、蜗壳 4、出气口 6 等。对大型离心式通风机，一般还有进气箱 1、前导流器和扩压器 7。叶轮和蜗壳多用钢板焊接结构，生产批量大，因此不能像泵的铸造结构那样将流道断面做成适当的圆弧形。

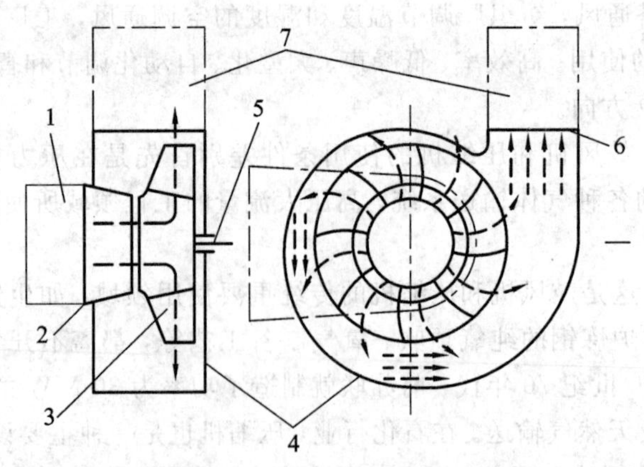


1—进气箱；2—集流器；3—叶轮；4—蜗壳；5—主轴；6—出气口；7—出口扩压器

图 5-1 离心式通风机的结构原理图

离心式通风机的工作原理与离心水泵的工作原理相同，只不过是所输送的介质不同。离心式通风机的工作原理如图 5-1 所示。风机机壳内的叶轮 3 安装在由电动机或其他转动装置带动的主轴5上。叶轮内有叶片，叶片间形成气体通道，吸入口2(集流器)安装在靠近机壳中心处，出气口同机壳的周边相切。当电动机等原动机带动叶轮转动时，迫使叶轮中叶片之间的气体跟着旋转，因而产生了离心力。处在叶片间通道内的气体在离心力的作用下，从叶轮的周边甩出，以较高的速度离开叶轮，动能和势能都有所提高后进入蜗壳4，沿蜗壳运动，并汇集于叶轮周围的流道中，然后沿流道流出气口6、出口扩压器7排出风机。当叶轮中的气体甩离叶轮时，在进风口处产生一定程度的真空，促使气体吸入叶轮中，由于叶轮不停地旋转，气体便不断地排出和补入，从而达到了连续输送气体的目的。

为了适应不同转速的需要，便于用户的安装以及管道系统的连接，离心式通风机在传动方式以及出气口位置的安装上都以形成了规范化的方案，并且在风机命名中得到反映。其传动方案有以下六种方式，如图5-2所示。

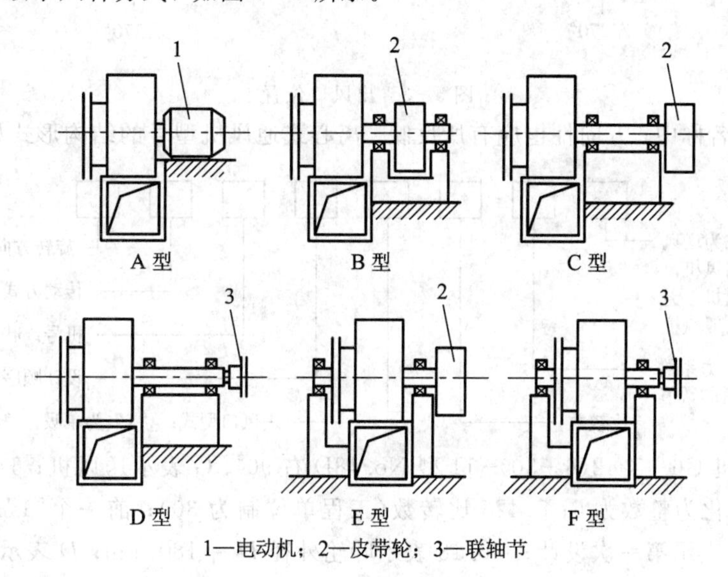


1—电动机；2—皮带轮；3—联轴节

图5-2　离心式通风机的不同传动方案

A型：离心式通风机本体无叶轮支持轴承，与电动机直联传动；

B型：离心式通风机悬臂安置，采用皮带轮减速并将其置于两支撑轴承之间；

C型：离心式通风机悬臂，皮带轮减速器放置于轴承外侧；

D型：离心式通风机悬臂，在轴承外侧放置传动联轴节；

E型：离心式通风机双支撑，皮带轮悬臂传动；

F型：离心式通风机双支撑，联轴节传动。

E型、F型一般用于大型风机，用双支承的方式把风机托住。A、D、F型风机转速与电动机转速相同，而B、C、E型风机的转速可以通过带轮的大小进行调节。此外，风机新标准规定增加第七种传动方式——G型，即齿轮传动。

所需配用的电机应根据风机工作特点适当选型。如根据是室内放置还是露天工作，是否多粉尘，有无腐蚀性气体，是否有爆炸危险等情况，可分别选用普通型防护、封闭式或防爆电机等。

根据使用条件的不同，离心式通风机的出风口方向规定了“左”或“右”回转方向，各有8种不同的基本出风口位置，如图5-3所示。

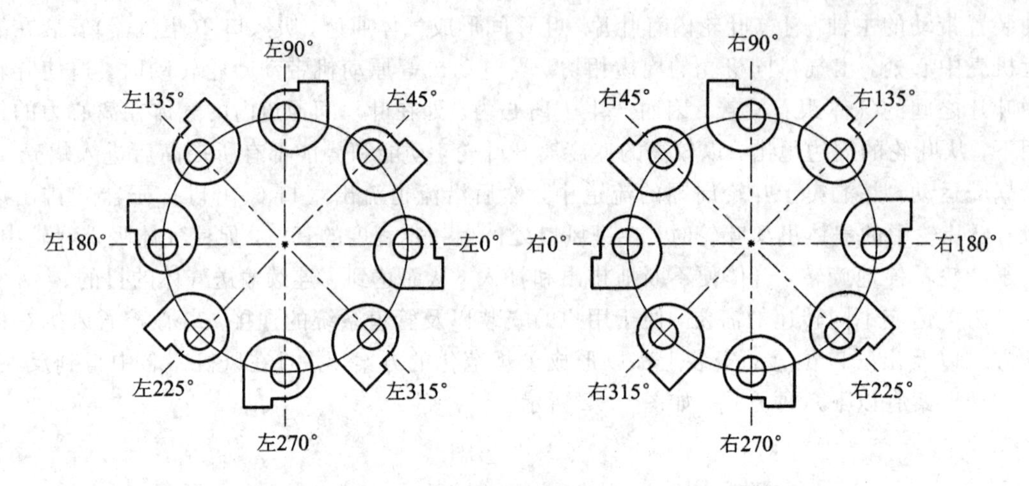


图 5-3　出风口位置

在风机的名称中，方向性也应有所反映。离心式通风机型号的结构形式如下：

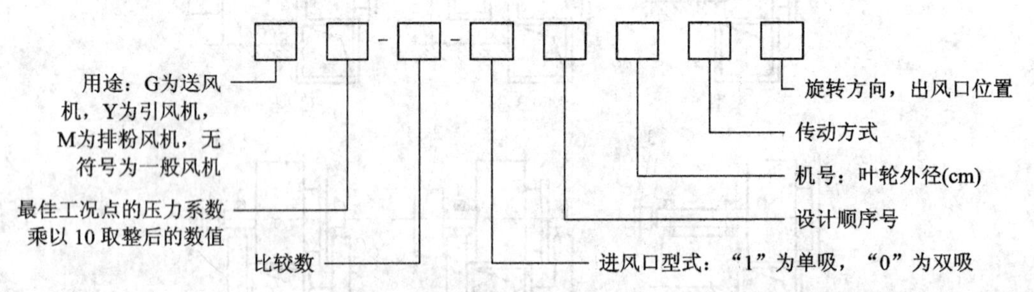


例如：风机 G6-5.42(6-30)-11 型 No.18D 右 90°。G 表示送风机；6 表示压力系数 0.6 乘以 10 后化为整数为 6；5.42-比转数(工程单位制为 30)；前一个"1"表示叶轮为单吸；后一个"1"表示第一次设计；No.18 表示叶轮外径 $D_2=180$ mm；$D$ 表示传动方式，为单吸、单支架、悬臂支承，联轴器传动，见图 5-2；右 90°表示出风口位置按右旋 90°确定，见图 5-3。其他风机的名称也可依此类推其含义。

离心式通风机的主要部件如图 5-1 所示，下面分析它们的主要特点。

**1. 叶轮**

叶轮是离心式通风机传递能量的主要部件，它由前盘、后盘、叶片及轮毂等组成，如图 5-4 所示。叶轮前盘的形式有平直前盘、锥形前盘及弧形前盘三种，前后盘结构型式如图 5-5 所示。平直前盘制造工艺简单，但气流进口分离损失较大，因而风机效率低；弧形前盘制造工艺较复杂，但气流进口后分离损失很小，效率较高；锥形前盘介于两者之间。高效离心风机采用弧形前盘。

风机叶轮的叶片形状有弧形叶片、直线型叶片、机翼型叶片等三种，如图 5-6 所示。机翼型叶片强度高，可以在比较高的转速下运转，并且风机的效率较高；缺点是不易制造，若输送的气体中含有固体颗粒，则空心的机翼型叶片一旦被磨穿，在叶片内积灰或积颗粒时失去平衡，容易引起风机的震动而无法工作。直线型叶片制造方便，但效率低。弧形叶片如进行空气动力性能优化设计，其效率会接近机翼型叶片。叶片的出口角 $\beta_{2k}$ 可大于、等于或小于 90°，叶轮分前向型($\beta_{2k}>90°$)、径向型和后向型($\beta_{2k}<90°$)三种。一般前向型叶轮

用弧形叶片，后向叶轮用机翼型和直线型叶片。

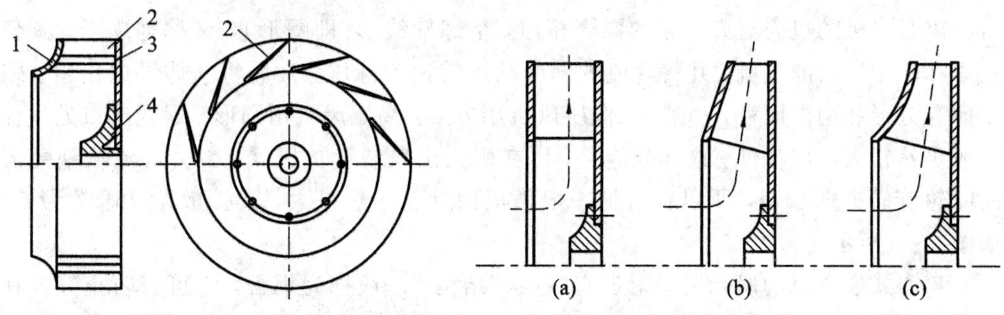


1—前盘；2—叶片；3—后盘；4—轮毂

图 5-4　离心式通风机叶轮

图 5-5　离心式通风机的前、后盘结构

(a) 平直前盘；(b) 锥形前盘；(c) 弧形前盘

前、后盘与叶片的联结可采用焊、铆工艺，较小型的也可采用铝合金铸造叶轮，此时叶轮与离心泵一样称为整体式结构。叶片数 $Z$ 一般比离心泵多，对后向型的弧形叶片和机翼形叶片，$Z$=8～12；后向的直线形叶片，$Z$=12～16；前向形叶轮的叶片数则可达 12～36。

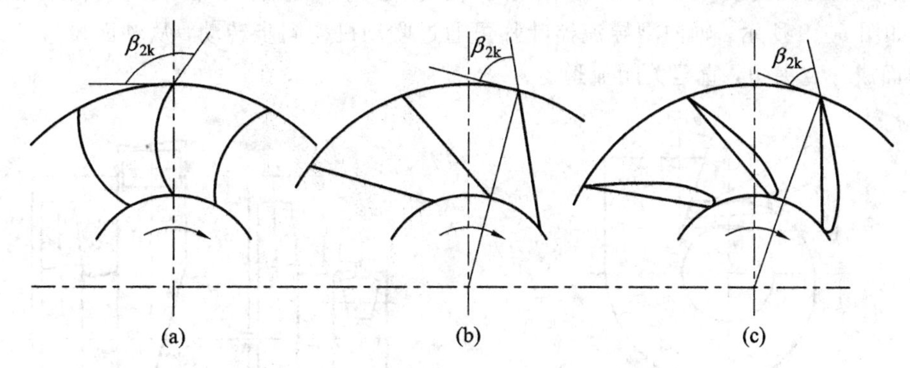


图 5-6　离心式通风机的不同叶片型式

(a) 弧形叶片；(b) 直线型叶片；(c) 机翼型叶片

**2. 集流器**

集流器装置又称为吸入口，它安装在叶轮前，使气流能均匀地充满叶轮的入口截面，并且使气流通过它时的阻力损失达到最小。集流器的型式如图 5-7 所示，有圆筒形、圆锥形、弧形、锥筒形及锥弧形等。比较这五种集流器的型式，锥弧形最佳，高效风机基本上都采用此种集流器。

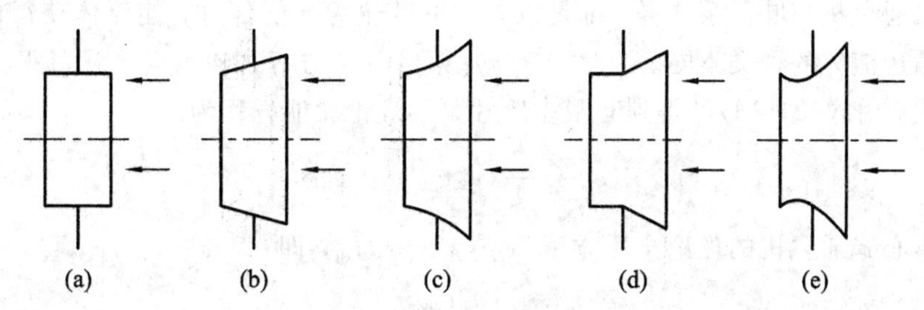


图 5-7　集流器的型式

(a) 圆筒形；(b) 圆锥形；(c) 弧形；(d) 锥筒形；(e) 锥弧形

**3. 机壳**

离心风机的机壳与离心泵的泵壳相似，呈螺旋线形(即蜗形)，又称为蜗壳。其任务是汇集叶轮中甩出的气流，并将气流的部分动压转换为静压，最后将气体导向出口。蜗壳的断面有方形和圆形两种，一般中、低压风机用方形，高压风机用圆形。蜗壳出口处气流速度一般仍然很大，有效利用这部分能量，可在蜗壳出口装设扩压器。因为气流从蜗壳流出时向叶轮旋转方向偏斜，所以扩压器一般做成向叶轮一边扩大，其扩散角 $\theta$ 通常为 6°～8°，如图 5-8 所示。

离心式通风机的蜗壳出口附近有“舌状”结构，一般称为蜗舌，它可以防止气体在机壳内循环流动。一般有蜗舌的风机效率、压力均高于无蜗舌的风机。蜗舌可分为尖舌、深舌、短舌及平舌。具有尖舌的风机虽然最高效率较高，但效率曲线较陡，且噪声大。深舌大多用于低比转数的风机，短舌多用于高比转数的风机。具有平舌的风机虽然效率较尖舌的低，但效率曲线较平坦，且噪声小。

通风机的进气箱在设计上应尽量使气流均匀而能以较小的损失进入叶轮。为便于调节流量，扩大风机的高效使用范围，离心式通风机的进气口(集流器)前或进气箱中常装置导流器，如图 5-9 所示。轴向型导流器叶片可通过联动机构同步转动，从轴面位置开始旋转成与轴面成一定夹角，直至关闭流道。

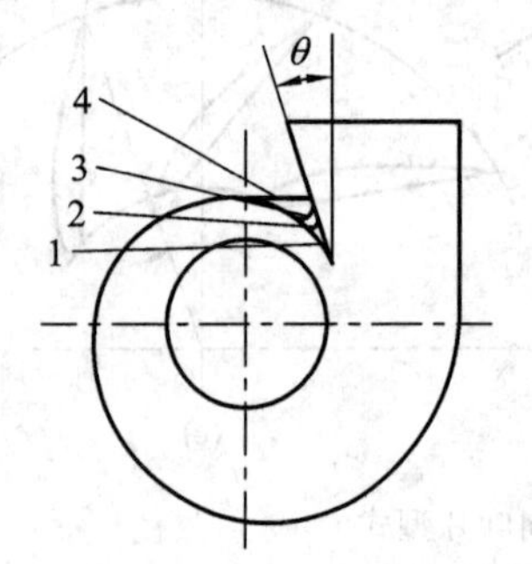


1—尖舌；2—深舌；3—短舌；4—平舌

图 5-8 蜗壳

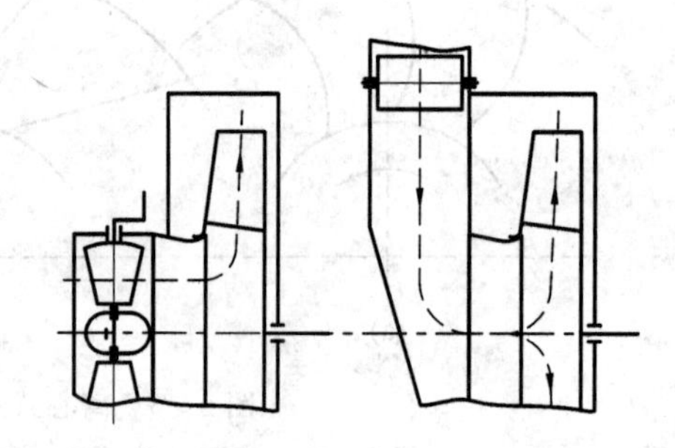

图 5-9 离心式通风机的进气导流装置

(a) 轴向型；(b) 径向型

## 5.2.2 通风机的全压方程

离心式通风机与叶片泵一样，都是以旋转的叶轮为增能部件，使流体获得能量的，所不同的是输送流体的种类不同。因此，对叶片泵的基本方程加以变化，就可得到通风机的基本方程式。由式(2-18)可得到有限多叶片泵的理论比能方程为

$$H_{th} = \frac{1}{g}(u_2 v_{2u} - u_1 v_{1u})$$

由此可得离心式通风机的理论全压方程为 $p_{F.th} = \rho g H_{th}$，即

$$p_{F.th} = \rho(u_2 v_{2u} - u_1 v_{1u}) \tag{5-1}$$

式中，各速度量的含义与叶片泵相同，速度三角形分析也相同，如图 5-10 所示。为简化起见，径向分速度 $v_r$ 近似等于轴面速度 $v_m$。

当入口旋绕速度 $v_{1u}=0$ 时，理论压力将得到最大值，此时流体沿径向进入叶片间的流道，对应的流量称为额定流量，式(5-1)可简化为

$$p_{F.th}=\rho u_2 v_{2u} \tag{5-2}$$

由式(2-19)知

$$H_{th}=\frac{v_2^2-v_1^2}{2g}+\frac{u_2^2-u_1^2}{2g}+\frac{w_1^2-w_2^2}{2g}$$

则

$$p_{F.th}=\frac{\rho}{2}[(v_2^2-v_1^2)+(u_2^2-u_1^2)+(w_1^2-w_2^2)] \tag{5-3}$$

式(5-3)等号右边第一项即为全压中的动能增量，称为动压 $p_{F.dy}$。

$$p_{F.dy}=\frac{\rho}{2}(v_2^2-v_1^2) \tag{5-4}$$

式(5-3)等号右边第二项与第三项之和即为全压中的压能增量，称为静压 $p_{F.st}$。

$$p_{F.st}=\frac{\rho}{2}[(u_2^2-u_1^2)+(w_1^2-w_2^2)] \tag{5-5}$$

$$p_{F.th}=p_{F.dy}+p_{F.st}$$

动压 $p_{F.dy}$ 是一项质量较低的能量，其所占的比例越小越好。

反应度 $\Omega$ 表示为

$$\Omega=\frac{\frac{\rho}{2}[(u_2^2-u_1^2)+(w_1^2-w_2^2)]}{\rho(u_2 v_{2u}-u_1 v_{1u})}=\frac{u_2^2-u_1^2+w_1^2-w_2^2}{2(u_2 v_{2u}-u_1 v_{1u})} \tag{5-6}$$

$v_{1u}=0$ 时，由图 5-10 知：

$$v_1=v_{1m}$$
$$w_1^2-u_1^2=v_1^2$$
$$w_2^2=v_{2m}^2+(u_2-v_{2u})^2$$

因 $v_{1m}=v_{2m}=v_1$，故

$$\Omega=\frac{2u_2 v_{2u}-v_{2u}^2}{2u_2 v_{2u}}=1-\frac{1}{2}\frac{v_{2u}}{u_2} \tag{5-7}$$

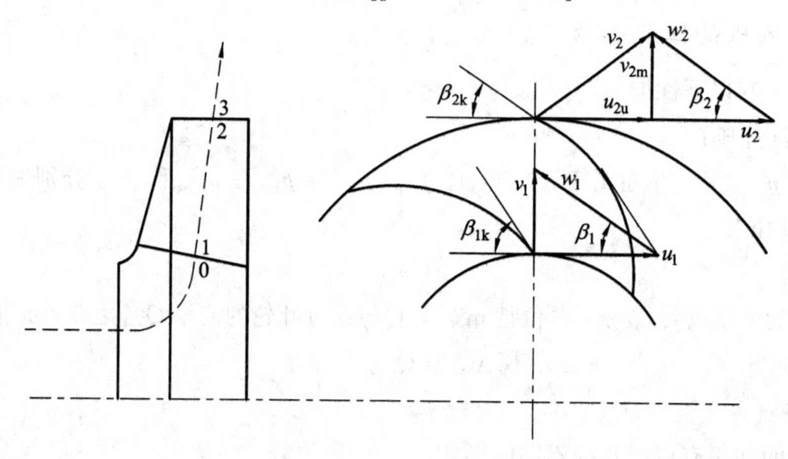


图 5-10　离心式通风机的进、出口速度三角形

反应度$\Omega$越大，全压中较高质量的静压部分占比例越大，这对提高整机的效率是有利的。设气流出口的流动角与叶片结构角相等，即$\beta_{2l}=\beta_{2k}=\beta_2$，则式(5-7)可表示为

$$\Omega = 1 - \frac{1}{2u_2}(u_2 - v_{2m}\cot\beta_2) = \frac{1}{2}\frac{v_{2m}}{u_2}\cot\beta_2 \tag{5-8}$$

因$v_{2m}=Q_{V.L}/A_2$($Q_{V.L}$为气体通过叶轮的流量)，因此当$\beta_2$一定时，反应度$\Omega$与流量成线性关系。所以当流量增大时，反应度$\Omega$将增加。

### 5.2.3 通风机中的能量损失

由于离心式通风机在工作理论上与叶片泵的相同，通风机中的能量损失类型也与叶片泵一样，包括流动损失、流量损失和机械损失三大部分，不同之处仅在于不同的行业有一些习惯称呼上的差异。如圆盘损失在通风机中称为轮阻损失。另外，有的通风机有单独的机械传动部分，因此常将轮阻损失与机械传动损失分别考虑而不是一并计入“机械损失”名下。

通风机中的流动损失也包括进口冲击损失和流道中的综合沿程摩擦损失两部分。流量损失中主要是内部泄漏损失，研究表明，影响内泄漏损失的因素其一是叶轮进口与风机进气口间的间隙形式，采用径向间隙$\delta_r$较之轴向间隙$\delta_z$要好得多，因为前者泄漏气量不易破坏主气流的流动状态(见图5-11)，而后者则影响较大；其二是间隙的大小，一般从效率和工艺综合考虑，$\delta_r/D_2$可取0.01～0.005。

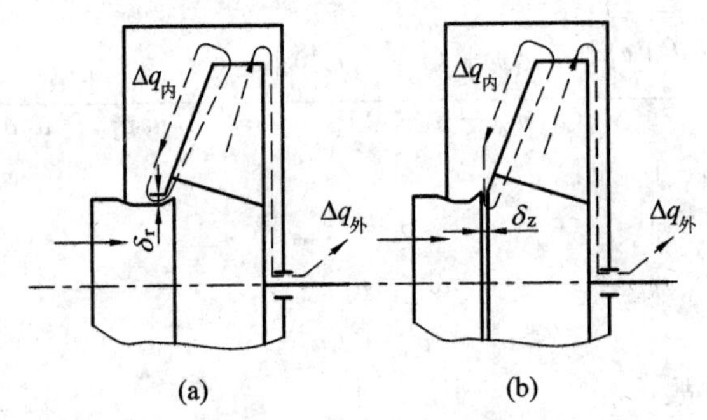


图5-11　叶轮进口处的径向间隙和轴向间隙
(a) 套口型；(b) 对口型

### 5.2.4 通风机的性能参数

通风机中有以下性能参数。

**1. 全压(升压)**

全压以$p_F$表示，单位为Pa(N/m$^2$)。$p_F=p_{F.st}+p_{F.dy}$。$p_{F.st}$和$p_{F.dy}$分别表示全压中的“静压”和“动压”。

**2. 流量**

通风机的流量以$Q_V$表示，单位是m$^3$/s，它与通过叶轮的流量$Q_{V.L}$之差即是泄漏量$\Delta Q$。

$$\Delta Q = Q_{V.L} - Q_V$$

**3. 功率**

通风机的功率有以下几种不同的形式：

有效功率$N_e$：通风机输出的有效功率，$N_e=p_F\cdot Q_V\times10^{-3}$(kW)。

内功率 $N_{in}$：通风机实际消耗于叶轮上的外作用功率，包括流动损失、轮阻损失及泄漏损失。

轴功率 $N$：通风机组的总输入功率。$N=N_{in}+N_M$，其中 $N_M$ 是机械传动装置上的损失功率。

**4. 效率**

通风机的效率用以下几种不同含义的效率来表述。

全压效率：作为衡量通风机气动性能及总的经济性的指标。

$$\eta=\frac{N_e}{N}=\eta_l\eta_V\eta_Z\eta_M$$

流动效率：$\eta_l=p_F/p_{F.th}$。

流量效率：$\eta_V=Q_V/Q_{V.L}$。

轮阻效率：$\eta_Z=\frac{N_{in}-\Delta N_Z}{N_{in}}$，其中 $\Delta N_Z$ 为轮阻损失功率。

机械传动效率：$\eta_M=N_{in}/N$。

静压效率：$\eta_{st}=\frac{p_{F.st}\cdot Q_V}{N}=\frac{p_{F.st}}{p_F}\eta$。

内效率(不计机械传动部分的效率)：$\eta_{in}=\frac{p_{F.st}\cdot Q_V}{N_{in}}$。

静压内效率：$\eta_{st.in}=\frac{p_{F.st}\cdot Q_V}{N_{in}}=\frac{p_{F.st}}{p_F}\cdot\eta_{in}$。

不同的效率有不同的评价重点，如内效率，主要评价通风机本体的综合经济性，并不包括传动机械部分在内。

在通风机系统中，通风机的静压是克服机外管路损失压力的动力，而动压部分一般难以利用，就意味着都是损失的能量。据介绍，通风机在最佳工况时的动压 $p_{F.dy}$ 可能占到总压力的10%～20%，所以，静压效率 $\eta_{st}$ 是衡量实际经济性的重要指标，它体现了 $p_F$ 中有效能量的成分。

**5. 电机配用功率 $N_D$**

电机的实际配用功率是在通风机轴功率的基础上考虑动力储备系数 $K_N$ 后所得到的功率值。若 $K_N$ 值过大，则使噪声加大，并无必要。但有时受电机功率等级的限制也只能不得已而为之。

$$N_D=K_N\cdot N$$

$K_N$ 的选用可参考表5-1。

**表5-1　通风机的功率储备系数**

| $K_N$ 通风机 / 电机/kW | 离心式 | | | 轴流式 |
|---|---|---|---|---|
| | 一般用途 | 高粉尘 | 高温 | |
| <0.5 | 1.5 | — | — | — |
| 0.5～1.0 | 1.4 | — | — | — |
| 1.0～2.0 | 1.3 | — | — | — |
| 2.0～5.0 | 1.2 | — | — | — |
| >5.0 | 1.15 | 1.2 | 1.3 | 1.0～1.1 |

### 5.2.5 离心式通风机的有因次特性曲线

离心式通风机的理论有因次特性曲线的获得方式同离心泵，在这里不多讨论。在 $v_{1u}=0$ 时，由式(5-2)得

$$p_{F.th}=\rho u_2 v_{2u}=\rho u_2^2\left(1-\frac{v_{2m}}{u_2}\cot\beta_{2k}\right)=\rho u_2^2\left(1-\frac{Q_{V.L}}{\pi D_2 b_2 u_2}\cot\beta_{2k}\right) \tag{5-9}$$

式中，$D_2$、$b_2$ 分别为叶轮出口的直径和宽度。对不同的 $\beta_{2k}$ 角，$p_{F.th}-Q_{V.L}$ 直线可以是上升、水平或下降，这与离心泵的理论曲线变化规律是一致的。

图 5-12 为离心式通风机的有因次特性曲线。它表征通风机在一定转速下的风压 $p_F$、功率 $N$、效率 $\eta$ 等主要性能参数与通风机输出流量 $Q_V$ 之间的关系。

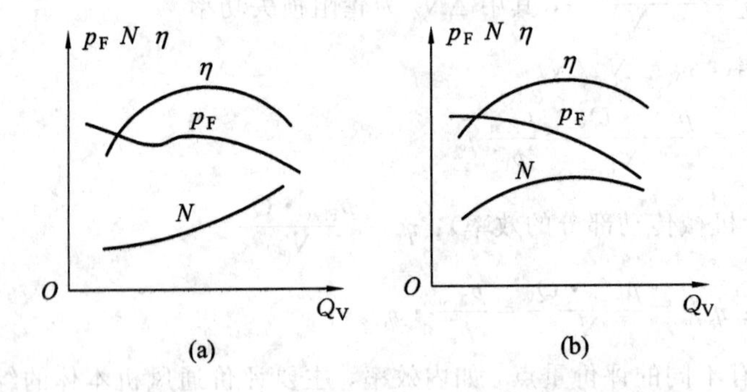


图 5-12　离心式通风机的有因次特性曲线

(a) 前向叶轮；(b) 后向叶轮

上述曲线表明，前向叶轮($\beta_{2k}>90°$)和后向叶轮($\beta_{2k}<90°$)在特性曲线上有明显差异。前者 $p_F-Q_V$ 曲线有驼峰形，$N-Q_V$ 曲线呈上升形，大流量时通风机有过载产生；后者的 $p_F-Q_V$ 曲线呈递降形，$N-Q_V$ 曲线有峰值，大流量时不会发生过载，效率也比前者稍高一些。图 5-12 中分别表示了两种通风机的不同特性曲线。

### 5.2.6 离心式通风机的无因次特性曲线

与泵一样，几何相似的通风机在相似工况下具有相同的无因次参数，因此也具有相同的无因次特性曲线。关于相似工况的概念，通风机与叶片泵是相同的。在通风机中应用相似理论，除了需根据进口的温度和压力条件按气体状态方程具体确定密度 $\rho$ 外，其余完全可以参照叶片泵的相似理论使用。

**1. 无因次参数**

1）流量系数

由式(2-49)，并将 $\lambda_l=\dfrac{D}{D_{md}}$ 代入得

$$\frac{Q_{V.md}}{D_{md}^3 n_{md}}=\frac{Q_V}{D^3 n}$$

上式两端的分母各乘以 $\dfrac{\pi}{4}\cdot\dfrac{\pi}{60}$ 得

$$\frac{Q_{V.md}}{A_{md}u_{md}} = \frac{Q_V}{Au} = \bar{Q}_V = 常数$$

式中，$A$ 为叶轮侧面面积，$A=\frac{\pi}{4}D^2$，一般采用叶轮外径侧面面积 $A_2$；$u$ 为叶轮圆周速度，$u=\frac{\pi n}{60}D$，一般采用叶轮出口圆周速度 $u_2$。

因此

$$\bar{Q}_V = \frac{Q_V}{A_2u_2} = \frac{4Q_V}{\pi D^2u_2} \tag{5-10}$$

相似的通风机，其流量系数 $\bar{Q}_V$ 应该相等，且是一个常数。流量系数越大，表示通风机所输送的流量越大。

2）*压力系数* $\bar{p}_F$

因 $p_F=\rho gH$，由式(2-50)知：

$$\frac{H}{H_{md}} = \lambda^2\frac{n^2}{n_{md}^2} \rightarrow \frac{H_{md}}{D_{md}^2n_{md}^2} = \frac{H}{D^2n^2} \rightarrow \frac{\rho_{md}gH_{md}}{\rho_{md}D_{md}^2n_{md}^2} = \frac{\rho gH}{\rho D^2n^2}$$

$$\frac{p_{F.md}}{\rho_{md}D_{md}^2n_{md}^2} = \frac{p_F}{\rho D^2n^2}$$

上式两端的分母各乘以$\left(\frac{\pi}{60}\right)^2$得

$$\frac{p_{F.md}}{\rho_{md}u_{md}^2} = \frac{p_F}{\rho u^2} = \bar{p}_F = 常数$$

采用叶轮出口圆周速度 $u_2$ 表示得

$$\bar{p}_F = \frac{p_F}{\rho u_2^2} \tag{5-11}$$

静压系数为

$$\bar{p}_{F.st} = \frac{p_{Fs}}{\rho u_2^2} \tag{5-12}$$

相似通风机的压力系数 $\bar{p}_F$ 应相等，且是一个常数。压力系数越大，表示通风机所输送的流体压力越高。

3）*功率系数*

相似通风机的效率相等，但密度不一定不相等，由式(2-46)知：

$$\frac{N_{md}}{\rho_{md}D_{md}^5n_{md}^3} = \frac{N}{\rho D^5n^3}$$

上式两端的分母各乘以$\frac{\pi}{4}\left(\frac{\pi}{60}\right)^2$，并乘以 1000 得

$$\frac{1000N_{md}}{\rho_{md}A_{md}u_{md}^3} = \frac{1000N}{\rho Au^3} = \bar{N} = 常数$$

采用叶轮出口圆周速度 $u_2$ 表示得

$$\bar{N} = \frac{1000N}{\frac{1}{4}\pi D_2^2u_2^3} \tag{5-13}$$

式中，$N$ 的单位为 kW。

相似通风机的功率系数 $\overline{N}$ 应相等，且是一个常数。功率系数越大，表示通风机所需的轴功率越大。

4）效率 $\eta$

通风机的效率虽然是一个无因次量，但如果用无因次系数来计算，其计算式为

$$\eta=\frac{\overline{p}_{\mathrm{F}}\overline{Q}_{\mathrm{V}}}{\overline{N}} \tag{5-14}$$

5）比转数 $n_{\mathrm{s}}$

因通风机的 $H=\dfrac{p_{\mathrm{F}}}{\rho g}$，将其代入式(2-59)得

$$\frac{n\sqrt{Q_{\mathrm{V}}}}{\left(\dfrac{p_{\mathrm{F}}}{\rho g}\right)^{3/4}}=\frac{n_{\mathrm{md}}\sqrt{Q_{\mathrm{V.md}}}}{\left(\dfrac{p_{\mathrm{F.md}}}{\rho_{\mathrm{md}}g}\right)^{3/4}}$$

两台相似通风机的进气状态相同，且输送同一流体，即 $\rho=\rho_{\mathrm{m}}$，所以有

$$\frac{n\sqrt{Q_{\mathrm{V}}}}{p_{\mathrm{F}}^{3/4}}=\frac{n_{\mathrm{md}}\sqrt{Q_{\mathrm{V.md}}}}{p_{\mathrm{F.md}}^{3/4}}$$

令比转数为

$$n_{\mathrm{s}}=\frac{n\sqrt{Q_{\mathrm{V}}}}{p_{\mathrm{F}}^{3/4}}$$

式中，$n$ 为通风机的转速(r/min)；$Q_{\mathrm{V}}$ 为通风机的体积流量($\mathrm{m^3/s}$)；$p_{\mathrm{F}}$ 为通风机的全压(Pa)。

通风机比转数公式中的全压 $p_{\mathrm{F}}$，一般应是在标准进气状态下产生的。所以比转数 $n_{\mathrm{s}}$ 的计算公式应改为

$$n_{\mathrm{s}}=\frac{n\sqrt{Q_{\mathrm{v}}}}{p_{\mathrm{F.sta}}^{3/4}} \tag{5-15}$$

式中，$p_{\mathrm{F.sta}}$ 为在标准状态下通风机的全压(Pa)。

当进气状态是非标准进气状态时，通风机产生的风压也会变化，所以应进行换算。换算方法如下：

两台相似的通风机，如果 $D/D_{\mathrm{md}}=1$，$n/n_{\mathrm{md}}=1$，但 $\rho\neq\rho_{\mathrm{md}}$，这种情况就可看成一台通风机，输送的流体密度变化了，由式(2-44)知，$H=H_{\mathrm{md}}$，代入 $H=\dfrac{p_{\mathrm{F}}}{\rho g}$得

$$\frac{p_{\mathrm{F.md}}}{\rho_{\mathrm{md}}}=\frac{p_{\mathrm{F}}}{\rho}$$

上式可看成是不同的状态，密度与全压的变化可表示为

$$\frac{p_{\mathrm{F.sta}}}{\rho_{\mathrm{sta}}}=\frac{p_{\mathrm{F}}}{\rho}$$

$$p_{\mathrm{F.sta}}=\frac{\rho_{\mathrm{sta}}}{\rho}p_{\mathrm{F}} \tag{5-16}$$

式中，$p_{\mathrm{F.sta}}$、$\rho_{\mathrm{sta}}$ 分别为在标准进气状态下，$t=20℃$时，通风机产生的全压和气体的密度；$p_{\mathrm{F}}$、$\rho$ 分别为使用条件下，通风机产生的全压和气体的密度。

空气在标准进气状态下，$\rho_{\mathrm{sta}}=1.2\ \mathrm{kg/m^3}$，所以

$$n_s = \frac{n\sqrt{Q_V}}{\left(1.2\,\dfrac{p_F}{\rho}\right)^{3/4}} \tag{5-17}$$

如果通风机的进气为标准状态，且气体介质为空气，$\rho=1.2\ \text{kg/m}^3$，则式(5-17)可为

$$n_s = \frac{n\sqrt{Q_V}}{p_F^{3/4}}$$

对于同一种气体在不同温度和不同压力下，其密度都有变化，所以，在通风机不能保持标准进口条件时，应按气体状态方程对密度做修正计算。根据气体状态方程 $p=\rho RT$，有

$$\frac{\rho_{sta}}{\rho} = \frac{p_{sta}}{p_a}\cdot\frac{T}{T_{sta}} \tag{5-18}$$

式中，$p_a$、$\rho$、$T$ 分别为通风机在使用条件下的当地大气压力、空气密度及当地大气温度；$p'_{sta}$、$\rho_{sta}$、$T_{sta}$分别为通风机进口处空气的标准进气状态，绝对压力 $p'_{sta}=101.3\times10^3$ Pa，$\rho_{sta}=1.2\ \text{kg/m}^3$，$T_{sta}=293$ K，相对湿度为 50%。

将式(5-18)代入式(5-16)得

$$p_{F.sta} = \frac{\rho_{sta}}{\rho}p_F = p_F\,\frac{p_{sta}}{p_a}\cdot\frac{T}{T_{sta}} = p_F\,\frac{101.3\times10^3}{p_a}\cdot\frac{273+t}{293} \tag{5-19}$$

注：$p_{F.sta}$、$p_F$ 表示的是相对压力值；$p_{sta}$、$p_a$ 表示的是绝对压力值。

比转数是对单个叶轮而言的，如果通风机是多级的，则

$$n_s = \frac{n\sqrt{Q_V}}{\left(\dfrac{p_F}{j}\right)^{3/4}} \tag{5-20}$$

式中，$j$ 为叶轮的级数。

若通风机的叶轮为双吸，则

$$n_s = \frac{n\sqrt{Q_V/2}}{p_F^{3/4}} \tag{5-21}$$

表示几何相似的通风机在相似工况运行时 $n_s$ 值必然相等。不过式(5-15)是有因次的，但我们仍可视为无因次参数看待。与泵一样，以最佳工况的 $n_s$ 值作为一台通风机的 $n_s$ 标志值，且通风机的 $n_s$ 是以单级、单进气状态来计算的。

$n_s$ 相等的通风机未必具有完全几何相似的关系。

因为通风机 $n_s$ 中有压力项，而我国过去曾使用过“公斤力”这一工程制的力计量单位，所以也有过按工程制计算的 $n_s$ 表示方式，而且体现在通风机的命名中，应加以注意。由“公斤力”与“牛顿”间的数值换算关系可知，$n_{s(\text{工程制})}=9.807^{3/4}\cdot n_{s(\text{国际制})}=5.54n_{s(\text{国际制})}$。若不予以说明，都以国际制单位计算的 $n_s$ 值为准。

不同类型的通风机 $n_s$ 涵盖的范围也不同，如：

$n_s<1.8\sim2.7$　适用于容积式通风机

$n_s=2.7\sim12$　适用于前弯型离心式通风机

$n_s=3.6\sim16.6$　适用于后弯型离心式通风机

$n_s=18\sim36$　适用于轴流式通风机

$n_s$ 较小时，通风机具有较高压力和较小流量，叶轮的轴面图形比较窄而长；$n_s$ 较大时则正好相反。通风机的这些特点与叶片泵是相同的。

无因次系数 $\overline{Q}_V$、$\overline{p}_F$、$\overline{N}$ 也都是相似特征数。因此，凡是相似的通风机，无论其几何尺寸大小如何，在相应的最高效率工况点上，它们的无因次系数都相等。

**2. 无因次特性曲线**

绘制无因次特性曲线时，首先测得某一固定转速下、不同工况点的 $Q_V$、$p_F$、$N$，然后根据式(5-10)、式(5-11)、式(5-13)、式(5-14)计算相应的 $\overline{Q}_V$、$\overline{p}_F$、$\overline{N}$ 及 $\eta$。由各组 $\overline{Q}_V$、$\overline{p}_F$、$\overline{N}$ 及 $\eta$ 的值，即可绘制无因次特性曲线 $\overline{p}_F-\overline{Q}_V$、$\overline{N}-\overline{Q}_V$、$\eta-\overline{Q}_V$。图5-13所示为6-5.42(6-30)型通风机的无因次特性曲线。

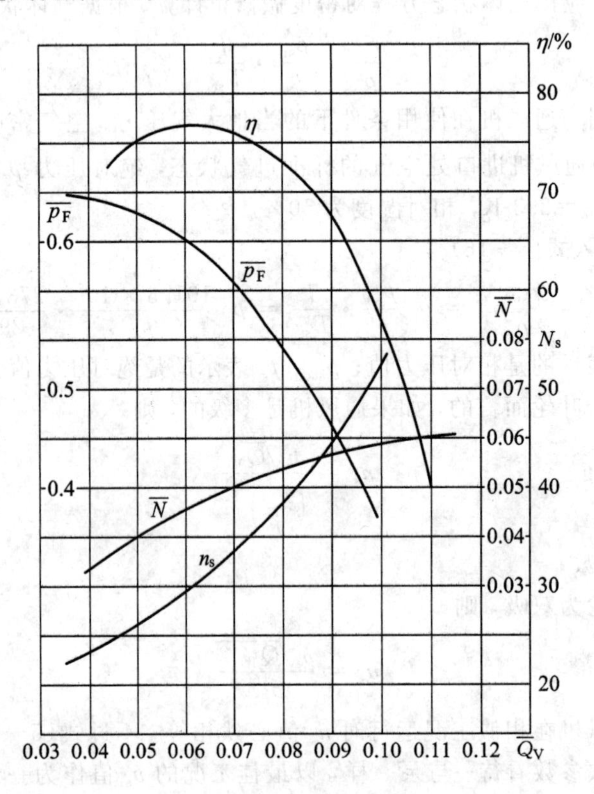


图5-13　6-5.42(6-30)型通风机无因次特性曲线

无因次特性曲线还可以通过有因次特性曲线计算 $\overline{Q}_V$、$\overline{p}_F$、$\overline{N}$ 求得。

彼此相似的通风机属于同一类型，它们的无因次特性曲线只有一组。不同类型的通风机，有不同的无因次特性曲线，选择时只需根据这些无因次特性曲线进行比较，择优而取。

离心式通风机在选型设计时，当选定通风机型号后，即可确定通风机叶轮的外径 $D_2$。由式(5-10)可得

$$\overline{Q}_V=\frac{Q_V}{A_2u_2}=\frac{Q_V}{\frac{\pi}{2}D_2^2\cdot\frac{\pi D_2 n}{60}}$$

$$D_2=\sqrt[3]{\frac{24.32Q_V}{n\overline{Q}_V}}\tag{5-22}$$

由式(5-11)得

$$\bar{p}_F = \frac{p_F}{\rho u_2^2} = \frac{p_F}{\left(\frac{\pi D_2 n}{60}\right)^2}$$

$$D_2 = \frac{19.1}{n}\sqrt{\frac{p_F}{\bar{p}_F \rho}} \tag{5-23}$$

由式(5-22)和式(5-23)计算得到的叶轮外径 $D_2$，应该相等或者非常接近。确定了叶轮直径后，按通风机的空气动力学图上的比例，求得通风机各部分的结构尺寸。图 5-14 为 6-5.24 型通风机的空气动力学图，图上各部分尺寸均取叶轮外径 $D_2$的百分比。

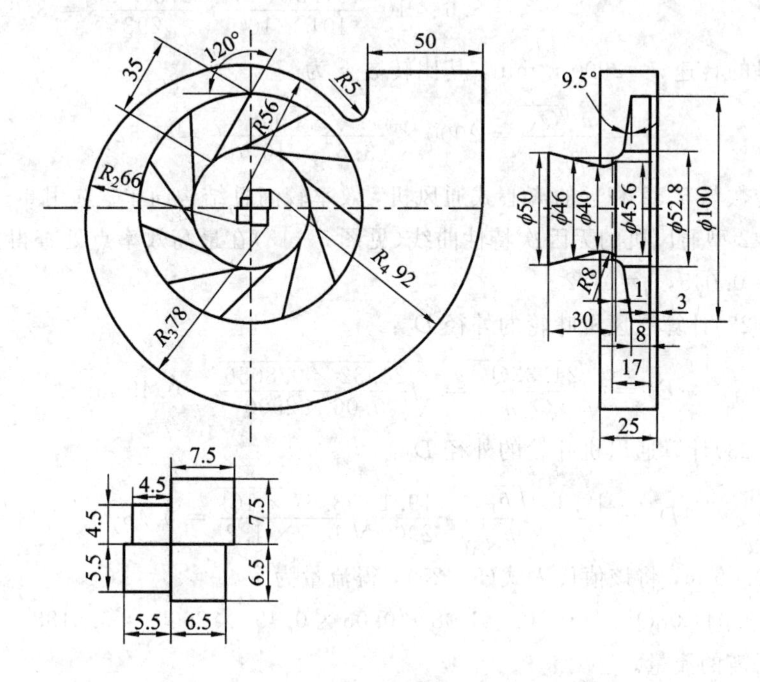


图 5-14 6-5.42(6-30)型通风机空气动力学图

选型设计后的通风机，还需进行通风机流量、风压和功率的校核计算。如果已知模型通风机的无因次参数，那么在已知实型通风机(同一几何相似系列)外径 $D_2$，转速 $n$ 以及抽送介质密度 $\rho$ 后即可换算出实型通风机的有因次参数。

由式(5-11)得

$$p_F = \bar{p}_F \rho u_2^2,\ u_2 = \frac{2\pi n}{60} \cdot \frac{D_2}{2} = 0.05233 D_2 n$$

因此

$$p_F = 0.00274 \bar{p}_F \rho D_2^2 n^2 (\mathrm{N/m^2}) \tag{5-24}$$

同理，可得

$$Q_V = 0.041\,08 \bar{Q}_V D_2^3 n \ (\mathrm{m^3/s}) \tag{5-25}$$

$$N = 1.13 \times 10^{-7} \bar{N} \rho D_2^5 n^3 (\mathrm{kW}) \tag{5-26}$$

式中，$\rho$ 的单位为 kg/m³，$D_2$的单位为 m，$n$ 的单位为 r/min。

必要时，选型设计后的通风机还需要进行强度校核。

**【例 5-1】** 若通风系统需配备一台通风机。系统要求通风量的流量 $Q_V$=2900 m³/h，

风压 $p_F=3.6$ kPa，介质温度 $t=25$℃，当地大气压为 101 kPa，试用相似设计方法确定通风机的形式与尺寸。

**解**：将流量、风压换算成通风机标准进口状态。

$$Q_V = 2900\ \mathrm{m^3/h} = 0.8056\ \mathrm{m^3/s}$$

由式(5-19)得

$$p_{F.sta} = p_F \frac{101.3\times10^3}{p'}\cdot\frac{273+t}{293} = 3.6\times10^3\ \frac{101.3\times10^3}{101\times10^3}\cdot\frac{273+25}{293} = 3.67\ \mathrm{kPa}$$

取通风机的转速 $n=2900$ r/min，其比转数 $n_s$ 为

$$n_s = \frac{n\sqrt{Q_V}}{p_{F.sta}^{3/4}} = 2900\times\frac{\sqrt{0.8056}}{(3.67\times10^3)^{3/4}} = 5.52$$

查找比转数与 5.52 相近的离心式通风机，效率较高且结构简单。选用 6-5.42 型通风机。由 6-5.42 型通风机的无因次特性曲线(见图 5-13)在最高效率点处查得：$\overline{Q}_V=0.06$，$\overline{p}_F=0.6$，$\overline{N}=0.045$，$\eta=0.82$。

由式(5-22)计算通风机叶轮的外径 $D_2$：

$$D_2 = \sqrt[3]{\frac{24.32Q_V}{\overline{Q}_V n}} = \sqrt[3]{\frac{24.32\times0.8056}{0.06\times2900}} = 0.49\ \mathrm{m}$$

由式(5-23)计算通风机叶轮的外径 $D_2$：

$$D_2 = \frac{19.1}{n}\sqrt{\frac{p_F}{\overline{p}_F\rho}} = \frac{19.1}{2900}\sqrt{\frac{3.67\times10^3}{0.6\times1.2}} = 0.48\ \mathrm{m}$$

取 $D_2=0.49$ m，将该值代入式(5-25)，得流量为

$$Q_V = 0.041\,08\overline{Q}_V D_2^3 n = 0.041\,08\times0.06\times0.49^3\times2900 = 0.8188\ (\mathrm{m^3/s})$$

能满足系统所需的流量。

根据式(5-24)校核通风机的风压。

$$p_F = 0.002\,74\overline{p}_F\rho D_2^2 n^2 = 0.002\,74\times0.6\times1.2\times0.49^2\times2900^2 = 3.98\ \mathrm{kPa}$$

能满足系统所需的风压。

有了叶轮的直径 $D_2$，根据图 5-14 可得到通风机各部分的尺寸。例如，后弯叶片的长度为

$$L = 35\%\times D_2 = 0.35\times0.49 = 0.1715\ \mathrm{m}$$

通风机的轴功率可由式(5-26)求出：

$$N = 1.13\times10^{-3}\overline{N}\rho D_2^5 n^3 = 1.13\times10^{-7}\times0.045\times0.49^5\times2900^3 = 4.3\ \mathrm{kW}$$

利用无因次参数进行通风机具体的相似设计时，还应注意：首先，在确定性能参数 $Q_V$ 及 $p_F$ 时，根据国家电力公司的规定，应考虑一定的富余量；选择电动机容量时，也要根据计算的轴功率选取足够的富余量。其次，在选型时应多选取几种类型的通风机，进行效率、功率、性能、结构、造价等方面的比较，择优选取其中的一种。最后，必需时还应对通风机的主要零件进行强度校核。

利用无因次参数，根据已有通风机的空气动力学图及无因次特性曲线来进行设计，方法可靠，把握较大，工作量亦较小。

# 5.3　轴流式通风机的结构及工作理论

## 5.3.1　概述

### 1. 轴流式通风机的结构

图 5 - 15 是轴流式通风机的一种典型结构。很多轴流式通风机的叶轮与电机是直连的，导叶也用作电机的支承座架，此时叶轮可悬臂地安装在电机轴上。由于强度和噪声等原因，叶轮外缘圆周速度一般不大于 130 m/s，速度过大时产生的噪声比离心式通风机更严重。叶轮的叶片有扭曲形和非扭曲形两种，从气动性能来说扭曲是合理的，当然制造上不如非扭曲形方便。

和离心式通风机一样，轴流式通风机的名称中也包含有机号、传动方式、叶轮转向等表征通风机不同特征的字符代码，使用时应关注相应的说明。

现代大型轴流式通风机的叶轮叶片和导叶叶片安装角可以做成可调节的，以便扩大通风机的高效运行范围，这使它在使用经济性方面比离心式通风机有更好的适应性。因此，在一些传统的离心式通风机使用领域里，轴流式通风机也有扩大应用的趋势。当然，由于性能参数上的不同特点，二者必然有相互不可取代的地方。

### 2. 轴流式通风机的工作原理

轴流式通风机的工作原理与轴流泵的工作原理一样，如图 5 - 15 所示，具有翼型断面的叶片，在空气中作高速旋转时，气流相对于叶片产生了急速的绕流，叶片对空气将施以力，在此力的作用下，气体将被压升。气体通过叶轮后能量增加，并且具有一定的圆周方向的分速度。导叶 4 将消除这一旋转分量，使气体轴向流出风机，同时将一部分动能转换成压能，以提高风机的工作效率。

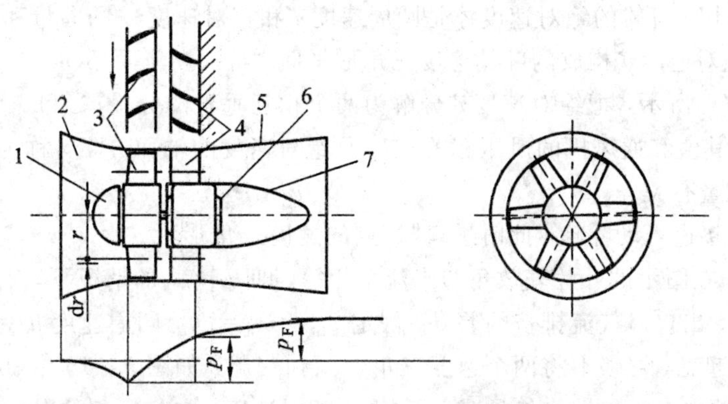


1—流线罩；2—集流器；3—叶轮；4—导叶；5—扩散器；6—电动机；7—芯筒

图 5 - 15　轴流通风机简图

叶轮与导叶一起组成轴流风机的一个“级”，一般使用的单级装置，流量大、体积小、升压低，这是轴流风机的特点，其压力系数 $\bar{p}_F$ 一般小于 0.3，而流量系数 $\bar{Q}_V$ 则又可在 0.3～0.6 之间，单级的 $n_s$ 值可在 18～90 之间。

### 5.3.2 轴流式通风机“级”的升压方程

#### 1. 气体在叶轮中的运动分析

在轴流式通风机的叶轮中，气体的运动是复杂的空间流动，任何一种空间运动都可以认为是三个相互垂直的运动分量的合成，即具有圆周分速度、轴向分速度及径向分速度。在分析和计算轴流式通风机的叶轮运动时，为简化问题，通常采用圆柱层无关性假设，认为在叶轮中流体质点是在以风机轴线为中心的圆柱面上流动(圆柱流面)，且相邻各圆柱流面上流体质点的运动互不相关。也就是说，在叶轮的流动区域内，流体质点不存在径向分速度。

轴流式通风机级中的流面是一些同心的圆柱面，在不同的半径，即不同的叶片高度上，叶轮的圆周速度也各不相同。因此，在分析轴流式通风机的内流动时也与轴流泵一样，如图 5-15 所示，将某一半径为 $r$、并假定有微元厚度 $dr$ 的同一圆柱面与级中动叶轮和静叶轮的切割面展开成平面叶栅加以讨论，这种叶栅称为“基元级”。

实验证明，在设计工况下流体质点的径向运动分速度极小，以致在工程上可以忽略不计。因此，在计算叶轮时，忽略流体运动的径向分量对实际流动具有足够的精度。在叶轮内可以作出很多个这种圆柱流面，而每个流面上的流动可能不完全相同，但研究的方法是相同的。因此，通过研究一个流面上的流动就可以概括其他流面上的流动规律。

有了叶栅的概念之后，在直列叶栅中每个翼型的绕流情况是相同的，只需研究其中一个翼型的绕流情况即可。

#### 2. 速度三角形

流体在轴流式叶轮中圆柱流面上的运动是一种复合运动。流体同叶轮一起做旋转运动(牵连运动)的速度为圆周速度$\vec{u}$，其方向沿着叶轮旋转的圆周方向；流体相对叶片的流动速度为相对速度$\vec{w}$，其方向和叶片翼型表面方向有关，如果假设叶片数无穷多，则$\vec{w}$的方向与翼型表面相切。流体的绝对速度才是圆周速度$\vec{u}$和相对速度$\vec{w}$的向量和。圆周速度$\vec{u}$、相对速度$\vec{w}$和绝对速度$\vec{v}$构成的叶轮速度三角形平面，与圆柱流面相切。

如图 5-16(a)所示，把绝对速度$\vec{v}$分解为两个相互垂直的分量$\vec{u}_u$和$\vec{v}_m$。$\vec{v}_u$为绝对速度的圆周分量，其值和通风机的风压有关；$\vec{v}_m$是绝对速度的轴面分量，称为轴面速度，其值和通风机的流量有关。

假定气流直接进入动叶轮，此时进口“1”点的速度三角形为$\vec{v}_1=\vec{w}_1+\vec{u}_1$，出口三角形为$\vec{v}_2=\vec{w}_2+\vec{u}_2$。在图示的叶片安放角与来流角相等，即$\beta_1=\beta_{1k}$的情况下，气流为无冲击入口。忽略叶片进、出口对气流排挤的差异，假定$v_{1m}=v_{2m}=v_1$，圆周速度$u_2=u_1$，绘制速度三角形。为方便起见，习惯上将两个速度三角形画到一起，如图 5-16 中(b)所示。以$\vec{w}_1$和$\vec{w}_2$矢端连线的中点为矢端作矢量$\vec{w}_{av}$，称平均相对速度。它与底边的夹角为$\beta_{av}$。在$u_1=u_2$的条件下，$\Delta w_u=|w_{2u}-w_{1u}|$，$\Delta v_u=|v_{2u}-v_{1u}|$，且$\Delta w_u=\Delta v_u$这一值反映气流在圆周方向的偏转程度。

导叶是固定的，因此它的速度量$\vec{w}_1=\vec{v}_1$，$\vec{w}_2=\vec{v}_2$，速度三角形简化为两个速度量矢量，$\vec{v}_1$与$\vec{v}_2$的方向变化也代表了气流在导叶中的偏转程度。通常希望气流轴向流出导叶栅，如图 5-16(b)所示。

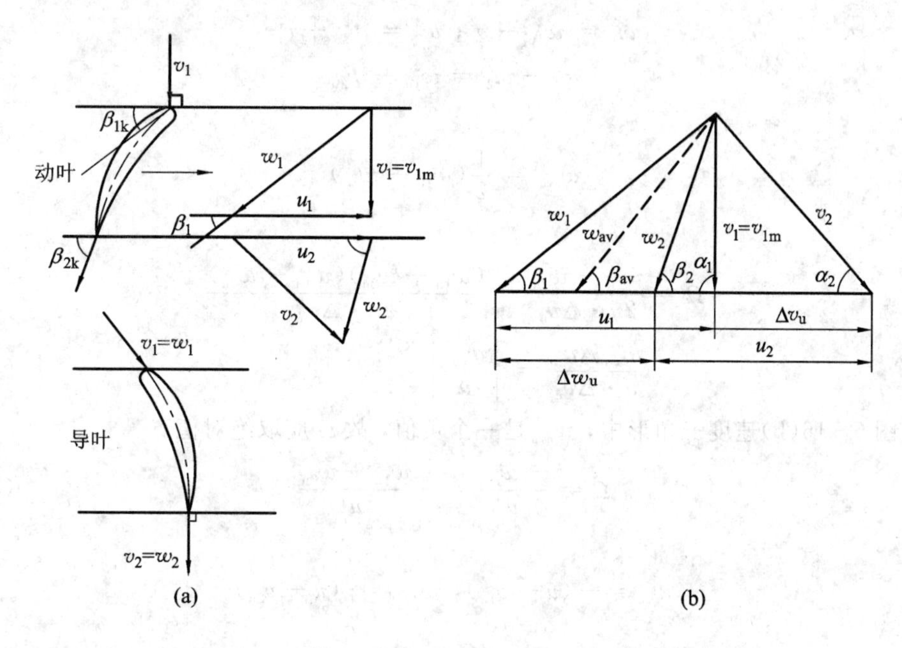


图5-16　轴流风机的基元级及其速度三角形分析

**3. 轴流风机“级”的升压**

对任一基元级，理论升压表达式与式(5-1)相同，但因 $u$ 相同，所以

$$p_{F.th}=\rho(u_2v_{2u}-u_1v_{1u})=\rho u\cdot\Delta v_u \tag{5-27}$$

设流动效率为 $\eta_l$，则实际压力为

$$p_F=p_{F.th}\cdot\eta_l=\rho\cdot u\cdot\Delta v_u\cdot\eta_l \tag{5-28}$$

可以看出，如欲使叶轮在某个工况(设计工况)实现在不同半径位置上均可无冲击入口和轴向出口，而且所有基元级都获得相同的升压值，那么沿整个叶片高度上的进、出口角 $\beta_1$、$\beta_2$ 都将是不等的，所以整个叶片必须是扭曲的。

由速度三角形的几何关系可知，式(5-27)也可改写成

$$\begin{aligned}p_{F.st}&=\rho\cdot u\cdot\Delta v_u=\rho\cdot u\cdot[(u-v_m\cot\beta_2)-(u-v_m\cot\beta_1)]\\&=\rho\cdot u\cdot v_m(\cot\beta_1-\cot\beta_2)\end{aligned}$$

因为我们是讨论基元级上的速度三角形，所以轴面速度中只包含轴向分量而无径向分量，$v_m=v_z$，故上式可写成

$$p_{F.th}=\rho\cdot u\cdot v_z(\cot\beta_1-\cot\beta_2) \tag{5-29}$$

式中，$v_z$ 为轴面速度 $v_m$ 的轴向分量。

在圆周速度因材料强度等因素受到一定限制的条件下，增加 $p_{F.th}$ 的途径一是增加 $v_z$，但它主要增加动压头，一般 $v_z<30\sim40$ m/s，所以较合理的途径是增加 $\Delta\beta=|\beta_1-\beta_2|$。称 $\Delta\beta$ 为气流的折转角。实际上，单级的轴流风机升压不能很大，一般不超过2150 Pa。这是因为过大的 $\Delta\beta$ 将使效率明显下降，$\Delta\beta_{max}$ 一般在40°～45°左右。

**4. 反应度及气流的预旋**

由式(5-6)可知，对基元级而言，在 $u_1=u_2$ 的条件下

$$\Omega=\frac{w_1^2-w_2^2}{2u\cdot\Delta v_u}$$

中

$$w_1^2 = w_{1u}^2 + v_z^2;\ w_2^2 = w_{2u}^2 + v_z^2$$

$$w_1^2 - w_2^2 = w_{1u}^2 - w_{2u}^2$$

且

$$w_{avu} = \frac{1}{2}(w_{1u} + w_{2u})$$

故

$$\Omega = \frac{w_{1u}^2 - w_{2u}^2}{2u \cdot \Delta v_u} = \frac{(w_{1u} + w_{2u})(w_{1u} - w_{2u})}{2u \cdot \Delta v_u}$$

$$= \frac{w_{avu}\Delta w_u}{u \cdot \Delta v_u} = \left|\frac{w_{avu}}{u}\right| \tag{5-30}$$

在图 5-16(b)速度三角形中，$w_{avu}$是一个负值，故 $\Omega$ 应取绝对值。

$$\Omega = \frac{-w_{avu}}{u} = -\frac{w_{1u} + w_{2u}}{u} \tag{5-31}$$

因

$$w_{1u} = -(u - v_{1u}),\ w_{2u} = -(u - v_{2u})$$

故

$$w_{1u} + w_{2u} = -2u + v_{1u} + v_{2u}$$

$$\Omega = -\frac{w_{1u} + w_{2u}}{2u} = \frac{2u - v_{1u} - v_{2u}}{2u}$$

$$= \frac{1}{2u}[2u - 2v_{1u} - (v_{2u} - v_{1u})] = 1 - \frac{v_{1u}}{u} - \frac{\Delta v_u}{2u} \tag{5-32}$$

由上式可见，在 $u$、$\Delta v_u$、$v_z$ 都不改变的条件下，改变 $v_{1u}$可改变基元级的 $\Omega$。称 $v_{1u}$为气流的预旋，可以通过设置前导叶来实现。

$v_{1u} < 0$，称负预旋。此时$\vec{v}_{1u}$与$\vec{u}$反向。

$v_{1u} > 0$，称正预旋。此时$\vec{v}_{1u}$与$\vec{u}$同向。

### 5.3.3 轴流式通风机叶轮的布置方案

根据使用条件和要求的不同，轴流式通风机有多种结构形式，如图 5-17 所示。

**1. 单个叶轮**

轴流式通风机单个叶轮形式如图 5-17(a)所示，在风机机壳中只有一个叶轮，这是轴流式通风机最简单的结构型式。一般情况下，流体沿轴向进入叶轮，而以绝对速度 $v_2$ 流出叶轮。由叶轮出口速度三角形可见，流体流出叶轮后存在圆周分速度 $v_{2u}$使流体产生绕轴的旋转运动。$v_{2u}$的存在伴随有能量损失，若减小出口旋转运动速度 $v_{2u}$，则流体通过叶轮所获得的能量也要减少。因此，这种形式的通风机效率不高，一般 $\eta$ 为 70%～80%。但是，它结构简单，制造方便，适用于小型低压轴流式通风机。

**2. 单个叶轮后设置导叶**

单个叶轮后设置导叶形式如图 5-17(b)所示。鉴于单个叶轮形式的缺点，在叶轮后放置导叶。流体从叶轮流出时有圆周分速度，但流经导叶后改变了流动方向，将流体的旋转运动的动能转换为压力能，最后流体以 $v_3$ 沿轴向流出。这种形式的轴流风机的效率优于单

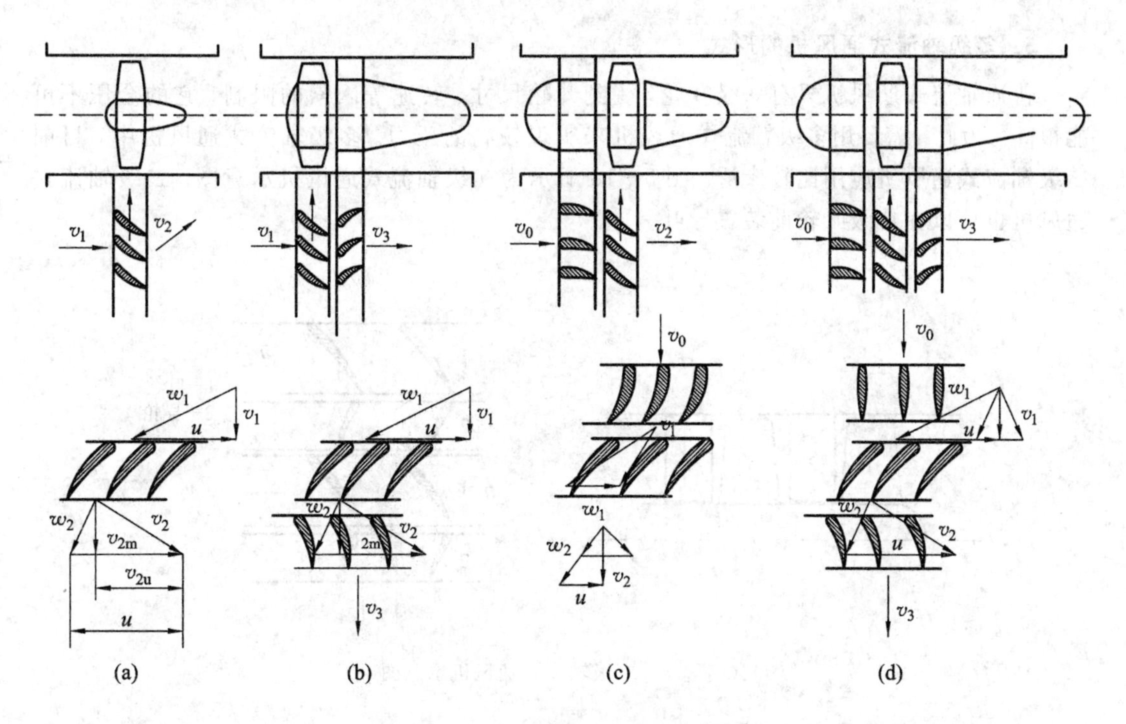


图 5-17　轴流式通风机的基本型式

个叶轮的形式，一般 $\eta$ 为 80%～88%，最高效率可达到 90%。在轴流式通风机中得到普遍应用。目前，火力发电厂的轴流送引风机大都采用这种形式。

**3. 单个叶轮前设置导叶**

如图 5-17(c)所示，在设计工况下叶轮出口的绝对速度没有旋转运动分量，叶栅反应度 $\Omega$ 大于 1。因为在前置导叶作用下使流体在进入叶轮之前首先产生与叶轮旋转方向相反的负预旋，即 $v_{1u}<0$。负预旋速度在设计工况下，被叶轮校直，使流体沿轴向流出，即流体在叶轮出口的圆周分速度 $v_{2u}=0$，此时出口速度三角形如图 5-13(c)实线所示。由于叶轮进口相对速度 $w_1$ 较大，因此流动效率较低。然而，采用这种形式布置还有以下的优点：

(1) 前置导叶使流体在进入叶轮之前先产生负预旋使流体加速，提高了压力系数，因而流体通过叶轮时可以获得较高的能量。因此，在流体获得同样的能量下，则叶轮尺寸可减小，通风机的体积亦相应减小。

(2) 若导叶做成可转动的，则可进行工况调节。同时，当流量变化时流体对叶片的冲角变动较小，运行较稳定。

这种形式的轴流式通风机结构尺寸较小，占地面积较小，其效率可达 78%～82%。在火力发电厂中子午加速轴流风机常采用这种形式。

**4. 单个叶轮前、后均设置导叶**

单个叶轮前、后均设置导叶的结构形式如图 5-17(d)所示。这种型式是单个叶轮后置导叶和前置导叶两种形式的综合，前置导叶若做成可转动的，则可进行工况调节，后置导叶又可以对从叶轮流出流体的圆周分速度进行校直，其效率为 82%～85%。这种形式如果前置导叶可调，则轴流式通风机在变工况状态下工作会有较好的效果。

**5. 多级轴流式通风机的形式**

普通轴流式通风机只有一级叶轮，受到叶轮尺寸、转速等因素的限制，它的全压不可能很高。为此，需要用多级轴流式通风机来实现较高的压力。多级轴流式通风机中，目前二级轴流式通风机应用比较广泛。图 5－18 所示为二级轴流式通风机示意图。二级轴流式通风机也可以在首级叶轮前装置导叶。

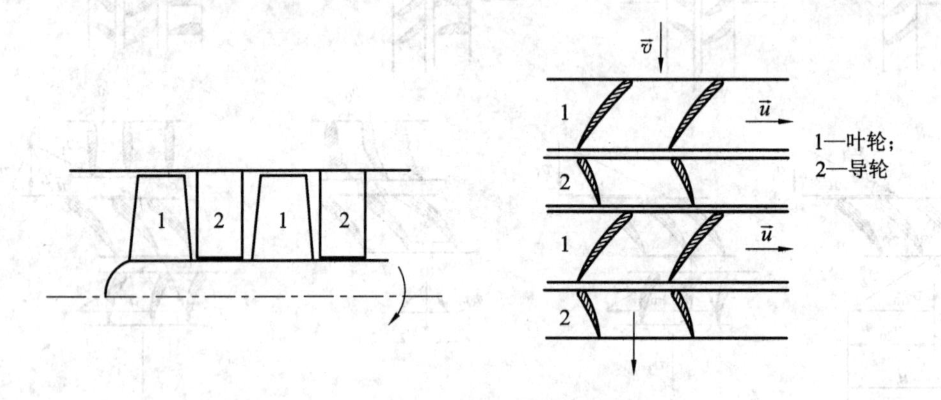


图 5－18　二级轴流式通风机示意图

### 5.3.4　轴流式通风机的特性曲线

轴流式通风机典型的特性曲线如图 5－19 所示。其特点如下：

(1) 升压曲线有驼峰形。由于风机的几何参数是按最佳工况设计的，在这一工况各种流动的损失比较小，风机可达到 $\eta_{max}$ 的最佳状态，升压特性也有良好的工作稳定性。

(2) 在较小流量区 $p_F-Q_V$ 曲线的跌落明显，是不稳定工况区。

(3) 零流量时功率值较大，有些通风机还可能处于最大功率状态。这与离心式通风机小流量功率较小的特性是有明显差异的，启动时不宜关闭闸门。

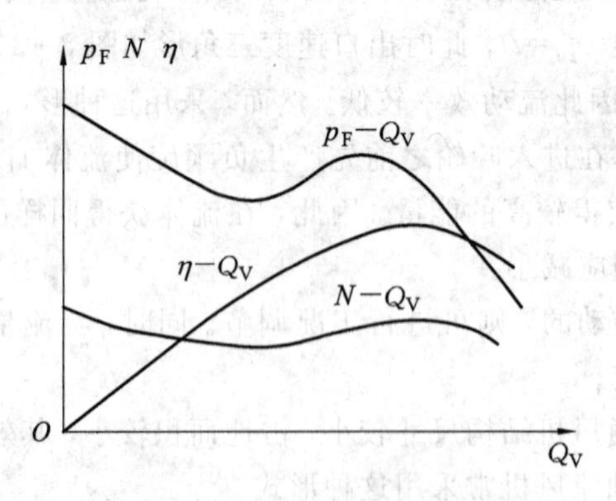


图 5－19　轴流式通风机的特性曲线

## 5.4　通风机在管网中的工作及调节问题

除生活用的风扇之类少数使用情况外，工程应用的通风机通常都是与管网匹配工作的。所谓管网，就是通风管道及闸门，过滤器、换热器、弯头等一些组合部件的总称。通风机管网系统的简图如图 5－20 所示。

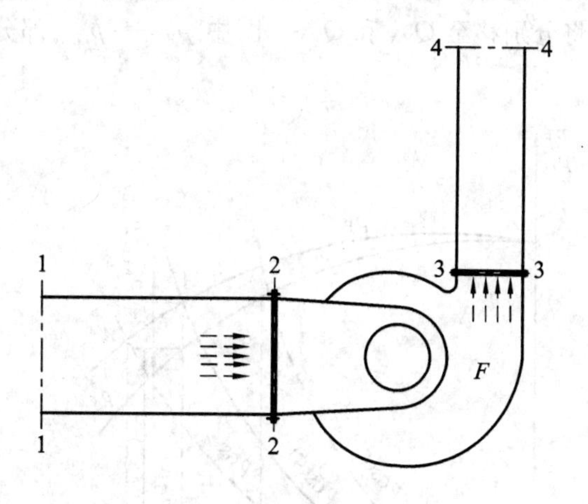


图 5－20　通风机管网系统

### 5.4.1　通风机的典型工作方式

在图 5－20 中，自 1－1 至 2－2 截面间是吸气管道，2－2 至 3－3 是通风机部分，3－3 至 4－4 是排气管道。管网包括了吸气管道与排气管道两部分。通风机在管网中工作可能有三种不同的典型工作方式：

(1) 吸气式。这种工作方式只有吸气管道，通风机出口直接排入大气。

(2) 压气式。管网只有压出管道，通风机从大气直接进气。

(3) 吸压式。具有图中完整的进、排气管道两部分。

采用何种方式，应根据使用的需要决定，与通风机本身无关。

### 5.4.2　管网特性及系统的动力平衡

在通风机管网系统中，通风机是气流运动的动力源，管网中的进、出口压差及流动损失对通风机而言是一个“负载”。按照通风机中采用体积压力的表示法，系统中的流体动力平衡必有以下关系：

$$p_F = p_G \tag{5-33}$$

式中，$p_F$ 为通风机的全压；$p_G$ 为以体积压力表示的管网阻力特性。

通风机的管网进、出口端大气无压差，此时只有损失压力 $p_{GS}$，且 $p_{GS}=\xi_p \cdot Q_V^2$。但作为一般情况，管网特性仍应表示为

$$p_G = p_{G0} + \xi_p \cdot Q_V^2 \tag{5-34}$$

式中，$\xi_p$ 为由管网结构决定的一个流动损失系数；$p_{G0}$ 为管网出口、进口端压差，一般情况下，认为无压差；$p_{GS}$ 为包括静压损失 $p_{G.st}$ 和出口动压损失 $p_{G.dy}$ 两部分。

所以

$$p_G = p_{GS} = p_{G.st} + p_{G.dy} \tag{5-35}$$

如果管网没有漏气损失，则式(5－33)的关系在 $p_F - Q_V$ 和 $p_G - Q_V$ 坐标图上的表示如图 5－21 所示。设管网阻力为 $\xi$ 时通风机与管网平衡工作点流量为 $Q_{VA}$，若管路出口和通风机出口的速度相等，此时通风机的静压与动压的比例如图中 $p_{F.st}$ 和 $p_{F.dy}$ 两部分所示，

$p_{F.dy}$等于管网出口的动压力 $p_{G.dy}$，而 $p_{F.st}$则等于管网中的静压力损失 $p_{G.st}$。当阻力改变为 $\xi'$和 $\xi''$时，平衡点流量将分别移至 $Q_{VA'}$和 $Q_{VA''}$。图中 $p_{F.dy}=p_{G.dy}$部分最终是不能得到利用的部分。

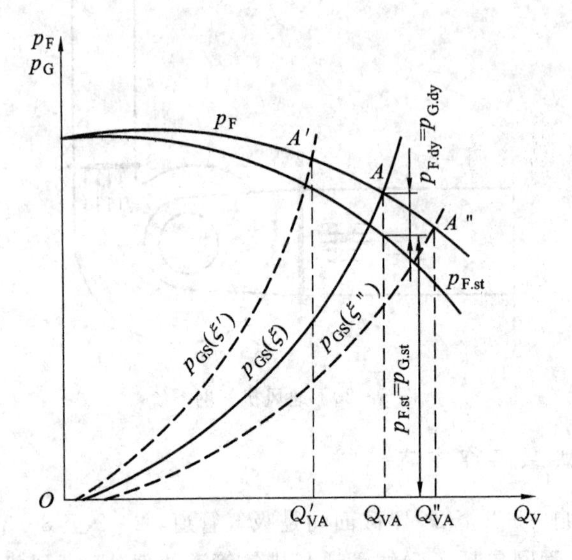


图 5-21　风机在管网中的工作点

为简化讨论，假定吸气管和压出管都是等断面的管路。如图 5-22 所示，在管路的任一断面处 $i-i$ 都应该有一个静压力 $p_{sti}$和一个动压力 $p_{dyi}$，二者之和为该断面上的全压，以 $p_i$ 表示之，$p_i=p_{sti}+p_{dyi}$。该图的 1、2、3、4 和 $F$ 是与图 5-20 对应的。由图示可知，由于形成动压力 $p_{dyi}$和自进口至 $i-i$ 断面的流动压力损失 $\Delta p_{st(1-i)}$，使 $i-i$ 断面的压力比较低。

$$p_{sti}=-(p_{dyi}+\Delta p_{st(1-i)})$$

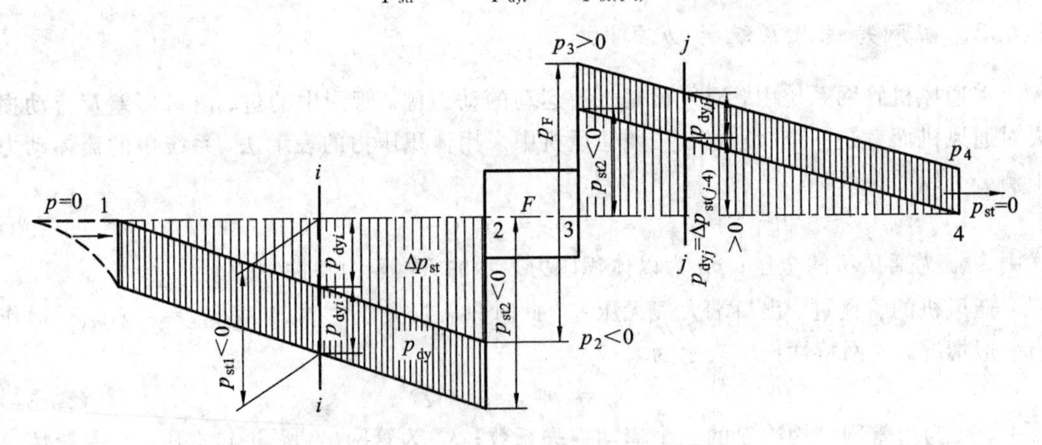


图 5-22　通风机管网系统的能头变化图

按以上 $p_i=p_{sti}+p_{dyi}$的关系，即可有

$$p_i=-\Delta p_{st(1-i)}$$

可见，在通风机的进口 2-2 断面，全压 $p_2$ 应为

$$p_2=-\Delta p_{st(1-2)}<0$$

在压出管上，任一截面 $j-j$ 处的全压 $p_j$ 为

$$p_j = \Delta p_{st(j-4)} + p_{dy4}$$

该断面上的静压应为正，因为风机提高了气流的全压。静压值为

$$p_{stj} = p_j - p_{dyj} = \Delta p_{st(j-4)} > 0$$

在通风机出口处 3－3 断面，全压为

$$p_3 = \Delta p_{st(3-4)} + p_{dy4}$$

通风机的全压 $p_F$ 为进出口间全压之差：

$$p_F = p_3 - p_2 = p_{st(3-4)} + \Delta p_{st(1-2)} + p_{dy4} \tag{5-36}$$

上式表示，通风机的全压用来克服吸气管及压气管路上的压力损失(在 $p_{进口} = p_{出口}$ 的条件下)并形成一个管网出口处的动压力。与式(5－33)、式(5－35)比较可知

$$p_{G.st} = \Delta p_{st(3-4)} + \Delta p_{st(1-2)}$$

### 5.4.3　通风机的串联和并联运行

当单台通风机不能满足系统的流量或风压要求时，用数台通风机作串、并联运行往往可以解决问题。有关的分析与叶片式泵的串并联运行类似，只需将 $p_F - Q_V$ 特性对应泵的 $H-Q$ 特性，管网特性 $p_G - Q_V$ 对应管路特性 $\sum h-Q$ 即可。因此我们不作重复叙述了，读者可参阅 2.9 节自己进行分析。在串、并联运行中不应该出现以下几种情况：

(1) 在某个通风机中出现倒流情况；

(2) 联合工作时比单台工作时的流量减小；

(3) 流量波动时出现不稳定工作的现象。

一般来说，当采用不同特性的通风机作串、并联的联合运行时，尤其应该注意是否会出现上述情况。当然，联合运行的方案是否合理也还不只是取决于这几点，还应从工作的可行性、经济性等诸方面综合评价，此处不作讨论了。

### 5.4.4　通风机运行工作点的调节

与泵的调节一样，在运行中用户根据主观上的某种考虑而人为地去改变系统的平衡工作点，就是工况的“调节”。实现调节的途径也是一样的，一是改变管网特性，此时工作点沿通风机的特性迁移变化；二是改变通风机的特性，使工作点沿管网特性曲线迁移变化。前者可通过调节闸门开度来实现，方便易行，但并不经济；后者则可用以下一些方法实现，与前者相比这些方法都有一定的节能经济性：

(1) 调节通风机转速，这是与泵系统调节相同的方法，对离心式通风机和轴流式通风机都适用，具有良好的经济性，但必须有较大投入，如采用电机变频技术或采用液力耦合器调速传动等，大功率时耦合器调速是一种最为有效的技术方案。这种调节方案都可以比较方便地实现诸如恒压输出、恒流量输出等反馈控制或程序控制的自动化运行，与生产过程的总体自动化运行系统融合工作。

(2) 使用轴流式通风机时，也可通过调节叶片安放角来实现特性的调节。

(3) 离心式通风机在装置进口导流器时，还可以通过改变导流器的叶片安放角 $\alpha$ 使通风机的特性发生改变，实现工况调节。因为进口导流器的开度改变可使进入通风机的气流 $v_{u0}$ 得到改变，同时进口阻力也有改变，联合作用的结果使通风机的特性得到调节，如图

5－23 所示。由于这种调节方法叶轮的 $u_2$ 不变，所以曲线的端点是重合的，这与通过转速改变特性曲线是不同的。

在图 5－23 中，以虚线表示的 $N'$ 曲线是在管网特性 $p_G$ 不变的条件下进口导流器不同开度 $\alpha$ 时的轴功率变化曲线，它与 $N_1(\alpha_1)$ 曲线间的差距就是与改变管网特性的调节方法相比所节省的功率 $\Delta N$ 值。如果与双速电机变转速驱动联合使用，可以具有非常满意的节能效果，而且总投资也不很高，很有工程价值。

(4) 离心式通风机还有一种特殊的改变叶轮有效宽度的调节方法，如图 5－24 所示。它是在叶轮的前后盘间设置一个可以轴向移动的活动后盘，套在叶片上，轴向移动时叶轮内流道的有效宽度 $b$ 就发生变化，按式(5－9)可知，当 $b_2$ 变化时，对相同的 $Q_{VL}$，相应的 $p_F$ 也将发生变化，从而使 $p_F-Q_V$ 曲线得以改变。这种调节方法可以使通风机的高效使用范围拓宽。使用这种调节方法必须是柱面叶片且表面比较光滑，活动后盘便于套在叶片上轴向可以移动才行。

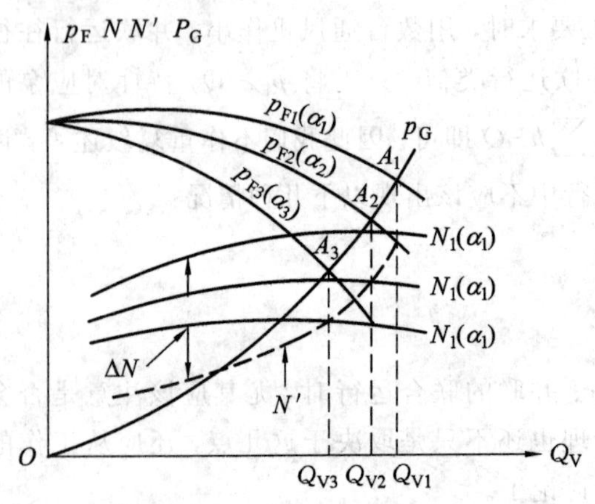


图 5－23　用导流器调节通风和特性

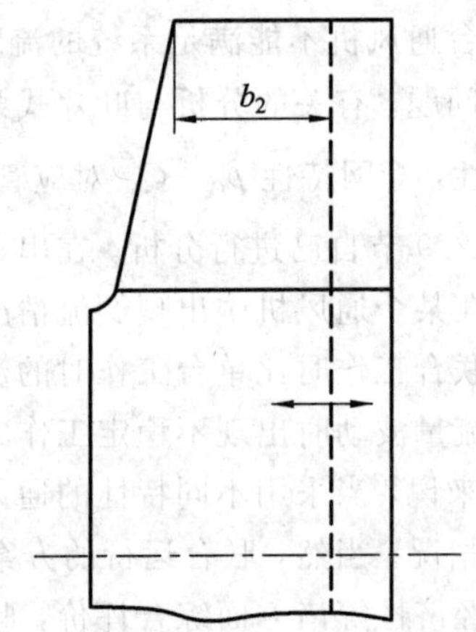


图 5－24　改变叶轮有效宽度特性

## 5.4.5　通风机运行中的喘振及噪声问题

虽然通风机在工作理论及运行方式方面与泵有很多相似之处，但它毕竟也有自己的特殊性。比如，通风机不必担心气蚀问题，运行前也不必灌水启动，在结构及调节方法上也自己的特点。这里的喘振和噪声问题则是另外两个特殊问题。

如在泵的运行中我们曾经提到过的那样，当通风机的特性如图 5－25 那样有极大值点 $D$ 时，对管网特性 $p_{G1}$ 点 $A$ 是稳定平衡工作点，而 $p_{G3}$ 的交点 $E$ 是不能稳定平衡工作的，因为 $E$ 点处有

$$\left(\frac{\mathrm{d}p_F}{\mathrm{d}Q_V}\right)_E > \left(\frac{\mathrm{d}p_{G3}}{\mathrm{d}Q_V}\right)_E$$

对于管网特性 $p_{G2}$，交点 $B$ 从理论上说，静态特性也符合稳定平衡的条件，$\left(\frac{\mathrm{d}p_F}{\mathrm{d}Q_V}\right)_E < \left(\frac{\mathrm{d}p_{G2}}{\mathrm{d}Q_V}\right)_E$，但是实际上平衡点在 $D$ 的左侧很难实现稳定平衡而极易出现“喘振”现象。当喘

振发生时，系统中流量和压力出现低频的周期性大幅脉动，并且伴有强烈的机械振动，甚至会引起装置的损坏，因此通风机系统不允许在喘振状态下运行。

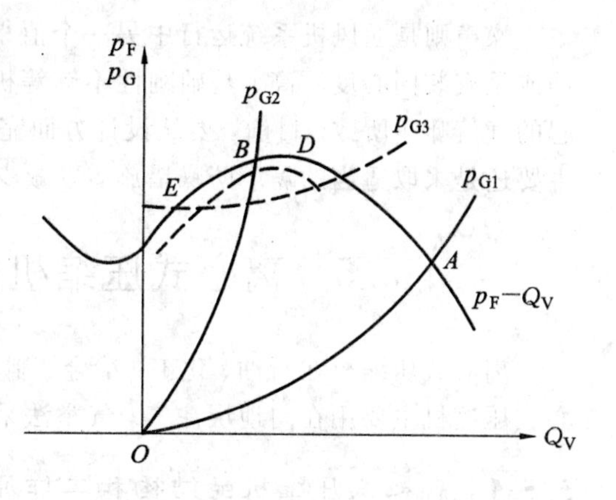


图 5-25　风机在管网中工作的稳定性

形成喘振的原因是多方面的。首先，在通风机方面，都是属于有极值的特性。在管网方面，一般管路比较长，或是联通有较大容积的附件。在运行工况上，都是发生在低流量区。图 5-25 中，$D$ 点以左就容易出现喘振。另外，高压风机又较低压风机容易产生喘振，轴流式通风机也较离心风机易于发生喘振。

分析喘振的发生机理，不能仅从静态特性方考虑，而应着重从一个动态的过程去观察，而且气体的可压缩性也应加以考虑。首先，我们可以把管网简化成如图 5-26 那样的结构模型，节流阀有很大的阻力产生。

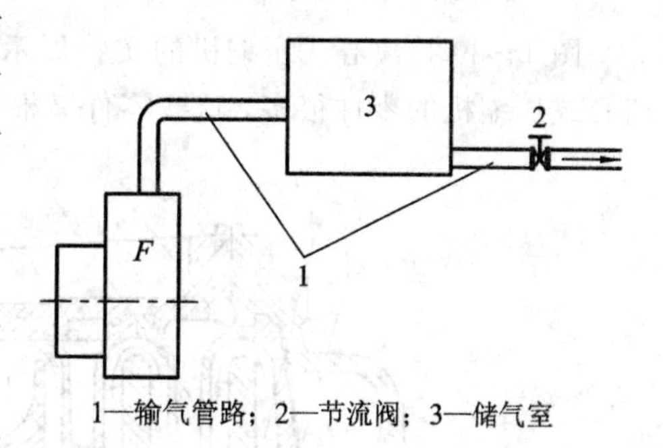


1—输气管路；2—节流阀；3—储气室

图 5-26　分析喘振机理的管网简化结构模型

现假定管网特性为图 5-25 中的 $p_{G2}$。当启动通风机时，由于储气室中压力很低，通风机流量很大，但因节流阻力大，管网对外排气量很小，因此气室中的压力不断升高，在储气室与通风机间会出现一种类似 $p_{G3}$ 那样的瞬时管路特性，迫使通风机流量不断减小，压力不断升高。虽然管网对外排气量也在增加，但因气室接受通风机的流量仍大于排出的流量，致使通风机达到最大压力值，也使气室中压力升高，气体受到一定的压缩，储备了一定的能量。气室压力的升高也导致排气的增加，在管网排气增加的过程中，系统的管网特性逐渐向 $p_{G2}$ 过渡，通风机工作点也由 $D$ 向左移动。由于 $D$ 点左侧下跌形的 $p_F-Q_V$ 曲线特性，加上进口条件或转速波动等随机因素可能引起的通风机特性曲线的波动，如图中虚线所示的那样，具有较高压力和一定储备能量的气室一侧会向通风机方向形成倒流，使通风机流量继续下降并最终在通风机中出现倒流。此时，气室向两个方向排气，压力很快下降，直至管网中压力低于通风机出口压力时，整个系统又回复开始的状态，如此周期性地产生流量和压力的脉动，就是所谓的喘振现象。

通风机开始发生喘振的最大流量称喘振限，可通过试验测定，使用中不应低于这一喘振界限。

为防止喘振的发生，从通风机方面而言，应在设计中避免驼峰形的特性曲线；在管网配置方面，可以设置旁路放风阀，在有效流量需求减小时通过放风阀排走部分气体，以使通风机保持较大流量的工况；管网的节流阀以及会造成较大节流的配件应尽量向通风机出口处靠近配置，或是在通风机出口处加装一个节流阀，主要通过它进行节流调节；也可以通过变转速、变进口导流器开度等调节方法使通风机的喘振界限向小流量方向移动，以扩大稳定工作区。

噪声则是通风机系统运行中另一个值得注意的问题。通风机产生噪声有旋转件平衡不佳或是安装同心度不高、基础刚性不够等机械方面的原因，但更主要的是空气动力因素引起的气流啸叫所致。目前，要从设计方面完全克服这一公害性弊端尚难做到，对用户而言主要还是采取适当的隔声防噪措施，以减少它的有害影响。

## 5.5 离心式压缩机的结构及工作理论简介

离心式压缩机在石油、化工、冶金、制药等部门的应用都很广泛。在石油工程方面，离心式压缩机主要用在向地层注气、气举法采油和天然气抽送等方面的生产中。

### 5.5.1 离心式压缩机的结构和工作原理

**1. 离心式压缩机的结构**

图 1－30 是离心式压缩机的实物展示图，图 5－27 为离心式压缩机的纵剖面结构图，离心式压缩机的零件很多，这些零件又根据它们的作用组成各种部件。

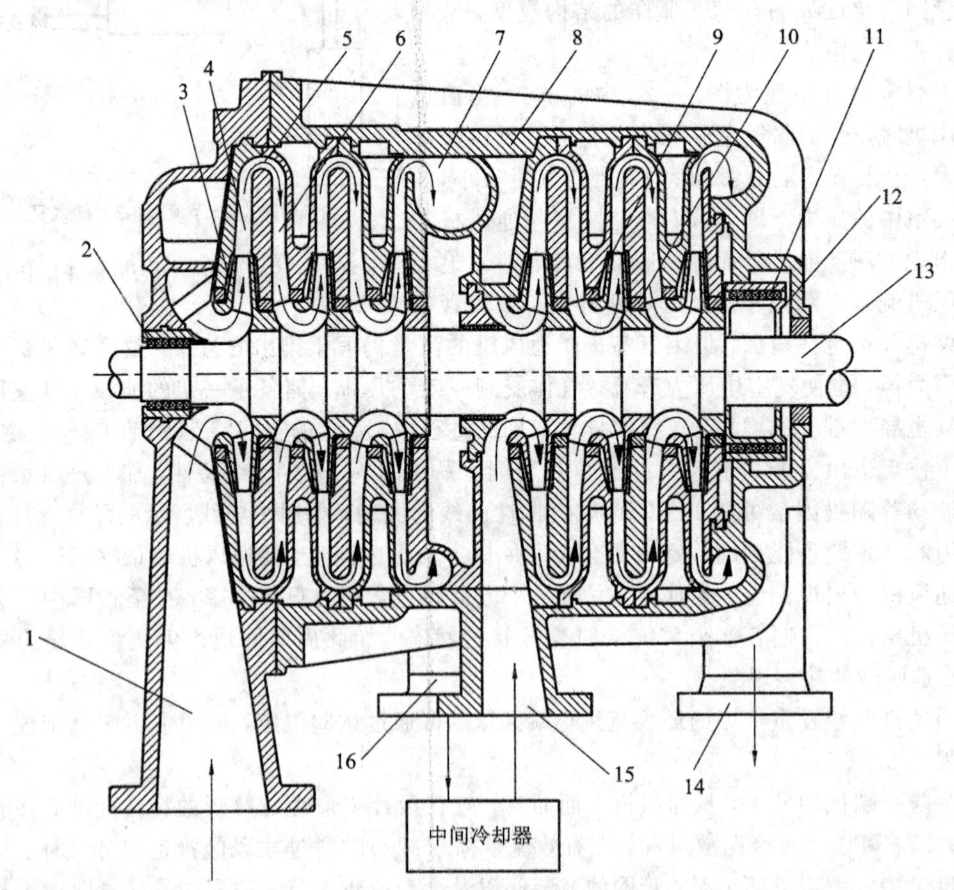


1—吸气室；2、11—轴端密封；3—叶轮；4—扩压器；5—弯道；6—回流器；7—蜗室；8—机壳；9—轮盖密封；10—隔板密封；12—平衡盘；13—主轴；14—末级排气口；15—第二段进气管；16—第一段出气管

图 5－27 SA120－61 型离心式压缩机结构图

离心式压缩机中，有些部件可以转动，有些则不能。我们把可以转动的零部件统称为转子，而把不能转动的零部件统称为静子。现在以图5－27所示的离心式压缩机为例，介绍离心式压缩机的主要零部件。

1）转子

转子是离心式压缩机的主要部件，它由主轴13以及套在主轴上的叶轮3、平衡盘12等组成。

（1）叶轮。

叶轮也称为工作轮，它是离心式压缩机中的核心部件。气体在叶轮叶片的作用下，随着叶轮作高速旋转。由于受旋转离心力的作用，以及在叶轮内的扩压流动，因此气体通过叶轮后的压力得到了提高。此外，气体的速度能也同样得到提高。因此，可以认为叶轮是使气体提高能量的唯一零件。

由轮盘、轮盖和叶片组成的叶轮又称为闭式叶轮。按照工艺方法的不同，叶轮又可分为铆接叶轮、铣制铆接叶轮、焊接叶轮和整体铸造叶轮。

（2）主轴。

主轴上安装所有的旋转零件。它的作用就是支撑旋转零件及传递转矩。主轴的轴线也就确定了各旋转零件的几何轴线。

主轴是阶梯轴，便于零件安装。各阶梯的凸肩起轴向定位的作用。近年来也有采用光轴的，因为它的形状简单，加工方便。

（3）平衡盘。

在多级离心式压缩机中，由于每级叶轮两侧的气体作用力大小不等，使转子受到一个指向低压端的合力，这个合力称为轴向力。轴向力对于压缩机的正常运转是不利的，它使转子向一端窜动，甚至使转子与机壳相碰，造成事故，因此要设法平衡（消除）它。

平衡盘就是利用它两边的气体压力差来平衡轴向力的零件。平衡盘位于高压端，它的一侧压力可以认为是末级叶轮轮盘侧的间隙中的气体压力（高压）；另一侧通向大气或进气管，它的压力是大气压或进气压力（低压）。由于平衡盘也是热套在主轴上的，所以上述两侧压力差就使转子受到一个与轴向力反向的力，其大小取决于平衡盘的受力面积。通常，平衡盘只平衡一部分轴向力，剩余轴向力由止推轴承承受。平衡盘的外缘安装气封，可以减少气体泄漏。

2）静子

静子中所有零件都不能转动。静子部件包括机壳8、扩压器4、弯道5、回流器6和蜗室7，以及密封2、9、10、11等部件。

下面介绍静子的各主要零部件。

（1）机壳。

机壳也称为汽缸。机壳是静子中最大的零件。它通常是用铸铁或铸钢浇铸的。对于高压离心式压缩机，都采用圆筒形锻钢机壳，以承受高压。

机壳一般有水平剖分面，便于装配。上、下机壳用定位销定位，用螺栓连接。下机壳装导柱，便于装拆。轴承箱与下机壳分开浇铸，如图1－30所示。

吸气室1是机壳的一部分。它的作用是把气体均匀地引入叶轮。吸气室内常浇铸有分流肋，使气流更加均匀，也起着增加机壳刚性的作用。

(2) 扩压器。

气体从叶轮流出时，它具有较高的流动速度。为了充分利用这部分速度能，常常在叶轮后面设置过流面积逐渐扩大的扩压器，把速度能转换为压力能，以提高气体的压力。扩压器一般有无叶片、有叶片、直壁形等多种形式。

(3) 弯道。

在多级离心式压缩机中，气体要进入下一级，必须要转弯。为此就要采用弯道。弯道是由机壳和隔板构成的弯环形空间。

(4) 回流器。

回流器的作用是使气流按所需的方向均匀地进入下一级。

(5) 蜗室。

蜗室的主要作用是把扩压器后面或叶轮后面的气体汇集起来，引到压缩机外面去，使它流向气体输送管道或流到冷却器去进行冷却。此外，在汇集气体的过程中，在大多数情况下，由于蜗室外径的逐渐增大和过流断面的逐渐扩大，也使气流起到一定的降速增压作用。

(6) 密封。

密封有隔板密封 10、轮盖密封 9 和轴端密封 2、11。密封的作用是防止气体在级间倒流及向外泄漏。为了防止过流部分中的气体在级间倒流，在轮盖处设有轮盖密封 9。在隔板和转子之间设有隔板密封 10。这两种密封统称为内密封。为了减少和杜绝机器内部的气体向外泄漏或外界空气向机器内部窜入，在机器端部安置轴端密封 2、11。这种密封统称为外密封。最常用的是梳形密封(又称迷宫式密封)。密封片由软金属制成，可以由车削而成，也可以嵌入密封体内。由于密封片较软，当转子发生振动与密封片相碰时，因密封片易磨损，从而保护转子不被损坏。密封的工作原理是利用气流经过密封时的阻力来减少泄漏量。

在压缩机中，高、低压腔间的气体密封广泛采用梳齿状的密封结构，这是一种非接触式的密封，对于高速旋转和难以润滑、冷却的结构来说，虽然不能实现完全的漏气密封，却仍不失为一种可以有效的减少泄漏损失的密封措施。梳齿状密封的具体形式也有多种方案，图 5-28 是其中的几种形式。图中(a)为整体式平滑形；(b)为单片镶嵌式；(c)为双侧组合镶嵌式；(d)为台阶形密封，等等。梳齿的最小间隙 $\delta$ 可达 0.4 mm，或按 $\delta=0.2+(0.3\sim0.6)\cdot\frac{D}{1000}$(mm)计算确定。式中 $D$ 为密封处的直径。齿端应朝向来流方向加工成尖形，以减小泄漏量。齿数 $Z$ 可在 6～35 之间。

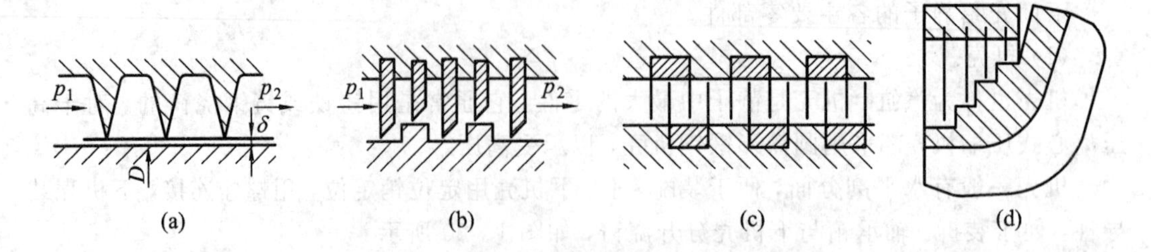


图 5-28 压缩机中非接触式密封结构示意图

设压力为 $p_1$ 的气流通过一个密封间隙，此时的流动可近似为一个理想的节流过程，其温度和压力下降而速度增加，进入空腔时由于通流面积突然扩大，气流形成漩涡，速度几乎完全消失。假定速度能完全转变成热能，压力则近似等于间隙中的压力值，这样温度基本回复到密封前的状态。每经过一个密封间隙和空腔，上述过程重复一次，但气体比容越来越大，所以通过间隙的气流速度和压力降也越来越大，最后趋于背压值 $p_2$。连续多次的节流作用可使漏气量有效得到抑制而起到密封作用。

为了保证离心式压缩机的主机能连续、安全和高效地运转，必须重视辅助设备及系统，包括冷却系统、润滑系统和自动控制系统等。

对高压的多级压缩机来说，中间冷却是必不可少的，否则气体的温升将很大。如将空气从0℃开始自常态作等熵压缩，此时按等熵过程(绝热过程)方程可有

$$\frac{T_2}{T_1}=\left(\frac{p_2}{p_1}\right)^{\frac{k-1}{k}}$$

空气等熵指数 $k=1.4$，如果出口 $p_2$ 为10个大气压力，则

$$T_2=\left(\frac{10}{1}\right)^{\frac{1.4-1}{1.4}}=527\ \text{K}$$

即出口气温就可达到254℃。

气体在压缩过程中温度升高，而气体在高温下压缩，消耗功将会增大。为了减少压缩功耗，压缩机常带有中间冷却器。中间冷却器把全部级分隔成几个段。在每段里，有一个或几个级。每个级是由一个叶轮及与其相配合的固定元件所构成的。例如图5-27所示的压缩机全部级被分成两段，每段由三个级组成。

对于离心式压缩机来说，从其基本结构上来看，它可分为中间级和末级两种。图5-27中第1、2、4、5级表示了中间级的形式，它由叶轮、扩压器、弯道和回流器等组成。气体经过中间级后，将直接流到下一级去继续进行增压。在离心式压缩机的每一个段里，除了段中的最后一级外，都属于这种中间级。图5-27中第3、6级表示了末级的形式，它由叶轮、扩压器和蜗室等组成。气体经过这一段增压后，将排出机外，流到冷却器进行冷却，或送往排气管道输出。对于这两种级的结构形式来说，叶轮是这两种级所共同具有的，只是在固定元件上有所不同。对于末级来说，它是以蜗室取代中间级的弯道和回流器，有的还取代了级中的扩压器。

**2. 离心式压缩机的工作原理**

离心式压缩机的结构和工作原理与离心泵相类似，所不同的是它所加压输送的介质是可压缩的气体。图5-27中给出SA120-61型离心式压缩机的纵剖面结构图。从图中可以看出，在主轴13上装有6个叶轮(或工作轮)3。当电动机通过增速器(图中未示出)带动主轴13转动时(或者由汽轮机直接带动主轴转动时)，存留在叶轮叶片流道中的气体被叶片带动，与叶轮一起旋转。在离心力的作用下，气体被甩到叶轮后面的扩压器4中去，因此在叶轮中部便形成了稀薄区，外面的气体通过吸气室1进入叶轮的中。由于叶轮不断地旋转，在离心力的作用下气体连续地被甩出去，外界的气体也就源源不断地进入叶轮，这样就保持了压缩机中气体的连续流动。正是由于气体在离心力的作用下被甩出去，气流按离心方向流动，所以称这种压缩机为离心式压缩机。

在图5-27所示的离心式压缩机中，通过叶轮3对气体作功，使气体压力、速度、温度

提高；然后流入扩压器4，使速度降低，压力提高；弯道5、回流器6主要起导向作用，使气体流入下一级继续压缩。由于气体在压缩过程中温度升高，而气体在高温下压缩，消耗功将会增大。为了减少压缩功耗，在压缩过程中采用中间冷却，即图5-27所示由第三级出口的气体，不直接进入第四级，而是通过蜗室和第一段出气管，引到外面的中间冷却器进行冷却；冷却后的低温气体，再经吸气室进入第四级压缩；最后，由末级出来的高压气体经排气管输出。

对压缩气体作冷却可以降低压缩机的功耗这是显而易见的。不过具体的冷却方案还需考虑其他方面的一些因素，比如高炉鼓风，输送气体温度高一些反而有利于冶炼工艺，这样也可以减少冷却程度。而在某些使用条件下，如抽送易燃易爆的氮、氧等气体，必须加强冷却，使其保持较低的温度对于冷却要求更高的压缩机，可采用如图5-25所示的“H”型结构，对每级实行冷却。而在有些情况下采用多段间的冷却，会使结构过于庞大，而且加强冷却也会消耗循环水泵的功率。因此应对上述情况综合考虑。

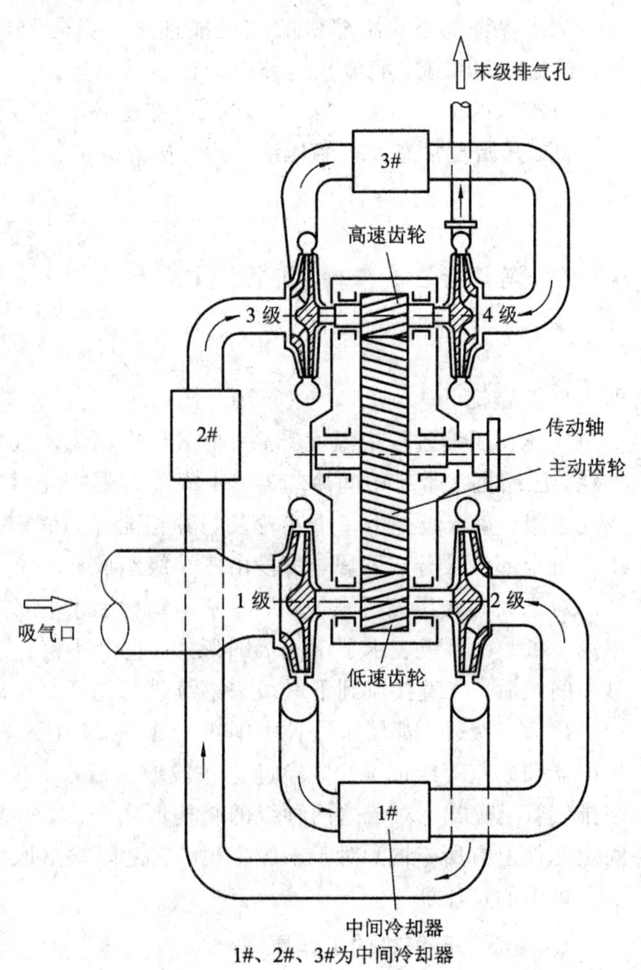


图5-29 四段串形离心式压缩机

与多数泵和风机相比，压缩机的工作转速相对比较高，制造难度也比较大，结构较为复杂。高转速要求高性能的增速器，一般 $n<$ 20 000 r/min。由于压缩机各级中的体积流量是不等的，而叶轮的宽径比 $b_2/D_2$、压力比 $p_2/p_1$ 和级段数等参数又必须在一定的范围内相互协调匹配才是合理的，这就使压缩机有时在同一轴上难以满足这些要求，必须采用多轴的结构形式，以便通过不同的轴转速缓和各参数间的矛盾。在这种情况下，图5-29所示的平行轴四段串形离心式压缩机的结构型式。

## 5.5.2 离心式压缩机的叶轮和气体在叶轮中的流动

压缩机的叶轮大多像低比转速离心泵那样，具有相对狭长的轴面图形，其结构包括轮盘、轮盖、叶片三部分。叶片的整体形式有单曲率和双扭曲形式两种，其轴向视图形状有圆弧形的、直线形的和机翼形的，尤以圆弧形使用为多，在出口角为60°左右时可用直叶片形，如图5-30左边所示。

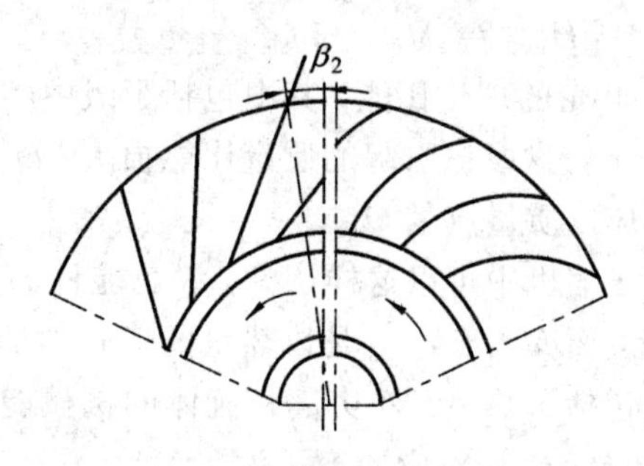


图 5 - 30　离心式压缩机叶片的形式

压缩机不采用前弯型叶轮，只用后弯型和径向型，其中出口角在 15°～30°的称强后弯型或水泵型叶轮，在 30°～60°的称后弯型或压缩机型的叶轮。后弯型叶片的叶轮，具有较大的反作用度，效率也比较高。

关于叶轮内流动的速度三角形表示方法，与泵和风机是一样的。因轴面速度与径向分速度十分接近，所以一般也直接用径向分速度来画速度三角形。

## 5.5.3　离心式压缩机的基本理论

### 1. 级中气体流动的基本方程式

离心式压缩机按其最终排出压力的高低，由一级或几级组成，但各级的工作过程是相同的。现在以一级中的气体流动作为典型进行讨论。

由于压缩机 $\rho$ 不再按常数考虑，因此压缩机常采用质量比能的表示方法。因为对稳定流动，质量流量在不同过流断面上仍是相等的。压缩机级的质量比能，就是单位质量(1 kg)气体通过叶轮时的能量变化，用 $H_{m.th}$ 表示，则由式(2 - 18)得

$$H_{m.th}=\frac{\rho g H_{th}}{\rho}=u_2 v_{2u}-u_1 v_{1u}(m^2/s^2) \tag{5-37}$$

式中，$H_{th}$ 为理论重力比能，相当于泵的理论扬程。

在前面泵的理论扬程方程式的推导中，我们发现，它并不要求 $\rho$= 常数作为必要条件，但必须是定常流动。所以，只要满足稳定流的条件，式(5 - 37)是适用于压缩机的，故上式各速度量的符号表示及含义均可与离心泵分析中的相同。

对 1 kg 气体而言传给叶轮的理论外轴功 $w_{th}$ 应为

$$w_{th}=H_{m.th} \tag{5-38}$$

有关于泵扬程的另一表达式(2 - 19)可知：

$$H_{m.th}=\frac{1}{2}[(v_2^2-v_1^2)+(u_2^2-u_1^2)+(w_1^2-w_2^2)] \tag{5-39}$$

对于气体的稳定流动，流体的能量关系符合式(1 - 31)，其中的轴功 $w_{sh}$ 是热力系统与外界的总的机械功量交换值，按照热力系统的符号规定，在压缩机中 $w_{sh}$ 应取负值；用 $w_\Sigma$ 表示在“级”中 1 kg 气体所传给的“全外功量”，用 $H_{m.\Sigma}$ 表示 1 kg 气体所获得的级总能量，则有

$$H_{m.\Sigma}=w_\Sigma=-w_{sh} \tag{5-40}$$

而

$$H_{m.\Sigma} = H_{m.th} + h_{m.lp} + h_{m.Qm} \tag{5-41}$$

式中，$H_{m.th}$为压缩机"级"中叶轮的理论比能，其中包括了级中(叶轮和固定件中)的流动损失质量比能 $h_{m.s.l}$；$h_{m.lp}$为由于轮盘摩擦引起的质量比能损失；$h_{m.Qm}$为由于泄漏引起的质量比能损失，在压缩机中流量应以质量流量 $Q_m$ 计。

与泵和通风机不同，在压缩机中可以这样认为，级总能量 $H_{m.\Sigma}$中，$H_{m.th}$是在叶轮内主要以机械能的形式增加能量，而 $h_{m.lp}$、$h_{m.Qm}$是以热量的形式增加能量。这是因为在气体稳定流动中，能量守恒关系是包括了热量、外功量和流体的机械能量这三种型式的能量。因此与式(5-41)对应，全外功 $w_\Sigma$ 也可对应的表示为

$$w_\Sigma = w_{th} + w_{lp} + w_{Qm} = (1 + \beta_{lp} + \beta_{Qm})w_{th} \tag{5-42}$$

式中，$\beta_{lp}$为轮阻损失系数，$\beta_{lp} = w_{lp}/w_{th}$；$\beta_{Qm}$为漏气损失系数，$\beta_{Qm} = w_{Qm}/w_{th}$。

**2. 级中气体流动的能量方程——热焓方程式**

如图 5-31 所示，对于一元稳定流气体，根据热力学稳定流动能量方程式(1-31)，列出级基元断面 1-1 和 2-2 之间的热焓方程式为

$$q = h_2 - h_1 + \frac{v_2^2 - v_1^2}{2} + w_{sh} \tag{5-43}$$

上式是对 1 kg 气体而言的，式中 $q$ 为外界输入的热量，$w_{sh}$为系统对外界所作的功，$h$ 为气体的焓。在热力学系统中规定，外界传给气体热量时，$q$ 为正值；气体传给外界热量时，$q$ 为负值。气体对外界作功时，$w_{sh}$为正值，外界对气体作功时，$w_{sh}$为负值。因此，压缩机通过壳体向外界传热，取 $q$ 为负值，外界对气体作的功 $w_{sh}$，也应以$-w_{sh}$代替式中的 $w_{sh}$。于是级的热焓方程式(5-43)变为

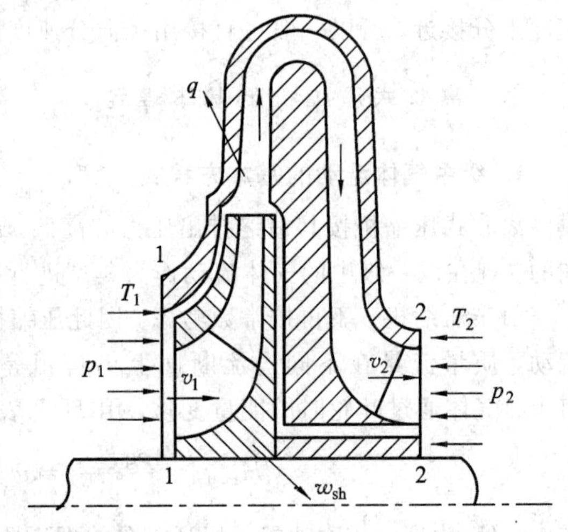

图 5-31　级的能量关系

$$-q = h_2 - h_1 + \frac{v_2^2 - v_1^2}{2} - w_{sh}$$

$$w_{sh} - q = h_2 - h_1 + \frac{v_2^2 - v_1^2}{2} \tag{5-44}$$

因为气体流量大、流速快，而机壳又相对较小，所以压缩机向外传出的热量较少，可看成是等熵过程，$q=0$，则

$$w_{sh} = (h_2 - h_1) + \frac{1}{2}(v_2^2 - v_1^2) \tag{5-45}$$

式(5-45)就是压缩机的热焓方程式，它说明级中叶轮对气体所作的功是用来增加气体的焓值和动能。

$$h_2 - h_1 = c_p(T_2 - T_1)$$

$$c_p = \frac{k}{k-1}R$$

式中，$c_p$ 为定压比热容，可按常量取值；$R$ 为气体常数；$k$ 为绝热指数；$T_1$、$T_2$ 为状态 1、状态 2 的绝对温度。将上式代入式(5-45)得

$$w_{sh}=\frac{k}{k-1}R(T_2-T_1)+\frac{1}{2}(v_2^2-v_1^2) \tag{5-46}$$

式(5-45)、式(5-46)对流体是否有黏性都适用。因为黏性流体的流动损失最终也转化为温度的升高。

在级的静止流道通过时，$w_{sh}=0$，则气体的参数关系为

$$c_p T_2+\frac{v_2^2}{2}=c_p T_1+\frac{v_1^2}{2} \tag{5-47}$$

这里的角标"1"、"2"分别表示级中流体在流道的进口处和出口处的情况。

对于稳定的等熵气流，由式(1-47)得 $dh=\frac{dp}{\rho}$，将其代入式(5-45)得

$$w_{sh}=(h_2-h_1)+\frac{1}{2}(v_2^2-v_1^2)=\int_1^2\frac{dp}{\rho}+\frac{1}{2}(v_2^2-v_1^2) \tag{5-48}$$

因 $w_{sh}=H_{m.th}+h_{m.lp}+h_{m.Qm}$，将式(5-48)与式(5-39)比较得

$$\frac{u_2^2-u_1^2}{2}+\frac{w_1^2-w_2^2}{2}=\int_1^2\frac{dp}{\rho}-(h_{m.lp}+h_{m.Qm}) \tag{5-49}$$

故压缩机的反应度 $\Omega$ 可写成

$$\Omega=\frac{\int_1^2\frac{dp}{\rho}}{H_{m.th}}$$

式中，$\int_1^2\frac{dp}{\rho}$ 是叶轮中静压质量比能的提高值。可以看出，要计算静压质量比能值，必须分析级中的压缩过程，计算轴耗压缩功 $\int_1^2\frac{dp}{\rho}$。对不同的过程特点，轴耗压缩功的值也将是不同的。以 $w_{sh.co}$ 表示压缩机级的轴耗压缩功，以叶轮对气体作功为正，按热力学系统符号规定应取 $w_{sh.co}=\int_1^2\frac{dp}{\rho}=\int_1^2 v\,dp$。下面不同的过程分析均以此式为基础，角标参看图 5-27。

1）等温压缩功 $w_{sh.co.T}$

等温压缩过程方程为

$$pV=常数$$

因为

$$p=\rho RT$$

$$\frac{1}{\rho}=\frac{RT}{p}=\frac{RT_1}{p}=\frac{RT_2}{p}$$

所以等温压缩为

$$w_{sh.co.T}=\int_1^2\frac{dp}{\rho}=\int_1^2 RT_1\frac{dp}{p}=RT_1\ln\frac{p_2}{p_1} \tag{5-50}$$

式中，$R$ 为气体常数；$T_1$ 为进气温度；$T_2$ 为出口温度；$p_1$ 为进口出压力；$p_2$ 为出口出压力。

2）等熵压缩功 $w_{sh.co.s}$

等熵压缩过程方程式为

$$pv^k = \text{常数}$$

也即

$$\frac{p}{\rho^k} = C = \text{常数}$$

因此

$$\frac{p}{\rho} = Cp^{1-\frac{1}{k}}$$

将上式微分

$$\mathrm{d}\left(\frac{p}{\rho}\right) = C\left(1-\frac{1}{k}\right)p^{-\frac{1}{k}}\,\mathrm{d}p = C\left(1-\frac{1}{k}\right)\frac{1}{\rho C}\,\mathrm{d}p = \frac{k-1}{k}\frac{\mathrm{d}p}{\rho}$$

所以等熵压缩为

$$w_{\mathrm{sh.\,co.\,s}} = \int_1^2 \frac{\mathrm{d}p}{\rho} = \int_1^2 \frac{k}{k-1}\mathrm{d}\left(\frac{p}{\rho}\right) = \frac{k}{k-1}\left(\frac{p_2}{\rho_2} - \frac{p_1}{\rho_1}\right) = \frac{k}{k-1}R(T_2 - T_1) \quad (5-51)$$

式中，$k$ 为等熵指数。

因$\frac{T_2}{T_1} = \left(\frac{p_2}{p_1}\right)^{\frac{k-1}{k}}$，故将其代入式(5-51)得

$$w_{\mathrm{sh.\,co.\,s}} = \frac{k}{k-1}RT_1\left[\left(\frac{p_2}{p_1}\right)^{\frac{k-1}{k}} - 1\right] \quad (5-52)$$

3）多变压缩功 $w_{\mathrm{sh.\,co.\,n}}$

多变压缩过程方程式为

$$pV^n = \text{常数}$$

与上述等熵压缩功的推导相类似，多变压缩功为

$$w_{\mathrm{sh.\,co.\,n}} = \frac{n}{n-1}R(T_2 - T_1) = \frac{n}{n-1}RT_1\left[\left(\frac{p_2}{p_1}\right)^{\frac{n-1}{n}} - 1\right] \quad (5-53)$$

式中，$n$ 为多变压缩指数。

离心式压缩机级中的气体状态参数由进口断面到出口断面是按多变过程变化的，而且由于气体的流动损失产生的热量传给了气体，所以多变指数 $n$ 一般均大于等熵指数 $k$。同时，多变指数在压缩过程中是变化的，但在压缩机级的计算中，通常是用一个平均多变指数来代替。

以上压缩功的计算式都适用于压力不高的气体，即接近于理想气体。但在高压下，气体已不完全服从理想气体状态方程式，需要用压缩性系数加以修正。

各种不同压缩过程在 $p-V$ 图上的表示见图 5-32(a)，在 $p-V$ 图上各个过程的压缩功就是各压缩过程线所包含的面积(图中以阴影线表示)。例如等温压缩功相当于面积 $12'''341$。从该图可以看出，等温压缩所需要的压缩功最小。

各种不同的压缩过程在 $T-S$ 图(温-熵图)上的表示如图 5-32(b)所示。其中 $p_1$线和 $p_2$线为等压线。各种不同的压缩过程的压缩功在 $T-S$ 图上的表示如图 5-32(c)所示。等温压缩功相当于面积 $ab12'''a$；等熵压缩功相当于面积 $ab2'2'''a$；多变压缩功相当于面积 $ab122'''a$；多变压缩功比等熵压缩功多了面积 $122'1$；气体的流动损失 $h_1$ 相当于面积 $b12cb$。就是因为有流动损失使气体得到附加热量，因此压缩过程按 1-2 的多变过程线进行，多变指数 $n>k$。当压缩过程按 $1-2''$的多变过程线进行时，多变指数 $1<n<k$，说明在此过程中

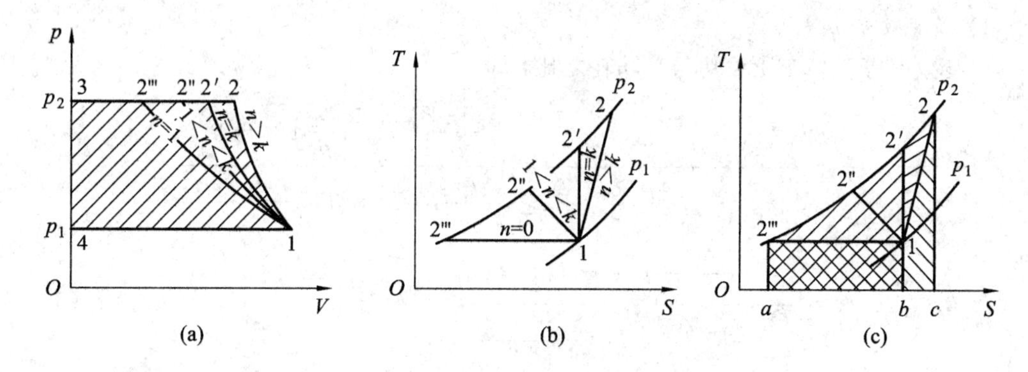


图 5-32　三种典型压缩过程

有冷却，冷却效果越好，越接近等温过程，所需压缩功也越少。

从图 5-31 中可以看出，压缩机中间冷却只能在级间进行，在级中难以实现冷却，过程近似于等熵，所以就整个压缩机的气体压缩过程而言，实际上近似于一个等熵和等温相间的状况。

通过对压缩功的分析与计算，可以看出：

(1) 三种典型压缩过程中，如进气温度和压力比相等，则等温过程需要的压缩功最小，排气温度最低，等于进气温度。这是一种理想情况。多变压缩过程压缩气体需要的压缩功最大，排气温度最高。所以多数压缩机常作成多段，增加段间冷却可以降低气体温度，而且使压缩过程向等温压缩过程靠近，可以省功。

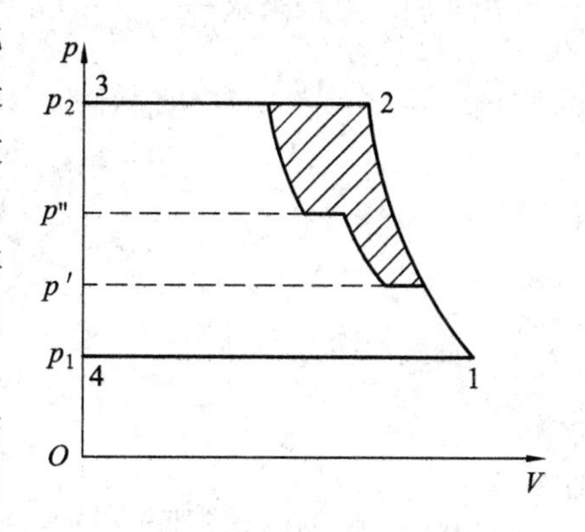


图 5-33　多段压缩示意图

如图 5-33 所示，假设将气体从 $p_1$压缩到 $p_2$，需耗功相当于面积 12341。现在将气体分段冷却，以图示三段压缩为例，先压到 $p'$，经冷却再压到 $p''$，再冷却，最后压到终压 $p_2$，则总压缩功比一段压缩节省了阴影表示的面积，这是因为在较高的温度下气体分子具有较大运动速度的缘故。

(2) 压缩气体所需的压缩功与气体的性质有关。对于轻的气体，因其气体常数 $R$ 大，所以在同样压力比下所需的压缩功比压缩重气体的大。在要求同一压力比下，压缩轻气体需要的级数比压缩重气体的多。

### 3. 级的效率特性

效率特性可以说明外作用功与气体传转中的有效利用程度。气体的压缩可以有多变过程、定熵过程、等温过程等几种典型的过程情况，相应的也有多变效率 $\eta_n$、定熵效率 $\eta_s$ 和等温效率 $\eta_T$ 等几种不同的效率指标。级效率 $\eta$ 是表示用于提高气体压力的有效功在总耗功中所占的比重，它由下式来表示：

$$\eta=\frac{w_{sh.co}}{w_{\Sigma h}}=\frac{w_{sh.co}}{w_{sh}}=\frac{w_{sh.co}}{\dfrac{k}{k-1}R(T_2-T_1)+\dfrac{v_2^2-v_1^2}{2}} \tag{5-54}$$

工程上较实际的情况是多变压缩过程，在性能曲线上也多以 $\eta_n$ 表示。

1）多变效率 $\eta_n$

多变效率等于多变压缩功与总功耗之比，即

$$\eta_n=\frac{w_{sh.co.n}}{(1+\beta_{m.lp}+\beta_{m.Qm})w_{th}}=\frac{\frac{n}{n-1}RT_1\left[\left(\frac{p_2}{p_1}\right)^{\frac{n-1}{n}}-1\right]}{\frac{k}{k-1}R(T_2-T_1)+\frac{v_2^2-v_1^2}{2}}$$

$$=\frac{\frac{n}{n-1}R(T_2-T_1)}{\frac{k}{k-1}R(T_2-T_1)+\frac{v_2^2-v_1^2}{2}} \tag{5-55}$$

对于离心式压缩机而言，级的进、出口气体动能的变化很小，可以略去不计，所以上式可写为

$$\eta_n=\frac{\frac{n}{n-1}R(T_2-T_1)}{\frac{k}{k-1}R(T_2-T_1)}=\frac{\frac{n}{n-1}}{\frac{k}{k-1}} \tag{5-56}$$

用实验的方法来求$\frac{n}{n-1}$，为方便起见，用多变指数系数 $\sigma$ 来代替$\frac{n}{n-1}$。

因$\frac{p_2}{p_1}=\left(\frac{T_2}{T_1}\right)^{\frac{n}{n-1}}$，两边取对数，有

$$\ln\frac{p_2}{p_1}=\frac{n}{n-1}\ln\frac{T_2}{T_1}$$

于是

$$\frac{n}{n-1}=\frac{\ln\frac{p_2}{p_1}}{\ln\frac{T_2}{T_1}} \tag{5-57}$$

将式(5-57)代入式(5-56)得

$$\eta_n=\frac{k-1}{k}\frac{\ln\frac{p_2}{p_1}}{\ln\frac{T_2}{T_1}} \tag{5-58}$$

这样只要在级的模型实验中测得级的进、出口压力和温度，就可算出多变效率。目前离心式压缩的多变效率一般在 0.75～0.84 范围内。

求得 $\eta_n$ 后，反过来可求多变指数系数 $\sigma$，由式(5-56)得

$$\sigma=\frac{n}{n-1}=\frac{k}{k-1}\eta_n \tag{5-59}$$

这里的多变指数 $n$ 是级的平均多变指数。

2）等熵效率 $\eta_s$

等熵效率等于等熵压缩功与总功耗之比，即

$$\eta_s=\frac{w_{sh.co.s}}{w_{sh}}=\frac{\frac{k}{k-1}RT_1\left[\left(\frac{p_2}{p_1}\right)^{\frac{k-1}{k}}-1\right]}{\frac{k}{k-1}R(T_2-T_1)}=\frac{\frac{k}{k-1}R(T_2'-T_1)}{\frac{k}{k-1}R(T_2-T_1)}=\frac{T_2'-T_1}{T_2-T_1} \tag{5-60}$$

式中，$T_2$ 为实际压缩过程(多变过程)达到的出口温度；$T_2'$ 为假想的等熵压缩过程达到的出口温度。

显然 $T_2 > T_2'$。实际上，压缩机中没有流动损失的理想等熵压缩过程是不存在的，但它可以作为评价压缩机效率的标准。$\eta_n$ 越接近 $\eta_s$，则压缩机的效率越高。

等熵效率还可从多变效率直接换算过来：

$$\eta_s = \frac{\dfrac{k}{k-1}RT_1\left[\left(\dfrac{p_2}{p_1}\right)^{\frac{k-1}{k}} - 1\right]}{\dfrac{k}{k-1}R(T_2 - T_1)} = \frac{\left(\dfrac{p_2}{p_1}\right)^{\frac{k-1}{k}} - 1}{\left(\dfrac{p_2}{p_1}\right)^{\frac{k-1}{k\eta_n}} - 1} \tag{5-61}$$

上式就是等熵效率与多变效率的关系式。

3) 等温效率 $\eta_T$

有冷却的压缩机中还常采用等温效率来衡量机器工作的好坏。等温效率为等温压缩功与级的总耗功之比值，即

$$\eta_T = \frac{w_{sh.co.T}}{w_{sh}} = \frac{RT_1 \ln \dfrac{p_2}{p_1}}{\dfrac{k}{k-1}R(T_2 - T_1)} \tag{5-62}$$

等温效率完全表示了实际过程接近等温过程的程度。压缩机的实际过程愈接近等温过程，则等温效率就愈高。

同一个压缩机的级用不同的效率表示，其结果是不同的。它的多变效率总是大于绝热效率，更大于等温效率。所以要注意机器效率是用哪一种表示方法。

4) 流动效率 $\eta_l$

流动效率用来评价级中流动损失的好坏程度，其定义为

$$\eta_l = \frac{w_{sh.co.n}}{w_{th}} \tag{5-63}$$

由式(5－55)知：

$$\eta_n = \frac{w_{sh.co.n}}{(1 + \beta_{m.lp} + \beta_{m.Qm})w_{th}} = \frac{1}{1 + \beta_{m.lp} + \beta_{m.Qm}}\eta_l$$

故

$$\eta_l = (1 + \beta_{m.lp} + \beta_{m.Qm})\eta_l \tag{5-64}$$

若 $\eta_l$ 相同，则轮阻损失系数 $\beta_{m.lp}$ 和漏气损失系数 $\beta_{m.Qm}$ 越大，$\eta_n$ 就越低。

### 5.5.4 离心式压缩机的特性

#### 1. 级的特性

离心式压缩机通常都由若干个级构成，因此讨论压缩机的特性，首先要知道级的特性。级的特性是指一定的进口气体状态及转速条件下级的压比、效率指标相对于流量 $Q_m = Q_{V\cdot j} \cdot \rho_j$ 的变化关系，即

$$\varepsilon_j = f_1(Q_{V.j})$$
$$\eta = f_2(Q_{V.j})$$

离心式压缩机的级的特性曲线如图 5－34(a)所示。

$\varepsilon_j$——级压比，$\varepsilon_j = p_{ex}/p_{in}$。其中，$p_{in}$是级的进口压力，相当于图 5-31 的 1-1 断面处的值；$p_{ex}$是级的出口压力，相当于图 5-31 的 2-2 断面处的值，它与叶轮的进口及出口的压力不同，还应该包含了静止元件部分；

$Q_{V.j}$——级的进口体积流量；

$\eta$——级的效率，一般以多变效率 $\eta_n$ 来表示。

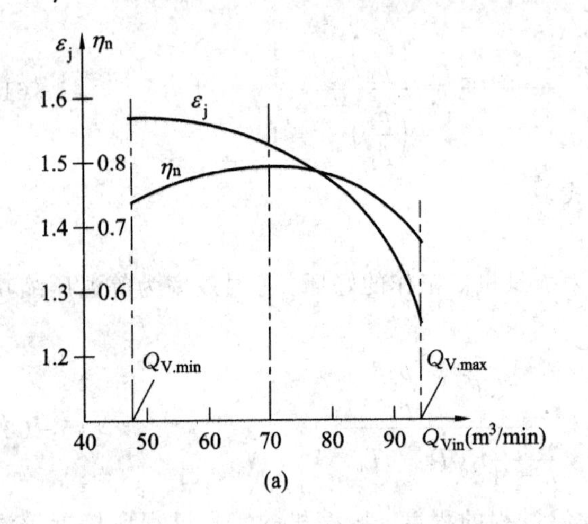


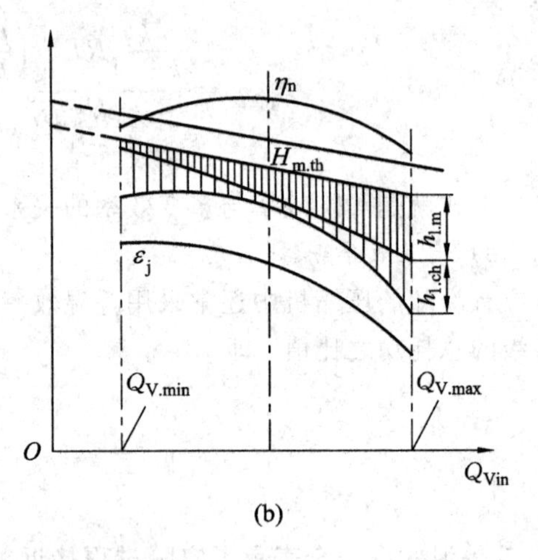


图 5-34　离心式压缩机的特性曲线

(a) 级的特性曲线；(b) 理论能量特性曲线分析

流量参数有时也可用质量流量 $Q_m$ 或有等价含义的流量系数 $\varphi$ 来表征，叶轮进、出口的流量系数表示为

$$\varphi_{1r} = \frac{v_{1r}}{u_1} \tag{5-65}$$

$$\varphi_{2r} = \frac{v_{2r}}{u_2} \tag{5-66}$$

**2. 级的能量特性**

级的能量特性的分析如图 5-34(b)所示，它与泵和风机是一样的。在假定 $v_{1u}=0$ 的条件下，理论质量比能

$$H_{m.th} = u_2 v_{2u} = u_2(1 - \varphi_{2r}\cot\beta_2) \tag{5-67}$$

其中，$\beta_2$ 若以叶片结构角 $\beta_{2k}$代入，就是无限多叶片的理论能头，若以流动角 $\beta_{2l}$代入，就是有限叶片条件下的理论比能表达式。

级中的各种流动损失 $h_l$，包括边界层中流体分离、弯道处以及工作面与非工作面间压力差等因素形成的二次流、叶片尾部厚度引起的尾迹损失等产生的各种摩擦损失能量 $h_{m.l}$ 以及由于工况偏离设计点，进口产生的冲击损失 $h_{l.ch}$两大部分。$H_{m.th}$ 与 $h_l$ 之差即为压力比能，其值等于 $\int_1^2 \frac{dp}{\rho}$，用 $H_m$ 表示，相当于泵中的实际扬程。

级比能中动能部分$\frac{\Delta v^2}{2} = \frac{1}{2}(v_2^2 - v_1^2)$一般不大，可以忽略。

流体机械中雷诺数是在评估流动损失时表征流动状态的特征量，压缩机中常用一个假想的所谓“机器雷诺数”$Re_u$ 来间接反映流动的情况，$Re_u=\frac{D_2u_2}{\upsilon_{im}}$，$\upsilon_{im}$是进口的气体运动黏度，$D_2$和 $u_2$是叶轮外径及外缘处的圆周速度。研究表明，当雷诺数 $Re_u\leqslant5\times10^6\sim5\times10^7$时，雷诺数对摩擦损失的影响将表现出来。

因

$$Re_u=\frac{D_2u_2}{\upsilon_{im}}=\frac{D_2u_2\rho_{im}}{\mu_{im}} \tag{5-68}$$

在第一级中 $\rho_{im}$最小，而 $\mu_{im}$产的变化是不大的，所以对多级压缩机来说，第一级的 $Re_u$最小，只要第一级雷诺数大于临界值，$Re_u$ 对压缩机的影响就可以不必考虑了。

**3. 特性曲线的稳定工作区**

如图 5－34 所示，性能曲线的左限 $Q_{V.min}$由喘振条件确定。与通风机一样，由于小流量时流道中的工作条件恶化，损失剧增，出口压力显著下降，性能曲线呈渐变形或突变形失速，这一内部因素与管网的一定容量和特性联系在一起就出现喘振。

曲线的右限 $Q_{V.max}$称为堵塞流量。出现堵塞流量可能源于两种情况：一是流速达到声速，使流量达到最大值；二是由于工况偏离设计点，流动情况恶化，特性曲线 ε 趋于 1，使流量无法继续增加。

评价一个级的性能，除要求设计工况下 $\eta$ 较高、ε 较大外，也希望有较宽的稳定工作区，这一指标可用一个系数 $K_0$ 来表示：

$$K_0=\frac{Q_{V.max}}{Q_{V.min}} \tag{5-69}$$

**4. 离心式压缩机的特性曲线**

将气流进、出口点选在整个压缩机的进口和出口，观察所得到的性能参数就是压缩机的整机特性。图 5－35 是某压缩机在不同转速下的特性曲线。通常以不同转速时性能曲线的最高点的连接作为喘振限制线，曲线组左限就是喘振限制线，包括离心式和轴流式压缩机，这样的限制线偏差并不很大，且更为安全一些。

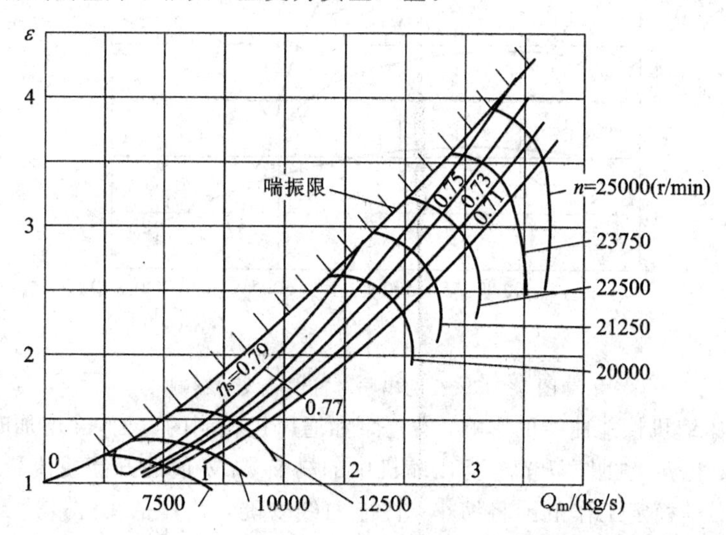


图 5－35　离心式压缩机的整体特性曲线

由于气体的可压缩性，级的特性对压缩机整机的影响与多级离心泵并不完全相同。为加工方便，多级压缩机在一个段或全部的级具有相同的几何参数。对多级泵而言，相同级串联，特性叠加就可以了，对压缩机则不同。设有两个相同的级Ⅰ、Ⅱ串联工作，则它们间的流量关系为

$$Q_{V.\,im\,II} = \frac{\rho_{im\,I}}{\rho_{im\,II}} \cdot Q_{V.\,im\,I} \tag{5-70}$$

故

$$Q_{V.\,im\,II} < Q_{V.\,im\,I}$$

如果此两个级间有冷却，上述情况更会加剧。在级特性的小流量区，因为 $\varepsilon$ 较大，$Q_{V.\,im\,II} \ll Q_{V.\,im\,I}$，这样，当第一级尚未到达喘振限的时候，第二级可能就已经到了喘振限了。可见，级的串联使喘振限有所提高，整机的喘振限将高于单个级的喘振限，因为只要有一个级进入喘振状态，就会影响整机的工作。

在级的大流量区，情况则有所不同。由于此时 $\varepsilon$ 较小，而级内很大的流动损失又使气流温度升高，综合结果则造成 $\rho_{im\,I} > \rho_{im\,II}$，$Q_{V.\,im\,II} > Q_{V.\,im\,I}$，从而可能使第二级先于第一级达到堵塞工况，因此串联工作使堵塞限减小了。

显然，串联级使整机的特性曲线变陡，稳定工况区变窄，级数越多，由于气体密度变化 造成的这一影响将越大，中间有冷却时还会加剧这种趋势。由于后面级的特性对整机影响 是主要的，因此设计中常有针对性地采取一些应对措施，如使 $\beta_2$ 取得较小一些以使级的特性曲线平坦一些，稳定工作区可以更宽一些。

图 5-36 显示了级串联对特性的影响，图中分别表示三段串联并有两个中间冷却器和一段及两段分别工作时的特性。

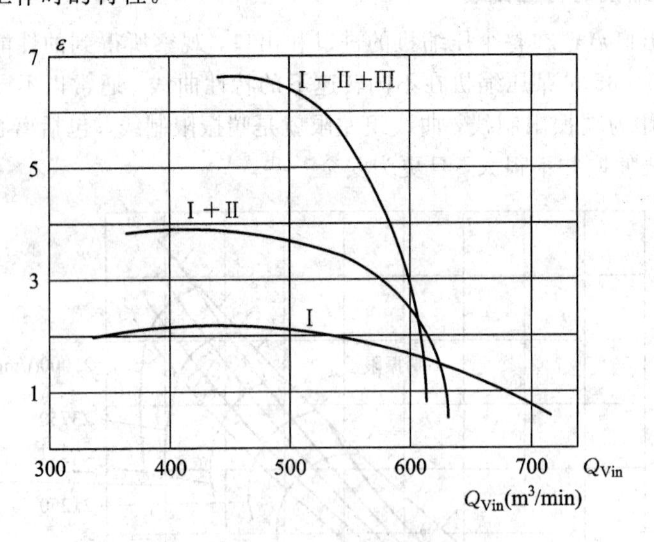


图 5-36　级的串联对特性曲线的影响

转速 $n$ 对压缩机性能曲线的影响，有与泵和通风机相同的方面，$n$ 增加时 $H_{m.\,th}$成平方关系升高，使 $\varepsilon$ 和 $p_{ex}$也明显升高。但压缩机中的马赫数 $M$ 值的升高使流量偏离设计值时的损失增加很快，稳定工作范围将缩小，性能曲线变陡，尤其是在流量达到堵塞流量后，性能曲线直线下降，$Q_V$ 也将不再增加，这在图 5-35 中可以明显看到。

### 5.5.5　压缩机与管网的联合工作与调节

压缩机的管网系统概念与通风机相同，不管管网是在压缩机之前或之后，讨论压缩机与管网的联合工作时，都可视为管网在压缩机之后处理。管网特性也可使用式(5-34)表示，但 $p_{G0} \neq 0$ 的情况相对较多。

根据需要，压缩机也可实行串、并联工作，当有Ⅰ、Ⅱ两台压缩机串联时，$\varepsilon_{总} = \varepsilon_{Ⅰ} \cdot \varepsilon_{Ⅱ}$，而 $Q_{m总} = Q_{mⅠ} = Q_{mⅡ}$；并联工作时则 $\varepsilon_{Ⅰ} = \varepsilon_{Ⅱ}$，$Q_{m总} = Q_{mⅠ} + Q_{mⅡ}$。

由于串联时，$Q_{V.imⅡ} = \dfrac{\rho_{imⅠ}}{\rho_{imⅡ}} \cdot Q_{V.imⅠ}$，所以第Ⅱ台的参数应根据 $Q_{V.imⅡ}$ 和所需要的 $\varepsilon_{Ⅱ}$ 来选用，而且如前所述，稳定工作区最好比第Ⅰ台更宽一些为妥。

关于性能曲线的叠加和与管网特性的匹配关系，可在 $\varepsilon - Q_m$ 坐标图上作与泵和风机的串、并联工作类似的分析，此处不予详述了。

压缩机与管网匹配工作的平衡点与压缩机的设计工况点应基本吻合，以保持较好的稳定工作状态和较高的效率。因此，实际运行中需根据具体情况作适当的调节，以保证用户对工作参数 $p$、$Q_V$ 等变化的要求。一般可能有三种不同的调节方案，即只改变流量而不改变压力的等压力调节，只改变压力而不改变流量的等流量调节，以及等比例调节。

具体的调节方法如下：

(1) 压缩机出口节流调节。这种方法主要在小型鼓风机中使用，经济性差是这种调节方法的致命弱点。

(2) 压缩机进气节流调节。这种调节虽属节流，较之出口节流却有较好的经济性，且方便简单，所以得到广泛应用。我们对此作一分析。

如图 5-37 所示，在进口阀开度为 $\bar{\delta}$ 时，由于损失，使 $p_{im}$ 如图中(b)所示，这将使压缩机特性由 1 变为 2。如果在容器压力为 $p_{R1}$ 条件下原平衡点为 $A$，压力升高至 $p_{R2}$，工作点移到 $A'$ 了，则通过阀门 $\bar{\delta}$ 的调节使流量由 $Q_{mA}$ 减为 $Q_{mB}$，从而使压力稳定在 $p_{R1}$ 上。如果压力降至 $p_{R3}$，将特性由 1 调至 2 也可使流量保持在 $Q_{mA}$ 不变。假定曲线 1 不是一条极限调节状态下的特性曲线，那么它向两个方向均有一定的调节余度，也就可以在一定范围内作定压或定流量的双向调节。

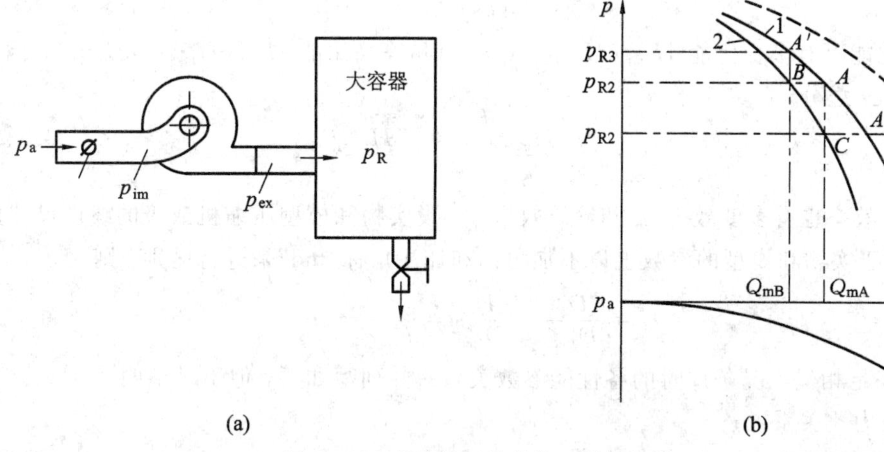


图 5-37　压缩机工作的进口调节分析

由于进口调节时 $p_{im}$ 下降，故 $p_{im}$ 下降，$v_{im}$ 上升，可以补偿进口流量 $Q_m$ 减小引起的 $Q_V$ 下降，使进口工况点偏离设计点的程度减小，这既可减小损失功率，又可使节流后的喘振流量向 $Q_m$ 更小的方向移动，扩大稳定工况区。

不过，节流毕竟有能量损失，而且使进气均匀性受到影响，因此也并非没有缺点。

(3) 改变转速 $n$ 的调节方法。与泵和通风机一样，这是一种经济而且调节范围很宽的方法。对于许多蒸汽轮机或燃气轮机拖动的大型透平压缩机，变转速调节既便捷也经济，但对电动的压缩机，功率较大时变频调速在投资成本和技术成熟性方面尚难被广泛接受，应用液力耦合器调速在通风机上虽已十分成熟，但在大型压缩机上是否有应用前景尚待探索之中。

(4) 进口导叶调节与扩压器叶片调节。在叶轮前设置可调节角度的导叶，使叶轮进口气流具有正预旋或负预旋，可使 $H_{m.th}$ 得到改变的调节特性；改变叶片式扩压器的叶片角也有调节特性曲线的功能，不过这些方法都有局限性，如对多级的压缩机，进口导叶调节结构上过于复杂，若只对第一级调节效果又十分有限，等等。所以，目前它们还均不如前述(2)、(3)项办法具有良好的工程应用合理性。

### 5.5.6 相似理论在离心式压缩机中的应用

由于气体的可压缩性，相似理论在离心式压缩机中的应用情况与泵和通风机有较大的差异，对于“相似工况”，除了要求模型和实物间满足几何相似，进口速度三角形相似，雷诺数 Re 相等或大于临界值外，还需要马赫数 Ma 相等及定熵指数 $k$ 相等的条件。Ma 和 $k$ 是表示压缩性相似特点的相似准则。离心式压缩机中以“机器马赫数” $\mathrm{Ma}_{2u}$ 来间接地反映这一相似准则指标

$$\mathrm{Ma}_{2u} = \frac{u_2}{\sqrt{k \cdot R \cdot T_{in}}} \tag{5-71}$$

式中，$R$ 为气体常数。

可以证明，两个相似的压缩机或同一个级的压缩机在相似工况下，其压比 $\varepsilon$、比能系数 $\varphi$ 和效率 $\eta$ 均相等。$\varphi$ 的定义是

$$\varphi = \frac{H_m}{u_2^2}$$

因为比能可有多变比能 $H_{m.n}$($H_{m.n} = w_{sh.co.n}$)和等熵比能 $H_{m.s}$($H_{m.s} = w_{sh.co.s}$)，因此 $\varphi$ 也有 $\varphi_n$ 和 $\varphi_s$ 之分。

$$\varphi_n = \frac{H_{m.n}}{u_2^2}, \quad \varphi_s = \frac{H_{m.s}}{u_2^2}$$

另外，效率也有多变效率 $\eta_n$ 和等熵效率 $\eta_s$。设实物和模型压缩机或级的线性尺寸比为 $\lambda_1$，并在关于实物和模型的参数上以不加角标和加注角标“md”来进行区别，则

$$\lambda_1 = \frac{D_2}{D_{2md}} = \frac{D_1}{D_{1md}} = \frac{b_2}{b_{2md}} = \cdots$$

现把满足相似工况条件时的各性能参数关系一并列写如下，但不予证明。

(1) 压力比关系：

$$\varepsilon = \varepsilon_{md} \tag{5-72}$$

(2) 效率关系：

$$\eta_{n} = \eta_{n.md}, \ \eta_{s} = \eta_{s.md} \tag{5-73}$$

(3) 比能系数：

$$\varphi_{n} = \varphi_{n.md}, \ \varphi_{s} = \varphi_{s.md} \tag{5-74}$$

(4) 转速关系：

$$\frac{n}{n_{md}} = \frac{1}{\lambda_{l}} \cdot \sqrt{\frac{R \cdot T_{im}}{(R \cdot T_{im})_{md}}} \tag{5-75}$$

由上式可知，对于有确定的设计参数的压缩机进行模型实验，实验转速是不能随意选定的。

(5) 质量比能关系：

$$\frac{w_{sh.co.s}}{RT_{im}} = \left(\frac{w_{sh.co.s}}{RT_{im}}\right)_{md} \tag{5-76}$$

$$\frac{w_{sh.co.n}}{RT_{im}} = \left(\frac{w_{sh.co.n}}{RT_{im}}\right)_{md} \tag{5-77}$$

$$\frac{w_{sh}}{RT_{im}} = \left(\frac{w_{sh}}{RT_{im}}\right)_{md} \tag{5-78}$$

(6) 流量关系：

$$\frac{Q_{V.im}}{Q_{V.im.md}} = \lambda_{l}^{3} \cdot \frac{n}{n_{md}} \tag{5-79}$$

$$\frac{Q_{min}}{Q_{min.md}} = \lambda_{l}^{2} \cdot \frac{\sqrt{(R \cdot T_{im})_{md}}}{\sqrt{R \cdot T_{im}}} \cdot \frac{p_{im}}{p_{im.md}} \tag{5-80}$$

(7) 功率关系：

$$\left(\frac{N}{p_{im} \cdot \sqrt{R \cdot T_{im}}}\right)_{md} = \frac{1}{\lambda_{l}^{2}} \cdot \frac{N}{p_{im} \cdot \sqrt{R \cdot T_{im}}} \tag{5-81}$$

压缩机比转速的表达式为

$$n_{s} = \frac{n \cdot \sqrt{Q_{V}}}{H_{m}^{3/4}} \tag{5-82}$$

其中，$H_{m}$ 可根据状态过程，用 $H_{m.n}$ 或 $H_{m.s}$(此处角标“m”表示单位质量的含义)。

由于压缩机的情况比较复杂，在有些情况下用相似理论进行性能换算时还需作一些特殊的考虑，比如在带有中间冷却器时就还应有一些补充条件；当相似条件不能完全满足时，还可以进行近似的换算，如 $k$ 值相等而 Ma 值不等，或是 $k$ 值不等时的近似换算等。对此，读者可参阅更专业的教材或论著，限于篇幅此处不作讨论了。

## 5.6 风力涡轮机

### 5.6.1 风力涡轮机的工作原理及应用

风力涡轮机是指气体介质叶片式流体机械，在 $\rho$=常数的条件下，像水轮机那样以动力机方式工作的机械。早在古远的时候人们就出现了用风车作为农田灌溉提水动力的应用，在我国江南水乡这是一道古朴的风景线，只是近几十年才被高效率的水泵所代替而在田野上完全消失了踪影。但是，风能作为一种可再生的绿色能源，在风能资源丰富的地区，利用风力发电正受到人们的极大关注。如图 1－31 所示，风能发电的动力来自风轮。图 5－38 是水平轴式风力发电机的动力装置简图。

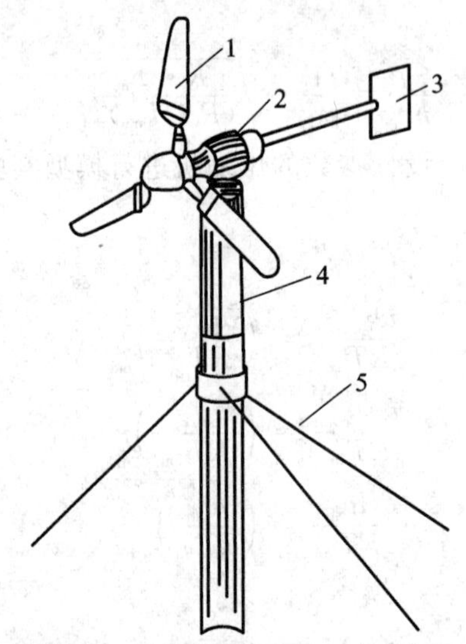


1—风轮叶片；2—机头；3—尾舵；4—回转体；5—拉绳

图 5－38 水平轴风力发电机的动力端

单位面积($m^2$)迎风面上的风速动能为风能密度($W/m^2$)，以 $E$ 表示之，则 $E=0.5\rho v^3$，$\rho$ 为空气密度($kg/m^3$)；$v$ 为风速(m/s)。不同风速的风能资源如表 5－2 所示。由于流经风轮后的风速总是大于零的，所以风能不能全部转变为机械能的，加上机械能转化为电能的效率，以及风速只能在一定范围内方可利用等因素，实际风能的利用率约 15%～30%。

**表 5－2 风能资源概况**

| 风能资源 | 在 30 米高度内 $E$ 值 /($W/m^2$) | 10 米高度内平均风速/(m/s) | 30 米高度内平均风速/(m/s) |
|---|---|---|---|
| 可利用 | 240～320 | 5.1～5.6 | 6.0～6.5 |
| 较丰富 | 320～400 | 5.6～6.0 | 6.5～7.0 |
| 丰 富 | >400 | >6.0 | >7.0 |

由于空气密度小，风速也只在 10 m/s 左右，因此单台风力发电机的功率不能很大。小型的家庭民用风力发电机只有几百瓦，利用蓄电池储备和均衡电能的生产和耗用。大型商用的风力发电单机功率已可达到 200～600 kW，风轮直径可在 30 m 左右，安装高度约 30～40 m、风轮一般使用 2～3 个叶片。风田的风能资源一般要求年均风速约在 5 m/s 以上，设计风速在 8～10 m/s 左右。为了形成稳定的电力供应能力，通常在一个风田区安装数百上千甚至数千台风力发电机形成电网使单机并网工作。为保持一定的发电频率，风轮叶片也应该如轴流式水轮机那样可以调节安装角度，以适应不同风速变化。从风轮的 30～40 r/min 的低转速到发电机部分较高的工作转速间还需有增速装置。

可以看出，利用天然风能的风力涡轮机，由于风能资源的质量较低，大规模利用受到经济效益的制约，目前总体上只能作为一种示范性工程进行适度的开发。

### 5.6.2　风力涡轮机在飞机加油系统中的应用

要使较小尺寸的风轮产生足够大的功率，必须有很高的风速。具有这种高质量风能资源的环境只能在航空器上才有可能，比如飞机飞行速度在每秒百米以上是很普通的事，此时就有很高的相对风速，因此加挂在机翼或机身上的吊舱，就可以利用这一有利条件装置风动涡轮，作为吊舱中某些特种装置的动力，比如作为空中加油的加油泵和加油软管系统的驱动动力，作为靶标拖放装置的收靶动力等。图 5-39 是飞机吊舱上装置的风动涡轮动力源示意图。加油飞机装载的燃油利用吊舱中的加油泵通过软管压送到受油飞机，加油软管的卷绕收藏也是利用涡轮动力通过卷盘机构实现的。调节叶片的安放角，可以调节涡轮的输出动力，直至使叶片处于“顺桨”状态，完全没有风力转矩，停止动力输出。一架加油机可以同时加挂 2～3 个吊舱同时完成加油作业。

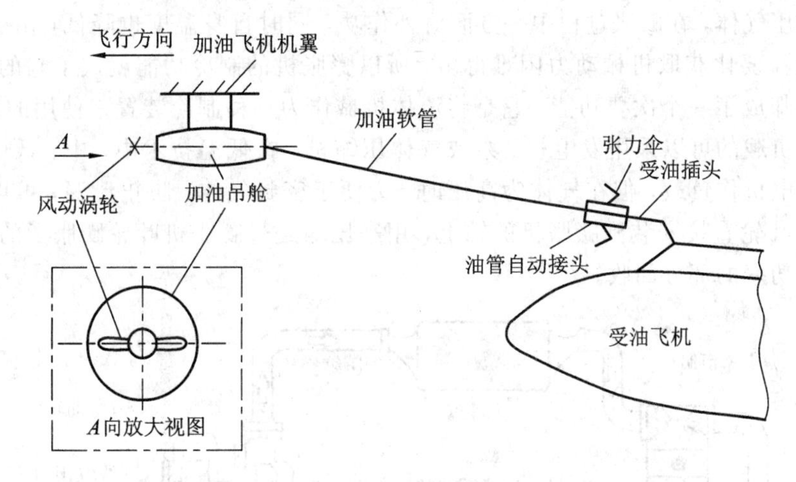


图 5-39　飞机吊舱上装置的风动涡轮动力源示意图

上述外置式风力涡轮的工作转速高，叶片数少，如图中所示只有对称安装的两个叶片。另一种做成内置涵道式的风动涡轮(见图 5-40)则转速相对较低，叶片数也可高达数十枚，它可以通过改变出风口的风门开度来调节气流量，实现输出功率调节，而叶片则是不可调节的。这里，吊舱壳体就是涵道的外壁。

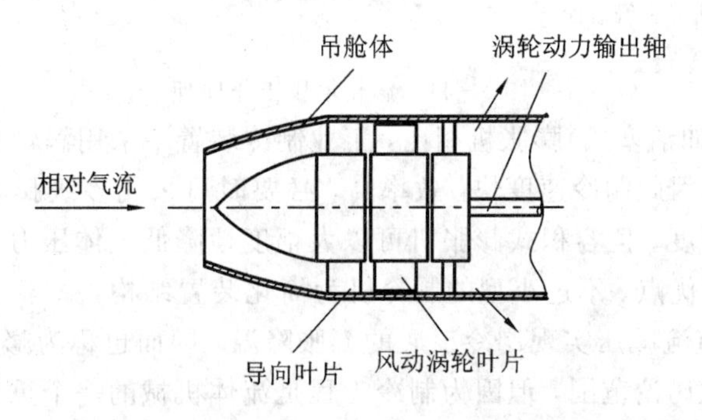


图 5-40　内置涵道式风动涡轮示意图

吊舱自带动力可以不受母机上电源功率的限制，适应性好。而且，航空电源频率标准与民用电机不同，这样也可以回避设置专用电机的麻烦。

# 5.7 涡轮膨胀机

## 5.7.1 概述

涡轮膨胀机也称透平膨胀机，它是以高压气体作为动力气源，在高压气流通过工作叶轮时，由于气体的膨胀作用和进、出口间的气压差而推动叶轮旋转对外作功的动力机类叶片式流体机械。从机理上说，它是叶片式压缩机的逆向工作，如图 5-41 所示的涡轮增压发动机，就是利用引擎汽缸排出的高温废气，在涡轮机中膨胀作功，驱动泵压缩新鲜空气，冷却后送入浓度较高的新鲜空气至引擎汽缸中，使燃料充分燃烧作功而提高发动机的功率。但是，工程上使用涡轮膨胀机的主要目的往往是为了获得低温，实现制冷工作。流经膨胀机的高压气体，在膨胀过程中一方面对外作功，同时自身温度也降低，由于工程上获取低温的途径要比获取机械动力困难得多，所以膨胀机的制冷功能就成了它的主要功能，而输出动力却成了一个次要功能，它是将流体机械作为一种制冷装置来使用的情况。作为膨胀机动力负载的可以采用发电机、泵或气体压缩机。在低温技术中，中、低压的涡轮膨胀机常用发电机作负载，但在气体为高压时，为便于密封气体，防止泄漏，可以把作为负载的压缩机叶轮直接安装到膨胀机的轴上，用来压缩经过膨胀机叶轮膨胀了的工质气体，以实现机械功率的部分回收。

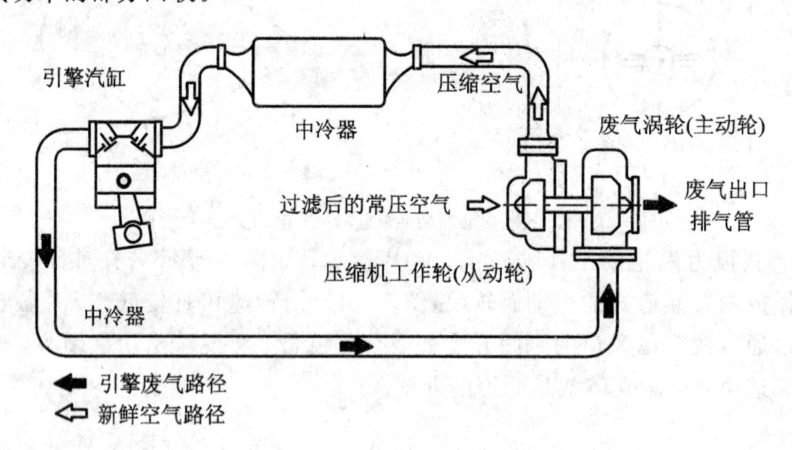


图 5-41 涡轮增压工作原理

与采用容积式(如活塞式)膨胀机相比，工业制冷装置中采用涡轮膨胀机的优点是可以有很大的气体流量，因此制冷速度快，效率高，必要时可采用多级膨胀以达到较大的气体膨胀比，增加冷却深度。但容积式膨胀机可以大幅度地降低气体压力而在一级膨胀中实现深度制冷，这是它的优点。不过小型的制冷机为简化装置结构，一般不用专门的膨胀机而用节流阀替代通过节流减压实现制冷工质的膨胀降温，因而也称为膨胀阀。关于制冷的作用原理，不是本书的讨论范围，但因为制冷工程是流体机械的一个重要而有特点的应用领域，我们将在本节中作简要介绍，也有助于读者从热力工程的视角了解流体机械的作用机理。

涡轮膨胀机的工作必须具备高压动力气源这一基本条件，因此在制冷循环中使用都需与气体压缩机配套，但也有少数例外的情况，如在天然气开发中，如果天然气中含有较多的凝析油组分，就可以直接利用气井很高的出口压力，通过涡轮膨胀机的降温处理来快速地分离凝析油，并由作为膨胀机负载的压缩机再将经过处理的天然气压缩送至输气管路中去。以这种方法处理天然气具有很好的经济效益和很高的生产率，是一种先进的天然气开采处理方法。

涡轮膨胀机只作为机械动力源使用的情况较少，但也有它的特殊之处。例如，如果机械只需短时间工作完成某种特定任务，那么将压缩空气或氮气作为动力气源与膨胀机一起做成移动式车载装置，就具有无需电源支持、机动性好、启动迅速方便、易于功率调节等优点。

涡轮膨胀机也有轴流式和径流式两种，轴流式适用于如上述天然气处理等大流量的气体冷却系统，径流式则应用于化工、食品等气体流量较少的制冷装置中。现以轴流式为例简单说明涡轮膨胀机工作时流道中的情况。图 5-42(a)是膨胀机一个级的轴面简图，其中Ⅰ为喷管环，Ⅱ为固定的导向叶片，Ⅲ是旋转叶轮的叶片，Ⅳ是旋转叶轮。导叶与旋转叶片组成一个“级”。设气体在导向叶片前的参数以“0”表示，导向叶片与旋转叶片间参数以“1”表示，旋转叶轮后的参数以“2”表示。图 5-42(b)为半径 $r$ 处的“基元级”图示。膨胀机工作时，气体以速度 $v_0$ 进入喷管环的叶片间流道，压力由 $p_0$ 降至 $p_1$，速度由 $v_0$ 增加到 $v_1$，温度也随之降低。气流从喷管环中流出后进入旋转叶轮流道，并在流道中继续膨胀，压力由 $p_1$ 降至 $p_2$，速度由 $v_1$ 增加至 $v_2$，温度也进一步得到降低。在气流通过旋转叶轮时，绝对速度方向发生了变化，因此在进口与出口间发生了动量矩的变化，在基元级的动翼栅上产生了一个微元转矩 $\Delta M$。从叶轮的叶片根部至顶部所有基元级上微元转矩之和 $\sum \Delta M$ 就是叶轮的输出转矩，它推动负载机械旋转，形成输出动力。

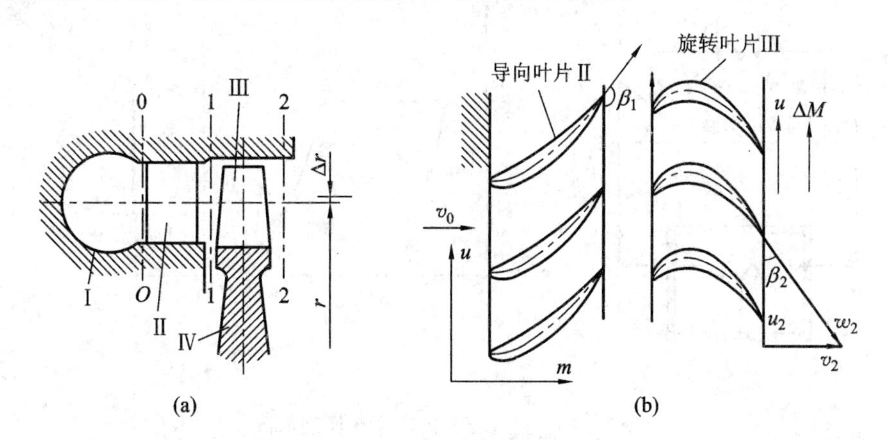


图 5-42　轴流式涡轮膨胀机的工作略图

由一元稳定流动的能量方程式 $q=h_2-h_1+\frac{1}{2}(v_2^2-v_1^2)+w_{sh}$ 可知，在膨胀机中，$q=0$，故

$$h_2=h_1-w_{sh}-\frac{1}{2}(v_2^2-v_0^2) \tag{5-83}$$

可见，由于输出动力和气流速度的增加，使气体产生焓降，导致温度的下降。上述这种在喷管环和叶轮中都有膨胀过程的涡轮膨胀机称反力式涡轮膨胀机，其特点正是 $p_2 < p_1$，$w_2 > w_1$。如果气体只在喷管环中发生膨胀，则称冲击式涡轮膨胀机，此时 $p_2 = p_1$，而由于摩擦损失的缘故，$w_2 < w_1$。（注：此处 $w_1$、$w_2$ 表示气体在旋转叶片Ⅲ进、出口处的相对速度，$w_{sh}$ 表示膨胀输出的轴功。）

## 5.7.2 涡轮膨胀机在制冷装置中的工作原理

与热量由高温热源向低温热源的自发流向相反，通过外加作用（机械功或热量输入），可使热量实现由低温热源向高温热源的非自发性转移的装置，称为热泵装置（系统）。“热泵”的称谓，与流体泵对应，具有像流体泵将流体由低能头位置泵送到高能头位置一样，可将热量由低温位“泵送”到高温位的功能。在热泵装置从一个热源容器向另一个热源容器“泵送”热量的过程中，前者就处于“制冷”工作状态，而后者则处于“供热”状态。所以，制冷和供热实际上都是以环境温度为相对零点的热泵工作状态，讨论热泵或制冷本质是一回事，好比流体泵的工作，设以大气压力为零点，在吸入侧就是真空，而在压出侧即形成高压一样。

图 5-43(a)是由压缩机、冷却器和膨胀机等组成的空气压缩制冷循环装置示意。冷却器将来自压缩机的高温气体在等压条件下冷却，放出热量 $q_2$。当空气进入涡轮膨胀机后，温度不断降低，在空气通过冷室中的热交换器时则从冷室环境中吸收热量 $q_1$，作等压加热，然后回到压缩机开始新的一个循环过程。图中(b)则是这种制冷装置的热力循环图示，1—2 及 3—4 是绝热压缩和绝热膨胀过程，2—3 和 4—1 则是等压冷却和加热过程。

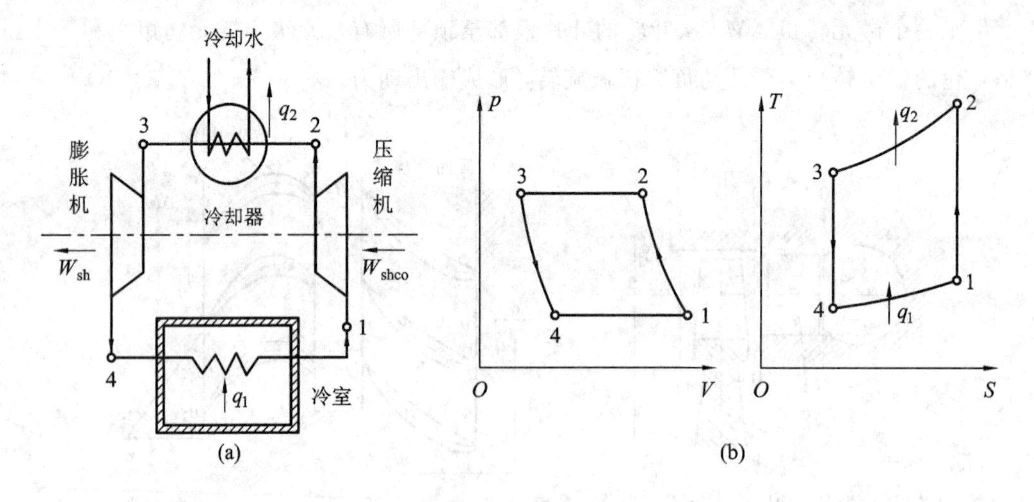


图 5-43 空气压缩制冷循环原理简图

采用容积式压缩机和膨胀阀结构的热泵系统如图 5-44(a)所示，在这种装置中工质一般采用氨($NH_3$)、卤代烃也称氟里昂($CCl_2F_2$、$CCl_3F_2$等)专门的低沸点制冷剂，它们在循环过程中，可以经过蒸汽冷凝放热和液体汽化吸热两个相变过程，以获得更好的制冷和供热效果。除此以外，工程热泵(制冷)装置还有吸收式和喷射式等多种工作方案，并且也采用外加热源作为热泵动力。

作为热泵装置工作的一般工作原理及理想热泵循环，可如图 5-44(b)所示，其中 $q_1$ 是

热泵吸收的热量，$q_2$是热泵排放的热量，$w_{sh}$为压缩机消耗的轴压缩功，它们的关系是

$$q_2 = q_1 + w_{sh}$$

可见，使用热泵供热，其供热量大于所消耗的压缩功的等价热量，与直接采用电热器供热相比，它要合理和经济得多。从本质上说，这是因为在制冷-供热过程中，我们所利用的不只是热-功量间的能量守恒关系；更重要的是制冷介质的一种物理属性，它可以起到完成热量传转功能的载体作用。在这一传转过程中，外功量在于造成一个实现过程的条件，并且为热量由低温热源转向高温热源的非自发过程提供补偿。

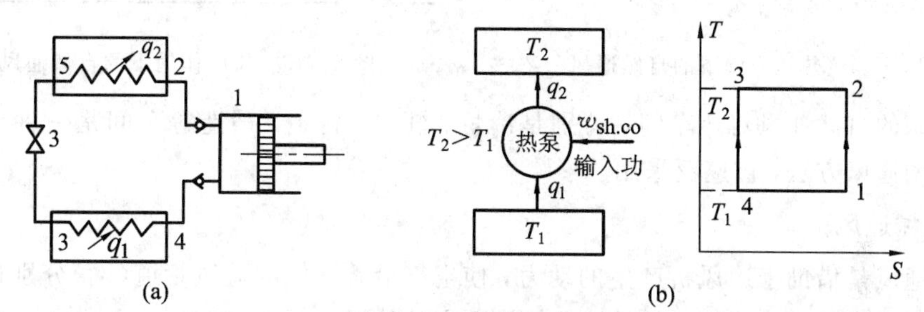


1—容积式压缩机；2—供热室；3—节流阀；4—制冷室；5—热交换器(冷却器)；6—热交换器(蒸发器)

图5-44　蒸汽压缩式热泵装置及热泵工作的一般模式

从热泵工作的基本原理可知，在这类系统中工作的流体机械，在实现工质流动循环功能的同时，也在实现热力循环的某一“热力过程”。图5-44(b)中包括两个等温和两个等熵过程的理想热泵循环，称为逆卡诺循环，它与理想热机工作的卡诺循环过程方向恰好相反。

## 5.8　阅读材料——通风机在工程上的应用

### 5.8.1　室内通风

室内通风的任务就是将室(库)内的污浊、潮湿空气排走，而将清洁(或较干燥的)空气送入室(库)内代替排走的空气，以保证人们的身体健康和产品质量。室内通风装置有自然通风和机械通风两类，分别介绍如下。

**1. 自然通风**

自然通风是由于室内外空气的温度不同而形成的空气密度差或风力差的作用，使室内外得以交换的通风方式。图5-45所示为一利用空气密度差进行自然通风的简图。

由图5-45中可以看出，由于室内空气温度高，空气密度小，因此，产生一种由于密度差导致的向上升力使室内空气上升并从上部窗门排出，与此同时室外的空气从下边门窗进入室内。这样，在室内就形成了一种由于室内压作用下的自然通风。图5-46所示为利用风力差在室内造成的自然通风。从图5-46中可以看出，风从建筑物迎面的门窗吹入室内，同时将室内污浊空气从背面的门窗压出去。这就在室内形成了一种由风力差引起的自然通风，也被称为风压作用下的自然通风。

自然通风可分有组织的和无组织的自然通风两种。前者按照空气自然流动的规律，利用侧窗和天窗控制和调节进、排气地点和数量；后者则利用门窗及其缝隙自然进行。

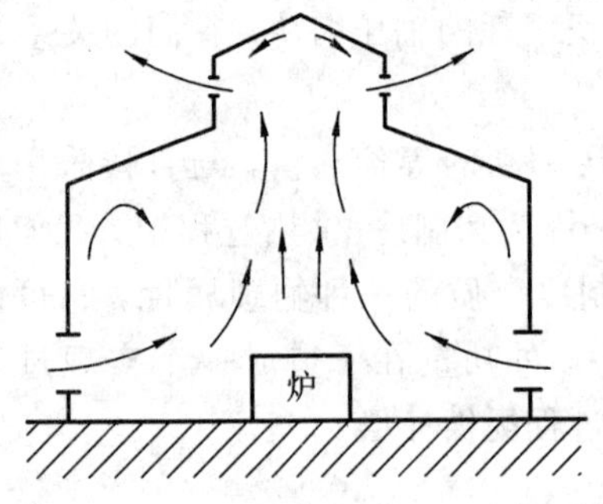


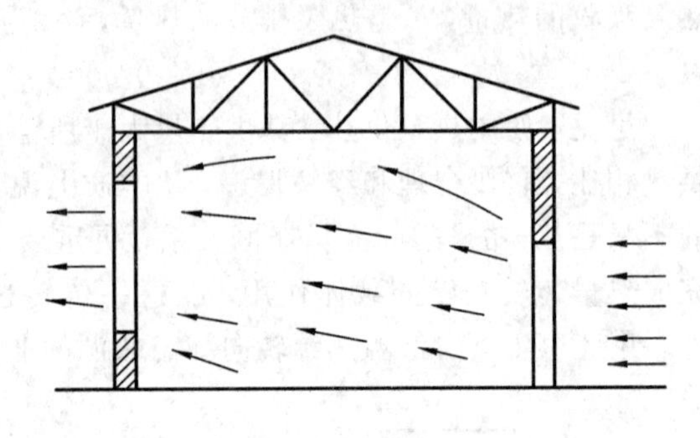

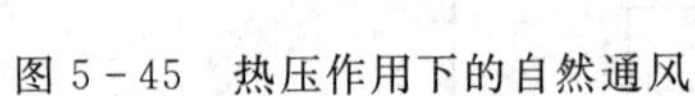
图 5-45　热压作用下的自然通风

图 5-46　风压作用下的自然通风

有组织的自然通风对热车间，特别是冶炼、轧钢、铸造、锻造等车间是一种行之有效而又经济的通风方法，被广泛采用。

**2. 机械通风**

机械通风是借助于通风机产生的动力，使空气沿着一定的通风管道(网)分别送到各需要地点或从室(库)内将污浊、潮湿的空气排到室外的通风系统。

机械通风的特点在于动力强，又能控制风量和送风参数，因此，可以满足较高的通风要求。

机械通风的种类很多，有最简单的安装在窗口或墙洞中轴流式通风机排风系统，有如图 5-47 和图 5-48 所示的较简单的机械排气系统。前者是利用排气管在室内均匀排气，后者是从几个局部排气点将有害气体排走。图 5-49 所示为一除尘系统，它是用来排除车间中含尘浓度较大的空气，因为这种空气直接排至室外将会污染大气，对人体造成危害。故设置一个防尘系统将含尘空气从尘源抽出来，经除尘器将灰尘除掉后排至室外，这种系统也可以用来回收粉料，如回收面粉、金属粉末、水泥等。图 5-50 所示为机械进气系统，它由百叶窗、过滤器、空气加热器、通风机、风管等部件组成。室外空气在风机作用下经百叶窗进入进气室，在进气室中对空气进行过滤、加热后通过风管等送入各通风间。图 5-51 所示为一带有淋水装置的进气系统。这种系统与上述机械进气装置的区别是在进气室中增加了一个淋水室，用来加湿和冷却空气。这种带有淋水装置的进气系统，不但能加热、过滤空气，而且还能够对空气进行冷却、加湿和干燥处理，因此，也叫空气调节系统。空调系统用于要求保持恒温恒湿的场合送风。

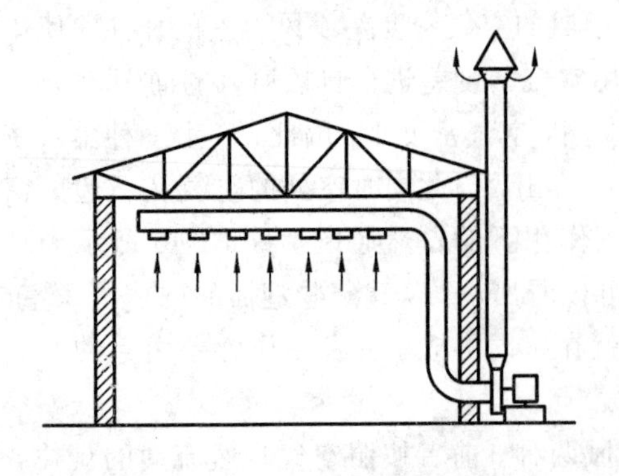
图 5-47　均匀排气系统

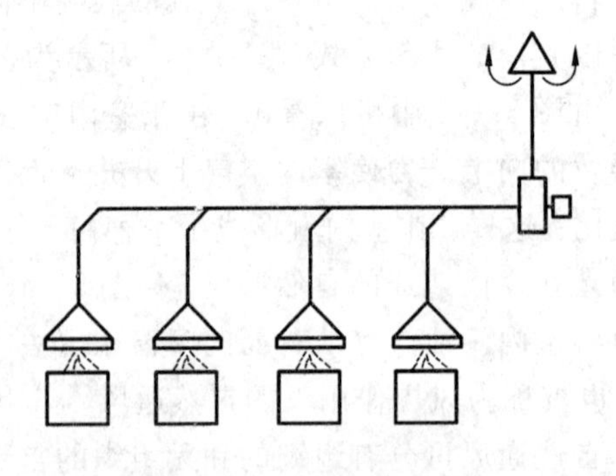
图 5-48　局部排气系统

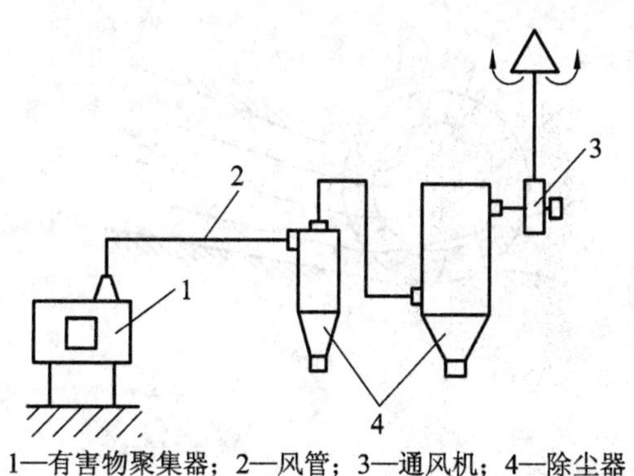


1—有害物聚集器；2—风管；3—通风机；4—除尘器

图 5-49　除尘系统

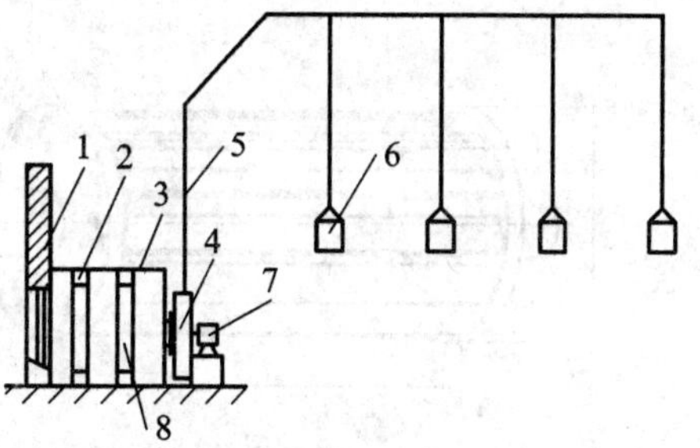

1—百叶窗；2—空气过滤器；3—空气加热器；
4—通风机；5—风管；6—通风间；
7—电动机；8—空气分布器

图 5-50　机械进气系统

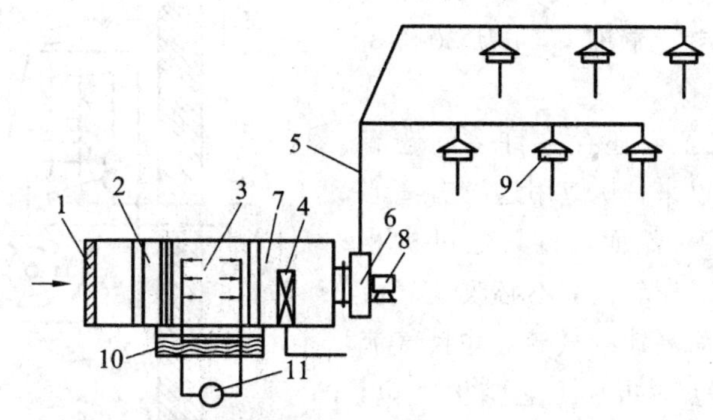


1—百叶窗；2—空气过滤器；3—淋水室；4—空气加热器；5—风管；
6—通风机；7—空气处理室；8—电动机；9—送风口；10—水池；11—水泵

图 5-51　带有淋水装置的进气系统

## 5.8.2　贯流式通风机及其应用

贯流式通风机也称横流式风机，是莫蒂尔于1892年创立的一种特殊的风机。

如图5-52所示，贯流式通风机有一个圆筒形多叶叶轮转子，转子上的叶片按一定的倾角沿转子圆周均匀排列，呈前向叶型，转子两端面是封闭的。气流沿径向从转子一侧的叶栅进入叶轮，然后穿过叶轮转子内部，从转子另一侧叶栅沿径向排出，使气流两次横穿叶片。

贯流式通风机叶轮内的速度场是非稳定的，流动情况较为复杂。

贯流式通风机的流量 $Q_V$ 与叶轮直径、叶轮圆周速度及叶轮宽度 $b$ 成正比，即

$$Q_V = \varphi b D_2$$

式中，$\varphi$ 为流量系数。一般说来，对于小流量风机，$\varphi=0.1\sim0.3$；中流量风机，$\varphi=0.3\sim0.9$；大流量风机，$\varphi>0.90$。

贯流式通风机的叶轮宽度 $b$ 可以不做限制，按其实际需要确定。显然，当叶轮宽度增大时，流量也随之增大。宽度越大，制造的技术要求也越高。

贯流式通风机的全压为

$$p_F = \bar{p}_F \rho u_2^2$$

式中，$\bar{p}_F$ 为压力系数，一般 $\bar{p}_F=0.8\sim3.2$；$\rho$ 为气体密度；$u_2$ 为叶片出口处的圆周速度。

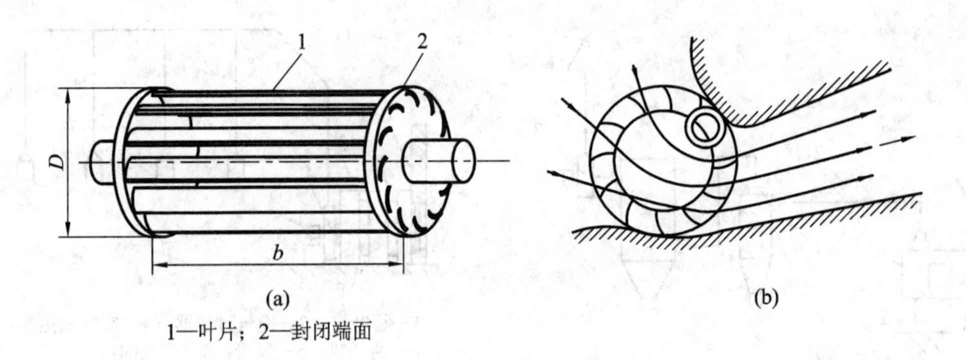


1—叶片；2—封闭端面

图 5-52　贯流式通风机示意图

(a) 叶轮结构示意图；(b) 风机中的气流

贯流式通风机的压力系数较大，$Q-H$ 曲线呈驼峰形，且风机效率比较低，约为 30%～50%。

由于贯流式通风机至今还存在许多问题有待解决，所以自它问世以来，其使用远没有离心式及轴流式通风机普遍。然而，与其他风机相比，贯流式通风机具有动压较高，不必改变气流流动方向，可获得扁平面高速的气流，并且气流到达的宽度比较宽等特点，再加上它结构简单，宜与各种扁平形或细长形设备相配合，使贯流式通风机获得了许多用途。目前广泛应用在低压通风换气、空调工程中，尤其是在风机盘管、空气幕装置、小型废气管道抽风、车辆电动机冷却及家用电器等设备上。如图 5-53 所示，家用分体壁挂式空调室内机的送风机就是采用的贯流式通风机。

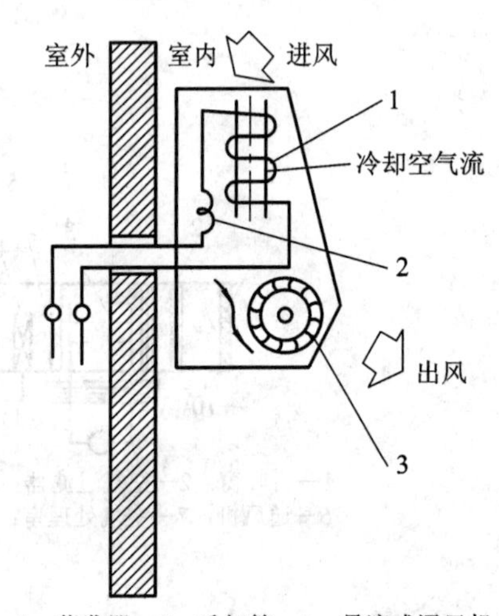


1—蒸发器；2—毛细管；3—贯流式通风机

图 5-53　壁挂式空调室内机的贯流式通风机

贯流式通风机的使用范围一般为：流量 $Q_V < 8.33\ m^3/s$，全压 $p_F < 980$ Pa。

## ◇本章小结◇

(1) 风机因按 $\rho$=常数的假设进行分析，所以与泵的工作情况类似，结构也类似。全压方程可根据 $p_F=\rho g H_{th}$的关系，由泵的能量方程 $H_{th}=\frac{1}{g}(u_2 v_{2u}-u_1 v_{2u})$导出。

$$p_F = \rho(u_2 v_{2u} - u_1 v_{1u})$$

(2) 全压包括动压和静压，动压是一项质量较低的能量，其占有的比例越小越好。其衡量指标是反应度 $\Omega$。反应度 $\Omega$ 越大，静压所占的比例就越大。

(3) 通风机的特性曲线包括有因次特性曲线、无因次特性曲线。有因次特性曲线的理论分析与叶片泵的分析相同。

(4) 由于压缩机 $\rho$ 不再按常数考虑，因此压缩机常采用质量比能的表示方法，因为对稳定流动质量流量在不同过流断面上仍是相等的。压缩机的叶轮质量比能，就是单位质量(1 kg)气体通过叶轮时的能量变化，用 $H_{m.th}$ 表示：

$$H_{m.th} = gH_{th} = u_2 v_{2u} - u_1 v_{1u}(m^2/s^2)$$

$$H_{m.th} = \frac{1}{2}[(v_2^2 - v_1^2) + (u_2^2 - u_1^2) + (w_1^2 - w_2^2)]$$

此方程为离心式压缩机级的基本方程式。

(5) 根据级中气流的能量方程式——热焓方程式可得出，叶轮对气体所作的功是用来增加气体的焓值和动能。叶轮对气体所作的功转换成气体的压能(压缩功)、动能和克服气体在级中的流动损失。

(6) 离心式压缩机级的效率是表示压缩功在总耗功中所占的比重，而压缩功则随不同压缩过程(等温、等熵或多变)而异。离心式压缩机级的能量损失包括三部分：流动损失(气体的摩阻损失、分离损失、冲击损失、二次流损失和尾迹损失)、漏气损失和轮阻损失。能量损失对离心式压缩机级的效率以及运转的稳定性有很大的影响。

(7) 一般离心式压缩机都需要多级结构，由于级数多，所以采用分段中间冷却的措施，而每一段可由单级或多级串联而成。

(8) 离心式压缩机级的特性曲线是在主轴转速一定时级的压力比(或出口压力)、功率及效率随排气量变化的曲线。级的特性曲线同时还反映了由喘振工况和滞阻工况所限定的级的稳定工作范围。多级压缩机的特性曲线的稳定工作范围比单级的窄。离心式压缩机的特性曲线还随着转速、进气状态的变化而改变。实际操作时，应根据工艺过程的需要，采用适当的方法对离心式压缩机的排气量进行调节。

(9) 风能是一种可再生的绿色能源，风力涡轮机是指在 $\rho$=常数的条件下，像水轮机那样以动力机方式工作的机械。

(10) 在工业上，流经膨胀机的高压气体，一方面膨胀对外作功，另一方面自身温度也降低。因工程上获得低温的途径要比获得机械动力困难得多，所以膨胀机制冷功能成为主要功能，作为动力输出却成为一个次要功能。

## 复习思考题

5-1　比较离心式通风机和轴流式通风机工作原理上的不同点？

5-2　轴流式通风机叶轮的后置导叶是起什么作用的？离心式通风机装它有用吗？为什么？

5-3　离心式通风机能不能采用闭阀启动？为什么？

5-4　轴流式通风机能不能采用闭阀启动？为什么？

5-5　在通风机管网系统中，喘振是怎样发生的？

5-6　为防止喘振现象的发生？在通风机和管网方面应注意哪些？

5-7　根据图 5-29，简述四段串形离心式压缩机的工作原理。

5-8　什么是压缩机的堵塞流量？产生的原因是什么？

5-9　压缩机的稳定工作区指的是什么？用什么指标来衡量？

5-10　离心压缩机中的多变过程指数大于还是小于绝热指数 $k$，为什么？

5-11 离心压缩机中的流动损失包括哪些？

5-12 同一离心压缩机的绝热效率和多变效率哪个值大？为什么？

5-13 离心压缩机流量调节可用哪些方法？最常用的是哪些方法？有何特点？

5-14 分析压缩机气体在高温下压缩，消耗功将会增大的原因？

5-15 离心式通风机 $n=2900$ r/min，流量 $Q_V=12\ 800\ m^3/h$，全压 $p=2630$ Pa，全压效率 $\eta=0.86$，求风机轴功率 $N$。

5-16 某系统中，离心式通风机可在两种工况下工作：一种 $Q_V=20\ 000\ m^3/h$，$p=1700$ Pa，$N=60$ kW；另一种 $Q_V=100\ 000\ m^3/h$，$p=980$ Pa，$N=65$ kW。问在哪种工况下工作较经济？

5-17 有一台离心式通风机在转速 $n=1000$ r/min 时，能输送 0.3 $m^3$/min 空气($\rho=1.2\ kg/m^3$)，全压 $p=600$ Pa。今用来输送燃气($\rho=1.0\ kg/m^3$)，在相同转速下，产生的流量不变，但全压却降为 500 Pa，请说明变化的原因。

5-18 单级轴流式通风机，$n=1450$ r/min，$D_2=250$ mm，$v_1=24$ m/s，$\alpha_1=90°$，输入介质为空气且 $\rho=1.2\ kg/m^3$，若叶轮出口流体相对速度流出角比入角大 20°，求风机的全压。

5-19 在两级离心式压缩机中，将 $Q=800\ m^3/h$ 的空气从初始状态 $p_1=0.1$ MPa，$T_1=20℃$，用多变过程压缩到终了压力 $p_2=0.2$ MPa，多变指数 $n=1.7$。计算该压缩机的等熵效率和多变效率。如果漏气损失系数 $\beta_{m.Qm}=0.03$，轮阻损失系数 $\beta_{m.lp}=0.03$，则压缩机所需的轴功率应为多少？

5-20 通过本章的学习，设计一家用空调的原理图，并从制冷和制热方面论述其工作原理。

5-21 一个车间有六个焊接工位，设计一套装置，将焊接中产生的废气排出，以保证封闭车间的空气质量。

5-22 案例分析题：

某大型日用品制造商引进了一条香皂包装生产线，结果发现这条生产线有个缺陷：常常会有盒子里没装入香皂。总不能把空盒子卖给顾客啊，于是他们请来一位学自动化的博士后设计一个方案来分拣空的香皂盒。博士后拉起了一个十几人的科研攻关小组，综合采用了机械、微电子、自动化、红外线探测等技术，用了三个月时间，花费 90 万元，成功解决了问题。每当生产线上有空香皂盒通过时，两旁的探测器就会检测到，并且驱动一只机械手把空皂盒推走。

中国南方有个乡镇企业也买了同样的生产线，老板发现这个问题后大为发火，找到该生产线的维护技师说：你必须尽快把这个事情处理好，不然你给我辞职走人。技师很快想出了办法，第二天，他花了 90 块钱买了一台电风扇，放在生产线旁边吹过往的香皂盒子，于是空香皂盒都被吹走了，问题也得到了解决。

试分析上述两种解决问题方法的优缺点，通过对本章的学习，针对上述出现的问题，你是否有更好的方法来解决这个问题？请详细论证你的方案。

# 第 6 章　其他型式的流体机械

## 一、学习目标

本章主要讲述往复泵、液环泵、射流泵、旋涡泵、螺旋泵、气升泵、螺杆式泵、往复式压缩机、螺杆式压缩机、罗茨鼓风机、离心机的工作原理、基本构造、性能特点及应用场合。通过本章的学习，应达到以下目标：

(1) 掌握往复泵、液环泵、射流泵、旋涡泵、螺旋泵、气升泵、螺杆泵、往复式压缩机、螺杆式压缩机、罗茨鼓风机、离心机的工作原理和基本构造；

(2) 掌握往复泵流量不均度的计算及处理措施；

(3) 掌握往复泵的特性及工作点的调节；

(4) 了解射流泵、旋涡泵、螺旋泵、液环泵的、气升泵、罗茨鼓风机的性能特点及使用场合；

(5) 掌握液环泵在真空抽吸系统上的工程应用方案；

(6) 了解单螺杆泵的工作特点、流量计算、特性曲线；

(7) 掌握往复式压缩机级的理想压缩循环、余隙对压缩循环的影响，以及往复式压缩机的多级工作情况；

(8) 了解螺杆式压缩机的特性曲线和排气量的调节方案；

(9) 了解石油工程上使用的旋流器、离心式分离机的工作原理。

## 二、学习要求

| 知识要点 | 基本要求 | 相关知识 |
|---|---|---|
| 往复泵 | (1) 掌握往复泵的工作原理；<br>(2) 掌握往复泵的基本结构及典型结构；<br>(3) 掌握流量和流量不均度的计算；<br>(4) 掌握往复泵的特性曲线；<br>(5) 了解往复泵在石油钻井中工作点的变化、临界特性曲线的特性调节 | (1) 属于容积泵，变化密封容积；<br>(2) 往复运动，弹簧阀，双重球阀；<br>(3) 流量正弦函数变化，缸数增多、流量不均度减小，空气包；<br>(4) 压力增加、流量不变；<br>(5) 钻井过程中，管路特性曲线变化，泵的强度限制临界位置 |
| 液环泵 | (1) 掌握液环泵的工作原理；<br>(2) 掌握液环泵的基本结构；<br>(3) 了解液环泵的性能特点及使用场合 | (1) 偏心转子旋转，形成水环；<br>(2) 水环、叶轮形成变化密封容积；<br>(3) 结构特点，应用 |
| 射流泵 | (1) 掌握射流泵的工作原理；<br>(2) 掌握射流泵的基本结构；<br>(3) 了解射流泵的性能特点及使用场合 | (1) 喷管、吸入室、混合室、扩散管；<br>(2) 高速射流，形成负压，抽吸混合；<br>(3) 扩散降速增压 |

续表

| 知识要点 | 基本要求 | 相关知识 |
| --- | --- | --- |
| 旋涡泵 | (1) 了解旋涡泵的及结构组成及工作原理；<br>(2) 了解旋涡泵的性能特点 | (1) 漩涡运动，液体获能；<br>(2) 扬程高，能耗大 |
| 螺旋泵 | (1) 掌握螺旋泵的工作原理；<br>(2) 掌握螺旋泵的基本结构；<br>(3) 了解其性能特点及使用场合 | (1) 螺旋提升原理，无压出水；<br>(2) 泵直径、螺距、倾角；<br>(3) 输送污水、污泥、泥沙 |
| 气升泵 | (1) 掌握气升泵的工作原理；<br>(2) 掌握气升泵的基本结构；<br>(3) 了解其性能特点及使用场合 | (1) 压缩空气进入水中，成气水乳液；<br>(2) 气水混合的乳液，密度降低；<br>(3) 气水乳液上升 |
| 螺杆泵 | (1) 掌握单螺杆泵的工作原理；<br>(2) 了解多螺杆泵的工作原理 | (1) 单螺杆、衬套；<br>(2) 阳螺杆、阴螺杆 |
| 往复式压缩机 | (1) 掌握往复式压缩机的结构、工作原理；<br>(2) 掌握级的理想循环；<br>(3) 掌握余隙对压缩循环的影响 | (1) 变化的密封容积，吸排阀；<br>(2) 容积功，流动功，等温压缩循环，绝热压缩循环，多变压缩循环；<br>(3) 吸气过程，余隙气体膨胀 |
| 螺杆式压缩机 | (1) 掌握双螺杆式压缩机工作原理；<br>(2) 掌握螺杆式压缩机的排气量调节 | 干式，湿式，同步齿轮，喷油；<br>变速、停转、连通、空转，滑阀 |
| 罗茨鼓风机 | (1) 掌握罗茨鼓风机的工作原理；<br>(2) 了解罗茨鼓风机的结构形式及选用 | (1) 一对反转叶片；<br>(2) 立式、卧式结构，转子型线 |
| 离心机 | (1) 掌握离心机的工作原理；<br>(2) 了解离心机的结构形式及在石油工程上的应用 | (1) 分离因素，回转面；<br>(2) 旋流器、螺旋式离心分离机、筛筒式离心分离机 |

## 三、基本概念

往复泵、液环真空泵、射流泵、旋涡泵、螺旋泵、气升泵、螺杆泵、往复式压缩机、螺杆式压缩机、罗茨鼓风机、基本构造、实际构造、应用场合、弹簧阀、双重球阀、瞬时流量、流量不均度、空气包、临界特性曲线、漩涡、理想压缩循环、等温压缩循环、绝热压缩循环、多变压缩循环、余隙、阳螺杆、阴螺杆、单螺杆、衬套、干式、湿式、离心机、旋流器等。

# 6.1 往复泵

往复泵是容积泵的一种，它依靠活塞在泵缸中往复运动，使泵缸工作容积周期性扩大与缩小来吸排液体。由于往复泵结构复杂，易损件多，流量有脉动，大流量时机器笨重，所以在许多场合为离心泵所代替。在高压力、小流量抽送黏度大的液体且要求精确计量及流量随压力变化小的情况下，仍采用各种形式的往复泵。往复泵在石油工程中的应用非常广泛，它常常用于高压下输送高黏度、大密度和高含砂量的液体，流量相对较小。

### 6.1.1 往复泵的工作原理

如图 6-1 所示，往复泵通常由两个基本部分组成：一端是实现机械能转换为压力能并直接抽送液体的部分，叫做液力端；另一端是动力或传动部分，叫做动力端。卧式泵的基准面是过液缸中心线的水平面，立式泵的基准面是行程中点的水平面。当动力端曲柄转动驱动液力端的活塞向右(亦即泵的动力端)移动时，液缸内形成一定的真空度，吸入池中的液体在液面压力 $p_a$ 的作用下，推开吸入阀，进入液缸，直到活塞移到右死点为止。这个过程，称为液缸的吸入过程。曲柄继续转动，活塞开始向左(液力端)移动，缸套内液体受挤压，压力升高，吸入阀关闭，排出阀被推开，液体经排出阀和排出管进入排出池，直到活塞移到左死点时为止。这一过程称作液缸的排出过程。曲柄连续旋转，每一周($0\sim2\pi$)内活塞往复运动一次，单作用泵的液缸完成一次吸入和排出过程。

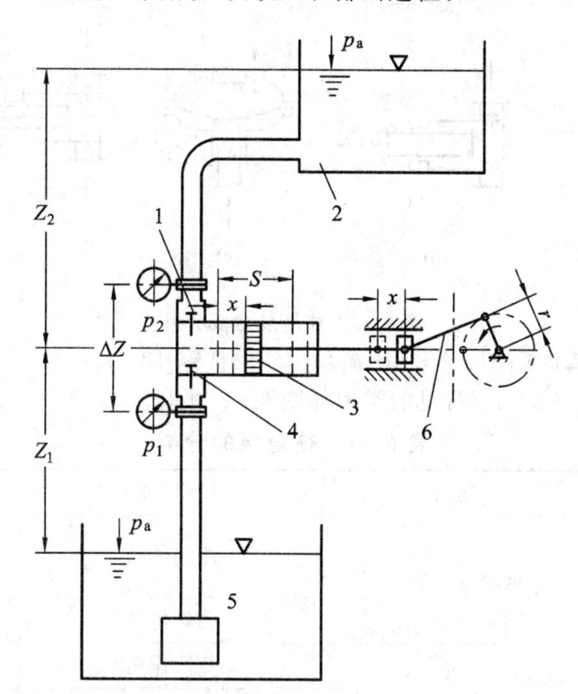


1—排出阀；2—排出罐；3—活塞；4—吸入阀；5—吸入罐；6—传动部分

图 6-1　往复泵装置示意图

在吸入或排出过程中，活塞移动的距离以 $S$ 表示，称作活塞的冲程长度；曲柄半径用 $r$ 表示，它们之间的关系为 $S=2r$。

### 6.1.2 往复泵的分类及结构

#### 1. 往复泵的分类

往复泵的分类主要取决于液缸的形式、动力及传动方式、缸数及液缸布置方式等。

根据液力端的不同，往复泵有如下形式：

(1) 按用来改变工作容积的构件形式的不同分类，有活塞泵、柱塞泵和隔膜泵之分。

① 活塞泵：活塞由活塞本体和活塞杆两部分组成，适用于压力较低，流量较大的场

合，如图 6-2(a)所示。

② 柱塞泵：活塞杆与活塞一体化，适用于较高压力和较小流量，如图 6-2(b)所示。

③ 隔膜泵：用弹性膜片、波纹管等材料，将柱塞工作腔或带动膜片作弹性变形的构件与抽送的介质隔离开，可以确保输送有毒、易燃、腐蚀性液体介质不会泄漏。如图 6-2(c)所示。

(2) 按活塞一次往返中发生作用的工作容积的单元数不同分类，有单作用和双作用(图 6-2(a))之分。

(3) 按同时工作的液缸数分类，有单缸、双缸、三缸和多缸之分，其中柱塞泵常用三缸结构，以获得较均匀的流量，而活塞泵常用作双缸双作用式，如图 6-2(a)所示。

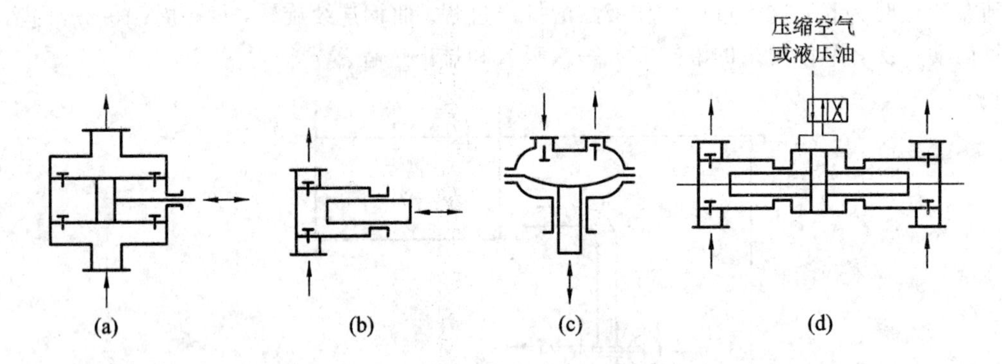


图 6-2　往复泵类型示例

(a) 双作用活塞泵；(b) 单作用柱塞泵；(c) 隔膜泵；(d) 水平对置式液(气)动泵

往复泵的分类见表 6-1，常见的类型如图 6-2 所示。

**表 6-1　往复泵的分类**

| 液力端类型 | 动力 | 传动及调节方式 | 液缸结构 |
|---|---|---|---|
| 往复泵 | 电动或内燃机 | 曲柄传动 | 活塞式<br>柱塞式 |
| | | 凸轮传动 | 柱塞式 |
| | 流体动力 | 蒸汽作用 | 活塞式 |
| | | 气体作用<br>液压作用 | 柱塞式 |
| | 隔膜式 | 机械传动<br>液压传动 | 单隔膜<br>双隔膜 |
| 计量泵 | 电动 | 手动行程调节<br>气动行程调节<br>液动行程调节 | 柱塞式<br>隔膜式 |

在生产中往复泵经常以其用途命名。例如：在钻井过程中，为了携带出井底的岩屑和供给井底动力钻具的动力，用于向井底输送和循环钻井液的往复泵，称为钻井泵或泥浆泵；为了固化井壁，向井底注入高压水泥浆的往复泵，称为固井泵；为了造成油层的人工裂缝，提高原油产量和采收率，用于向井内注入含有大量固体颗粒的液体或酸碱液体的往

复泵，称为压裂泵；向井内油层注入高压水驱油的往复泵，称为注水泵；在采油过程中，用于在井内抽吸原油的往复泵，称为抽油泵等。此外还有计量泵、氨泵、酮液泵、清焦泵、试压泵等。往复泵可按流量、压力的不同要求做成不同的形式。

**2. 往复泵的典型结构**

一般柱塞泵可以做成单作用结构，活塞泵可以做成双作用结构。活塞泵和柱塞泵都有单缸及多缸结构，以三缸泵最常见。缸数最多有采用十二缸的。液缸布置方式有卧式及立式，偶数缸的多缸柱塞泵也有水平对置式结构。

图 1－32 为三缸单作用往复式泥浆泵实物图，图 6－3 为卧式三柱塞高压往复泵结构图，该泵可用于输送高压油、乳化液及清水等介质。经过改型设计后可发展成石油化工用泵，如酮液泵、尿素泵、丙烯泵和高黏度硅酸铝泵等。该泵由动力端和液力端两大部分组成。动力端由单级圆弧齿轮减速器、三个曲柄销互成 120°的曲轴、十字滑块、连杆(小头与十字头为球窝连接)及箱体组成。液力端部分如图 6－4 所示，由液缸、阀、柱塞及填料箱组成。液缸中有三个垂直脚孔，每个孔下部为吸入阀，上部为排出阀。阀座与阀盘用不锈钢制成，并经过热处理和研磨。接触面有较高硬度，保证阀有足够的使用寿命和密封性。柱塞由优质合金钢制造。经表面氮化处理及精加工，有较高的硬度和很高的表面光洁度，以提高耐磨性。填料箱与液缸是可拆结构，但填料箱外圈与机座配合应保证柱塞、十字滑块与填料箱三者同轴，以延长使用寿命和保证密封。

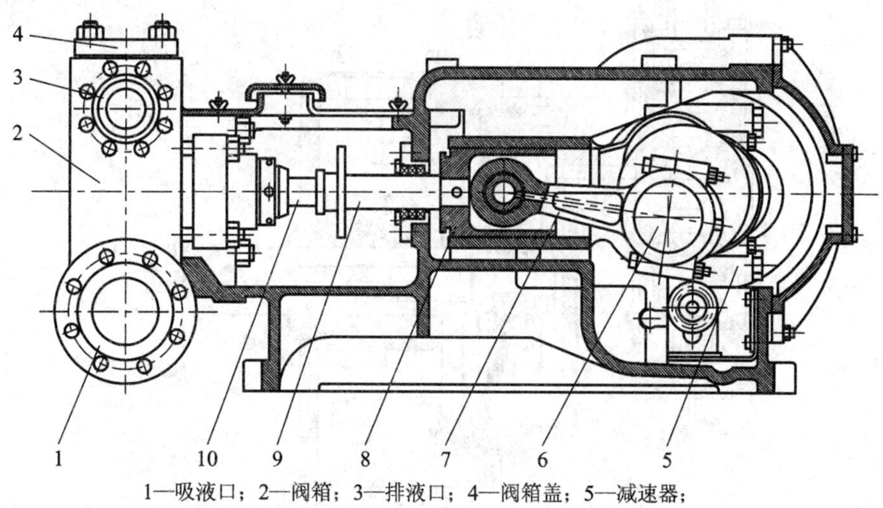


1—吸液口；2—阀箱；3—排液口；4—阀箱盖；5—减速器；
6—曲轴；7—连杆；8—十字滑块；9—介杆；10—柱塞

图 6－3　卧式三柱塞高压往复泵结构图

计量泵一般采用柱塞泵和隔膜泵，工作情况与普通柱塞泵和隔膜泵一样，但在结构上要求有些不同，要求对行程 $S$ 可调节，泄漏量尽量小，以保证计量精度。图 6－5 是一种机械隔膜计量泵的液力端部分，它的连杆和一个可作往复运动的绕性隔膜中心相连，液体的吸入和排出由隔膜的往复运动来实现。这种泵的优点是可以完全消除泄漏。在图中吸入阀和排出阀采用了双重球阀结构，以保证某一阀体中有固态颗粒妨碍关闭时，还有一个阀来保证密封以提高计量精度。从可靠性工程角度来说，这是一种“可靠性并联”设计，即“部件中只要一个可靠，系统就是可靠的”。

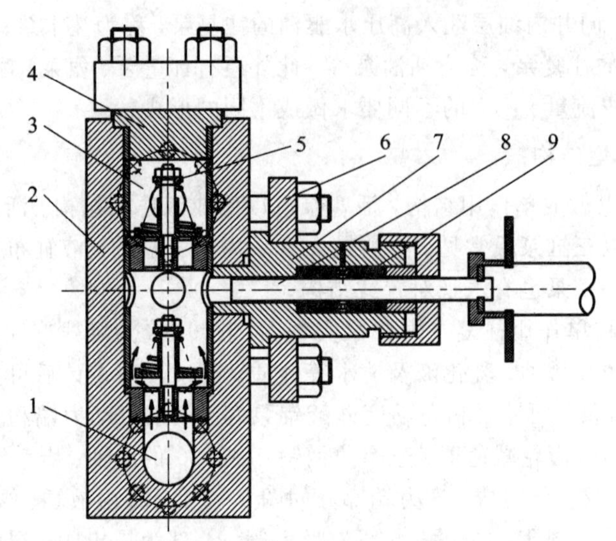


1—吸液口；2—阀箱；3—排液口；4—阀盖；5—阀；
6—缸盖；7—缸体；8—柱塞；9—填料箱

图 6-4 柱塞泵液力端结构图

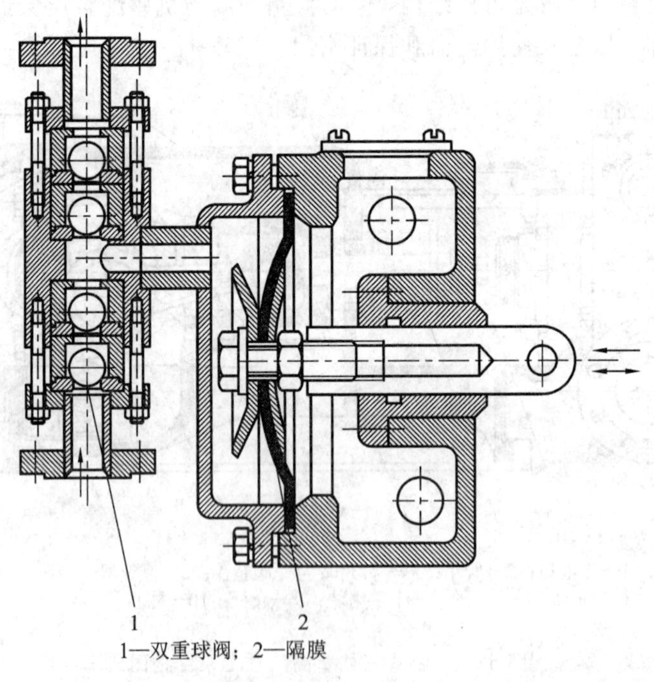


1—双重球阀；2—隔膜

图 6-5 机械隔膜式计量泵的液力端

往复泵的几个关键零部件介绍如下：

1）往复泵的泵阀

往复泵的泵阀是往复泵的必要组成部分，阀的工作条件是影响往复泵冲次 $n$ 的一个重要的制约因素。因为随着 $n$ 的增加，阀的运动速度以及由它的质量引起的惯性力随之增加，工作时产生的严重撞击使工作表面以及密封圈等承受冲击载荷的接触部分很容易被损坏。另外，阀在排出液体终了时，因在阀盘下的少量液体先排出后才能关闭，要排走这部分少量液体，需要一定的时间，即所谓泵阀的滞后现象。此时，排出过程终止，吸入过程开始，阀盘还停留在一定的高度上，阀盘受自重和弹簧力外，还受到极大的压差作用，使阀盘自一定滞后高度急速落到阀座上，产生冲击，影响泵阀使用寿命；阀在吸入终了时也同理。同时，阀盘迟缓关闭也将引起液体经过阀隙漏失，降低泵的容积效率。

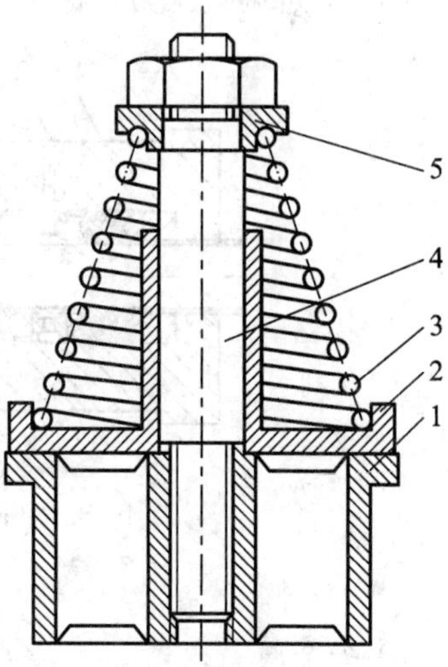

泵阀有重量阀和弹簧阀两种。前者靠自重关闭，大多为球阀，如图 6－5 所示。后者主要是依靠弹簧力关闭，是一种广泛采用的泵阀形式，因为它可以在不增加阀本身重量的条件下保证快速启闭，动作灵敏。图 6－6 是弹簧阀的一种结构形式，它包括阀座、阀盘、弹簧、导向柱、限位器等几个零件。对泵阀的要求是：应有较好的关闭密封性，启闭及时灵敏，无严重撞击，流动阻力小，有足够的强度和刚度，有较好的工艺性，检修方便。阀对泵的工作性能和工作可靠性有着非常重要的影响。

1—阀座；2—阀盘；3—弹簧；4—导向柱；5—限位器

图 6－6　弹簧阀结构图

2) 往复泵的密封

可靠的密封是往复泵良好工作的必要条件。密封的具体形式很多，活塞泵的密封件配置在活塞部件上，与液缸内壁(或可更换的缸套内壁)组成一对动密封。常用的一些活塞密封结构如图 6－7 所示。图中(a)是迷宫式活塞，依靠迷宫槽增加流动损失实现活塞两侧高、低压腔的密封，适用于低压泵；(b)是采用软填料(掺有油脂、石墨等润滑剂以及棉线、石棉、亚麻等纤维编织物)密封的活塞；(c)是一种装有自封功能密封碗的活塞，高压液体可使封碗唇边紧贴液缸，压力越高，密合性也越好，可起到自动调整密封性的作用；(d)是装有金属(铸铁、钢、铜等)活塞环的活塞，依靠装配时的密封环胀紧作用与缸壁实现密合，有磨损自补偿的能力。

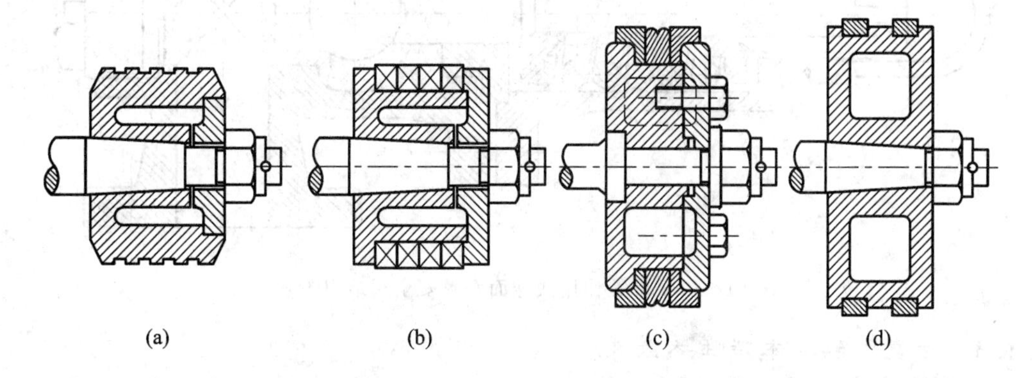


图 6－7　活塞泵的几种密封形式

柱塞泵的密封件则固定在液缸一方，如图 6－4 中的液力端填料箱 9 和图 6－8(a)结构所示，这是一种软填料压紧式的密封，密封材料由填料压盖压紧。密封填料两侧还有柱塞运动的导向套，保证柱塞的径向定位，填料只起到密封作用。在填料箱中一般放置具有自封和磨损补偿功能的 V 形密封圈，如图 6－8(b)所示，它由支承环 1、V 形密封圈 2、压环

3 组成。当工作压力高于 10 MPa 时，可增加 V 形密封圈的数量，提高密封效果。当密封圈被磨损后，可调整压紧力将 V 形密封圈挤压出来保证密封效果，延长密封圈的使用寿命。

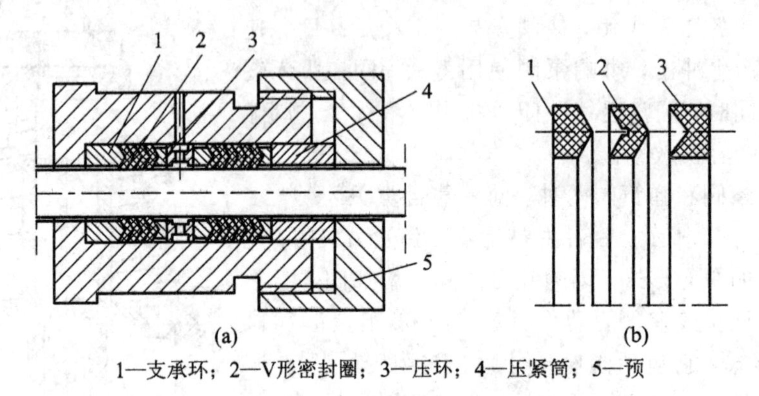


1—支承环；2—V形密封圈；3—压环；4—压紧筒；5—预

图 6-8 自密封圈的结构

3）安全阀

电动往复泵在使用时必须在管路中装安全阀，而且应及时维护检查，不能锈蚀失灵，否则在严重过载时就会造成泵的机件破坏或烧毁电机等事故，这是与叶片泵的使用所不同的地方。图 6-9 是一种弹簧作用式球面密封安全阀的结构图，当它联结在压出管路中时，一旦管内超过安全阀设定的允许压力，钢球将被液压力顶开，液体通过阀孔排入旁路通道，从而使主管路内压力不会继续升高。

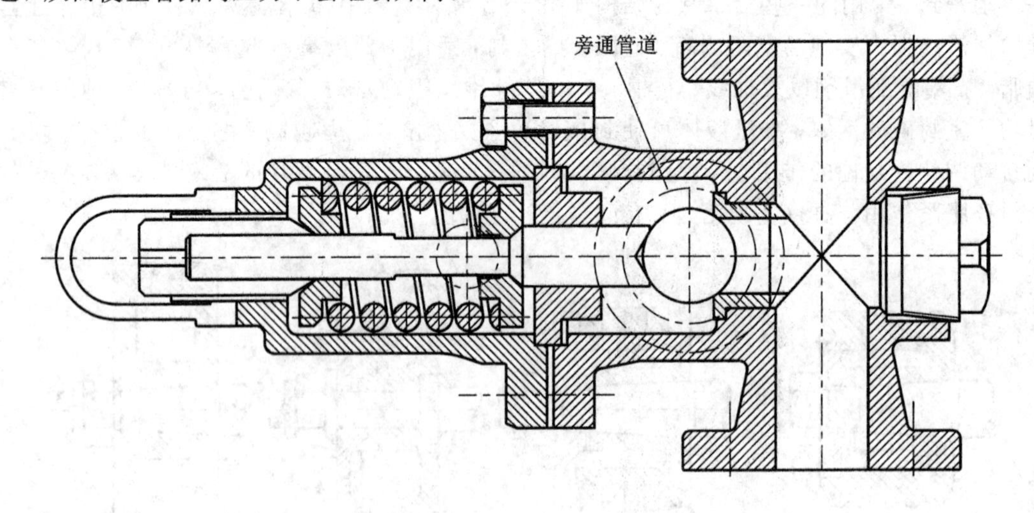


图 6-9 弹簧作用式球面密封安全阀结构图

### 6.1.3 往复泵的基本特性参数

#### 1. 泵的流量

泵的流量是指单位时间内泵通过管道所输送的液体量。流量通常以单位时间内的体积表示，称为体积流量，代表符号为 $Q$，单位为 L/s 或 $m^3/s$；有时也以单位时间内的重量表示，称为重量流量，代表符号为 $Q_G$，单位为 N/s，即

$$Q_G = \rho g Q$$

式中：$\rho$ 为输送液体的密度($kg/m^3$)；$g$ 为重力加速度($9.8\ m/s^2$)。

往复泵的曲轴旋转一周($0\sim 2\pi$)，泵所排出或吸入的液体体积称为泵的每转排量，它只与泵的液缸数目及几何尺寸有关。其代表符号为 V，单位为 $m^3/r$。

**2. 泵的压力**

泵的压力通常是指泵排出口处单位面积上所受到的液体作用力，即压强，代表符号为 $p$，单位为 MPa。

**3. 泵的功率和效率**

泵是把动力机的机械能转化为液体能的机器。单位时间内动力机传到往复泵主轴上的能量，称为泵的输入功率或主轴功率，以 $N$ 表示；而单位时间内液体经泵作用后所增加的能量，称为有效功率或输出功率，以 $N_e$ 表示。功率的单位为 kW。泵的总效率 $\eta$ 是指有效功率与输入功率的比值。

**4. 泵速**

泵速是指单位时间内活塞或柱塞的往复次数，即曲柄的转数，也称为冲次，以 $n$ 表示，单位为 $min^{-1}$。提高泵速可加大泵的流量，但在高速时，阀盘和阀座因受冲击加剧而迅速损坏；同时，易造成阀盘的迟缓关闭，降低泵的容积效率。

### 6.1.4　往复泵的流量

**1. 活塞运动规律**

往复泵的基本工作理论及其主要特性参数(流量、压力等)的计算，都是与活塞(或柱塞)的运动规律密切相关的，因此，有必要首先讨论活塞的运动情况。目前往复泵大多数是曲柄连杆机构传动，它将曲柄的旋转运动变为活塞的往复运动，图 6-10 是其示意图。

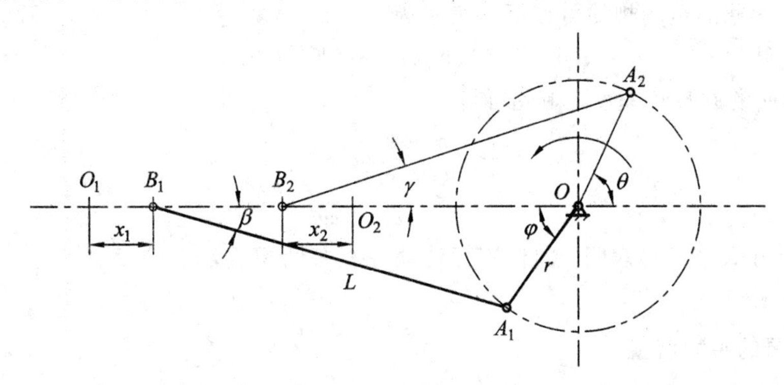


图 6-10　往复泵活塞运动示意图

由图 6-10 可以看出，当活塞在液缸的左死点 $O_1$ 时，连杆 $A_1B_1$ 和曲柄 $A_1O$ 处在同一水平线上，总长度为 $A_1B_1+A_1O=L+r$。设在此种情况下曲柄与水平线的夹角 $\varphi=0$，且曲柄按逆时针方向旋转，则当活塞由液力端向动力端(即由 $O_1$ 向右)运动时，活塞移动的距离为

$$\begin{aligned} x_1 &= (A_1B_1+A_1O)-B_1O=(L+r)-(L\cos\beta+r\cos\varphi) \\ &= r(1-\cos\varphi)+L(1-\cos\beta) \end{aligned}$$

由于 $\sin\beta=\frac{r}{L}\cdot\sin\varphi=\lambda\sin\varphi$，$\cos\beta=\sqrt{1-\sin^2\beta}=\sqrt{1-\lambda^2\sin^2\varphi}$，所以

$$x_1 = r(1-\cos\varphi)+L(1-\sqrt{1-\lambda^2\sin^2\varphi}) \tag{6-1}$$

式中，$r$ 为曲柄长度；$L$ 为连杆长度；$\lambda$ 为曲柄连杆比，$\lambda=r/L$；

$\varphi$——曲柄转角，活塞由液力端向动力端运动时，$\varphi=0\sim\pi$(吸入过程)。

当曲柄旋转至 $\pi$ 位置时，活塞移到液缸的右死点 $O_2$，连杆和曲柄又处在同一水平线上，曲柄和连杆重叠。设在此情况下曲柄与水平线的夹角 $\theta=0$，则当曲柄继续旋转(排液过程)，活塞由动力端向液力端(即由 $O_2$ 向左)运动时，活塞移动的距离为

$$\begin{aligned} x_2 &= [A_2B_2\cos\gamma+(A_2O-A_2O\cos\theta)]-A_2B_2 \\ &= [L\cos\gamma+(r-r\cos\theta)]-L \\ &= r(1-\cos\theta)-L(1-\cos\gamma) \end{aligned}$$

由于 $\sin\gamma=\frac{r}{L}\cdot\sin\theta=\lambda\sin\theta$，$\cos\lambda=\sqrt{1-\sin^2\gamma}=\sqrt{1-\lambda^2\sin^2\theta}$，所以

$$x_2 = r(1-\cos\theta)-L(1-\sqrt{1-\lambda^2\sin^2\theta}) \tag{6-2}$$

事实上，活塞由动力端向液力端运动时，如果仍然以统一的角参数表示，则有

$$\varphi=\pi+\theta,\ \theta=-(\pi-\varphi)$$

将这个关系代入式(6-2)，得

$$x_2 = r(1+\cos\varphi)-L(1-\sqrt{1-\lambda^2\sin^2\varphi}) \tag{6-3}$$

比较式(6-2)和式(6-3)，二者只相差两个符号。如果以 $x$ 统一表示活塞位移，则二式可表示为

$$x = r(1\mp\cos\varphi)\pm L(1-\sqrt{1-\lambda^2\sin^2\varphi}) \tag{6-4}$$

为了定性地分析活塞的运动，不考虑曲柄连杆比 的影响，即认为连杆无限长，$\lambda=0$。此种情况下，活塞的运动规律可以近似表示为

$$x\approx r(1\mp\cos\varphi)=r(1\mp\cos\omega t) \tag{6-5}$$

式中，$\omega$ 为曲柄的旋转角速度。由此可得

$$u=\frac{\mathrm{d}x}{\mathrm{d}t}=\mp r\omega\sin\omega t \tag{6-6}$$

$$a=\mp r\omega^2\cos\omega t \tag{6-7}$$

式(6-6)和式(6-7)表明，曲柄连杆传动往复泵活塞运动的速度、加速度近似地按正弦和余弦的规律变化。

**2. 往复泵的平均流量**

往复泵在单位时间内理论上应输送的液体体积，称为泵的理论平均流量。它与泵的活塞截面积 $A$、活塞冲程长度 $S$，以及活塞每分钟在缸套中往复的次数，即泵的冲次 $n$ 有关。

对于单作用泵，设缸数为 $n$，其理论平均流量为

$$Q_{\text{th}}=iASn \tag{6-8}$$

对于双作用往复泵，活塞往复一次，液缸的前、后工作室输送液体各一次，体积为 $(2A-A_g)S$。设泵的缸数为 $i$，则双缸双作用泵的理论平均流量为

$$Q_{\text{th}}=i(2A-A_g)Sn \tag{6-9}$$

式中，$A_g$ 为活塞杆断面面积。

实际上，往复泵的实际流量小于理论平均流量，其原因有以下几点：

(1) 吸入和压出阀实际上不能与工作容积的扩大和缩小完全同步开闭，使部分液体由液缸通过吸入阀漏到吸入管路中去，而压出管中的高压液体也通过压出阀又漏回液缸中去。

(2) 阀门及活(柱)塞的密封边不能严密的密封，引起液体的泄漏。

(3) 工作容积扩大时，缸内压力降低，部分吸入液体汽化，外界空气也可能通过不严的密封边进入工作容积，它们都占据了一部分工作容积。

(4) 压力很高时液体也有一定的可压缩性显现出来等。

归结起来是两点：一是进入泵内的液体量 $V_{in}$ 小于工作容积的理论值 $V_{th}$，这一差异可用一个充满系数 $\beta_V$ 来表示：

$$\beta_V = \frac{V_{in}}{V_{th}}$$

二是进入缸内的液体未能全部排出，这一因素用容积效率来表示(这里容积效率即流量效率)：

$$\eta_V = \frac{V}{V_{in}}$$

设实际平均流量为 $Q$，则

$$\alpha = \beta_V \cdot \eta_V = \frac{V}{V_{th}} = \frac{Q}{Q_{th}}$$

$$Q = \alpha Q_{th} \tag{6-10}$$

式中，$\alpha$ 为流量系数，一般在 0.85～0.95 范围内。对于大型的吸入条件较好的新泵，$\alpha$ 值可取得大一些，有的可达 0.97～0.99。

**3. 往复泵的瞬时流量**

由于往复泵的活塞运动速度是变化的，故每个液缸输出的流量也是变量。为此，必须引入瞬时流量的概念。瞬时流量是指泵在某一瞬时(或曲柄转到某一角度时)所排出的液体量，用 $Q_{th.s}$ 表示。

设单缸单作用泵在时间 $\Delta t$ 内，活塞在缸内移动的距离为 $\Delta S$(m)，泵的理论瞬时流量为

$$Q_{th.s} = \lim_{\Delta t \to 0} \frac{\Delta V}{\Delta t} = \lim_{\Delta t \to 0} \frac{A \cdot \Delta S}{\Delta t} = A \cdot u \tag{6-11}$$

对于吸入过程，单作用液缸吸入的瞬时理论流量为

$$Q_{th.s} = -Ar\omega\sin\omega t \ (0 < \varphi < \pi) \tag{6-12}$$

对于排出过程，单作用液缸排出的瞬时理论流量为

$$Q_{th.s} = Ar\omega\ \sin\omega t \ (\pi < \varphi < 2\pi) \tag{6-13}$$

在式(6-12)和式(6-13)中，当 $\varphi=0$、$\pi$、$2\pi$ 时，正好是活塞运动的极限位置，流量都为零。

**4. 往复泵的流量曲线**

由式(6-12)和式(6-13)可知，活塞在死点位置($\varphi=0°$，$\varphi=180°$)，其瞬时速度为 0，瞬时流量也为零，瞬时加速度 $\alpha = r\omega^2$ 为最大值，当液缸移动到中间位置($\varphi = 90°$，

$\varphi=270°$)，瞬时速度达到最大 $u=\omega \cdot r$，瞬时流量也达到最大值 $A\omega r$，瞬时加速度为零。在 $0<\varphi<\pi$ 时，瞬时流量为负，是因为在图 6-10 所示的 $\varphi$ 下，速度为负，此行程泵吸入液体；在 $\pi<\varphi<2\pi$ 时，瞬时流量为正，此行程泵排出液体。以横坐标表示曲柄转角 $\varphi=\omega t$，纵坐标代表瞬时流量 $Q_{th.s}$，画出单缸、双缸、三缸单作用泵的流量曲线，如图 6-11 所示。

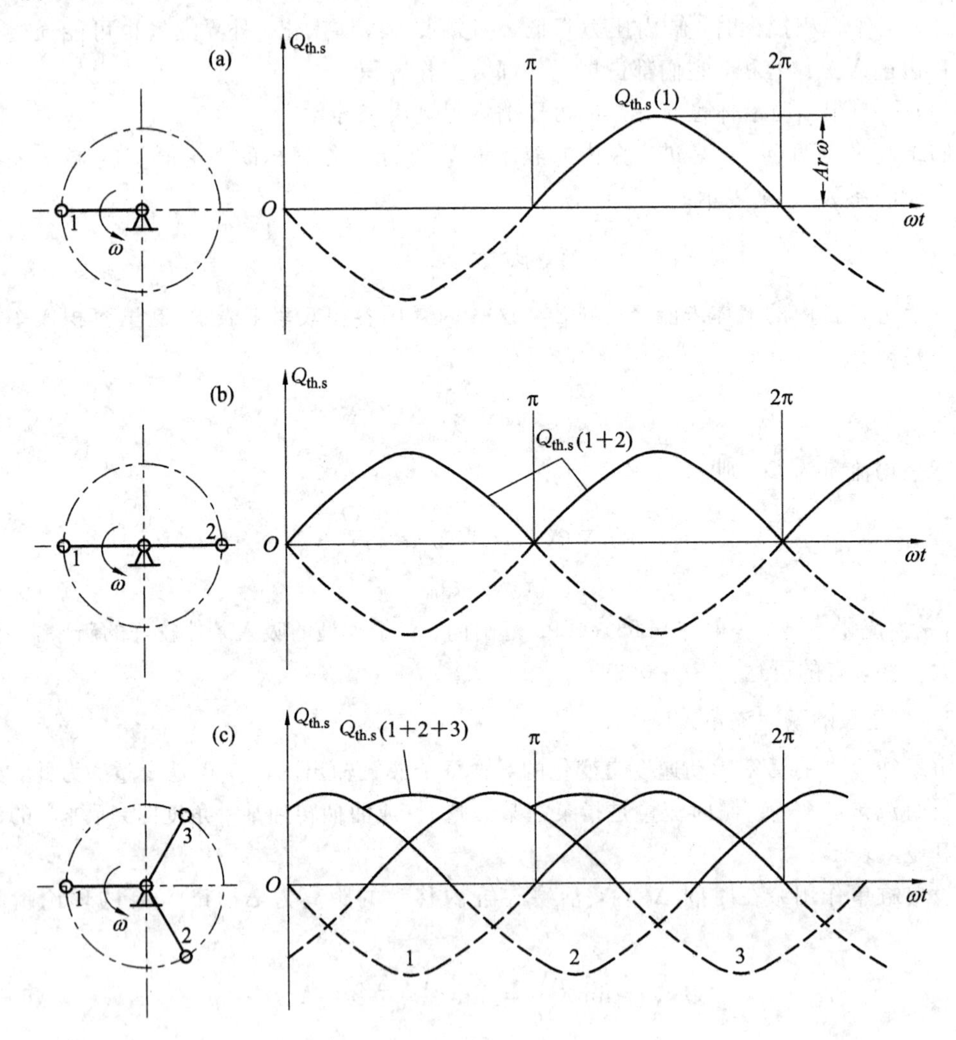


图 6-11　单作用往复泵的流量

(a) 单缸；(b) 双缸；(c) 三缸

对多缸单作用泵来说，其瞬时流量是每一液缸在同一瞬时输送液体量之和。在流量曲线上，为各缸的流量曲线在同一曲柄转角上的纵坐标之叠加，如图 6-11(b)、(c)所示。双缸单作用泵的两个曲柄互成 180°角，曲柄轴旋转一周(360°)，每个液缸各排出液体一次，每次均按正弦曲线变化，所以流量曲线图上有两条正弦曲线。三缸单作用泵的三个曲柄互成 120°角，曲柄轴旋转一周(360°)，泵的瞬时流量曲线应由三条正弦曲线在同一转角处纵坐标值的叠加。

### 6.1.5　往复泵流量的不均度及解决办法

**1. 流量不均度**

由于往复泵的理论瞬时流量是随曲轴转角不断变化的，为了比较各类型泵瞬时变化幅度的大小，用泵的最大瞬时流量 $Q_{th.s.max}$、最小瞬时流量 $Q_{th.s.min}$ 之差值与理论平均流量 $Q_{th}$ 比值作为衡量标准。该比值称为流量不均度，以 $\delta_Q$ 表示，则

$$\delta_Q = \frac{Q_{th.s.max} - Q_{th.s.min}}{Q_{th}} \tag{6-14}$$

显然，不同类型的泵，其流量不均度也是不同的，流量不均度 $\delta_Q$ 越大，泵的流量波动幅度越大，流量越不均匀，流量不均度 $\delta_Q$ 越小，表示泵的流量比较均匀。下面讨论几种类型泵的情况。

1）单缸单作用泵

由图 6-11(a)和式(6-13)、式(6-14)知，当曲柄转角 $\varphi=90°$时，$\sin\varphi=1$，理论瞬时流量 $Q_{th.s}$ 达到最大值 $Q_{th.s.max}$，即

$$Q_{th.s.max} = Ar\omega$$

当 $\varphi=0°$、$\varphi=180°$时，$\sin\varphi=0$，理论瞬时流量 $Q_{th.s}$ 达到最小值，即

$$Q_{th.s.min} = 0$$

单缸单作用泵的理论平均流量 $Q_{th}=ASn$，因此

$$\delta_Q = \frac{Q_{th.s.max} - Q_{th.s.min}}{Q_{th}} = \frac{Ar\omega}{ASn} = \frac{Ar2\pi n}{A2rn} = \pi$$

2）双缸单作用泵

由图 6-11(b)和式(6-13)、式(6-14)知，当曲柄转角 $\varphi=90°$时，$\sin\varphi=1$，理论瞬时流量达到最大值，即

$$Q_{th.s.max} = Ar\omega$$

当 $\varphi=0°$、$\varphi=180°$时，$\sin\varphi=0$，理论瞬时流量 $Q_{th.s}$ 达到最小值，即

$$Q_{th.s.min} = 0$$

双缸单作用泵的理论平均流量 $Q_{th}=2ASn$，因此

$$\delta_Q = \frac{Q_{th.s.max} - Q_{th.s.min}}{Q_{th}} = \frac{Ar\omega}{2ASn} = \frac{Ar2\pi n}{A22rn} = \frac{\pi}{2}$$

3）三缸单作用泵

对三缸单作用泵，泵的瞬时流量曲线是由三条角位差为 $2\pi/3$ 的正弦流量曲线叠加起来的。当第一液缸的曲柄在 $\varphi=\pi/6$，第二液缸曲柄在 $\varphi_2=\pi-\frac{\pi}{6}=\frac{5\pi}{6}$时，存在最大瞬流量，即 $Q_{th.s.max}=Q_1+Q_2=Ar\omega\sin\frac{\pi}{6}+Ar\omega\sin\frac{5\pi}{6}=Ar\omega$。可见，三缸单作用泵的最大瞬时流量与单缸或双缸单作用泵的最大瞬时流量相同。当 $\varphi=\frac{\pi}{3}$ 时，存在最小瞬时流量，即 $Q_{th.s.min}=Ar\omega\sin\frac{\pi}{3}=0.865Ar\omega$。理论平均流量 $Q_{th}=3ASn$。所以，三缸单作用泵的流量不均度为

$$\delta_Q = \frac{Q_{th.s.max} - Q_{th.s.min}}{Q_{th}} = \frac{Ar\omega(1-0.865)}{2ASn} = \frac{0.135Ar2\pi n}{3A2rn} = 0.141$$

用同样的方法，可计算出四缸单作用泵的流量不均度 $\delta_Q = 0.314$。

从以上分析可以看出，当往复泵缸数增多时，流量趋于均匀，而单数缸效果更为显著。如三缸单作用泵就比四缸单作用泵流量不均度小。从使用观点看，流量不均度越小越好。因为流量越均匀，管线中液流越接近稳定流状态，压力变化也越小，这有助于减小管线振动，使泵工作平稳。但是，不能只靠增加缸数来达到这个目的。缸数太多，泵结构会变得很复杂，造价增高，维修困难。所以，目前往复泵大多数是三缸单作用或双缸双作用往复泵。

**2. 往复泵流量不均匀性及解决办法**

往复泵的瞬时流量是不均匀的，图 6-11 表示不同缸数的机动单作用泵的流量曲线。单缸泵的流量脉动与活塞的加速度有相同的波形。多缸泵的瞬时流量等于同一瞬时各缸瞬时流量之和。缸数增多脉动减小，奇数缸的效果比偶数缸好。为使叠加后的瞬时流量脉动减小，可取机动泵各缸曲柄的相位差为$\frac{2\pi}{i}$（双作用泵为$\frac{\pi}{i}$）。

由于瞬时流量的脉动，引起吸入和排出管路内液体的非匀速流动，从而产生加速度和惯性力，增加泵的吸入及排出阻力。吸入阻力使泵的吸入性能降低，排出阻力使泵及管路承受额外负荷。当排出管路细长、系统背压不够大时，脉动的惯性力可能引起吸入、排出阀一起打开，造成液体直接由排出管冲向吸入管的过流现象，还会引起管路压力脉动及管路振动，破坏泵的稳定操作。

消除脉动及减小惯性力的办法如下：

(1) 采用多缸泵或无脉动泵。多缸泵的流量变化见图 6-11，双缸凸轮泵是一种无脉动泵，可用凸轮形状保证活塞在相当长行程内作匀速运动。在排出行程开始及终了的很短时间内作等加速和等减速运动，整个排出行程对应的转角大于 180°，两凸轮相位使加速段与减速段重合而实现无脉动。

(2) 使系统有效扬程大于排出终了时的惯性能头，以免出现过流现象。

(3) 在靠近泵进出口管路上设置空气包，如图 6-12 所示，以减小管路上液流脉动。

现以单缸单作用泵为例说明排出空气包是如何使管路获得均匀排液的。

排出空气包的作用原理是在泵开始排出液体时，活塞加速，泵排出液体的流量大，大量液体先进入空气包内，使排出总管中的液体不致突然加速；而到排出后期，活塞减速，泵排出液体的流量较小，空气包内液体自动补充到排出管中，使排出总管中流速趋于均匀，从而减小了排出总管中的惯性水头。

图 6-12 上部的正弦曲线 $ABC$ 是该泵的瞬时输出流量曲线，水平线 $A'D'$ 是平均流量曲线，两者相较于 $a$、$b$；下部排除空气包液面高度 $h$ 的变化曲线，因空气包的面积是不变的，因此 $V=Ah$，所以 $h$ 相当于空气包内液体体积的变化。

当瞬时流量大于平均流量时，即在 $a$ 点后，在 $ab$ 一段时间内，由于流量加大，排出压力增加，空气包内气体不断被压缩，活塞排出的液体不是全部进入排出管，相当于图上面积为 $aBb$ 的一部分液体储存在空气包内，使液面不断升高；直至 $b$ 点时，液面升至最高位置 2-2，空气包内的液体体积达最大值，以 $V_{max}$ 表示。

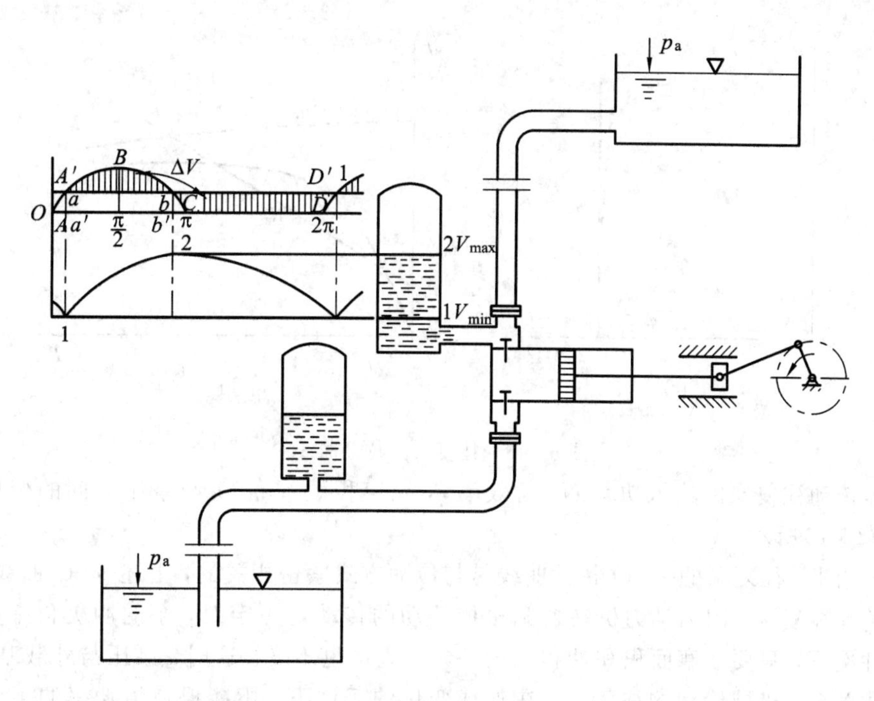


图 6-12　往复泵的空气包

在 $b$ 点后的 $bC$ 一段时间内，活塞瞬时流量小于平均流量；到 $C$ 点，在 $CD$ 一段时间内，活塞处于吸入过程，完全没有液体进入排出空气包，空气包内被压缩的气体膨胀，使存入空气包内的液体不断地流入排出管线；直到下一个排出过程的 1 点时，空气包内液面下降至最低位置 1-1，空气包内的液体体积最小，以 $V_{min}$ 表示。

在往复泵排出和吸入各一次的过程中(一个冲程内)，空气包内的液体(或气体)体积总是在最大与最小之间变化。用 $\Delta V$ 代表二者的最大差值，即

$$\Delta V = V_{max} - V_{min}$$

$\Delta V$ 即为空气包内能够储存或排出的液体总量，称为空气包的剩余液量。对单缸单作用泵，剩余液量可用面积 $aBba$ 表示。剩余液量是空气包体积计算中的一个重要参数，必须事先确定。

### 6.1.6　往复泵的特性曲线

往复泵的特性曲线主要表示泵的流量、输入功率及效率等与压力间的关系。

往复泵在单位时间排出的液体体积取决于活塞(柱塞)断面面积 $A$、冲程长度 $S$、冲次 $n$ 以及泵缸数 $i$ 和流量系数 $\alpha$，即

$$Q = \alpha iASn(\text{单作用泵}) \quad \text{或} \quad Q = \alpha i(2A - A_g)Sn(\text{双作用泵})$$

因此，泵的流量与压力是无关的。若以横坐标表示泵的流量 $Q$，纵坐标表示压力 $p$，则泵的理论特性曲线($p$-$Q$ 曲线)应是垂直于横坐标的直线，如图 6-13 (a)中的实线所示。流量不同，垂直线的位置也不同。

实际上，随着泵压的提高，泵的密封处(如活塞-缸套、柱塞-密封、活塞杆-密封之间)的漏失量将增加，即流量系数 $\alpha$ 要相应变小，所以，流量随着泵压的增高而略有减小，反映在 $p$-$Q$ 曲线上，则略有倾斜，如图 6-13(a)中虚线所示。

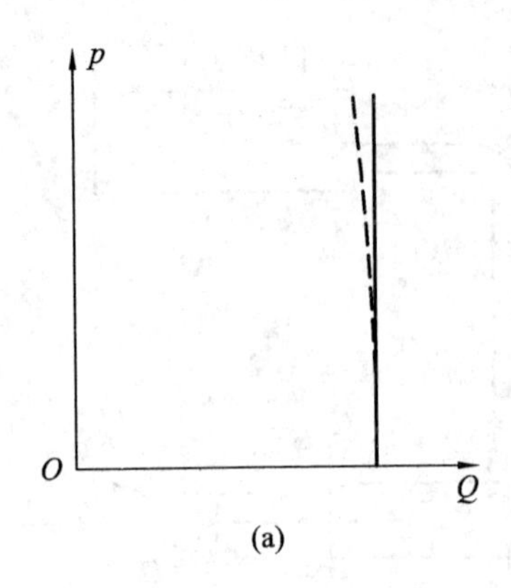


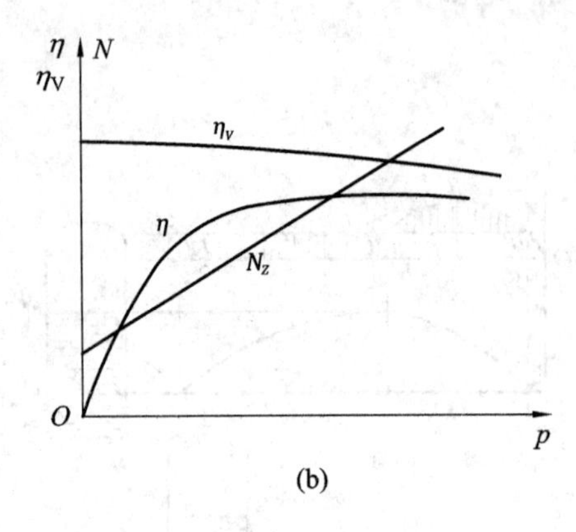


图 6-13　往复泵的特性曲线

机械传动往复泵的输入功率 $N$、总效率 $\eta$，及容积效率 $\eta_V$ 等与泵压 $p$ 间的变化规律，如图 6-13(b)所示。

应该指出，往复泵的 $p$-$Q$ 特性曲线是与传动方式紧密相关的，上述 $p$-$Q$ 曲线只适合纯机械传动往复泵。因为动力机转速和机械传动的传动比一定时，泵的冲次和流量不变。一定的冲次下，只要活塞面积和冲程长度一定，流量也不变。这时，泵压与外载基本上呈正比变化关系。机械传动的往复泵，在外载变化的条件下，不能保持恒功率的工作状态。而当往复泵在某些软传动(如液力传动等)条件下工作时，随着泵压的变化，泵的冲次和流量能自动调节，以保证往复泵在一定的范围内接近恒功率工作状态。此时，泵的 $p$-$Q$ 特性近似按双曲线规律变化。

### 6.1.7　往复泵的管路特性曲线及工作点的确定

往复泵的管路特性曲线及工作点可参考 2.6 节方法来确定，在这里不多作论述。下面将讨论管线在工作中不断加长的工作情况。图 6-14 所示为石油钻井泥浆泵循环系统示意图。往复式泥浆泵将高压泥浆输送到高压汇管 1 中，经过水龙头 2 进入钻柱 3，然后进入钻头 5，冲击钻头 5 钻削下来的岩削，并将岩削通过环形流道 4 带到泥浆净化系统 6 中，对岩削进行分离，将泥浆净化后再流入吸入池中供钻井泵使用，实现钻井作业中的泥浆循环作业。在该循环过程中，我们不难发现，随着钻井深度的增加，钻井泥浆循环线路加长。以此为例，下面讨论往复泵的管路特性曲线及工作点的确定。

**1. 往复泵的管路特性曲线及工作点的确定**

由图 6-14 知，钻井泵的吸入池和排出池是共用的，以 $\Delta p$ 表示管路系统所消耗的压力(称为压降)，由 2.6 节式(2-99)知：

$$\Delta p = \rho g \sum h = \rho g S Q^2 = \alpha_i Q^2$$

以流量 $Q$ 为横坐标，压力降 $\Delta p$ 为纵坐标，可以作出不同井深 $L$ 下的管路特性曲线，如图 6-15 所示。图中的曲线呈抛物线形状，$\alpha_i$ 是很难准确计算的，现场工作时，对于一定的井深 $L_i$，只要测定出某流量 $Q$ 下的压力降 $\Delta p$，就可以求得该井深时的压力降系数 $\alpha_i$，即

$$\alpha_i = \frac{\Delta p}{Q^2}$$

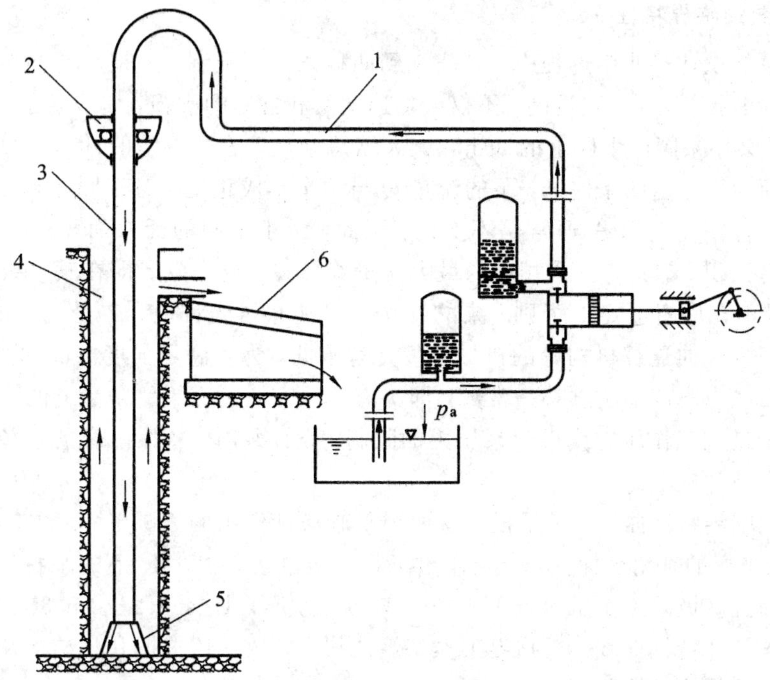


1—高压汇管；2—水龙头；3—钻柱；4—环形流道；5—钻头；6—泥浆净化系统

图 6-14　钻井泵循环系统示意图

根据 $\alpha_i$ 就可以求出该井深下不同流量时的压力降，从而方便地作出某井深下的管路特性曲线。将泵的特性曲线按同样的比例绘在管路特性曲线图上，即得到如图 6-16 所示的泵与管路联合工作的特性曲线。由图可以看出，当泵的流量为 $Q_1$ 时，两种曲线分别交于 $A_1$、$A_1'$、$A_1''$…各点。显然，只有在这些交点处，才能满足质量守恒和能量守恒条件，泵才能正常工作。称这些交点为泵的工作点。泵流量为 $Q_2$ 时，工作点为 $A_2$、$A_2'$、$A_2''$…。

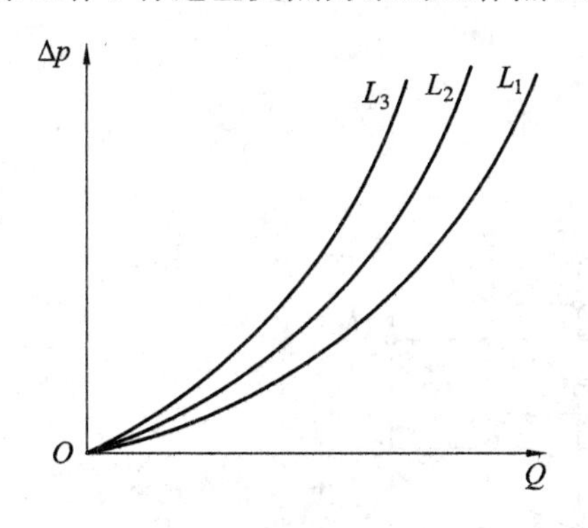

图 6-15　不同井深时的管路特性曲线

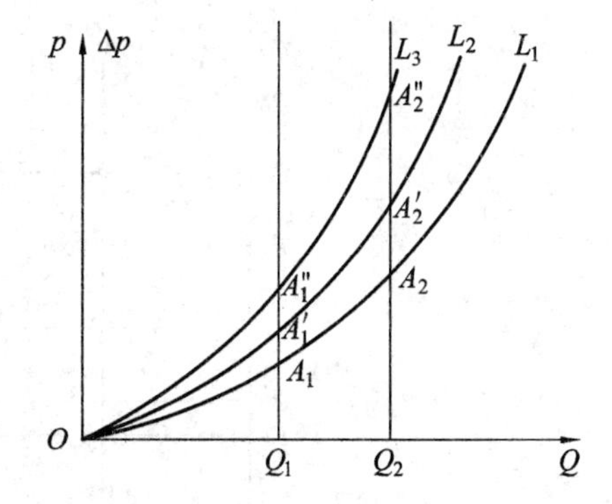


图 6-16　泵与管路的联合工作的特性曲线

由图 6-16 还可以看出，在排出管长度(即井深)一定的情况下，泵的流量不同，管路消耗的压力不同，降低泵的流量可以使压力减小，即压差下降。同样，在流量一定的情况下，井深增加，泵压升高。这说明，泵实际给出的工作压力总是与负载(此处指管路阻力)直接相关的，负载增大，泵压就升高，反之，泵压就下降。

**2. 钻井泵的临界特性**

在往复泵的设计和使用过程中，一般受到两种条件的限制：一是泵的冲次 $n$ 不能超过额定值。对钻井泵来说，冲次过高，不仅会加速活塞和缸套的磨损，使吸入条件恶化，降低使用效率，还会使泵阀产生严重的冲击，大大缩短泵阀寿命。在泵的冲程长度、活塞面积及活塞杆断面面积一定的条件下，泵的流量 $Q$ 与冲次 $n$ 成正比。对于同一台钻井泵，冲程长度 $S$ 和活塞杆断面面积 $A_g$ 通常是不变的，因此，对于不同的活塞面积($A_1$、$A_2$、…、$A_j$)，即不同的缸套面积，都具有一个相应的最大流量 $Q_1$、$Q_2$、…、$Q_j$；即在某 $j$ 级缸套下工作时，泵的流量不允许超过 $Q_j$，否则，泵的冲次就可能超过允许值。二是受泵的压力限制。因为泵的活塞杆和曲连杆机构等的机械强度是有限的，为了满足强度方面的要求，每一级缸套的最大活塞力应该不超过某一常数，即 $p_1A_1=p_2A_2=p_jA_j=$ 常数。也就是每一级缸套都受到一个最大工作压力或极限泵压力的限制。设计泵时，各级缸套的直径及极限压力就是按照这个条件确定的。

所谓泵的临界特性曲线，正是根据这两个限制条件作出的。图 6-17 中，在以 $Q$ 为横坐标，$p$ 为纵坐标的直角坐标上，分别作出了每一级缸套(共 5 级)下的泵特性曲线，并在其上标定各级缸套极限工作压力点 1、2、3、4、5，则折线 $1-1''-2-2''-3-3''-4-4''-5$ 为该泵的临界工作特性曲线。在临界工作特性曲线上，通常还根据井身结构及钻具组成绘制各种井深时的管路特性曲线。

从临界工作特性曲线可以看出：

(1) 在机械传动的条件下，随着井深的增加，往复泵每级缸套的泵压近似地按垂直线变化。如图 6-17 所示，当钻至某井深使泵压达该级缸套的极限值时，必须更换较小直径的缸套，从较低的压力开始继续工作。如泵在第一级缸套下以流量 $Q_1$ 工作时，井深由 $L_0$ 增至 $L_1$，压力由 $p_a$ 增至 $p_1$；更换第二级缸套后，流量为 $Q_2$，在深为 $L_1$ 时，泵压为 $p_{b'}$，随着井深的增加，泵压不断升高，一直到工作压力升到 $p_2$ 时才需要更换缸套。

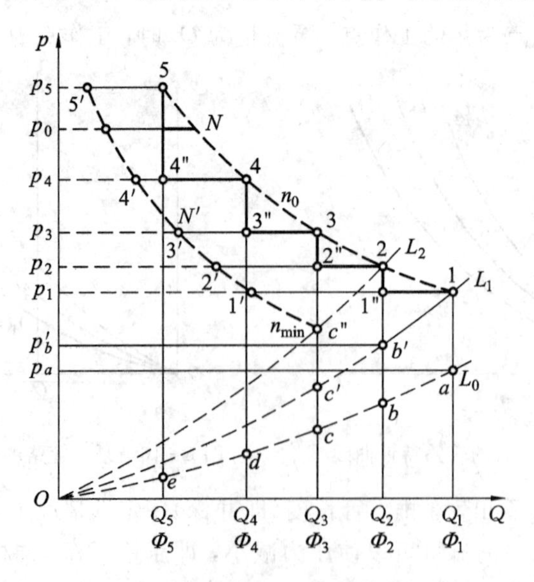


图 6-17 钻井泵的临界特性曲线

（2）不论泵速是否可调节，任何一级缸套下的流量 $Q$（或冲次 $n$）和压力 $p$ 都限制在一定的范围内。比如用第一级缸套时，泵压和流量只能在矩形面积 $Q_1 1 p_1 O$ 范围内；用第二级缸套时，泵压和流量则限制在 $Q_2 2 p_2 O$ 范围内。

（3）在泵的最大冲次保持不变的条件下，各级缸套下泵的最大流量 $Q_1$、$Q_2$、…与活塞有效面积成正比，泵输出的最大水力功率（或有效功率）为

$$N_e = p_1 Q_1 = p_2 Q_2 = \cdots = 常数$$

显然，点 1、2、3、4、5 的连线是一条等功率曲线。可以看出，往复泵工作时，所有的工作点都应控制在等功率曲线的下方，即泵实际输出的水力功率总是小于有效功率。为了提高工作效率，应根据井深和钻井工艺的要求，合理地选用钻井泵，并按照井深变化的情况，合理地选用和适时地更换缸套直径。还可以采用除纯机械传动以外的传动形式，使泵的工况点尽可能接近等功率曲线。

当然，钻井泵的临界特性曲线仅反映了其本身的工作能力，而在使用中还要考虑到其他因素的影响。当泵所配备的动力机功率偏小时（即动力机所提供的最大功率小于泵的设计功率），如图中的等功率曲线 $N'$ 所示，则泵的流量和压力应在 $N'$ 曲线的下方选用。此时，泵的工况主要受动力机功率的限制，同时也受到最大冲次和各级缸套最大压力的限制。又如，当排出管线的耐压强度较低，最大允许压力 $p_0$ 小于泵某级缸套下的极限值时，则泵的实际工作压力和流量应该在 $p_0$ 以下的范围内选用。

### 3. 往复泵的调节

往复泵与一定的管路系统组成统一的装置后，其工作点一般也是确定的。有时为了某些需要，希望人为地改变工况，即调节泵的流量。

1）流量调节

由上述可知，泵的流量与泵的缸数 $i$、活塞面积 $A$、冲次 $n$ 及冲程 $S$ 成正比关系，改变其中任一个参数，都可改变泵的流量。钻井泵中常用调节流量的方法有以下几种：

（1）更换不同直径的缸套。设计钻井泵时，通常把缸套分为数级，各级缸套的流量大体上按等比级数分布，即前一级（$j$）直径较大的缸套的流量与相邻下一级（$j+1$）直径较小的缸套的流量的比值近似为常数。根据需要，选用不同直径的缸套就可以得到不同的流量。

（2）调节泵的冲次。动力机与钻井泵之间通常不加变速机构，在机械传动的条件下，适当改变动力机的转速即可以调节泵的冲次。如用柴油机驱动泵，可在额定转速 $n$，与最小转速 $n_{min}$ 之间调节柴油机转速，使泵在额定冲次与最小冲次之间变化，达到调节流量的目的。应该注意，在调节转速的过程中，必须使泵压不超过该级缸套的极限压力。

（3）减少泵的工作室。在深井段钻进时，往往井径较小，为了尽量减少循环损失，一般希望泵的流量较小。在其他调节方法不能满足要求时，现场有时采用减少泵工作室的方法：如打开阀箱，取出几个排出阀或吸入阀，使有的工作室不参加工作，从而减小流量。该法的缺点是加剧了流量和压力的脉动。实践表明，在这种非正常工作情况下，一般取下排出阀比取下吸入阀引起的波动小，对双缸双作用泵来讲，取下靠近动力端的排出阀所引起的压力波动较小。

（4）调节旁路。在泵的排出管路上并联一根旁通管路，打开并调节旁路阀门，就可以调节泵的流量。旁路调节也是钻井泵中常用的紧急降压手段。

2）往复泵的并联运行

为了满足一定的流量需要，石油工程中常将往复泵并联工作。往复泵并联工作时，以统一的排出管向外输送液体。从泵的等功率曲线可以看出，并联工作有如下特点：

(1) 当各泵的吸入管路大致相同，排出管交汇点至泵的排出口距离很小时，对于高压力下工作的往复泵，可以近似地认为各泵都在相同的压力 $p$ 下工作，即 $p_1=p_2=\cdots=p_0$。

(2) 排出管路中的总流量为同时工作的各泵的流量之和，即 $Q=Q_1+Q_2+\cdots$；当各台泵完全相同时，总流量为 $Q=mQ_i$，$m$ 为泵的台数。

(3) 泵组输出的总水力功率为同时工作各泵输出的水力功率之和，即 $N=N_1+N_2+\cdots$；当各泵相同时，$N=pQ=mN_i$。

(4) 在管路特性一定的条件下，对于机械传动的往复泵，并联后的总流量仍然等于每台泵单独工作时的流量之和，而并联后的泵压大于每台泵在该管路上单独工作时的泵压。

泵并联工作的目的主要是为了加大液体流量。应注意的是，并联工作时的总压力 $p$ 必须小于各泵在用缸套的极限压力，各泵冲次应不超过额定值。

## 6.2 液 环 泵

液环泵是因其工作过程中体腔内必须维持一个作近乎圆周方向循环流动的液体环而得名的。这种运动液体是作为泵的转子部件与所抽送流体间机械能传递、转换的中间介质来使用的。

### 6.2.1 液环泵的工作原理

**1. 观察试验**

图 6-18(a)中，叶轮处于静止状态，液体存于泵腔的下部。

图 6-18(b)中，叶轮和泵腔同心安装。叶轮旋转时，由于离心力的作用，液体被甩向四周，形成等厚度的液环，泵腔内也形成等半径的环形空间。设叶片的数目为 12，则由图 6-18(b)可知，环形空间被分成 12 个等容积的小空腔。叶轮在运转过程中，其容积不发生变化，因此，在小空腔中的气体不会扩展或压缩。

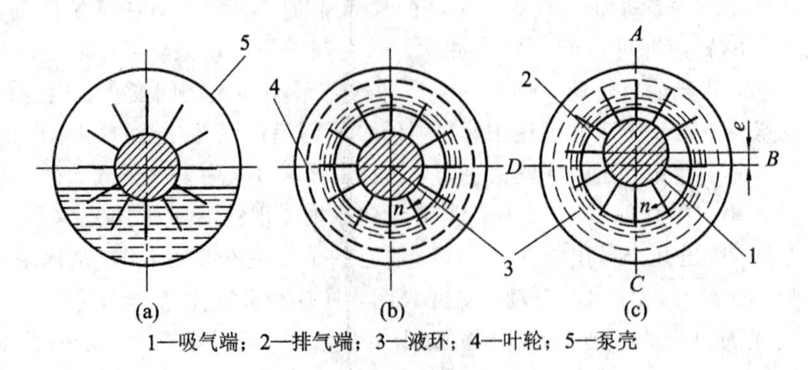

1—吸气端；2—排气端；3—液环；4—叶轮；5—泵壳

图 6-18 液体泵的观察试验

图 6-18(c)中，叶轮偏心地安装在泵体内(设偏心距为 $e$)。当叶轮旋转时，叶片带动泵

内液体旋转，此时所形成的液环仍然是等厚度的，这是因为液环的形成是由于离心力的作用，而与偏心无关。但不能形成等半径的空腔。此时叶轮轮毂和液环之间形成了一个月牙形空腔，并且这个空腔被叶轮的 12 个叶片分成 12 个容积不等的小空腔，小空腔的容积是随着叶轮的旋转而逐渐变化的。

在叶轮由 $A-B-C$ 顺序运转的前 180°过程中，由于液环内表面逐渐脱离轮毂，小空腔渐渐由小变大，因此，空腔内的气体压力逐渐下降，形成真空，吸进气体。

在叶轮由 $C-D-A$ 顺序运转的后 180°过程中，液环内表面逐渐向轮毂逼近，其小空腔的容积逐渐由大变小，空腔内的气体被压缩，压力逐渐升高，气体从排出口排出。叶轮每旋转一周，轮毂与液环内表面之间的空腔，都经过由小变大，再由大变小的变化过程，由此达到吸气和排气的作用。

在液环泵中，液体随着叶轮而旋转，相对于叶轮轮毂作径向往复运动。在叶轮由 $A-B-C$ 顺序的运转过程中，叶轮把能量传递给液体，使其动能增加。当液体从叶片端甩出时，达到叶轮切线速度的液体就在泵腔内回转；在叶轮由 $C-D-A$ 的运转过程中，空腔容积逐渐变小，液体重新进入叶轮内，其速度开始下降，此时被吸进的气体受压缩，液体的动能逐渐转化为压力能，且转化后的压力能又传递给气体，使气体获得能量，这就是液环泵内部的能量转换过程。

**2. 液环泵的工作原理**

图 1-33 为液环泵实物图，图 6-19 是一种单作用式液环泵的结构示意图。在壳体的圆柱体状腔室中，偏心地安装着一个由轮毂和前倾(也有径向的)柱面叶片构成的无侧板叶轮，在叶轮侧面的壳体图示位置上，分别开有一个弯月形的吸气口和排气口，它们与泵体上的吸入口和排出口各自沟通。为保证叶轮与壳体保持良好密封，叶轮侧面和泵壳侧面的间隙控制在 0.1～0.25 mm，在叶轮与壳体内壁的小距离一侧使叶片端部与壁面留有 1～4 mm 的适当距离。

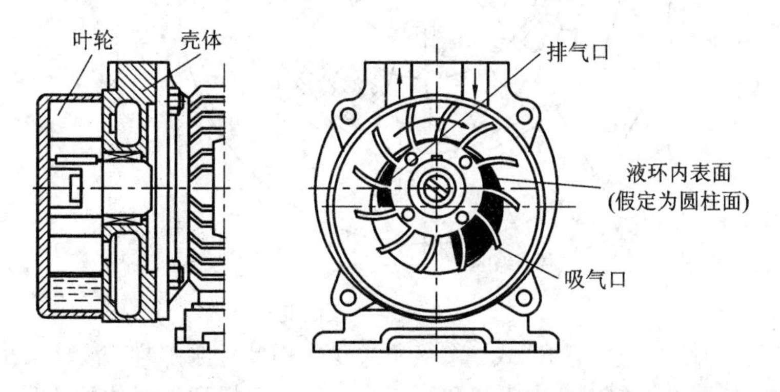


图 6-19　单作用式液环泵的结构示意图

液环泵工作时，泵腔中已经充有适量的工作液体。当叶轮旋转时，液体在离心力作用下被甩到腔室的外围并在旋转叶轮带动下形成一个紧贴壳体内壁的旋转液环。假定(只是假定，但不影响定性讨论)液环内表面是一个与壳体内表面同心的圆柱面，此时由于叶轮的偏心配置，由两个壳体的内侧面、叶轮轮毂外圆柱面、液环内表面及两个相邻叶片所包围的每个叶片间密封小空腔，见图 6-20，将作周期性的扩大—缩小的变化。这样，在小空腔扩大时它就通过侧壁上的吸气窗口轴向的吸入气体，而当小空腔缩小时又可通过排气窗口轴向的排出气体。随着叶轮的连续旋转和每个叶片间小空腔的交替实现上述循环过程，就可以对气体进行连续的泵送作用。这一作用过程与液压传动中的单作用的容积式叶片泵有相似之处。由于气体有可压缩性，每个叶片间小空腔在结束吸气过程后，可以不立即进入排气阶段，而是使小空腔留有一段封闭变化容积的时间，在气体被压缩到一定程度后才进入排气阶段，从而获得较高的排气压力。所以，从图中我们可以看到吸入口与排出口并非是对称的。在图 6-20 中，假定泵内液量适当，液环自由表面与叶轮轮毂相切。液环内表面实际上并非是与壳体内表面呈同心圆柱面状态的，这一点可以从简单的分析中得出结论。假定黏性液体在旋转容器中，其自由表面是圆柱面，那它的自由面上有相同的压力边界条件。液体中的速度分布呈轴对称状态。而液环泵液环对壳体中心轴速度是非轴对称的，在吸气区和压出区，液环表面上的压力条件也不相同。在图 6-20 中，假定泵内液量适当，液环自由表面与叶轮毂相切。图中，$\gamma_{s1}$ 和 $\gamma_{s2}$ 分别为吸气口的始、末端角，$\gamma_{d1}$ 和 $\gamma_{d2}$ 分别为排气口的始、末端角，在 $\gamma_{s2}$ 与 $\gamma_{d1}$ 之间的夹角就是气体的压缩区。如果叶片数无限多，理论上 $\gamma$ 从 0 至 $\pi$ 都应是吸气区，而从 $r>\pi$ 开始就是压缩区。由于叶片是有限的，所以一般 $\gamma_{d1}$ 在 35°～45°，$\gamma_{d2}\leqslant 180°-\dfrac{180°}{Z}$，$Z$ 为叶片数。

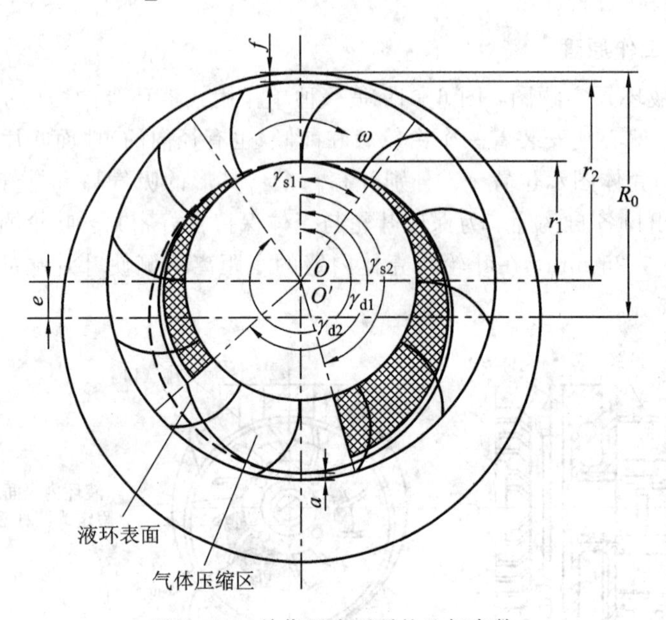


图 6-20　单作用液环泵的几何参数

液环泵还有其他的一些结构形式。像容积式双作用叶片泵那样，液环泵也可以做成双作用式的，叶轮每转一周实现两次吸气和排气过程，从而提高了气体的流量，也可使叶轮上的径向力得以平衡，图 6-21 是双作用式液环泵的作用原理简图。

随着气体的排除，同时也夹带一部分液体的排出，所以必须在吸入口补充一定量的液体，使液环保持恒定的体积，并借以带走热量，起冷却作用。

液环泵工作轮叶片可采用后弯叶片（$\beta_{2k}<90°$）、径向叶片（$\beta_{2k}=90°$）和前弯叶片（$\beta_{2k}>90°$）。实验证明，后弯叶片的液环泵工作性能较差，而前弯叶片和径向叶片较好。

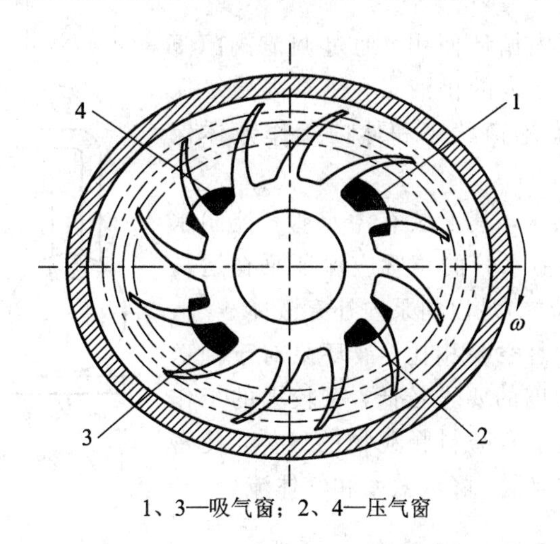


1、3—吸气窗；2、4—压气窗

图 6-21　双作用式液环泵的原理简图

**3. 液环泵的工作方式**

以 $p_1$、$p_2$表示液环泵的吸、排气压力。当作为压缩机使用时，泵的吸气压力 $p_1$是不变的。泵的输气流量是吸气压力(一般是标准大气压力)下的进气流量计算。压缩气体的有效功率可按气体等温压缩过程的轴耗压缩功率近似计算。作为真空泵工作时，泵是从封闭容器中向大气抽排气体，排气压力是不变的大气压力，而进气压力则从大气压力开始递降，所以泵在工作过程中压力 $p_1$的下降是不断增加的。分析证明，吸气临界压力 $p_{1cr}$可表示为

$$p_{1cr}=\frac{3}{2}p_2-\frac{\rho(\lambda\omega r_2)^2}{2} \tag{6-15}$$

式中：$\rho$ 为工作液体的密度；$\lambda$ 为考虑叶轮出口液体速度的修正系数，可近似取 1.0；$\omega$ 为叶轮角速度；$r_2$为叶轮出口半径。

吸气压力从临界压力开始继续下降，临界压力后不再充分吸气，直至气体流量降至为零，吸气压力降至最小值 $p_{1min}$，此值应为

$$p_{1min}=p_2-\frac{\rho(\lambda\omega r_2)^2}{2} \tag{6-16}$$

比较上两式可知：

$$p_{1cr}-p_{1min}=\frac{1}{2}p_2 \tag{6-17}$$

流量为零时，液环泵的工作起到维持容器真空状态并保持 $p_{1min}$的作用。$p_{1min}$也称残余压力(残余压力＝大气压－真空度)。残余压力就是绝对压力。因为容器中的压力不可能无限降低，当进气压力低于某一值后，由于泵中液体发生气化，或是由于高压侧漏回气量与真空泵抽气量相等，或是由于真空泵的压力比过高而容积系数降为零，都会使泵无法继续吸入新鲜气体，容器中压力也不可能再下降。

液环泵在工作过程中液体会有一部分随气体被带出泵体，同时工作过程中的能量损失，包括气体压缩过程中产生的温升，也要进行冷却平衡以保持泵的稳定平衡运行。所以液环泵工作中要不断地向泵体内补充等量的工作液体，为此，工作运行中可在泵的工作系统中设置一个气液分离器，如图 6-22 所示，以便使排出泵的气液混合物得以分离，气体

向外排出，液体返回泵内循环使用。通过调节阀门 $F$ 的开度，还可以调整向泵内的供液量，使泵内始终保有良好的工作液体动态平衡状态和体内工作液体保有量。

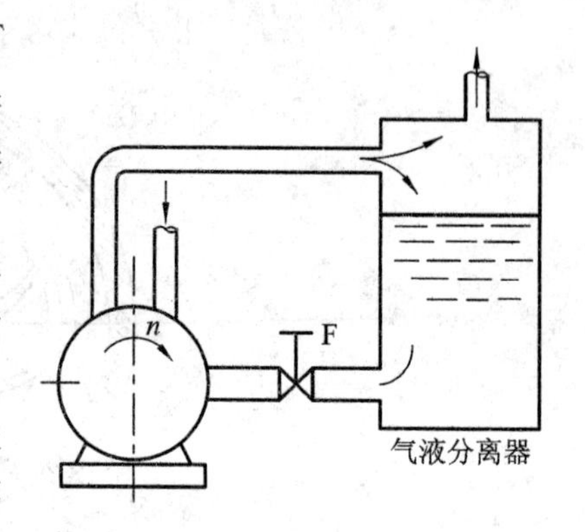


图 6－22　液环泵工作系统的配置

水箱由自来水源供水，其上装有溢水管，控制水箱液面保持一定高度。溢水管的位置应保证泵在运转中，水箱中液面高度(位能)足以向泵内补充液体。

与容积式压缩机和真空泵相比，液环泵对于抽送气体和工作液体的洁净度的要求较低，有较大的工作适应性；但不适于抽送带有磨料颗粒物的气体，使密封间隙由于磨料而增加泄漏，降低效率和气体流量。

### 6.2.2　液环泵的特点及工程用途

液环泵是靠泵腔容积变化来实现吸气、压缩和排气的，因此属于容积式泵。

液环泵工作时，叶片搅动液体而产生的能量损失称为水力损失。损失的能量几乎等于压缩气体所耗的功。因此，液环泵效率很低，等温效率仅为 0.30～0.45，大型机器可达 0.48～0.52。因一般真空泵消耗功率较小，所以液环泵常作真空泵使用。为避免水力损失过大，一般工作轮外端最大圆周速度限制在 14～16 m/s，并尽可能选用黏度较小的流体作液环。为了进一步降低水力损失，还可采用带有可旋转壳体的结构。

液环泵虽称泵，而且也确实可以用来抽送液体，但此时的工作效率极低，一般不会超过 15％～20％，所以它用来作抽送液体泵的工程价值不高。它的主要功能则是作为气体输送机械使用。如果用作气体压缩机，泵的单级排出压力可达 400 kPa 表压，两级串联可达 600 kPa 表压，可以满足许多工程领域对压缩空气的使用要求。由于液体的充分冷却作用，压缩过程接近等温压缩，气体压缩的终温很低，泵内没有金属表面间的互相摩擦，介质不与汽缸直接接触，所以适合石化、造纸、医药等产业部门用来抽送易燃、易爆、有毒、有腐蚀性或不允许被污染的气体，诸如煤气、乙烯、氯气、氧气等的输送设备使用，注意应选与被压缩气体不发生反应的液体作密封液。大型液环泵压缩机气体抽送量可达 400 $m^3$/min。液环泵还可输送含有蒸汽、水分或固体颗粒的气体。

液环泵同时也可作为真空泵使用，此时单级工作的极限“技术真空度”可达 4000 Pa(即 30Torr)，两级工作可达 2000 Pa(15Torr)。如果进口前能串联一个喷射器，则可使系统极限真空度达到 267～667 Pa(2～5Torr)。真空度较低，这不仅是因为受到结构上的限制，更重要的是受到工作液饱和蒸汽压的限制。用水作工作液，极限压力只能达到 2000～4000 Pa；用油作工作液，则可达 1300 Pa。当然，在真空技术领域里，这样的真空度还只是“低真空”的水平，但作为真空蒸发、真空干燥、水泵引水、真空包装等工程应用来说，却已达到良好的真空条件了。

图 6－23 所示为利用水环式真空泵的离心泵抽气引水系统。将离心泵 1 中的空气抽出，使泵内形成真空，外界气压将水压入泵中，抽水完成后，离心泵按规程启动工作。气水分离罐 3 的作用是保持水环式真空泵运行时，补充循环水，防止泵内水环变热而降低抽气效率。

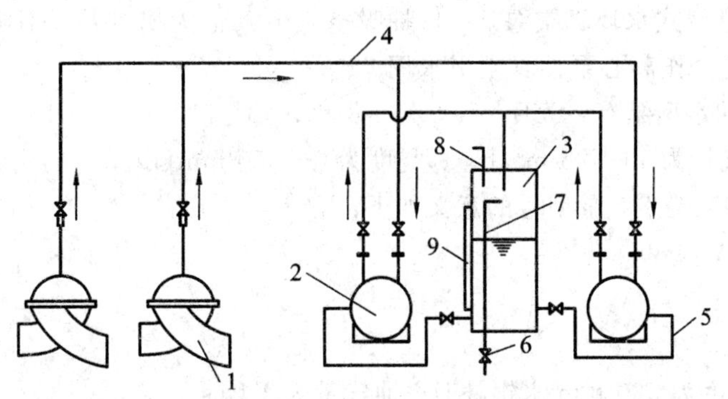


1—离心泵；2—真空泵；3—气水分离罐；4—抽气管；5—循环水管；
6—放水管；7—溢水管；8—排气管；9—玻璃水位计

图 6-23　离心泵抽气引水系统

液环泵通常使用方便易得、廉价而洁净的水作为密封液，因此习惯上也称之为水环泵。

液环泵具有结构简单、不需要吸排气阀、工作平稳可靠、等温压缩、使用维护方便、气量均匀等优点，缺点是效率太低。

### 6.2.3　液环真空泵的工作性能和构造

排气量是指泵出口为大气状态（$1.01325\times10^5$ Pa）时单位时间内通过泵进口的吸入状态下的气体容积，也称抽气速率。

实际上，液环真空泵的排气量与真空度有关。每设计生产一种新结构的真空泵。制造厂必须进行性能实验，作出性能曲线，表示出各种真空度下所能得到的抽气量及所消耗的功率，以备使用者选用。图 6-24 为 SZB-4 和 SZB-8 型水环式真空泵性能曲线，横坐标是以 mmHg 为单位表示的真空度。

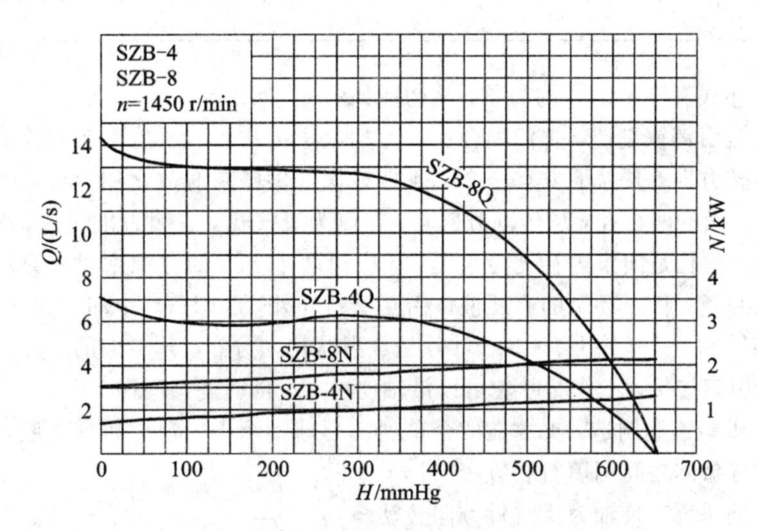


图 6-24　SZB-4 和 SAB-8 型水环式真空泵性能曲线

SZB 型泵是悬臂式水环真空泵，可供抽吸空气或其他无腐蚀性、不溶于水的、不含固体颗粒的气体，适合作离心泵抽真空引水用。

目前所制造的本型泵有：SZB－4、SZB－8 和 SZB－11。

性能范围：气量为 14～28 $m^3/h$；真空度为 0～650 mmHg。

以 SZB－4 型泵为例，泵型号的意义如下：

S——水环式；

Z——真空泵；

B——悬臂式；

4——当真空度为 520 mm 水银柱时，抽气量为 4 L/s。

SZB 型泵的工作性能见表 6－2。

**表 6－2　SZB 型泵的工作性能表**

| 型号 | 气量 | | 水银柱高 $H$/mm | 转速 $n$ /(r/min) | 功率 $P$/kW | | 叶轮直径 $D_2$/mm | 质量 $m$ /kg |
|---|---|---|---|---|---|---|---|---|
| | ($m^3$/h) | (L/s) | | | 轴功率 | 电动机功率 | | |
| SZB－4 | 25.2 | 7.0 | 0 | 1450 | — | 2.2 | 180 | 42 |
| | 19.8 | 5.5 | 440 | | 1.1 | | | |
| | 14.4 | 4.0 | 520 | | 1.2 | | | |
| | 7.2 | 2.0 | 600 | | 1.3 | | | |
| | 0 | 0 | 650 | | 1.3 | | | |
| SZB－8 | 50.4 | 14.0 | 0 | 1450 | — | 3 | 180 | 45 |
| | 38.2 | 10.6 | 440 | | 1.9 | | | |
| | 28.8 | 8.0 | 520 | | 2.0 | | | |
| | 14.4 | 4.0 | 600 | | 2.1 | | | |
| | 0 | 0 | 650 | | 2.1 | | | |

SZB 型水环式真空泵的结构简单，其构造如图 6－25 所示。

泵体和泵盖由铸铁制造，它们配合在一起构成了工作室。泵盖上铸有箭头，指明泵工作时叶轮的旋转方向。泵盖下方有一个 1/4″四方螺塞供停泵时放水用。泵体由螺栓紧固在托架上。泵体上面的两个孔，从传动方向看，左侧为进气孔，右侧为排气孔，均与工作室相通。泵体侧面螺丝孔是向泵内补充冷水用的。底面两个 1/2″四方螺塞供停泵后放水用。泵体上还铸有液封道，将水环泵的有压液体引至填料环处，起阻气、冷却和润滑作用。

叶轮用铸铁制造。叶轮上有 12 个叶片呈放射状均匀分布。轮毂上的小孔用来平衡轴向力。叶轮与轴用键连接，工作时叶轮可以沿轴向滑动，自动调整间隙。

泵轴用优质碳素钢制造，支撑在两个单列向心球轴承上。轴承间有空腔，可存机油用于润滑。泵轴与泵体之间用填料装置密封。

从转动方向来看，泵轴为反时针方向转动。

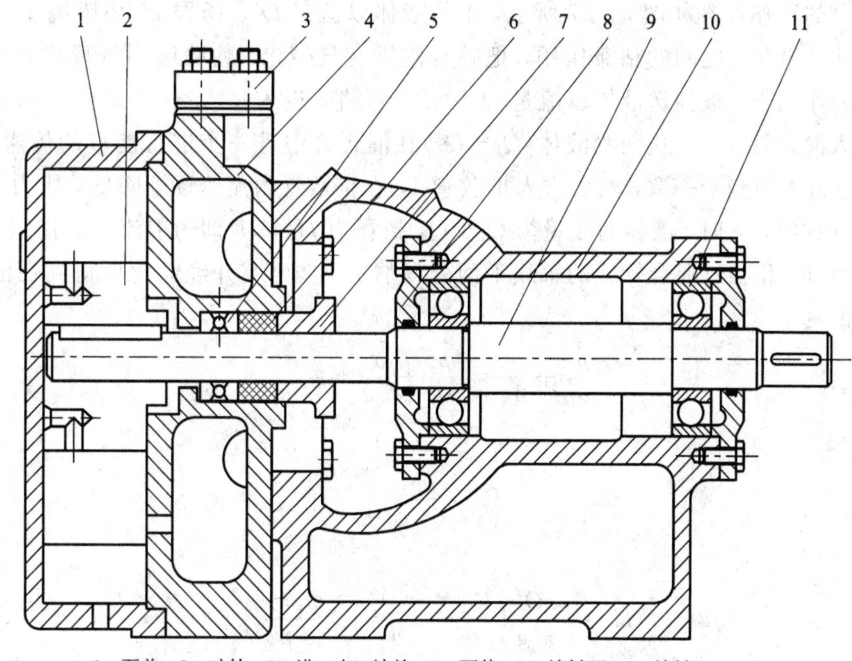


1—泵盖；2—叶轮；3—进、出口法兰；4—泵体；5—填料环；6—填料；7—压盖；8—轴承压盖；9—轴；10—托架；11—滚动轴承

图 6-25　SZB 型水环式真空泵结构

# 6.3　射　流　泵

射流泵是一种流体机械，它是以一种利用工作流体的射流来抽送流体的设备。根据工作流体介质和被输送流体介质的性质是液体还是气体，分别称为喷射器、引射器、射流泵等不同名称，但其工作原理和结构形式基本相同。通常把工作液体和被抽送液体是同一种液体的设备称为射流泵。

## 6.3.1　流射泵的工作原理

射流泵基本构造如图 6-26 所示，由喷嘴 1、吸入室 2、混合管 3 以及扩散管 4 等部分组成。泵体内没有运动部件，构造简单，工作可靠。

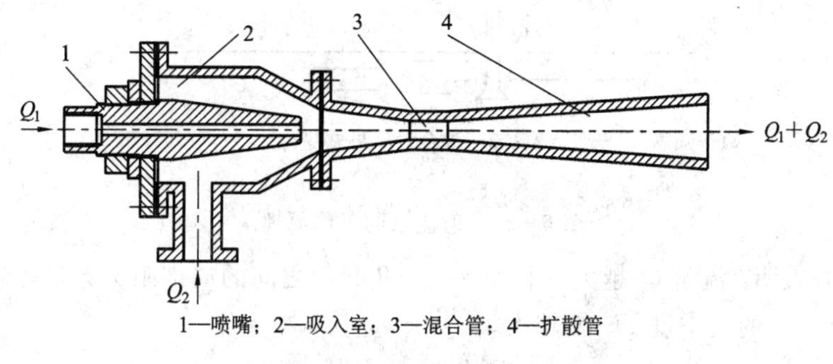


1—喷嘴；2—吸入室；3—混合管；4—扩散管

图 6-26　射流泵的结构

射流泵的工作原理如图 6－27 所示，工作液体以流量 $Q_1$、扬程 $H_1$ 由喷嘴 1 高速射出时，由于射流和空气之间的粘滞作用，把喷嘴附近空气带走，使喷嘴附近形成真空，在外界大气压力作用下，被抽送液体以流量 $Q_2$ 从吸入管路 5 进入吸入室 2，并随同高速工作液体一同进入混合管 3 内，这两股液体($Q_1+Q_2$)在混合管中进一步进行能量的传递和交换，使流速、压力逐渐趋于一致，然后进入扩散管 4，在扩散管内流速逐渐降低，压力上升，最后从排出管排出，此时，液体的流量为 $Q_1+Q$，扬程为 $H_2$，$H_2$ 即为射流泵的扬程。如果对断面Ⅰ－Ⅰ、Ⅱ－Ⅱ相对混合管 3 的轴线平面列写伯努利方程，并经简化后得到在混合管入口前形成的真空度：

$$\frac{p_1}{\rho g}+\frac{v_1^2}{2g}=\frac{p_c}{\rho g}+\frac{v_c^2}{2g}+\xi\frac{v_c^2}{2g}$$

因

$$H_v=\frac{p_a-p_c}{\rho g}$$

所以

$$H_v=\frac{gQ_1^2}{\pi^2 g}\left(\frac{1+\xi}{d_c^4}-\frac{1}{D^4}\right)-\frac{p_1-p_a}{\rho g} \tag{6-18}$$

式中：$Q_1$ 为动力源提供给喷嘴的流量($m^3/s$)；$D$ 为进液管直径(m)；$d_c$ 为喷嘴直径(m)；$p_2$、$p_c$ 和 $p_a$ 分别为断面Ⅰ－Ⅰ、Ⅱ－Ⅱ的绝对压力和大气压力(Pa)；$\xi$ 为Ⅰ－Ⅰ和Ⅱ－Ⅱ断面之间的局部阻力系数。

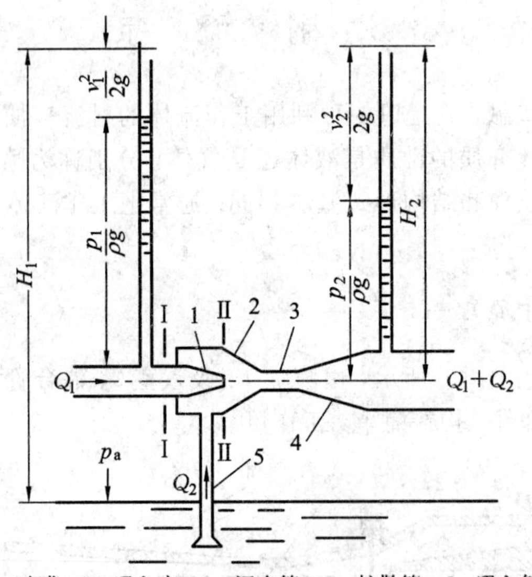


1—喷嘴；2—吸入室；3—混合管；4—扩散管；5—吸入管路

图 6－27 射流泵的工作原理

式(6－10)表明，流量 $Q_1$ 越大，Ⅰ－Ⅰ和Ⅱ－Ⅱ断面之间的局部阻力系数 $\xi$ 越大，喷嘴直径 $d_c$ 越小，所产生的真空度 $H_v$ 就越大。

## 6.3.2　射流泵的主要参数及性能曲线

要想正确设计使用射流泵，必须了解压力、流量与几何尺寸之间的关系，它反映了泵内能量的转换过程和主要工作构件(喷嘴、混合管)对性能的影响。其主要参数如下：

$$\text{流量比}\ q=\frac{\text{被抽液体流量}}{\text{工作液体流量}}=\frac{Q_2}{Q_1}$$

$$\text{压头比}\ \varepsilon=\frac{\text{射流泵扬程}}{\text{工作压力}}=\frac{H_2}{H_1-H_2}$$

$$\text{断面比}\ m=\frac{\text{喷嘴断面}}{\text{混合管断面}}=\frac{A_1}{A_2}$$

式中，$Q_1$ 为工作液体的流量($m^3/s$)；$Q_2$ 为被抽液体的流量($m^3/s$)；$H_1$ 为喷嘴前工作液体具有的能量(m)；$H_2$ 为射流泵的扬程(m)；$A_1$ 为喷嘴的断面积($m^2$)，图6-27中喷管1处的出口断面；$A_2$ 为混合管的断面积($m^2$)，图6-27中混合管3处的断面。

因此，射流泵效率：

$$\eta=\frac{Q_2H_2}{Q_1(H_1-H_2)}=q\varepsilon \tag{6-19}$$

图6-28所示是射流泵的性能曲线图，它是由给出的 $m$ 值，以流量比 $q$ 为横坐标，压头比 $\varepsilon$ 为纵坐标而绘出的。由式(6-19)和图6-28可以看出：当被抽液体的流量 $Q_2$ 一定时，若工作液体的流量 $Q_1$ 变小，则流量比 $q$ 值变大，由图6-28知，压头比 $\varepsilon$ 值变小，泵的扬程 $H_2$ 变低。这时，为了使泵能得到较高的效率，必须使断面比 $m$ 值较小，即与喷嘴断面积 $A_1$ 相对应的混合管断面积 $A_2$ 要变大，这就是低扬程射流泵；反之，当 $Q_2$ 一定时，若 $Q_1$ 变大，则 $q$ 变小，$\varepsilon$ 值变大，如泵的扬程 $H_2$ 增高，这时，$m$ 值较大，即与喷嘴断面积 $A_1$ 相对应的混合管断面积 $A_2$ 要变小。这就是高扬程射流泵。

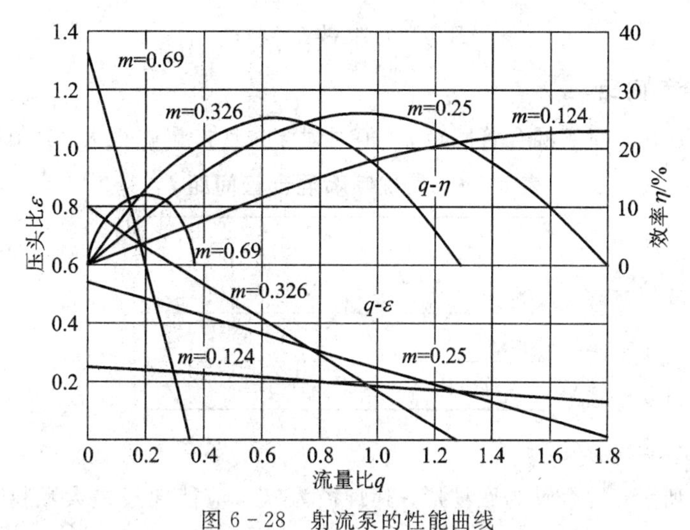


图6-28　射流泵的性能曲线

## 6.3.3　射流泵的主要结构形式

### 1. 喷嘴

喷嘴采用收缩圆锥形、流线形等形式，如图6-29所示。喷嘴出口处有一圆柱段，圆柱段长度与喷嘴出口直径有关，若喷嘴直径为 $d_1$，则圆柱段长度为 $0.25d_1$。

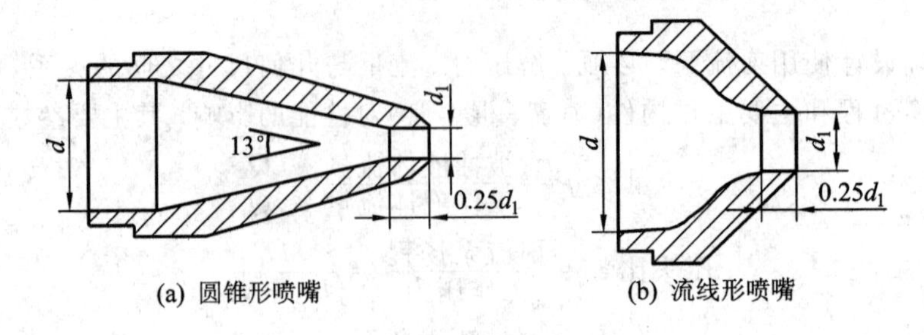


(a) 圆锥形喷嘴 (b) 流线形喷嘴

图 6-29 喷嘴的型式

**2. 混合管入口**

混合管入口采用光滑曲线或收缩圆锥形，如图 6-30 所示，圆锥形的收缩半角 $\beta=8°\sim20°$。抽送固体颗粒的液浆时，喷嘴与混合管入口的环形空间保证能通过最大直径的固体。

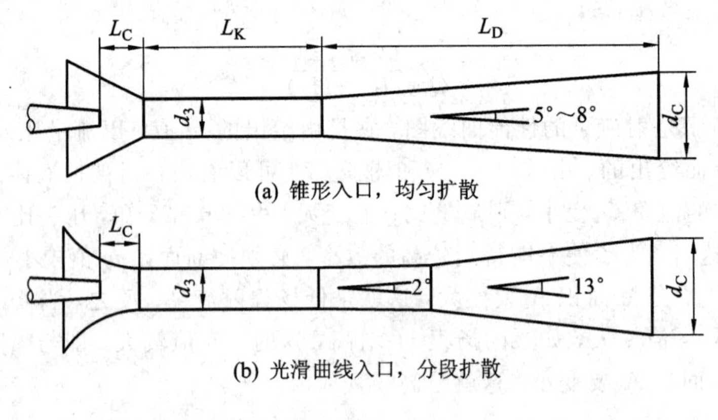


(a) 锥形入口，均匀扩散

(b) 光滑曲线入口，分段扩散

图 6-30 扩散管的型式

**3. 喷嘴混合管间距**

如图 6-30 所示，喷嘴混合管间距 $L_C$ 值对射流泵性能影响很大，其值按表 6-3 选取。

**表 6-3 最优喷嘴混合管间距 $L_C$**

| $m$ | $L_C$ |
|---|---|
| 1.5～3 | $(0.5\sim1.5)d_1$ |
| 4～6 | $(1\sim2.5)d_1$ |
| 7～25 | $(1\sim7)d_1$ |

**4. 混合管**

如图 6-30 所示，混合管为圆柱形，其直径为 $d_3$，应能通过最大颗粒直径的固体。抽送液体时，混合管长度 $L_K=(6\sim7)d_3$，若 $L_K$ 长度太短则液体混合不均匀，增加后面的扩压损失；太长则增加摩擦损失。

**5. 扩散管**

如图 6-30 所示，扩散管的作用是将从混合管出口流体的动能转换为压力能。扩散管采用均匀扩散和分段扩散两种。均匀扩散的扩散角$\theta=5^\circ\sim8^\circ$，$\frac{d_C}{d_3}=2\sim4$。分段扩散的扩散角分别为$\theta=2^\circ$、$4^\circ$、$13^\circ$，每段流速减小$\frac{1}{3}(v_2-v_c)$。

### 6.3.4　射流泵的应用

射流泵内由于没有运动部件，因此，它具有以下优点：

(1) 结构简单，加工容易、操作和维修方便；

(2) 工作可靠，密封性好，有自吸能力，有利于输送污泥、有毒、易燃和放射性介质；

(3) 体积小、重量轻，便于组合。

射流泵的主要缺点是：效率低，一般为25%～35%，并需要有工作介质引导。

射流泵在很多技术领域内都有很好的应用。利用射流泵中两种流体能得到充分混合的特性，在很多场合作为混合器使用。采用射流泵技术可以使整个工艺流程和设备大为简化，并提高其工作可靠性，特别是在高温、高压、真空、强辐射及水下等特殊工作条件下，更显示出其独特的优越性。目前射流泵技术在国内外已被应用于水利、电力、交通、冶金、石油化工、环境保护、海洋开发、地质勘探、核能利用、航空及航天等部门。

例如，把射流泵和离心泵组合在一起作为深井提水装置。在水电站中，射流泵用于水轮机尾水管和蜗壳检修时的排水。在火电站中射流泵用于汽轮发电机组为冷凝器抽真空以及抽送含有固体颗位的液体。在原子能电站中，大型射流泵可用作为水循环泵。在化工设备中，射流泵用于真空干燥、蒸馏、结晶提纯、过滤等工艺过程。由于它有较好的密封性能，因此，它适于输送有毒、易燃、易爆等的介质。在通风、制冷方面，目前广泛应用蒸汽喷射制冷的空气调节装置等。

由于射流泵是依靠液体质点间的相互撞击来传递能量的，因此，在混合过程中产生大量旋涡。在混合管内壁产生摩擦损失以及在扩散管中产生扩散损失都会引起大量的水力损失，因此，射流泵的效率较低，特别是在小型或输送高黏度液体时效率更低。但由于射流泵的使用条件不同，它的效率也不一样。在有些情况下，它的效率不低于其他类型泵，因此，如何合理使用射流泵，以便得到尽可能高的效率是一个很重要的问题。目前国内外采用的多股射流、多级喷射、脉冲射流和旋流喷射等新型结构射流泵，在提高传递能量效率方面取得了一定进展。

在获取高真空度方面，喷射式真空泵与液环式真空泵串联工作，可达到更高的真空度。图6-31是液环真空泵串联气体喷射器工作原理简图。图(a)中，在液环泵入口处接入一个气体喷射器，开始工作时阀门1关闭，阀门3开启，待吸气压力降到一定值(8000～4000 Pa，相当于60～30Torr)时，关闭阀门3，开启阀门1，此时来自大气或气液分离器的气体进入喷射器，在喷嘴2高速喷出，形成低压，并将被抽送气体带入液环泵内，这样，系统中的低压由喷射器形成和维持，而液环真空泵的吸入压力又不致太低而造成工作液体的大量汽化。图(b)中的实线是液环泵单独工作的情况，虚线是与喷射器共同工作的特性。阀门1、3的启闭时机的适当掌握可以决定系统中形成真空的时间的长短，过早投入喷射器工作会延长抽空的时间。

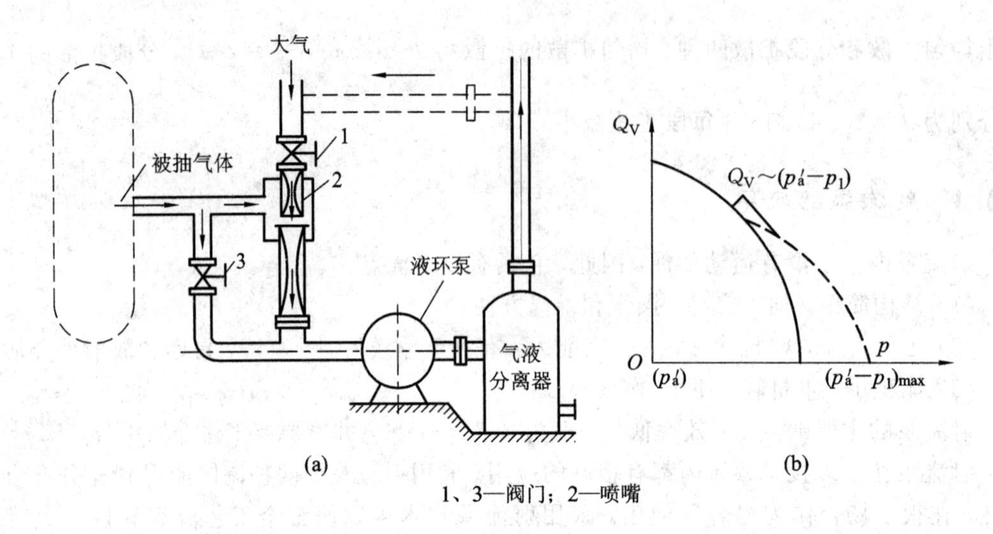


1、3—阀门；2—喷嘴

图 6-31　液环真空泵串联气体喷射器工作原理

(a) 系统简图；(b) 性能曲线

# 6.4 旋 涡 泵

旋涡泵是叶片式泵的一种。在原理和结构方面，它与离心式和轴流式泵不一样，由于它是靠叶轮旋转时使液体产生旋涡运动的作用而吸入和排出液体的，所以称为旋涡泵。

旋涡泵的比转数通常在 6～50 之间。它是一种小流量、高扬程的泵，适宜输送黏度不大于 5°E、无固体颗粒、无杂质的液体或气液混合物。其流量范围在 0.18～45 $m^3/h$，单级扬程可达 250 m 左右。

旋涡泵通常在石油、化工部门，特别是化学纤维、医药、化肥和小型锅炉给水等方面应用较多。

## 6.4.1 旋涡泵的工作原理

下面以闭式叶轮旋涡泵为例介绍其工作原理。

图 6-32 所示为闭式叶轮旋涡泵的工作原理图。在叶轮上铣出许多径向叶片，叶轮在由泵体和泵盖组成的等截面的环形流道内旋转，叶轮端面与泵体端面的轴向间隙为 0.15～0.30 mm。流道用隔舌将吸入和排出口分开，隔舌与叶轮的径向间隙为 0.07～0.20 mm。

当原动机通过轴带动叶轮旋转时，液体自吸入口进入流道后，在叶轮产生的离心力作用下，液体由叶片中被甩向四周环形流道内，使液体在此流道内转动，并且环形流道内液体的运动速度落后于叶片中液体的运动速度，如图 6-32(a)、(b)所示。由于液体在叶轮叶片中所受的离心力大，而环形流道内液体所受的离心力小，这两个大小不同的力就形成了合力的力矩，如图 6-32(c)所示，使液体作旋涡运动。由于其旋转中心线是纵向的，所以称为纵向旋涡。

液体依靠纵向旋涡，使液体从吸入口至排出口的整个过程中可多次进入叶轮和从叶轮中流出，如图 6-32 所示。每进入一次叶轮，液体的能量就增加一次，所以，这种泵可以产

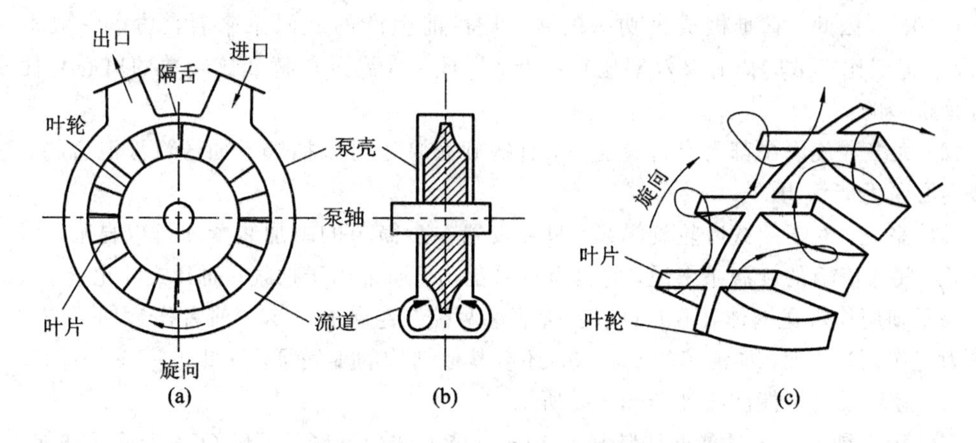


图 6-32　旋涡泵的工作原理图

(a) 平面图；(b) 轴面图；(c) 叶片的空间形状图

生较高的扬程。当液体从排出口排出后，叶片流道内便形成局部真空，液体就不断地从吸入口进入叶轮，并重复上述运动过程。

由于旋涡泵是借助从叶轮中流出的液体和流道内液体进行动量交换(撞击)传递能量，伴有很大的冲击损失，所以旋涡泵的效率较低。

### 6.4.2　旋涡泵的特性曲线

图 6-33 为旋涡泵与离心泵特性曲线，比较两种特性曲线可知，旋涡泵扬程和功率特性曲线是陡降。

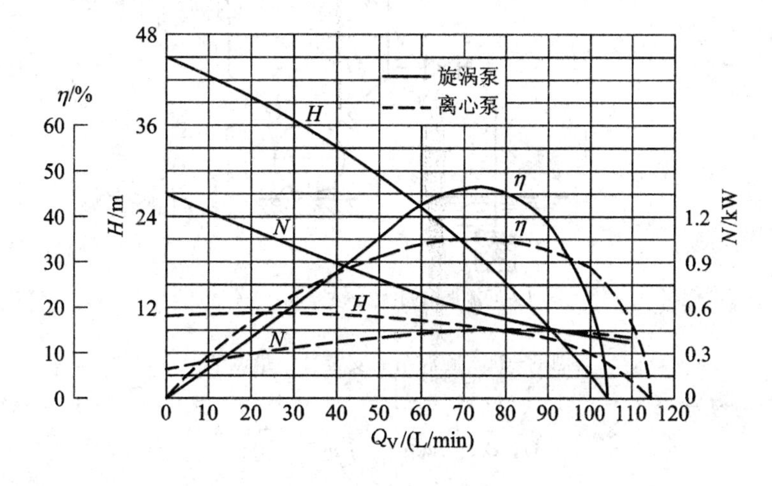


图 6-33　旋涡泵和离心泵特性曲线比较

### 6.4.3　旋涡泵的特点

旋涡泵与其他类型的泵比较具有以下几个特点：

(1) 旋涡泵是结构最简单的高扬程泵。与相同尺寸的离心泵相比，它的扬程比离心泵高 2～4 倍；与相同扬程的容积泵相比，它的尺寸要小得多，结构也简单得多。

(2) 旋涡泵的效率很低(由于液体在流道内撞击损失较大)，最高不超过 45%，通常为

15%～40%。因此，它难做成大功率的泵。从目前生产的旋涡泵来看，功率一般不超过30 kW。但低比转数的离心泵效率比它还低，因此，旋涡泵代替低比转数的离心泵使用的场合是很多的。

(3) 大多数旋涡泵都具有自吸能力，有些旋涡泵还可以抽气或抽送汽液混合物，这是一般离心泵无能为力的。

具体来说，对于闭式叶轮旋涡泵，只要设置一个简单的附加装置即可以自吸。对于开式叶轮、闭式流道的旋涡泵来说，它具有自吸能力，通常用于抽气；而开式叶轮、开式流道的旋涡泵则用作输送液体，不能自吸。通常这两种泵组装在一起，前者作为抽真空泵，后者作为工作泵。例如，加油车的旋涡泵，还有其他结构的旋涡泵，在此不一一举例了。

(4) 旋涡泵的性能曲线如图 6－33 所示。

它的特点是 $Q-H$ 性能曲线陡降，$Q-\eta$ 性能曲线也陡降，$N$ 随 $Q$ 减少反而增加。

### 6.4.4 旋涡泵的操作使用特点

(1) 启动前需灌适量的所抽送液体。

(2) 根据 $Q-N$ 性能曲线的特点，必须打开排出阀启动。

(3) 可采用旁路回流(如图 6－34 所示)或降低转速来调节流量。

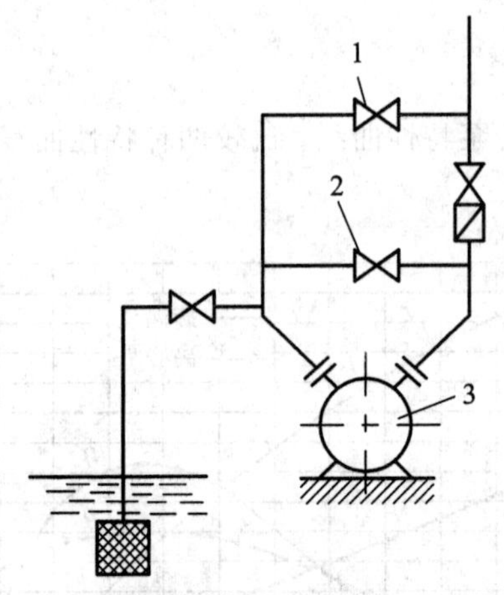


1—回流调节阀；2—安全阀；3—泵

图 6－34 旋涡泵的安装及流量调节

## 6.5 螺 旋 泵

螺旋泵的提水装置与我国的龙骨水车十分相似，近年来多用于灌溉以及污水和污泥等方面的输送。

### 6.5.1 螺旋泵的基本装置和工作原理

螺旋泵的装置包括原动机、变速传动装置和螺旋泵三部分，如图 6－35 所示，具体是由螺旋叶片 1、泵轴 2、轴承座 3 和外壳 4 组成的。螺旋泵倾斜装在上、下水池之间，螺旋泵的下端叶片浸入到水面以下。当泵轴旋转时，螺旋叶片将水池中的水推入叶槽，水在螺旋的旋转叶片作用下，沿螺旋轴一级一级往上提升，直至螺旋泵的出水口。螺旋泵只改变流体的位能，它不同于叶片式水泵将机械能转换为输送液体的位能和动能。

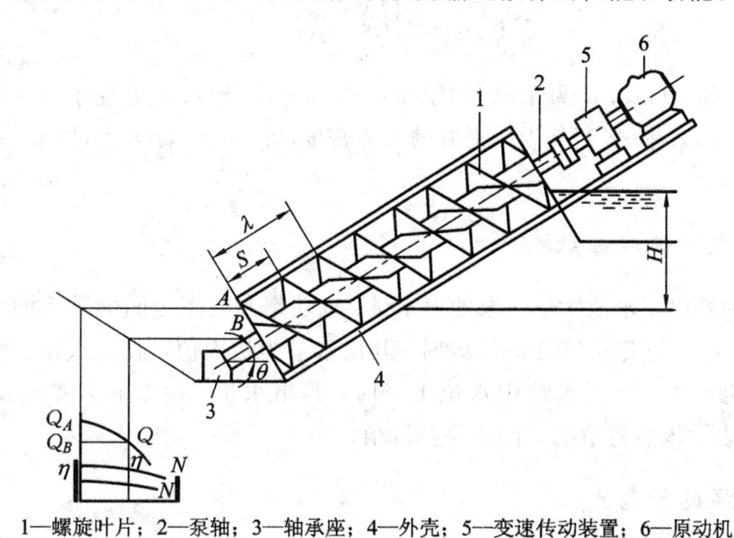


1—螺旋叶片；2—泵轴；3—轴承座；4—外壳；5—变速传动装置；6—原动机

图 6 - 35　螺旋泵的装置

### 6.5.2　螺旋泵的主要设计参数

(1) 安装倾角($\theta$)。安装倾角指螺旋泵轴对水平面的夹角。它直接影响泵的效率和流量。据有关资料介绍，倾角每增加一度，效率大约降低 3%。一般认为倾角在 30°～40°为经济。

(2) 间隙。间隙指螺旋叶片与外壳之间的间隙。间隙越小，水漏损失就越小，泵的效率就越高。

(3) 转速($n$)。螺旋泵的转速较慢，一般为 20～80 r/min。实验资料证明：螺旋泵的外径较大时，转速宜减小。

(4) 提升高度($H$)。螺旋泵只有提升高度，而没有压水高度。它的提升高度一般为 3～8 m。

(5) 螺旋叶片直径($D$)。泵的叶片直径越大，其效率越高，螺旋泵的叶片直径与泵轴直径的最佳比例为 2∶1。

(6) 头数($Z$)。头数指螺旋叶片的片数，一般为 1～4 片。它们相隔一定的间距环绕泵轴螺旋上升。头数越多，泵效率也越高。对于一定直径的螺旋泵，每增加一个叶片头数，提升能力约增加 20%。

(7) 导程和螺距。螺旋叶片环绕泵轴螺旋上升 360°所经轴向距离，即为一个导程 $\lambda$。螺距 $S$ 和导程 $\lambda$ 的关系如下：

$$S = \frac{\lambda}{Z} \tag{6-20}$$

(8) 流量($Q$)和轴功率($N$)。流量可按下式计算：

$$Q = \frac{\pi}{240}(D^2 - d^2)\alpha Sn \ (\mathrm{m^3/s}) \tag{6-21}$$

轴功率为

$$N = \frac{\rho HQ}{102\eta} \ (\mathrm{kW}) \tag{6-22}$$

式中：$D$ 为叶片外径(m)；$d$ 为泵轴直径(m)；$S$ 为螺距(m)；$\alpha$ 为提水断面率；$n$ 为转速(r/min)；$\eta$ 为泵的效率(%)；$\rho$ 为所提升的液体密度($\mathrm{kg/m^3}$)；$Q$ 为流量($\mathrm{m^3/s}$)；$H$ 为提升高度(m)。

### 6.5.3 螺旋泵的性能曲线

图 6-35 中绘出了水池水位与泵的出水量、轴功率和效率之间的关系曲线。性能曲线表明，当下水池中水位升高到泵壳 $A$ 处时，其出水量为最大值，假若水位继续上升，泵的出水量也不会再增大；当下水池中水位下降时，其出水量、功率和效率也随之降低。图 6-35 中的 $H$ 表示该装置情况下的水泵扬程值。

### 6.5.4 螺旋泵站的特点

采用螺旋泵抽水可以减小集水井尺寸，只需满足机组布置上的要求即可，在非寒冷地区可以不设泵房，减少土建投资。

使用螺旋泵可以取消管路和管路上的管件和配件，如进水口、底阀、闸阀等。这样不仅降低造价，而且减少水头损失，降低电耗，提高泵站装置效率。

螺旋泵的构造简单，加工方便，便于维护和检修，运行时不需看管，适用于遥控和无人看管的场合。

螺旋泵还有一些其他水泵所没有的功能，如用在提升活性污泥和含油污水时，因转速较慢，不会打碎污泥颗粒和矾花；还可用于沉淀排泥等。

由于以上特点，近年来在排水泵站中，螺旋泵越来越受到重视。

螺旋泵也有其本身的缺点，受机加工条件的限制，泵轴不能太粗大长，因此，泵的出水量和扬程均较低，不适宜水池水位变化较大的场合；因其泵的出水口处压力为大气压，只适用于重力流排水系统。

## 6.6 气升泵

气升泵也叫空气扬水机。它是以压缩空气为动力来提升液体的。其基本构造包括扬水管 1、输气管 2、喷嘴 3 和气水分离箱 4 等部件，如图 6-36 所示。气升泵的结构简单，在现场可以利用管材就地装配。

### 6.6.1 气升泵的工作原理

气升泵利用连通器原理抽水，如图 6-37 所示。U 形连通管中装上水，在它的一端插入一细管，将空气送入，水中即出现气泡，水面即上升一段高度 $h$。这是因为水中混入空气后，与未混入空气前相比比重变小，并且加上气泡上升运动的缘故。

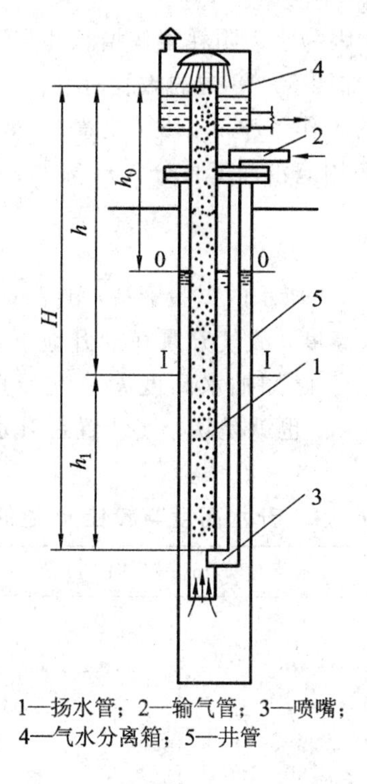


图 6－36　气升泵扬水装置结构

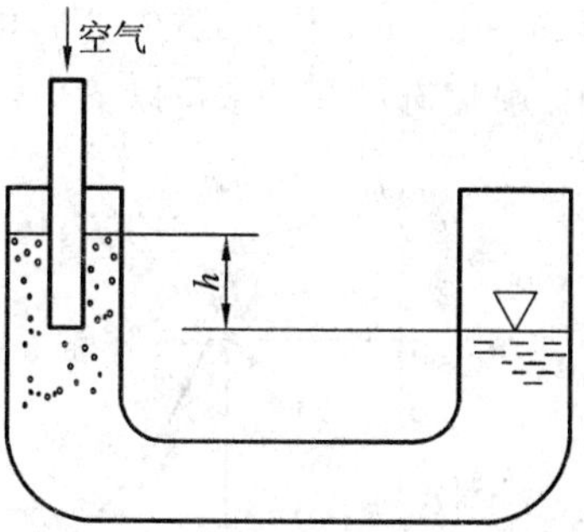

空气

$h$

图 6－37　气升泵原理图

图 6－36 所示为一深井的气升泵扬水装置结构示意图。地下水的静水位为 0－0，动水位（气升泵工作时的水位）为 Ⅰ－Ⅰ，来自空气压缩机的压缩空气由输气管 2 经喷嘴 3 输入扬水管 1，于是，在扬水管中形成了空气和水的水气乳状液，沿扬水管而上涌，流入气水分离箱 4，分离出来的水经管道引入清水池中。

在图 6－36 所示的气升泵装置中，因为水气乳液的比重小于水，在高度为 $h_1$ 水柱的压力作用下，根据连通液体平衡的条件，水气乳液便上升至 $h$ 的高度，其等式如下：

$$\rho_w h_1 = \rho_m H = \rho_m (h_1 + h) \tag{6-23}$$

式中：$\rho_w$ 为水的密度（$kg/m^3$）；$\rho_m$ 为扬水管内水气乳液的密度（$kg/m^3$）；$h_1$ 为井内动水位至喷嘴的距离（m）；$h$ 为提升高度（m）。

只要 $\rho_w h_1 > \rho_m H$，水气乳液就能沿扬水管上升至管口而溢出，气升泵就能正常工作。将式（6－23）移项可得

$$h = \left(\frac{\rho_w}{\rho_m} - 1\right) h_1 \tag{6-24}$$

由式（6－24）可知，要使水气乳液上升至某一高度 $h$ 时，必须使喷嘴下降至动水位以下某一深度 $h_1$，并需供应一定量的压缩空气，以形成一定的 $\rho_m$ 值。水气乳液的上升高度 $h$ 越大，其密度 $\rho_m$ 值就越小，需要消耗的气量也越大，而喷嘴下降至动力水位以下的深度也就越大。因此，压缩空气量和喷嘴淹没深度是与水气乳液上升高度 $h$ 值直接有关的两个因素。

式（6－24）中，当 $h_1$ 为常数时，可以作出如图 6－38 所示的升水高度 $h$ 和水气乳液密度 $\rho_m$ 之间的理论关系曲线。如图中实线所示，在 $\rho_m$ 接近于零时，升水高度将趋向于无穷大，当 $\rho_w = \rho_m$ 时，即没有通入空气时，升水高度 $h$ 为零。从实验可知，如果 $\rho_m$ 小到某一个临界

值 $\rho_{m.cr}$时，若再减小 $\rho_m$ 就会引起升水高度 $h$ 的减小，因为水力阻耗很快增长和空气泡过大使水流发生断裂的缘故。因此，实际的 $h-\rho_m$ 曲线将如图 6-38 中的虚线所示。

根据大量试验结果得出，要使气升泵具有较佳的工作效率 $\eta$，必须注意 $h$、$h_1$ 和 $H$ 三者之间应有一个合理的配合关系。$h_1$ 与 $H$ 的关系一般用淹没深度百分数 $m$ 表示：

$$m=\frac{h_1}{H}\times 100\% \tag{6-25}$$

根据升水高度 $h$ 选择较佳的 $m$ 值时，可参照表 6-4 所示的试验资料，由表 6-4 可看出：在升水高度很小时，淹没深度大大地超过了升水高度，故气升泵在抽升地下水时，要求井打得比较深，以满足喷嘴淹没深度的要求。例如：已知抽水高度 $h$=30 m 时，查表 6-4 得 $m$=0.7 m，代入式(6-25)中可求出 $h_1$=70 m，也就是说，该装置在升水高度为 30 m 时，喷嘴淹没在动水位以下 70 m。

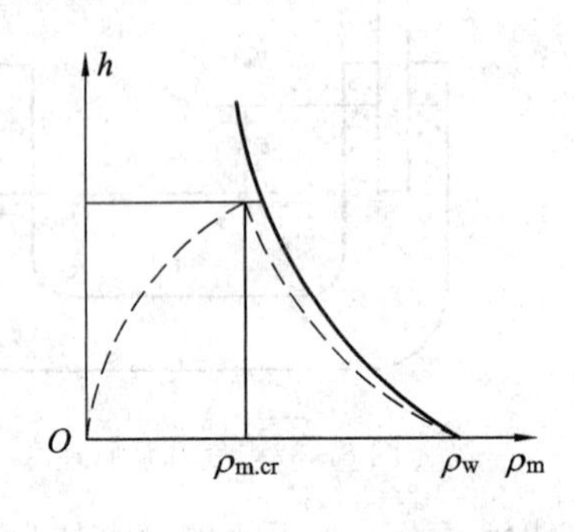


图 6-38 $h-\rho_m$ 曲线

**表 6-4 升水高度与较佳 $m$ 值的关系**

| 升水高度 $h$/m | 较佳的 $m$ 值/% |
|---|---|
| <40 | 70～65 |
| 40～45 | 65～60 |
| 45～75 | 60～55 |
| 90～120 | 55～50 |
| 120～180 | 45～40 |

另外，$h$ 与 $H$ 的关系一般采用淹没系数 $K$ 来表示，也即 $K=\frac{H}{h}$。根据升水高度 $h$ 选择较佳的值，如表 6-5 所示。

**表 6-5 升水高度 $h$ 与 $K$ 值关系**

| $h$/m | <15 | 15～30 | 30～60 | 60～90 | 90～120 |
|---|---|---|---|---|---|
| $K=\frac{H}{h}$ | 3.0～2.5 | 2.5～2.2 | 2.2～2.0 | 2.0～1.75 | 1.75～1.65 |
| $\eta$ | 0.59～0.57 | 0.57～0.54 | 0.54～0.50 | 0.50～0.41 | 0.41～0.4 |

### 6.6.2 气升泵的特点及应用

气升泵的优点是井孔中无运动部件，构造简单，安装维修方便，工作可靠。它不但可用于井孔抽水，而且还可用于抽升泥浆、矿浆、卤液等。对于水文地质勘探中的抽水实验，石油部门的“气举采油”、矿山中的井巷排水、中小型污水处理厂的污泥回流等场合，常采用气升泵来工作。

气升泵的缺点是工作效率低，动力费用大，为保证淹没深度，需要比普通井凿得深。

## 6.7 螺 杆 泵

螺杆泵是一种容积泵，它是由几个相互啮合的螺杆间容积变化来输送液体的容积转子泵。根据互相啮合同时工作的螺杆数目的不同，通常可分为单螺杆、双螺杆、三螺杆、五螺杆泵等。按螺杆轴向安装位置还可分为卧式和立式两种。螺杆泵的主要特点是流量连续均匀、工作平稳、脉动小、流量随压力变化很小、无振动和噪声。泵的转速较高，吸入性能较好，允许输送黏度变化范围较大的介质。螺杆泵流量大、排出压力高、效率高。螺杆泵与往复泵相比，具有结构紧凑、体积小、流量压力无脉动、噪声低、允许较高的转速、自吸能力强及使用寿命长等优点，因此它在工业和国防等许多部门均得到广泛的应用。

### 6.7.1　单螺杆泵

#### 1. 单螺杆泵的结构

单螺杆泵是一种按回转内啮合容积式原理工作的泵，主要由偏心转子的螺杆和定子的衬套构成，如图 6 - 39 所示。图 1 - 34 为单螺杆泵的实物图。单螺杆如同 6.5 节所述的螺旋泵的螺旋叶片，随着螺杆的旋转，螺杆推动液体前移。为了使单螺杆能有效地推挤液体，给出一定的流量和压力，必须设计有内螺旋面的专门衬套。它和单螺杆配合，在泵的内部形成多个密封的工作腔，既在轴向把液流分割开来，又在径向把液流一分为二。在每个螺杆-衬套副中，螺杆是单线螺旋面，衬套内表面是双线螺旋面，两者的旋向相同，即同时为右旋或同时为左旋。

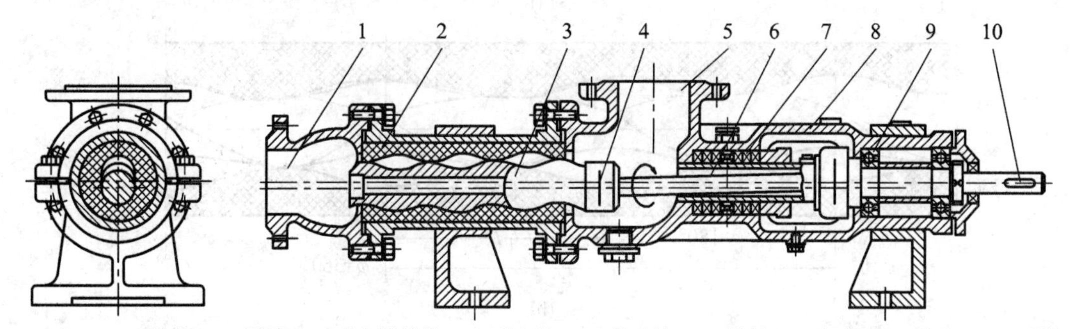


1—出口；2—衬套；3—螺杆；4—万向联轴器；5—吸入管；6—传动轴；7—轴封；8—机体；9—轴承；10—泵轴

图 6 - 39　单螺杆泵结构图

螺杆的任一断面都是半径为 $R$ 的圆，如图 6 - 40 所示，整个螺杆的形状可以看成由很多半径为 $R$ 的极薄圆盘组成，不过这些圆盘的中心 $O_1$ 以偏心距 $e$ 绕着螺杆本身的轴线 $O_2Z$，一边旋转，一边按一定的螺距 $t$ 向前移动。衬套的断面是由两个半径为 $R$(等于螺杆断面的半径)的半圆和两个长为 $4e$ 的直线段组成的长圆形，如图 6 - 41 所示。衬套的双线内螺旋面就是由上述断面绕衬套的轴线 $OZ$ 旋转的同时，按一定的导程 $T=2t$ 向前移动所形成的。

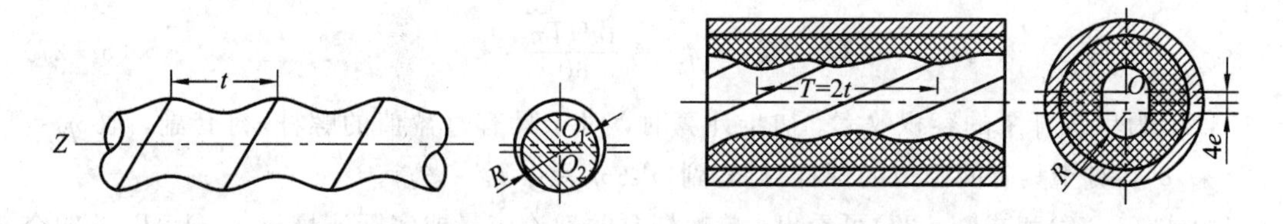


图 6 - 40　螺杆　　　　图 6 - 41　衬套

**2. 单螺杆泵的工作原理**

单螺杆泵的工作原理如图 6－42 所示，当螺杆在衬套中的位置不同时，它们的接触点是不同的。螺杆断面位在衬套长圆形断面的两端时，螺杆和衬套的接触为半圆弧线；而在其他位置时，螺杆和衬套仅有 $a$、$b$ 两点接触。由于螺杆和衬套是连续啮合的，这些接触点就构成了空间密封线，在衬套的一个导程 $T$ 内形成一个密封腔室。这样一来，沿着单螺杆泵的全长，在衬套内螺旋面和单螺杆表面间形成一个一个的密封腔室。当单螺杆转动时，螺杆-衬套副中靠近吸入端的第一个腔室的容积增加，在它和吸入端的压力差作用下，液体便进入第一个腔室。随着单螺杆的转动，这个腔室开始封闭，并沿轴向向排出端移动。密封腔室在排出端消失，同时在吸入端形成新的密封腔室。由于密封腔室的不断形成、推移和消失，使液体通过一个一个密封腔室，从吸入端挤到排出端，压力不断升高，流量非常均匀。

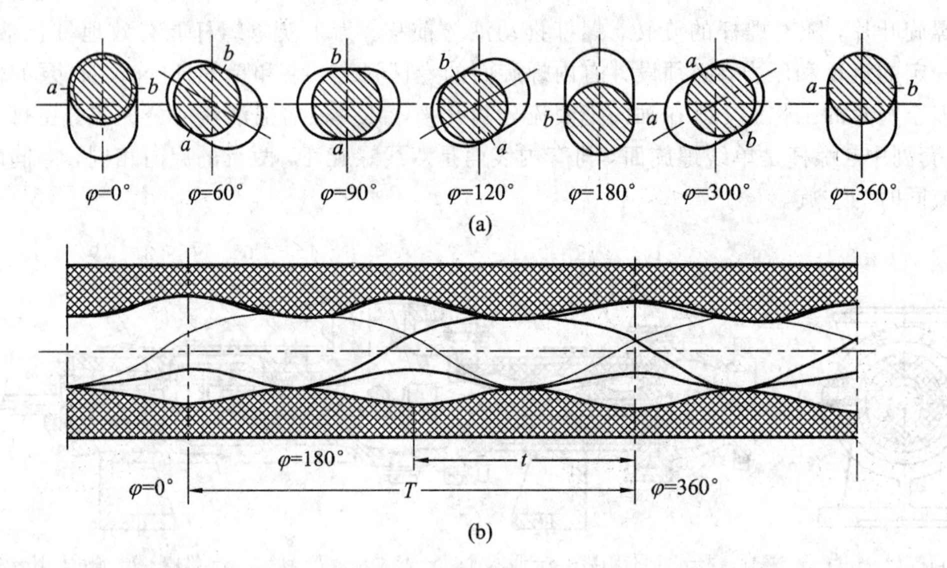


图 6－42　螺杆-衬套副的密封线和密封腔室

**3. 单螺杆泵的流量**

单螺杆泵的理论流量由下式确定：

$$Q_{\mathrm{th}}=\frac{4eDTn}{60} \tag{6-26}$$

式中：$e$ 为螺杆的偏心距；$D$ 为螺杆断面的直径($D=2R$)；$T$ 为衬套的导程($T=2t$)；$n$ 为螺杆的转速(r/min)。

单螺杆泵的实际流量为

$$Q=Q_{\mathrm{th}}\cdot\eta_{\mathrm{V}}=\frac{4eDTn}{60}\cdot\eta_{\mathrm{V}} \tag{6-27}$$

式中，$\eta_{\mathrm{V}}$ 为单螺杆泵的容积效率。初步计算时，对于具有过盈值的螺杆-衬套副，取 $\eta_{\mathrm{V}}=0.8\sim0.85$，对于具有间隙值的螺杆-衬套副，取 $\eta_{\mathrm{V}}=0.7$。

由式(6－26)和式(6－27)可看出，单螺杆泵的理论流量或实际流量与 $e$、$D$、$T$、$n$ 四个参数值有关。对现有螺杆泵的结构和使用情况进行分析表明，在 $e$、$D$ 和 $T$ 三者间存在一定的联系，就是在这三个参数维持一定比值的条件下，单螺杆泵才能保证高效率和长期的工作。对于采油用的小流量、高压力的单螺杆泵，可取下列比值：

$$2 \leqslant \frac{T}{D} \leqslant 2.5;\quad 28 \leqslant \frac{T}{e} \leqslant 32$$

**4. 单螺杆泵的特性**

1) 单螺杆泵的特点

单螺杆泵综合了离心泵和往复泵的优点，在不同的压头条件下，流量改变很小，而且流量非常均匀，加上在工作原理方面的一些特点，给砂、蜡、气的携带造成了有利的条件。和其他类型的泵相比，单螺杆泵的运动件很少(只有一个螺杆)，流道简而短，过流面积大，液流扰动小，使它能在高黏度原油中以较高的效率工作。

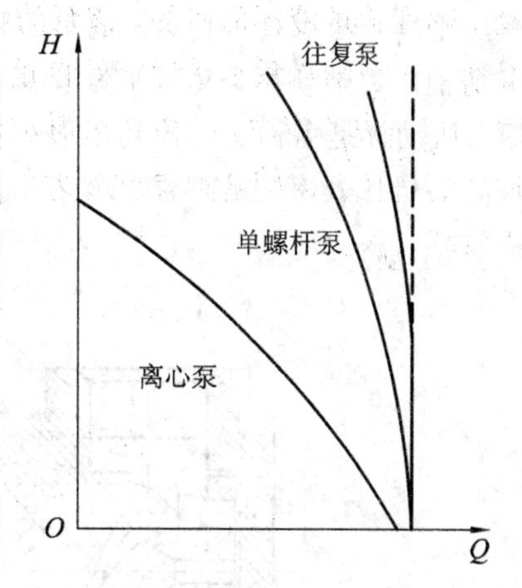


图 6－43　单螺杆泵与往复泵、离心泵压头-流量特性曲线的比较

2) 单螺杆泵的特性曲线

单螺杆泵的压头(或压力)-流量特性曲线介于往复泵和离心泵之间，如图 6－43 所示，实际上单螺杆泵综合了往复泵和离心泵的优点。

在图 6－43 中，单螺杆泵压头-流量的理论特性曲线 $Q_{th}$- $H$ 为一条平行于纵坐标 $H$ 的垂直线，$Q_{th}$ 为常数，不随压头 $H$ 变化而改变(如图 6－43 中虚线所示)。但实际上，随着压头 $H$ 的增加，通过螺杆-衬套副密封线从泵排出端到吸入端的液体漏失量 $\Delta Q$ 也增加，实际流量 $Q$ 是逐渐下降的。

## 6.7.2　多螺杆泵

**1. 多螺杆泵的结构原理**

多螺杆泵有双螺杆、三螺杆和五螺杆等。这种泵其中一根是主动螺杆，呈右旋凸齿的阳螺杆，其余为从动螺杆，呈左旋凹齿的阴螺杆。其工作原理与普通的丝杠螺母的工作原理相同。当丝杠转动时，如果螺母用键固定不转，则螺母就要产生轴向移动。包围在螺杆凹槽中的液体相当于一个液体螺母，由于液体有流动性，所以不能用一个普通的键将其固定，而是要用图 6－44 中的一个齿条 2 将螺杆凹槽截断才行。当螺杆 1 转动时，被切断在凹槽中的液体就如螺母一样被提升上来。由于起键作用的齿条在运动中要产生轴向移动，故其必须有无穷长才行，而这是不可能实现的。但在螺杆泵中的一个或几个共轭从动螺杆就具有图 6－44 中所示的无穷长齿条的作用。这些从动螺杆在工作过程中，只要能保证主动螺杆的螺旋槽被切断(实际上螺旋槽的切断是相互的)，就能把液体螺母提升上去。

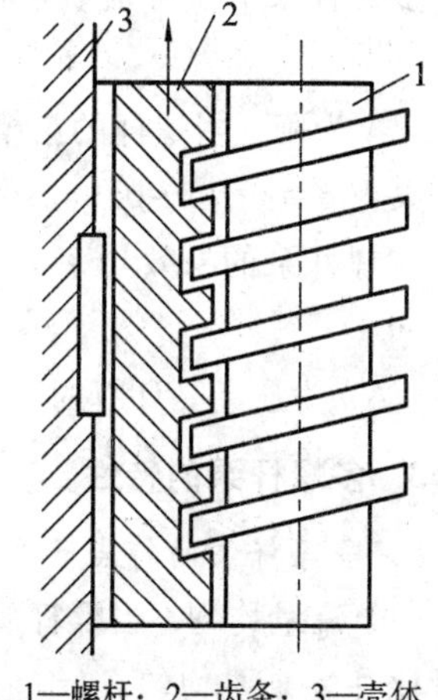


1—螺杆；2—齿条；3—壳体

图 6－44　液体螺母示意图

图 6-45 所示为闭式三螺杆泵。在壳体中放置三根平行的双头螺杆，中间为具有凸齿的阳螺杆，两边为两根具有凹齿槽的阴螺杆；阳螺杆为主动螺杆，驱动两根阴螺杆运动。互相啮合的三根螺杆与壳体之间形成封闭的密封腔，每个密封腔的长度约等于螺杆的螺距。壳体左端口为吸油口，右端油口为排油口。密封腔内的液体随着螺杆的旋转作轴向移动，达到输送液体的目的。该泵的特殊结构保证了主从杆不受径向力的作用，轴向力采用液压平衡，轴承只承受螺杆的自重及很小的剩余轴向力，从动螺杆插入平衡套(平衡套起平衡轴向力的作用，又可作为滑动轴承使用)。螺杆的几何尺寸保证主杆到从杆不传递扭矩，从动杆是由输送液体的压力作用而旋转的，从而保证了三螺杆具有很长的使用寿命和较高的机械效率，完美的线形设计及加工工艺，使各密封腔完全隔开，从而具有较高的容积效率。

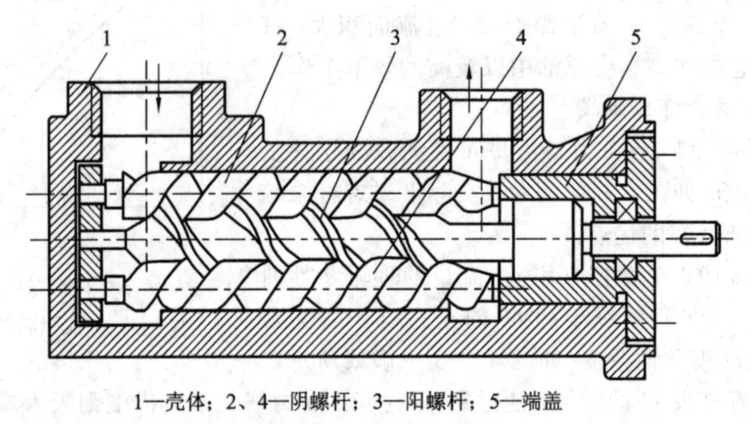


1—壳体；2、4—阴螺杆；3—阳螺杆；5—端盖

图 6-45　闭式三螺杆泵

三螺杆泵在油库和泵站中常作为辅助用泵来输送润滑油及中等黏度的原油，油气混输用的双吸卧式三螺杆泵，广泛用于各油田的油气集输。

**2. 多螺杆泵的流量与功率**

多螺杆泵的实际流量可按下式计算：

$$Q = ATn\eta_V$$

式中：$A$ 为阳、阴螺杆的齿槽面积；$T$ 为阳螺杆导程；$n$ 为转速；$\eta_V$ 为容积效率，对于闭式螺杆泵，$\eta_V=0.75\sim0.95$。

多螺杆泵的有效功率为

$$N = \Delta p Q \times 10^{-3} \tag{6-28}$$

式中，$\Delta p$ 为压差。计算时，$\Delta p$ 的单位为 Pa，$Q$ 的单位为 $m^3/s$，$N$ 的单位为 kW。

**3. 多螺杆泵的特性**

1) 多螺杆泵的特点

(1) 流量均匀。当螺杆旋转时，密封腔连续向前推进，各瞬时排出量相同。因此，它的流量比往复泵要均匀。

(2) 受力情况良好。多螺杆泵的主动螺杆不受径向力，所有从动螺杆不受扭转力矩的作用。因此，泵的使用寿命较长。有些泵做成双吸结构，还可以平衡轴向力。

(3) 除单螺杆泵外，其他螺杆泵无往复运动，不受惯性力影响，故转速可以较高，一般转速为 1500～3000 r/min。

(4) 运转平稳、噪声小。被输送液体不受搅拌作用，多螺杆泵密封腔空间较大，有少量杂质颗粒也不妨碍工作。

(5) 具有良好的自吸能力。因螺杆密封性好，可以排送出气体，启动时可不用灌泵，可进行气液混相输送。由于密封性好，可以在较高压力下工作。

2) 多螺杆泵的特性曲线

图 6-46 为三螺杆泵的特性曲线。随着泵压力的增大，泵的理论流量不变，泵的实际流量和容积效率较为平缓地减小，效率和功率升高。

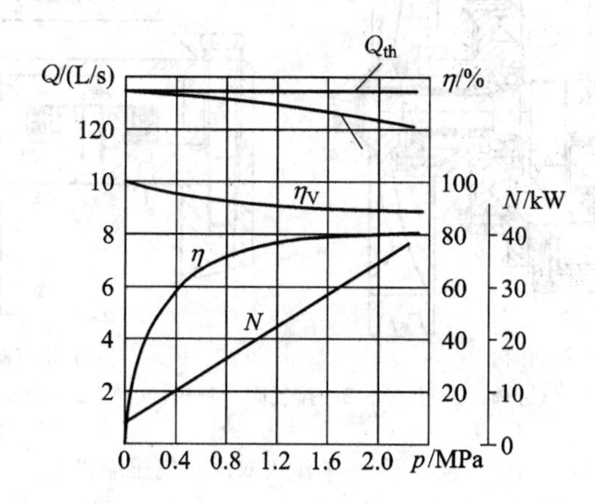


图 6-46　三螺杆泵的特性曲线

# 6.8　往复式压缩机

## 6.8.1　概述

往复式压缩机是以气体为介质的容积式泵，也可称“气泵”。最常见的介质是空气，所以往复式压缩机也称为空压机。气体介质 $\rho$ 不为常数，必须考虑气体的热力过程。

图 1-35 为立式单作用双缸空气压缩机的结构图，图 6-47(a)为其结构剖面图。曲轴由皮带轮带动旋转，输入机械动力。曲轴连杆机构推动活塞上、下运动，使气体分别通过吸、排气阀(见图 6-47(b)、(c))并在两个汽缸中分别进行吸气—压缩—排气—余隙残留气体膨胀和吸气这样的连续循环过程，完成输出高压气体的工作任务。汽缸外壁上的散热翅片用于帮助缸体的冷却。

往复式压缩机的压力较高、流量较小、功率等级很宽，较大功率的此类压缩机一般使用于固定的压气机站，以提供集中的高压气源，较小功率的装置则可以移动式作业，以满足机械加工、市政基础工程、生产维修和现场工程的压缩空气需要。往复式压缩机多级串联工作可以获得更高的输出压力，以便在化工、石油等工业流程中使用。

往复式的气体介质泵也可作真空泵工作，可以获得比较高的技术真空度。

往复式压缩机出口都应装有气体稳压罐，以提供稳定的气源，同时应配有安全阀。压

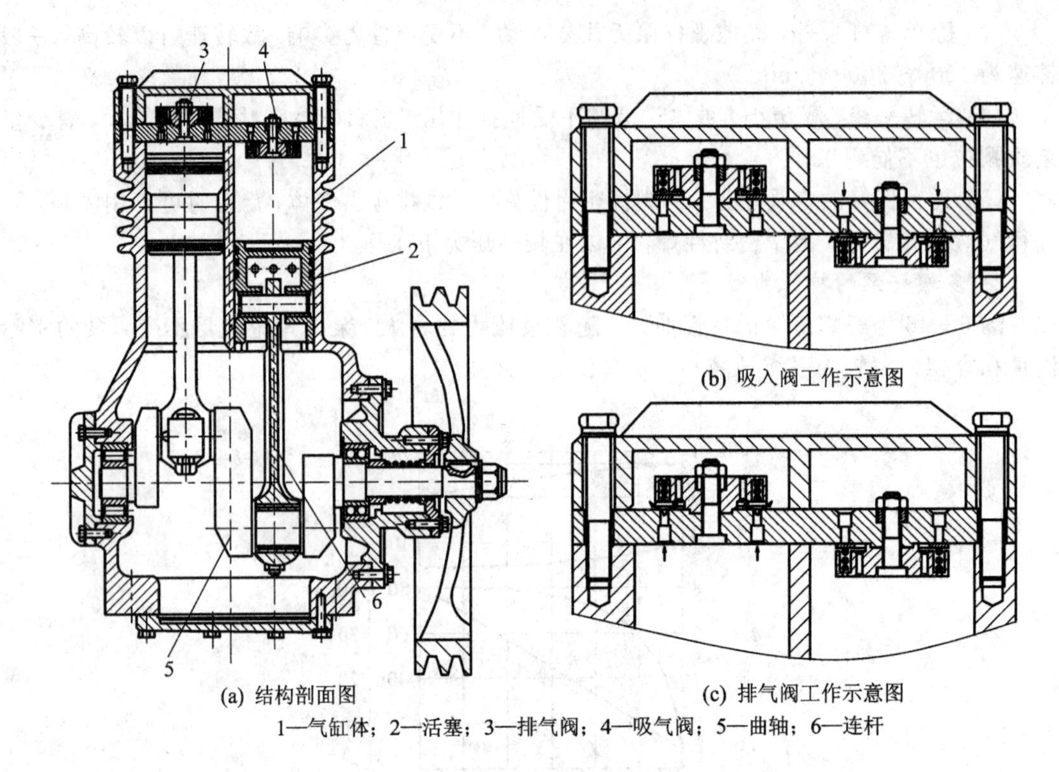


(a) 结构剖面图　　(b) 吸入阀工作示意图　　(c) 排气阀工作示意图

1—气缸体；2—活塞；3—排气阀；4—吸气阀；5—曲轴；6—连杆

图 6-47　立式单作用双缸空气压缩机

缩机的出口阀也不能完全关闭，以防安全事故。

除了作为提供高压气源的一般应用外，往复式压缩机的另一个重要使用领域是制冷系统，这也是一类气体介质的功能性流体动力系统(如图 5-43 所示)。图 6-48 是制冷压缩机的结构示意，它是在一个制冷工质的封闭循环系统中工作的。

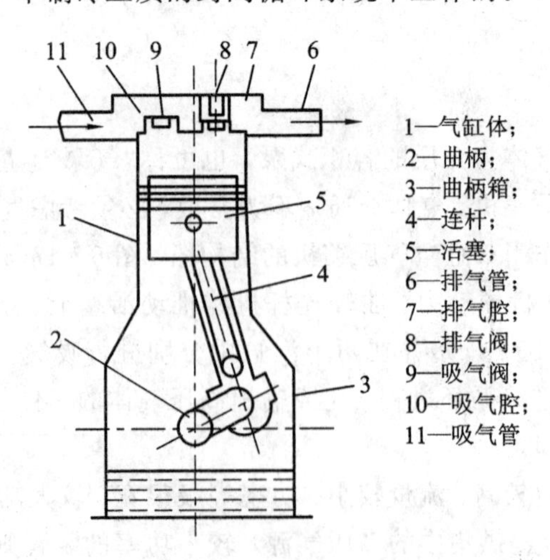


1—气缸体；
2—曲柄；
3—曲柄箱；
4—连杆；
5—活塞；
6—排气管；
7—排气腔；
8—排气阀；
9—吸气阀；
10—吸气腔；
11—吸气管

图 6-48　制冷用往复式压缩机的结构示意图

### 6.8.2　往复式压缩机级的工作过程

被压缩气体进入工作腔内完成一次气体压缩称为一级。每个级由进气、压缩、排气等过程组成。完成一次该过程称为一个循环。压缩机各级的工作过程是相同的，所以研究压缩机的工作过程，可首先研究一个级内的工作过程。

**1. 级的理论循环**

假设：

(1) 气体为理想气体；

(2) 忽略吸、排气阀上的流动阻力，这样，吸、排气时缸中的压力即分别为压缩机入口及出口处的压力 $p_1$ 和 $p_2$；

(3) 压缩机无泄漏；

(4) 压缩终了时缸内气体全部排出，活塞与汽缸端盖间没有“余隙”；

(5) 阀门没有质量。

在图 6-49 中，活塞的右止点为 1，此时缸内压力为 $p_1$，体积为 $V_1$，对应 $p$-$V$ 图上的状态点 1。活塞向左运动时，缸内气体受到压缩，吸气阀关阀，压力升高，由于排气阀外面是较高的压力 $p_2$，所以在活塞到达位置 2 后，阀门才能打开。可见 1—2 行程阶段是压缩过程。在状态图上是曲线“1—2”。

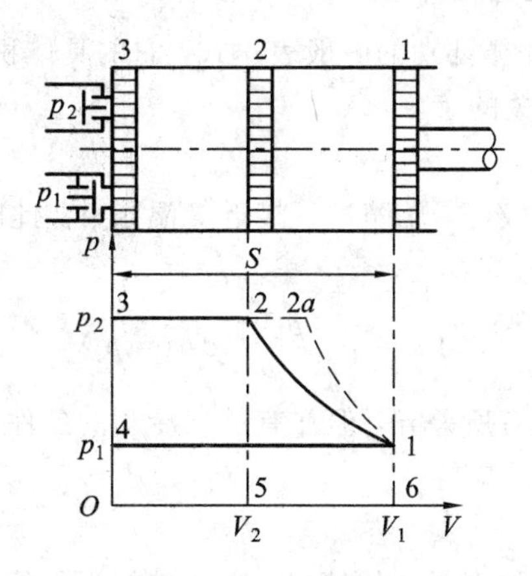


图 6-49　往复式压缩机的理想压缩循环

从位置 2 以后，汽缸进入恒压下的排气阶段，直至活塞到达左止点位置 3，气体状态由 2 沿水平线变化至 3，缸内气体全部排出。

活塞从位置 3 开始右移时，缸内压力立刻下降到 $p_1$，状态点由 3 到达 4，在这一瞬间排气阀关闭、吸气阀打开，进入吸气阶段。吸气过程中活塞自位置 4 到位置 1，缸内压力均为 $p_1$，状态点由 4 移动到 1。活塞往复一次，压缩机完成一个工作循环。

对于以上的理想工作循环，机器的轴耗压缩功应是在吸气、压缩、排气三个阶段的活塞对气体所作功的代数和，这里取活塞对气体作功为正，则它们分别为：

(1) 吸气过程。活塞对压力为 $p_1$ 的气体所作功 $W_1 = p_1 \cdot A \cdot S = p_1 \cdot V_1$。式中，$A$ 为活塞面积，$S$ 为行程，$V_1$ 是汽缸的容积。$W_1$ 等于状态图上矩形“4O614”的面积。

(2) 压缩过程。活塞对气体作功 $W_2$，应是容积功，即

$$W_2 = -\int_{V_1}^{V_2} p \, \mathrm{d}V$$

式中，加负号是因为 $\mathrm{d}V<0$，$|W_2|$ 等于曲线 12 下的面积“12561”。

(3) 排气过程。活塞对压力为 $p_2$ 的气体作功 $W_3$，且 $W_3 = p_2 \cdot V_2$，其中 $V_2$ 为活塞在位置 2 时的缸内气体容积。$W_3$ 等于矩形“23O52”的面积。

总的轴耗压缩功 $W$ 应是压缩阶段的容积功及吸、排气阶段的流动功之和：

$$W = W_1 + W_2 + W_3 = -p_1V_1 - \int_{V_1}^{V_2} p\,\mathrm{d}V + p_2V_2 \tag{6-29}$$

由几何关系可知：

$$W = \text{“12561”} + \text{“23O52”} - \text{“4O614”} = \text{面积“12341”}$$

所以

$$W = \int_{p_1}^{p_2} V\,\mathrm{d}p \tag{6-30}$$

这是理想压缩循环时压缩机消耗的理论功，单位为 J，$p$ 和 $V$ 的单位分别为 Pa 和 $m^3$。

与往复泵比较，可知泵的液体密度为常数，没有容积功，只有流动功，即泵的作功仅在于推动液体在高压状态下向泵外排出，所以一个工作循环所作的功应是 $W = \Delta p \cdot V$，其中 $V$ 是泵的每转排量。

**2. 不同过程下的理想压缩循环功**

式(6-30)只是理想压缩循环功的一般表达式，它的具体积分结果是与曲线 12 的形状有关，也就是与过程性质有关的。

1) 等温压缩循环

如果缸壁导热冷却条件极好，压缩过程接近等温条件，此时轴耗压缩功的计算可按等温压缩考虑。

$$W = \int_{p_1}^{p_2} V\,\mathrm{d}p = \int_{p_1}^{p_2} \frac{p_1V_1}{p}\,\mathrm{d}p = p_1V_1 \ln\frac{p_2}{p_1}\ (\mathrm{J}) \tag{6-31}$$

等温压缩与实际情况虽有所差异，但在有适当冷却的条件下可以用来衡量压缩机实际工作过程的经济性。

2) 绝热压缩循环

按绝热压缩考虑也是一种理想化的情况，它比较接近压缩机的实际情况，此时过程曲线将如图 6-49 中 1—2$a$ 虚线所示。对绝热过程，可有 $pV^k$＝常数，$k$ 是绝热指数，按此条件代入式(6-30)，即可得

$$W = \int_{p_1}^{p_2} V\,\mathrm{d}p = p_1V_1\frac{k}{k-1}\left[\left(\frac{p_2}{p_1}\right)^{\frac{k-1}{k}} - 1\right]\ (\mathrm{J}) \tag{6-32}$$

绝热压缩时排气温度应为

$$T_2 = T_1\left(\frac{p_2}{p_1}\right)^{\frac{k-1}{k}} \tag{6-33}$$

3) 多变压缩循环

实际情况必定是介于等温和绝热之间的一种多变压缩过程，相应的结果只需将式(6-32)和式(6-33)中的绝热指数 $k$ 代之以多变指数 $n$ 即可。

**3. 压缩机级的实际循环**

由于结构上的种种原因，汽缸排气时不可能将缸内气体全部排净而必然部分残留于缸内，当活塞开始回行程的时候，这部分残留的高压气体就会膨胀，直到缸内压力低于 $p_1$ 时

吸气阀才会打开，开始吸气过程。因此，其实际循环过程将如图6－50所示。这部分残留气体所占有的容积即称余隙，余隙体积与活塞推进一次所扫过的体积之比可在8%～12%左右。这一比值称为余隙系数，可用$\chi$来表示。

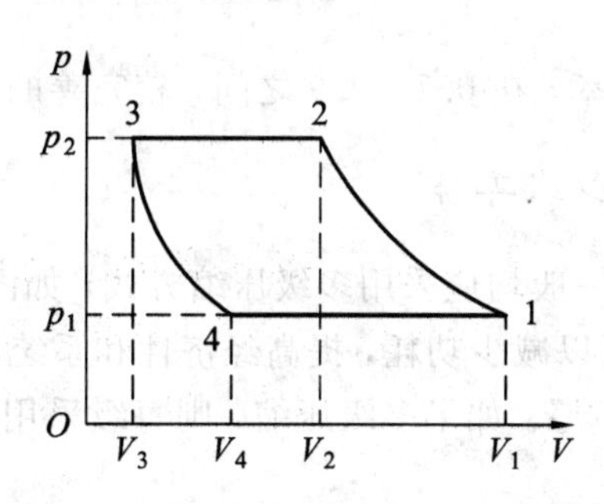


图6－50　实际循环过程

由于余隙中残留气体的膨胀，使压缩机吸入气体的体积减少。在一次循环中吸入气体体积与活塞一次扫过体积之比称为容积系数，可用$\lambda_V$表示之。按余隙中气体作绝热膨胀的假定，可以导出$\lambda_V$与$\chi$的关系式。

$$\lambda_V = 1 - \chi\left[\left(\frac{p_2}{p_1}\right)^{\frac{1}{k}} - 1\right] \tag{6-34}$$

式(6－34)表明，对往复式压缩机，当压缩比$\varepsilon = p_2/p_1$一定时，$\chi$加大，必然使$\lambda_V$变小，吸气减少；而对于一定的余隙系数$\chi$，压缩比愈高，余隙气体膨胀后所占的汽缸体积也愈大，致使每一循环中的吸气量大大下降。作为一种极限的情况甚至使$\lambda_V$降为零，残留气体膨胀后充满整个汽缸而不再吸入新的气体。

余隙的影响是容积式压缩机不同于叶片式压缩机和密度为常数的液体介质容积泵的一个重要特点。

### 6.8.3　往复式压缩机的性能参数

**1. 排气量**

排气量或称输气量，与其他形式压缩机一样，它也是按进气量计算的单位时间气体输送量，$Q_V$以表示，单位为$m^3/min$。单缸双作用往复式压缩机的排气量理论值为

$$Q_{V.th} = (2A - A_g)Sn \tag{6-35}$$

式中：$A$为活塞面积($m^2$)；$A_g$为活塞杆截面积($m^2$)；$S$为活塞行程(m)；$n$为每分钟的往复次数(1/min)。

由于余隙、泄漏、流动阻力以及汽缸温度比进气温度高产生的少量膨胀等因素的影响，实际排气量为

$$Q_V = \lambda_{Q.V} Q_{V.th} \tag{6-36}$$

式中，$\lambda_{Q.V}$为排气系数，一般为$(0.8 \sim 0.95)\lambda_V$。

**2. 轴功率$N$和效率$\eta$**

轴功率因压缩过程的不同特点而有差异，设以绝热过程为例，其理论值应为

$$N_{th.s} = p_1 Q_V \frac{k}{k-1}\left[\left(\frac{p_2}{p_1}\right)^{\frac{k-1}{k}} - 1\right] \times \frac{10^{-2}}{60}\ (\mathrm{kW}) \tag{6-37}$$

式中，$p_1$、$p_2$ 均应是以绝对压力(Pa)计算的压力值。

实际功率 $N_s$ 为

$$N_s = \frac{N_{th,s}}{\eta_s}$$

此处 $\eta_s$ 为绝热压缩总效率，在 0.7～0.9 之间，较完善的压缩机 $\eta_s > 0.80$。

### 6.8.4 往复式压缩机的多级工作

当总的压缩比 $\varepsilon > 8$ 时，一般均应采用多级压缩方式，如图 6-51 所示。在级与级之间进行中间冷却、油水分离，可以减少功耗，提高经济性和系统的合理性。压力越高的级，缸的体积可以越小，但缸壁也越厚。如果多级压缩，则每级采用相同的压缩比 $\varepsilon_j$ 时理论功的消耗最少，即 $\varepsilon_j = \sqrt[j]{\varepsilon}$。此时

$$W = p_1 V_1 \frac{k}{k-1}\left[\left(\frac{p_2}{p_1}\right)^{\frac{k-1}{k \cdot j}} - 1\right] \tag{6-38}$$

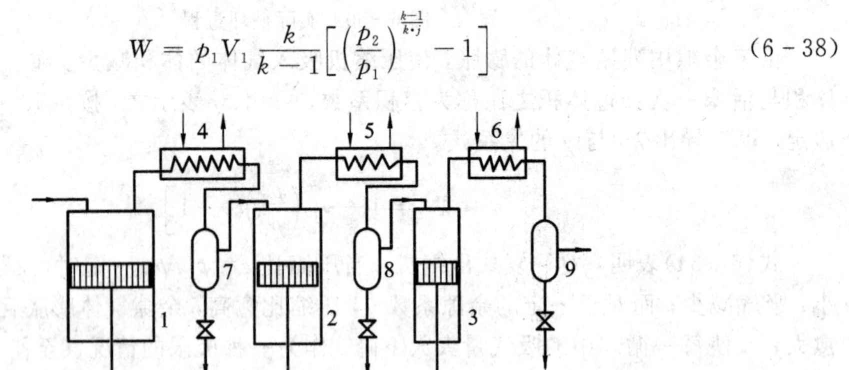

1、2、3—汽缸；4、5、6—冷却器；7、8、9—油水分离器

图 6-51　压缩机多级工作示意图

如果按多变过程考虑，则以多变指数 $n$ 代替式中绝热指数 $k$ 即可。

工程上级数的确定也有一个合理的范围，如表 6-6 所列。过多的级数也会造成系复杂化、投资过多、流动阻力增加等不利影响。

**表 6-6　压缩机的合理级数选取**

| 终压/MPa | ＜0.5 | 0.5～1.0 | 1.0～3.0 | 3.0～10 | 10～30 | 30～65 |
|---|---|---|---|---|---|---|
| | 1 | 1～2 | 2～3 | 3～4 | 4～6 | 5～7 |

### 6.8.5 往复式压缩机的形式与使用问题

往复式压缩机也有单作用和双作用(称单动和双动)之分和单级、多级的不同，其终压也有低压(0.98 MPa 以下)、中压(0.98～9.8 MPa)和高压(9.8 MPa 以上)三大挡级。就排气量而言，1 m³/min 以下属小型类，10 m³/min 以上属大型类，其间属中型类。按不同的气体种类，压缩机在结构的润滑方式、材料选用上也有不同的特点，以适应防燃或其他特殊要求，如对空气、氨、氢、石油气等都可能有某些不同的特点，因此相应的也就有空气压缩机、石油气压缩机等不同的称谓。

在汽缸布置上，往复式压缩机可有立式、卧式，"V"形、"L"形或"W"形等形式，但这

只是结构布置上的不同，并无本质上的差异。

与往复泵一样，往复式压缩机流量也有不均匀性，使用中在出口用贮气罐来稳定压力和使输出量均匀化，同时也可使气体中的水、油等夹带物得以沉降分离，以便定期排放，保证系统的良好工作。贮气罐上应装有压力表和安全阀。由于气体的可压缩性，贮气罐的安全性是格外重要的，必须按压力容器的使用规则进行必要的检验和管理。

在偏离原设计的条件下工作称为变工况工作。

当吸气压力降低时(如在高原上工作)，如排气压力不变，对单级压缩机将导致压力比升高，容积系数降低，排气量将随之有所减少；而在多级压缩机中将引起级间压力比改变，总压力比升高，排气量会有所下降。

当排气压力升高而吸气压力不变时，会因压力比的提高而使吸气量有所减少，功率一般也会有所增加。

当其他条件不变时，绝热指数高的气体，其膨胀和压缩过程指数也高，功率消耗就大。导热率高的气体在吸入过程中容易受热膨胀，温度系数较小。密度大的气体流动损失大，功耗增加。对于有毒气体，还应采取改善密封等结构措施。

用气单位常常因为生产条件的改变而要求压缩机的排气量能在一定范围内调节。一般情况下用户总是按最大需要量选用压缩机的，因此排气量的调节是指调节到低于额定排气量。排气量的调节方式主要有改变转速和间歇停车法，尽管间隙停车法不消耗动力，但频繁启动与停车会使机器的工作条件变坏，一般只适用于微型压缩机或空压站。停止进气、旁路调节、顶开吸气阀、连通补助余隙容积等排气量的调节方法，在石油、天然气、矿山等行业也有应用，涉及应用上述方法调节时，请参考更为专业的资料，这里不多讨论。

## 6.9　螺杆式压缩机

与往复式压缩机比较，螺杆式压缩机的主要优点是：结构简单，易损件少，操作容易，运动件的动力平衡性能好，机器转速高，机组尺寸小，重量轻，机器的进气、排气间歇小，压力脉动小；缺点是：螺杆式压缩机运动件密封比较困难，因此螺杆式压缩机很难达到很高的终了压力，此外，由于泄漏的原因，其热效率一般低于往复式压缩机。

### 6.9.1　螺杆式压缩机的结构和工作原理

#### 1. 螺杆式压缩机的结构

螺杆式压缩机一般都是指双螺杆式压缩机，它由一对阳、阴螺杆在“∞”字形汽缸中平行地配置，并按一定传动比反向旋转而相互啮合。通常，对节圆外具有凸齿的螺杆称为阳螺杆，在节圆内具有凹齿的螺杆称为阴螺杆。一般阳螺杆与动力机相连，并由此输入动力。按运行方式的不同，螺杆式压缩机可分为干式和湿式两类。

干式螺杆压缩机如图 1－36 所示，其结构如图 6－52 所示。螺杆之间并不直接接触，相互之间存在着一定的间隙，通过一对螺杆的高速旋转而达到密封气体、提高气体压力的目的。它利用同步齿轮来传递运动、传递动力，并确保螺杆间的间隙及其分配。在压缩过程中工作腔不喷液，没有液体内冷却和润滑，以保证气体纯度。但实际上，气体在螺杆式压缩机中的流动速度很高，也就是说，气体流经压缩机的时间非常短暂(小于 0.02 s)。因此，它与间接的冷却介质之间来不及进行充分的热交换，故可近似认为气体压缩是绝热过程，由于受排气温度的限制，Ⅰ级压缩达到的压力比不超过5。

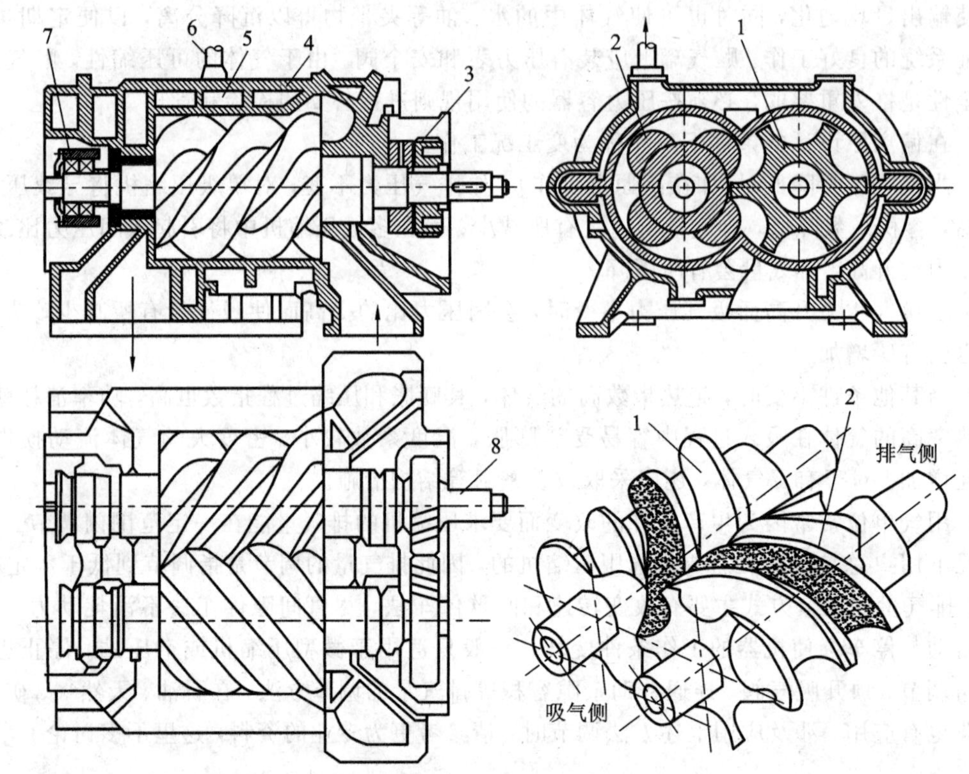


1—阴螺杆；2—阳螺杆；3—同步齿轮；4—汽缸体；5—水套；6—冷却水出口；7—止推轴承；8—驱动轴

图6-52　干式螺杆压缩机

湿式螺杆压缩机如图6-53所示，压缩机中不设同步齿轮，一对螺杆就像一对齿轮一样，由阳螺杆直接拖动阴螺杆转动；工作腔中喷入润滑油或其他液体借以冷却被压缩气体，改善密封，并可润滑阴、阳转子，同时由于油膜的密封作用取代了轴封。所以，湿式螺杆压缩机的结构更为简单。喷入的液体与压缩气体直接接触，并吸收压缩过程产生的热量，使压缩过程接近于等温压缩。压缩机的Ⅰ级压缩能达到的压力比可到10。但由于湿式螺杆压缩机在工作过程中向压缩气体中喷入了液体，所以须增加后处理装置来分离出混合在压缩气体中的液体，再经冷却、过滤，用泵再将分离出来的液体送入压缩机的工作腔中循环使用。

**2. 螺杆式压缩机的工作过程**

螺杆式压缩机的工作过程如图6-54所示，由阳螺杆经同步齿轮带动阴螺杆转动(干式)，或由阳螺杆相互啮合带动阴螺杆转动(湿式)。利用阴、阳螺杆共轭齿形的相互填塞，使封闭在壳体与两端盖间的齿间容积大小发生周期性变化，并借助于壳体上呈对角线布置的吸、排气孔口，完成对气体的吸入、压缩与排出。图6-54所示为螺杆式压缩机中所指定的一个齿间容积对的工作过程。阴螺杆、阳螺杆转向互相迎合一侧的气体受压缩(啮合)，这一侧面称为高压区；相反，螺杆转向彼此背离的一侧面，齿间容积在扩大并处于吸气阶

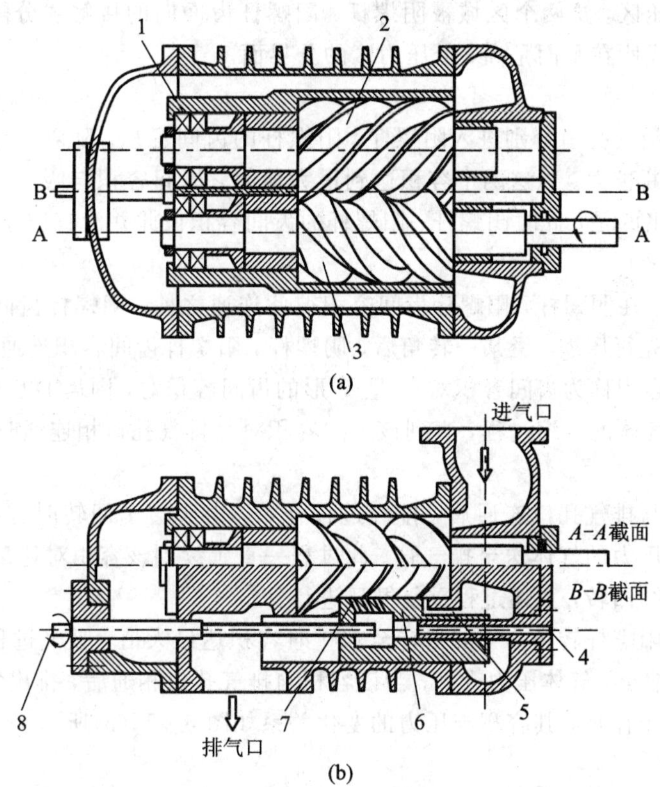


1—轴承；2—阴螺杆；3—阳螺杆；4—油进口；5—气流回流路；6—滑阀；7—喷油孔；8—滑阀调节器

图 6-53　湿式螺杆压缩机

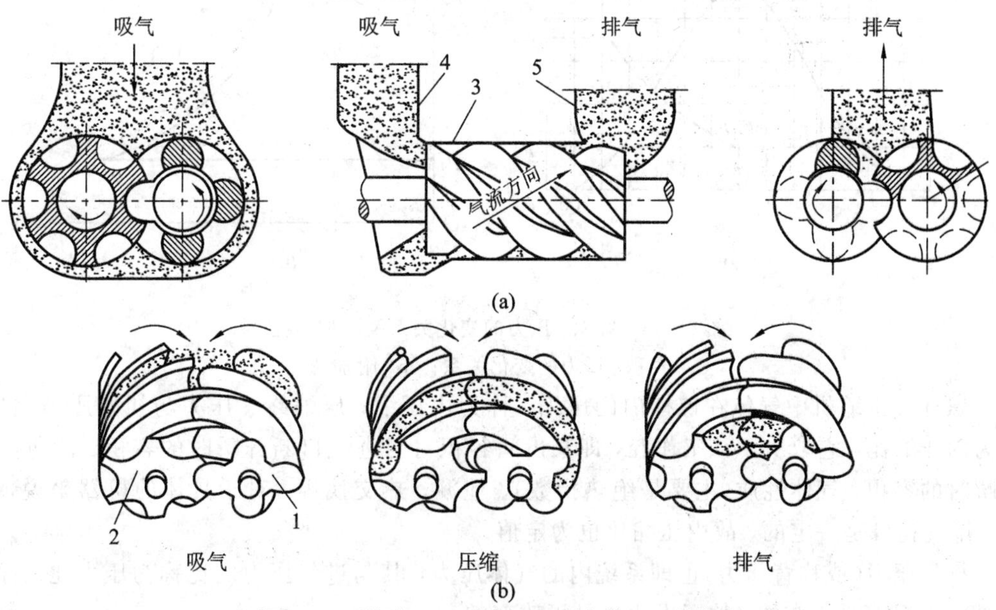


1—阳螺杆；2—阴螺杆；3—汽缸；4—吸气管；5—排气管

图 6-54　螺杆式压缩机的工作过程

(a) 轴向轴图；(b) 径向视图

段(脱啮)，称为低压区。这两个区域被阴螺杆、阳螺杆齿面向的接触线分隔开。可以近似地认为：两转子轴线所在平面是高、低压力区的分界面。

1) 吸气过程

开始时气体经吸气孔口分别进入阴螺杆、阳螺杆的齿间容积。随着转子的回转，这两个齿间容积各自不断扩大。当这两个容积达到最大值时，齿间容积与吸气孔口断开，吸气过程结束。需要指出的是，此时阴螺杆、阳螺杆的齿间容积彼此并没有连通。

2) 压缩过程

转子继续回转。在阴螺杆、阳螺杆齿间容积彼此连通之前，阳螺杆齿间容积中的气体受阴螺杆齿的侵入先行压缩。经某一转角后，阴螺杆、阳螺杆齿间容积连通(将此连通的阴螺杆、阳螺杆齿间容积称为齿间容积对)。呈V形的齿间容积对，因齿的互相挤入，其容积值逐渐减小，实现气体的压缩过程，直到该齿间容积对与排气孔口相连通时为止。

3) 排气过程

在齿间容积对与排气孔口连通后，排气过程开始。由于转子回转时容积的不断缩小，将压缩后具有一定压力的气体送至排气管。此过程一直延续到该容积对达最小值时为止。

随着转子的继续回转，上述过程重复循环进行。

设开始吸气时阳螺杆转角为0°，当转至180°时容积达最大值，吸气过程结束；然后开始压缩，容积逐渐缩小，气体压力升高；当该容积与排气孔口相通后，排出气体。当阳螺杆旋转360°时完成一个循环，其容积与压力的变化关系如图6-55(a)所示。

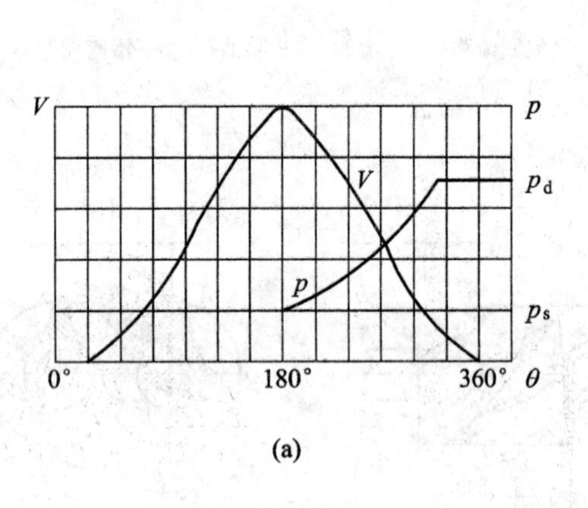


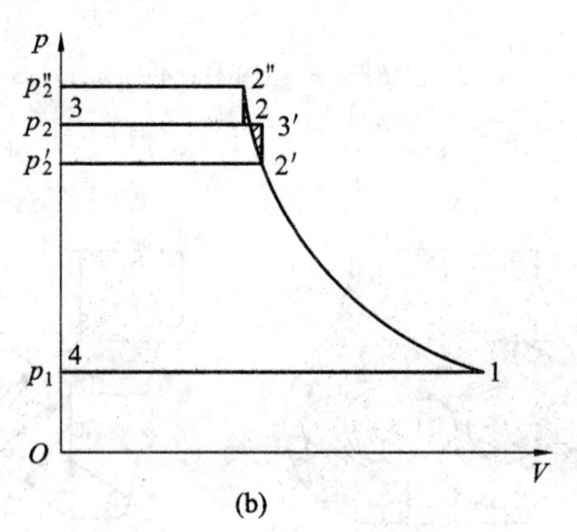


图6-55 容积、压力的变化关系及附加功耗

(a) 容积、压力的变化关系；(b) 附加功耗

螺杆式压缩机中气体在螺杆内的压缩，称为内压缩；压缩终了压力与初始压力之比，称为内压缩比，它取决于该工作腔，即某齿间容积对与进气口断开瞬时的容积、接通排气口瞬时的容积、气体性质(主要是绝热指数)、泄漏、热交换等。对于具体的机器来说，其进、排气孔口是一定的，故内压缩比也为定值。

排气压力(或称背压力)也即系统内的气体压力，其与进气压力之比称为压力比。背压力是可根据需要改变的，故压力比也是可改变的。

当压力比与内压缩比不相等时，便要产生附加功耗。如图6-55(b)所示，若内压缩比小于压力比，即内压缩压力尚未达到排气压力便与排气口接通，气体便要产生瞬时压缩，由此增加图中面积 2′－3′－2 的附加损失；若压缩比大于压力比，当内压缩压力超过背压力后方始与排气口相通，这时气体要产生瞬时膨胀，形成面积 2－2″－3″的附加损失。这一现象，所有利用孔口控制进、排气的回转式压缩机都存在。所以这类机器在设计与运行时应注意使两者很好地协调。

**3. 螺杆式压缩机的密封**

螺杆式压缩机的泄漏对机器特性影响极大，所以密封问题很重要。转子的齿面与转子轴线垂直面的截交线称为转子的型线，如图 6－56(a)所示。

1）接触线

螺杆式压缩机的阴、阳转子啮合时，两转子齿面相互接触而形成的空间曲线称为接触线，如图 6－56(b)所示。接触线一侧的气体处于较高压力的压缩和排气过程，另一侧的气体则处于较低压力的吸气过程。如果转子齿面向的接触线不连续，则处在高压力区内的气体将通过接触线中断缺口，向低压力区泄漏。

2）泄漏三角形

螺杆式压缩机转子接触线的顶点通常不能达到阴、阳转子汽缸孔的交线，在接触线顶点和机壳的转子汽缸孔之间，会形成一个空间曲边三角形，称为泄漏三角形。通过泄漏三角形，气体将从压力较高的齿间容积，泄漏至压力较低的邻近齿间容积。从啮合线顶点的位置，可定性反映泄漏三角形面积的大小。

如图 6－56(a)所示，若啮合线顶点距阴、阳转子齿顶圆的交点 $W$ 较远，则说明泄漏三角形面积较大。

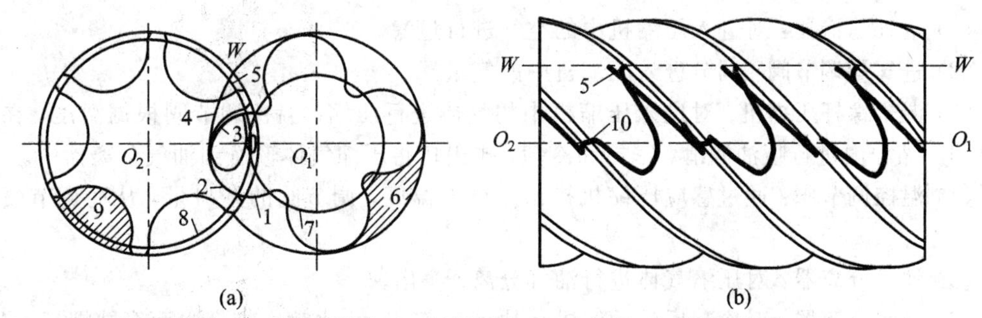


1—阳转子型线；2—阴转子型线；3—封闭容积；4—啮合线；5—泄漏三角形；
6—阳转子齿间面积；7—阳转子节圆；8—阴转子节圆；9—阴转子齿间面积；10—接触线

图 6－56　接触线、泄漏三角形示意图

(a) 型线、啮合线、齿间面积、封闭容积、泄漏三角形；(b) 泄漏三角形和接触线

3）封闭容积

如果在齿间容积开始扩大时，不能立即开始吸气过程，就会产生吸气封闭容积。由于吸气封闭容积的存在，使齿间容积在扩大的初期，其内的气体压力低于吸气口处的气体压力。在齿间容积与吸气孔口连通时，其内的气体压力会突然升高到吸气压力，然后才进行正常的吸气过程。所以，吸气封闭容积的存在，影响了齿间容积的正常充气。吸气封闭容积在转子端面上的投影如图 6－56(a)所示，从转子型线可定性看出封闭容积的大小。

4）齿间面积

齿间面积是齿间容积在转子端面上的投影，如图 6－56(a)所示，转子型线的齿间面积

越大，转子的齿间容积就越大，容积利用率越高，压缩机外形尺寸越紧凑。

**4. 湿式螺杆压缩机装置**

图 6－57 为湿式螺杆压缩机装置图，各装置的组成及作用说明如下：

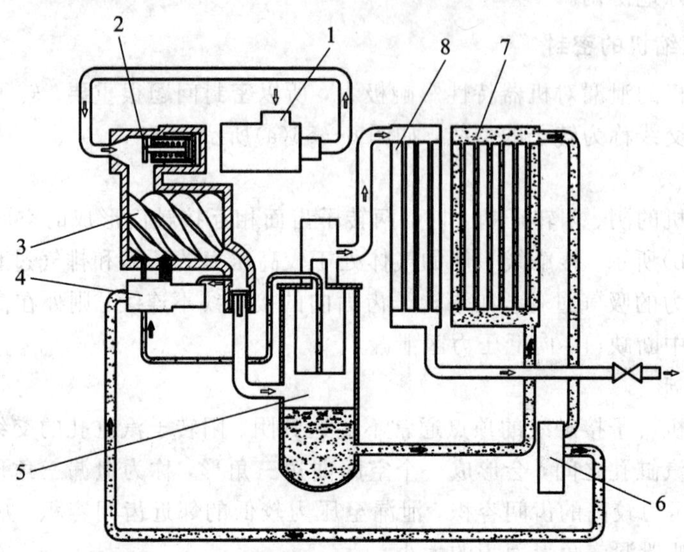


1—空气滤清器；2—进气量调节阀；3—螺杆压缩机；4—温控调节阀；
5—油气分离器；6—油水分离器；7—油冷却器；8—压缩气体冷却器

图 6－57 湿式螺杆压缩机装置图

(1) 空气滤清器：对进入压缩机中的空气进行过滤。

(2) 进气量调节阀：调节进入压缩机中的气量。

(3) 湿式螺杆压缩机：对进入压缩机中的气体进行压缩。温控调节阀根据温度，在进气口和压缩腔内进行喷油润滑、密封和冷却，排出口将压缩气体输送到油气分离器中。

(4) 温控调节阀：通过感应压缩机排出气体的温度，调节阀的开口量，从而调节喷油量的大小。

(5) 油气分离器：对压缩气体进行油气分离、净化。

(6) 油水分离器：对冷却后的油液进行油水分离，防止水喷入螺杆中而腐蚀螺杆。

(7) 油冷却器：降低油温，循环使用回收的油液。

(8) 压缩空气冷却器：对压缩空气进一步冷却、干燥，然后输送到需要的地方。

## 6.9.2 螺杆式压缩机的排气量与功率的计算

**1. 排气量的计算**

如果阳、阴螺杆的端面齿间面积分别为 $A_1$ 和 $A_2$，当转子轴向长度为 $L$ 时，则螺杆式压缩机齿间容积的最大值 $V_{max}=(A_1+A_2)L$。

一个齿间容积完成一次工作循环，螺杆齿形从吸入端面到排出端面所绕过的角度并不需要 360°，一般阳螺杆为 240°～360°，阴螺杆为 160°～200°。当阳螺杆齿间容积在吸气端受到阴螺杆齿的侵占而开始压缩时，与之相啮合的阴螺杆齿在排气端尚未完全脱出该容积，即转子齿间容积的脱出与侵占在同一齿间容积内同时进行。在这种情况下，齿间容积不能完全充气，无法达到最大值，会影响齿间容积的利用。为此，用扭角系数 $C_\varphi$ 表征齿间可能充气的最大容积 $V_0$ 与 $V_{max}$ 的比值，即 $C_\varphi=V_0/V_{max}$。扭角系数的数值一般为 0.97～1.00，扭转角大的螺杆，扭角系数较小，而扭转角小的螺杆，扭角系数较大。

螺杆式压缩机的理论排气量 $Q_{V.th}$，为单位时间内螺杆转过的齿间容积之和，即

$$Q_{V.th}=C_\varphi V_{max}z_1 n=C_\varphi(A_1+A_2)Lz_1 n \tag{6-39}$$

式中：$z_1$ 为阳螺杆齿数；$n$ 为阴螺杆的转速。

考虑容积效率 $\eta_V$，得螺杆式压缩机的实际排气量为

$$Q_V=\eta_V Q_{V.th}=\eta_V C_\varphi(A_1+A_2)Lz_1 n \tag{6-40}$$

螺杆式压缩机的容积效率 $\eta_V$ 考虑了气体的加热损失、进气阻力损失以及泄漏等因素的影响。螺杆式压缩机转速相当高，没有进气阀，因此前两种损失较小，而气体泄漏是影响 $\eta_V$ 的主要因素。我国所产的螺杆式压缩机的容积效率为 0.8～0.9。

**2. 功率的计算**

螺杆式压缩机功率的计算与往复式压缩机计算的方法相同，但由于高压齿间容积向低压齿间容积泄漏的影响，压缩指数可能大于绝热指数，即 $n>k$。

螺杆式压缩机的容积效率取决于压力比、齿顶与壳体之间的间隙、啮合部分的间隙、齿顶的圆周速度以及是否向工作腔喷油等。

螺杆式压缩机功率与绝热效率的定义及计算与往复式压缩机相同。

对于一般无油螺杆式压缩机，当压力比 $\varepsilon$ 在 3.0～3.5 之间时，绝热效率 $\eta_s$ 在 0.82～0.83 之间。$\varepsilon$ 在 3.5～5.2 之间时，绝热效率 $\eta_s$ 在 0.72～0.80 之间；对于大型螺杆式压缩机，$\eta_s=0.84$。

对于湿式螺杆压缩机，由于油能起阻塞气体的作用，齿顶圆周速度可以较低，容积效率较高，可在 0.80～0.95 之间，并且由于油可以起内冷却作用，故单级压力比可达 7，而且排气温度也不会超过许用值。

## 6.9.3　螺杆式压缩机的特性

**1. 螺杆式压缩机的特点**

就压缩气体的原理而言，螺杆式压缩机与往复式压缩机一样，同属于容积型压缩机械；就其运动形式而言，压缩机的转子与叶片式压缩机一样，作高速旋转运动。所以，螺杆式压缩机兼有两者的特点。

螺杆式压缩机具有较高的齿顶线速度，转速高达每分钟万转以上，故常可与高速动力机直接相连。因此，它完成单位排气量所需的体积、质量、占地面积以及排气脉动远比往复式压缩机小。

螺杆式压缩机没有诸如气阀、活塞环等零件，因而它运转可靠，寿命长，易于实现远距离控制。此外，由于没有往复运动零部件，不存在不平衡惯性力(矩)，所以螺杆式压缩机基础小、甚至可以实现无基础运转。

无油螺杆式压缩机可保持气体洁净(不含油)，又由于阴螺杆、阳螺杆齿间实际上留有间隙，因而能耐液体冲击，可压送含液气体及粉尘气体等。此外，喷油螺杆式压缩机可获得高的单级压力比(最高达 20～30)以及低的排气温度。

螺杆式压缩机具有强制输气的特点，即排气量几乎不受排气压力的影响；其内压力比与转速、密度几乎无关系，这一点与叶片式压缩机不同。

螺杆式压缩机在宽广的工况范围内，仍能保持较高的效率，没有叶片式压缩机在小排气量时出现的喘振现象。

螺杆式压缩机尚有以下不足：

首先，由于齿间容积周期性地与吸、排气孔口连通，以及气体通过间隙的泄漏等原因，致使螺杆式压缩机产生很强的中、高频噪声，必须采取消音、减噪措施。其次，由于螺杆齿面是一空间曲面，且加工精度要求又高，故需特制的刀具在专用设备上进行加工。最后，由于机器是依靠间隙密封气体，以及转子刚度等方面的限制，螺杆式压缩机只适用于中、低压范围。

基于以上特点，螺杆式压缩机在各个工业部门正日益得到广泛的应用，是压缩机械中较有发展前途的一种机型。

**2. 螺杆式压缩机的特性曲线**

图 6-58 表示螺杆式压缩机在不同压力比时排气量与转速之间的关系曲线。过坐标原点引出的一条直线表示理论排气量 $Q_{V.th}$ 与转速 $n$ 的关系，它与压力比无关。该直线说明理论排气量正比于转速。直线下面的 4 条曲线表示在不同压力比时以百分比表示的实际排气量 $Q_V$ 与以百分比表示的转速 $n$ 的关系。

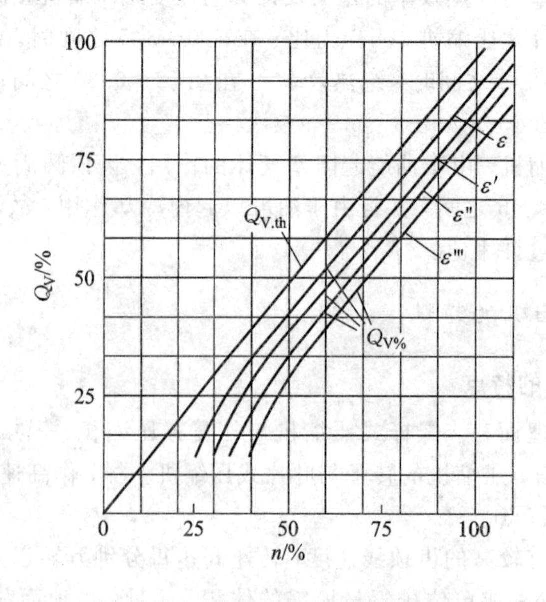


图 6-58 不同压力比时排气量与转速的关系($\varepsilon<\varepsilon'<\varepsilon''<\varepsilon'''$)

在某一转速下，理论排气量 $Q_{V.th}$ 与实际排气量 $Q_V$ 之间的差值 $\Delta Q$，表示因气体泄漏和吸气压力损失引起的排量损失。转速较低时，相对泄漏量增大，使实际排气量 $Q_V$ 急剧下降。增加转速后，相对泄漏量减少，实际排气量曲线 $Q_V$ 逐渐接近理论排气量曲线 $Q_{V.th}$。进一步增加转速，由于吸气压力损失的增加抵消了相对泄漏量的减少，实际排气量 $Q_V$ 与转速几乎成直线关系，并和理论排气量曲线 $Q_{V.th}$ 近乎平行。

图 6-59(a)为原西德 GHH 公司生产的无油螺杆式压缩机 SK25 在 $n$=5500 r/min 转速时容积效率 $\eta_V$、绝热效率 $\eta_s$ 与压力比 $\varepsilon$ 的关系曲线。由图可见，随着压力比的增加，泄

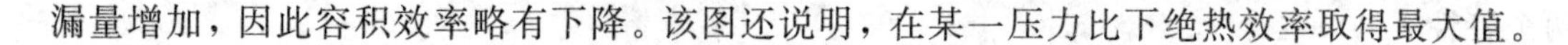

漏量增加，因此容积效率略有下降。该图还说明，在某一压力比下绝热效率取得最大值。

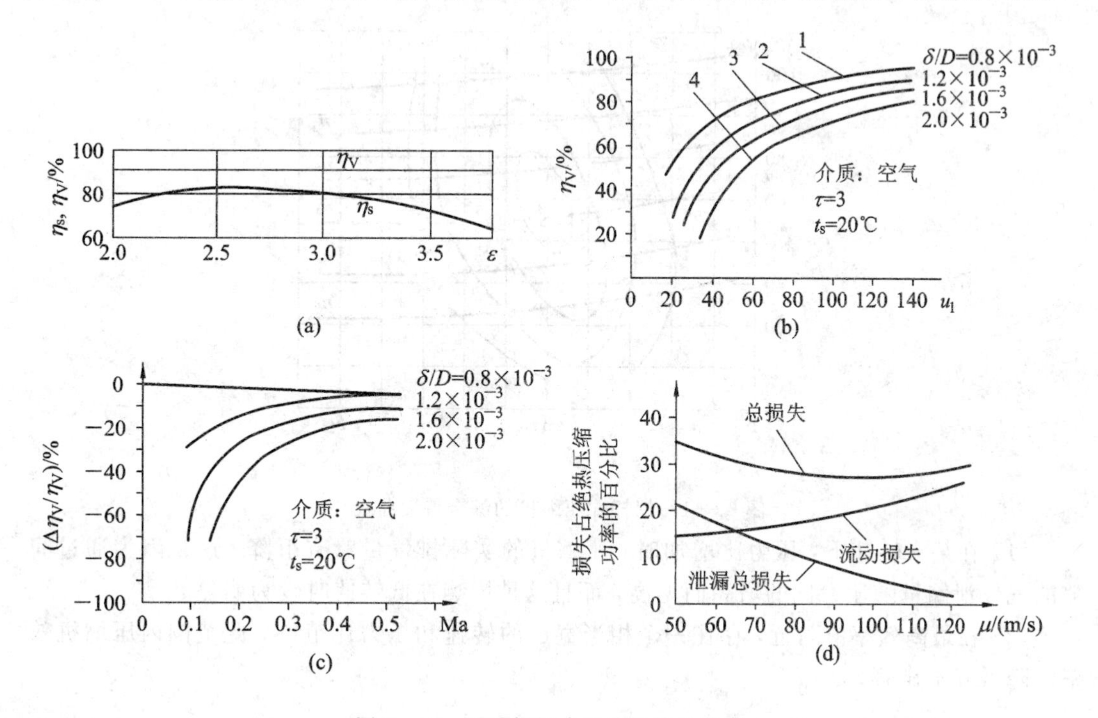


图 6-59　无油螺杆式压缩机特性曲线

(a) $\eta_V$、$\eta_s$ 与 ε 的关系；(b) $\eta_V$ 与螺杆齿顶圆周速度 $u_1$ 和相对间隙 $\delta/D$ 的关系；

(c) $\eta_V$ 与马赫数 $Ma$ 和相对间隙 $\delta/D$ 的关系；(d) 总功率损失中各损失所占比

压力比不变时，$\eta_V$ 与螺杆齿顶圆周速度 $u_1$、马赫数 Ma(Ma$=u_1/c$)与相对间隙的关系如图 6-59(b)、(c)所示。由图可见，$\eta_V$ 随相对间隙的减小而增加，随圆周速度 $u_1$ 的增加而增加，而且在低的圆周速度时影响尤为显著。

目前，常用绝热效率 $\eta_s$ 来评价无油螺杆式压缩机的经济性。由图 6-59(a)可见，$\eta_s$ 是取决于压力比的。同时，$\eta_s$ 还与圆周速度有密切的关系，圆周速度增加，一方面使容积效率 $\eta_V$ 增加，如图 6-59(b)、(c)、(d)所示；另一方面也使气体流动损失及摩擦损失增加，如图 6-59(d)所示。因此在某一特定的圆周速度下，使泄漏和摩擦两种损失之和为最小，以取得最佳的绝热效率，这在图 6-60 所示的曲线中表示得非常明显。

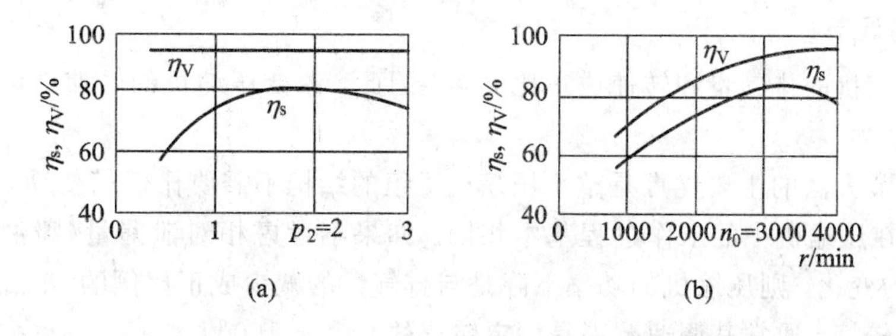


图 6-60　瑞典 Atlas-Copco 公司的大型螺杆式压缩机的特性曲线

图 6-61 是螺杆式压缩机的综合特性曲线，它表示不同转速时，排气量 $Q_V$ 和压力比的关系。在图上同时也绘出了不同工况下的等效率曲线。由该图可得螺杆式压缩机共同的

两个特性：

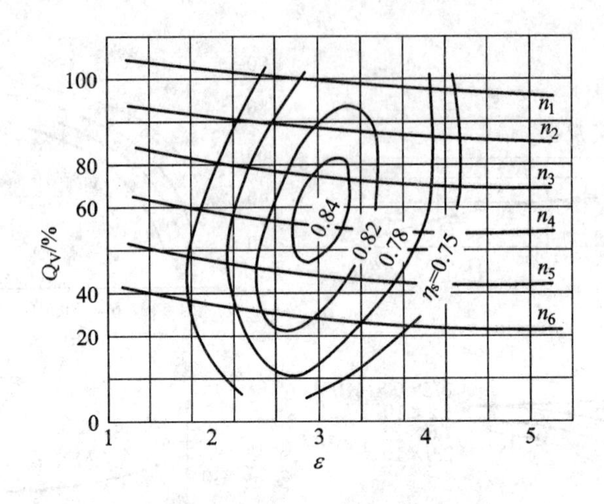


图 6－61　螺杆式压缩机的综合特性曲线

(1) 在某一转速下，压力比增加时，压缩机的实际排气量略有下降。这是因为通过间隙的气体泄漏量随压力比的增高而增高，而且这种影响在低转速时较为明显。

(2) 在最高效率值附近，存在一个相当宽广的转速和压力比范围，此范围内压缩机效率的降低并不显著。

### 6.9.4　螺杆式压缩机的排气量调节

通常，螺杆式压缩机的使用者总是根据最大的实际耗气量来选定压缩机的容量。然而在使用过程中，总会因种种原因要求改变压缩机的排气量，以适应实际耗气量的变化。此外，从作用原理得知，属于容积式压缩机械的螺杆式压缩机的排气量不因背压的提高而自行降低。因此，若不作相应的有效调节，不但增加了功耗，在某些场合下还可能发生事故。所以必须设置调节控制机构，进行排气量调节。

由此可见，排气量调节目的是使压缩机的排气量和实际耗气量达到平衡，同时还要求这种调节经济、方便。

调节方法有：变转速调节、停转调节、控制吸入调节、进、排气管连通调节、空转调节以及滑阀调节等。下面略述各种调节方法及其优缺点。

**1. 变转速调节**

螺杆式压缩机的排气量和转速成正比关系。因此，改变压缩机的转速就可以达到调节排气量的目的。

变转速调节方法的主要优点是整个压缩机机组的结构不需要作任何变动，而且在调节工况下，气体在压缩机中的工作过程基本相同。如果不考虑相对泄漏量(喷油机器还有相对击油损失)的变化，则压缩机的功率下降是与排气量的减少成正比例的。因此，这种调节方法的经济性较好，通常其调速范围是额定转速的 60%～100%。

动力机为蒸汽或燃气轮机、柴油机、直流电动机等时，多采用此种调节方法。目前，这一调节方法广泛应用在柴油机驱动的移动式螺杆压缩机中，以及汽轮驱动的大型螺杆式压缩机上。

**2. 停转调节**

利用压缩机停转来调节排气量，常见的有以下两种形式：

(1) 小型螺杆式压缩机，如实际耗气量低于排气量，则储气罐及管网中的气体压力升高，可利用压力继电器之类的装置来控制动力机的停转，以实现排气量的间断调节。

(2) 在压缩机站或化工企业中，一般是多机配置，完全可以采用停止部分压缩机的运转以适应实际耗气量。螺杆式压缩机用交流电机驱动且功率较小时，可以采用这种调节方法。

停转调节要求机组设有较大容量的储气罐，否则电动机的启停过于频繁，既影响到电网的电流波动，又使电动机绕组过热。

由于上述原因，对较大功率的螺杆式压缩机，一般采用电动机与压缩机脱开，电动机空转，压缩机停转的调节方式。此时，在压缩机和电动机之间必须加装离合器。

**3. 控制吸入调节**

该调节方法利用压缩机吸气管上的进气调节阀进行调节。它又分为停止吸入和节流吸入两种。

(1) 停止吸入时，压缩机空转，因而只能进行间断调节，其示功图如图 6-62 中虚线所示。这种调节方法在活塞式压缩机中使用广泛，而在螺杆式压缩机中由于等容压缩段 6—7 致使空载功率较大，达额定功率的 50%～60%，所以较少采用。

对湿式机器来说，停止吸入时，由于机体中喷油嘴附近气体压力较非调节工况为低，使喷油量较非调节工况为高，而此时排气量又降为零，所以出油功率有所增加，这就是此种调节方法空载功率高的重要原因之一。同时，这种出油现象也是产生强烈噪声的音源。为改善这种缺陷，可采取以下措施：① 加装油量调整阀，机器在调节工况时，借油量调整阀使喷油量减少；② 加装自动开关阀，当机器关闭吸入调节阀的同时，开启自动开关阀，借回收油泵将排气止回阀前的油抽至储气器，同时也降低了背压。图 6-57 是该种调节方法的系统图。该调节方法使空载功率降低到满负荷功率的 18%，它是目前颇为流行的一种调节方法。

(2) 节流吸入时，降低了气体的吸入压力和密度，理论上可以进行连续的无级调节。然而，在排气量降低、排出压力不变的情况下，压力比反而增加，功率并不下降，甚至更高，同时排气温度也上升，其示功图如图 6-63 中虚线所示。这种调节方法较少采用，只限于小型机器及工况基本稳定的机组。

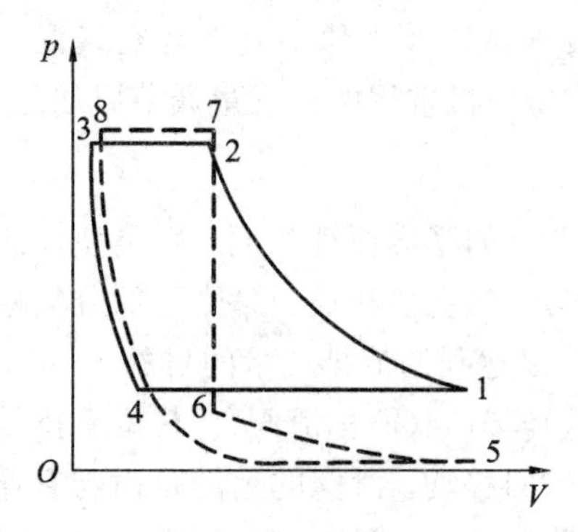


图 6-62　停止吸入调节示功图

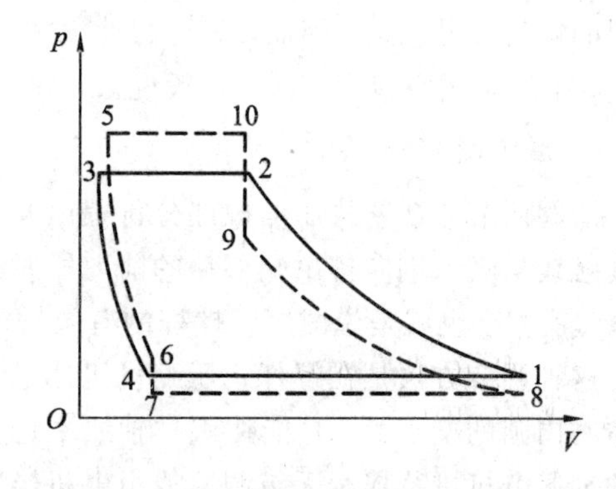


图 6-63　节流吸入调节示功图

**4. 进、排气管连通调节**

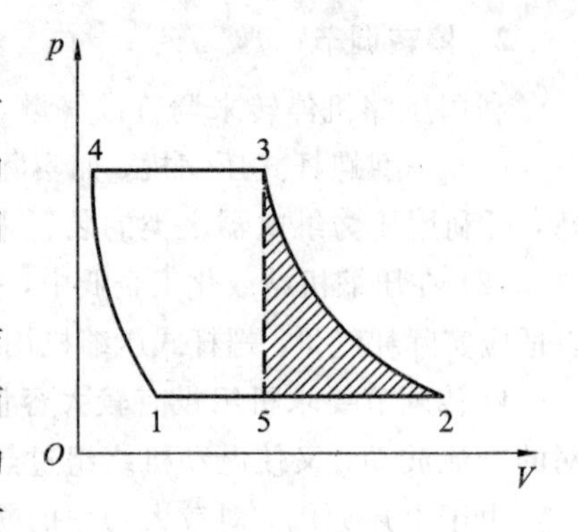

图 6-64 进、排气管连通调节示功图

从装置的结构上来看，此种调节方法是简便的，它只需在排出管道上安装一调节阀。调节工况时，压缩的气体沿旁通管道经此调节阀流回吸入口，其示功图如图 6-64 所示。

图中 1—2—3—4—1 为正常工况时的示功图，而 1—2—3—5—1 为进、排气管连通调节时的示功图。面积 2—3—5 表示调节工况时的空转耗功。显然，机器的内压力比越高，这部分功也就越大。所以，此种调节方法适用于内压力比低的机器。调节阀开度不同时，排气量有所变化，但幅度并不大。

**5. 空转调节**

空转调节实际上是停止吸入和进、排气管连通调节联合使用的一种综合调节方法，采用一种在截断吸入的同时，能使进、排气管连通的减荷阀。空转调节的示功图如图 6-65 所示。它可在停止吸入调节示功图的基础上，考虑到气体向进气管道(大气)排放(经安装在压缩机排气止回阀前的连通管)而得到。

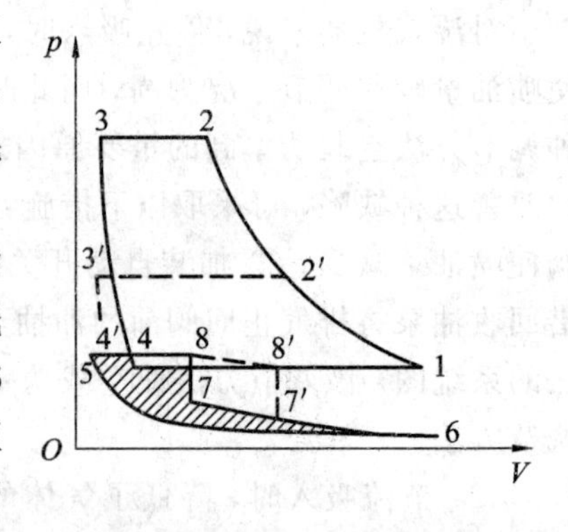

图 6-65 空转调节示功图

由图 6-65 可见，该调节方法的特点是，在调节工况时，吸入管道的压力有真空，排出压力为大气压力。显然，这种调节方式的经济性较好，调节工况时的功耗不大于满负荷功率的 30%。

图 6-65 中 1—2—3—4—1 为正常工况时的示功图；5—6—7—8—5 为相应的调节工况时的示功图；低内压力比时的示功图分别为 1—2′—3′—4′—1 和 5—6—7′—8′—5。比较两种调节工况的示功图得知，低内压力比时空转调节的功耗反而要比高压力比时多消耗相当于面积 7—7′—8′—8 的功。这就是说，空转调节用于高压力比机器较为经济。

必须指出，采用这种调节方法时，机组的许多部位处于如图 6-65 所示的真空状态，周围的空气容易漏入，因而，对可燃性气体、高纯度气体以及其他不允许与空气混合的气体，就不能采用空转调节法。一般说来，它是螺杆式压缩机常用的排气量调节方法之一。

**6. 滑阀调节**

滑阀调节与活塞式压缩机部分行程压开吸气阀调节的基本原理相同，它是使齿间容积在接触线从吸入端向排出端移动的前一段时间内仍与吸气孔口相通，并使这部分气体回流到吸气孔口。也就是说减短了螺杆的有效轴向长度，以达到调节排气量的目的。

这种调节方法是在螺杆式压缩机机体上装一滑动调节阀(简称滑阀)。它位于排气一侧机体两内圆的交点处，且能在汽缸轴线平行方向上来回移动。滑阀的运动是由与它连成一体的伺服电机进行连续无级调节或由电机经减速后驱动的，见图 6-53(b)所示。

滑阀的背面在非调节工况时与机体固定部分紧贴，而在调节工况时与固定部分脱离，离开的距离取决于欲调节排气量的大小。滑阀的前缘形成径向排气孔口，当滑阀移动时，径向排气孔口一起移动。

滑阀调节具有以下特点：

(1) 调节范围广，可在 100%～10%的排气量范围内进行无级自动调节；

(2) 调节方便，适用于工况变动频繁的场合，特别适用于制冷空调螺杆机组中；

(3) 调节的经济性好，在 100%～50%的排气量调节范围内，动力机消耗的功率几乎可与压缩机排气量的减少成正比例地下降；

(4) 可实现卸载启动，特别是在闭式系统中；

(5) 使压缩机的结构及其自动调节系统复杂化，这是它的主要缺点。

综上所述，滑阀调节得到广泛的应用，特别是在制冷装置中几乎无例外地都采用它进行能量控制。然而对于空压机，要求排气量调节时不改变压力比，所以经济性远不如用在制冷装置中，只在较大排气量(如 40 $m^3$/min)的螺杆式压缩机中才有所应用。

# 6.10　罗茨鼓风机

罗茨鼓风机的使用范围是容积流量 0.25～80 $m^3$/min，功率 0.75～100 kW，提升压力 20～50 kPa(最高可达 0.2 MPa)。罗茨式结构还常用于真空泵，由于其抽速大而被称为快速机械真空泵，多作为前级真空泵使用。罗茨鼓风机结构简单，运行平稳、可靠，机械效率高，便于维护和保养；对被输送气体中所含的粉尘、液滴和纤维不敏感；转子工作表面不需润滑，气体不与油接触，所输送气体纯净。罗茨鼓风机由美国人罗特(Root)兄弟发明，故用罗茨(Roots)命名。

## 6.10.1　工作原理

罗茨鼓风机的基本组成部分如图 6-66 所示，长圆形的机壳内平行安装着一对形状相同、相互啮合的转子，两转子间及转子与机壳间均留有一定的间隙以避免安装误差及热变形引起各部件接触。两转子由传动比为 1 的一对齿轮带动，作彼此同步反向旋转。转子按图示方向旋转时，气体逐渐被吸入并封闭在 $V_0$空间内，进而被排到高压侧，主轴每回转一周，两叶鼓风机共排出气体量 $4V_0$。转子连续旋转，被输送气体便按图中箭头所示方向流动。

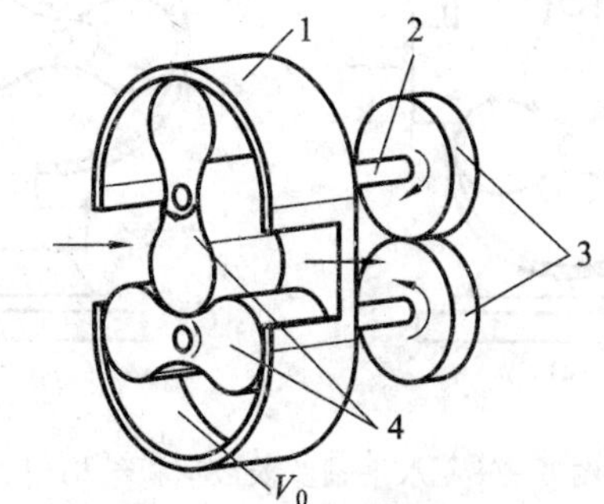


1—泵体；2—主轴；3—同步齿轮；4—转子

图 6-66　罗茨鼓风机的结构原理

罗茨鼓风机没有内压缩过程，当转子顶部越过排气口边缘时，$V_0$便与排气侧连通，高压气体反冲到空间$V_0$中，使腔内气体压力突然升高，继而反冲气体与工作腔内的气体一起被排出机外。理论上讲，这种机器的压缩过程是瞬间完成的，即等容压缩，如图 6-67 所示，其 $p-V$ 图是一矩形，而不同于常见的多变压缩过程。

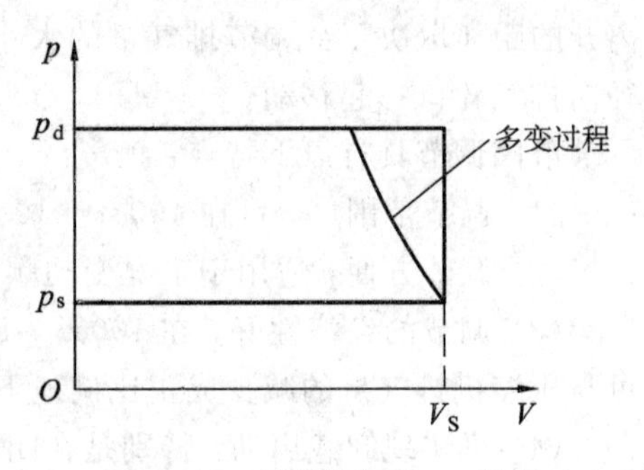


图 6-67　罗茨鼓风机 $p-V$ 图

罗茨鼓风机的转子叶数(又称叶轮头数)多为两叶或三叶，四叶及四叶以上则很少见。转子型面沿长度方向大多为直叶，这可简化加工；型面沿长度方向扭转的叶片在三叶中有采用，具有进排气流动均匀、可实现内压缩、噪声及气流脉动小等优点，但加工较复杂，故扭转叶片较少采用。

## 6.10.2　结构型式及型线

### 1. 结构型式

按转子轴线相对于机座的位置，罗茨鼓风机可分为竖直轴和水平轴两种。前者的转子轴线垂直于底座平面，这种结构的装配间隙容易控制，各种容量的鼓风机都有采用。后者的转子轴线平行于底座平面，按两转子轴线的相对位置，其又可分为图 6-68 所示的立式和卧式两种。立式的两转子轴线在同一竖直平面内，进、排气口位置对称，装配和连接都比较方便，但重心较高，高速运转时稳定性差，多用于流量小于 40 $m^3$/min 的小型鼓风机。卧式的两转子轴线在同一水平面内，进、排气口分别在机体上、下部，位置可互换，实际使用中多将出风口设在下部，这样可利用下部压力较高的气体在一定程度上抵消转子和轴的重量，减小轴承力以减轻磨损。排气口可从两个方向接出，根据需要可任选一端接排气管道，另一端堵死或接旁通阀。这种结构重心低，高速运转时稳定性好，多用于流量大于 40 $m^3$/min 的中、大型鼓风机。

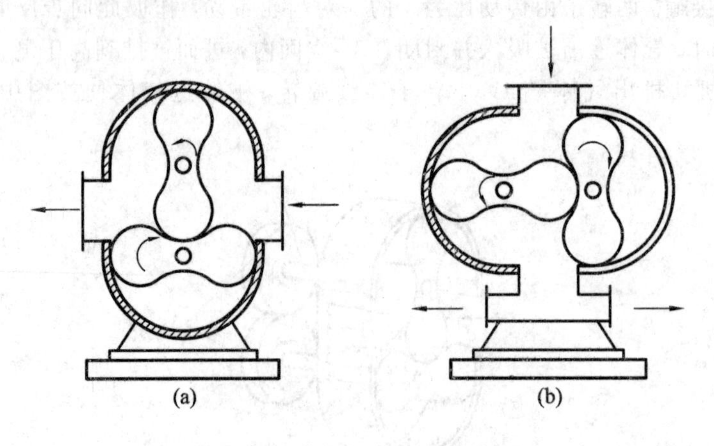


图 6-68　水平轴罗茨鼓风机结构型式

(a) 立式；(b) 卧式

**2. 转子型线**

罗茨鼓风机的两转子型线互为共轭曲线，对型线的选择要求面积利用系数尽可能大，转子具有良好的几何对称性，运转平稳、噪声低、互换性好；齿型有足够的刚度；容易制造和获得较高的精度等。考虑这些因素，实际常用的基本型线有圆弧型、圆弧-渐开线型、摆线型三种形式，有时也采用这三种曲线的组合型线，以获得一定的特殊性能，如用于真空泵时要求型线具有较好的气密性。罗茨鼓风机的两转子及转子与机壳间均留有一定的装配间隙，以避免实际工作中热变形引起各部件接触。

### 6.10.3　使用选型

生产中，罗茨鼓风机的选型应遵循如下原则：

(1) 根据生产工艺条件所需风压和风量，选择不同性能规格的鼓风机。

(2) 根据输送介质的腐蚀情况，选择不同材质的零件。

(3) 根据工作地点的具体情况决定冷却方式，有水的地方可选择水冷式鼓风机，无水的地方应选择风冷式鼓风机。

(4) 当生产工艺过程中所需的风量与鼓风机性能参数不符合时，可适当提高或降低鼓风机转速，使鼓风机的输风量适当提高或降低，但要注意不能偏离鼓风机的性能曲线太远，转速提高太多，否则会缩短鼓风机的使用寿命，甚至会发生机器损坏的危险；转速过低，容积效率会大幅度减小。

## 6.11　离　心　机

在实际生产中，需要进行分离的物料是多种多样的，有气体的、液体的、固体的、气固的、液固的，但总的来说可以分为均一系和非均一系两大类。对于均一系混合物的分离，其基本方法就是在均一系溶液中设置第二个相，使要分离的物质转移到该相中来，其力学过程是微观的内力(即分子力)作用过程。例如充氮气机，利用某种物体对氧气的吸附性将通过该物体空气中的氧气吸附，让氮气通过而达到从空气中收集氮气的目的。

对非均一系混合物的分离，一般采用机械方法。其基本原理就是将混合物置于一定的力场之中，利用混合物的各个相在力场中受到不同的力从而得到较大的“相重差”使其分离，其力学过程是宏观的“场外力”作用过程，如图 1-29 所示的双驱旋转拖把桶的分离方式。

液体非均一系——悬浮液和乳浊液的分离是非均一系分离的典型情况，其分离形式按照分离机理的不同分为沉降和过滤两种。

沉降混合物在某种装置中，由于两相在力场中所受的力的大小不同而沉淀分层，轻相在上层形成澄清液，重相在下层形成沉淀物而实现分离。

过滤混合物在多孔材料层装置中，由于受力场的作用，液体通过多孔材料层流出形成滤液，固体被留在材料层上形成滤渣而实现分离。

无论是沉降还是过滤，实现分离的效果和速度与所在的力场密切相关，力场越强，其分离效果越好，分离速度越快。最简单和方便的分离就是在自然引力场(重力场)中的分离，但由于引力场较弱，对于固体微粒很小或液相黏度很大的悬浮液，分离过程就进行得很慢，甚至根本不能进行。

在真空或加压的人工力场中，过滤速度可以提高，但滤渣的干燥程度差，分离效果有时不能满足工艺要求，且在这种四周等强度的力场中，对于沉降毫无作用。

因此人们不得不寻找别的人工力场，在这方面比较理想的就是离心力场，而离心机就是利用离心力场的作用来分离非均相物系的一种通用机械。与其他分离机械相比，离心机具有分离效率高、体积小、密封可靠、附属设备少等优点，因而被广泛应用于化工、石油、轻工、医药、食品、纺织、冶金、煤炭、选矿、船舶、军工及环保等各个领域。

## 6.11.1 离心机的结构及工作原理

### 1. 离心沉降

离心机上有一个承放物料的圆筒形装置，称为转鼓；转鼓由回转轴来带动其回转；使物料能够处在对称的力场中且不被甩出来的装置称为拦液板。离心机转鼓的基本结构如图6-69所示。

转鼓高速旋转时，其中的物料将处在一个轴对称的离心场中，物料中各相由于位置、密度不同且受到不同的场外力作用而分层沉淀，质量最大、颗粒最粗的分布在转鼓最外层，质量最小、颗粒最细的聚集到转鼓内层，澄清液则从机上溢流。这个过程称为离心沉降。

离心沉降主要用于分离含固体量较少、固体颗粒较细的悬浮液。乳浊液的分离也属于沉降式，但习惯上常叫做离心分离，如图6-70所示。相应的机器目前常叫做离心机。主要结构特点是在无孔转鼓中放置碟片。运转时，液体在离心力作用下按重度不同分为里外两层，重量大的在外层，重量小的在里层，固相沉淀于鼓壁通过一定的装置分别引出。

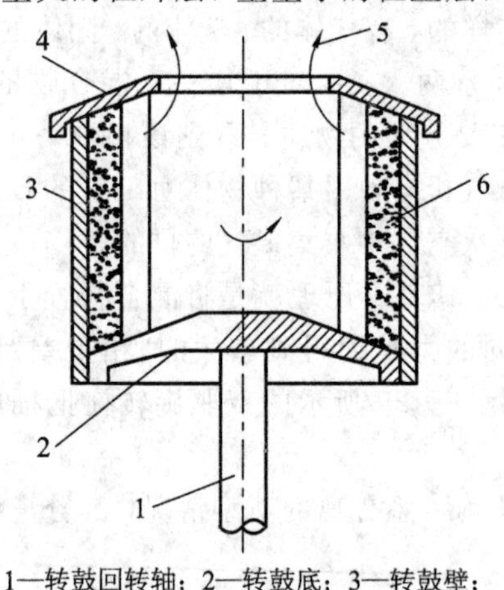


1—转鼓回转轴；2—转鼓底；3—转鼓壁；
4—拦液板；5—滤液；6—滤渣

图6-69　离心机转鼓部分结构示意图

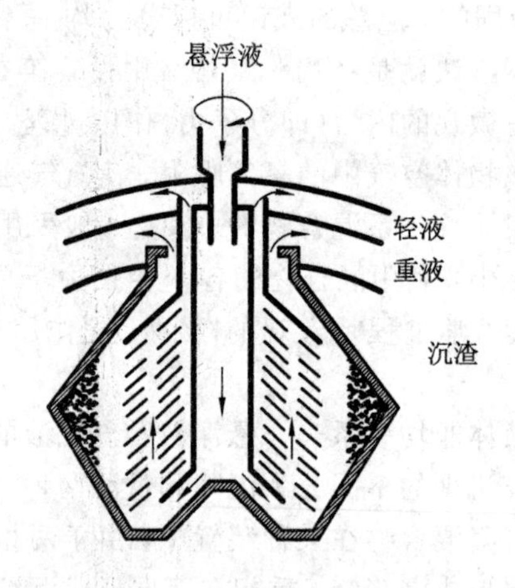


图6-70　离心分离示意图

### 2. 离心过滤

在这种分离方式中，滤液要从转鼓排出去，所以这种装置的转鼓上必须开孔。为了使固体颗粒不漏出，转鼓内必须设有网状结构的材料层，称为滤网或滤布。转轴等其余部件则与离心沉降装置类同，如图6-71所示。

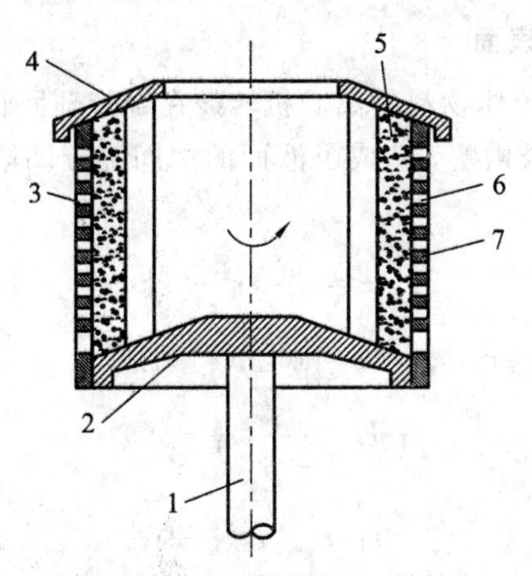


1—转鼓回转轴；2—转鼓底；3—转鼓壁；
4—拦液板；5—滤渣；6—滤液；7—滤网

图 6 - 71　离心过滤器示意图

转鼓旋转时，液体由于离心力的作用，透过有孔鼓壁而泄出，固体则留在转鼓壁上，可见，离心过滤主要可用来分离含固体量较多、固体颗粒较大的悬浮液。

## 6.11.2　分离因数和离心力场的特点

### 1. 分离因数

和其他机器一样，离心机也需要用某种参数来表征，但不同密度的物料在同一离心机、同一转速下受到的离心力大小不相等，为了表征离心机的分离能力，而又要与所处理的物料无关，就必须把物料的固有特征——重力设法排除，所以表征离心机分离能力的主要参数表示如下：

$$F_r = \frac{F_k}{mg} = \frac{mR\omega^2}{mg} = \frac{R\omega^2}{g} \tag{6-41}$$

式中：$F_r$ 为分离因数；$F_k$ 为物料受到的离心力(N)；$m$ 为物料的质量(kg)；$R$ 为回转半径(m)；$\omega$ 为转鼓的回转角速度($s^{-1}$)。

分离因数表示离心力场的特性，是代表离心机性能的重要因数。$F_r$ 值越大，离心机的分离能力越高。因此，分离体系的分散度越大或介质黏度越大，物料越难分离，应采用分离因数越大的离心机。对分离固体颗粒为 10～50 μm、液体黏度不超过 0.01 Pa.s、较易过滤的悬浮液，分离因数不宜过高，取 $F_r$＝100～700，织物的脱水分离因数可取 $F_r$＝600～1000；对于高分散度及液体黏度较大、较难过滤的悬浮液，必须取较高的分离因数。

最新型的高速离心机的分离因数达 1 000 000。分离因数的极限取决于制造离心机转鼓材料的强度及密度。设计上在提高角速度的同时应适当地减小转鼓的半径，以免转鼓的应力过大，以致不能保证转鼓的机械强度。故在分离因数高的离心机中，其转鼓直径一般较小，长度较大。

在重力场中，固体颗粒所受的力是不变的；而在离心场中，固体颗粒所受的离心力则是随颗粒的回转半径(颗粒的瞬时位置)与回转角速度平方的大小而变化的，离心力可达几百、几千甚至上万倍于重力，因而利用离心力来作为物料分离的推动力是非常有利的。

**2. 转鼓内液体的回转表面**

如图 1-4 所示，装有流体物料的离心机转鼓在绕转轴回转时，鼓内的流体因受到离心力及重力的作用而抛向转鼓内壁，造成了液面的中间部分凹陷下去、边缘部分上升。由式(1-9)可得液面方程：

$$z=\frac{\omega^2}{2g}(r^2-r_0^2) \tag{6-42}$$

如图 6-72 所示，若 $r=r_1$，$z=H$，则上式可写成

$$H=\frac{\omega^2}{2g}(r_1^2-r_0^2)$$

$$r_1=\sqrt{r_0^2+\frac{2gH}{\omega^2}} \tag{6-43}$$

由式(6-43)可知，当回转速度很大(即 $\omega\gg 2gH$)时，根号中的第二项接近于零，故得 $r_1\approx r_0$，这时转鼓内流体表面变为接近和转鼓壁相平行的同心圆柱面。在这种状态下，由于离心力大大超过重力，因此在设计时重力可以忽略。这样，离心机转鼓轴线在空间可以任意布置，均不影响物料在转鼓内的分布，而主要取决于结构的合理和操作的方便。

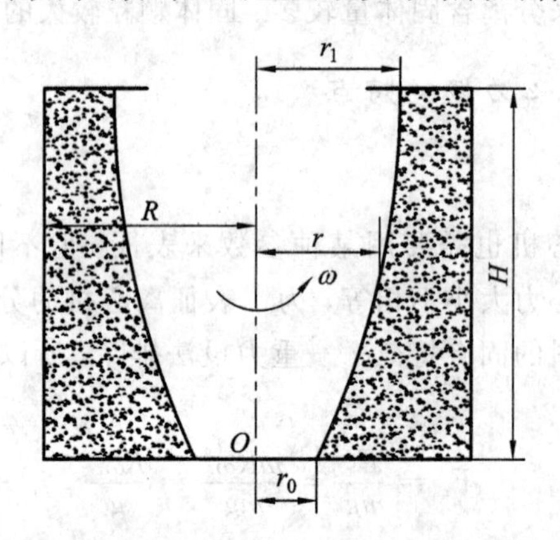


图 6-72　较高转速时转鼓内液体分布情况

**3. 离心液压力**

离心机工作时，处于转鼓中的液体和固体物料层，在离心力场的作用下，将给转鼓内壁以相当大的压力，称为离心液压力，由式(1-8)知

$$p=\rho\frac{\omega^2}{2}(R^2-r_0^2) \tag{6-44}$$

式中：$p$ 为离心液压力($N/m^2$)，作用在转鼓壁面上；$\rho$ 为分离物料的密度($kg/m^3$)；$\omega$ 为转鼓的回转角速度($s^{-1}$)；$r_0$ 为转鼓内物料环的内表面半径(m)；$R$ 为转鼓内表面半径(m)。

离心液压力不仅作用在转鼓壁上，同时也作用在顶盖和鼓底上。计算转鼓的强度时必须把离心液压力考虑进去。

### 6.11.3　石油钻井工程上使用的离心分离设备

在钻井过程中，钻头钻进破碎岩石，钻井液(泥浆)将岩石屑带至地面，然后把泥浆中的岩屑除去，再由钻井泵送入井底，进行循环洗井。为此，需要对循环泥浆中含有的岩屑

去除，并对泥浆中含有的泥砂进行分离，以免过早地损坏泥浆泵。当使用重晶石增大泥浆密度之后，为了回收价格昂贵的重晶石，以便重新利用，对于粗大的岩屑用振动筛分离，细小砂粒和泥用旋流器分离，重晶石回收，通常采用离心分离机进行分离。

**1. 水力旋流器**

水力旋流器的结构原理如图6-73所示。其下部是一个圆锥壳体4，上部连接一圆柱壳体3，圆柱壳体上板中央插入一短管为溢流管2。沿圆柱壳体的切线方向连接有进料管1，溢流管2可直接与排液管连接，将净化后的液体直接排出。锥体最下端有可更换的沉砂嘴5。水力旋流器的规格以圆柱体的直径表示。圆锥的锥角可以不同。

钻井泥浆循环系统中用的水力旋流器的工作原理是：具有一定压力的泥浆从进料管沿切向方向进入，在压力作用下(一般为147～343 kPa)进入旋流器壳体，在壳体内作回转运动，形成旋转抛物面，其内静压力曲线如图6-74所示。静压力是由器壁向中心减少的，同时由于在水力旋流器任一半径上，静压水头和速度水头的总和是相等的，则静压水头随半径的减少而变小时，速度水头则增加。就是说在水力旋流器内由中心线到器壁，压力越来越大，而圆周速度则越来越小，这与离心机的工作情况刚好相反。由于器壁处压力大、速度小，较粗的固体颗粒因重力而下沉，由排砂孔排出，轻而细的颗粒及大部分泥浆则因轴线部位的压力小、速度高而成上升的螺旋流，最后经溢流管排出。其他类型的水力旋流器工作原理与此相同。

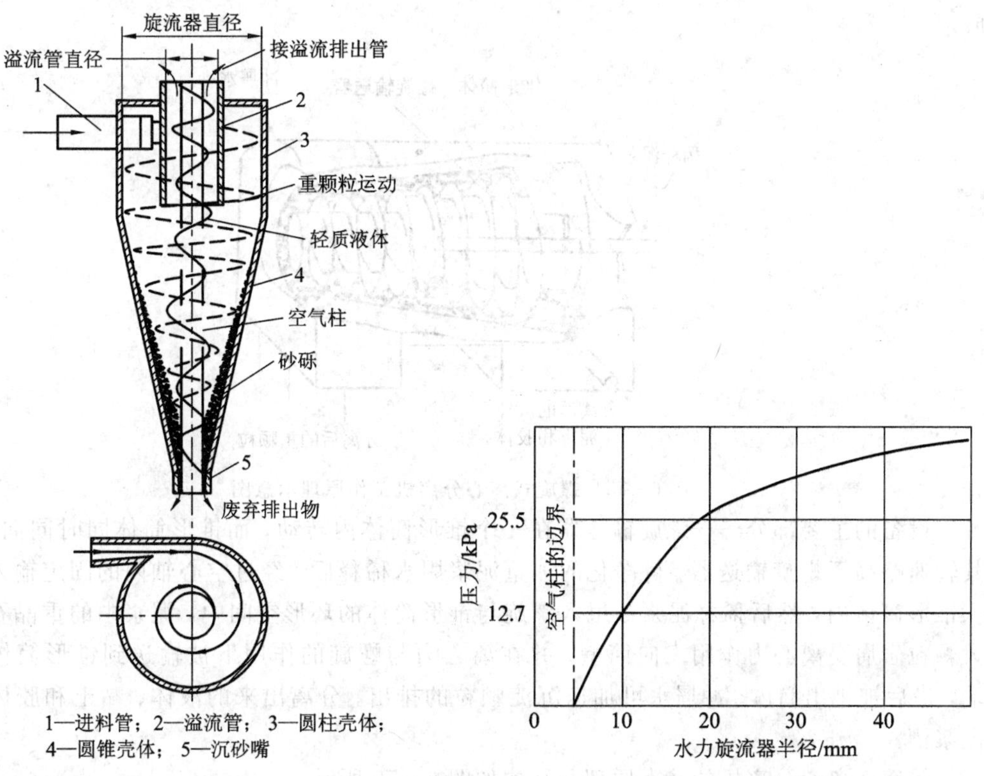


图6-73　水力旋流器工作原理　　图6-74　水力旋流器静压力曲线

旋流器的直径与分离固体颗粒直径的关系见表6-7。

表 6-7 旋流器的直径与分离固体颗粒直径的关系

| 旋流器直径/mm | 5 | 75 | 100 | 150 | 200 | 300 | 1270 |
|---|---|---|---|---|---|---|---|
| 可分离颗粒/mm | 4～10 | 7～30 | 10～40 | 15～52 | 32～64 | 46～80 | 300～400 |

在钻井循环装置中，作除砂器用，选用直径为150 mm和300 mm两种；作除泥器用，选直径为50～200之间，其中以100 mm直径的最为常见。

溢流管的直径一般为旋流器直径的0.2～0.3倍，其尺寸越大，颗粒越粗。进液管面积为溢流管面积的0.6～0.7为宜，断面以矩形为好。排砂孔直径应能调节，泥浆含砂量大时孔径应大，一般孔径以0.2倍溢流管直径为宜。锥体角度越小，则分离颗粒越细。一般最小为10°，最大为25°～30°，较优的范围为15°～17°。泥浆由具有一定排出压力的砂泵送入旋流器中，通常压力在294 kPa以上。旋流器的内壁与高速运动的含有固体颗粒的泥浆接触，极易被磨蚀损坏，一般采用橡胶衬里或耐磨防腐涂料可以提高其使用寿命。

**2. 离心分离机**

可以清除泥浆中不需要的固体颗粒，回收液体和黏土，但是它更主要的是用来回收加重泥浆中的重晶石。有资料表明，离心机在泥浆重度高于247 kN/m$^3$(相对密度为2.52)时使用，可回收重晶石97%。目前离心分离机泥浆处理量一般在2.2～6.3 L/s的范围内。

离心分离机有螺旋式和筛筒式两种。螺旋式离心分离的基本原理和结构如图6-75所示。

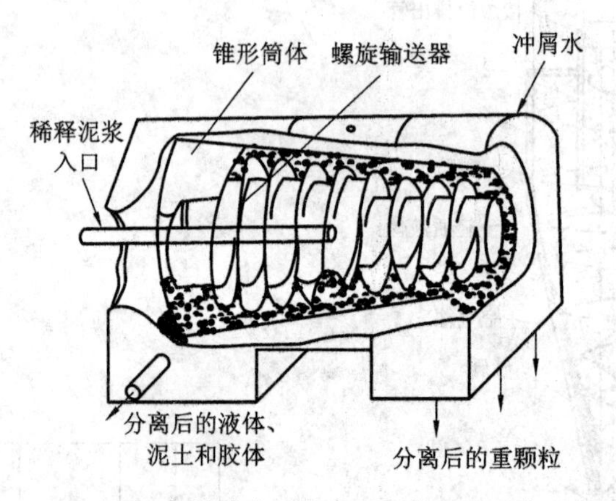


图 6-75 螺旋式离心分离机工作原理示意图

设备的主要部分——螺旋输送器在一个锥形筒体内转动，而锥形筒体同时同向旋转，其转速略高于螺旋输送器。待净化的加重泥浆用水稀释后，经过空心轴内的固定输入管进入锥形筒体内，然后稀释泥浆被甩入螺旋与锥形筒体的环形空间中，泥浆中的重晶石粉和大颗粒岩屑受离心力作用飞向筒壁，并在离心力与螺旋的作用下被输送到锥形筒体的小端，最后被排出筒体。冲屑水可加速沉淀颗粒的排出。分离出来的液体、黏土和胶体流入泥浆槽。

筛筒式离心分离机的基本原理和结构如图6-76所示。

一个带筛孔的内筒在固定的圆筒外壳内转动。当稀释泥浆进入外壳的左上方后，由于受内筒旋转的影响，泥浆在两筒体之间的环形空间内转动。泥浆中重而大的固体颗粒(重

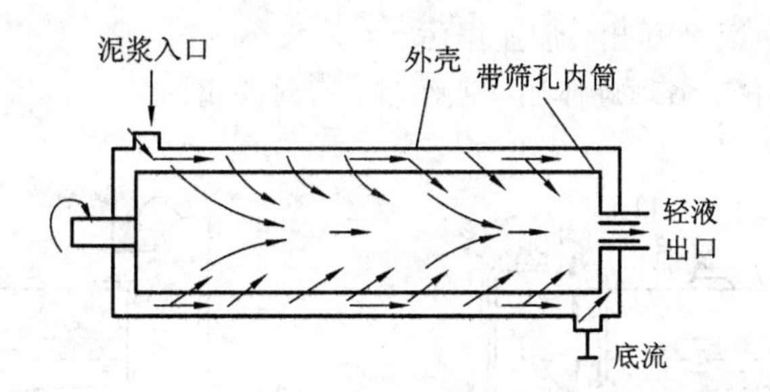


图 6－76　筛筒式离心分离机工作原理示意图

晶石粉和其他大颗粒的固体物质)受离心力的作用飞向外筒筒壁，如果不加限制，则所有泥浆将从环形空间的另一端流出。为此，装有一台底流泵限制排液量。底流泵以一定速度运转，其流量要比泵入圆筒形外壳的流量低得多，它将飞向外筒筒壁的重泥浆抽吸出来，其余轻泥浆(包括大部分黏土和化学药剂等)缓慢下沉，经内筒筛孔进入转动的筒体内，然后又从空心轴排出。底流泵控制了液流速度，即控制底流物的密度。液流速度慢，密度加大，否则相反。从泥浆中回收重晶石，大量使用的是筛筒式离心分离机。

离心机与旋流器由于作用不同，而排出液体或大密度物的利用也不同。旋流器排砂孔排出物应废弃不用，而溢流口流出物则应重新净化或直接参加循环使用；离心机则刚好相反，分离出来的轻质液体被废弃，而重质物则重新循环再利用。

## 6.12　阅读材料——液环式真空泵在吸污机上的应用

吸污机的作用原理是抽光罐体内的空气的，使罐体里面处于真空状态，然后通过管子把外界的污水抽入罐体内。另外还通过对罐体的加压把罐体内的污水排出。吸污机广泛用于化粪池清掏、沼气池出污、厕所出便、鱼塘抽泥浆、鸡厂猪厂出粪、酒店清理饭废渣与生活废水、工厂吸污水、以及城市排污等。

**1. 吸污机的组成**

图 6－77 为吸污机的装置原理图。其主要组成如下：

(1) 罐体：用于形成真空，将污水吸入进来，储存污水。

(2) 气水分离器：对抽吸的真空罐中的气体中的水分和杂质进行分离。

(3) 两位四通阀：控制气流的流向。

(4) 精过滤器：对油气进一步分离，并将油送回油环泵中。

(5) 油气分离器：对来至油环泵中的油气进行分离，并根据情况对油环泵进行补液。

(6) 油环泵：产生真空或压缩空气。油环泵使用油作为工作介质，因为油的饱和蒸汽压低于水，因此，相比于水，可以进一步提高泵的真空度。

(7) 压力表：观察排除口压力。

(8) 真空表：了解真空罐 1 的真空度。

(9) 排污阀：将污水从罐体中排出。

(10) 观液标：观察罐体中的进液量，防止罐体液体充满、冒出，进入真空吸气管，而污染油环泵。油环泵一旦被污水污染，必须清理污物，更换油液。

(11) 污水阀：打开时，在外界气压作用下，吸入污水，此时，排污阀关闭；关闭时，排污阀打开，压缩空气将污水压出，加速排污。

(12) 维修孔：维修、清理罐体用，工作时，密封关闭的。

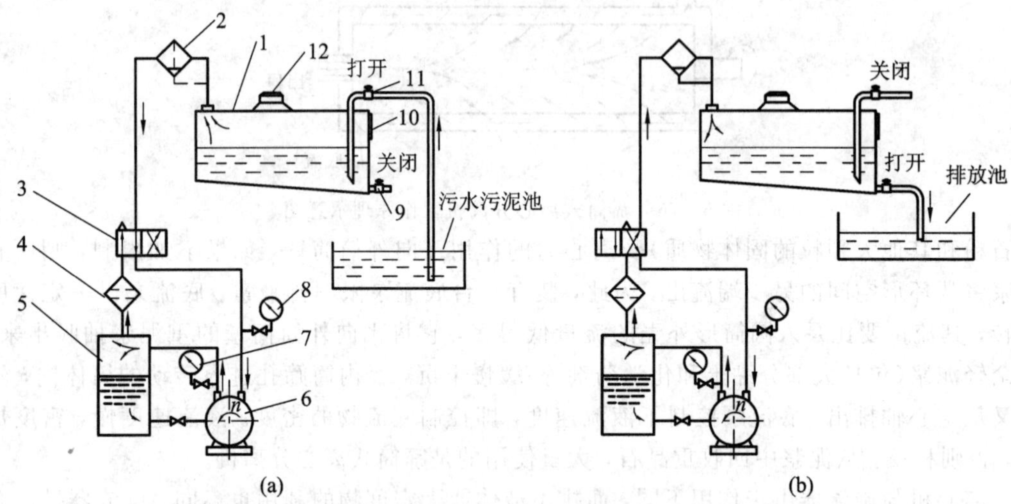


1—罐体；2—气水分离器；3—两位四通阀；4—精过滤器；5—油气分离器；6—油环泵；7—压力表；8—真空表；9—排污阀；10—观液标；11—污水阀；12—维修孔

图 6－77　吸污机装置原理图

(a) 吸污过程；(b) 排污过程

**2. 工作原理**

1) 吸污过程

如图 6－77(a)所示，二位四通阀 3 处于图示位置，关闭排污阀 9 和污水阀 11，将吸污水管插入污水池中，启动油环泵 6 工作，油环泵工作，此时油环泵处于真空泵工作方式，将罐体 1 中的空气抽出，当罐体达到一定真空度时，打开污水阀 11，在外界大气压力作用下，将污水压入罐体 1 中。在污水吸入过程中，要注意观察污水观液标 10，防止罐体污水冒出而进入吸入真空管而污染泵。

2) 排污过程

如图 6－77(b)所示，二位四通阀处在图示位置，将吸污管移离污水池，让罐体 1 的真空度迅速降低，然后关闭污水阀 11，打开排污阀 9，启动油环泵 6，此时油环泵 6 处于压缩机工况，将压缩空气按图 6－77(b)箭头所示，压入罐体中。罐体 1 内气压升高，将污水通过排污阀 9 快速排出。

从上述工程应用中，我们不难看出，使用液环泵抽排液体，方法基本上是采用抽空真空罐的方法，使真空罐产生一定真空度，在大气压的作用下，将液体压入真空罐的方法来实现的。这种方法让抽送的液体不与液环泵直接接触，被广泛应用于产品组合上。

## ◇本 章 小 结◇

(1) 往复泵是一种典型容积式的流体机械，从泵的活塞运动规律出发，在理论上分析了往复泵的瞬时流量、流量不均度、空气包容量等规律。

(2) 往复泵的 $p-Q$ 特性曲线中，压力变化不影响流量变化，这一点和叶片泵不同，应用时要注意。

(3) 石油钻井循环系统中，由于井深的增加，钻井液的循环长度会增加，根据管路特性曲线和往复泵的特性曲线特点，负载会增加。在这种情况下使用时，一定要根据往复泵的临界特性曲线来人为调节流量，否则会损坏泵。

(4) 液环泵也是一种容积式泵，叶轮为转子，定子是由在离心力作用下液流形成的液环，因转子与定子圆心的偏离而形成变化的密封容积而实现泵的工作的。其特点是易损件少，工作稳定，常作真空泵使用。

(5) 射流泵利用动力流体的射流来输送流体，依靠流体质点间的相互作用来传递能量。根据伯努利方程，高速流体进入混合室产生负压，并冲击混合室中的流体，使混合室中的流体获得移动的动能，流出混合室。

(6) 螺旋泵靠螺旋叶片产生螺旋推力，将流体一级一级地上移输出，它被广泛应用在污水、污泥排污和垃圾压干等工程上。

(7) 气升泵抽水利用连通器原理，将压缩空气送入水中，使气水混合物的密度降低，从而将气水混合物静压提升。泵中无运动部件，结构简单，工作可靠。

(8) 螺杆泵按其具有的螺杆的个数不同，可分为单螺杆泵、双螺杆泵、三螺杆泵、五螺杆泵等。单螺杆泵的主要元件是螺杆-衬套副。螺杆和衬套的旋向相同。单螺杆的螺旋旋向(左旋或右旋)、轴的转向(顺时针或逆时针)和油液的流向三个因素中，任意两个因素的组合就确定了第三个因素。

闭式三螺杆泵的横截面齿廓为摆线齿形。摆线螺杆泵是通过两个以上互相啮合的摆线螺杆来保证其密封性的。满足构成封闭回路的摆线齿形是螺杆泵的第一个密封条件。当螺杆数目和各螺杆的螺纹头数满足一定关系以后，在空间沟通起来的各螺旋槽才能构成密封回路。这是螺杆泵的第二个密封条件。螺杆和壳体要有一定的轴向尺寸，这是螺杆泵的第三个密封条件。

(9) 往复式压缩机是利用容积的变化来提高气体压力的，按其最终压力的高低，可由一级压缩来完成，或由多级压缩来完成。但各级的工作过程是完全相同的。因此讨论压缩机的工作过程先从单级，再到多级。对单级的工作过程来说，先从理论循环再到实际循环。

(10) 多级压缩是将气体的压缩过程分在若干级进行的，并在每级压缩后将气体导入中间冷却器进行冷却。多级压缩之所以省功，主要由于中间冷却。多级压缩时，耗功最省的条件为各级压力比相等，且总压力比开 $j$ 次方，$j$ 为压缩机级数。

(11) 螺杆式压缩机的阴、阳螺杆和机体之间形成的一对齿间容积值随转子的回转而变化，同时其位置在空间也不断移动。螺杆式压缩机的工作过程从吸气过程开始，然后气体在密封的齿间容积中进行压缩，最后进入排气过程。

螺杆式压缩机的齿形由多段齿曲线所组成，主要是摆线、圆弧、渐开线、椭圆以及直线段等。各种不对称齿形在螺杆式压缩机中得到越来越广泛的应用。

螺杆式压缩机的特性曲线是指在一定转速下容积效率 $\eta_V$、绝热效率 $\eta_s$ 与压力比 $\varepsilon$ 的关系曲线。螺杆式压缩机的综合特性曲线是指在不同转速下排气量与压力比的关系曲线，同时还给出不同工况下的等效率曲线。使用中必须采用不同的调节方法对螺杆式压缩机的排气量进行调节，如变转速、停转、控制吸入、进排气管连通、空转以及滑阀调节等。

(12) 罗茨鼓风机结构简单，运行平稳、可靠，机械效率高，便于维护和保养。罗茨式结构还常用于真空泵，由于其抽速大而被称为快速机械真空泵。

(13) 离心机是利用离心力场来分离悬浮液中的固体颗粒，主要有离心沉降和离心过滤两种方法。

# 复习思考题

6-1 往复泵是如何进行工作的？为什么说往复泵是容积式泵？

6-2 简述电动往复泵的主要零部件及其作用。

6-3 往复泵的流量不均度是怎样产生的？不均度是如何定义的？

6-4 往复泵流量不均度的解决办法有哪些？

6-5 往复泵的流量是如何计算的？$Q-H$ 曲线是如何变化的？

6-6 何为往复泵的临界特性曲线？试根据图 6-14 的钻井循环系统图，绘制有 5 级缸套的往复式泥浆泵的临界曲线特。

6-7 简述液环泵的工作原理。

6-8 液环泵有哪些辅助装置？各自的作用是什么？

6-9 液环泵工作中不抽气或抽气不足(即真空度不够)的原因是什么？怎样排除？

6-10 图示分析液环泵的压缩机工作方式和真空泵的工作方式。

6-11 液环泵做真空泵使用时，哪些因素限制了泵的真空度的提高？

6-12 简述射流泵的工作原理及应用范围。

6-13 为什么射流泵和液环真空泵串联使用能进一步提高真空度？

6-14 旋涡泵有哪几种类型？

6-15 简述的构造、工作原理和使用特点。

6-16 为什么漩涡泵的扬程高、效率低？

6-17 简述螺旋泵的工作原理。

6-18 举例说明螺旋泵的工业用途。

6-19 简述气升泵的原理，并说明其优缺点。

6-20 简述单螺杆泵的构造、工作原理和使用特点。

6-21 简述三螺杆泵的构造、工作原理和使用特点。

6-22 与往复泵相比较，螺杆泵有哪些特点？

6-23 为什么螺杆泵可以输送高黏度、含有杂质的液体？

6-24 往复式压缩机的余隙是怎样产生的？它对吸气过程是如何影响的？

6-25 往复式压缩机多级压缩中，为什么要使用中间冷却器？试从压缩过程中进行分析。

6-26 往复式压缩机的理论循环与实际循环的差异是什么？

6-27 简述螺杆式压缩机的特点、结构和工作原理。

6-28 干式螺杆压缩机和湿式螺杆压缩机有何区别？

6-29 螺杆式压缩机有哪几个工作过程？螺杆式压缩机的效率取决于哪些因素？

6-30 螺杆式压缩机的排气量调节措施有哪几种？各有何特点？

6-31　湿式螺杆压缩机工作时，向工作腔喷油的作用是什么？湿式螺杆压缩机有哪些特点？

6-32　画出螺杆式压缩机过压缩和压缩不足的指示图，并分析其对压缩机性能的影响。

6-33　简述罗茨鼓风机的构造、工作原理及应用特点。

6-34　什么是分离因数？提高分离因数的主要途径是什么？

6-35　在离心转鼓中，悬浮流相对转鼓产生周向速度时，对悬浮流的轴向速度和颗粒的沉降速度有何影响？

6-36　在一定的转速条件下，给定的沉降离心机对悬浮液中的固体颗粒为什么有一个分离极限？

6-37　有一台三缸单作用式往复泵，其结构尺寸如下：缸套直径 $D=120$ mm，活塞冲程长度 $S=320$ mm，$\lambda=\frac{r}{l}=0.2$，额定冲次 $n=105\ \text{min}^{-1}$。该泵在 60 s 内可充满一个体积 $V=1\ \text{m}^3$ 的水箱。求该泵的流量系数 $\alpha$，并绘出其瞬时流量 $Q_{th,s}$ 的变化曲线图。

6-38　已知双缸双作用式往复泵的泵缸直径 $D=130$ mm，曲柄半径 $r=225$ mm，活塞杆直径 $d=65$ mm，泵的冲次 $n=55\ \text{min}^{-1}$，如泵的流量系数 $\alpha=0.9$，曲柄连杆比 $\lambda=\frac{r}{l}=0.2$。试求：

(1) 该泵的理论平均流量 $Q_{th}$ 及实际平均流量 $Q$；

(2) 该泵的瞬时流量 $Q_{th,s}$，并绘出泵轴一转过程中的瞬时流量变化曲线；

(3) 该泵的流量不均度 $\delta_Q$。

6-39　已知离心机转速为 3000 r/min，分离物料密度为 1500 kg/m$^3$，离心机转鼓内半径为 0.8 m，转鼓内物料环的内表面半径为 0.7 m，求此时的离心液压力。

# 书中符号含义说明

流体机械涉及的内容很多，使得符号表示的内容繁多。为方便读者学习，编者统一符号表示的含义，并对书中符号进行规定说明。本书中采用的符号有主符和脚注，具体含义如下：

主符 $A$ 面积($m^2$)

$B$ 宽度(m)；系数

$b$ 宽度(m)；

$C$ 汽蚀比转数；系数

$c$ 声速(m/s)

$c_p$ 定压比热容[J/(kg·K)]

$c_V$ 定容比热容[J/(kg·K)]

$\cos\varphi$ 功率因素

$d$ 直径(m)

$D$ 直径(m)

$E$ 流体的能量(J)

$e$ 单位量流体的能量，偏心距

$e_g$ 单位重力流体的能量(m)

$e_m$ 单位质量流体的能量($m^2/s^2$)

$e_V$ 单位体积流体的能量($N/m^2$，Pa)

$F$ 作用力(N)

$f$ 频率(Hz)；单位质量作用力(N)

$G$ 重力(N)，负载；大钩起重力

$g$ 重力加速度($m/s^2$)

$H$ 流体机械的重力比能(m)，在叶片泵和水轮机中称扬程和水头，表示单位重量液体通过机械时的能量增量；也可表示为焓(J)；高度(m)

$H_v$ 吸上真空度(m)

$H_m$ 流体机械的质量比能($m^2/s^2$)，指每千克流体在流体机械中能量的增加量

$h$ 管路负载(重力)比能，即为克服流动阻力消耗于每牛顿流体上的能量(m)；比焓(J/kg)；高度(m)

$i$ 转速比，即输出与输入转速之比，级数

$K$ 变矩系数，其他系数；绝对温度的单位

$k$ 绝热指数，其他系数

$L$ 动量矩(N·m)；长度(m)

$l$ 长度量(m)

| | |
|---|---|
| $M$ | 转矩，力矩(N·m) |
| $m$ | 质量；淹没深度百分数；数量 |
| $n$ | 转速(r/min)，多变指数，(作用次数($min^{-1}$) |
| $N$ | 功率(kW) |
| $P$ | 总压力(N) |
| $p$ | 压力(Pa)；泛指相对压力，在气态方程中指绝对压力 |
| $p_F$ | 风机全压(或升压)(Pa)，是相对压力值 |
| $p_G$ | 以体积比能表示的管网阻力比能(Pa) |
| $Q$ | 液体的体积流量($m^3/s$)；热量(J) |
| $\Delta Q$ | 泄漏量 |
| $Q_m$ | 质量流量(kg/s) |
| $Q_V$ | 体积流量($m^3/s$)；常用在气体方程中，以示与热量 $Q$ 的区别 |
| $q$ | 单位质量流体的热量(J/kg)；流量比 |
| $R$ | 气体常数[J/(kg·K)]；半径(m) |
| $r$ | 转，半径 |
| $\mathrm{Re}_u$ | 机械雷诺数 |
| $S$ | 行程(m)；熵(J/K) |
| $s$ | 比熵[J/(kg·K)] |
| $T$ | 绝对温度(K)；螺距 |
| $t$ | 时间(s)；摄氏温度(0℃)；节距 |
| $U$ | 气体内能(J) |
| $u$ | 比内能(J/kg)；牵连速度(m/s)；瞬时速度(m/s)；圆周速度(m/s) |
| $V$ | 体积($m^3$) |
| $v$ | 绝对速度(m/s) |
| $\upsilon$ | 运动黏度($mm^2/s$)，气体比容($m^3/kg$)；单位质量气体的体积 |
| $W$ | 功量(J)；宽度(m) |
| $w$ | 相对速度(m/s)；单位质量的功(J/kg) |
| $Z$ | 叶片数；齿数；绝对高度(m) |
| $z$ | 高度(m)；比位能(m) |
| $n_s$ | 比转数 |
| $\mathrm{Re}$ | 雷诺数 |
| $\alpha$ | 速度三角形中，$\alpha=(\vec{u},\vec{v})$ |
| $\beta$ | 速度三角形中，$\beta=(-\vec{u},\vec{w})$ |
| $\delta$ | 叶片厚度；间隙；调节开度 |
| $\lambda$ | 线性尺寸比；比例系数；沿程阻力系数 |
| $\lambda_B$ | 泵轮扭矩系数 |
| $\lambda_T$ | 涡轮扭矩系数 |
| $\lambda_V$ | 容积系数 |
| $\gamma$ | 重度($N/m^3$)；角度 |

| | |
|---|---|
| $\rho$ | 密度(kg/m$^3$) |
| $\varphi$ | 断面积缩小系数 |
| $\chi$ | 余隙系数；湿周长 |
| $\Omega$ | 反应度(反作用度) |
| NPSH | 汽蚀余量(m) |
| $\Delta h_a$ | 有效汽蚀余量(m)；$(NPSH)_a$ |
| $\Delta h_r$ | 必需汽蚀余量(m)；$(NPSH)_r$ |
| [ ] | 表示允许值，如[$\Delta h$ ]表示允许汽蚀余量 |

脚注

| | |
|---|---|
| a | 大气 |
| av | 平均的 |
| B | 泵轮 |
| ch | 冲击的 |
| co | 压缩机；压缩的 |
| cr | 临界的 |
| D | 导轮 |
| d | 排出管路；表压 |
| dy | 动力学的 |
| E | 发动机的 |
| e | 额定的；有效的 |
| ex | 出口 |
| F | 风机；阀门 |
| G | 管路；管网；重力的 |
| g | 大钩；活塞杆；重力的 |
| h | 水力的 |
| l | 流动的；线性的 |
| lp | 轮盘的 |
| i | 个数 |
| im | 进口的 |
| in | 内部的；输入的 |
| k | 结构的 |
| $j$ | “级”的；级数 |
| L | 负载的；叶轮的 |
| LZ | 轮阻 |
| M | 马达的；机械的 |
| m | 摩擦的；质量；轴面(子午面)；模型的(放在角标之后) |
| md | 模型的 |
| $n$ | 多变；个数 |

| | |
|---|---|
| p | 等压的 |
| r | 径向的 |
| s | 等熵；绝热的；瞬时；吸入；水力的；地形高度 |
| sta | 标准的 |
| sh | 轴上的； |
| st | 静压的；滞止的 |
| V | 体积的；容积的 |
| $v$ | 真空度 |
| va | 饱和蒸汽压 |
| T | 涡轮；等温的 |
| tec | 技术的 |
| th | 理论的 |
| w | 水的；无冲击的 |
| y | 液流；最优的 |
| Z | 制动 |
| z | 轴向；总和的 |
| * | 上角标，表示设计工况；额定的 |
| 0 | 叶轮进口前 |
| 1 | 叶轮进口处 |
| 2 | 叶轮进口处 |
| 3 | 叶轮进口后 |
| . | 下点符，用于一个主符有多个角注的分隔，例如：$w_{sh.co.T}$。用模型角注 m 和位置角注时，不加此点符分隔 |

# 参 考 文 献

[1] 陆肇达. 流体机械基础. 哈尔滨：哈尔滨工业大学出版社，2003
[2] 万邦烈. 石油工程流体机械. 北京：石油工业出版社，1999
[3] 王朝晖. 泵与风机. 北京：中国石化出版社，2007
[4] 王正伟. 流体机械基础. 北京：清华大学出版社，2006
[5] 钱锡俊. 泵和压缩机. 东营：中国石油大学出版社，1988